中国科学院科学出版基金资助出版

凝聚态物理学丛书·典藏版

金属物理学

第四卷 超导电性和磁性

冯 端等著

该书的出版得到南京大学固体
微结构物理国家重点实验室资助

科学出版社
北京

内 容 简 介

《金属物理学》分四卷出版，本书为第四卷，分两编：第十三编论述超导电性，主要介绍超导电性基础知识，晶体缺陷与超导电性，高温超导电性；第十四编论述磁性，主要介绍金属磁性分类及原子磁矩，无磁序金属磁性，金属中的磁有序，强磁金属的内禀磁性，金属中的磁有序，强磁物质中的磁畴与磁化，固体缺陷与技术磁化性能，特殊状态下的金属磁性等.

本书可作为高等院校本科生和研究生《金属物理学》一课的教学参考书，也可供从事固体物理学、冶金学或材料科学有关的科技人员参考.

图书在版编目(CIP)数据

金属物理学. 第 4 卷，超导电性和磁性/冯端等著. —北京：科学出版社，1998.6（2017.1 重印）

（凝聚态物理学丛书：典藏版）

ISBN 978-7-03-005970-3

Ⅰ. 金…　Ⅱ. 冯…　Ⅲ. ①金属学－物理学 ②超导电性 ③磁性　Ⅳ. TG111

中国版本图书馆 CIP 数据核字(2017)第 002233 号

科学出版社 出版

北京东黄城根北街 16 号

邮政编码：100717

http://www.sciencep.com

北京厚诚则铭印刷科技有限公司印刷

科学出版社发行　各地新华书店经销

*

1998 年 6 月 第 一 版　开本：850×1168 1/32

2017 年 1 月 印　　刷　印张：20 1/4

字数：530 000

定价：164.00 元

《凝聚态物理学丛书》出版说明

以固体物理学为主干的凝聚态物理学，通过半个世纪以来的迅速发展，已经成为当今物理学中内容最丰富、应用最广泛、集中人力最多的分支学科．从历史的发展来看，凝聚态物理学无非是固体物理学的向外延拓．由于近年来固体物理学的基本概念和实验技术在许多非固体材料中的应用也卓有成效．所以人们乐于采用范围更加广泛的“凝聚态物理学”这一名称．

凝聚态物理学是研究凝聚态物质的微观结构、运动状态、物理性质及其相互关系的科学．诸如晶体学、金属物理学、半导体物理学、磁学、电介质物理学、低温物理学、高压物理学、发光学以及近期发展起来的表面物理学、非晶态物理学、液晶物理学、高分子物理学及低维固体物理学等都是属于它的分支学科，而且新的分支尚在不断迸发，还有，凝聚态物理学的概念、方法和技术还在向相邻的学科渗透，有力地促进了材料科学、化学物理学、生物物理学和地球物理学等有关学科的发展．

研究凝聚态物质本身的性质和它在各种外界条件（如力、热、光、气、电、磁、各种微观粒子束的辐照乃至处于各种极端条件）下发生的变化，常常可以发现多种多样的物理现象和效应，揭示出新的规律，形成新的概念，彼此层出不穷，内容丰富多彩，这些既体现了多粒子体系的复杂性，又反映了物质结构概念上的统一性．所有这一切不仅对人们的智力提出了强有力的挑战，更重要的是，这些规律往往和生产实践有着密切的联系，在应用、开发上富有潜力，有可能开辟出新的技术领域，为新材料、元件、器件的研制和发展，提供牢固的物理基础．凝聚态物理学的发展，导致了一系列重要的技术突破和变革，对社会和科学技术的发展将发生深远的影响．

为了适应世界正在兴起的新技术革命的需要，促进凝聚态物理学的发展，并为这一领域的科技人员提供必要的参考书，我们特组织了这套《凝聚态物理学丛书》，希望它的出版将有助于推动我国凝聚态物理学的发展，为我国的四化建设做出贡献．

主　编：葛庭燧
副主编：冯　端

目　录

《凝聚态物理学丛书》出版说明

葛庭燧　冯　端

第　四　卷

第十三编　超导电性

丁世英

第十四编　金属磁性

翟宏如

第　一　卷

第一编　金属的结构及其理论

冯　端

第二编　合金的结构及其理论

冯　端

第三编　晶体的缺陷

冯　端

第七编　相变动力学

刘　治　国

第八编　界面稳定性与形态的演变

冯　　端

第九编　相变的微观理论

杨正举　　金国钧

第　三　卷

第十编　内耗与超声衰减

王业宁　　沈惠敏

第十一编　晶体的范性

冯　端

第十二编　断裂和高温力学性质

吴希俊　　孔庆平

第十三编 超导电性

丁世英

引 言

金属超导电性的发现归功于翁纳斯(H. K. Onnes),因为他在1911年第一个揭示了物质在超导态的基本特征之一:理想导电性[1].在随后的研究中,迈斯纳(W. Meissner)和欧欣菲尔德(R. Ochsenfeld)于1933年又发现了超导态物质的另一个基本特征:完全逆磁性[2].金兹堡(V. L. Ginzburg)和朗道(L. D. Landau)在1950年发表了非常有效的描述超导电性的唯象理论,即GL理论[3].巴丁(J. Bardeen)、库伯(L. N. Cooper)和施里弗(J. R. Schrieffer)在1957年提出的微观理论,即BCS理论,使得对超导电性物理机制的理解相当清楚[4].

但是在超导电性被发现后的半个世纪内,人们的研究主要还是限于现在称做“Ⅰ类超导体”的性质.实际存在的另一类超导体就是“Ⅱ类超导体”.Ⅱ类超导体又分为“理想Ⅱ类超导体”和“非理想Ⅱ类超导体”(又叫“硬超导体”).前者具有完美的晶体结构,而后者则存在着各种晶体缺陷.第一个关于理想Ⅱ类超导体的实验结果是苏伯尼柯夫(L. V. Shubnikov)等在1937年发表的,不过在长时间内没有被重视[5].1957年,阿布里考索夫(A. A. Abrikosov)指出,GL参数$K>(1/\sqrt{2})$的超导体是Ⅱ类超导体,Ⅱ类超导体中磁通量子线排成规则阵列,其余的$[K<(1/\sqrt{2})]$是Ⅰ类超导体[6].1960年代的中子衍射实验,特别是缀饰技术清楚地证实了

阿布里考索夫磁通线阵态确实存在. 1961 年,孔兹勒(J. E. Kunzler)等发现 Nb_3Sn 在 8.8T 的磁场中还能有 $4.5\times10^9 A/m^2$ 的载流能力[7]. 后来逐步认识到,Nb_3Sn 等的这些特性与它们属于 Ⅱ 类超导体密切相关. 很高的临界磁场联系它们的大 K 值,而大的载流能力则是因为含有很多的晶体缺陷. 由于技术上应用的超导电材料要求有在强磁场中无电阻地传输大电流的能力,因而孔兹勒等的发现展示了超导电性技术应用的广阔前景. 紧接着关于硬超导体的实验和理论研究就蓬勃地开展起来了.

1962 年,伦敦(H. London)、比恩(C. P. Bean)等提出了"临界态"的概念来描述硬超导体的特性,并把硬超导体的各种不可逆特性简化为单一的结构敏感的性质[8]. 造成不可逆性的物理原因是晶体缺陷对超导体中的磁通线阵的"钉扎效应". 定量描述钉扎强度的物理量是单位体积的钉扎力,即钉扎力密度. 首先从微观上解释钉扎效应的是戈特尔(C. J. Gorter)和安德森(P. W. Anderson)等[9]. 他们指出,超导体自由能的空间不均匀性导致了钉扎力的产生. 从 1962 年起就计算了磁通线与一些特殊类型的单个钉扎中心的互作用力,即元钉扎力. 不过,简单地把单位体积中所有的元钉扎力求和有时给出比实验发现的体钉扎力密度大得多的数值. 1966 年,拉伯希(Labusch, R.)提出有一定弹性强度的磁通线阵就不能使每个钉扎中心都最有效地钉扎. 差不多同时,山藤馨(K. Yamafuji)等也独立地得出结论,硬超导体的交流损耗也要求磁通线阵的弹性不稳定性[10]. 到 1969 年,拉伯希发表了他的统计求和理论[11]. 钉扎理论研究的这两个主要问题到现在仍很活跃,虽然求和问题尚很不成熟.

与钉扎机理研究活跃的同时,对与超导电材料的实际应用有关的各项研究在冶金学家、物理学家及工程师们的共同努力下,也积极开展起来了. 由于工艺的进展及热磁不稳定性等问题的克服,现在技术应用的超导材料已是"本征稳定"的了. 也出现了像"超导电金属学"等这样的分支学科. 应用研究规模也逐渐从实验室向工业化转变. 能产生直到十几特斯拉磁场的各种磁体已经是商品化.

Ⅱ类超导体材料目前仍是合金和金属化合物为主，主要用于制造各种磁体. 由于零电阻性，超导磁体不输入功率. 产生稳恒磁场(不输出功率)的超导磁体是“零功率热机”. 它还具有轻便、经济等突出优点. 除了高能物理应用的巨型磁体外，成千上万的是中小型磁体. 电力工业、交通、矿业、环境保护等也是应用发展的积极领域. 最近，在医学上的应用(如磁共振成像仪)发展有后来居上之势. 从长远来看，超导体材料也是诱人的. 在理论上超导电材料是最彻底的节能材料，而受控热核反应则是永不枯竭的能源. 但受控热核反应的“磁炉”又需用大型超导磁体. 因此，实现受控热核反应和寻找高性能的超导体材料都属当今世界最富吸引力的物理课题之列.

与超导电性有关的问题范围较广. 本编前面两章主要涉及与金属与合金的缺陷直接有关的性质. 作为基础，前一章概要介绍金属与合金的超导电性质. 后一章则重点处理晶体缺陷与磁通线阵相互作用导致的超导体“硬化”的物理问题. 篇末列出这方面的若干专著及评述文章，作为有志深入钻研本领域问题的读者参考. 这些文献的一部分[12—18]是深浅不同地论述超导电物理的，而另外一些是有关超导电性和不可逆性质的优秀评述[19—21].

本编最后一章介绍高温超导电性. 因为含铜氧化物高温超导体表现了金属性，高温超导体的发现和研究既是常规(金属与合金)的超导电性探索的继续，又展示出许多新的特征，大大丰富了超导物理学和超导材料学的内容. 高温超导电性的技术应用前景以及其物理内容具有极大吸引力. 例如，技术应用高温超导材料的开发及高温超导机制的研究仍具有很强的挑战性. 在目前，高温超导仍是研究的热点，并在迅速发展，内容不断在丰富. 本章着重介绍其基本性质，它们都和晶体结构和缺陷密切相关.

第三十一章　超导电性基础

I　基本性质

本章讨论超导体在超导态的电学性质(理想导电性)、磁学性质(完全逆磁性)、热力学性质(热力学量变化)和力学性质(模量等变化)等.此外,还讨论了平衡热力学理论及超导电性的微观图象.这些都是针对块状超导体而论的,而小尺寸的超导体性质基本不包括在此讨论的范围内.

§31.1　理想导电性

1908 年,翁纳斯在荷兰莱登大学将最后一种"永久气体"氦气液化了,使得能在氦沸点的温区(4.2K 附近)进行实验物理研究工作.他当时最感兴趣的问题之一是在温度逐渐降低而趋近绝对零度时金属的电阻率如何变化.当然这些问题对现在攻读固体物理专业的大学生来说已属常识.

翁纳斯发现[1],铂,一种到现在还未发现超导电性的金属,其电阻先是随温度降低单调地下降,到温度足够低时又几乎不变,参见图 31.1.这个与温度无关的部分就是剩余电阻,它主要是由杂质贡献的.对于汞,一种当时能得到最高纯度的金属,他发现,参见图 31.2,从某一"临界温度"T_c 开始,其电阻突然消失(精确地说应是小到测不出来).他把汞的这种低温电学性质从 $T \leqslant T_c$ 开始反常的状态称作"超导态".这里,汞样品的 T_c 约为 4.2K.后来,人们用最精确的测量电阻的方法证明,处于超导态的金属,其电阻率即使不是零,也小于 $10^{-25}\Omega m$.作为比较,纯铜的电阻率在室温时为 $10^{-8}\Omega m$,在液氦温度是 $10^{-10}\Omega m$.现代实验室中测得的最小正常态电阻率为 $10^{-15}\Omega m$,比超导态的电阻率大 100 亿倍以上.习惯上

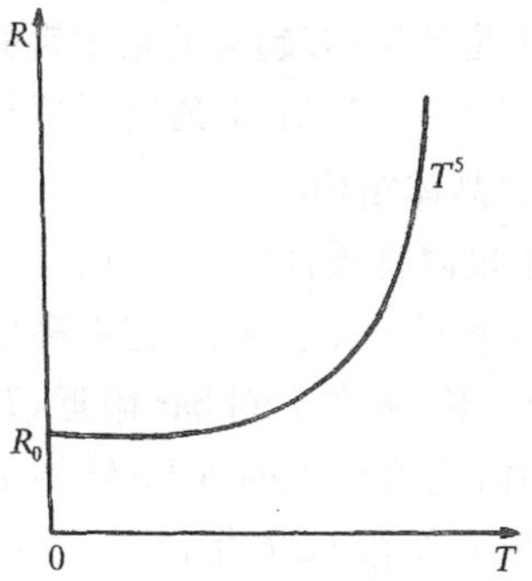

图 31.1　在低温下，正常金属电阻 R 与温度 T 的关系，R_0 为剩余电阻.

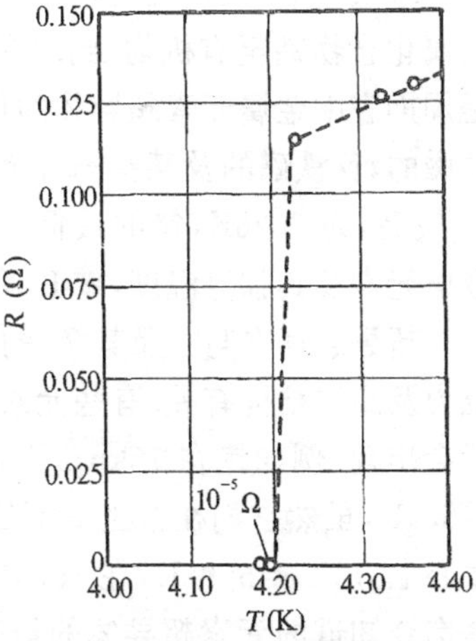

图 31.2　翁纳斯测量的水银样品电阻 R 与温度 T 的关系.

也就把超导态的这一特性称为“零电阻性”或“理想导电性”，而把已发现的能在一定条件下(例如低温)能出现超导态的物体称作“超导体”. 临界温度 T_c 因为表示了正常态和超导态间的转变，也称为“转变温度”.

实际上，超导体的电阻由正常态的值 R_n 转变为超导态的值零是在一定的温度间隔 ΔT_c 内完成的. ΔT_c 的大小取决于样品的均匀程度、应力状态和完整性等等. 像高纯的、无应力的单晶这样的理想样品，$\Delta T_c \leqslant 10^{-3}$K. 有时把使样品电阻降为 R_n(在接近 T_c 时的值)的 1/2 的温度定义为 T_c，叫中点转变温度. 还有起始转变温度，零电阻转变温度等. 测量样品的电阻是确定该样品是否进入超导态及其临界温度 T_c 的常用方法之一. 这种方法常简称为“电阻法”或“四引线法”①.

---

① 测量样品电阻时，原则上应有四个触点：两个电流的和两个电压的. 只有被测样品的电阻远超过引线接触电阻时才可以将触点减为两个. 用电阻法测量 T_c 时样品中电流密度应足够小，其理由可参阅本章临界电流一节.

继汞之后，又发现的超导体数以千计. 其中包括元素、固溶体、金属化合物甚至有机物. 到现在，超导体的数目仍在增加. 图 31.3 是周期表中金属元素超导体的位置及它们的生成条件. 由图可见，铁磁的、反铁磁的及某些一价金属都不是超导体. 超导元素中铌的 T_c 最高，为 9.26K，铑的最低，为 0.0002K①. 表 31.1 列出了超导金属元素及其临界温度，零 K 临界场和晶体结构.

超导态存在与否及其 T_c 的大小不仅因物质种类而变，而且与压力及晶体结构有关. 有些元素在常压下不出现超导态，但在高压下会出现. 例如铯在 75kbar 下，T_c=1.6K，锗在 120kbar 附近，T_c=5.4K，虽然它们在常压下不是超导体. 在常压下的 β-La 结构是面心立方，T_c=5.98K，在 150kbar 时形成新相 La Ⅱ 相，T_c=12K，是迄今知道的元素超导体的最高的临界温度值. 这一情况突出说明了压力不仅直接影响 T_c 值，还通过使样品发生结构相变而改变 T_c 的大小.

晶体结构对 T_c 的影响在金属化合物超导体中表现最为突出. 现在知道，最有利出现高 T_c 的是 A15 结构的金属化合物，其次是 B1 结构（氯化钠结构）的化合物. A15 结构的 Nb_3Ge 的 T_c 是 23.2K，是现代高温超导体发现之前（高温超导体的 T_c 超过 100K，参见第三十三章）的最高 T_c 值[22]. 其它这种结构的化合物的 T_c 也很高，参见表 31.2. 图 31.4 示出了 A15 结构的一个晶胞，其空间点阵是体心立方的. 在立方体的角顶和体心是一类原子(A)，即处于 0 0 0，$\frac{1}{2}\ \frac{1}{2}\ \frac{1}{2}$. 而每个{1 0 0}型面上有两个另一类原子(B)，这类原子在晶体中的<1 0 0>方向上形成三条正交的原子链. 在有机超导体中，也已发现了 T_c 超过 10K 的超导相②[22].

---

① 超导体的 T_c 与样品杂质含量有关. 例如高纯铌膜的 T_c 在 9.2K 左右，少量的杂质可使铌膜 T_c 显著降低，甚至不超导.

② 到 1991 年，碳 60 的碱金属(K 等)化合物的 T_c 已超过 30K.

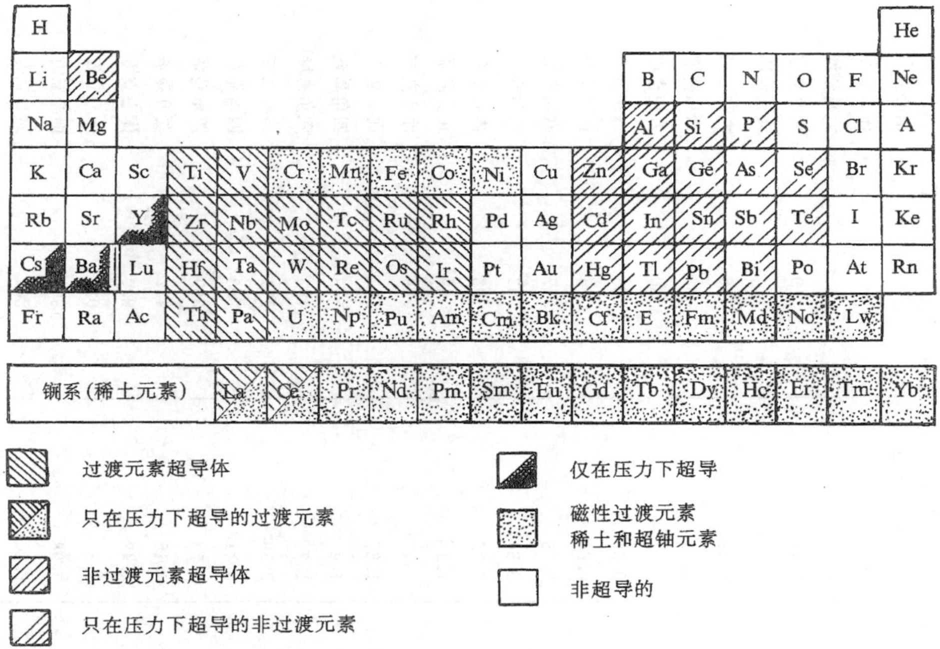

图 31.3　元素周期表中的金属超导体.

表 31.1 超导金属

元　素	T_c(K)	$H_c(0)$(G)①	晶体结构
Rh	0.0002(外推值)		面心立方
W	0.012		体心立方
Be	0.026		六角密堆
Ir	0.14	19	面心立方
α-Hf	0.165		六角密堆
α-Ti	0.49	56	六角密堆
Ru	0.49	66	六角密堆
Cd	0.515	30	六角密堆
Os	0.65	65	六角密堆
α-U	0.68		正交晶系
α-Zr	0.73	47	六角密堆
Zn	0.844	52	六角密堆
Mo	0.92	98	体心立方
Ga	1.1	59	正交晶系
Al	1.174	99	面心立方
α-Th	1.37	162	面心立方
Pa	1.4		四角晶系
Re	1.7	193	六角密堆
Tl	2.39	171	面心立方
In	3.416	293	四角晶系
β-Sn	3.72	309	四角晶系
α-Hg	4.15	412	菱方晶系
Ta	4.48	830	体心立方
V	5.3	1020	体心立方
β-La	5.98	1600	面心立方
Pb	7.201	803	面心立方
Tc	8.22	1410	六角密堆
Nb	9.26	1950	体心立方

①G(高斯)为非许用单位，$1G \triangleq 10^{-4}T$.

表 31.2　一些高临界参数的化合物超导体

化合物	T_c(K)	H_{c2}(4.2K)(kG)	晶体结构
V_3Si	17.0		A15
V_3Ga	16.8	240	A15
Nb_3Al	18.8	300	A15
Nb_3Sn	18.1	245	A15
$Nb_3(Al_{0.75}Ge_{0.25})$	21.0	420	A15
Nb_3Ge	23.2		A15
NbN	17	140	B1
NbC	9		B1
TaC	10.2		B1
MoC	14		B1
$PbMo_6S_8$	14.7	600①	

①外推到 $T=0$K 的 H_{c2}值.

表 31.3　若干合金超导体

合　　金①	T_c(K)	H_{c2}(kG)②
Mo-33Re	10.8	~28
Mo-50Re	12.6	27
Nb-15Hf	9.85	
Nb-25Ti	9.8	73
Nb-35Ti	10.02	
Nb-60Ti	9.3	115(4.2K)
Nb-60Ti-4Ta	9.9	124(4.2K)
Nb-70Ti-5Ta	9.8	128
Nb-25Zr	11	91
Nb-75Zr	10.8	>87
Pb-35Bi	8.7	~26
Pb-50Bi	8.4	~30
Pb-In	3.39—7.26	
Pb-40Tl	~5.8	6

①原子百分比.

②未注明的是外推到 $T=0$K 的 H_{c2}值.

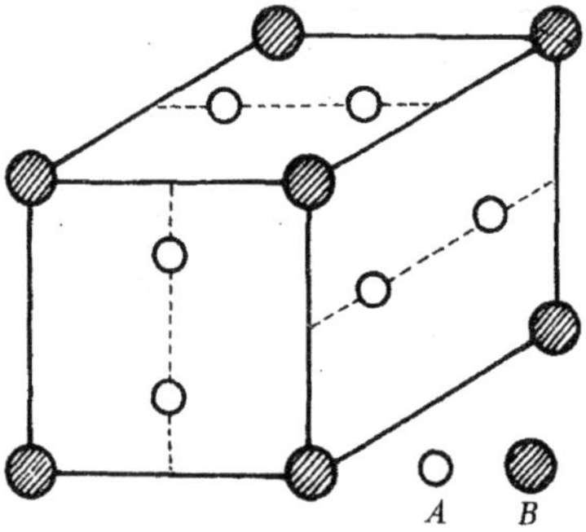

图 31.4 A15 结构一个晶胞.

合金超导体也具有较高的 T_c，参见表 31.3. 如 Nb 基代位式固溶体 Nb Ti 的 T_c 在 10K 上下. Nb Ti 等合金超导体是目前技术应用的主要超导材料.

零电阻性使超导材料具有可作为最彻底的节能材料的可能性. 可是在 1986 年以前，超导体的临界温度都很低. 而高 T_c 值意味着在高温下即可有理想导电性. 液氦温度的获得在现代虽然已是普通的低温技术，但费用很高. 让超导体保持超导态不仅需制冷费用，而且还需要耗费能量. 所以寻找高 T_c 超导体具有物理和实用上的双重意义. 此外，超导体的其它性能也和 T_c 密切相关. 因而，T_c 作为超导体的一个重要的临界参数，一直是人们研究的一个重要课题.

§31.2 完全逆磁性

翁纳斯是在零磁场中通过不同温度下金属的电导率的测量发现正常-超导（以下记作 N-S）相变的. 众所周知，物质的电磁性质密切相关. 在发现超导态以后 22 年的 1933 年，迈斯纳和欧欣弗尔德通过测量样品在不同磁场中的磁导率发现，处于超导态（$T<T_c$）的金属，其磁导率为零（但是只是外磁场较小时才如此）. 当外磁场 H 增加到某一"临界磁场"H_c 时，样品的磁导率恢复到正常值（超导体的磁导率在正常态时基本上是真空磁导率 μ_0），电阻当然也恢复了[2]. 当时，他们把长 13cm，直径 1cm 的锡单晶柱状样品置于垂直于柱轴线的磁场中，测量样品外的磁通密度 B，参见图 31.5. 柱的旁侧（例如图 31.5 中的 P 点）的 B 显著增加. 这是超导体排斥体内磁通的结果. P 点 B 值的大小反映排斥磁通的程度. 磁导率 $\mu=0$ 就是完全排斥磁通. 这样，迈斯纳和欧欣弗尔德发现

了超导体的另一个基本特征:完全排斥磁通.通常就称为“迈斯纳效应”.这种完全排斥磁通的态也称为“迈斯纳态”.迈斯纳态在 $H<H_c$ 时才存在,每种超导体的 H_c 值都不相同.迈斯纳效应说明,在迈斯纳态的超导体是这样一种特殊的磁介质:其磁导率 $\mu=0$.由于 $\mu<\mu_0$ 的磁介质称为逆磁体或抗磁体,任何超导体,不管其正常态磁性质如何,在迈斯态时就是“完全抗磁体”,因为它们有“完全抗磁性”.

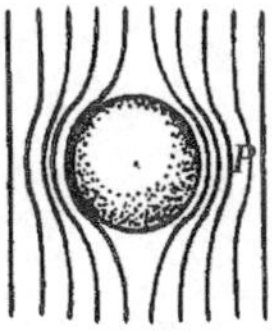

图 31.5 迈斯纳效应示意.

和其它磁介质一样,超导体的磁性质也可以用磁化曲线来描述.按以上所述

$$\left.\begin{aligned} &B=0, && H\leqslant H_c, \\ &B=\mu_n H && H>H_c, \end{aligned}\right\} \tag{31.1a}$$

参见图 31.6(a).注意在图 31.6 中,已设 $\mu_n=\mu_0$,以后也一直用 μ_0 代替 μ_n.用热力学术语,式(31.1)就是超导体的状态方程.利用磁化强度矢量 M 满足的普遍关系式 $B=\mu_0(H+M)$ 和 $M=\chi H$,χ 是磁化率,式(31.1)可写成等价形式

$$\left.\begin{aligned} &M=-H, && H\leqslant H_c, \\ &M=0, && H>H_c. \end{aligned}\right\} \tag{31.1b}$$

所以图 31.6(b)也是和图 31.1(a)等价的.磁化强度在正常态到迈斯纳态的变化被用作探测超导态及其临界参数(如 T_c、H_c 等)的实验原理.这些实验通常被称作超导电性的“磁测法”.

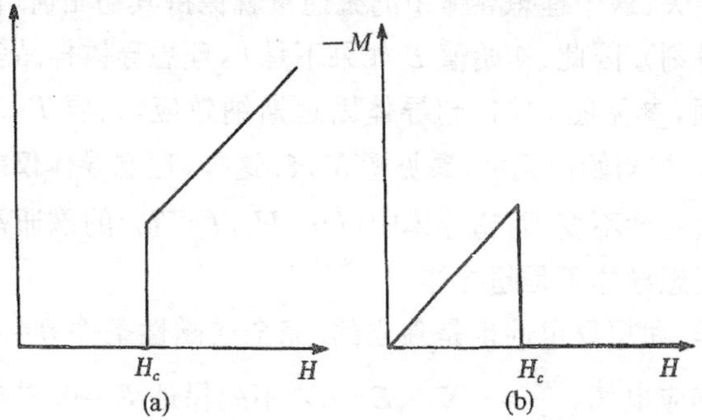

图 31.6 磁化曲线.

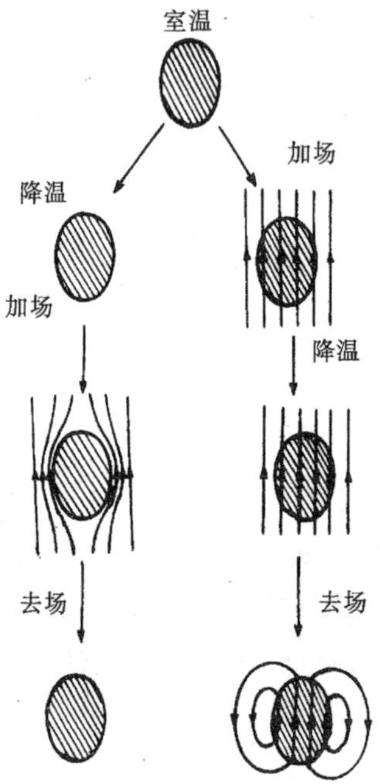

图 31.7　磁场中的理想导体.

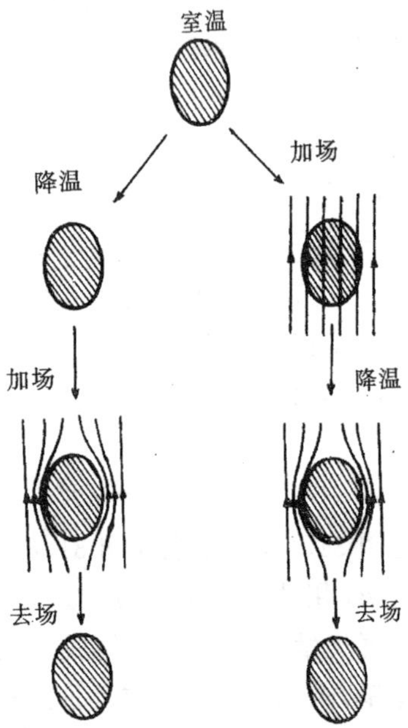

图 31.8　磁场中的超导体.

应当强调指出的是，理想导电性和完全逆磁性是超导态物质的两个独立的基本特性. 一个理想导体，在冷到某温度 T_c 之下后，其电阻消失，这个理想导体中的磁通量就保持其初始值（$T\leqslant T_c$ 时为初始时刻）. 因此，初始值 B 如果不是 0，理想导体样品就不完全排斥磁通，参见图 31.7. 超导体因迈斯纳效应，只要 $T<T_c$，$H<H_c$，$\boldsymbol{B}=0$，与初始值无关，参见图 31.8. 这样，理想导体仅能保持其中的磁通密度不变，而超导体中（$H<H_c$，$T<T_c$）的磁通密度恒为 0. 所以理想导体不是超导体.

同样，理想导电性也是独立的. 完全逆磁性条件 $\boldsymbol{B}=0$ 只保证不存在感应电场（$\frac{\partial \boldsymbol{B}}{\partial t}=-\nabla\times\boldsymbol{E}=0$），不能保证 $E=0$. 根据欧姆定律，稳恒情形下的理想导电性要求超导态中

$$\boldsymbol{E} \equiv 0. \tag{31.2}$$

所以式(31.2)也是独立的,它也是超导体的状态方程.

临界磁场 H_c 因物质而异.对特定物质而言,H_c 又是温度的函数.图 31.9 示出几种金属的 $H_c(T)$关系.实验发现,它们可以在很好的近似程度上用以下关系描述:

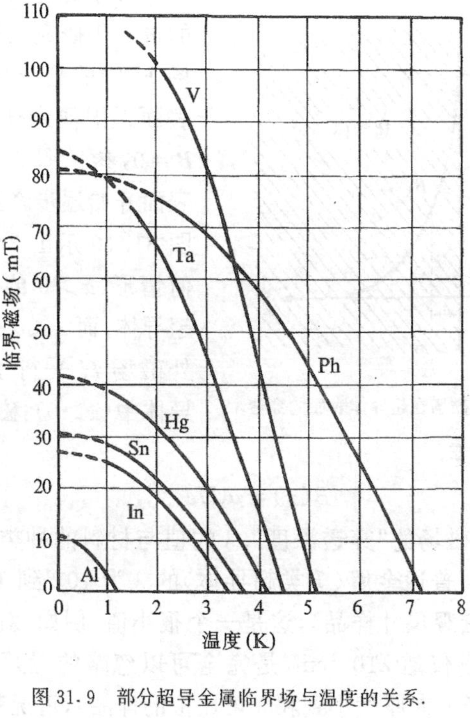

图 31.9 部分超导金属临界场与温度的关系.

$$H_c(T) = H_c(0)\left[1 - \left(\frac{T}{T_c}\right)^2\right], \tag{31.3a}$$

$H_c(0)$是由这个抛物线关系外推到 $T=0\text{K}$ 时的临界磁场。采用自然单位,即 $h=H/H_c(0)$,$t=T/T_c$,h 和 t 分别称为约化磁场和约

化温度，式(31.3a)变为

$$h_c(t)=1-t^2, \tag{31.3b}$$

它是对各超导体都适用的临界磁场与温度的关系式，式中 h_c 是约化临界场. 习惯上把 H_c 称为“热力学临界场”. 这里先指出，Ⅰ类超导体只有一个热力学临界场 H_c，而Ⅱ类超导体除了 H_c 外，还有第一临界场 H_{c1}，第二临界场 H_{c2}. 有关超导体的分类及各种临界场下面还将详细提到. 一些材料的 H_c 及 H_{c2} 值已列在表 31.1 至表 31.3 之中.

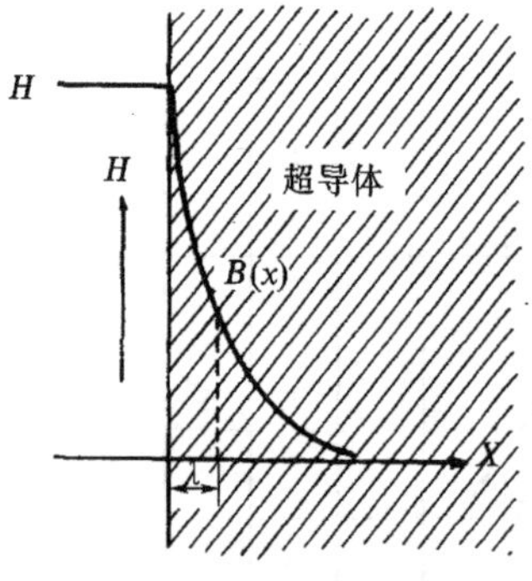

图 31.10　磁场在超导体表面的穿透.

关于超导体的磁学性质的进一步研究证明，置于外磁场 H 中的超导体. 并非经过表面无限薄到体内就突然有 $\boldsymbol{B}=0$，参见图 31.10，而是从表面开始逐步降到内部的零. 图 31.10 示出一种简单的几何情形：$x>0$ 的右半空间是超导体，而 $x<0$ 处则是真空，外磁场 H 平行于表面. 在超导体中($x>0$)，磁通密度以指数方式趋向零

$$B(x)=\mu_0 He^{-x/\lambda}, \tag{31.4}$$

常数 λ 称为磁场的“穿透深度”. λ 的值与材料的种类、温度、杂质含量等有关. 普通金属(Ⅰ类超导体)的 λ 为 10^{-7}到 10^{-8}m 量级. 对块样品(宏观尺寸样品)，这是一个很小值. 例如，对尺寸为 1cm 的样品，磁场仅透 $\lambda 10^{-5}$cm，是完全可以忽略的. 然而，对小样品(指垂直磁场方向厚度小到和 λ 可比拟的样品)，情况就很不相同. 例如厚为 100nm 的薄膜，在平行于膜面的磁场中穿透效应将十分显著，参见图 31.11. 图 31.11(a)和(b)分别说明在块样品和小样品中磁通密度分布. 因此，小样品已不是“完全抗磁性”的了，虽然它们仍是超导态. 小样品的磁性质将和同样材料的块样品有重要

区别，不过我们将不讨论它们.

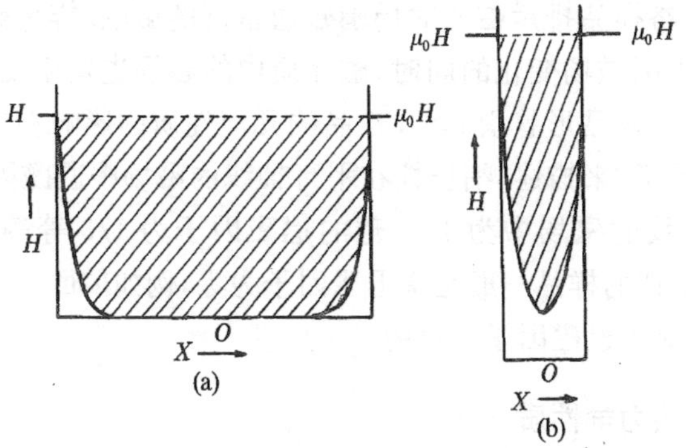

图 31.11　(a)块样品中的磁通密度分布；(b)小样品中的磁通密度分布.

按麦克斯韦方程，磁场与电流密度 J 的关系为 $\nabla\times\boldsymbol{B}=\mu_0\boldsymbol{J}$，在图 31.10 中的情形为 $J_y=-\frac{1}{\mu_0}\frac{dB}{dx}$，使磁通密度 B 变化的电流 J_y 在 y 方向流动(垂直图面向里)，其大小为

$$J_y=-\frac{1}{\mu_0}\frac{dB}{dx}=\frac{H}{\lambda}e^{-x/\lambda},\tag{31.5}$$

此式表示电流也只存在于样品表面附近约 λ 厚的一层内. 正是这层表面电流屏蔽了外场，在超导体内 B 降为零. 故也叫它“屏蔽电流”. 按电磁学，超导态的逆磁矩 $\boldsymbol{M}(=-\boldsymbol{H})$也是它引起的，故又称为“磁化电流”. 图 31.12是长圆柱超导样品在平行于轴线的匀强磁场中屏蔽电流的示意. 顺便指出，逆磁矩和屏蔽电流仅是描述同一逆磁性的两种方法，具体问题究竟采用哪种方法视需要而定.

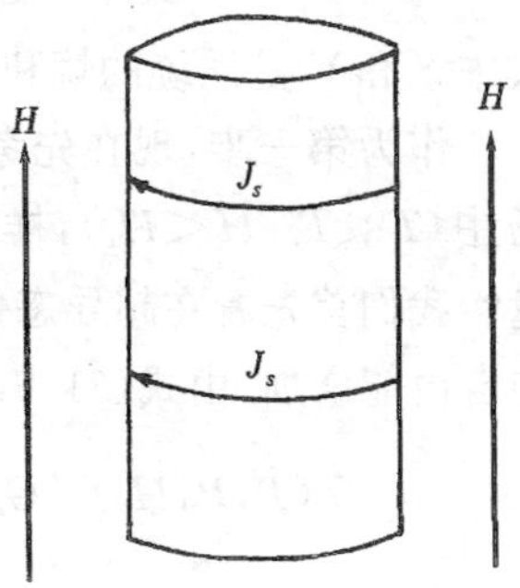

图 31.12　柱超导体表面的屏蔽电流.

一个样品放进匀强磁场中，因排

斥磁通，其周围的磁场也要变化.具体讲就是“极地”减弱，“赤道”附近增强，参见图 31.5.只有如图 31.12 中所示的细长圆柱样品才可以忽略样品排斥磁通对周围磁通密度的影响.排斥磁通的结果，将使周围磁场变化的同时，磁介质内的磁场也发生变化.这种改变纯粹是样品形状引起的.样品的几何性质的影响在电磁学中用“退磁因子”来描述.细长柱在平行轴线的磁场中退磁因子为 0，在垂直轴线的磁场中为 1/2.球的退磁因子为 1/3 等等.如不指明，我们叙述的样品一般是指退磁因子为零，例如前面给出的临界场值都是对零退磁因子而言的.

§31.3 热力学性质

上节说明，超导体的状态只决定于外参量 T 和 H，与过程的历史无关.所以超导体是一个平衡热力学系统.系统相图即图 31.9.相界曲线即式(31.3)，而状态方程是式(31.1)，由此完全可以导出超导体的热力学性质.

热力学告诉我们，系统在稳定态时能量最低.外参量是 T、H 和 P(P 是压强)时这个能量就是系统的吉布斯自由能.对单位体积，当外参量有无限小变化时吉布斯自由能密度的增量是

$$dG=-SdT+VdP-\mu_0 MdH, \qquad (31.6)$$

式中 S 和 V 是系统的熵和体积①.

作为第一步，现在先考虑这样的问题：在一定温度、压强和磁场中($T<T_c$,$H<H_c$)，样品从正常态变为超导态时放出多少能量？我们首先看在超导态仅因磁场从 H_1 升到 H_2 而 T,P 不变时的自由能增加.由式(31.6)，且注意 $dT=0$,$dP=0$，积分得

$$G_s(T,P,H_2)-G_s(T,P,H_1)=\frac{1}{2}\mu_0(H_2^2-H_1^2) \qquad (31.7)$$

---

① 式(31.6)也写成 $dG=-SdT+VdP-BdH$，这里多了一项 $\mu_0 HdH$，它相当于计及真空的磁场能.鉴于这两种写法不造成实质性差别，我们将视方便和习惯采用任何一种形式.

积分时已利用迈斯纳态的状态方程 $M_s=-H$，因为 $H=H_c$ 时相变，所以 $G_s(T,P,H_c)=G_n(T,P,H_c)$，也就是在相变点两相自由能相等. 脚码 s 和 n 分别表示属于超导和正常相的值. 于是，令 $H_2=H_c$，及 $H_1=H$ 后，由式(31.7)得

$$G_n(T,P,H_c)-G_s(T,P,H)=\frac{1}{2}\mu_0(H_c^2-H^2). \quad (31.8)$$

再看正常态的情况. 利用状态方程 $M_n=0$，代入式(31.6)，并运用和获得式(31.8)相同的方法后，有

$$G_n(T,P,H)=G_n(T,P,0),$$

我们将它代入式(31.8)后得到以上问题的答案

$$G_n(T,P,H)-G_s(T,P,H)=\frac{1}{2}\mu_0(H_c^2-H^2), \quad (31.9a)$$

$$G_n(T,P,0)-G_s(T,P,0)=\frac{1}{2}\mu_0 H_c^2. \quad (31.9b)$$

图 31.13 示出超导体在 n 态及 s 态自由能与磁场的这种关系. 量 $\frac{1}{2}\mu_0 H_c^2(T)$ 叫凝聚能，表示在一定温度和压力下正常态比超导态高出的自由能密度.

第二步考虑相变过程中熵的变化及潜热 L. 由式(31.6)和式(31.9b)，可得熵差及潜热分别为

$$S_n-S_s=-\left[\left(\frac{\partial G_n}{\partial T}\right)_{H,P}-\left(\frac{\partial G_s}{\partial T}\right)_{H,P}\right]=-\mu_0 H_c\left(\frac{\partial H_c}{\partial T}\right)_P \quad (31.10)$$

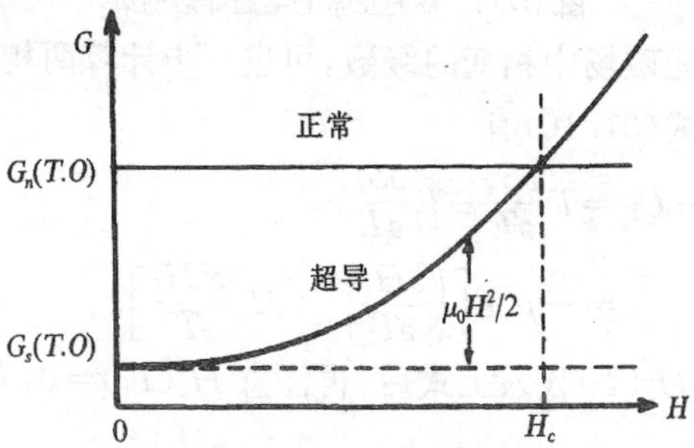

图 31.13 自由能 G 与磁场的关系.

$$L=T(S_n-S_s)=-\mu_0 TH_c\left(\frac{\partial H_c}{\partial T}\right)_P \tag{31.11}$$

由相界曲线 $H_c(T)=H_c(0)[1-(T/T_c)^2]$ 可知 $\frac{\partial H_c}{\partial T}<0$，故 $S_n>S_s$. 按熵的意义，超导态比正常态更有序，由正常态转变为超导态是一种"凝聚"过程. 所以超导态是一种凝聚态. 式(31.11)证明了在磁场存在情况下，凝聚伴有潜热放出，相变属一级. 但是无磁场存在的凝聚($T=T_c$)，因 $H_c(T_c)=0$，故 $S_n=S_s$，潜热 L 也是零，相变属高级. 在 $T=0$ 时，因 $\frac{\partial H_c}{\partial T}=0$，所以 $S_n-S_s=0$，$L=0$，这和能斯脱定理是一致的. 图 31.14 示出锡在正常态和超导态的熵.

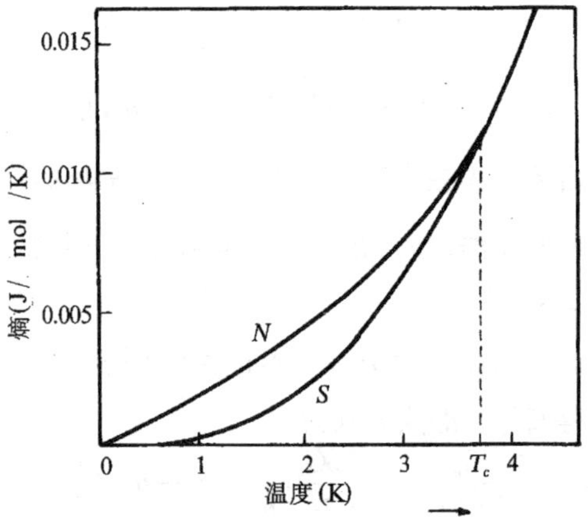

图 31.14 锡的正常态与超导态的熵.

为判别无磁场中相变的级数，可进一步计算两相的比热差，按比热定义和式(31.10)有

$$\begin{aligned}C_n-C_s&=T\frac{\partial S_n}{\partial T}-T\frac{\partial S_s}{\partial T}\\&=-\mu_0 T\left[\left(\frac{\partial H_c}{\partial T}\right)^2+H_c\frac{\partial^2 H_c}{\partial T^2}\right].\end{aligned} \tag{31.12}$$

将相界曲线 $H_c(T)$ 代入上式后，再注意 $H_c(T_c)=0$，有

$$(C_n-C_s)_{T=T_c}=-\mu_0 T_c\left(\frac{\partial H_c}{\partial T}\right)^2_{T=T_c}, \tag{31.13}$$

这里 $T=T_c$ 是无磁场相变条件. 而 $C_n<C_s$ 表示比热有跃变,所以属二级相变. 图 31.15 示出锡在两种状态的比热与温度关系曲线. 其中 $T<T_c$ 的正常态比热可将样品放在高于 H_c 的磁场中测得.

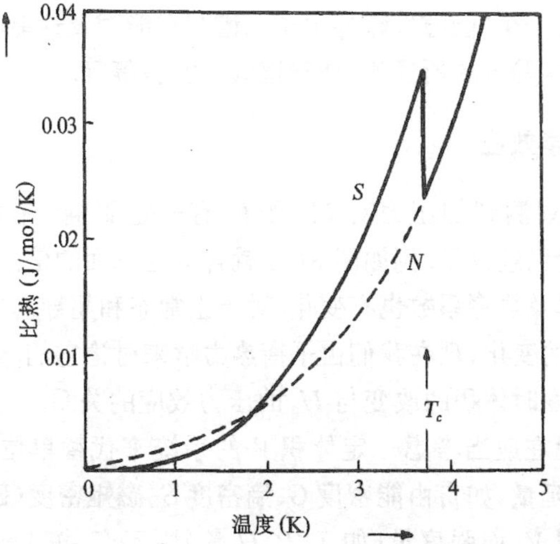

图 31.15　锡的正常态和超导态的比热.

金属的低温比热有两部分组成:点阵部分贡献的 $A\left(\frac{T}{\theta_D}\right)^3$($A$ 为常数,θ_D 是德拜温度),以及电子部分贡献的 γT(γ 是索末菲常数). 于是正常态比热为

$$C_n=\left(\frac{A}{{\theta_D}^3}\right)T^3+\gamma T=C_{n点阵}+C_{n电子} \tag{31.14}$$

这表示在实验测量的 C_n/T 和 T 关系的曲线上,斜率联系 $C_{n点阵}$,而截距就是 γ. 因此,比热的实验曲线使我们容易得到点阵和电子比热. X 光实验证明,超导金属的点阵在超导态和正常态没有什么差别. 另外的实验又说明,点阵的振动性质(θ_D 等)也没有什么变化. 这样,可以设 $C_n-C_s=C_{n电子}-C_{s电子}$,而且,我们从超导态的总比热中减去 $C_{点阵}$ 就能得到电子贡献 $C_{s电子}$. 精确测量表明,超导态

电子比热为

$$C_{s电子}=ae^{-b/kT}, \tag{31.15}$$

式中 k 是玻耳兹曼常量，而 a,b 分别是与材料有关的常数. 其中 $b\approx1.7kT_c$. 例如对于钒，$b=1.5kT_c$. 按统计物理学，(31.15)式的指数律表示电子能谱的基态与激发态存在一个有限大小的能量差，或者说有一个"能隙". 超导电子能谱存在能隙及这能隙的大小还被其它的实验方式所证实，如隧道效应实验等等.

§31.4 力学效应

实验上观测到加压力对 H_c 及 T_c 有一定影响. 有关这些内容，前面讨论已经提及. 例如图 31.3 就含有这方面的信息. 相变时体积、压缩率及热膨系数也有变化. 对于正常态和超导态之间相变的弹性性质的变化，现在我们由平衡热力学来讨论它们. 先考虑沿相界曲线相变时体积的改变与 H_c 的压力效应的关系.

显然，现在应当考虑一定体积 V 的系统来代替单位体积. 此时系统的广延量，如自由能密度 G、熵密度 S、磁矩密度(磁化强度 M)等应乘以 V，而强度量(如 T,P,H 等)则不变. 按上一节的结果，系统体积为 V 时吉布斯自由能 $g(g=GV)$ 为[参见式(31.9)]

$$g_s(T,P,H)-g_s(T,P,0)=\frac{1}{2}\mu_0H^2\cdot V_s, \tag{31.16a}$$

$$g_n(T,P,H_c)-g_s(T,P,0)=\frac{1}{2}\mu_0H_c^2\cdot V_s. \tag{31.16b}$$

利用关系 $V=\left(\frac{\partial g}{\partial P}\right)_{T,H}$ 及式(31.16a)可得最大的超导态的磁致伸缩为

$$V_n(T,P,H_c)-V_s(T,P,0)=\frac{1}{2}\mu_0H_c^2\left(\frac{\partial V_s}{\partial P}\right)_{T,H}. \tag{31.17a}$$

再由式(31.16b)得

$$V_s(T,P,H_c)-V_s(T,P,0)$$
$$=\frac{1}{2}\mu_0H_c^2\left(\frac{\partial V_s}{\partial P}\right)_T+\mu_0H_c\left(\frac{\partial H_c}{\partial P}\right)_T\cdot V_s, \tag{31.17b}$$

将式(31.17a)减去式(31.17b),即得

$$V_n(T,P,H_c)-V_s(T,P,H_c)=\mu_0 H_c\cdot\left(\frac{\partial H_c}{\partial P}\right)_T\cdot V_s,\quad(31.18)$$

式(31.18)正是沿相界曲线相变时体积的改变 $\Delta V=V_n-V_s$. 一般 $\left(\frac{\partial H_c}{\partial P}\right)_T\approx10^{-5}-10^{-6}$(A·m/N),因而 $\Delta V/V\approx10^{-6}-10^{-7}$(假设 $H_c\approx10^5$A/m). 图 31.16 是将测量到的 $\left(\frac{\partial H_c}{\partial P}\right)_T$ 值代入式(31.18)算得的 $\Delta V/V\sim T$ 曲线与不同温度 T 时测得的 $\Delta V/V$(圆圈)的比较,符合是满意的. 由于 $\left(\frac{\partial H_c}{\partial P}\right)_T<0$,所以 $V_n<V_s(T<T_c)$. 这一点微小差值将使超导体内同时存在超导-正常混合状态时有弹性畸变产生. 当 $T=T_c$ 时,$H_c=0$,$\Delta V=0$,这是二级相变的特征,而 $T<T_c$,$\Delta V\neq0$,则是一级相变的必然结果.

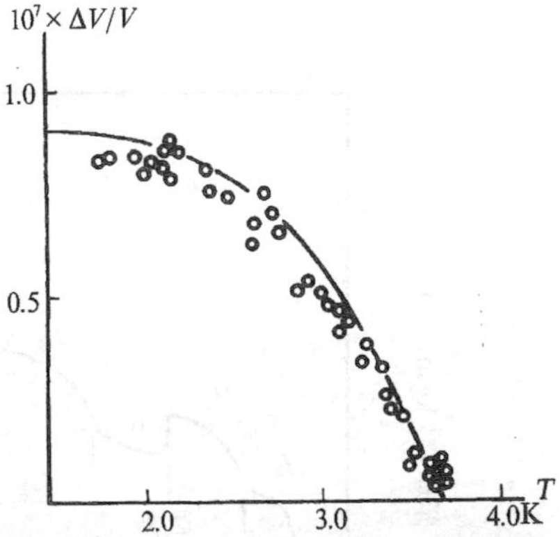

图 31.16 超导体的压力效应.

在 $T=T_c$ 时,二级相变将发生热膨胀系数 $\alpha\left(=\frac{1}{V}\frac{\partial V}{\partial T}\right)$ 及体弹性模量 $K\left(=-V\frac{\partial P}{\partial V}\right)$ 等的跃变. 注意 $T=T_c$ 时,$H_c=0$,由式(31.18)求导可得到

$$\alpha_n(T_c)-\alpha_s(T_c)=\mu_0\left(\frac{\partial H_c}{\partial T}\right)_P\cdot\left(\frac{\partial H_c}{\partial P}\right)_T,\quad(31.19)$$

$$k_n(T_c)-k_s(T_c)=k_s^2(T_c)\cdot\mu_0\left(\frac{\partial H_c}{\partial P}\right)_T^2,\quad(31.20)$$

$\Delta\alpha$ 和 Δk 都很小,不容易测量. 对锡和铅,$\Delta\alpha$ 的测量结果与计算值相符. 一般说,$\Delta\alpha$ 约为 $10^{-7}k^{-1}$,而体弹性模量的相对变化约为 10^{-5}.

超导相变对金属的范性也有影响. 在沸腾液氦温度下进行的Ⅱ类超导体铌和Ⅰ类超导体铅的恒定速率应变拉伸试验证明,用施加磁场(强度超过临界场)使样品由超导态转变为正常态时,流变应力 σ 增加. 增量相当小,铌单晶约为 6%,很纯的铅多晶约为 2.9%,参见图 31.17(a). 但是比同样转变时的弹性常量的增量大数千倍. 类似的结果也在铅单晶实验中发现了.

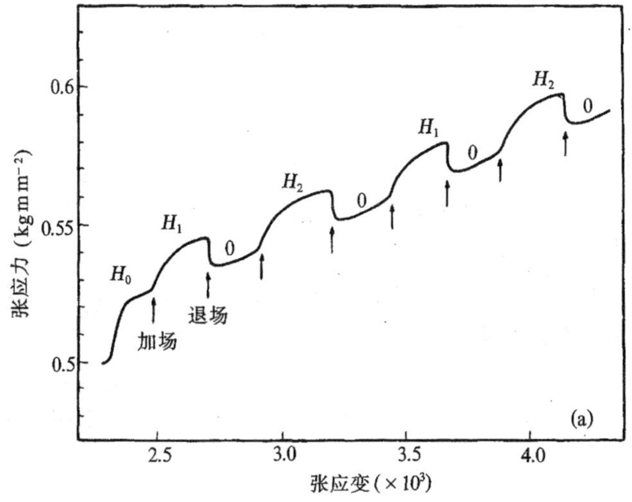

图 31.17(a) 铅多晶在超导态($H=0$)和正常态($H=H_1$ 或 H_2,H_1 和 H_2 大于 H_c)流变应力的变化.

对Ⅱ类超导体,当 $H_{c1} \leqslant H \leqslant H_{c2}$ 时,样品处在混合态,这一点后面将详细讨论. 这类样品中当磁场使超导态转变到正常态或混合态时流变应力的改变和磁化曲线 $B(H)$ 有一定关联,参见图 31.17(b). 范性性质当然不能用平衡热力学理论来解释. 一般认为是运动位错在各种状态中受的电子阻尼不同产生的. 详细讨论可参见文献[23].

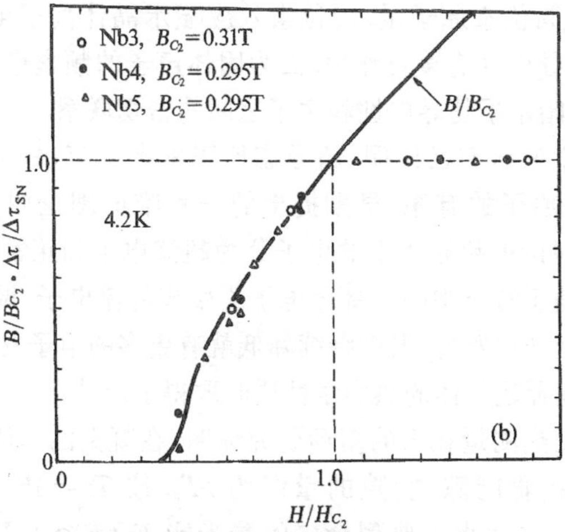

图 31.17(b)　超导体的约化流变应力$\frac{\Delta\tau}{\Delta\tau_{sn}}$和约化磁通密度$\frac{B}{B_{c2}}$和约化磁场 H/H_{c2}的关系.

§31.5　超导电性的BCS微观图象

超导电性的全部微观理论很复杂，详细地讨论它们既需要某些专门知识(例如高等量子力学)，这已超出了本书的范围.本节只作物理机制方面的概要介绍，有兴趣的读者可以参阅原始文献或篇末列出的专著.

超导电性的微观机制是什么？这个问题困扰了物理学家达半个世纪之久.1957年，巴丁、库伯和施瑞弗发表了超导电性的微观理论，成功地回答了这个问题.现在通称这个理论为"BCS理论".

在BCS理论出现之前，对超导电的实验和唯象理论研究已取得很大成绩.无疑，这些研究使BCS的成功成为可能.

如前面所述，N-S 相变时晶体结构和晶格振动没有显著变化，故不属结构相变.然而实验发现了"同位素效应"

$$T_c \sim M^{-1/2}, \tag{31.21}$$

式中 M 为同位素原子量. 同位素效应显示晶体离子虽不是载流子,但对超导电性有重要作用. 因为固体声子的频率也和 $M^{-1/2}$ 成正比,这就暗示了超导电性和声子之间的密切联系.

热力学的研究已说明,超导态比正常态更有序,是一种凝聚态. 它不是原子的有序. 早期提出的一种唯象理论叫"二流体理论",这个理论把超导体中的电子分为超流电子和正常电子. 超导态的出现是正常态中的一部分电子凝聚成超流电子. 温度降到 T_c 时这种凝聚开始发生. 温度继续降低就有更多的电子发生凝聚. 这一模型在解释超导体的热力学性质时取得了成绩.

包括比热测量在内的多项研究证明,在凝聚的和激发的电子态之间存在着能隙,能隙的量级为 kT_c. 按 $T_c = 4\text{K}$,能隙约为 $3\times10^{-4}\text{eV}$,它远小于典型金属的费米能 E_f($E_f \approx 5\text{eV}$). 我们知道,晶体电子能谱的能隙(禁带)是由离子的规则势场作用引起的. 那么超导体中的能隙是否和离子的规则振动(声子)作用有联系呢? 同位素效应已暗示了这种联系,不过声子能量很小,声子的影响也不会有静库仑势那样大.

1950 年,弗罗列希(H. Fröhlich)在超导微观机制研究方面迈出了重要的一步. 他指出,电子经过与声子相互作用能在电子之间产生新的相互作用. 在一定条件下,电子之间的这种作用可以是吸引的,虽然很微弱. 以这种作用作为超导电性的基本作用,弗罗列希的理论能够预言同位素效应. 那么电子间怎样经过声子作用而吸引呢?真空中的电子之间有库仑斥力. 金属中的传导电子在许多情形下都可以当作遵从泡利原理的"自由电子",对任一电子来说,其它电子和所有离子的作用合起来后就可以忽略. 自由电子论的成就表明离子的影响非常重要,以致电子间的库仑斥力可以忽略(至少很弱). 超导体中情况也应相同. 但是超导体电子-离子间的作用比较地强一点,电子周围的晶格因为库仑作用被扭曲,晶格的扭曲将传播,即电子激起格波,或说电子发射了声子. 声子有一定动量和能量. 当声子在传播过程中被第二个电子吸收后第二个电

子就获得了动量和能量. 按动量和能量守恒定律，第一个电子损失了相同的动量和能量. 这种电子通过声子交换动量和能量就是电子间的一种新的相互作用. 按照量子理论，费米面附近的任意两个电子，如果其能量分别为 ε_1 和 ε_2，动量大小相等而方向相反，自旋相反，且满足 $|\varepsilon_1-\varepsilon_2|<k\theta_D$ 时他们是吸引的，否则就相互排斥.

库伯证明了正常态费米面上的两个电子 1 和 2，只要有吸引互作用，不管多弱，就要形成束缚态，使两个电子的总能量 $\varepsilon_1+\varepsilon_2<2E_f$，正常态变成绝对不稳定. 这样一对能量和费米能相近，动量相等相反，自旋相反，由声子传递的吸引力而相互束缚在一起的电子叫"库伯对电子". 利用量子力学的不确定关系就能证明，库伯对电子间的距离，或库伯对的尺寸 ξ_0 是相当大的. ξ_0 实际上就是凝聚成对的电子互作用距离. ξ_0 就叫"BCS 相干长度". BCS 相干长度随超导体而异，一般在 10^3nm 的量级.

当然，金属的费米面附近有大量电子而不只是两个. 三个或更多的电子间的互作用如何？BCS 理论证明，库伯的简单结果可以推广到许多相互作用着的电子系统，他们假设与超导态相关的相互作用就是上述使任意两个电子形成库伯对的电声子相互作用，所有其它电子的存在对某个库伯对的影响仅仅是，这个库伯对电子被散射后要遵守泡利原理而只能占据那些尚未被其它电子占据的态.

绝对零度下的正常自由电子气，使费米球内的态全被占据，球外的态全空着. 如果电声子相互吸引作用，使费米面上一对电子形成库伯对并降低总能量，则将有更多的费米面下的电子到费米面上去形成库伯对，以降低总能量. 这个过程直到平衡为止. 绝对零度时，费米面附近电子全部凝聚成库伯对. 大量库伯对电子的出现就是超导态的形成. 超导态中电子凝聚成库伯对，就使它比正常态更有序.

当温度不是绝对零度时，一部分库伯对就要被折散，即出现一部分正常电子(严格说，是激发一部分准粒子). BCS 理论中折散一对电子所需能量的最小值是 2Δ，也就是超导体电子能谱中有一个大小为 2Δ 的能隙. 2Δ 是温度的函数. 在 $T=T_c$ 时, 2Δ=0, 随着温度降低, 2Δ 增加, 在 $T=0K$ 时, $2\Delta=3.5kT_c$. 温度升高时, 更多的准粒子被激发, 凝聚的电子减少. 到临界温度时不再有库伯对, 全部电子都被激发, 样品发生 N-S 相变.

正常金属有电阻, 是因为载流子会受到散射而改变动量. 散射中心就是声子、缺陷、杂质原子等. 在超导态情况下, 组成库伯对的电子不断地相互散射, 但这种不断地散射不影响库伯对质心动量. 所以有电流通过超导体时库伯对的定向运动不受阻碍, 没有电阻. 呈现电阻的散射应是改变库伯对质心动量的散射, 这种散射是一种折散电子对的散射. 然而这种折对过程需要的最小能量为 2Δ, 所以只有这种能量有供给来源时这种散射才会发生. 在低电流密度下无法给折对提供能量, 因此能改变库伯对总动量的散射事件完全被制止了, 所以没有电阻.

Ⅱ 金兹堡-朗道唯象理论

本节将扼要讨论描述超导电性的唯象理论. 最成功的唯象理论就是金兹堡-朗道理论. 先扼要提及 GL 理论与朗道的一般二级相变理论的关系, 然后介绍 GL 理论的核心部分自由能及 GL 方程. 由 GL 理论将自然导出一些表示超导电特征的物理参量, 如 ξ, λ, κ 及界面能参量 σ 和磁通量量子 ϕ_0 等. 对早期发展的唯象理论(如二流体理论), 伦敦理论等不作介绍或只在简化处理时提及.

§31.6 引 言

基于朗道的二级相变理论, 金兹堡-朗道在 50 年代初发展了超导电性的一种唯象理论[3]. GL 理论在处理不均匀超导体, 特别是 Ⅱ 类超导体时尤为合适. 在朗道二级相变理论中引进了"序参量"来描述相变[24]. 此概念最初是用来处理结构相变的, 结果非常成功. 后来在许多相变系统中序参量也非常有用. 在不同的物理系统中, 序参量有不同的维数. 在有序-无序相变系统中, 序参量是标

量. 在铁磁和铁电相变系统中，序参量是矢量，也就是磁化强度和极化强度. 在 N-S 相变系统中，序参量是超导电子密度（对波函数）或能隙参数. 近来，序参量的概念还被推广到了非平衡相变中[25]. 在原始 GL 理论中，序参量是复数，即赝波函数 $\varphi(\boldsymbol{r})$. 其绝对值 $|\varphi(\boldsymbol{r})|$ 与超导电子的局域密度 $n_s(\boldsymbol{r})$ 相联系：$|\varphi(\boldsymbol{r})|^2=n_s(\boldsymbol{r})$. $\varphi(\boldsymbol{r})$ 的位相是描述超导电流（超流）所必须的. 自由能密度作为序参量的函数，并被展开为 $|\varphi|^2$ 和 $|\nabla\varphi|^2$ 的幂级数（当 φ 和 $\nabla\varphi$ 很小时），由自由能极小决定的稳定态中，$\varphi(\boldsymbol{r})$ 和磁场矢量势 $\boldsymbol{A}(\boldsymbol{r})$ 由一对相互耦合的非线性微分方程，即 GL 方程来确定. GL 理论是一种唯象理论，但是高尔柯夫（L. P. Gorkov）证明，在纯极限和脏极限情况下，GL 理论可以在 T 接近 T_c 时由 BCS 理论导出，不过序参量和磁场的空间变化不能太剧烈[26].

§ 31.7　超导体的自由能和 GL 方程[3]

(a) 均匀超导体的自由能　先考虑无外磁场这种简单情况. 记温度为 T，磁通密度为零的时候超导体的亥姆霍兹自由能密度为 $F(T,0)$. 在 $T\to T_c$ 时，φ 是小量，F 可以展开成如下形式的级数（保留到 $|\varphi|^4$ 项）：

$$F_s(T,0)=F_n(T,0)+\alpha|\varphi|^2+\frac{1}{2}\beta|\varphi|^4. \tag{31.22}$$

系统的稳定性要求在相变点（此时 $\varphi=0$）F_s 取极小值，因此式(31.22)右边只出现偶次幂. 改写式(31.22)为 $F_s(T,0)=F_n(T,0)-\frac{\alpha^2}{2\beta}+\frac{\beta}{2}\left(|\varphi|^2+\frac{\alpha}{\beta}\right)^2$ 的形式后立刻可知，要使 φ 不为 0 时 F_s 有极小值，β 必须大于 0，而且 F_s 取极小时的序参量 φ_0 是

$$|\varphi_0|^2=-\frac{\alpha}{\beta}. \tag{31.23}$$

由于 $T<T_c$ 时 $|\varphi_0|^2>0$，必须有 $\alpha|_T<0$ 和 $|\varphi_0|_{T_c}=0$，故 $\alpha|_{T_c}=0$. 在 T_c 附近展开 $\alpha(T)$ 和 $\beta(T)$ 后可以得到（注意 β 是 $|\varphi|^4$ 的系数）

$$\left.\begin{aligned}&\alpha(T)=\alpha(T_c)+\frac{\partial\alpha}{\partial T}\Big|_{T_c}\cdot(T-T_c),\\&\beta(T)\approx\beta(T_c),\end{aligned}\right\} \tag{31.24}$$

式中$\frac{\partial\alpha}{\partial T}|_{T_c}$在 $T<T_c$ 时取正值. 联合(31.22)到(31.24)有

$$F_s=F_n-\frac{1}{2}\frac{\alpha^2}{\beta}=F_n-\frac{(T-T_c)^2}{2\beta}\cdot(\frac{\partial\alpha}{\partial T}\bigg|_{T_c})^2. \quad (31.25)$$

由式(31.25)我们就能判断在 $T=T_c$ 时的 N-S 相变至少是二级相变,因为$\frac{\partial}{\partial T}(F_s-F_n)|_{T_c}=0$.

由热力学我们知道

$$G(T,H)=F(T,H)-BH. \quad (31.26)$$

根据式(31.26)、式(31.25)和式(31.9)我们可以立刻得出

$$G_s(T,0)-G_n(T,0)=F_s(T,0)-F_n(T,0), \quad (31.27)$$

$$H_c^2=\frac{\alpha^2}{\mu_0\beta}. \quad (31.28)$$

显然,以式(31.24)代入式(31.28)有

$$H_c|_{T\to T_c}\propto(T_c-T), \quad (31.29)$$

因为经验关系式(31.3)说明,在 $T\to T_c$ 时有

$$H_c(T)=H_c(0)(1-\frac{T^2}{T_c^2})|_{T\to T_c}\propto(T_c-T),$$

所以自由能式(31.22)的确得出了和实验相同的结论.

(b)不均匀超导体的自由能　现在考虑有磁场存在、序参量在空间不均匀的超导体. 此情况下自由能密度的增量由以下三部分组成:(1)磁场能:设体内局域磁通密度为 $\boldsymbol{h}(\boldsymbol{r})$,相应的矢量势 $\boldsymbol{A}(\boldsymbol{r})$的定义是$\nabla\times\boldsymbol{A}=\boldsymbol{h}$,而平均磁通密度或磁感强度 $\boldsymbol{B}$ 由

$$\boldsymbol{B}=\frac{1}{V}\int_V\boldsymbol{h}(\boldsymbol{r})d\boldsymbol{r}\equiv\overline{\boldsymbol{h}(\boldsymbol{r})} \quad (31.30)$$

决定. 因系统内 $\boldsymbol{h}(\boldsymbol{r})$的存在增加的磁能密度为$\frac{1}{2}\cdot\frac{h^2}{\mu_0}$. (2)超流动能:理想导电性和迈斯纳效应说明磁场中的超导体有永久超电流. 微观理论和其它实验证明,载流子是库伯电子对,其密度 $n_s^*=\frac{1}{2}n_s$,质量 $m^*=2m$,电荷 $e^*=2e$,n,m,e 分别是电子的密度、质量和电荷的大小. 假设库伯对速度为 $\boldsymbol{v}_s$,则动能密度是$\frac{1}{2}m^*n_s^*\boldsymbol{v}_s^2$,力

学动量 $m^* \boldsymbol{v}_s$ 和正则动量 $\boldsymbol{P}_s$ 及矢势 $\boldsymbol{A}$ 的关系是

$$m^* \boldsymbol{v}_s = \boldsymbol{P}_s + e^* \boldsymbol{A}. \tag{31.31}$$

(3)序参量的空间变化也使系统能量增加. 但将此项能量的增量用 φ 的梯度的级数展开表示时，应从二次项开始，因为零磁场中 φ 是常量. (2)和(3)两方面合起来写为

$$\frac{1}{2m^*}\left|\left(\frac{\hbar}{i}\nabla + e^* \boldsymbol{A}\right)\varphi\right|^2. \tag{31.32}$$

最后得到非均匀超导体亥姆霍兹自由能密度为

$$\begin{aligned} F_s(T,H) = F_n(T,H) + \alpha|\varphi|^2 + \frac{1}{2}\beta|\varphi|^4 \\ + \frac{1}{2m^*}\left|\left(\frac{\hbar}{i}\nabla + e^* \boldsymbol{A}\right)\varphi\right|^2 + \frac{1}{2}\mu_0{}^{-1}h^2, \end{aligned} \tag{31.33}$$

这里 $\hbar$ 是量子力学常数，等于普朗克常量除以 2π.

(c)GL 方程　稳定状态的 $\varphi(\boldsymbol{r})$ 和 $\boldsymbol{A}(\boldsymbol{r})$ 将使自由能极小，将 F_s 对 φ, φ^* 和 $\boldsymbol{A}$ 求极值后得到如下 GL 方程：

$$\alpha\varphi + \beta|\varphi|^2\varphi + \frac{1}{2m^*}\left(\frac{\hbar}{i}\nabla + e^* \boldsymbol{A}\right)^2 \varphi = 0 \tag{31.34a}$$

$$\boldsymbol{J}_s = \frac{e^*\hbar}{2m^* i}(\varphi^* \nabla\varphi - \varphi\nabla\varphi^*) - \frac{e^{*2}}{m^*}\varphi\varphi^* \boldsymbol{A}, \tag{31.34b}$$

形式上，GL 第一方程和薛定格方程相似，可以决定序参量，GL 第二方程是量子力学电流方程的形式，可以决定磁场. 但是实际上，求 φ 时要先知道 $\boldsymbol{A}$，求 $\boldsymbol{A}$ 时又要先知道 φ，所以这是一对耦合的非线性微分方程，解起来比较麻烦.

得到 GL 在方程(31.34)已应用了边界条件

$$\left(\frac{\hbar}{i}\nabla - e^* \boldsymbol{A}\right)\bigg|_n \varphi = 0, \tag{31.35}$$

脚标 n 表示沿界面法向的导数. 实际上，对超导-真空或超导-绝缘体界面，式(31.35)是正确的. 对超导-正常金属界面，此边界条件由于"邻近效应"应当修改.

§31.8　相干长度和穿透深度

GL 方程既然可以决定序参量和磁场，自然就可以确定它们

的值能够有显著变化的空间尺度. 现在,我们从最简单的情况着手来找出这两个特征长度. 假设磁场和电流都是零,在一维情形,GL方程变成

$$-\frac{\hbar^2}{2m^*}\frac{d^2\varphi}{dx^2}+\alpha\varphi+\beta|\varphi|^2\varphi=0, \tag{31.36}$$

这个方程的最明显的解是:(a)$\varphi=0$,这描述正常态;(b)$\varphi=$常量$\left(|\varphi|^2=|\varphi_0|^2=-\frac{\alpha}{\beta}\right)$,这描述零磁场中的超导态. 在一般情况下,$\varphi$可以随位置而变. 为了方便,我们引入"约化序参量"f

$$f=\varphi/\varphi_0, \tag{31.37}$$

φ_0是同样温度下的零场序参量:$|\varphi_0|^2=-\alpha/\beta$. 于是式(31.36)变成

$$\frac{\hbar^2}{2m^*|\alpha|}\cdot\frac{d^2f}{dx^2}+f-f^3=0. \tag{31.38a}$$

引入约化变量$y=x/\xi$,ξ就是x的长度单位,定义为

$$\xi^2=\frac{\hbar^2}{2m^*|\alpha|}\sim(1-t)^{-1}. \tag{31.39}$$

引入ξ后,式(31.38a)进一步变为

$$\frac{d^2f}{dy^2}+f-f^3=0, \tag{31.38b}$$

注意长度单位ξ随超导体性质和温度而变化. 它也是序参量φ在空间有显著变化的尺度,叫"温度有关的相干长度",或"GL相干长度". 微观理论证明

$$\xi(t)=0.74\xi_0(1-t)^{-1/2} \qquad (纯极限,L\gg\xi_0), \tag{31.40a}$$

$$\xi(t)=0.85(\xi_0L)^{1/2}(1-t)^{-1/2} \qquad (脏极限,L\ll\xi_0). \tag{31.40b}$$

式(31.40)中L是电子平均自由程.

为了看出磁场或电流在空间有显著变化的尺度,我们考虑弱外场以代替零场. 同时,作为近似,以零场中的平衡序参量φ_0代替弱场的φ,GL方程中的电流方程变为

$$\boldsymbol{J}_s=-\frac{e^{*2}}{m^*}|\varphi_0|^2\boldsymbol{A}. \tag{31.41}$$

引 λ 参量

$$\lambda=\left(\frac{m^*}{\mu_0 e^{*2}|\varphi_0|^2}\right)^{-1/2}=\left(\frac{m^*}{\mu_0 e^{*2}n_s^*}\right)^{-1/2}\propto(1-t)^{-1/2}. \quad (31.42)$$

式(31.41)就变成

$$\mu_0\boldsymbol{J}_s=-\frac{1}{\lambda^2}\boldsymbol{A}, \quad (31.43)$$

利用麦克斯韦方程 $\nabla\times\boldsymbol{h}=\mu_0\boldsymbol{J}_s$ 及 $\nabla\cdot\boldsymbol{h}=0$，和 $\boldsymbol{h}=\nabla\times\boldsymbol{A}$，对式(31.43)取旋度后为 $\nabla\times\nabla\times\boldsymbol{h}=-\frac{1}{\lambda^2}\boldsymbol{h}$. 在图 31.10 示出的简单情形下得出

$$h(x)=\mu_0 He^{-x/\lambda}, \quad (31.44)$$

$$J_s(x)=J_s(0)e^{-x/\lambda} \qquad \left(J_s(0)=\frac{H}{\lambda}\right), \quad (31.45)$$

λ 就是穿透深度，和经验式(31.4)一致. λ 随超导体和温度而变化，是超导体另一个特征长度.

式(31.43)类型的方程是伦敦兄弟(F. London 和 H. London)在 1935 年提出的唯象理论方程[27]，通常称为"伦敦方程"，原来是用以解释迈斯纳效应的，对弱场情况是很成功的. 温度也不限于 T_c 附近. 当时把 $n_s^*=n_s/2, m^*=m, e^*=e$，而 λ 也不同于伦敦穿透深度 λ_l

$$\lambda_l=\left(\frac{2m}{\mu_0 e^2 n_s}\right)^{-1/2}=\sqrt{2}\,\lambda,$$

$$\lambda_l=\lambda_l(0)(1-t)^{-1/2}.$$

由上面看到，在 T_c 附近，伦敦方程是可由 GL 方程在弱场下序参量为常量($\varphi=\varphi_0$)的近似条件而得到. 这也是 GL 理论比伦敦理论更好的一个例证. 以上近似通常称为波函数 φ 的"刚性近似". 不过伦敦当时只是在唯象理论中隐含了刚性近似的假定，也没有把伦敦方程限于 $T\to T_c$ 的范围.

在 $T\to T_c$ 附近，微观理论指出

$$\lambda(T)=\lambda_l(0)\cdot(1-t)^{-1/2}/\sqrt{2}$$

$$(\text{纯极限}, l\gg\xi_0). \quad (31.42\text{a})$$

$$\lambda(T)=\lambda_l(0)\cdot(\xi_0/1.33l)^{1/2}\cdot(1-t)^{-1/2}/\sqrt{2}$$

$$(\text{脏极限}, l\ll\xi_0), \tag{31.42b}$$

式(31.42b)中的 l 是电子平均自由程.

GL 还引入了一个很有用的参数 K,现在叫 GL 参数,它的作用将会逐步被看出,其定义是

$$K=\frac{\lambda(T)}{\xi(T)}=\frac{m}{\hbar e}\cdot\sqrt{2\beta/\mu_0}. \tag{31.46}$$

把上面关于纯极限和脏极限情况的 ξ 和 λ 代入后有

$$K=0.96\,\frac{\lambda_l(0)}{\xi_0}\qquad(\text{纯极限}, l\gg\xi_0), \tag{31.47a}$$

$$K=0.72\lambda_l(0)/l\qquad(\text{脏极限}, l\ll\xi_0). \tag{31.47b}$$

§31.9 界面能

GL 理论中两个特征长度 ξ 和 λ 的存在使我们很容易推测"界面能"的存在. 界面能是指每单位 N-S 相界面积的能量增加,也称表面能. 而用 GL 理论便能计算界面能.

先看如何从 ξ 和 λ 的存在引起界面能. 在一定的温度和外场下,超导体处于热力学平衡态时,它的吉布斯自由能密度 G_s 极小. 正常和超导态自由能密度之差 G_n-G_s 主要由两部分决定:第一部分是电子凝聚成库伯对,使单位体积能量降低凝聚能 $\frac{1}{2}\mu_0H_c^2(T)$;第二部分是排斥磁通引起的能量增加 $\frac{1}{2}\mu_0H^2$. 没有界面存在,$H=H_c$ 时超导相的自由能和正常相的相等,N-S 相变发生. 如果界面存在,情况就不同,参见图 31.18. 假设 $x>0$ 的无限空间是 S 态,$x<0$ 的为 N 态. 一定的 λ 相当于界面存在伴随着磁通的穿透,从而减少排斥磁通,降低 S 态的能量. 一定的 ξ 又相当于界面导致附近库伯对的拆散,凝聚电子的减少,增加了 S 态的能量. 这两种贡献的总和是增加还是减少能量,决定于 λ 和 ξ 的相对大小. 在图 31.18 中分别示出两种情况下的 $\varphi^2(x)$ 和 $h(x)$.

GL 理论可用来定量计算界面能 σ_{ns}. 在图 31.18 所示的简单

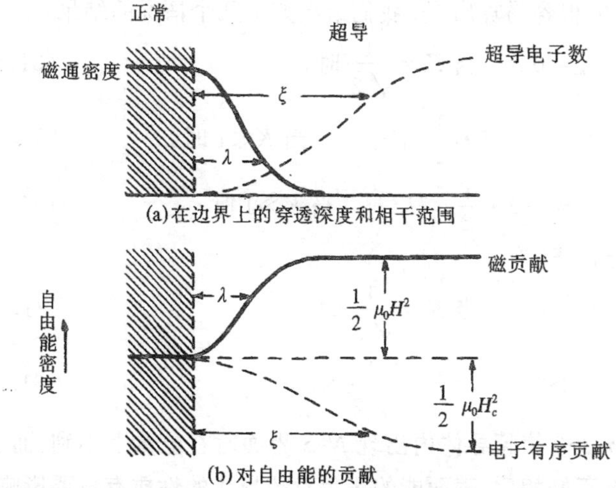

图 31.18　界面能起源示意图.

情况下,可设有界面时磁场 $h(x)$ 及序参量 $\varphi(x)$ 分别为

$$h(x)=H_c,\varphi(x)=0,\qquad x\geqslant 0,\tag{31.48a}$$

$$h(x)=0,\varphi(x)=\varphi_0,\qquad x=+\infty.\tag{31.48b}$$

在 $0\leqslant x\leqslant +\infty$ 区域,$h(x)$ 和 $\varphi(x)$ 一般应由 GL 方程(31.34)解出. 因为超导体的吉布斯自由能 G_s 为

$$G_s=F_s-BH.\tag{31.49}$$

F_s 则由式(31.33)表示,注意一维情况及无界面存在时的 $G_n-G_s=\frac{1}{2}\mu_0H_c^{\,2}$,界面能为

$$\begin{aligned}\sigma_{ns}&=\int_0^\infty(\Delta G_s-\frac{1}{2}\mu_0H_c^{\,2})dx\\&=\int_0^\infty(\Delta F_s-\mu_0MH_c-\frac{1}{2}\mu_0H_c^{\,2})dx\\&=\int_0^\infty(\alpha\varphi^2+\frac{1}{2}\beta\varphi^4+\frac{1}{2m^*}|(\frac{\hbar}{i}\frac{d}{\alpha x}-e^*A)\varphi|^2\\&\quad+\frac{1}{2\mu_0}h^2-\mu_0MH_c-\frac{1}{2}\mu_0H_c^{\,2})dx,\end{aligned}\tag{31.50}$$

式中 ΔG_s 和 ΔF_s 分别表示 G_s-G_n 和 F_s-F_n. 在一些特殊情况下，式(31.50)很容易算出[28]. 我们给出如下几个情况的结果：

$$\sigma_{ns}=0 \qquad 当\ K=\frac{1}{\sqrt{2}}时, \tag{31.51a}$$

$$\sigma_{ns}=1.89\xi\cdot\frac{1}{2}\mu_0 H_c^2 \qquad 当\ K\ll 1\ 时, \tag{31.51b}$$

$$\sigma_{ns}=-\lambda\cdot\frac{1}{2}\mu_0 H_c^2 \qquad 当\ K\gg 1\ 时, \tag{31.51c}$$

在一般情况下，有

$$\sigma_{ns}<0 \qquad 当\ K>\frac{1}{\sqrt{2}}时, \tag{31.51d}$$

$$\sigma_{ns}>0 \qquad 当\ K<\frac{1}{\sqrt{2}}时. \tag{31.51e}$$

表面能 $\sigma_{ns}>0$ 使超导体内出现 N-S 界面时在能量上不利，而负表面能情况正好相反. 表面能的正负对超导体的性质有重要影响. 阿勃里柯索夫理论(下面将讨论)更简明地说明了这一点.

在历史上，伦敦首先引入了表面能的概念. 他首先注意到，由于迈斯纳态完全排斥磁通，使块超导体在外场 H 中能量密度升高了 $\frac{1}{2}\mu_0 H^2$，因而完全排斥磁通在能量上不处于最低态，除非正的界面能的存在. 可以预料，对适当形状的超导体，在一定的外场中内部产生一定形状的正常区(正常区和超导区同时存在即形成了 N-S 界面)或反过来，对 $\sigma_{ns}<0$ 的超导体在能量上是有利的，是一种平衡态. 阿布里考索夫理论的成功是 GL 理论应用的最突出的例子.

§31.10 磁通量子化

我们现在进一步考虑，超导态的金属内出现正常区域(或者超导环，环内是真空或绝缘体)后，磁场将穿透正常区；环绕正常区的面积的总磁通量是多少？

参看图 31.19，处在磁场中的块超导体，体内出现正常区，即有"×"号区. 相界是 c. "×"也表示外磁场垂直纸面向内. 由于 N-

S 界面上磁场透 λ,S 区内距 c 约 λ 范围内也有磁通量. 当然,这部分磁通量已在相界 c 以外.

现在利用 GL 电流方程(31.34b)来看一下,在深入超导体内部的周界 L 内的磁通的值,按磁通定义

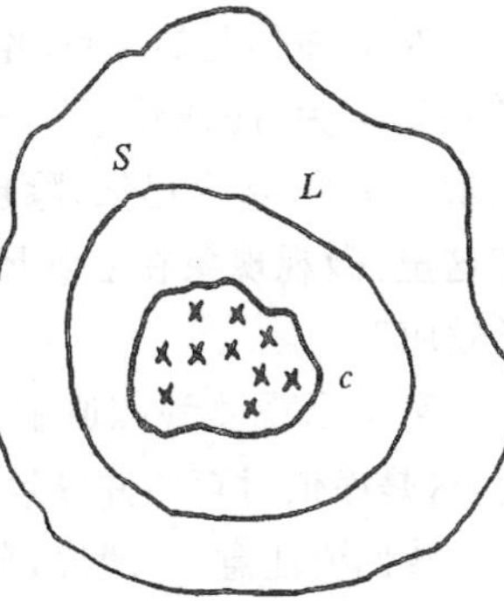

图 31.19 超导体中的一块正常区.
S 是相界,L 是积分回路.

$$\Phi_L = \iint\limits_{L内} \boldsymbol{h} \cdot d\boldsymbol{s} = \oint_L \boldsymbol{A} \cdot d\boldsymbol{l}, \tag{31.52}$$

Φ_L 是超导体内任意周界内的磁通,等式右边的回路积分沿周界 L. 将式(31.34b)代入式(31.52),得到

$$\Phi_L = \oint\left[-\mu_0\lambda^2\boldsymbol{J}_s + \frac{e^*\hbar}{2m^* i}(\psi^* \nabla \psi^*)\lambda^2\right] \cdot d\boldsymbol{L}, \tag{31.53}$$

式中 λ 是式(31.42)定义的穿透深度. 设

$$\psi = |\psi|_e^{i\gamma}, \tag{31.54}$$

式中 φ 和相位 γ 都是位置的函数. 用式(31.54)代入式(31.53)后

$$\begin{aligned}\Phi_L &= \oint_L \left[-\lambda^2\mu_0\boldsymbol{J}_s + \frac{e^*\hbar n_s^*}{m^*}\lambda^2 \nabla\gamma\right] d\boldsymbol{l} \\ &= \oint_L \left[\frac{\hbar}{e^*}\nabla\gamma - \mu_0\lambda^2\boldsymbol{J}_s\right] \cdot d\boldsymbol{l}.\end{aligned} \tag{31.55}$$

ψ 的单值性要求

$$\frac{h}{e^*}\oint_L \nabla\gamma \cdot d\boldsymbol{l} = 2N\pi\frac{\hbar}{e^*} = N\phi_0 \qquad N = 0,1,2,\cdots, \tag{31.56}$$

所以(注意 $2\pi\hbar = h$)

$$\Phi_L = N\phi_0 - \mu_0\lambda^2\oint_L \boldsymbol{J}_s \cdot d\boldsymbol{l} \qquad N = 1,2,3,\cdots. \tag{31.57}$$

如果回路 L 深入超导体内部,则迈斯纳效应要求 $\boldsymbol{J}_s = 0$. 于是

$$\Phi_L = N \cdot \phi_0 \qquad N = 0,1,2,3,\cdots, \tag{31.58}$$

式中

$$\phi_0=\frac{h}{e^*}=2.07\times10^{-15}(\mathrm{Wb}), \qquad (31.59)$$

$e^*=2e$ 为库伯对的电量. 伦敦首先得到这个结果，并称 $N\phi_0$ 为"全磁通"，ϕ_0 为"磁通量子"[29]. 式(31.56)说明超导体内的全磁通量是量子化的. 迄今已知，除超导体外，液氦也具有这种量子化现象. 在这里，微观现象在宏观尺度内表现出来了，又常被称为"宏观量子效应".

实验已观测到磁通量子化现象，并测得 ϕ_0 确为式(35.59)的值，这是库伯对存在并导致超导电现象的有力证据[30,31].

我们要注意，一般说，全磁通 $N\phi_0$ 并非相界 c 所包的正常区的磁通量 ϕ_c. 如果 L 是 c，则在 N-S 界面上，$J_s\neq0$. 但是 λ 和宏观尺度比是很小的，当 L 离开 c 稍微深入超导区时，$J_s\approx0$，因而全磁通和 N 区内的磁通量相差甚小. 一般就认为超导环(由上面可知环不一定是圆环)中的磁通是量子化的.

我们也很容易证明，因为零电阻性要求超导体在稳定态 $\boldsymbol{J}=0$，所以

$$\frac{d}{dt}(N\phi_0)=0 \qquad N\phi_0=\text{常数}, \qquad (31.60)$$

这个性质叫全磁通量守恒.

Ⅱ 超导体的磁性质

本节主要由 GLAG 理论来讨论超导体的磁性质. 在高约化磁场，阿布里考索夫由线性化的 GL 方程成功地预言了混合态中磁通线阵列的存在以及其它的性质. 在低约化磁场，伦敦模型可以得到很好的结果. 在这两种理论处理的基础上再综述整个混合态磁场范围内的性质. 以上性质是 $K>\frac{1}{\sqrt{2}}$ 的超导体，即Ⅱ类超导体的特征，它们与其负界面能有关. 对 $K<\frac{1}{\sqrt{2}}$ 的超导体、即Ⅰ类超导体，其界面能为正值，也不出现混合态，但是样品的几何因子也

会产生另一种超导和正常两相共存的态，即中间态. 对中间态只作简单的叙述. 近年来对 $K=\frac{1}{\sqrt{2}}$ 的超导体也作了许多研究工作[32]，我们不予讨论.

§31.11 超导电性的成核场

(a)块样品中的成核场 H_{c2}[6] 先考虑块样品内部的超导电成核磁场，内部可以忽略表面的影响. 设磁场是空间均匀并不随时间变化的. 在足够强的磁场中，样品处于正常态. 现在逐步减小磁场强度，当小到某一值时，正常态变成绝对不稳定，微小扰动就会导致超导态在样品内成核. 下面讨论“这一磁场值多大？是否就是热力学场 H_c?”这个问题.

我们从 GL 方程出发. 在超导电性刚成核时序参量 φ 很小，故 GL 方程中有关 φ 的高次项可略去，使 GL 方程线性化. 此时磁通密度 $\boldsymbol{h}=\nabla\times\boldsymbol{A}$ 和外场 $\mu_0 H$ 相同. 方程(31.34a)和边界条件可写成

$$\begin{cases}\dfrac{1}{2m^*}\left(\dfrac{\hbar}{i}\nabla+e^*A\right)^2\varphi=-\alpha\varphi, & (31.61a)\\[2ex] \varphi|_\infty=0 & (31.61b)\end{cases}$$

约定磁场方向为 Z 轴方向，取规范 $A=(0,\mu_0 Hx,0)$. 这个问题形式上和一个质量为 m^*. 电荷为 $-e^*$ 的粒子在磁场 H 中的本征值问题相同，只须把 $-\alpha$ 和能量本征值 E 等同. 所以这就是有名的朗道能级问题. 展开后，式(31.61a)变为

$$-\frac{\hbar^2}{2m^*}\frac{d^2\varphi}{dx^2}+\frac{1}{2}m^*\omega^2(x-x_k)^2\varphi=-\alpha\varphi, \tag{31.62}$$

式中

$$\varphi(x,y)=\phi(\chi)e^{iky}, \tag{31.63}$$

$$\omega=\frac{\mu_0 He^*}{m^*}, \tag{31.64}$$

$$x_k=\frac{\hbar k}{\mu_0 e^* H}, \tag{31.65}$$

$$k=\text{任意常数}.\tag{31.66}$$

式(31.62)是线性谐振子的本征方程形式.本征值为

$$-\alpha=(n+\frac{1}{2})\hbar\omega\qquad n=0,1,2,\cdots,\tag{31.67}$$

α 是决定于样品的常数,所以 ω 的最大值相当于上式 $n=0$,即 $\varphi\neq0$ 允许的最大的 ω 为 $-\frac{2\alpha}{\hbar}$.此时的外场就是允许的最大值,它具体为

$$H=\frac{-\alpha m}{\mu_0 e\hbar}=\sqrt{2}KH_c=\frac{\phi_0}{2\pi\mu_0\xi^2}\equiv H_{c2}.\tag{31.68}$$

上式中的变换用了(31.28,39,42,46)诸式和 $e^*=2e$,$m^*=2m$. H_{c2}是超导体内部超导态区域开始出现(成核)的外磁场,叫"第二临界磁场"或"上临界磁场".也叫"块样品的超导电成核磁场".以上讨论对有任意 K 值的样品都是成立的,首先由阿布里考索夫提出.由式(31.68),对不同的 K 值就有如下三种情况:

(1)$K<\frac{1}{\sqrt{2}}$.此时 $H_{c2}<H_c$.超导电性在样品内成核要到外场小于 H_c 时才开始.在 $H_{c2}<H<H_c$ 的范围,样品是处于"超冷"的正常相.鉴于 $H<H_c$ 后 $G_s<G_n$,这种正常相是亚稳相. $K<\frac{1}{\sqrt{2}}$的超导体叫"Ⅰ类超导体",绝大部分元素超导体,如已提到的水银、铅等都是Ⅰ类超导体.

(2)$K=\frac{1}{\sqrt{2}}$. $H_{c2}=H_c$.这种超导体有些特殊的性质[32].

(3)$K>\frac{1}{\sqrt{2}}$. $H_{c2}>H_c$.成核场 H_{c2}比 H_c 高.这样的超导体叫"Ⅱ类超导体".当 $K\gg\frac{1}{\sqrt{2}}$时,$H_{c2}\gg H_c$.这表明,高 K 值超导体可能具有很高的上临界场.在元素超导体中,只有Nb和V(铌和钒)是Ⅱ类超导体.它们的 K 值也在1附近.但是现在发现有多种 H_{c2}很高的超导体,例如铌基固溶体,A15化合物等.除高温超导体外,H_{c2}最高的超导体是夏夫累(chavrel)相化合物.如 $PbMo_6S_8$,其 $\mu_0H_{c2}(0K)\approx60T$. $Pb_{0.7}Eu_{0.3}Gd_{0.2}(Mo_6S_8)$的 $\mu_0H_{c2}(0)\approx70T$(都是

外推值). K 值不仅与材料种类有关,而且与平均自由程有关[33,34].这由式(31.47)可以看出.合金元素、杂质和各种缺陷等除了对材料的其它影响外,还影响 K 值.原来 $K<\frac{1}{2}$ 的 I 类超导体,通过合金化或引入缺陷(这些都能使平均自由程减小)后可以转变为 $K>\frac{1}{2}$ 的 Ⅱ 类超导体.若干已有实际应用、或研究方便、或有实用潜力的材料的 H_{c2} 值列于表 31.2 和表 31.3.

Ⅱ 类超导体平衡性质的实验研究结果第一个由苏伯尼柯夫等在 1937 年报道[5].可能是由于战争,也可能由于他们的工作发表于苏联,未引起人们的重视.直到 1952 年,阿布里考索夫根据 GL 理论已得出本节和下面将要讨论的磁通线阵列等内容,但还是没有被人们所理解,他的论文被推迟到 1957 年才发表.因为在那时以及以前,大量研究的是 I 类超导体的性质.在阿布里考索夫的工作以后,特别是关于阿布里考索夫磁通线阵理论被中子衍射和缀饰实验所证实后,许多关于 Ⅱ 类超导体的研究才广泛开展起来.这些研究使得 Ⅱ 类超导体作为一种新兴的材料,一种潜力难以估量的节能材料的理想(最早有这种理想并企图付诸实施的可能就是翁纳斯.因为他第一个试图制作超导磁体)逐步变为现实.

(b)*表面附近的成核场* H_{c3}　上面的讨论没有计及表面的影响,相当于考虑无限大的样品.为了考虑表面对成核场的影响,可以讨论一个半无限大的超导体中表面附近的成核场.

设超导体占据 $x\geqslant 0$ 的半无限空间,其表面与 $x=0$ 的平面(YZ 平面)重合,$x<0$ 的区域为真空或绝缘体,外磁场方向是 Z 轴方向.这时 φ 的方程仍和上面的式(31.61a)相同,在 $x\geqslant 0$ 时成立.表面的影响表现为下式中的新的边界条件:

$$\begin{cases} \dfrac{1}{2m^*}\left(\dfrac{\hbar}{i}\nabla + e^*A\right)^2\varphi = -\alpha\varphi \qquad 0\leqslant x\leqslant\infty, & (31.69\text{a}) \\ \left.\dfrac{d\varphi}{dx}\right|_0 = 0 \qquad \varphi|_\infty = 0. & (31.69\text{b}) \end{cases}$$

现在需要知道新的边界条件(31.69b)对方程(31.69a)的本征值的

影响. 我们仍寻求如下形式的解：

$$\begin{cases} \varphi = \phi_k(x)\exp(iky), \\ \phi_k(x) = \exp\left[-\frac{1}{2}\left(\frac{x-x_k}{\xi}\right)^2\right], \\ x_k = \dfrac{\hbar k}{\mu_0 e^* H}, \\ k = \text{任意常数}. \end{cases} \tag{31.70}$$

H 仍是外场强度，由于 k 是任意常数，一个能级（一个 ω）有许多 x_k（许多 ϕ_k），$\varphi(x,y)$ 的解是高度简并的. 无限大超导体中任何有限的 x_k 值都满足 $\varphi_{x=\infty}=0$ 的边界条件，但在界面附近，除 $x_k=0$ 时仍满足 $\frac{d\varphi}{dx}|_{x=0}=0$ 的边界条件外，在 $x_0 \gtrsim \xi$ 时，(31.69b)的条件不能满足. 精确的解方程后得到下列的成核最低本征值[35]：

$$|\alpha| = 0.59\,\frac{e\hbar}{2m}\mu_0 H. \tag{31.71}$$

对一定 $|\alpha|$，H 满足此式，则在表面附近超导电成核. 记这个磁场 H 为 H_{c3}，叫“第三临界场”或“表面成核场”. 按此定义并利用式(31.71)，我们得到 H_{c3} 的大小为

$$H_{c3} = \frac{1}{0.59}H_{c2} = 1.695H_{c2} = 2.4KH_c. \tag{31.72}$$

顺便指出，理论与实验都证实，表面成核场的大小与表面和磁场间的夹角有关. 式(31.72)是样品表面和磁场平行的情况. 在表面和磁场垂直时，$H_{c3}=H_{c2}$. 在一般角度下，表面成核场 H_{c3} 值在 $1.695H_{c2}$ 与 H_{c2} 之间.

鉴于 $H_{c3}=2.4KH_c$ 这个结论与 K 大小无关，在 I 类超导体的表面，成核场也提高. 按上面结果，当 $K>0.417$ 时，$H_{c3}>H_c$，样品表面在外场高于 H_c 时出现超导电性.

正常金属和超导金属的界面不能用边界条件(31.69b)，而应改成下式：

$$\left.\frac{d\varphi}{dx}\right|_{x=0} = \frac{\varphi}{b}, \tag{31.73}$$

b 的大小约为数十纳米，因而也不能得到本节的 H_{c3}结果. 边界条件式(31.73)实际是不利于超导成核. 所以表面超导电性为镀在上面的正常导体所“抑制”. 因为超导电流的法向分量和$\left.\frac{d\varphi}{dx}\right|_{x=0}$成比例，条件(31.73)表示有超电流“漏入”正常金属. 库伯对电子漏入的结果，使和超导体接触的正常导体在界面附近数纳米厚的一层也在一定条件下变成超导的，这种 N-S 界面两侧互相影响的情况叫“邻近效应”. 人们对邻近效应在理论上和实验上都进行了大量的研究[21,36].

§31.12 阿布里考索夫磁通线阵态

现在回到块Ⅱ类超导体内性质的讨论. 我们经常讨论一个无限大的超导体，但实际样品总是有限的. 考虑一个细长圆柱样品，置于匀强磁场中，场 H 的方向作为 Z 方向，并和柱轴平行. 当柱长远大于其直径时就是“细长”的含义，此时退磁因子近于零. 当直径远大于 λ 和 ξ 时，表面影响可以忽略，这时样品可当作无限大.

在外磁场低于 H_{c2}后样品中的序参量 φ 就不为零，超导体中磁通密度的局域值或称微观场 $h(\boldsymbol{r})$也不与外场 H 同，因为有逆磁的屏蔽电流了. 因而一般情况要从一对耦合的非线性的完整的 GL 方程出发来求解，这非常困难. 阿布里考索夫讨论 $H\lesssim H_{c2}$的情况[6]. 此时完整的 GL 方程的解 φ 必然和线性化解 φ_L 有密切的相似性. φ_L 满足如下方程：

$$\frac{1}{2m^*}\left(\frac{\hbar}{i}\nabla+e^*\boldsymbol{A}_0\right)^2\varphi_L=-\alpha\varphi_L, \tag{31.74a}$$

$$\nabla\times\boldsymbol{A}_0=(0,0,\mu_0H_{c2}). \tag{31.74b}$$

前面已经看到，在 $\boldsymbol{A}_0=(0,\mu_0H_{c2}x,0)$的情况，此方程的一个解是

$$\varphi_k=e^{iky}\exp\left[-\frac{1}{2}\left(\frac{x-x_k}{\xi}\right)^2\right],$$

$$x_k=\frac{\hbar k}{2e\mu_0H_{c2}}, \tag{31.75}$$

其中 k 是任意常数. 这说明超导电性可以在样品中任意地方

$x=x_k(k)$处成核. 能级是高度简并的. 通解应是 φ_k 的叠加

$$\varphi_L=\sum_k C_k e^{iky}\exp\left[-\frac{1}{2}\left(\frac{x-x_k}{\xi}\right)^2\right]. \tag{31.76}$$

实际晶体总是有一定尺寸的,把 φ_L 理解成超导电子对的波函数,波矢 k 也应是量子化的. 我们还期待在 X 和 Y 方向的周期性解. Y 方向周期性的解可让 k 量子化为 $k=nk_0$,这里 n 为整数. φ_L 写成 $\left(\text{注意}, x_k=n\dfrac{hk_0}{2e\mu_0 H_{c2}}=nx_0\right)$

$$\varphi_L=\sum_{n=-\infty}^{+\infty} C_n\cdot e^{ink_0y}\cdot\exp\left[-\frac{1}{2}\left(\frac{x-nx_0}{\xi}\right)^2\right]. \tag{31.77}$$

φ_L 在 Y 方向是周期性的,周期是

$$\lambda_y=\frac{2\pi}{k_0}, \tag{31.78}$$

因 $\varphi_L(x,y+\lambda_y)=\varphi_L(x,y)$. X 方向的周期性需要作某些假设. 阿布里考索夫设 $C_{n+p}=C_n$, p 是某些整数. 此时 φ_L 在 X 方向是准周期的,周期为

$$\lambda_x=px_0=p\cdot\frac{2\pi\hbar}{2e\mu_0 H_{c2}}\cdot\frac{1}{\lambda_y}. \tag{31.79}$$

因 $\varphi_L(x+\lambda_x,y)=\varphi_L(x,y)\cdot e^{ipk_0y}$, $|\varphi_L(x+\lambda x,y)|^2=|\varphi_L(x,y)|^2$,所以说 φ_L 在 X 方向是准周期性的. 按照 GL 电流方程(31.34b),并以 φ_L 代入电流方程,可得到超导序参量 φ_L 引起的逆磁场是

$$\boldsymbol{h}_L=-\frac{\mu_0 e\hbar}{2m}|\varphi_L|^2\hat{z}, \tag{31.80}$$

$\hat{z}$ 是 Z 方向的单位矢量. 因此,也可以得到相应的平均磁感强度 $\boldsymbol{B}=\int_V d\boldsymbol{r}[\boldsymbol{h}(\boldsymbol{r})]=\int_V d\boldsymbol{r}[\boldsymbol{h}_L(\boldsymbol{r})+\mu_0\boldsymbol{H}]$, V 是样品体积. 记 $h=\dfrac{1}{V}\int_V d\boldsymbol{r}\boldsymbol{h}$,则

$$\boldsymbol{B}=\boldsymbol{h}_L(\boldsymbol{r})+\mu_0\boldsymbol{H}. \tag{31.81}$$

这样,我们从式(31.80)知道,逆磁场 h_L 和 $|\varphi_L|^2$成正比,等磁场线就是 φ_L 的等值线. 由麦克斯韦方程 $\nabla\times\boldsymbol{h}_L=\mu_0\boldsymbol{J}_L$($\boldsymbol{J}_L$ 是局域屏蔽

电流密度),可得到

$$J_{Lx}=-\frac{eh}{2m}\frac{\partial}{\partial y}|\varphi_L|^2, J_{Ly}=\frac{eh}{2m}\frac{\partial}{\partial x}|\varphi_L|^2, \tag{31.82}$$

这表示 J_L 电流线和 $|\varphi_L|$ = 常量的线重合.

要完全确定样品内 φ_L 和 $\boldsymbol{h}$ 的具体值就要确定式(31.77)中的 $(p+1)$ 个叠加系数,例如如 $c_0,\cdots,c_{p-1}$ 和 x_0(即 k_0),这可如下确定.把 φ_L 和 n 代入自由能 F,然后由 F 的极小值条件

$$\frac{\partial F}{\partial x_0}=0, \tag{31.83a}$$

$$\frac{\partial F}{\partial c_n}=0. \quad |n|=0,1,\cdots,p-1 \tag{31.83b}$$

决定 $(p+1)$ 个常数 $x_0,c_0,c_1,\cdots,c_{p-1}$. 已研究过的只限于 $p=1$ 和 $p=2$ 两种情况[37]. 具体计算得到 $p=1$ 时, $x_0=\sqrt{2\pi}\xi(T)$. 这时 $|\varphi_L|$ 在 X 和 Y 方向都是周期性的,周期 $\lambda_x=\lambda_y=x_0$. 因此, $n_s(x,y)=|\varphi_L(x,y)|^2$ 具有正四角形格子对称,格子参数是 x_0. 相应, $h(x,y)$ 和 $J_L(x,y)$ 也具有同样对称性. 在图31.20中示出了这三个量中的 $|\varphi_L|^2$ 在空间的相对变化曲线,也就是令最大的 φ_L(h 和 J_L)为1,此时就不必计算 c_0. 由图31.20可以看出,每一个单位胞内的磁通应为 $\phi=\mu_0H_{c2}\cdot\lambda_x\cdot\lambda_y$,用(31.78)和(31.79)两式得

$$\phi=\phi_0=\frac{2\pi\hbar}{2e}=\frac{h}{2e}=\mu_0H_{c2}\cdot 2\pi\xi^2. \tag{31.84}$$

这样, φ 参量分布阵列的每个单位胞中的磁通量等于一个磁通量子. 磁通量子线在样品内排列成阵,叫“磁通量子线阵列”,简单地就称“磁通线阵”. 在图31.21中是 $p=2$ 的计算结果. 此时 $x_0=2\sqrt{\frac{\pi}{\sqrt{3}}}$,相应的磁通线阵有六次轴的对称性. 每个最小单位胞是三角形,通常叫“三角格子”,后来的实验观测证实三角格子和正方格子的磁通线排列都是存在的,参见图31.38和图31.39.

Ⅱ类超导体在外场 H 小于 H_{c2} 时体内出现量子化的磁通线阵列,这是阿布里考索夫运用 GL 理论预言的,对Ⅱ类超导体的研

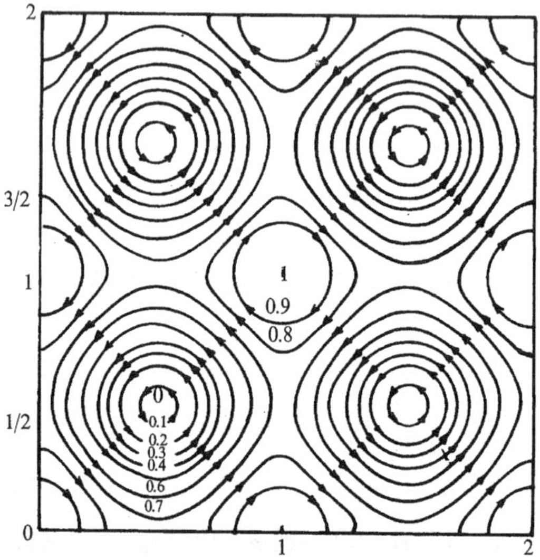

图31.20　正方格子序参量等值线，最大序参量的数值为1.

长度单位是 $\sqrt{2\pi}\xi$，　$H\approx H_{c2}$.

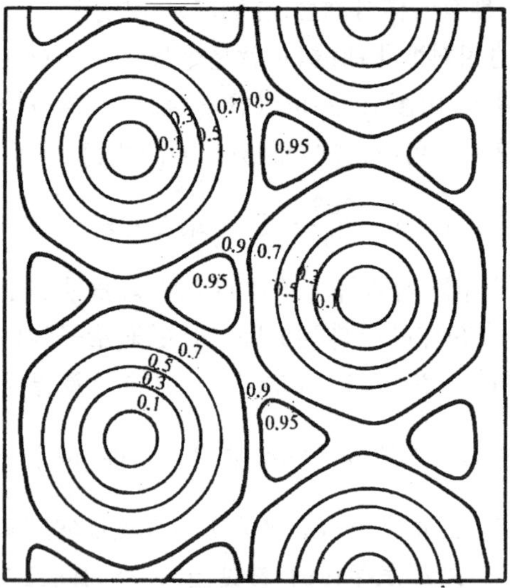

图31.21　三角格子序参量等值线，序参量最大值为1.

最近两根线中心相距 $2\sqrt{\frac{\pi}{\sqrt{3}}}\xi$，　$H\approx H_{c2}$.

究起了极大的推动作用，故称“阿布里考索夫磁通线阵态”. 每一个磁通线为一个涡旋(vortex)所环绕. 故也称为“阿布里考索夫涡旋线阵态”简称涡旋线阵态. 有时也称为磁通点阵，涡旋点阵.

§31.13 $H\leqslant H_{c2}$的磁化曲线

决定高场性质的关键参量是 $\varphi_L(\boldsymbol{r})$，但用它求得其它量不是易事. 不过，在只要求知道空间平均值的情况，例如磁化强度 M、磁通密度 B 或其它平衡热力学量，可以使用下述简单方法[12].

因为 $F=F(x_0,c_n)$，所以

$$\delta F=\sum_{i=0}^{p-1}\frac{\partial F}{\partial C_i}\delta C_i+\frac{\partial F}{\partial x_0}\delta x_0.$$

按式(31.83)，有

$$\delta F=0.$$

今把 F 视为 φ_L 的函数，$F=F(\varphi_L)$. 设 ε 是一小常量，当 φ_L 增加到 $(1+\varepsilon)\varphi_L$ 时，仍有 $\delta F=0$. 在精确到 ε 的一次幂时，由条件 $\delta F=0$，得到

$$\int_V d\boldsymbol{r}\left[\alpha|\varphi_L|^2+\beta|\varphi_L|^4+\frac{1}{2m^*}\left|\left(\frac{\hbar}{i}\nabla-e^*\boldsymbol{A}\right)\varphi_L\right|^2\right]=0, \tag{31.85a}$$

式中 V 是样品体积. 此式按平均号可写成

$$\alpha\,\overline{|\varphi_L|^2}+\beta\,\overline{|\varphi_L|^4}+\overline{\frac{1}{2m^*}|(\frac{\hbar}{i}\nabla-e^*\boldsymbol{A})\varphi_L|^2}=0, \tag{31.85b}$$

式中的矢量势 A 和局域场 h 的关系为$\nabla\times\boldsymbol{A}(\boldsymbol{r})=\boldsymbol{h}(\boldsymbol{r})$. 把磁通密度 $\boldsymbol{h}$ 和矢量势 $\boldsymbol{A}$ 改写成以下两项：

$$\boldsymbol{h}=\mu_0\boldsymbol{H}_{c2}+\boldsymbol{h}_1, \tag{31.86}$$

$$\boldsymbol{A}=\boldsymbol{A}_0+\boldsymbol{A}_1, \tag{31.87}$$

这里

$$\boldsymbol{h}_1=\mu_0\boldsymbol{H}-\mu_0\boldsymbol{H}_{c2}+\boldsymbol{h}_L,\boldsymbol{h}_1=\nabla\times\boldsymbol{A}_1$$

是磁通密度和矢量势与 H_{c2}时的偏离. 它们来源于两方面：一是外场略小于 H_{c2}，二是超导屏蔽电流产生的逆磁场. 故 h_1是小量. 利

用 φ_L 的方程(31.74),展开式(31.85b),当保留到 A_1 的一次幂时,式(31.85)简化为

$$\overline{\beta|\varphi_L|^4}-\overline{\boldsymbol{A}_1\cdot\boldsymbol{J}_L}=0. \tag{31.88}$$

此式左边第二项经分部积分后有

$$\overline{\beta|\varphi_L|^4}-\frac{1}{\mu_0}\overline{\boldsymbol{h}_1\cdot\boldsymbol{h}_L}=0. \tag{31.89}$$

由 $\boldsymbol{h}_1=\mu_0\boldsymbol{H}-\mu_0\boldsymbol{H}_{c2}+\boldsymbol{h}_L$ 和式(31.80)代入后得

$$\beta\,\overline{|\varphi_L|^4}+\overline{\frac{e\hbar}{2m}|\varphi_L|^2\left(\mu_0H-\mu_0H_{c2}-\frac{\mu_0e\hbar}{2m}|\varphi_L|^2\right)}=0. \tag{31.90}$$

再用式(31.46)和式(31.56)代入后有

$$\overline{|\varphi_L|}\left(1-\frac{1}{2K^2}\right)-|\varphi_0|^2\overline{|\varphi_L|^2}\left(1-\frac{H}{H_{c2}}\right)=0. \tag{31.91}$$

此式很重要,因为它和 φ_L 的详细情况无关,即与磁通线格子的类型无关.假定我们确定了磁通线阵的具体类型,我们能明确地算出相应于此种类型的参数 β_A,β_A 的定义是[37]

$$\beta_A=\overline{|\varphi_L|^4}/(\overline{|\varphi_L|^2})^2. \tag{31.92}$$

知道 β_A 后就可用式(31.91)求出 $\overline{|\varphi_L|}^4$ 和 $\overline{|\varphi_L|}^2$. 将 $\overline{|\varphi_L|}^2$ 代入式(31.80)和式(31.81),便求得了磁通密度.简单的运算得到

$$B=\mu_0\left(H-\frac{H_{c2}-H}{(2K^2-1)\beta_A}\right), \tag{31.93}$$

$$M=-\frac{H_{c2}-H}{(2K^2-1)\beta_A}. \tag{31.94}$$

系统的吉布斯自由能密度是

$$G_s(T,H)=G_n+\int-\mu_0MdH=G_n-\frac{\mu_0(H_{c2}-H)^2}{2(2K^2-1)\beta_A}. \tag{31.95}$$

系统的自由能密度也不难求获

$$F_s(T,B)=\frac{B^2}{2\mu_0}-\frac{(\mu_0H_{c2}-B)}{\mu_0[1+(2K^2-1)\beta_A]}+F_n. \tag{31.96}$$

由 G_s 可以看出,β_A 越小,系统的 G_s 越小,此磁通线阵就越稳定.具

体计算得出，三角线阵的 $\beta_A=1.16$[38]，正方线阵的 $\beta_A=1.18$[6]. 所以三角线阵比正方线阵更稳定些. 实验观测说明，三角格子是更经常地出现的. 实验有时也观测到样品中有正方线阵，一般认为这是由于样品有晶体缺陷，这些缺陷和磁通线的相互作用在一定情况下会导致正方线阵的形成. 从式(31.95)还可以看出，只有 $K>\frac{1}{\sqrt{2}}$ 的样品，即Ⅱ类超导体中才可能出现磁通线阵.

阿布里考索夫的Ⅱ类超导体理论是以GL发展的唯象概念为基础的. 但是，高尔柯夫指出，在电子平均自由程为任意值的情况下，当序参量很小，序参量和磁场在空间变化缓慢，则金兹堡-朗道-阿布里考索夫理论可由温度接近 T_c 时的超导微观理论推出[26]. 在高尔柯夫的理论中，$\varphi(\boldsymbol{r})$ 和能隙参量 $\Delta(\boldsymbol{r})$ 相联系. 这种建立在金兹堡、朗道、阿布里考索夫和高尔柯夫工作基础上的理论体系通常叫"GLAG"理论. 后来，许多人将GLAG理论在不同方面作了推广[40].

阿布里考索夫预言的磁通线阵态首先由克来别尔(D. Cribier)等在1964年用中子衍射的方法从实验上证实. 后来又由缀饰技术的实验直接观测到，参见图31.38和图31.39. 磁化强度实验证明，在 $H\lesssim H_{c2}$ 时，式(31.94)的线性关系确实成立，这是GLAG理论成功的证据.

§31.14 磁通线的结构和能量

(a)磁通线的结构　从上节的讨论我们知道，外场很高($H\lesssim H_{c2}$)时超导体内的序参量、超电流和磁通密度在空间的分布形成密度很高的阵列. 或者说高场时磁通线密度大，线阵的格子参数 λ_x 和 λ_y 与 ξ 为同一量级大小，每一根磁通线受其它线的影响很大. 在外场减小时，系统中的磁通密度 B 将随着减小. 根据磁通密度和磁通线密度 n 间的关系

$$B=n\phi_0,$$

n 也将随着减小(这里的 n 就是单位体积中磁通线的总长度)，因

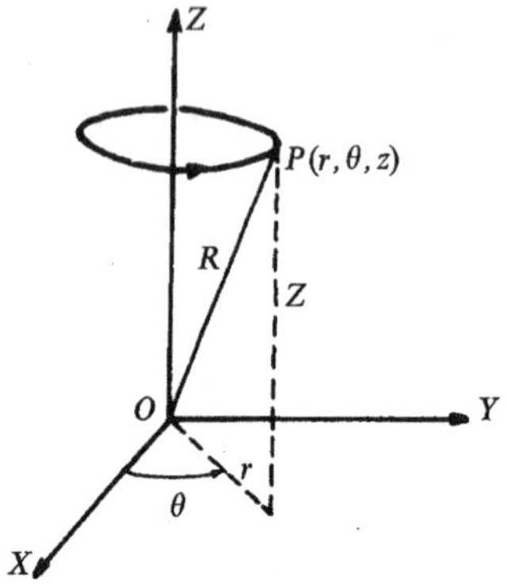

图31.22　原点在磁通线中心处的柱坐标(r,θ,z).

而相邻磁通线之间的距离增加.在外场足够低时,相邻两磁通线的间距会远超过ξ,每根线受其它磁通线的影响在此时便可以忽略,成为“准孤立磁通线”.很自然,准孤立磁通线的性质和高场时的“拥挤的磁通线”将有所不同.为了简单,我们以下讨论$K\gg1$的样品中的一根孤立磁通线.

取柱坐标(r,θ,z),原点在磁通线的中心,磁场平行Z轴,参见图31.22.由于$\varphi(r,\theta)$的变化距离为$\xi(T)$,在$r>\xi$后,φ已基本上和零场中的序参量φ_0相同.所以作为一个很好的近似,我们取

$$\varphi(r,\theta)=|\varphi_0|e^{i\theta}\qquad r>\xi. \tag{31.97}$$

将此式代入GL第二方程(31.34b)就得到

$$\lambda^2\nabla\times\nabla\times\boldsymbol{A}+\boldsymbol{A}=\frac{\phi_0}{2\pi r}\hat{\theta}\qquad r>\xi, \tag{31.98a}$$

式中$\hat{\theta}$是θ增加方向的单位矢量,λ是穿透深度.考虑到一根磁通线的磁通量是ϕ_0和$\xi\ll\lambda$,上式可写成(两边取旋度)

$$\lambda^2\nabla\times\nabla\times\boldsymbol{h}+\boldsymbol{h}=\delta(\boldsymbol{r})\phi_0\hat{z}\qquad \xi\to0, \tag{31.98b}$$

式中$\hat{z}$是磁场方向的单位矢量,$\delta(\boldsymbol{r})$是二维δ函数.如果我们将上式对半径$r\gg\lambda$的面积S积分,就得到

$$\int\boldsymbol{h}\cdot d\boldsymbol{s}+\lambda^2\oint\nabla\times\boldsymbol{h}\cdot d\boldsymbol{l}=\phi_0.$$

此处线积分沿面积S的周界进行,因为$r\gg\lambda$时,$\nabla\times\boldsymbol{h}=\mu_0\boldsymbol{J}_s=0$,因此上式进一步得到

$$\int\boldsymbol{h}\cdot d\boldsymbol{s}=\phi_0.$$

这一结果使我们容易理解式(31.98b)右边出现的项.利用麦克斯韦方程$\nabla\cdot\boldsymbol{h}=0$,我们从式(31.98b)得到

$$\lambda^2\nabla^2\boldsymbol{h}-\boldsymbol{h}=-\phi_0\delta(\boldsymbol{r}) \tag{31.98c}$$

方程(31.98c)有如下精确解：

$$\boldsymbol{h}(r)=\frac{\phi_0}{2\pi\lambda^2}K_0\left(\frac{r}{\lambda}\right)\hat{z}, \tag{31.99}$$

K_0是零阶虚宗量贝塞尔函数.相应的超电流是

$$\mu_0\boldsymbol{J}_s=\nabla\times\boldsymbol{h}=\frac{\phi_0}{2\pi\lambda^3}K_1\left(\frac{r}{\lambda}\right)\hat{\theta}, \tag{31.100}$$

K_1是一阶虚宗量贝塞尔函数.中子衍射实验证明，在 $r\gg\lambda$ 时式(31.99)确实和实验结果符合得很好，参见图31.23(b)[39].

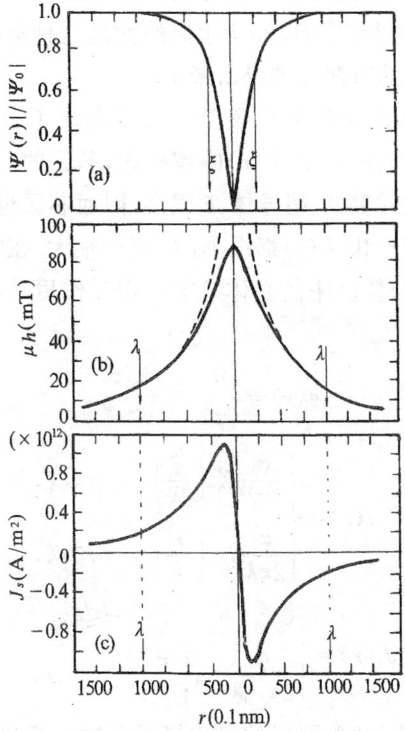

图31.23 $Nb_{73}Ta_{27}$合金中的一根磁通线的三个参量的数值计算值(虚线)和测量值(实线).(a)序参量；(b)磁通密度；(c)电流密度，$T=4.2K$，$K=4$.

根据 K_0的渐近式，我们有

$$h(r)\approx\frac{\phi_0}{2\pi\lambda^2}\ln\left(\frac{\lambda}{r}\right) \qquad \xi\ll r\ll\lambda, \tag{31.101a}$$

$$h(r) \approx \frac{\phi_0}{2\pi\lambda^2}\left(\frac{\pi\lambda}{2r}\right)^{\frac{1}{2}} e^{-r/\lambda} \qquad r \gg \lambda. \tag{31.101b}$$

式(31.101b)说明在离磁通线中心较远处，磁场仍和以前那样[参见式(31.4)]，主要以指数形式衰减.

前已指出，伦敦方程式(31.98)早于 GL 方程，也不限于 T_c 附近才适用. 现在我们又看到，它又给我们提供了描述一根磁通线附近的场和电流的唯象方法. 然而，上述结果不适用于芯区(即 $r<\xi$ 的区域). 对于一般超导体中磁通线的芯区的 φ，$\boldsymbol{h}$ 和 j_s 须由对 GL 方程的数值解求得. 图31.23所示出的就是这种解所得的结果. 近年来，一些其它的方法也被提出来了.

(b)*磁通线结构的简化模型*　上节提出了在磁通线芯区外 $r \gg \xi$ 的近似 $\varphi(r)$，$h(r)$ 和 $J_s(r)$ 的解析式，芯区的上述各量须由数值计算求得. 但对高 K 超导体，ξ 很小，因而芯区也很小，图31.23说明，在芯区 $\varphi(r)$ 和 $J_s(r)$ 都很小，而 $h(r)$ 很大. 在实用上，尤其是在研究磁通线与样品中的晶体缺陷的相互作用时，常采用如下的近似模型：

$$\varphi(r) = \begin{cases} 0 & r \leqslant \xi, \\ \varphi_0 & r > \xi, \end{cases} \tag{31.102a}$$

$$h(r) = \begin{cases} \dfrac{\varphi_0}{2\pi\lambda^2} K_0\left(\dfrac{\xi}{\lambda}\right) & r \leqslant \xi, \\ \dfrac{\varphi_0}{2\pi\lambda^2} K_0\left(\dfrac{r}{\lambda}\right) & r > \xi, \end{cases} \tag{31.102b}$$

$$J_s(r) = \begin{cases} 0 & r \leqslant \xi, \\ \dfrac{\varphi_0}{2\pi\mu_0\lambda^3} K_1\left(\dfrac{r}{\lambda}\right) & r > \xi, \end{cases} \tag{31.102c}$$

这一模型通常称为“磁通线的简化模型”. 这一简化模型保留了磁通线结构的主要性质，使用时又使运算大大简化. 按此模型，磁通线相当于在超导样品中出现一根半径为 ξ 的正常圆柱体区域(正常态的芯区)，芯区磁场是常量，数值最大. 芯区的超电流为零，参见图31.24. 我们应注意简化模型和实际情形是有误差的，但是在

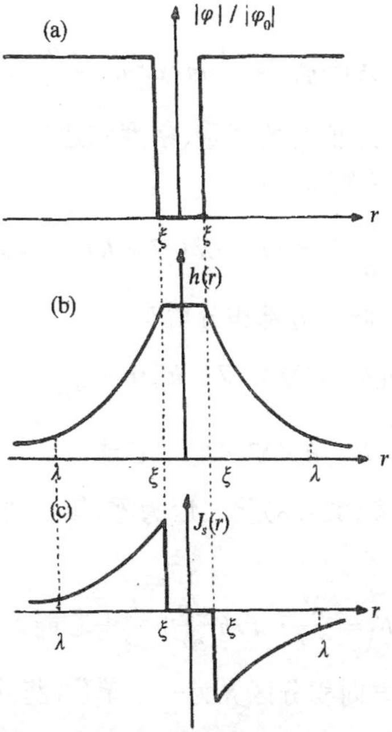

图31.24　磁通线的简化模型.(a)序参量;(b)磁通密度;(c)电流密度.

条件 $H_{c2}\gg H$ 和 $K\gg 1$时，误差是可忽略的.在此条件不满足时，定性讨论仍是可用的.

(c)*磁通线的能量*　单位长磁通线的自由能 ΔF_1定义为样品中有这段磁通线后自由能的增加量，即

$$F_s^{(1)}=F_s^{(0)}+\Delta F_1 \tag{31.103}$$

这里 $F_s^{(1)}$和 $F_s^{(0)}$分别是有和没有这段磁通线的自由能密度.用GL 自由能公式(31.33)后可写成

$$F_s^{(1)}=F_s^{(0)}+\int' dr\Big[\frac{1}{2m^*}(h\,\nabla\theta+e^*\boldsymbol{A})^2|\varphi_0|^2+\frac{1}{2\mu_0}h^2\Big]+\text{芯能}, \tag{31.104}$$

式中积分号$\int'$表示积分在芯区外进行，芯能一项表示芯区内的贡献，$\varphi(r,\theta)$已使用了式(31.97).积分号内第一项就是超流电子的

动能

$$\frac{1}{2m^*}(\hbar\nabla\theta+e^*\boldsymbol{A})^2|\varphi_0|^2=\frac{1}{2}m^*v_s^2n_s^*=\frac{\mu_0}{2}\lambda^2J_s^2,\qquad(31.105)$$

这里 m^*,n^* 和 v_s 是库伯对的质量、密度和速度,$J_s=n^*e^*v_s$. 利用 $\nabla\times\boldsymbol{h}=\mu_0\boldsymbol{j}$ 后,ΔF_1 又写成

$$\Delta F_1=\frac{1}{2\mu_0}\int' d\boldsymbol{r}[h^2+\lambda^2(\nabla\times\boldsymbol{h})^2]+\text{芯能}.\qquad(31.106)$$

注意 $h(r)$ 的圆柱对称性,分部积分后有

$$\Delta F_1=\frac{1}{2\mu_0}\int' d\boldsymbol{r}[\boldsymbol{h}+\lambda^2\nabla\times\nabla\times\boldsymbol{h}]\cdot\boldsymbol{h}+\frac{\lambda^2}{2\mu_0}$$
$$+\frac{\lambda^2}{2\mu_0}\oint d\boldsymbol{s}\cdot[\boldsymbol{h}\times\nabla\times\boldsymbol{h}]+\text{芯能}.\qquad(31.107)$$

上式右边第一项用式(31.98)代入后为零,第二项面积分仅在 $r=\xi$ 的界面上有贡献

$$\Delta F_1=\frac{\lambda^2}{2\mu_0}\cdot 2\pi rh\left.\frac{dh}{dr}\right|_{r=\xi}+\text{芯能},\qquad(31.108)$$

这里已假定在磁场方向积分区界为一个单位. 将式(31.101a)代入后得

$$\Delta F_1=\frac{\phi_0{}^2}{4\pi\mu_0\lambda^2}\ln\frac{\lambda}{\xi}+\text{芯能}.\qquad(31.109)$$

用式(31.68)及 $K=\lambda/\xi$,上式也写成

$$\Delta F_1=2\pi\xi^2\cdot\mu_0H_c{}^2\ln K+\text{芯能},\qquad(31.110a)$$

由此式知道,单位长磁通线的自由能仅是相干长度的对数函数,故对 ξ 的近似不会产生重要误差. ΔF_1 与 $\phi_0{}^2$ 成正比,即和每根磁通线的磁通量的平方成正比,这说明每根磁通线的磁通量为一个磁通量子 ϕ_0 在能量上是最有利的.

磁通线的芯能原则上包括两部分:第一部分是磁场穿透能和超流电子动能,超流在芯区是可忽略的小. 而场能因 $\lambda\gg\xi$,远小于芯外部分的贡献,因而这部分也可以略去;第二部分是芯区变为正常态后凝聚能的损失,采用简化模型. 这种凝聚能的损失量可写为

$$\pi\xi^2\cdot 1\cdot\frac{1}{2}\mu_0H_c{}^2=\text{芯能},$$

$\pi\xi^2\cdot 1$是单位长磁通线芯区的体积，$\frac{1}{2}\mu_0 H_c^2$是凝聚能密度. 这样ΔF_1可合起来表示为

$$\Delta F_1 = 2\pi\xi^2 H_c^2 \mu_0 (\ln K + 0.25). \qquad (31.110b)$$

§ 31.15　下临界磁场 H_{c1}

知道了磁通线自由能 ΔF_1后，我们可以考虑磁通线之间的相互作用以及“在多大外磁场中样品中开始有第一根磁通线”的问题，这个磁场一般叫超导体的“第一临界场”或“下临界场”，用 H_{c1} 表示.

设想外场稍微增加后样品中磁通线密度增加到 n. 由热力学关系

$$G_s = F_s - \mu_0 H(M+H), \qquad (31.111)$$

样品的吉布斯自由能密度现在为(记单位体积中磁通线数为 n 的吉布斯自由能为 $G_s^{(n)}$)

$$G_s^{(n)} = n\cdot\Delta F_1 + \sum_{ij}{}' U_{ij} - \mu_0 H(M+H). \qquad (31.112)$$

上式右边第一项是 n 根单位长孤立磁通线的自由能，第二项是这 n 根线之间的互作用能，求和号上的“′”表示求和时不包括 $i=j$，U_{ij}是第 i 和第 j 两根线的互作用能. 设磁通线密度 n 仍然很低，因而任何两根线间的相互作用都可以忽略. 则式(31.112)简化为

$$G_s^{(n)} = n\Delta F_1 - \mu_0 H(M+H). \qquad (31.113)$$

利用 $B = n\phi_0 = \mu_0(M+H)$，上式可改为

$$G_s^{(n)} = n\Delta F_1 - n\phi_0 H = n(\Delta F_1 - \phi_0 H), \qquad (31.114)$$

此式说明，如

$$H < \frac{\Delta F_1}{\phi_0},$$

则 $G \geqslant 0$，当 $n=0$时，$G=0$，取极小，这说明样品应处于迈斯纳态($n=0$)，但如果

$$H > \frac{\Delta F_1}{\phi_0},$$

则 $G\leqslant 0$，当 $n=0$ 时，$G=0$，取极大，这说明样品中有磁通线($n>0$). 显然，$\phi_0 H=\Delta F_1$决定的外场 H 是磁通线出现的条件，按定义，此 H 就是样品的下临界场，故

$$H_{c1}\equiv\frac{\Delta F_1}{\phi_0}=\frac{\phi_0}{4\pi\mu_0\lambda^2}(\ln K+0.25)$$

$$=\frac{H_c}{\sqrt{2}K}(\ln K+0.25). \tag{31.115a}$$

在样品中出现磁通线后，它就由迈斯纳态转变为苏伯尼柯夫态，习惯称为混合态. 精确的计算结果略小于简化模型结果[6]

$$H_{c1}=\frac{H_c}{\sqrt{2}K}(\ln K+0.08). \tag{31.115b}$$

§31.16 磁通线间的相互作用

因为高 K 超导体中磁通线的磁场和涡旋电流延伸到芯区以外 $r\gg\xi$ 的区域，而序参量的变化只在芯区($r\lesssim\xi$). 所以磁通线之间的互作用主要决定于它们的磁场与电流之间的互作用. 由磁通线的能量与 ϕ_0^2成正比可以推测到，磁通线平行时相斥，反平行时吸引. 定量计算就要从磁场和超流入手. 先考虑两根平行磁通线的互作用.

设两根磁通线(1和2)的中心位置分别为 $\boldsymbol{r}_1$和 $\boldsymbol{r}_2$，在 $\boldsymbol{r}$ 处它们各自的磁场分别为 $\boldsymbol{h}_1(|\boldsymbol{r}-\boldsymbol{r}_1|)$和 $\boldsymbol{h}_2(|\boldsymbol{r}-\boldsymbol{r}_2|)$，按迭加原理，$\boldsymbol{r}$ 处因两根磁通线引起的总磁场 $\boldsymbol{h}$ 为

$$\boldsymbol{h}(r)=\boldsymbol{h}_1(|\boldsymbol{r}-\boldsymbol{r}_1|)+\boldsymbol{h}_2(|\boldsymbol{r}-\boldsymbol{r}_2|), \tag{31.116}$$

式中的 $\boldsymbol{h}_1$和 $\boldsymbol{h}_2$都可由式(31.99)得到. 忽略芯能，这两根线的总能量 $\Delta\boldsymbol{F}_2$为

$$\Delta\boldsymbol{F}_2=\frac{1}{2\mu_0}\int d\boldsymbol{r}[h^2+\lambda^2(\nabla\times\boldsymbol{h})^2]. \tag{31.117}$$

将式(31.116)代入式(31.117)并用上节求 ΔF_1的方法得

$$\Delta F_2=2\Delta F_1+\frac{\lambda^2}{2\mu_0}\Big[\oint(\boldsymbol{h}_1\times\nabla\times\boldsymbol{h}_2)\cdot d\boldsymbol{s}_2$$

$$+\oint(\boldsymbol{h}_2\times\nabla\boldsymbol{h}_1)\cdot d\boldsymbol{s}_1\Big]. \tag{31.118}$$

显然，上式右边第二项就是相互作用能 U_{12}. 注意到对称性及

$$|\nabla\times \boldsymbol{h}_2|=\frac{\phi_0}{2\pi\lambda^2}\cdot\frac{1}{|\boldsymbol{r}-\boldsymbol{r}_2|}\qquad |\boldsymbol{r}-\boldsymbol{r}_2|\ll\lambda,$$

就得到

$$U_{12}=\frac{\phi_0}{\mu_0}h_{12},\tag{31.119}$$

其中

$$h_{12}=h_{21}=\frac{\phi_0}{2\pi\lambda^2}K_0\left(\frac{|\boldsymbol{r}_1-\boldsymbol{r}_2|}{\lambda}\right).$$

按照 K_0的渐近式，相互作用能随距离增加近于指数衰减

$$U_{12}=\text{常数}\cdot\frac{1}{|\boldsymbol{r}_1-\boldsymbol{r}_2|^{\frac{1}{2}}}\cdot\exp(-|\boldsymbol{r}_1-\boldsymbol{r}_2|/\lambda),$$

$$|\boldsymbol{r}_1-\boldsymbol{r}_2|\gg\lambda.\tag{31.120}$$

因此，在低磁通密度时($|\boldsymbol{r}_1-\boldsymbol{r}_2|\gg\lambda$)，孤立磁通线近似是允许的.

有了相互作用能就容易求出相互作用力. 为确定起见，现在求磁通线1受到2的作用力 $\boldsymbol{f}_1$. 将原点取在线2的中心则有 $\boldsymbol{r}_2=0$，$\boldsymbol{r}_1-\boldsymbol{r}_2=\boldsymbol{r}_1\equiv\boldsymbol{r}$，参见图31.25. 由矢量公式

$\boldsymbol{f}_1=-\nabla U_{12}=-\hat{r}\dfrac{\partial U_{12}}{\partial r}-\hat{\theta}\dfrac{1}{r}\dfrac{\partial U_{12}}{\partial\theta}$及式(31.119)即得到

$$\boldsymbol{f}_1=-\hat{r}\frac{\phi_0}{\mu_0}\frac{\partial h_{12}}{\partial r},\tag{31.121}$$

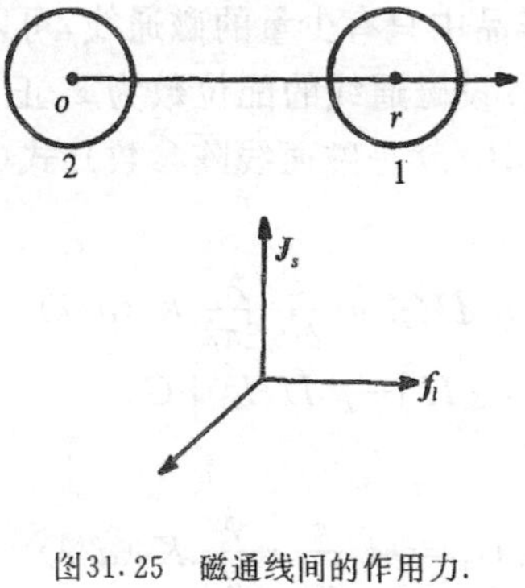

图31.25　磁通线间的作用力.

$\hat{r}$ 和 $\hat{\theta}$ 是径向和切向的单位矢量. 按麦克斯韦方程 $\mu_0 \boldsymbol{J}_s = \nabla \times \boldsymbol{h}$ 及 $\boldsymbol{h} = h\hat{z}$ 可算得

$$\mu_0 \boldsymbol{J}_s = -\hat{\theta}\,\frac{\partial h_{12}(r)}{\partial r}, \tag{31.122}$$

$\boldsymbol{r}$ 处的超流是磁通线2的涡旋电流. 用 $\hat{\boldsymbol{r}} = \hat{\boldsymbol{\theta}} \times \hat{\boldsymbol{z}}$,式(31.122)还可写成

$$\boldsymbol{f}_1 = -\left(\hat{\theta}\,\frac{\partial h_{12}}{\partial r}\right) \times (\varphi_0 \hat{z}/\mu_0). \tag{31.123}$$

将式(31.122)代入即有

$$\boldsymbol{f}_1 = \boldsymbol{J}_s \times \phi_0 \hat{\boldsymbol{z}}. \tag{31.124}$$

式(31.124)是磁通线1受到电流密度 $\boldsymbol{J}_s$ 的作用力,实际上就是任意单位长磁通线的受到作用力的公式. $\boldsymbol{J}_s$ 也不限于磁通线2产生的,它可以写成更一般的下列形式:

$$\boldsymbol{f}_1 = \boldsymbol{J} \times \boldsymbol{\phi}_0 \hat{\boldsymbol{z}}, \tag{31.125}$$

$\boldsymbol{f}_1$叫单位长磁通线受到的"洛伦兹力". 注意,这里洛伦兹力是电流作用在磁通线上的力,不应和电磁学中带电粒子在磁场中受到的洛伦兹力混同,虽然它们有同一名称.

§ 31.17 $H \geqslant H_{c1}$附近的磁化曲线

为了研究 $H \geqslant H_{c1}$时样品的磁性质,我们仍旧利用系统的吉布斯函数式(31.112). 不过,其中的 $\sum_{ij}{}' U_{ij}$一项不能忽略. 如果 H 只比 H_{c1}大一点,样品中只有少量的磁通线,可以只考虑最近邻的磁通线的相互作用. 设磁通线的配位数为 z,正方格子 $z=4$,三角格子 $z=6$,间距为 a(a 就是磁通线阵参数). 式(31.112)现在可写成

$$\begin{aligned} G_s^{(n)} &= n\Delta F_1 - \mu_0 MH + n\cdot\frac{z}{2\mu_0}\frac{\phi_0^2}{2\pi\lambda^2}K_0(a/\lambda) \\ &= \mu_0 M[H_{c1} - H] + \mu_0 HH_{c1} + G_{\text{int}}, \end{aligned} \tag{31.126}$$

其中

$$G_{\text{int}} = n\phi_0\frac{z}{2\mu_0}\cdot\frac{\phi_0}{2\pi\lambda^2}K_0(a/\lambda)$$

表示与相互作用有关那部分的 ΔG. 平衡时，

$$\left.\frac{\partial G_s^{(n)}}{\partial M}\right|_H=0,$$

即

$$\mu_0(H_{c1}-H)+\left.\frac{\partial G_{\text{int}}}{\partial M}\right|_H=0, \tag{31.127}$$

这就是磁化曲线 $M(H)$，因为 $B=n\phi_0=\mu_0H+\mu_0M$，和 $B=\frac{\phi_0}{S}$，S 是每一根磁通线在线阵中的面积$\left[S=a^2\cdot\sin\left(\frac{2\pi}{z}\right)\right]$，通过式(31.127)求得 $M(H)$是清楚的. 为了得到简明的解析式，我们假设 $a>\lambda$，即

$$G_{\text{int}}=\frac{n\phi_0}{\mu_0}\cdot\frac{\phi_0}{2\pi\lambda^2}\left(\frac{\pi\lambda}{2a}\right)^{\frac{1}{2}}e^{-a/\lambda}, \tag{31.128}$$

并只考虑 G_{int}中的随 a/λ 变化的主导部分(指数部分)，就能得到

$$H_{c1}-H+\frac{Z\phi_0}{\pi\mu_0\lambda^2}\left(\frac{\pi a}{2\lambda}\right)^{\frac{1}{2}}e^{-a/\lambda}=0. \tag{31.129}$$

经过化简，最后可得(三角格子，$z=6$的近似式)

$$\mu_0M=\frac{2\phi_0}{\sqrt{3}\,\lambda^2}\left\{\ln\left[\frac{3\phi_0}{4\mu_0\lambda^2(H-H_{c1})\pi}\right]\right\}^{-2}-\mu_0H. \tag{31.130}$$

由此可见，磁化曲线$\frac{\partial M}{\partial H}\big|_{H=H_{c1}+}=+\infty$，而 $H=H_{c1^+}$表示右极限，我们已知$\frac{\partial M}{\partial H}\big|_{H=H_{c1}-}=-1$. 因此，在 $H=H_{c1}$，磁化曲线是不连续的. 当 H 略大于 H_{c1}时，较多磁通线在样品中突然出现，造成 M 的突然增加(绝对值突然减小)，这是因为此时磁通线之间的排斥力很小，当外场再增加时，磁通线数量逐渐增加，排斥能也越来越大，M 随 H 只会连续地变化了.

在 $H_{c1}<H<H_{c2}$的广大中间区域，计算磁化曲线时要考虑次近邻甚至更远的磁通线间的相互作用. 对 $K\gg1$的样品，伦敦模型仍是适用的. 当 $H\leqslant H_{c2}$时以直接解 GL 方程更合适，就像我们已介绍过的阿布里考索夫理论那样.

以上所述不适用于 $K=\frac{1}{\sqrt{2}}$ 的超导体，对 $K\approx\frac{1}{\sqrt{2}}$ 的超导体的情况可以参见文献[32].

对较小的 GL 参数 K，用同样方法计算得到结果是[40]

$$H=\frac{B}{\mu_0}+H_{c1}\frac{\ln(0.23a/\xi)}{\ln\lambda/\xi}. \tag{31.131}$$

图31.26示出的是理论计算的磁化曲线(虚线)与实验的比较.

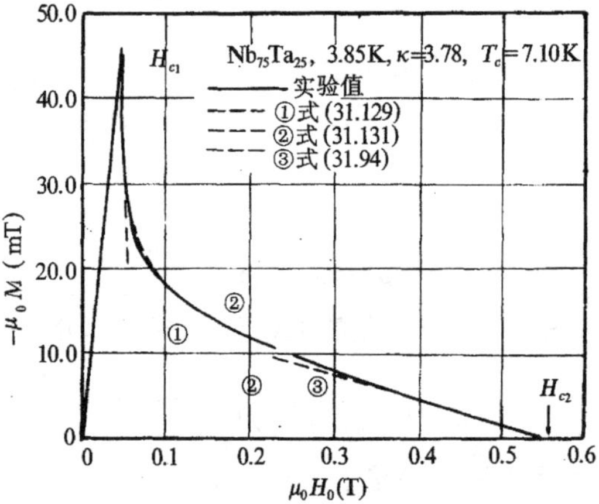

图31.26　NbTa 合金的磁化曲线.

§31.18　混合态

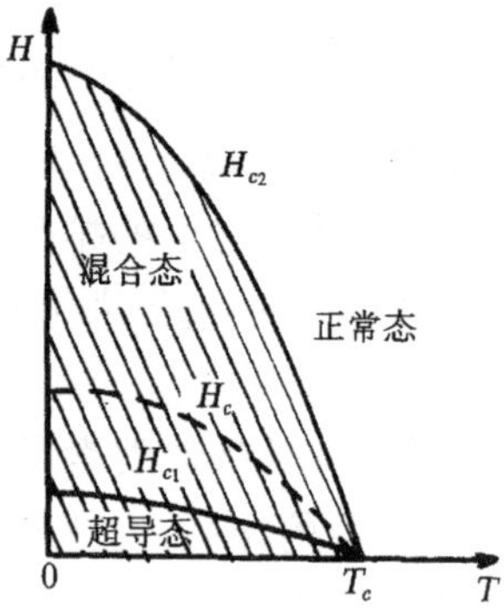

图31.27　Ⅱ类超导体的相图.

GLAG 唯象理论在描述Ⅱ类超导体的性质上是很成功的. 现在我们把已经从理论获得的混合态的定性物理图象综合一下.

(a)相图　理想Ⅱ类超导体的混合态是热力学平衡态. 它的相图可以用图31.27来定性代表. 分开正常态和混合态的相界是曲线 $H_{c2}(T)$；分开超导态和混合态的相

界是曲线 $H_{c1}(T)$. 由于一般温度下 GL 方程原则上已不适用，而且后来所发展的理论也相当复杂，因此临界场与温度的关系主要还是由实验来测定. 在临界温度附近，$H_{c2}(T)$ 可以由 GLAG 理论决定，即

$$\mu_0 H_{c2}(T)=\left(\frac{m}{e\hbar}\right)(-\alpha)=\frac{\phi_0}{2\pi\xi^2}\sim(1-t). \qquad (31.68)$$

$H_{c1}(T)$ 可以由伦敦方程求得

$$\mu_0 H_{c1}(T)=\frac{H_c}{\sqrt{2}K}\ln K=\frac{\phi_0 \ln K}{4\pi\lambda^2}\sim(1-t). \qquad (31.115)$$

和 I 类超导体不同，H_c 不是 Ⅱ 类超导体的真实相界曲线，它是由零磁场中自由能的差定义的一个量

$$\mu_0 H_c(T)=\sqrt{2\mu_0(G_n-G_s)}. \qquad (31.9b)$$

(b) 磁性质　在 H_{c2} 附近，混合态的局域磁通密度 $h(\boldsymbol{r})$ 为

$$h(\boldsymbol{r})=\mu_0\left(H-\frac{e\hbar}{2m}|\varphi_L|^2\right) \qquad (H\approx H_{c2}, K\gg 1), \qquad (31.80)$$

$|\varphi_L|^2$ 是很小的量，并且在空间是周期性变化的. GLAG 理论求得了磁通密度的平均值 B 和磁化强度的平均值 M，M 的大小为

$$M=-\frac{H_{c2}-H}{(2K^2-1)\beta_A} \qquad (H\approx H_{c2}, K\gg 1). \qquad (31.94)$$

在 H_{c1} 附近，伦敦理论可以得到一根磁通附近的局域磁通密度，其大小为

$$h(r)=\frac{\phi_0}{2\pi\lambda^2}K_0\left(\frac{r}{\lambda}\right) \qquad (H=H_{c1}, K\gg 1). \qquad (31.99)$$

低磁通密度时的平均磁化强度是

$$M=\frac{2\phi_0}{\mu_0\sqrt{3}\lambda^2}\left\{\ln\left[\frac{3\phi_0}{4\mu_0\lambda^2(H-H_{c1})\pi}\right]\right\}^{-2}-H$$

$$(H>H_{c1}, K\gg 1). \qquad (31.130)$$

在图31.28中，分别给出两种情况下的磁通密度局域值的空间变化示意图. 图31.29示出磁化强度平均值与外场的关系. 按照 Ⅱ 类超导体热力学临界场 H_c 的定义，不难证明图中两块阴影部分的面

积应相等. 这样, 对理想Ⅱ类超导体样品磁化曲线的仔细测量就给出求 $H_c(T)$ 的一个实验方法.

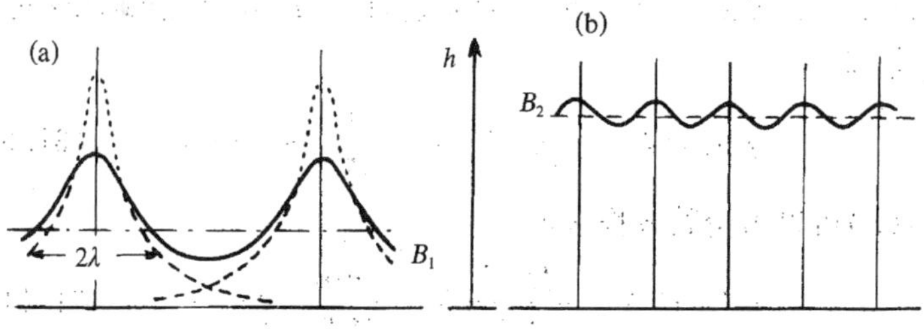

图31.28 混合态在不同磁场时的磁通密度, 虚线是孤立磁通线值, 锁线是平均值, 实线是局域值. (a)低场($B_1=\bar{h}_1$); (b)高场($B_2=\bar{h}_2$).

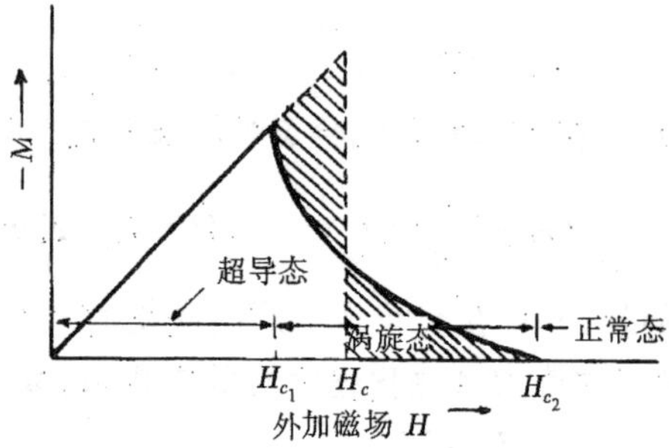

图31.29 一定温度下Ⅱ类超导体的磁化曲线.

(c)自由能 图31.30示出一定温度下自由能 G 与磁场 H 的关系. 在吉布斯自由能与磁场关系方面, 我们已知在临界场附近分别为

$$G_s(H)=G_n-\frac{\mu_0(H_{c2}-H)^2}{2(2K^2-1)\beta_A}$$

$$(H\lesssim H_{c2}, K\gg 1), \tag{31.95}$$

$$G_s(H)=G_s(H_{c1})-B(H-H_{c1})+G_{\rm int}$$

$$(H\gtrsim H_{c1}, K\gg 1), \tag{31.126}$$

其中 $G_s(H_{c1})$ 是 $H=H_{c1}$ 时的 G_s 值, $G_{\rm int}$ 是随 H 增加而增加的. 在混合态, 自由能 G_s 既小于同样磁场下迈斯纳态的自由能, 也小于

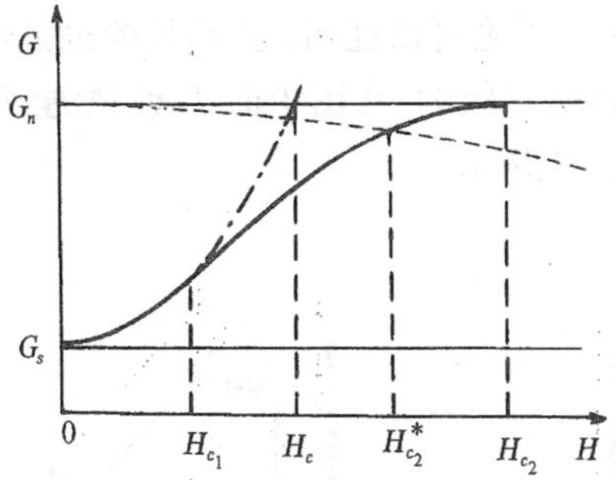

图31.30 Ⅱ类超导体的吉布斯自由能与磁场的关系的示意图. 虚线是有顺磁的正常态的,锁线是迈斯纳态的,水平实线分别是零场正常态和超导态的.

正常态的自由能,这与负的表面能有密切关系.

我们还要注意,到此为止我们都假设了超导体的正常态是无磁性的,即磁化率 $\chi_n=0$. χ_n 虽然不为零,但实际上很小,所以这种假设对低磁场来说,是足够精确的. 然而,高 K 的Ⅱ类超导体的上临界场 H_{c2} 可能很高. 例如 V_3Ga 的 H_{c2} 在低温下就超过20T. 克劳斯顿(A. M. Closgston)首先指出,高场下很小的顺磁性的 χ_n 也可能显著地降低 N 态的自由能[42]. 用 $G_N{}^*$ 表示有顺磁性的正常态的自由能,这将可能使外磁场 H 在未高到 H_{c2} 之前的某一值 $H_{c2}{}^*$ 出现 $G_s>G_n{}^*$ 的情况. 这样,顺磁性就限制 H_{c2} 取任意高的值,通常称这种情况为"顺磁限". 有顺磁限的超导体的上临界场叫顺磁限临界场,是 $H_{c2}{}^*$. 在图31.30中也定性地示出了顺磁性对 G_n 的影响. 实际发现,有些超导体,如 V_3Ga 等要考虑顺磁限,而另一些如 Nb_3Sn 等顺磁限不明显.

(d)比热　Ⅱ类超导体有两个临界场:H_{c1} 和 H_{c2},在恒定磁场 H 中加热样品,由相图31.27可知,样品先从 $H_{c1}(T_1)=H$ 决定的 T_1 处由超导态进入混合态. 用GLAG理论可以证明,这时 S(熵)是连续的,无潜热,但是比热有"λ 型反常",相变是二级的. 图31.31中示出的比热在 T_1 处的尖峰和 λ 型比热反常相一致. 如

继续升温到 $H_{c2}(T_2)=H$ 决定的 T_2 处时，样品由混合态转为正常态. 同样，用 GLAG 理论可以证明，在 T_2 处熵也是连续的，比热有突然变化，相变仍是二级的. 在图中的 T_2 处观测到了比热的突然下降，和理论预期的相同.

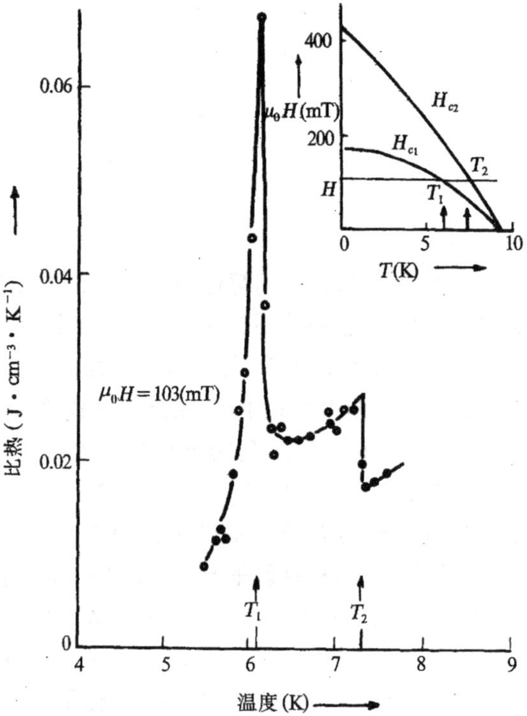

图31.31　在恒定磁场中铌的比热[43].

(e)序参量　要求一般磁场中的混合态序参量当然比较困难. 在 H_{c2} 附近，线性化的 GL 方程得到的序参量是 $\varphi_L(\boldsymbol{r})$. 它的平均值 $\overline{|\varphi_L|^2}$ 可由式(31.91)直接得到

$$\overline{|\varphi_L|^2}=\overline{|\varphi_0|^2}\left(1-\frac{B}{\mu_0 H_{c2}}\right)=|\varphi_0|^2(1-b), \qquad (31.132)$$

式中 $b=\dfrac{B}{\mu_0 H_{c2}}$是约化磁通密度. 在 $H\geqslant H_{c1}$的低磁场,孤立磁通线的序参量可以用下式近似地表示:

$$\varphi^2(r)=\varphi_0{}^2(1-e^{-r^2/(2\xi^2)}). \qquad (31.133)$$

图31.32分别示出了低场和高场的$|\phi(r)|$值. 关于混合态性质的理论探讨,这里我们仅简要列出了结果. 比本节更详细的情况可以参阅文献[44—46].

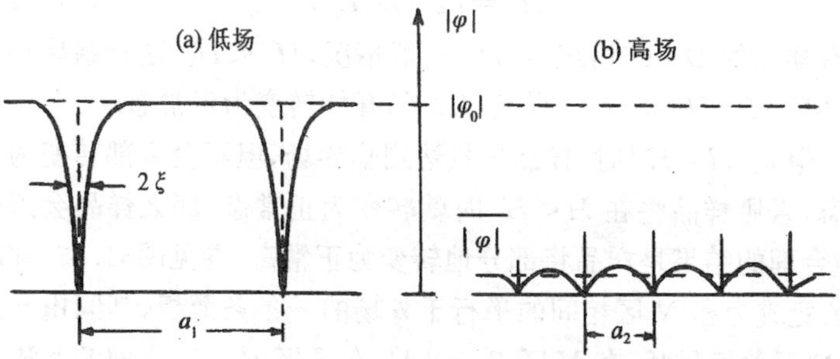

图31.32 混合态序参量的空间分布示意. a_1和 a_2 分别是低场和高场的磁通线阵参数.

§31.19 第一类超导体的中间态

GL 理论已指明,$K<\dfrac{1}{\sqrt{2}}$的超导体有正的表面能. 我们也已知道,一定形状的样品具有一定的退磁因子. 这两个因素使 I 类超导体在一定外场中出现中间态.

现在,我们假定样品的退磁因子 D 已知. 关于退磁因子与样品形状的联系,标准电磁理论已经给出. 表31.4列出若干形状的 D 值. 在外场 H 中,样品的内场 H_i 是

$$H_i=\frac{H}{1-D}.$$

当$H_i=H_c$ 时,外场就相当于考虑退磁效应后样品的临界磁场 H_c',

表31.4　几种形状样品的退磁因子

薄板，垂直于外场	$D=1$
薄板，平行于外场	$D=0$
细圆柱，轴垂直于外场	$D=\frac{1}{2}$
细圆柱，轴平行于外场	$D=0$
球	$D=\frac{1}{3}$

由上式可得

$$H_c'=(1-D)H_c, \tag{31.134}$$

只有样品的 $D=0$ 时，$H_c'=H_c$. 一般情况，$H_c'<H_c$. 这一结果将导致外场 $H=H_c'<H_c$ 时样品($D>0$)开始转变为正常态.

但是，$H=H_c'$ 时，样品虽然达到临界场，但不会全部转变为正常态，否则样品将在 $H<H_c$ 时就转变为正常态. 那么样品会怎样呢？合理的结果是样品将部分地转变为正常态，参见图31.33. 此时 S 区变成为和 N 区相间的平行于外场的一条条薄板，其间由一条条 N 区薄板隔开. 在 N 区 $B_n=\mu_0 H$，在 S 区 $B_s=0$. 这种 S 态和 N 态共存的态叫"中间态"(intermadiate state). 显然，出现中间态的外场 H 为

$$H_c'<H<H_c, \tag{31.135}$$

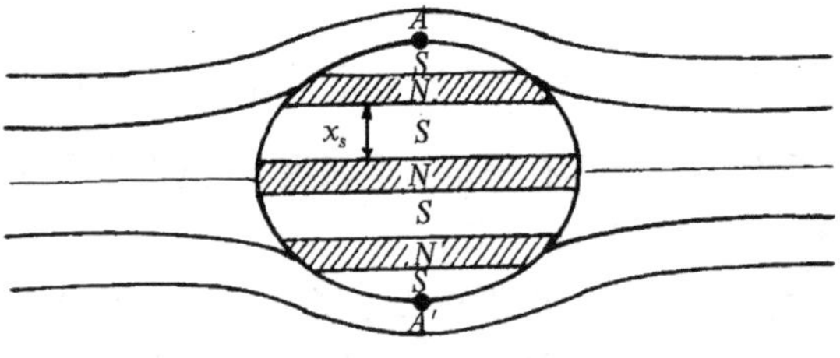

图31.33　磁场中的超导椭球，$H>H_c'$ 时形成中间态的郎道畴结构.

在和外场垂直的方向(X 方向)单位长 N 区的成数就是 N 区体积的成数 η

$$\eta=\frac{\chi_n}{\chi_n+\chi_s},\tag{31.136}$$

这个 η 成的 N 区出现，使中间态的内场由 $H_i=\frac{H}{1-D}$减小为

$$H'_i=\frac{H}{[1+D(\eta-1)]}=H_c\qquad H_c'<H<H_c,\tag{31.137}$$

而中间态的平均磁化强度为

$$-M=\frac{H_c-H}{D}\qquad H_c'<H<H_c.\tag{31.138}$$

中间态的吉布斯函数 G 为

$$G(H)=G(H_c')-\frac{1}{2}\mu_0\cdot\frac{(H-H_c')^2}{D},$$

$$H_c'<H<H_c,\tag{31.139}$$

因而在中间态 G 是降低了，这当然是磁通从 N 区穿过，使样品少排斥磁通的结果. 图31.34示出的是中间态的磁化曲线与自由能曲线.

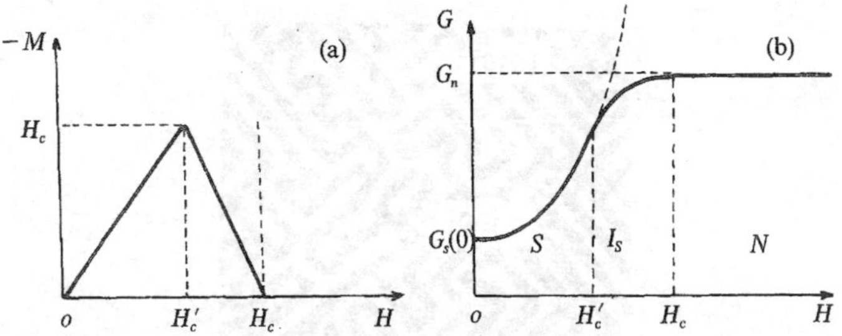

图31.34 (a)磁化曲线；(b)自由能曲线.

以上简单考虑能够说明中间态中 N 区的比例与外场的关系，不能告诉我们这些区域尺寸的绝对值(χ_n). 能够确定 χ_n 和 χ_s 绝对值的因素就是界面能. 因为 I 类超导体的界面能为正. N-S 界面的形成将使 G 函数值增加. 此增量与单位体积界面的面积成正比，或与$(\chi_n+\chi_s)^{-1}$成正比，自然也与表面能成正比. 因而容易了解到，表面能越大，则$(\chi_n+\chi_s)^{-1}$越小，即界面数越小. 对中间态的畴

结构作精确分析是一个较复杂的理论问题，我们不予详细讨论．有兴趣的读者可以参考文献[47]．图31．35和图31．36示出缀饰技术获得的中间态照片．超导体中间态理论首先由朗道发展的，因而中间态结构也叫“朗道畴结构”[48]．

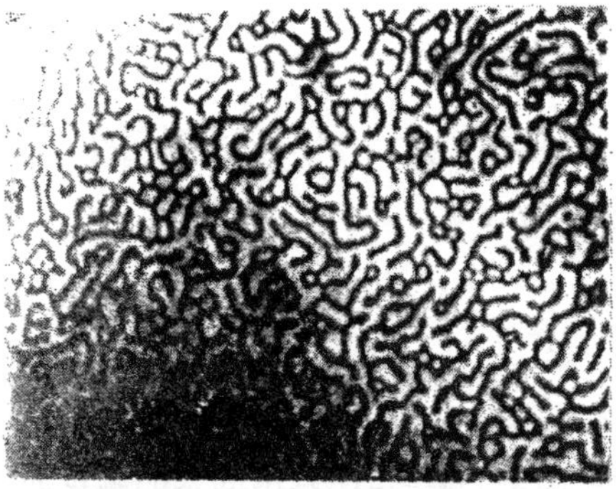

图31．35　多晶铅膜的中间态．$\mu_0 H=0.348\mathrm{T}$，H 垂直于膜面，超导区是黑色，$T=4.2\mathrm{K}$[50]．

图31．36　单晶 Sn 箔的中间态．厚29μm，$H=0.61H_c$，垂直膜面，黑色是超导区，$T=1.2\mathrm{K}$[51]．

图31.35和图31.36说明中间态畴结构与超导体冶金微结构的密切关系.图31.35是多晶样品，N-S相界就不像图31.36的单晶样品那样平行于一定的结晶学方向.近年来还发展一种磁光技术，成为观察磁结构的有用工具[49].

实验中还注意到中间态结构与到达的路径有关，因而是亚稳态.

中间态的观测结果能够用朗道畴理论及其推广来解释.而且，由实验定出的界面能与理论相一致.

Ⅳ 磁通线阵

GLAG理论的一大成就在于预言了混合态中有三角对称的磁通线阵列.因为与晶体缺陷相关的超导电性质是和磁通线阵及其与晶体缺陷的相互作用联系在一起的，对磁通线阵的实验及理论的深入研究自然是十分必要的.

在已发展的直接观测磁通线阵的方法中，特劳伯尔(H. Traüble)和埃斯曼(U. Essmann)等的缀饰法[或叫毕特(图案)技术]最成功[52].而中子衍射是最先出现并且还活跃[53].观测到的磁通线阵除三角格子外还有正方格子及其它的形状.线阵还往往带有各种缺陷，并且磁通线也不一定是直线，故线阵是形变的.所有这些和样品是否各向同性及晶体缺陷有关.

了解磁通线阵的强度及其缺陷是很重要的，它们对超导体的载流能力有重要影响.平行磁通线间的相互排斥力导致磁通线系统有一定的磁压强.此压强随磁通密度增加而增加.因而磁通密度大的地方磁压也大，使密度不均匀磁通线系统产生推动磁通线运动的力，叫洛伦兹力.本节将对以上各点进行讨论.

§31.20 混合态中的磁通线阵

特劳伯尔和埃斯曼用来直接观测磁通线的原理就是用铁磁性小颗粒来缀饰磁通线在样品表面的露头处.图31.37(a)是样品中

的磁通线阵某部分的示意.样品上方某处的蒸发源供给的铁磁性原子在适当的气氛中经碰撞减速并形成约10nm大小的颗粒,再经磁场的作用,沉积在样品表面磁通线的露头处,参见图31.37(b).把已沉积好的样品移回室温,现在已直接用扫描电镜观察,早期是经碳膜复型在电镜下观察.图31.38示出用缀饰法得到的典型照片,黑点是磁通线位置,这很清楚显示出三角的磁通线格子.

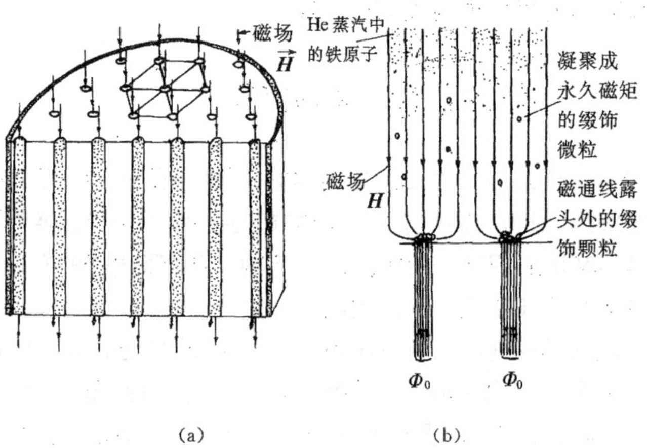

图31.37 (a)Ⅱ类超导体中的磁通线阵;(b)磁通线的缀饰技术示意.

实验发现,在单晶体低K的Ⅱ类超导体中,磁通线阵的类型与晶体的取向有密切关系.磁通线阵和晶体点阵在同一方向上的对称性倾向于一致.如果磁场平行于晶体的4次轴,涡旋形成正方格子,如果磁场平行于3次轴,则观测到三角形涡旋阵列.磁场方向沿着2次轴时出现形变了的三角磁通线格子:等腰三角形的元胞,底边可以比腰长,也可能比腰短.

当K值逐渐增加时晶体各向异性对磁通线格子类型的影响也逐渐减小.许多实验都证明,K的增加使得高度各向异性的磁通线阵向GLAG理论预言的各向同性超导体中的三角格子逐步转变.

图31.39示出的是用缀饰法得到的Pb-1.6%Tl样品中的正方

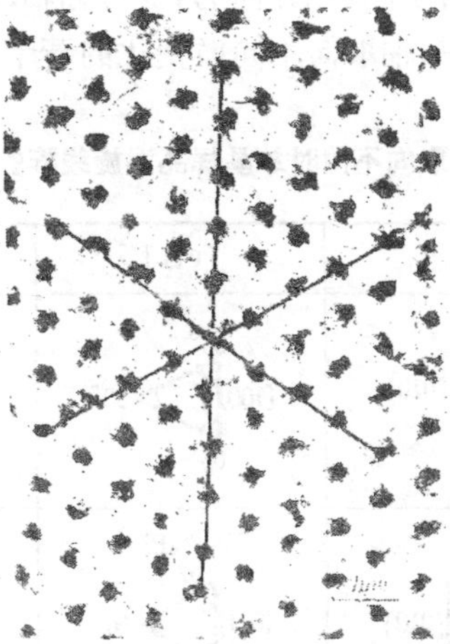

图31.38　Nb圆盘的三角线阵，盘厚0.5mm，直径4mm.磁场垂直盘面，强度0.0985T，温度1.2K[54].

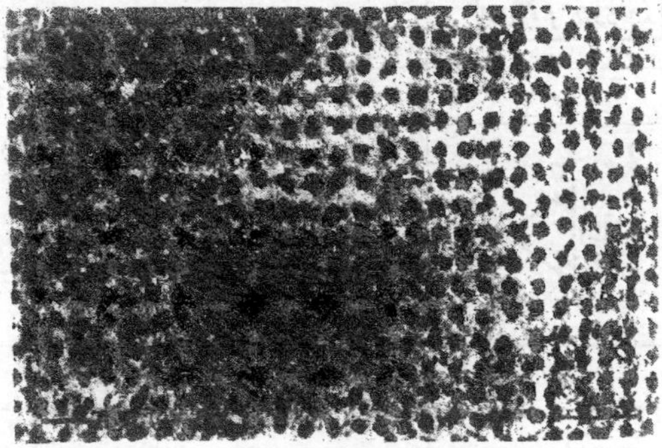

图31.39　Pb-Tl单晶中的正方磁通线格子. $K\approx0.72$，$T=1.2\text{K}$，$\mu_0H=0.0365\text{T}$[55].

磁通线格子. 外场平行于[001]方向的4次对称轴. 表31.5列出涡旋阵列类型随外场相对晶轴取向不同而变化的若干例子.

表31.5 外场取向不同时单晶样品涡旋线阵的形貌[56]

磁场方向	[001]	[011]	$[\bar{1}11]$
Pb-1.6%Ti	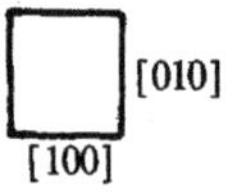	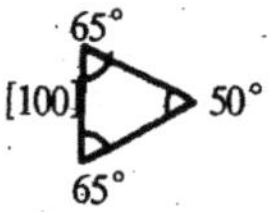	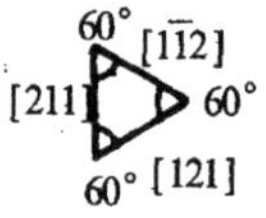
Pb-Bi	Pb-2%Bi 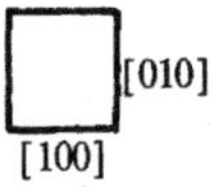	Pb-4%Bi 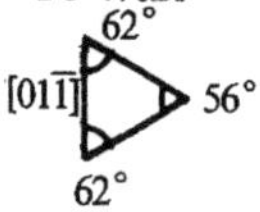	
Nb	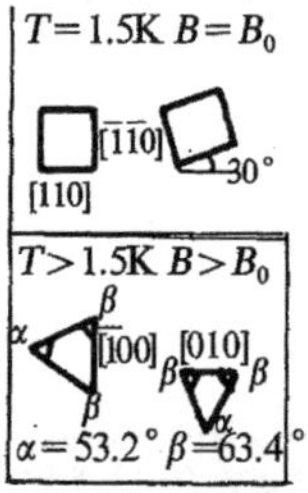	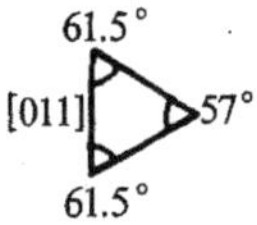	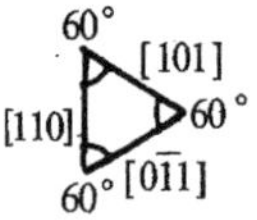
	$[\bar{1}12]$	[205]	|[111]
Nb	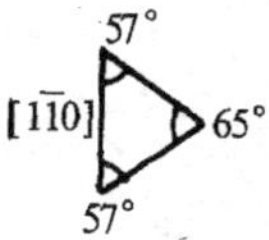	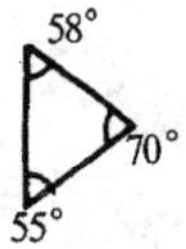	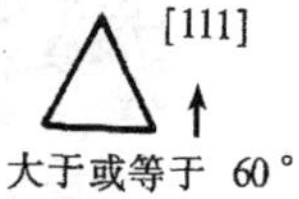
	⊥[0001]		
Ta	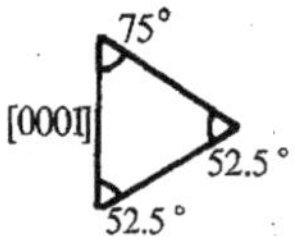		

实验观测到，$K<1.7$的超导体中的“中间混合态”参见图31.40，它由苏伯尼柯夫相(图中黑色区)和迈斯纳相(图中白色区)相间组成，迈斯纳相还会形成“超晶格”，就是迈斯态区有规则地分布在苏伯尼柯夫态中. 超晶格参数是宏观量级. 图31.40说明了中间混合态中的涡旋阵也有各向异性性质[57]. 中间混合态的出现被认为是涡旋线间的吸引的结果.

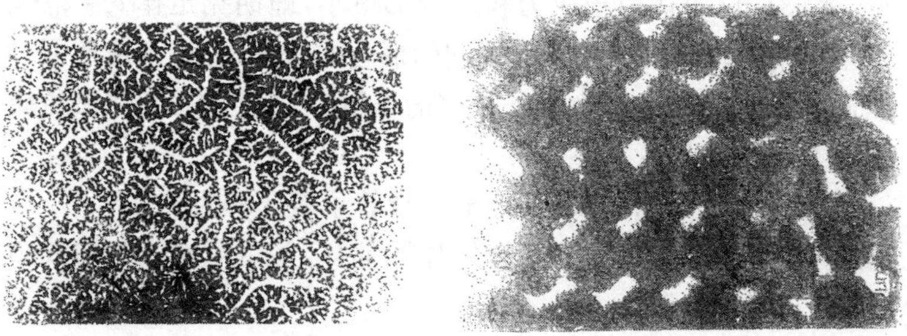

(a) (b)

图31.40 PbTl合金($K\approx 0.72, T=1.21\text{K}, \mu_0 H: 0\rightarrow 21\text{mT}$)的中间混合态.
(a)多晶；(b)单晶.

缀饰技术和透射电镜技术结合起来可以直接观测到薄膜中晶体缺陷和磁通线的相互作用. 现在则直接用扫描电镜技术就可以观测缀饰图案了，下面我们还要谈这个问题.

§31.21 磁通线阵的强度

磁通线之间相互作用力的存在意味着它有一定的强度. 这和原子或分子间的相互作用表现为晶体有一定强度相似. 我们同样可以用一套弹性常数来描述线阵的弹性性质. 对一个理想的线阵，问题只涉及到两个坐标(二维问题)，因而弹性常数较少. 假设Z轴平行于磁通线，这意味在各向同性的超导体中，三角格子在X-Y平面内是各向同性的[58]. 由于磁通线在平行于自身方向上的位移不受二维排列的影响，作用力也与应变$\varepsilon_{zz}=\varepsilon_3$无关，即$c_{ij}$的第三行和第三列的元素都是零. 我们写出来就是

$$\begin{bmatrix}\sigma_{xx}\\ \sigma_{yy}\\ \sigma_{yz}\\ \sigma_{xz}\\ \sigma_{xy}\end{bmatrix}=\begin{bmatrix}c_{11} & c_{12} & 0 & 0 & 0\\ c_{12} & c_{11} & 0 & 0 & 0\\ 0 & 0 & c_{44} & 0 & 0\\ 0 & 0 & 0 & c_{44} & 0\\ 0 & 0 & 0 & 0 & c_{66}\end{bmatrix}\cdot\begin{bmatrix}\varepsilon_{xx}\\ \varepsilon_{yy}\\ \varepsilon_{yz}\\ \varepsilon_{xz}\\ \varepsilon_{xy}\end{bmatrix},\qquad (31.140)$$

式中 $c_{66}=\frac{1}{2}(c_{11}-c_{12})$. c_{ij}是弹性常数，σ_{ij}和 ε_{ij}则分别是应力和应变. 式(31.140)适用于应力和应变都很小，即胡克定律 $\sigma_i=c_{ij}\cdot\varepsilon_j$ 适用的情况. 事实上，各磁通线间的偶合非常强. 在许多情形下对磁通线阵的作用力(例如晶体缺陷的作用力)产生的位移比磁通线阵的参数小得多.

马特里康(J. Matricon)等最先计算了若干弹性常数[59,60]. 后来，拉伯希又重新计算了所有的弹性常数，并用可逆磁化曲线 $B(H)$来表示弹性常数[61].

仅改变线阵单位胞的大小，不改变其形状的体积压缩模量 c_L 为

$$c_L=\frac{1}{2}(c_{11}+c_{12})=c_{11}-c_{66}=B^2\frac{dH}{dB}.\qquad (31.141)$$

由于 c_{66}总是远小于 c_L[参见图31.41，式(31.143)和式(31.144)]，我们就得到

$$c_{11}\approx c_{12}\approx B^2\frac{dH}{dB}\qquad (31.142\sim143)$$

使一束磁通线的方向偏离 Z 方向而 X-Y 平面内的横截面不变的形变则由倾侧模量 c_{44}描述

$$c_{44}=B\cdot H.\qquad (31.144)$$

以上3式在混合态的整个区域 $B_{c1}\leq B\leq B_{c2}=\mu_0 H_{c2}$成立. 然而，切变模量 c_{66}在低场和高场应由不同式子表示

$$c_{66}=\frac{\mu_0}{2}\int_0^B (B')^2\frac{d^2H(B')}{d(B')^2}dB'\qquad B\ll B_{c2},\qquad (31.145)$$

$$c'_{66}=0.48\frac{\mu_0 H_c{}^2K^2(2k^2-1)}{[1+\beta_A(2k^2-1)]^2}(1-\frac{B}{B_{c2}})^2,$$

$$B \leqslant B_{c2}. \tag{31.146}$$

图31.41和图31.42分别示出了 NbTa 合金的以上各量与磁场及温度的关系(NbTa:$T_c=7.1\text{K}$,$K=3.4$).

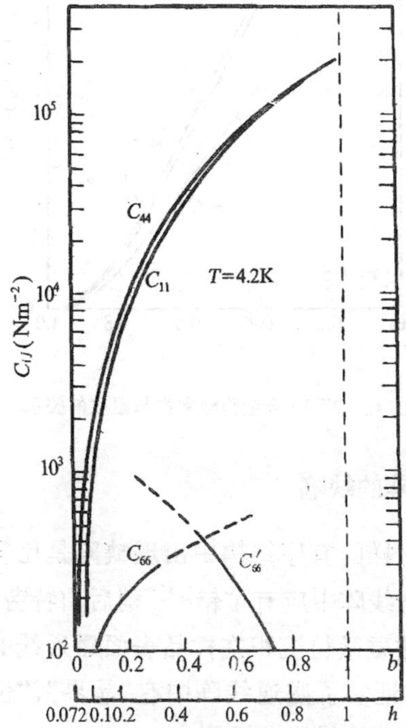

图31.41　NbTa 合金弹性常数与磁场的关系.

对于高 K 材料,如磁场不太接近 H_{c1},各 c_{ij} 可近似地被表成如下形式:

$$c_{11} \approx c_{12} \approx c_{44} = \mu_0 H_{c2}{}^2 b^2, \tag{31.147}$$

$$c'_{66} \approx \frac{0.13}{K^2} \mu_0 H_{c2}{}^2 (1-b)^2, \tag{31.148}$$

式中 $b=B/B_{c2}$,是约化磁感强度.

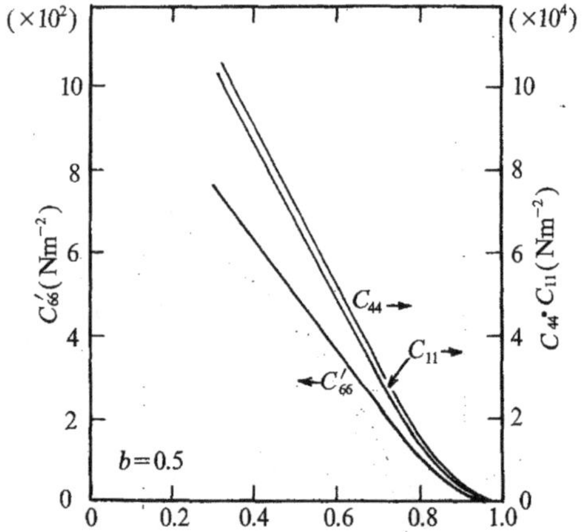

图31.42　NbTa合金弹性常数与温度的关系.

§31.22　磁通线阵的缺陷

在磁通线阵这样的有序结构中出现缺陷是比较自然的. 1966年拉伯希预言磁通线阵中应有位错[62]. 稍后由特劳伯尔和埃斯曼利用毕特技术将铁磁微粒沉积在样品表面磁通线的露头处,从而能观测磁通线后,证实了磁通线阵中有"晶界"、"位错"、"填隙"、"空穴"等. 并且还有"旋错",参见图31.43.

空穴、填隙以及它们的凝集形态仅在很低的磁通密度下被观测到. 对Pb-6.3In%合金(1.2K),磁场在3mT到5mT,在更低的磁场下,线阵就变成流体状的. 所发现的"点缺陷"的密度约为每根磁通线10^{-4}. 这比热力学平衡的数字要大几个数量级,所以是亚稳态,这和晶体中的点缺陷不同.

点缺陷的能量和其它性质也用GL理论进行了研究,其处理方法与研究混合态的性质相似. 低场时用伦敦近似,而高场时直接用GL理论. 总的来说,点缺陷的形成能较高,对超导体宏观性质

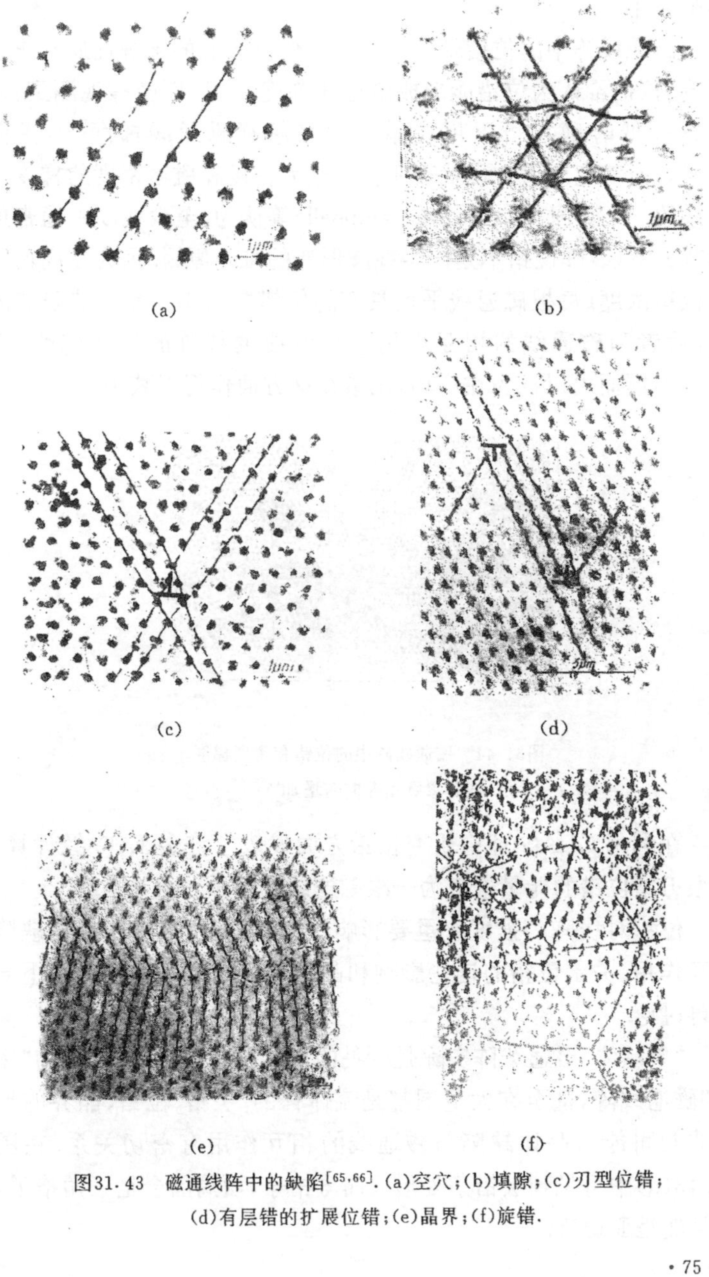

图31.43　磁通线阵中的缺陷[65,66]. (a)空穴;(b)填隙;(c)刃型位错;(d)有层错的扩展位错;(e)晶界;(f)旋错.

影响较小.

磁通线阵中的位错却可能对超导体混合态的宏观性质有重要影响. 拉伯希认为位错能形成磁通线梯度[62]. 埃斯曼等观测到，磁通密度低时确实可以用位错密度来解释磁通线梯度[63]，见图31.44，而麦克斯韦方程就表明传输电流密度和磁通密度的梯度相联系的. 然而，凯贝尔(A. M. Campbell)等认为，至少在高磁通密度的情况下，线阵位错不是产生线阵形变的唯一原因. 因为在高场线阵位错浓度(每根磁通线平均具有的位错数)，小于晶体缺陷的浓度，后者和磁通线的相互作用也导致磁通线阵的形变(参见下章)[64]，因而可以认为在高场，位错在这方面作用将减小.

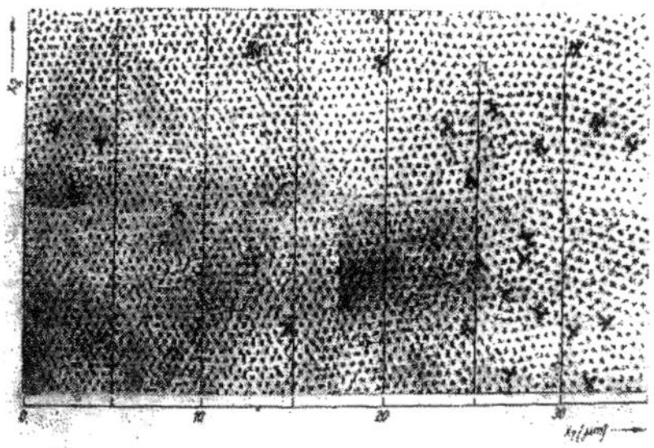

图31.44　磁通线阵中的位错和密度梯度.
线阵参数由左向右增加[65].

在利用 GLAG 理论研究位错方面发表了许多工作. 经计算，一根刃型位错的能量近似为一根磁通线的能量，$\Delta F_1=\phi_0 H_{c1}$.

位错对线阵的强度有重要影响. 位错还可以直接和晶体缺陷相互作用. 关于位错的这些影响和晶体缺陷的联系我们将在下一章再讨论.

“单晶体”磁通线阵实际是少见的，一般是有小晶块组成的“多晶”磁通线阵，甚至在大范围都是流体样的. 层错、位错、晶界的形成非常可能与晶体缺陷与磁通线的相互作用有密切关系. 在图31.43(d)中可见到层错条处形成四方格子，而周围全是三角格子，这显然是亚稳态.

旋错在较长时间内只是文献上讨论的缺陷，因为这种五重对称性的缺陷形成能较高. 和晶体相比，磁通线阵当然较容易产生较高能量的缺陷，可以说磁通线阵是首先观测到旋错的系统.

§31.23 磁通线阵的压强和洛伦兹力

(a)磁通线阵中的磁压强　先考虑局域磁通密度均匀的磁通线系统，参见图31.45(a). 设所有磁通线都是平行 Z 轴的直线，X-Y平面内单位面积含 n 根磁通线. 我们已经知道，任何两根平行线相排斥，斥力随相互距离增加而减小. 这磁排斥力势必导致磁通线系统中磁压强的出现. 对均匀分布的系统中的任何磁通线，由对称性考虑，受到这种磁压强导致的合力应该是零. 现在我们用平衡热力学方法求出磁压强.

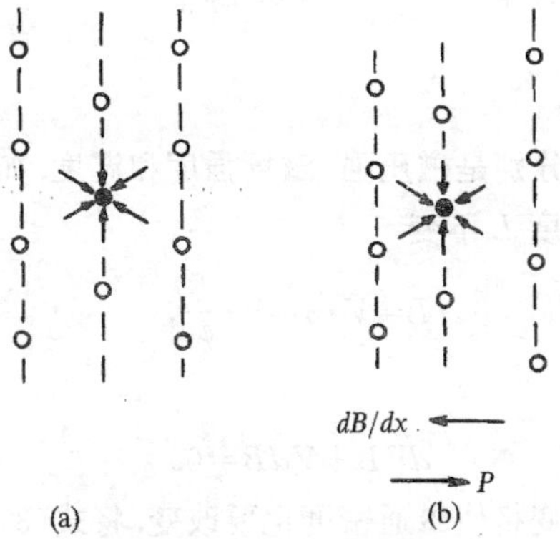

图31.45　(a)均匀磁通线系统；(b)不均匀磁通线系统.

考虑一个体积为 V 的立方体，其3个棱分别平行坐标轴，但平行 Z 轴的棱的长度为单位长，其它两个棱长分别为 Δx 和 Δy，参见图31.46. 设系统的自由能密度为 F，则体积为 V 时的自由能 f 是

$$f=V\cdot F. \tag{31.149}$$

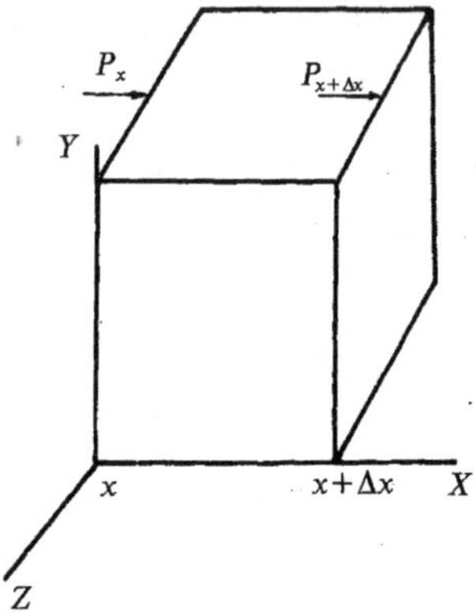

图31.46 磁通线系统的压力.

按热力学公式有

$$\begin{cases} P=-\left(\dfrac{\partial f}{\partial V}\right)_{T,B}=-F-V\cdot\left(\dfrac{\partial F}{\partial V}\right)_{T,B}, \\ H=\left(\dfrac{\partial F}{\partial B}\right)_{T,V}, \end{cases} \tag{31.150}$$

式中的 P,H,T 分别是磁压强,磁场强度和温度. 如果保持体积 V 中磁通线的总长度 L 不变

$$L=V\cdot n=V\cdot\frac{B}{\phi_0}, \tag{31.151a}$$

则有关系

$$dVB+VdB=0. \tag{31.151b}$$

它表示体积的改变将使磁通密度也要改变. 将式(31.151b)代入式(31.150)中的压强 P 中就得到

$$P=-F+B\cdot\left(\frac{\partial F}{\partial B}\right)_{T,V}=-F+BH, \tag{31.152}$$

这就是外场为 H、磁通密度为 B 的磁通线系统的磁压强. 为了看一下 P 和 B 大小的关系,我们用 $B\lesssim B_{c2}(B_{c2}=\mu_0 H_{c2})$ 的区域的情形作为特例. 此情形下,F 由式(31.96)表示. 将式(31.96)代入式(31.152)后容易得到

$$P=(H-\frac{B}{2\mu_0})\cdot B+\frac{(B_{c2}-B)^2}{\mu_0(1+(2K^2-1)\beta_A}.$$

因为混合态中 $B<\mu_0 H$，所以 P 总是随 B 增加而增加. 虽然这是一个特例，但结论是定性适用于一般情况的. 显然，在温度和磁通密度均匀的系统中，磁压强处处相等，因而任何磁通线受到的合力为零.

(b)*洛伦兹力*　现在考虑磁通密度不均匀的系统，例如，在 X 方向有磁通密度梯度的情况，参见图31.45(b). 此时任意磁通线受的力已经不再是对称的. 因此，可以预料作用于磁通线的合力将不为零，并且力的方向将从密的区域指向稀的区域.

参见图31.46，体积 $V(=\Delta x\cdot\Delta y)$ 在 X 方向的合力是

$$F'=\Delta y\cdot(P_{x=0}-P_{x=\Delta x}).$$

当 Δx 足够小时，利用式(31.152)和式(31.150)后得到

$$\begin{aligned}F'&=\Delta x\cdot\Delta y\cdot(-\frac{\partial P}{\partial x})\\&=\Delta x\cdot\Delta y(-\frac{\partial P}{\partial B}\cdot\frac{\partial B}{\partial x})\\&=\Delta x\cdot\Delta y\cdot B\cdot(-\frac{\partial H}{\partial B}\frac{\partial B}{\partial x}).\end{aligned}\tag{31.153}$$

令单位体积磁通线受到的作用力为 F_L，$F_L=\frac{F'}{\Delta x\cdot\Delta y}$. 有

$$F_L=-B\frac{\partial H}{\partial B}\cdot\frac{\partial B}{\partial x}=-B\frac{\partial H}{\partial x}.\tag{31.154a}$$

由麦克斯韦方程 $\nabla\times\boldsymbol{j}=\boldsymbol{H}$. 对图31.47的情形为

$$J_y=-\frac{\partial H}{\partial x}.\tag{31.155}$$

将式(31.155)代入式(31.154)得到

$$F_L=BJ_y,\tag{31.154b}$$

J_y 表示自由传输电流密度的 Y 分量. 在三维的一般情况，式(31.154b)可表示为

$$\boldsymbol{F}_L=\boldsymbol{J}\times\boldsymbol{B}\tag{31.154c}$$

$\boldsymbol{F}_L$ 称为洛伦兹力，这是磁通线的不均匀分布产生的推动磁通线的

力. $\boldsymbol{F}_L$ 和电磁学中磁场对电流作用力形式相似,但这里 $\boldsymbol{F}_L$ 是作用在磁通线(阵)上的力. 对单根磁通线受的力 $\boldsymbol{f}_L$,可由 $B=n\phi_0$ 得到

$$\boldsymbol{f}_L=\frac{1}{n}\cdot\boldsymbol{F}_L=\boldsymbol{J}\times\phi_0, \tag{31.154d}$$

$\boldsymbol{f}_L$ 的形式在两根磁通线相互作用时已得到过,即式(31.125),这里是更普遍的形式.

传输的自由电流 J_y 及其垂直方向的磁场梯度由麦克斯韦方程(31.155)规定,我们可以把 J_y 看成涡旋电流的合成,参见图 31.47.

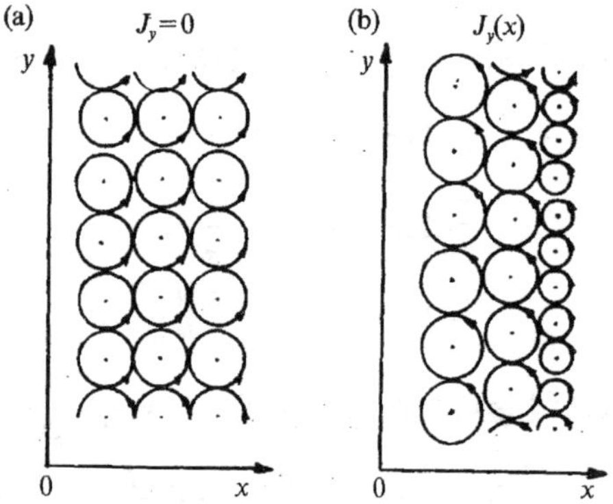

图31.47 涡旋密度梯度和电流密度 J 的关系.

(a) $\frac{dH}{dx}=0$; (b) $\frac{dH}{dx}=-J_y$.

V 临界电流

超导体的临界电流定义为在一定外磁场中样品可以无电阻地通过的最大电流. 故当电流超过临界值时,样品即失去零电阻性. 电阻的出现可以是超导态完全转变为正常态,如薄膜或细丝样品

的情形，也可以是部分地由超导态转变为正常态，如块样在中间态和混合态那样，或者磁通线受到的洛伦兹力超过了临界值，如硬超导体那样. 在实际应用中，高临界电流密度材料具有极大的重要性，这很像高强度金属材料的情况. 事实上，超导材料的临界电流和金属材料的强度在现象和机制上都非常类似. 本节主要讨论各种材料的临界电流的大小和性质. 几何因子引起的中间态电流将不涉及，对高临界电流机制的理解本节是不可缺少的，但细节将在下章中讨论.

§31.24 薄膜的临界电流

本节讨论小样品的临界电流. 小样品是指样品至少在一个方向上的尺寸 d 很小，满足条件 $d\ll\lambda$ 和 $d\ll\xi$，例如细丝和薄膜. $d\ll\lambda$保证了磁场在样品中是常量，而 $d\ll\xi$ 保证了 $|\varphi|$ 也是常量.

令 $\varphi=|\varphi|e^{i\theta}$并代入 GL 电流方程(31.34b)，注意 $|\varphi|$ 是常量，得到

$$\boldsymbol{J}_s=\frac{e^*}{m^*}|\varphi|^2(\hbar\nabla\theta-e^*\boldsymbol{A})=2e|\varphi|^2\boldsymbol{v}_s, \tag{31.155}$$

式中 $\boldsymbol{v}_s$ 是超流电子速度，由式(31.31)定义. GL 自由能为

$$F_s=F_n+|\varphi|^2\left(\alpha+\frac{1}{2}\beta|\varphi|^2+\frac{1}{2}m^*v_s^2\right)+\frac{h^2}{2\mu_0}. \tag{31.156}$$

但磁能项$\frac{h^2}{2\mu_0}$比动能项$\frac{1}{2}m^*|\varphi|^2v_s^2$小，前者与后者之比约为 s/λ^2，s 是样品(如细丝)的截面积. 故可以忽略磁能. F 对 $|\varphi|$ 求极小得到

$$\alpha+\beta|\varphi|^2+\frac{1}{2}m^*v_s^2=0. \tag{31.157}$$

由 $|\varphi_0|^2=-\alpha/\beta$ 代入后，得到

$$v_s^2=\frac{2|\alpha|}{m^*}\left(1-\frac{|\varphi|^2}{|\varphi_0|^2}\right). \tag{31.158}$$

联合 J_s 和 v_s 就解得

$$J_s=2e\left(\frac{2|\alpha|}{m^*}\right)^{\frac{1}{2}}|\varphi|^2\left(1-\frac{\varphi^2}{\varphi_0^2}\right)^{\frac{1}{2}}$$

$$= -\frac{2\alpha e}{\beta}\left(\frac{2|\alpha|}{m^*}\right)^{\frac{1}{2}}\frac{\varphi^2}{\varphi_0^{\ 2}}\left(1-\frac{\varphi^2}{\varphi_0^{\ 2}}\right). \tag{31.159}$$

容易得到，$\varphi^2=\frac{2}{3}\varphi_0^{\ 2}$时，$J_s$ 极大. 按定义，临界电流密度就是 J_s 的极大. 用 J_c 表示样品的临界电流密度后有

$$J_c=\frac{4}{3\sqrt{3}}e\varphi_0^{\ 2}\frac{\hbar}{m^*\xi}, \tag{31.160}$$

式中已利用了关系 $\xi^2=\frac{\hbar^2}{2m^*|\alpha|}$. 式(31.160)就是 GL 理论框架下的最大电流密度. 用(31.23,28,38,42)等诸式代入式(31.160)后，可将 J_c 用实验上易测量的量来表示. 具体运算结果是

$$J_c=\frac{4}{3\sqrt{6}}\frac{H_c}{\lambda}. \tag{31.161}$$

假设某样品的参数为 $\mu_0H_c=0.1\text{T}$，$\lambda=10\text{nm}$，得 $J_c=10^{13}\text{A}\cdot\text{m}^{-2}$，这是很高的. 现在实际样品的 J_c 还远小于它.

在 T_c 附近

$$H_c(t)\sim 1-t,\ \lambda\sim(1-t)^{-\frac{1}{2}},$$

所以

$$J_c(t)\sim(1-t)^{3/2} \qquad t\to 1. \tag{31.162}$$

小样品的 J_c 在 T_c 附近的$(1-t)^{3/2}$关系已多次由实验观测到，而且式(31.161)还和实验合理地符合. 微观理论得出的结果表示，由 GL 理论得到的 J_c 在 T_c 附近是和微观理论的 J_c 一致的.

§ 31.25 迈斯纳态的临界电流

现在开始讨论块样品的临界电流. 块样品的尺寸比 λ 和 ξ 的任何一个都大几个量级. 我们已知道，在迈斯纳态时样品内部深处的磁场和电流都是可忽略地小. 因此，电流分布在 N-S 界面(包括表面)附近 λ 宽的区域中. 以图31.48所示的扁带样品为例，按对称性有

$$h(x)=-h(-x),\text{和 } j(x)=j(-x), \tag{31.163}$$

$j(x)$是局域电流密度，扁带的半厚度 $a\gg\lambda$，此时 GL 方程因为是弱

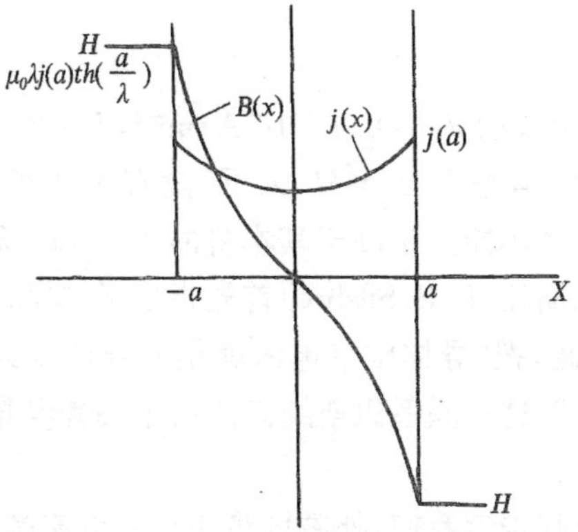

图31.48 扁带样品的临界电流.

场(迈斯纳态),简化为伦敦方程(31.43).由对称边界条件式(31.163)得到

$$j(x)=j(a)\frac{\cosh(x/\lambda)}{\cosh(a/\lambda)}. \tag{31.164}$$

样品的平均电流

$$J=\frac{1}{2a}\int_{-a}^{a}j(x)dx=\frac{\lambda}{a}j(a)\tanh(a/\lambda). \tag{31.165}$$

由麦克斯韦方程,或者直接由伦敦方程 $\boldsymbol{B}+\mu_0\lambda^2\nabla\times\boldsymbol{j}=0$;可得 $h(a)=-\mu_0\lambda^2\frac{\partial j(x)}{\partial x}|_a=-\mu_0\lambda j(a)\tanh(a/\lambda)$.临界电流定义为电流产生的磁场在表面的值达到临界值 H_c 时的电流,因而由 $h(a)=\mu_0 H_c$ 便得到

$$J_c'=\frac{H_c}{a}, \tag{31.166a}$$

这里 J_c' 是表面屏蔽电流的贡献,与样品的厚度成反比是显而易见的.1cm 宽、1mm 厚的铅板条,当 $\mu_0 H_c=0.055\text{T}$ 时,$J_c'=4.4\times 10^7\text{A}\cdot\text{m}^{-2}$,$J_c=440\text{A}$.

对圆导线我们假设半径为 a,我们由麦克斯韦方程,并用长直

导线的近似，易得到

$$J_c' = \frac{2}{a} H_c. \tag{31.166b}$$

当 $a=1\text{mm}$ 时，铅线的 $J_c'=8.8\times10^7\text{A}\cdot\text{m}^{-2}$，$J_c=280\text{A}$. 虽然临界电流的值相当高，但是主要是 H_c 太低，没有多大实用价值（用这种导线制成的磁体不能产生高于其本身的 H_c 的磁场）.

历史上西尔斯比（F. B. Silsbee）首先指出了 J_c'和 H_c 之间上述的密切联系，因此，把“导体临界电流就是使导体表面上磁场达到临界磁场的电流”，这一联系迈斯纳态的两个临界参量的关系称作西尔斯比规则[69].

西尔斯比规则告诉我们，外磁场将使临界电流减小，并与磁场的相对取向有关，这是显而易见的.

考虑置于外磁场中的圆导线. 设外场 $H<H_c$，并平行于导线（纵场）. 假如电流强度 I 流过导线，它产生一个环绕导线的磁场，在导线表面上该场的强度为 $H(a)=\dfrac{I}{2\pi a}$，a 是导线半径. 这个场和外场叠加，而且互相垂直，在表面的合成场 $H_{总}$ 可由下式求出：

$$H_{总}^2 = H^2 + (I/2\pi a)^2. \tag{31.167}$$

当 $H_{总}=H_c$ 时便达到临界电流强度 $I_c(H)$

$$H_c^2 = H^2 + \frac{I_c^2(H)}{4\pi^2 a^2} \tag{31.168a}$$

临界场 H_c 和半径 a 是材料常数. 所以这是一个椭圆方程，$I_c(H)$ 曲线是椭圆的一部分，参见图31.49(a,b).

当外场垂直于导线轴时（横场），就出现另外一种情况，参见图31.50(a,b). 在这种情形下，样品表面的磁场不象纵场情形是各处均匀的，而是一侧大，另一侧小. 考虑退磁因子（$D=\dfrac{1}{2}$）后，表面场的最大值为外场、退磁场及电流产生的磁场相加

$$H_{总} = 2H + \frac{I}{2\pi a}. \tag{31.168b}$$

根据西尔斯比规则，导线表面任何一处的总磁场强度等于 H_c 时，电阻就首先出现，电流达到了临界值. 因而横场的临界电流强度 I_c

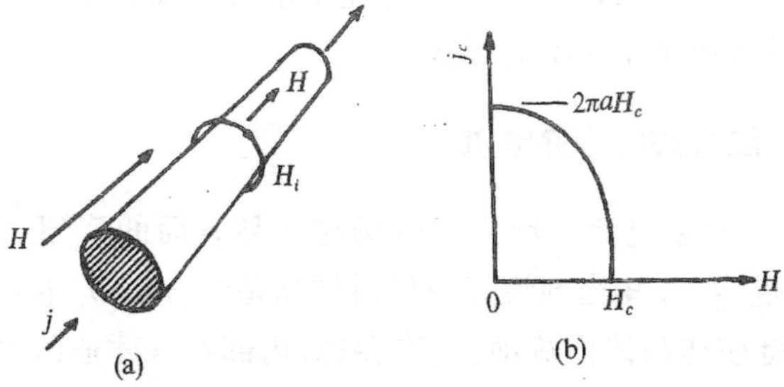

图31.49 圆导在纵场中的临界电流.(a)纵场;(b)$j_c(H)$.

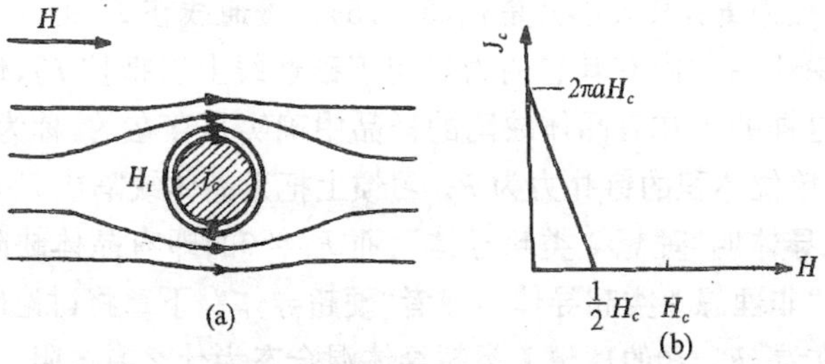

图31.50 圆导线在横场中的临界电流.(a)横场;(b)$J_c(H)$.

为

$$I_c(H)=2\pi a(H_c-2H),\qquad(31.168c)$$

显然,临界电流的平均密度 $J_c'=\dfrac{2}{a}(H_c-2H)$,它和临界电流强度 I_c 一样,随着外磁场 H 增加而线性下降,在 $H=\dfrac{1}{2}H_c$ 时 $I_c=J_c'=0$,参见图31.50.

用完全相同的方法可以得到:在外磁场平行于图31.48所示的薄板(扁带)宽面、并垂直于电流时,临界电流密度为

$$J_c'=\frac{1}{a}(H_c-H).\qquad(31.168d)$$

它也随外场增加而线性下降,在 $H=H_c$ 时,$J_c'=0$.

对于Ⅱ类超导体(扁带,圆导、线)只需将以上讨论中的 H_c 改

为 H_{c1}. 因为 $H_{c1}<H_c$,所以Ⅱ类超导体的 H_c 如和Ⅰ类超导体相同,其临界电流小于Ⅰ类超导体.

§31.26 混合态的临界电流

外场加传输电流 I 产生的磁场在样品表面的值超过 H_{c1}时,样品进入混合态.相当地说,$I\geq I_c'$时样品是混合态. I_c'在样品表面而 $I-I_c'$将在样品体内流动.或许会想,内部在各磁通线之间有超导通路,故电流 $I-I_c'$不会产生电压.实际情况却不是这样.

我们已知道,体内的传输电流将作用一个力在磁通线上,这就是洛伦兹力 $\boldsymbol{F}_L$,其大小就是式(31.154).磁通线在 $\boldsymbol{F}_L$ 的作用下将运动,除非晶体内有其它的力作用于磁通线上以抵抗 F_L,使合力为零.这样的力在有晶体缺陷的样品中确实是存在的,称为"钉扎力".设单位体积的钉扎力为 F_p.习惯上把无晶体缺陷或 $F_P=0$ 的Ⅱ类超导体叫"理想Ⅱ类超导体",而 $F_P\neq0$的即有晶体缺陷的超导体叫"非理想Ⅱ类超导体",或者"硬超导体".下章将讨论硬超导体.现在看,$F_p=0$的理想Ⅱ类超导体混合态为什么有电阻.

当传输电流密度 J 超过 J_c'(即 $I>I_c'$)时,体内的电流密度是 $J-J_c'$.产生的洛伦兹力[按式(31.154)]为

$$\boldsymbol{F}_L=(\boldsymbol{J}-\boldsymbol{J}_c')\times\boldsymbol{B}, \tag{31.169}$$

这 F_L 作用在磁通线上后,就使磁通线在同时垂直于电流和磁场的方向上运动,参见图31.51.因磁力线切割导体,按电磁感应定律,沿电流方向的电场 E_f 为

$$\boldsymbol{E}_f=-\boldsymbol{v}_f\times\boldsymbol{B}, \tag{31.170}$$

$\boldsymbol{v}_f$ 是磁通的平均漂移速度.相应的功率消耗(变为焦耳热)的密度是 $\boldsymbol{E}_f\cdot(\boldsymbol{J}-\boldsymbol{J}_c')$.这说明是有电阻的(其电阻率记为 ρ_f),它是磁通线流动产生的,叫流阻(率),以区别于正常态金属(超导体和非超导体)的电阻(率). ρ_f 的大小为

$$\rho_f=\frac{E_f}{J-J_c'}. \tag{31.171}$$

实验上确是观测到 E_f 和 ρ_f 的,参见图31.52.关于磁通流动和流

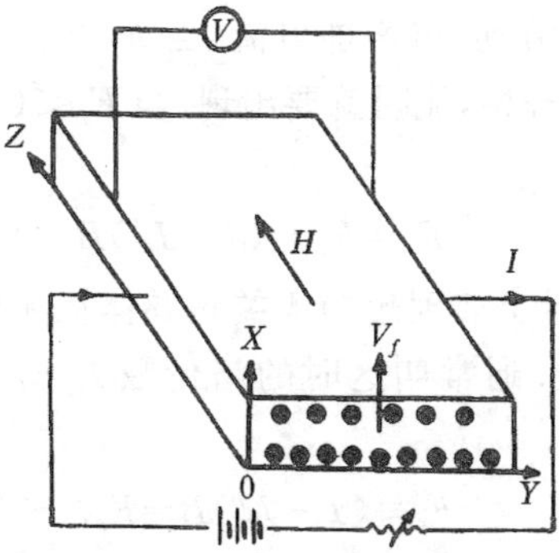

图31.51　磁通线运动产生电场.

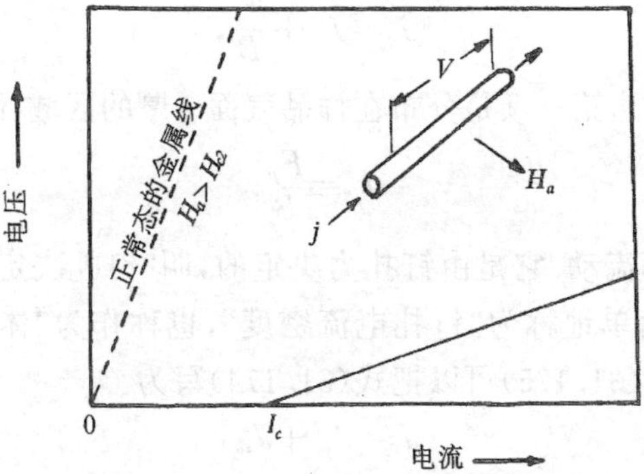

图31.52　横场下Ⅱ类超导体的电压-电流特性曲线.

阻,下章还要提及,不过流阻率是理想Ⅱ类超导体的特征,与钉扎力无关.

既然理想Ⅱ类超导体在样品中电流密度 J 达到 J_c' 后开始有流阻,所以其临界电流密度就是 J_c',因此非常小,并且仅在样品表面流动.

在硬超导体中,传输电流密度 J 超过 J_c' 后,$J-J_c'$ 也在样品内部流动，产生洛伦兹力 $F_L=(J-J_c')B$，在钉扎力 $F_P>(J-J_c')B$ 时磁通线仍未流动，再增加电流，当 $F_p=(J-J_c')B$ 时，流动经无限小扰动就会开始，流阻就要出现. 当 $F_p<(J-J_c')B$ 时就是有电阻态. 所以在

$$F_p=F_L=(J-J_c')B \tag{31.172}$$

是“临界态”，表示了非理想的Ⅱ类超导体从无电阻态向有电阻态转变的临界情况. 通常叫这时的洛伦兹力 F_L 为“临界洛伦兹力 F_c”. 即

$$F_c\equiv(J-J_c')B=F_p. \tag{31.173}$$

临界态时传输电流密度(即样品的总电流密度)J 就是“临界电流密度 J_c”. 按(31.172)和(31.173)两式，硬超导体的临界电流密度 J_c 为

$$J_c=J_c'+\frac{F_p}{B}, \tag{31.174}$$

式中等号右边第一项是分布在样品表面 λ 厚的区域，而第二项

$$J_{cb}\equiv\frac{F_p}{B}, \tag{31.175}$$

在样品内部流动. 它是由钉扎力决定的，叫“钉扎决定的临界电流密度”，或简单地称为“钉扎电流密度”，也称作为“体临界电流密度”. 利用式(31.175)可以把式(31.174)写为

$$J_c=J_c'+J_{cb}, \tag{31.176}$$

此式更直观表示，硬超导体块样品的临界电流密度 J_c 由两部分组成：表面区域的 J_c' 和体内部分的 J_{cb}. J_c' 决定于理想Ⅱ类超导体的参数如 $H_{c1}(T)$ 等及样品的几何因子，而 J_{cb} 决定于样品中的钉扎力以及其它参数，如 $H_{c2}(T)$，K 等. 利用(31.154a)和(31.172)两式，并考虑一维情况，(如图31.47所示)，代入式(31.175)后，容易得到

$$J_{cb}=-\frac{dH}{dx}. \tag{31.177}$$

由磁化强度和表面磁化电流密度的关系 $J'=\dfrac{dM}{d\chi}$，应用到临界态

情况，并注意 $B=\mu_0(M+H)$后有

$$J_{cb}+J_c'=-\frac{dH}{dx}-\frac{dM}{dx}=-\frac{1}{\mu_0}\frac{dB}{dx}, \qquad (31.178a)$$

或写成

$$J_c=-\frac{1}{\mu_0}\frac{dB}{dx}. \qquad (31.178b)$$

式(31.178)就是麦克斯韦方程. 式(31.177)说明，磁场 H 的梯度和由钉扎力决定的电流密度相联系. 式(31.178)说明，磁通密度梯度实际上和总的电流密度相联系. 在实际情况中，除 $H\geqslant H_{c1}$以外，$M\ll H$，$\frac{dM}{dx}\ll\frac{dH}{dx}$，所以$\frac{dB}{\mu_0 dx}=\frac{dH}{dx}+\frac{dM}{dx}\approx\frac{dH}{dx}$，即

$$J_c\approx J_{cb}. \qquad (31.179)$$

所以在与钉扎力有关的各种硬超导体的讨论中，往往忽略 J_c'，而把实验测量的 J_c 当作 J_{cb}，不过今后一般也将忽略 J_c 与 J_{cb}的区别(除非特别申明).

在图31.52中，我们也示出了临界电流 I_c. 在图31.53中示出临界电流是随着混合态时的钉扎力强度增加而增加的. 和图31.52一样，电压-电流曲线斜率和流阻有关，而临界电流决定于开始测到电压的电流强度. 顺便提及，在实验测量中，仪器对电压或电阻的探测精度是有限的，不能探测到无限小的电压或电阻. 所以，常把被测样品中出现恒定电场 E_0时的电流定义为临界电流. 这时电压大小为

$$V_0=lE_0. \qquad (31.180)$$

V 是电压，引线接点间距离是 l，E_0的大小一般为0.1mV/m，被称为实验临界电流的电场判据，而 V_0称为电压判据.

如果外场 H 和电流方向成 θ 角，则式(31.175)应写为

$$F_P=J_cB\sin\theta. \qquad (31.181)$$

图31.54示出的情况确是如此，这是对混合态临界电流概念的一个有力支持.

也有证据表明，磁通线阵位错对临界电流有影响[68]. 在图31.55所示的实验结果中，条状样品被嵌在能产生小磁通密度 ΔB

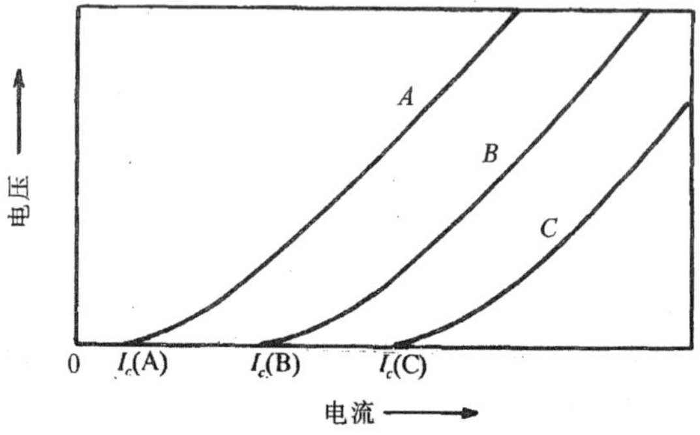

图31.53 在同一横场中同一种材料做成的3个有不同钉扎强度样品电压-电流特性曲线，A,B,C 表示钉扎力逐步增加的次序.

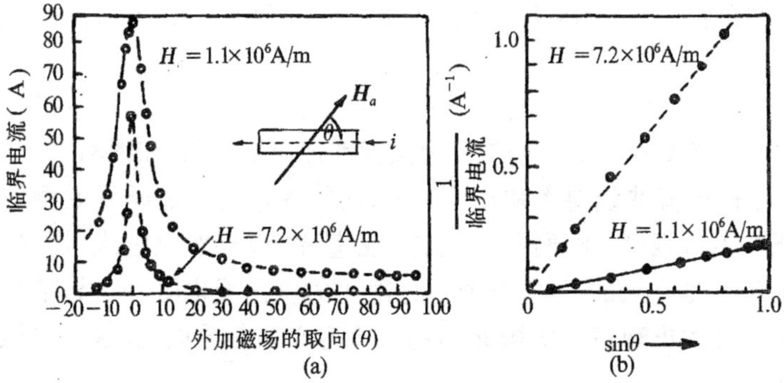

图31.54 Nb_3Sn 带材临界电流随外场取向的变化[69].

的开口螺绕环中，ΔB 和背景静磁场 B_0 平行. 样品中磁通线阵便产生许多位错，参见图31.55(a,b). 样品的 U-I 曲线表明，ΔB 不同(i 不同)相当于位错密度不同，这样导致临界电流密度至少变化3倍，而且完全“退化”的电流密度的减低量大体上正比于在测 U-I 曲线前产生的位错密度，后来也发现了钉扎力与测量的历史有关的事实.

图31.56示出的超导样品的 U-I 曲线和金属样品的 σ-ε(应力-

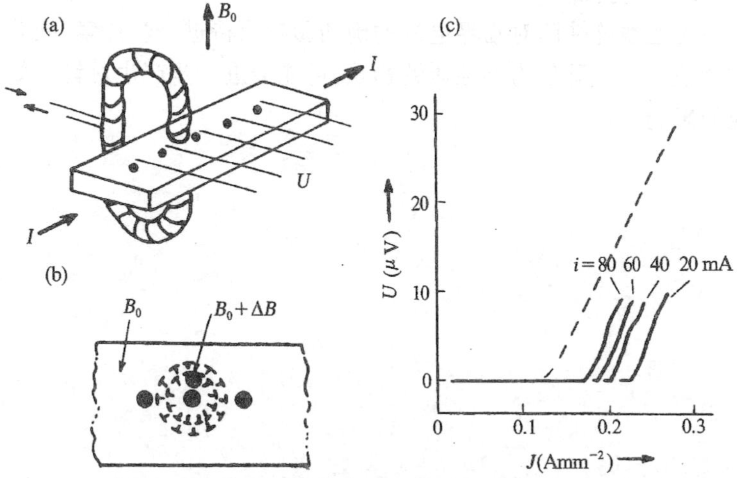

图31.55 研究磁通线阵缺陷对钉扎力影响的实验示意.
(a)装置;(b)位错分布;(c)J_c 与 i 的关系[68].

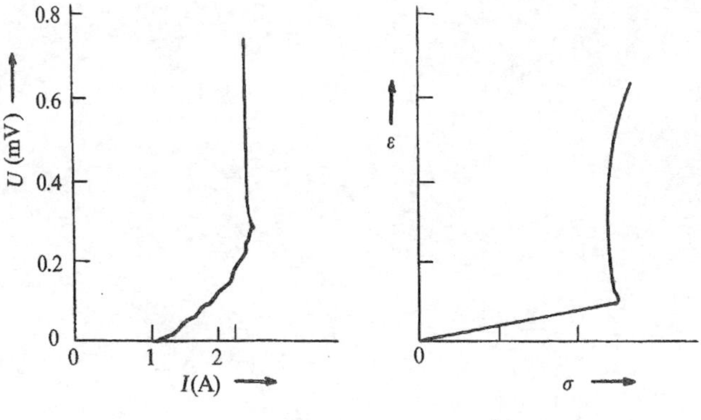

图31.56 (a)硬超导体的电压-电流曲线(U-I 曲线);
(b)金属材料的应变-应力曲线(ε-σ)曲线[71].

应变)曲线的相似性[71].在金属的屈服中,位错的作用是熟知的.这样的相似性引起了关于线阵位错的存在与受钉扎是决定硬超导体"硬度"的猜测[72,73].

磁通线阵缺陷对临界电流的确切影响尚待进一步探索.线阵中的位错对线阵的力学性质的影响,可能会进一步产生对钉扎效应的影响[74].

第三十二章 晶体缺陷与超导电性

I 实验观测

这一节讨论有关结构敏感超导电性的一些实验结果. 当然,许多超导电性质都或多或少地与晶体缺陷有关,即对晶体结构具有不同程度的敏感性. 从上一章中我们知道, I 类超导体因一定退磁因子而产生中间态磁结构, Ⅱ类超导体磁通线阵的类型及其中的缺陷,混合态的临界电流等都和晶体缺陷密切相关.

超导体样品的某些性质,例如临界温度、临界磁场等对于样品中的局部改变是不敏感的,即是这些局部变化非常剧烈也是如此. 它们主要决定于样品其它广大的高性能区域的性质,因此,晶体缺陷所在区域的临界温度和临界磁场即是有很大变化也不明显影响到整体上这些量的值. 举例来说,任何超导体中的空洞、绝缘体夹杂物等都是完全正常区($T_c=0, H_c=0$). 而像 PbBi 合金中的脱溶的 Bi 粒子, NbTi 合金中脱溶的 αTi 粒子,它们虽然可能具有超导态,但临界温度和临界场比起母相合金来说是减低到了可忽略的小. 然而,实验测量到的是母相的 T_c 和 H_c. 而且母相的 T_c 和 H_c 等不因这些缺陷存在而有明显变化,所以样品的这些参数就显得对晶体缺陷"不敏感".

另外一些量,例如临界电流、磁化强度、交流损耗等却对晶体缺陷非常敏感. 正是晶体缺陷微观不均匀性控制了它们的大小. 由晶体缺陷造成了局域变化的超导参数包括临界温度、临界磁场、GL 相干长度 ξ、GL 参数 K 等. 实际晶体中对临界电流等影响最大的晶体缺陷则主要是位错、脱溶相、晶界等. 它们被称为钉扎中心. 本节描述这些钉扎中心怎样使超导体的磁化曲线出现磁滞回线.

临界电流密度提高几个量级，以及一些相关的经验规律.

§32.1 磁化曲线

上章中我们讨论过的是热力学平衡态的磁化曲线 $B=B(H)$. 磁通密度 B 只决定于系统自由能极小的需要. 这就自然地假设了磁通密度的变化不受其它因素制约. 在迈斯纳态，$B=0$. 这假设当然没关系. 在混合态，磁通密度的变化表现为磁通量子线的增加和减少. 因此，平衡磁通密度的实现就必需在外磁场变化时，磁通线能自由地进或出样品. 在理想Ⅱ类超导体中，不存在钉扎磁通线的晶体缺陷，这条件是可以满足的. 确实，完美样品测得了如图 31.26 所示的可逆磁化曲线. 在非理想Ⅱ类超导体中，钉扎中心阻碍磁通密度的增加或减少，这就是说，磁化曲线将形成"磁滞回线"，简称滞回. 这样，我们就可以预料晶体缺陷及其性质(包括种类、数量、形态、分布等)对混合态的磁化曲线有显著影响. 因此我们也容易理解，实际中要测到完全无滞回的可逆磁化曲线是非常困难的，下面讨论一些缺陷对磁化曲线影响的实验.

(a)位错　将Ⅱ类超导体铌做成平板形样品[75]. 经过高温、长时间退火，样品中已几乎没有位错. 测量磁化曲线得到图 36.1 中的曲线 A，已接近可逆的形状，只在 H_{c1} 附近有很小的滞回. 然后将样品进行冷加工. 曲线 B 到曲线 F 是冷加工量逐渐增加后的测量结果. 冷加工量 $n\%$ 定义为样品厚度缩减了 $n\%$. 此图说明，随着冷加工量的逐渐加大，曲线的滞回也逐渐增大.

我们知道，冷加工量的增加将使样品的位错密度增加和分布改变. 图 32.2 所示的是上述样品在冷加工量增加时位错密度及其形态分布变化的透射电镜照片. 此图有力地说明位错数量及形态分布(例如均匀的还是形成位错胞结构)对磁化曲线的重大影响.

磁性质的不可逆程度还可以用剩余磁矩来衡量. 用 m 来表示用 H_{c2} 归一化的剩余磁矩 M_0，即

$$m=\frac{M_0}{H_{c2}},$$

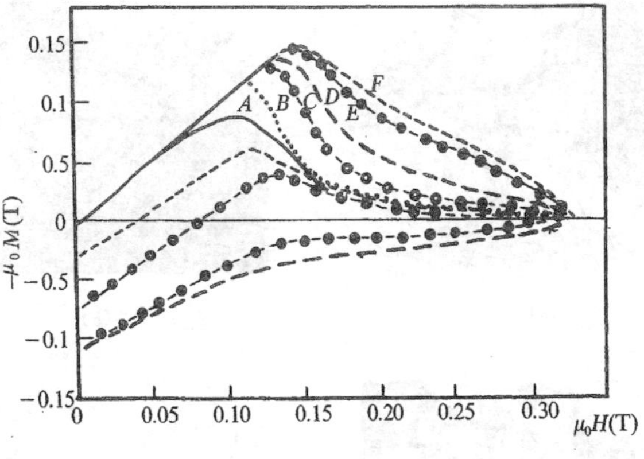

图 32.1　铌的磁滞回线与样品冷加工的关系. A:高温退火;B:$n=2.5$;C:$n=5$;D:$n=15$;E:$n=25$;F:$n=35$.

$m=0$ 表示完全无滞回的理想样品,而 $m=1$ 则是完全不可逆的情况. 图 32.3 示出剩磁与形变量的关系. 它说明形变量在大约 3%以下,主要是位错密度增加,使 m 随加工量变化. 而更大的形变量即从 3%到 10%,位错由均匀分布到形成胞结构,m 随加工量有更迅速的增加,到 10%形成胞结构以后,m 又较缓地增加. 因此,我们可以推论,不均匀的位错(胞结构)比均匀时有更大的影响.

我们知道,引起位错数量和分布的改变,除了用上述冷加工方法外,还可以通过热处理来得到. 85%—90%冷加工量的 Nb-50at%Ta 合金样品的滞回面积与热处理的关系见于图 32.4. 大冷加工量使位错密度增加,形成滞回. 两小时热处理不会使位错密度增加(一般要减小),但会使原来较均匀分布的位错形成不均匀的胞结构,参见图 32.5(a). 进一步冷加工(平板样品的厚度再减少 14%)使滞回继续增加,相应于胞结构内的位错进一步移至胞壁,参见图 32.5(b).

结论是,位错的数量,尤其不均匀的高密度位错(例如胞结构)产生磁滞. 冷加工和热处理能够改变位错的数量和分布,故能改变

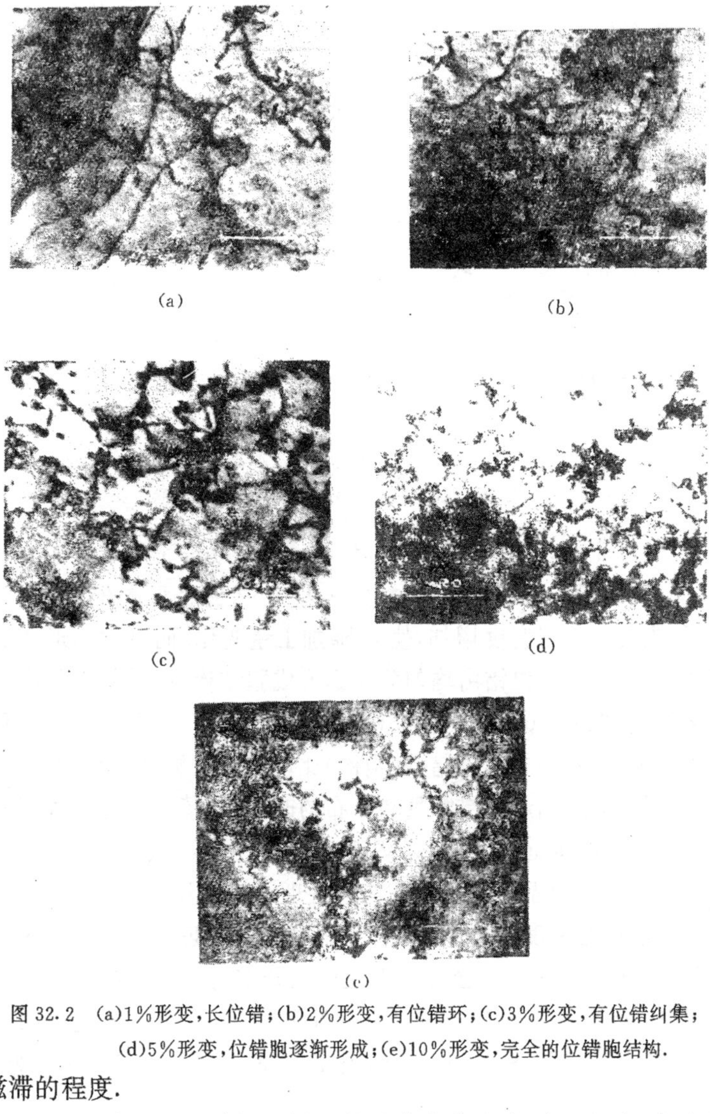

图 32.2 (a)1%形变,长位错;(b)2%形变,有位错环;(c)3%形变,有位错纠集;(d)5%形变,位错胞逐渐形成;(e)10%形变,完全的位错胞结构.

磁滞的程度.

(b)相界　相界对超导样品的磁化曲线也有重要影响.这种影响就是滞回.在相界两侧超导性质有了不同程度的改变,相界可由超导态一侧和真空、或绝缘体、或正常态金属、或超导性不同的金

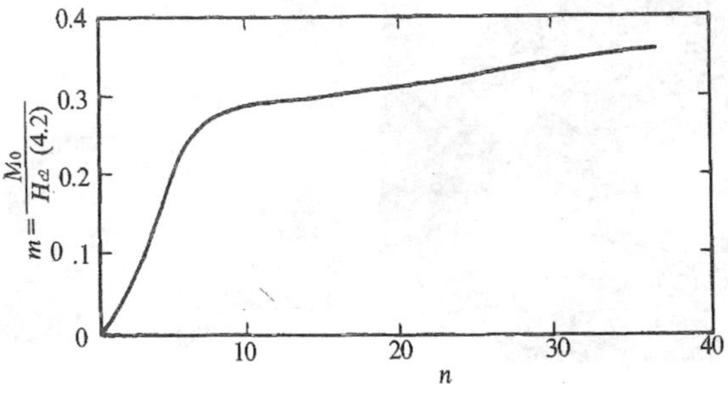

图 32.3 剩余磁矩(m)与形变(n)的关系.

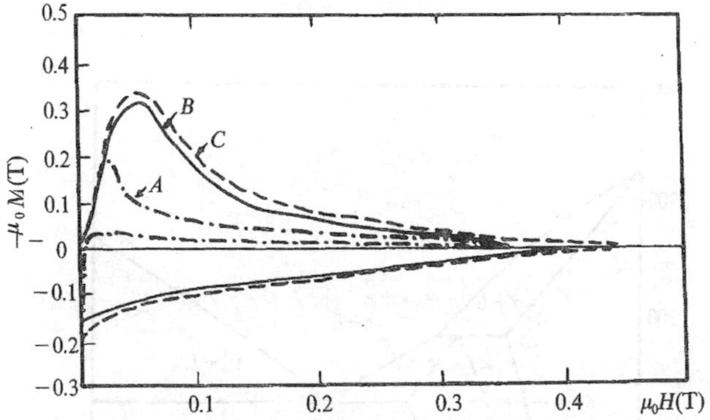

图 32.4 NbTa 合金的磁滞与热处理的关系. A. 冷加工未退火;B. 约 90%冷加工后退火 2h;C. 冷加工—退火—再冷加工.

属等的另一侧构成. 下面是超导态的母相样品中脱溶出大量正常相粒子形成的 N-S 相界对磁化曲线影响的例子. Pb-56at%Bi 合金是共晶结构,参见相图 32.6. 在共晶温度 125℃以上的均匀合金液体淬火至低温,它将分解成 ε 相 PbBi 母相和 Bi. Bi 粒子的数量决定于老化温度. 当老化温度从室温增至 125℃,Bi 的平衡成分从 33%增至 42%,ε 相在 4.2K 时是超导态. Bi 是正常态,弥散分布在母相中,从而形成了大量的相界作为钉扎中心. 图 32.7 示出的是 $T=118$℃老化时间不同的 PbBi 共晶体的显微结构照片[76]. 由于老化温度相同,所以 Bi 的体积比是一样的. 但 Bi 的平均尺寸随

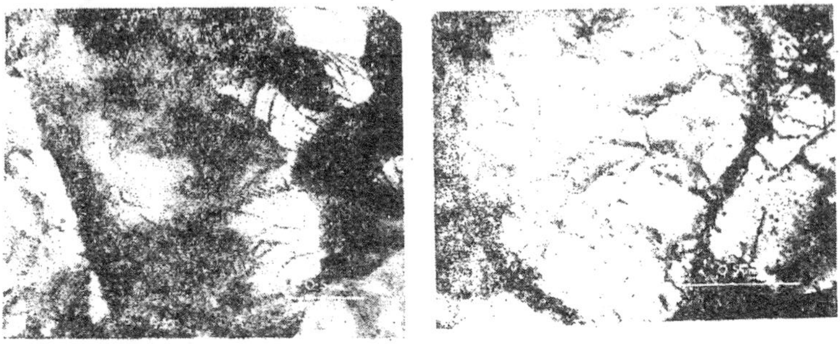

(a) (b)

图 32.5 (a)冷加工 2h 热处理样品中的位错结构;(b)冷加工—中间热处理—再冷加工样品的位错胞壁.

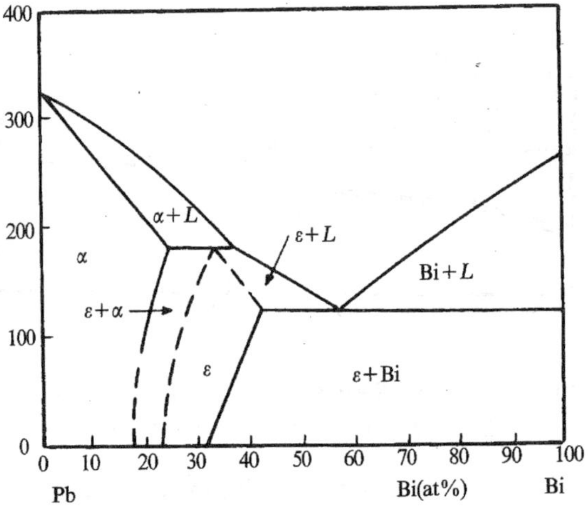

图 32.6 Pb-Bi 合金相图.

老化时间增加而增大,Bi 的个数则同时相应减少. 图 32.7 说明情况确是这样. 在图 32.8 中给出了 4 个 PbBi 共晶合金样品在 4.2K 时的磁化曲线. 样品是圆柱形. 样品条件列于表 32.1. 图中的曲线 A 的滞回最大,曲线 C 最小,此时样品尺寸是相同的,直径都是 2mm. 只是在 20℃老化 1h,脱溶的 Bi 粒子小相界面积大,而在 114℃老化 1h20min,显然脱溶的 Bi 的总体积比减少了,且 Bi 粒子

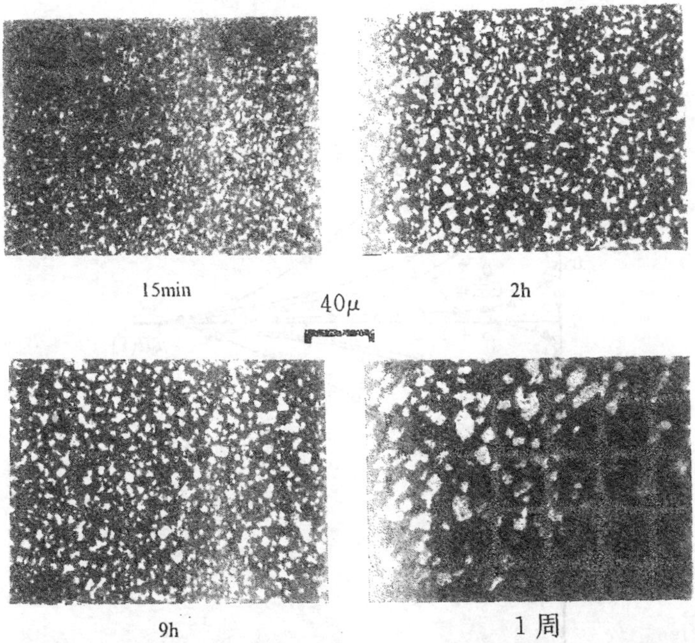

图 32.7 Pb-Bi 合金的显微照片，母相 PbBi 深色，脱溶 Bi 浅色.

又长大了，因而相界面积减少了. 这说明，样品的磁滞回线面积主要是随相界面积的增加而增加. 自然我们应当注意到，Bi 粒子的尺寸是微米的量级，比 ε 相 PbBi 的 ξ 和 λ 都要大得多.

表 32.1 在图 32.7 中 PbBi 合金样品的条件

曲 线	老化温度(℃)	老化时间(h)	样品的直径(mm)
A	20	1h	2
B	114	1/2h	2
C	114	1h20min	2
D	114	9h	0.3

对含杂质氧的 Nb-65at%Ti 研究表明，适当的冷加工和热处理使样品中有脱溶的 α-Ti 和 TiO，即是高温长时间退火虽然使许

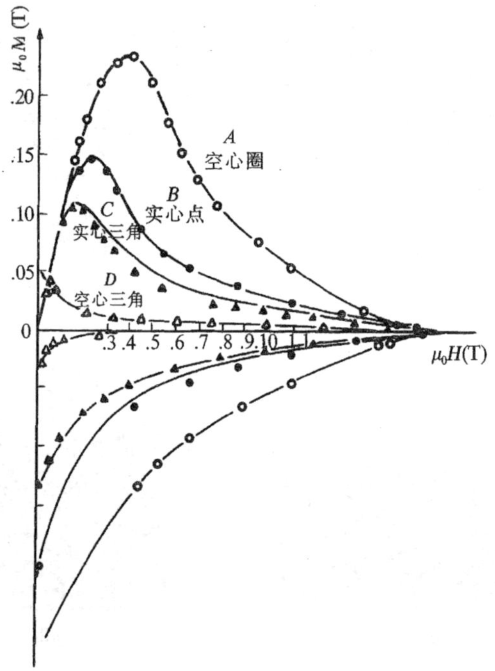

图 32.8 PbBi 合金的磁化曲线，$T=4.2$K.

多位错回复，但脱溶的 α-Ti-TiO 仍使 β-NbTi 磁化强度的滞回相当显著地增加[78].

可以合理地推断，界面之所以增加磁滞是由于在界面两侧超导性质有差别. 最剧烈的变化自然是超导-绝缘体界面. 所以外表面(超导-真空界面)也是界面. 晶粒界面、马氏体相界等同样也有增加磁滞的作用. 当晶界两侧晶粒取向改变，对各向异性超导体来说就意味着晶界两侧的超导性质的不同. 实际发现，晶界比马氏体相界在对磁滞的贡献上更重要. 下面还要讨论晶界的作用问题.

§32.2 临界电流和临界洛伦兹力

上章已阐明，混合态的临界电流密度决定于晶体缺陷的钉扎力大小. 现在要进一步给出一些重要晶体缺陷影响临界电流的实验证据. 由于钉扎力 F_p(或临界洛伦兹力 F_c)是更基本的量,因此经常直接使用 F_c 来反映样品的临界电流特性.

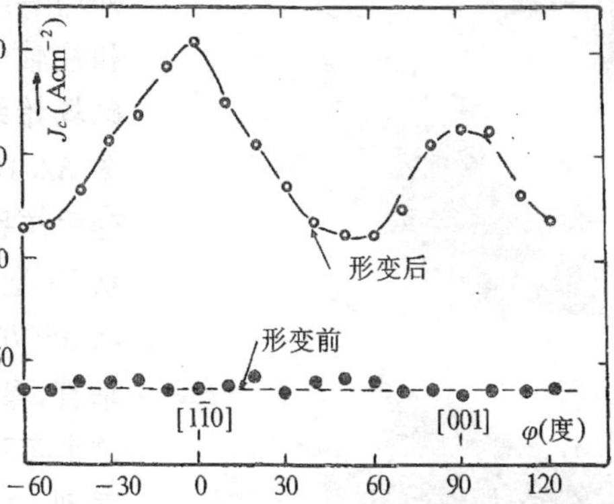

图 32.9 外场 $\mu_0H=0.257$T 时 Nb 单晶在形变前后 J_c 与 φ 的关系,φ 是磁通线与位错的夹角.

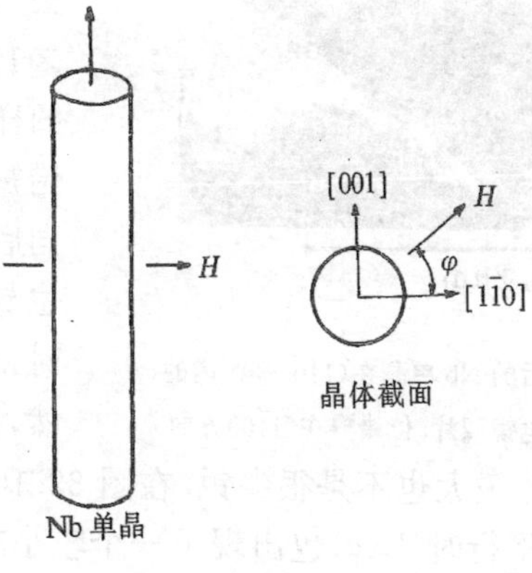

(a) (b)

图 32.10 磁场,电流和晶轴的相对取向. (a)Nb 单晶晶轴〔110〕;(b)晶体截面.

(a)位错 位错对临界电流的影响受到了广泛的研究,被认为是韧性合金超导材料中对临界电流特别重要的缺陷. 早期的研究证实了这一点[79—81]. 例如顾德(J. A. Good)等仔细测量了 Nb 单晶在拉伸前后的临界电流与位错的关系,参见图 32.9[79]. 他们的样

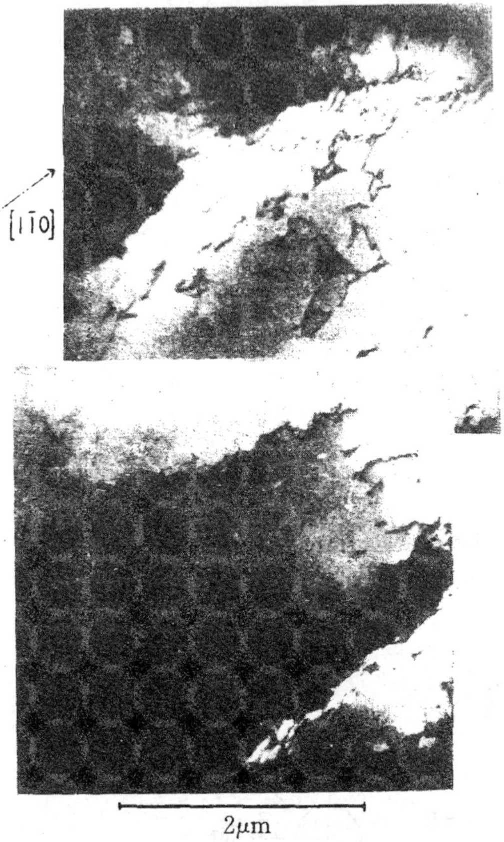

图 32.11 拉伸后的 Nb 单晶在(110)平面内的透射电镜照片. 位错辫在〔1$\bar{1}$0〕方向.

品是柱状铌单晶(高纯),置于和轴垂直的外场中,单晶〔110〕轴和柱轴一致. 电流和磁场始终垂直,参见图 32.10. 施拉伸形变后样品中出现了辫状刃型位错. 平行〔1$\bar{1}$0〕方向并和柱轴垂直,参见图 32.11. 这个实验可以使我们看到:拉伸形变前单晶体的 J_c 和磁通线与〔1$\bar{1}$0〕间夹角 φ 无关,数值也很低(约 4×10^5A/m^2). 形变后的样品中低密度的位错辫出现在〔1$\bar{1}$0〕方向后,J_c 显著增加. 当位错和磁通线平行时,J_c 增加到极大. 当然,位错不是完美地平行〔1$\bar{1}$0〕,而 J_c 极大也不是很尖锐. 在图 32.10 中,$\varphi=90°$,即磁场和〔001〕方向平行时 $J_c(\varphi)$ 也出现了一个较小的极大,但它随样品表面条件的改变(例如将样品化学抛光)而变化,因而被认为是表面而不是内部位错引起的.

上述样品中位错密度是很低的,而且还属于较均匀分布的情况.

库特等(R. I. Coote)测量了有均匀分布的位错的样品 Nb-50Ta%的临界洛伦兹力与磁场、温度的关系[80]. 图 32.12 示出

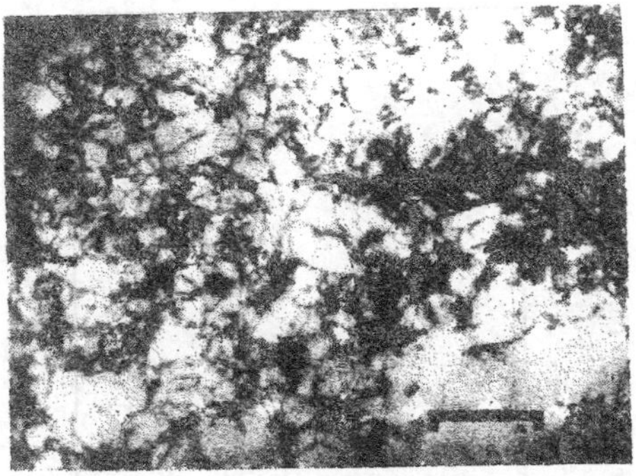

图 32.12　轻度形变后 Nb-50Ta%的透射电镜照片. 标志长 0.25μm.

Nb-50Ta%样品在受到 15%拉伸形变后的透射电镜照片，位错结构相当均匀. 图 32.13 和图 32.14 是测量的结果. 注意到 F_c 的大小在 10^3—$10^6 N/m^3$ 间，是相当小的. 我们可以从这些实验得到如下概念：相当均匀的低密度位错能导致超导体一定的 J_c 和 F_c，但是绝对值仍不十分大. 这和位错对磁滞回线影响定性一致. J_c 和 F_c 是磁场和温度的函数.

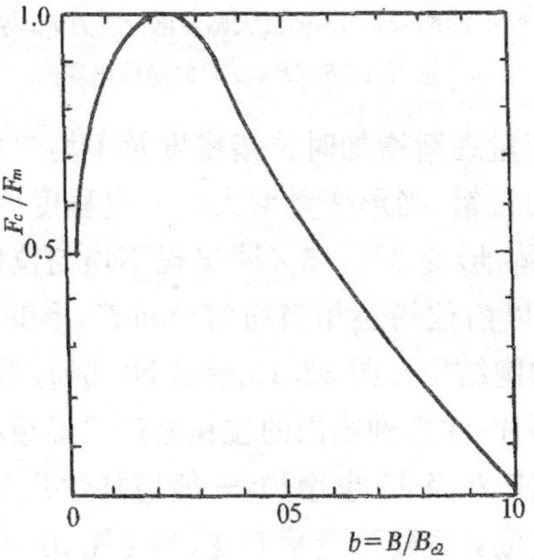

图 32.13　轻度形变的 Nb-50Ta%的临界洛伦兹力 F_c 与约化磁感 b 的关系. F_m 是 F_c 的最大值.

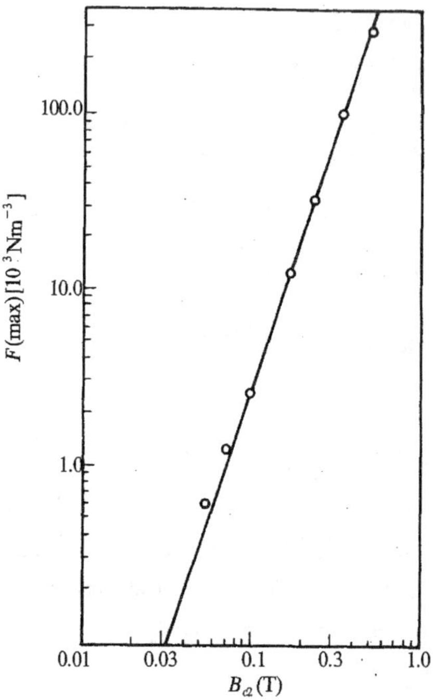

图 32.14 轻度形变的 Nb-50Ta%的最大临界洛伦兹力 F_m 与温度 T 的关系. 它以 $F_m(B_{c2}(T))$的隐函出现的.

当样品形变量逐渐增加时位错密度及不均匀程度也增加,出现较密的非均匀位错,当形变量增大到一定程度后就形成位错胞结构(对 Nb 单晶,形变 3%—5%即出现不均匀位错结构,而 Nb-Ta 合金到 20%以前位错还相当均匀分布着,形变量 70%以前还不能得到很好的胞结构). 图 32.15 示出 Nb-50Ta%合金在重形变后的透射电镜照片,注意到胞内的位错密度已经很小,有的甚至为零. 形变量增加使 J_c 及 F_c 也增加,一般增加达几个量级. J_c 和 F_c(对磁场)的极值位置也随形变量而变,参见图 32.16.

前已提及,位错密度及不均匀程度不仅与形变量相关,同时与热处理也相联系. 适当的退火温度会使部分位错回复和迁移,有利于位错胞结构的形成. 但是退火的影响还不止于此. 例如退火有利

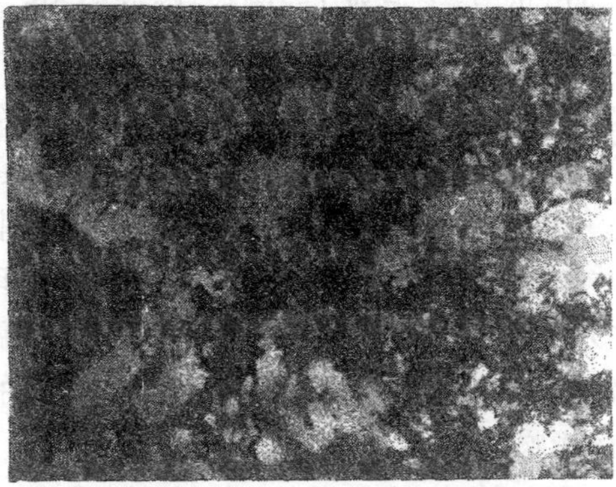

图 32.15　重形变的 Nb-50Ta%的透射电镜照片. 标志长 0.25μm,胞结构明显.

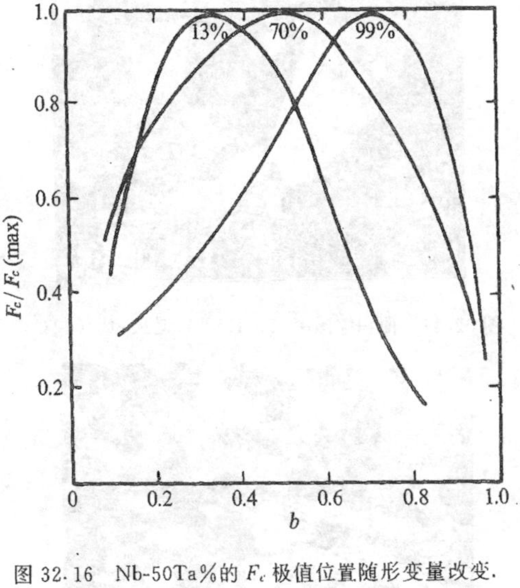

图 32.16　Nb-50Ta%的 F_c 极值位置随形变量改变.

于原子迁移,使杂质集聚或析出,脱溶出新相等. 因此,退火处理对样品的影响不一定能仅归结为某一种缺陷的作用. 具体情况需仔细鉴别.

尼尔(D. F. Neal)等研究了不同程度的重冷加工和各种热处理条件(退火温度、时间等)对 Nb-44Ti%的 J_c 及 F_c 的影响[82]. 样品由工业原料的 Nb、Ti 及高纯 Cu 制备. 熔好的 Nb-44Ti%棒清洁处理后套上铜管. 不同程度的重冷加工(横截面积在冷拉后缩小直到 10^5 倍),再给以不同温度的 1h 退火处理. 最后得到的线材样品中形成了不同尺寸的位错胞结构,参见图 32.17—图 32.21 的电镜照片. 这些照片显示长线样品的横截面情况,纵剖面(平行于拉拔轴)的照片如图 32.19. 可见,位错胞形状类似铅笔. 图 32.22 是临界洛伦兹力与胞尺寸倒数的关系,说明 F_c 几乎和胞尺寸成反比. 图 32.17 到图 32.21 说明了位错及其不均匀分布的形成及它们对 J_c 和 F_c 的影响.

图 32.17 面积缩减率:5×10^4∶1,退火:1h/600℃.

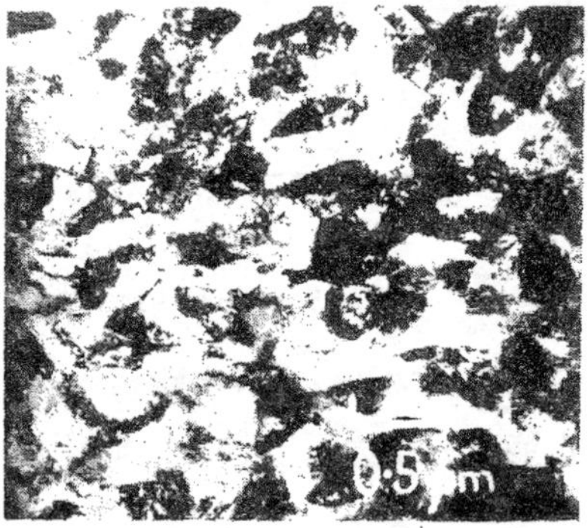

图 32.18 面积缩减率:2∶1,退火:1h/385℃,
胞尺寸:123.0nm. 横切面.

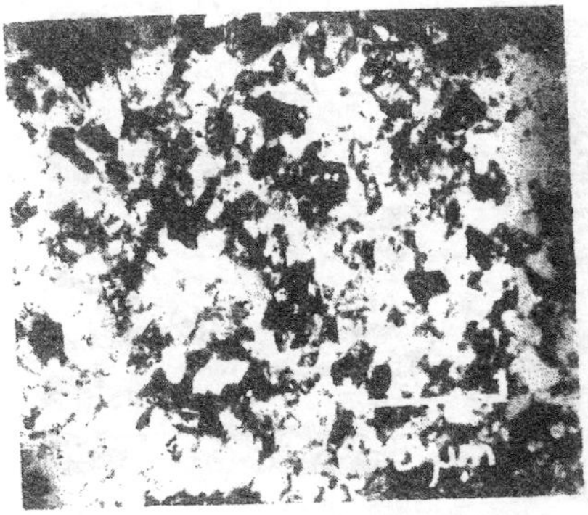

图 32.19　面积缩减率 $10^3:1$，退火：1h/385℃，胞尺寸：57.2nm. 横切面.

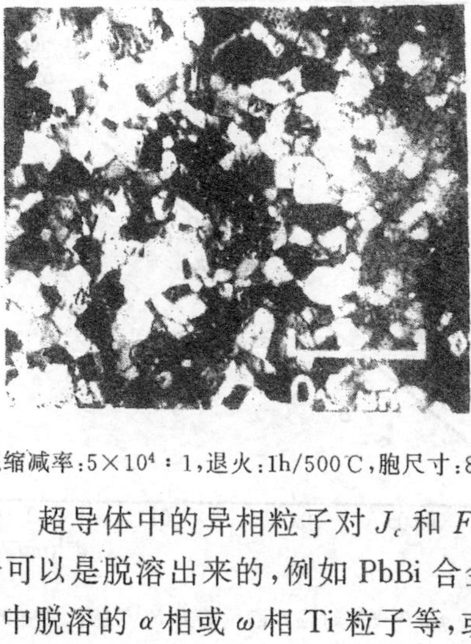

图 32.20　面积缩减率：$5\times10^4:1$，退火：1h/500℃，胞尺寸：83.0nm. 横切面.

(b)脱溶相　超导体中的异相粒子对 J_c 和 F_c 的影响也是很大的. 异相粒子可以是脱溶出来的，例如 PbBi 合金中的 Bi 粒子，NbTi 合金基体中脱溶的 α 相或 ω 相 Ti 粒子等，或是利用粉末状的超导体和细微氧化物粒子混合后加工而成的. 当然，还有其它方法. 在稀分布的大颗粒第二相粒子的情况下(稀分布指粒子间距超过几个磁通线阵参数，大粒子指粒子直径大于 ξ)凯贝尔等测量了 PbBi 合金中 Bi 粒子的影响，发现临界洛伦兹力和单位体积的相界面积(即 Bi 粒子的面积)成正比[83]，参见图 32.23. 相界面积和样品中任一直线的交截数 α_P 成正比，所以 F_c 也和这种交截数成正比. 图 32.23 中示出样品的典型显微结构参见图 32.5. 安特斯

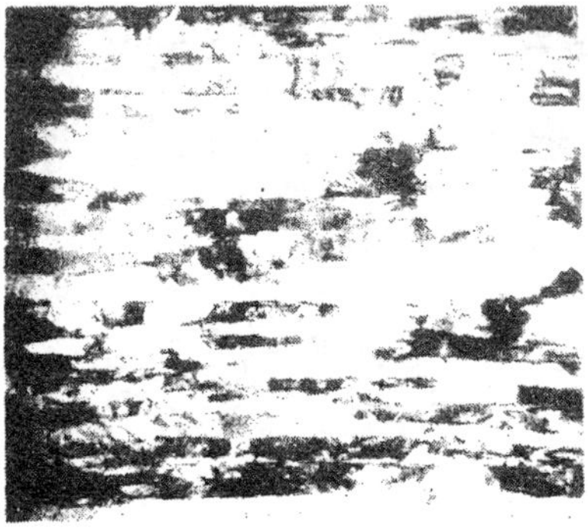

图 32.21　面积缩减率：5×10^4 : 1，退火：1h/420℃，胞尺寸：61.8nm，纵切面.

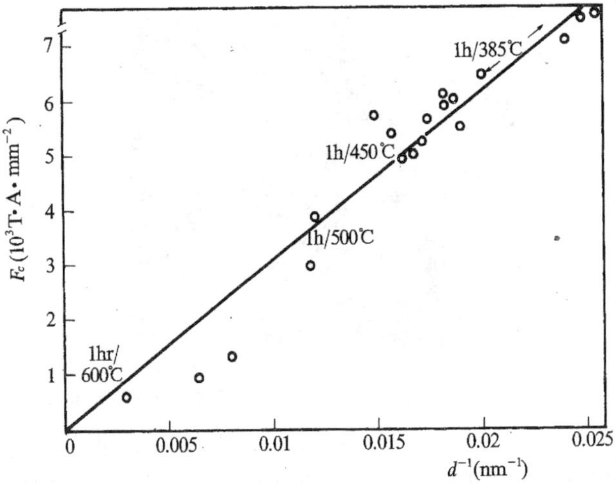

图 32.22　$\mu_0H=5\text{T}$ 时临界洛伦兹力 F_c 与胞尺寸 d 的关系.

伯格（G. Antesberger）等的研究也清楚显示出这点，参见图 32.24[84]. 他们测量了 Nb 单晶中含有碟状 Nb_2N 脱溶粒子样品的临界电流和临界洛伦兹力. 证明了 F_c 与脱溶粒子的取向有关. 脱溶的碟状粒子 NbN_2 的直径 $d\approx550\text{nm}$，厚度 $t\approx55\text{nm}$，碟面总是平行体心立方 Nb 单晶的{100}型平面. 两个在同样冶金条件制得的单晶圆柱样品，一个柱轴平行＜100＞方向，另一个平行＜111＞

方向. 磁场(因而磁通线)平行柱轴,临界洛伦兹力 F_c 垂直柱轴方向(在径向). 两个样品虽然脱溶粒子密度相同,但相界面积在 F_c 方向投影不同. 利用纯粹几何学的论证,他们证明了相界在 F_c 方向投影面积大的样品,其 F_c 也大,即<100>方向平行柱轴时,F_c 大.

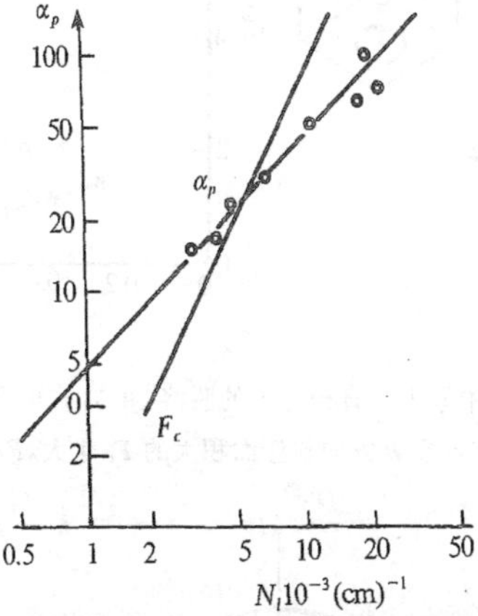

图 32.23 临界洛伦兹力随脱溶粒子的直线交截数的变化.

(c)晶界 晶界对临界电流的影响很早就被观察到了. 达斯格普达(A. Das Gupta)等直接测量了晶界对临界电流的具体定量影响[85]. 圆柱形样品之一是 Nb 孪晶,其中唯一的晶界是对称倾侧晶界,倾侧轴是<111>,失配角 16°,剩余电阻比 97. 透射电镜没有观测到晶界上有 Nb 的氧化物沉淀. 电镜分辨率是 30nm. 测量时电流沿晶界面方向流动,而磁场垂直于柱样品轴,可以和晶界成任意角 ϕ,参见图 32.25. 样品表面经过仔细抛光后测得的典型 $I_c(\phi)$ 曲线参见图 32.26. $\phi=0°$时相当于磁通线和晶界平行. 尖锐的 I_c 极大说明晶界的贡献十分明显. 这个实验可以测得在晶界和磁通线平行的情况下单位长的磁通线受到的临界洛伦兹力为

$$f_c \approx 7\times10^{-5}\mathrm{N/m},\quad b=0.67.$$

玻弗(Pulver)测量了单晶 V_3Si 的临界电流[86]. 得到单晶体 V_3Si 的 J_c 约 $10^4\mathrm{A/m^2}(T\approx0.9T_c)$,在相应的温度下($T\approx0.9T_c$),

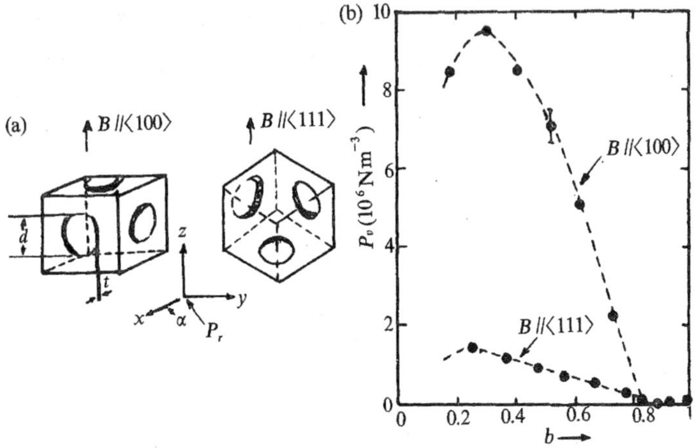

图 32.24 (a)Nb 单晶中厚为 t、直径为 d 的脱溶 NbN_2 在两个样品中的取向；(b)N-S 相界在 $\boldsymbol{B}$ 方向投影面积大的 F_c 也大，$F_{c<100>} > F_{c<111>}$.

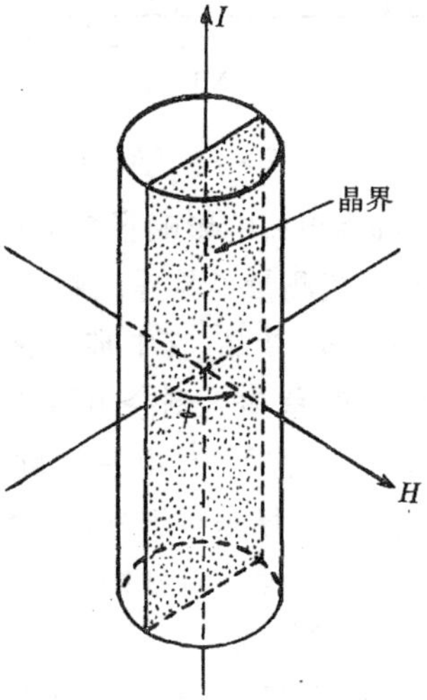

图 32.25 实验装置示意图. ϕ 是晶界面和磁通线(外磁场)的夹角.

多晶 V_3Si 的 J_c 可达 $10^8 A/m^2$.

在技术应用的 A15 结构的超导体中，比较重要的缺陷主要是

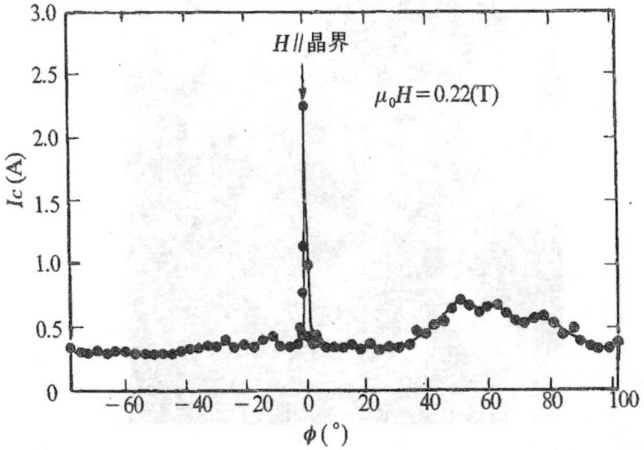

图 32.26 外场 $\mu_0H=0.22$T 时，$I_c(\phi)$的关系. 在 H 平行晶界时有尖锐的 I_c 峰.

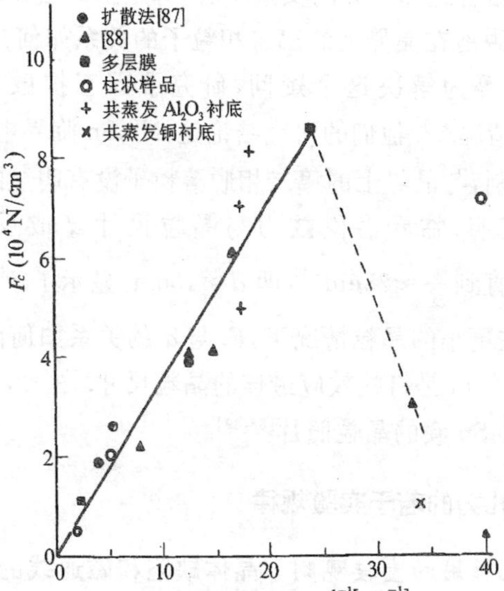

图 32.27 Nb_3Sn 中 F_c 与 d 的关系.

晶界，或是在晶界上沉淀下来的氧化物粒子. 由于 A15 化合物的脆性，这种材料的样品不能被冷加工，位错密度很低，所以位错不是主要起作用的缺陷. 其它较小的缺陷例如填隙杂质、空穴等起的

图 32.28 Nb_3Sn 样品的透射电镜照片,晶粒是柱状的.

作用由达斯格普达和玻弗的实验来看,肯定不如晶界.但是晶界的作用究竟和脱溶在晶界上的第二相粒子的关系如何?斯开兰(R. M. Scanlan)等为解决这个疑问,研究了固态扩散反应生成的 Nb_3Sn 中的情况[87].他们的研究结论是,Nb_3Sn 临界电流由样品中的晶粒度控制,与晶界上的第二相脱溶粒子没有明显的关系.进一步的研究表明,临界洛伦兹力与晶粒尺寸 d 成反比,参见图 32.27.虽然直到 $\frac{1}{d}\approx 25\mu m^{-1}$,即 $d\approx 40nm$,显示了 F_c 与 d^{-1} 成正比的迹象.在更小的晶粒情况下,F_c 与 d 的关系如何尚不清楚,有人认为 $d\approx 40nm$ 是钉扎效应最佳的晶粒尺寸.图 32.28 示出电子束蒸镀的 Nb_3Sn 膜的晶粒照片[88,89].

§32.3 钉扎力的若干实验规律

(a)钉扎作用的直接观测　晶体缺陷和磁通线的相互作用导致超导性质的变化,对于这方面的研究,虽然有了大量实验,但人们还是希望直接看到缺陷与磁通线的互作用.荷林(C. P. Herring)将 Nb 箔在低温下先由铁磁微粒缀饰磁通线在箔面的露头处,然后在电子显微镜下直接观测涡旋线与晶体缺陷的相互作用.图 32.29 示出晶体位错和磁通线阵,表示位错和磁通线在低磁通密

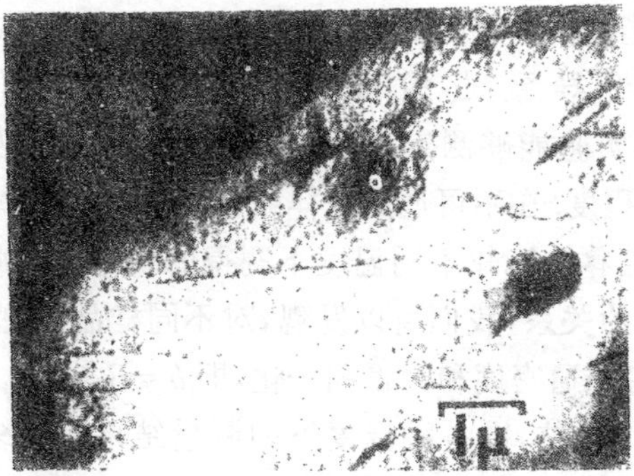

图 32.29 在混合态被缀饰过的 Nb 箔的透射电镜图,示出位错与磁通线间有吸引作用.

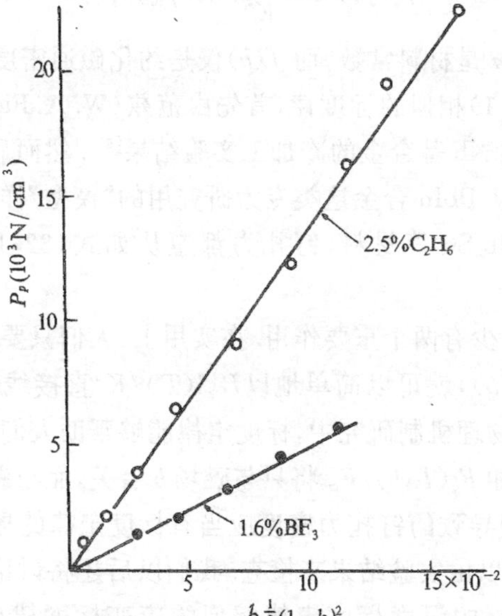

图 32.30 掺杂质和未掺杂的汽相沉积 Nb_3Sn 的 F_c 的克莱默关系式.

度时(～0.04T)有吸引互作用[90].

在块样品内部和薄膜表面.许多性质一般不同,可惜电子显微镜这一类工具不能直接观测在块样品内部晶体缺陷和涡旋线的行为.现在还只能间接了解内部情况.如果磁通线和晶体缺陷间的作用较明显,将导致磁通线弯曲.中子退极化(neutron depolarization)实验能够测定磁通线因和晶体缺陷相互作用而偏离磁场方向的程度.在不可逆的铌样品中,偏离大到40′[91].

(b)标度定律　比较不同温度下测得的块样品的临界洛伦兹力与磁通密度的关系,我们可以发现,对不同样品,这些曲线有惊人的类似性.将磁通密度和力都归一化,即 $b=B/\mu_0 H_{c2}$,F_c 也以 F_c 的最大值 F_{cm} 作单位,则各种温度下的测量结果在许多情况下都落在单一的曲线上,参见图 32.13 和图 32.14.这样一些结果使人们猜测到临界洛伦兹力密度有以下形式:

$$F_c=D\cdot\frac{B_{c2}{}^n(T)}{K^m}\cdot f(b),\tag{32.1}$$

式中 D,n 和 m 是材料常数,而 $f(b)$ 仅是约化磁通密度 b 的函数.

和式(32.1)相似的标度律,首先由范兹(W.A.Fietz)等采用,以唯象地描述 Nb 基合金的冷加工实验结果[92].然而后来证明,大量硬超导体,从 PbIn 合金这类专为研究用的“模型”样品到技术应用的 NbTi,Nb_3Sn 等材料,钉扎力都遵从如式(32.1)的标度定律[93—95].

标度律至少有两个重要作用.在实用上,人们只要测量一个温度下的 F_c 和 $f(b)$,就可以简单地以 $B_{c2}{}^n(T)/K^m$ 直接线性外推到任何其它温度.物理机制研究中,标度定律能够帮助人们探索钉扎效应的机制.例如 $F_c(T,b)/F_{cm}$ 将只与磁场 b 有关,而与温度无关,而任何理论模型导致的钉扎力密度应当有标度定律的形式.其参数 m,n 和 $f(b)$ 可以由实验结果来检查.我们以后还将讨论这个问题.

和上述 F_c 的温度标度定律相似的应变标度律也被提出来了[20].例如对 Nb_3Sn 在 4K 时有

$$F=[B_{c2}(\varepsilon)]^n f(b),\tag{32.2}$$

式中 ε 是应变. 因而临界洛伦兹力或临界电流随温度及应变(应力)的变化可以仅测量 B_{c2}随 T 及 ε 的变化即可.

(c)克莱默(E. J. Kramer)关系式　克莱默提出,许多材料的钉扎力密度和磁场关系在高约化场($b\to1$)满足

$$F_c(T,b)=K_s(T)b^{\frac{1}{2}}(1-b)^2. \tag{32.3}$$

图 32.30 所示的是 Nb_3Sn 的例子.

大量 A15 化合物材料的临界电流测量证明,它们的 F_c 确实能用上述克莱默关系很好地描述[93—99]. 自然,克莱默关系式是符合标度定律的.

Ⅱ　宏观描述

上一节叙述了晶体缺陷对Ⅱ类超导体若干性质影响的事实及规律. 晶体缺陷的各种影响是它们对磁通线阵的钉扎效应引起的. 体钉扎力密度 F_p 就是描述钉扎效应强度的物理量. 本节假设 $F_p(\boldsymbol{r},\boldsymbol{T},\boldsymbol{B})$已知时描述钉扎引起的各种不可逆性质的唯象理论,这些性质包括临界电流、磁化强度、磁通蠕动、钉扎损耗、磁通跳跃和不稳定性等. 使这种统一描述大为简化的是比恩等引入的"临界态"概念.

§32.4　临界态和比恩模型

临界态是指硬超导体中任何地方钉扎力和临界洛伦兹力平衡[100,101],略去表面电流 J_c',式(31.173)的一般形式为

$$\boldsymbol{F}_p=-\boldsymbol{J}_c\times\boldsymbol{B}. \tag{32.4}$$

绝对零度下的临界态是静态,在低温下也近似为静态,在液氦沸点温区有时热激活已很重要(如对磁通跳跃、蠕变等). 式(32.4)就叫临界态方程. 对直磁通线系统有时可作一维处理,如式(31.173)那样. 由临界态方程就直接得到磁通梯度的方程. 对高 K 材料,除了 $H\geqslant H_{c1}$外 $J_c=\dfrac{dH}{dx}=\dfrac{dH}{dB}\cdot\dfrac{dB}{dx}\approx\dfrac{dB}{\mu_0dx}$,$\dfrac{dH}{dB}$是可逆值. 所以(在 H

$\geqslant H_{c1}$处面电流屏蔽效应显著，不能略去，$\frac{dH}{dB}$与1偏离较大）

$$B\cdot\frac{dB}{dx}=\pm F_p,\tag{32.5}$$

式中正负号的出现是由于钉扎力的方向总是企图阻止磁通线运动，或者说总是企图阻止磁通密度的变化. 所以 F_p 的方向因 F_c 的方向不同而不同. 例如样品中磁通密度低于外面时，一般就阻止磁场的进入. 相反的情况就阻止磁通的流出. 这就是说，样品中的磁通密度不是外场的单值函数，还决定于样品的“磁历史”. 以上讨论可看出，临界态虽然是静态，但不是热力学平衡态，这和理想Ⅱ类超导体是不同的. 我们熟悉摩擦力方向和物体运动的趋向有关. 摩擦力的功不是态函数，而是和过程（路径）有关，由钉扎力决定的磁通密度，交流钉扎损耗等也都是与过程有关的量.

一般要确切知道 $F_p(x)$ 的大小，无论是从实验还是理论上都是困难的. 唯象理论是先假定 $F_p(x)$，然后由 F_p 推出的结果和实验比较来检验假定的正确性. 这正是早期研究钉扎力的途径之一. 最简单的假设就是

$$F_p=B\alpha_c(T)\text{，或 }J_c=\alpha_c(T),\tag{32.6}$$

$\alpha_c(T)$仅是温度的函数，表示样品中各处的 J_c 都相同. 式(32.6)叫“比恩模型”. 但是这个模型过于简单，不能反映 J_c 与磁场有明显关系这类实验结果. 许多人提出了不同的临界态模型，以图符合钉扎力测量的实验数据. 比较用得多的有“金(Y. B. Kim)模型”

$$F_p=\frac{B\alpha_c(T)}{B+B_0}\text{，或 }J_c(T,B)=\frac{\alpha_c(T)}{B+B_0},\tag{32.7}$$

式中 B_0 是材料常数. 经验上，$B_0<1\mathrm{T}$，$\alpha_c(T)$和比恩模型一样是决定样品钉扎强度的量.

比恩模型非常简单. 在薄或细小的样品中能较好的说明实验结果. 对大的块样，又可作为其它复杂模型的初级近似，定性反映样品钉扎特性，因而使用广泛. 以下我们将用比恩模型来说明硬超导体的性质.

(a)只有外场的情况　为了简单，考虑厚为 $2d$ 宽为 ω 的长超

导扁带，参见图 32.31(a). 设 $\lambda \ll d \ll \omega$，可以忽略 λ 和退磁因子. 外场从零开始，沿 Z 方向逐渐增强. 直到 $H=H_{c1}$，样品处于迈斯纳态，只有表面屏蔽电流 I'. 内部的 B 和 J_{cb} 都是零，参见图 32.31(b). 以下为简明令 $H_{c1}=0$，并忽略表面钉扎对磁通及电流分布的影响，这对我们定性了解体内情况是没有显著影响的.

当外场增加，磁通线进入样品后，由于钉扎力的阻挡，形成磁通线分布梯度（磁通密度梯度），相应地出现了电流密度，参见图 32.31(c). 按临界态的比恩模型，

$$\left.\begin{aligned} &J_y=\alpha_c \qquad 0\leq x\leq\frac{H}{\alpha_c}, \\ &J_y=-\alpha_c \qquad 2d\geq x\geq 2d-\frac{H}{\alpha_c}, \\ &J_y=0 \qquad \frac{H}{\alpha_c}\leq x\leq 2d-\frac{H}{\alpha_c}. \end{aligned}\right\} \tag{32.8}$$

将此式代入临界态方程(32.5)，并积分，注意边界条件“$x=0,2d$，$B=\mu_0 H$”得到临界态方程的解为

$$\left.\begin{aligned} &B=\mu_0 H-\mu_0\alpha_c x \qquad 0\leq x\leq\frac{H}{\alpha_c}, \\ &B=\mu_0 H-\mu_0\alpha_c(2d-x) \qquad 2d\geq x\geq 2d-\frac{H}{\alpha_c}, \\ &B=0 \qquad \frac{H}{\alpha_c}\leq x\leq 2d-\frac{H}{\alpha_c}. \end{aligned}\right\} \tag{32.9}$$

这些方程适用于且仅适用于 H 从 0 增加到 $H=\alpha_c d$ 的情况，即图 32.31(c,d). 定义长度

$$\delta=\frac{H}{\alpha_c} \qquad H\leq\alpha_c d. \tag{32.10}$$

它是磁通密度的“宏观穿透深度”，不同于以前所述的 λ. 扁带状样品的最大宏观穿透深度是 d. δ 在 $H<H_p=\alpha_c d$ 时与外场 H 及 J_c 有关，和 λ 的性质显著不同. H_p 叫宏观穿透磁场.

磁场继续增加，到 $H=H_{c2}$ 的样品变为 N 态参见图 32.31(e). 随后如 H 反向，在 $H=H_{c2}$ 降到 $-H_{c2}$ 再升到 $H=0$，这阶段的几种

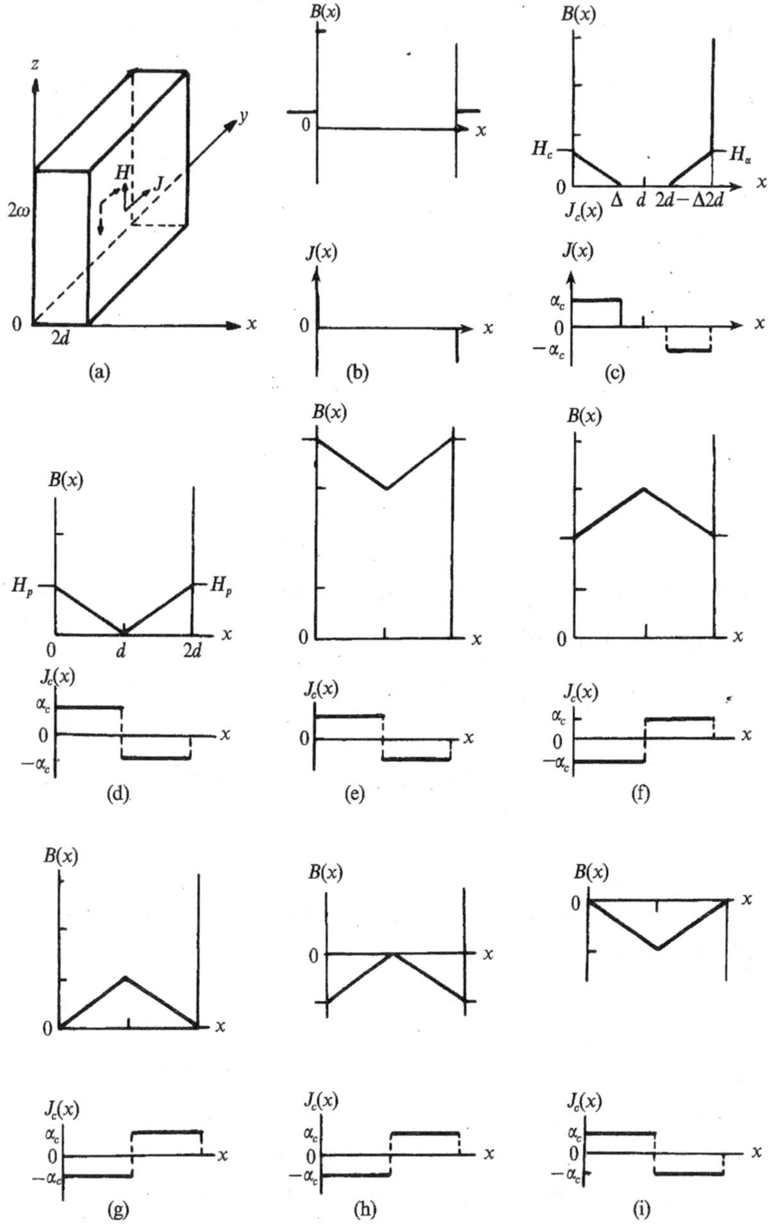

图 32.31 不同外场时样品中的磁通密度和电流密度.

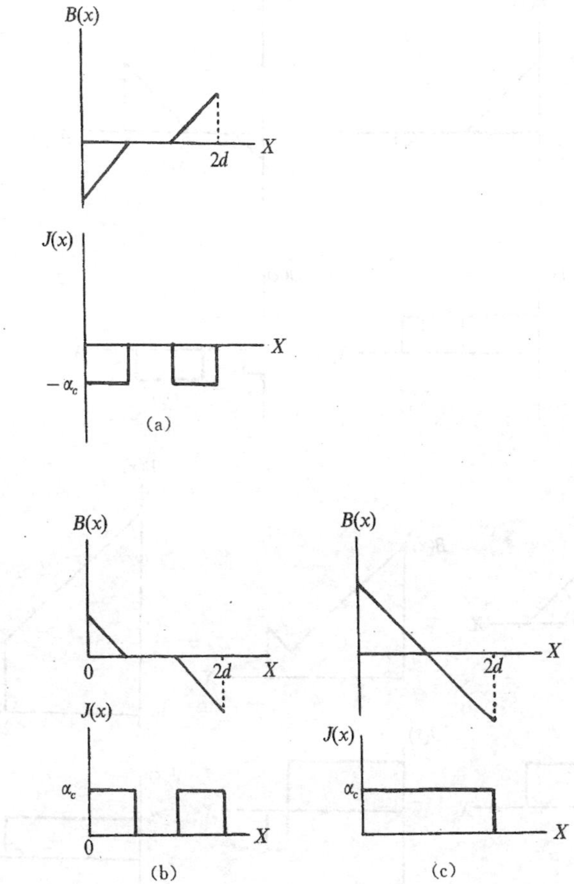

图 32.32　只有电流时的几种 B 和 J 的分布.

B 和 J 的分布参见图 32.31(f—i). 对应各个图的 $B_z(x)$ 和 $J_y(x)$ 容易按临界态方程得出,故不再列出. 容易验证,对各种分布,总传输电流 I_t 为 0

$$I_t=\int_0^{2d} J_y(x)dx=0.$$

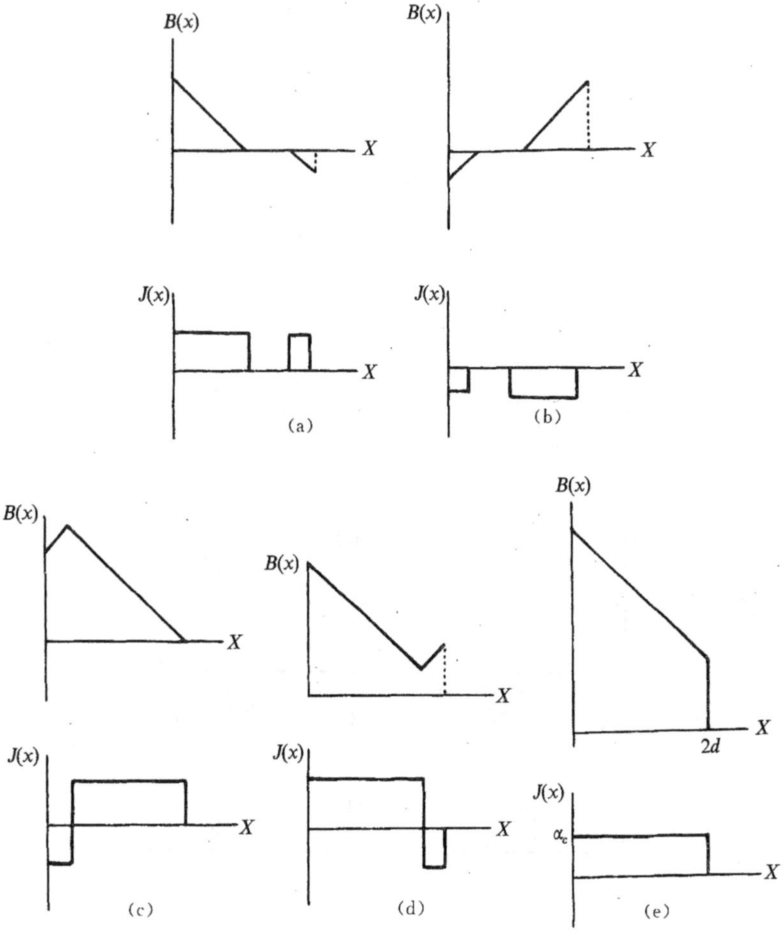

图 32.33　传输电流和外场同时存在时的几种 B 和 J 的分布.

(b)传输电流　如果无背景场而只有传输电流,样品中磁通密度和电流密度的分布视传输电流的大小和方向以及变化的次序而定.按无限大薄板近似,扁带中电流强度为 I_c 时,在样品表面的最大磁场值 H_m 为

$$H_m = \pm 2d\alpha_c = \pm I_c/W. \tag{32.11}$$

在图 32.32(a—c)示出了几种无外加场时临界态的 B 和 J 的分布. 样品的总电流 I_t 仍为

$$I_t = \int_0^{2d} J_y(x)dx.$$

(c)外场和传输电流同时存在　一般情况可以看作是(a)和(b)的叠加,在图 32.33 中,我们列出 H 和 I_t 同时不为零时的几种分布情况. 我们再次强调,从图 32.31 至图 32.33 所示出的临界态特征是:外场 H 和传输电流 I_t 一定时,样品中的磁通密度 B 和电流密度 J_c 的分布要涉及具体过程才能确定,这正是磁滞现象的起源,下一节就讨论它们.

§32.5　磁化强度

硬超导体磁化曲线的滞回可由临界态概念来说明. 钉扎效应导至磁滞回线的产生并决定滞回的面积.

图 32.34(a)示出Ⅱ类超导体磁化曲线的典型形状. 点线是理想样品的$-M(H)$可逆曲线,它仅决定于样品的可逆性质. 实线是同种样品的$-M(H)$不可逆曲线,假设有钉扎效应.

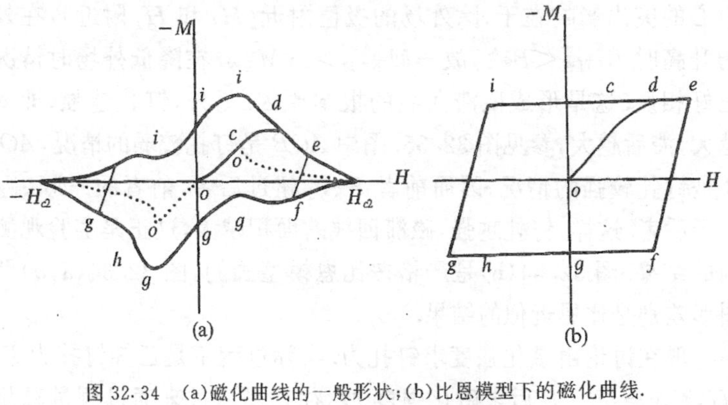

图 32.34　(a)磁化曲线的一般形状;(b)比恩模型下的磁化曲线.

现在我们参照图 32.31 来说明对磁通线的钉扎怎样产生滞回.

在图 32.31 中示出了几种外场 H 值的 B，我们容易按 $B=\mu_0(H+M)$ 或

$$-M=H-B/\mu_0,$$

由 H,B 求得 $-M$. 另外，在图 32.31 中假设了 $H_{c1}=0$ 及 $M_{可逆}=0$. 如果按图 32.31，在图 32.34(a)中的点线应该和横轴重合. 在图 32.34 (a)中赋予并画出了 H_{c1} 及 $M_{可逆}$ 的大小. 按理说要把图 32.31 对应的 $-M_{不可逆}$ 加到图 36.34(a)的点线上.

在 H 从 O 增加到 H_{c1}，是迈斯纳态，即有

$$-M=H \qquad O\leq H\leq H_{c1},$$

状态到达 b 点. 为了叙述方便，对应图 32.31 中某一个图，例如第 f 图，量 H,B 及 M 都分别标为 H_f、B_f 和 M_f，相应地在图 32.34 中标为 f 点. 当 H 增加到 $H=H_c$ 时，因为钉扎中心对磁通线的阻挡，只有少量磁通线进入样品，$B_{不可逆}$ 很小〔B 和 $B(x)$ 曲线下的面积成正比〕，按 $-M=H-\dfrac{B}{\mu_0}$，$-M_{不可逆}$ 接近 H，所以在 c 点，$-M_{不可逆}>-M_{可逆}$，实线位于点线的上方. 其它各点，即 d,e,f,g,h,i 都以按同样的方法判定 $M_{可逆}$ 和 $M_{不可逆}$ 间的关系. 如果 H_f 是最大外场，且 $H_f<H_{c2}$，$H>H_f$ 一段曲线就没有. 硬超导体中钉扎中心的突出影响在于，除外场的极值附近(H_f 和 H_j 附近)，在外场升高时 $B_{不可逆}<B_{可逆}$，故 $-M_{不可逆}>-M_{可逆}$. 在降低外场时情况正好相反. 这是形成磁滞回线的根本原因. 另外，钉扎越强，即 α_c 越大，滞后越大，参见图 32.35. 图中 AOB 是钉扎较弱的情况，$AO'B$ 是钉扎较强的情况，因而前者 $B_{不可逆}$ 超过后者，前者的 $-M_{不可逆}$ 小于后者. 这样，钉扎越强，磁滞回线的面积越大，这正是实验观测到的结果. 图 32.34(b)是严格按比恩模型画的，图 32.34(a,b)两图形差别是比恩近似的结果.

现在讨论由磁化强度求钉扎力. 实际过程不是已知钉扎力 $F_p(H,T,\boldsymbol{r})=J_c\cdot B$ 后求磁化强度 M，往往是反过来通过测量磁化强度来求钉扎力. 比起其它钉扎力的测量方法来，测量 $M(H)$ 方法有它的特点. 另一种主要测量方法是测量 $I_c(H)$. 但对横截面较

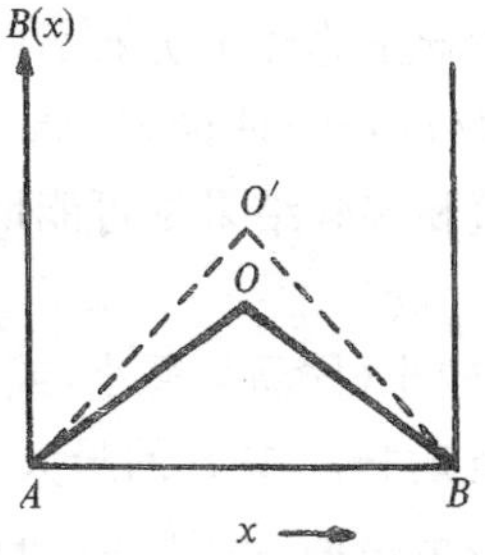

图 32.35　钉扎强度不同时 B 分布的变化.

大的样品，$I_c(H)$ 法要将大电流通过低温容器（如直径 1mm 的 NbTi 线，$I_c \approx 10^3$A），这在电流、接头发热、安全等方面产生了困难. 尤其是基础研究中，$M(H)$ 测量一直是获得钉扎力及交流损耗（见下一节）的重要方法.

以半径为 R 的圆柱样品为例. 外场 H 平行于样品轴线. 在一定温度下，钉扎力是位置函数，$F_p = F_p(r)$. 磁通密度也是位置函数，$B = B(r)$，参见图 32.36. 我们测得的是样品的平均磁化强度 $\langle M \rangle$

$$\begin{aligned}\langle M \rangle &= \frac{1}{\mu_0}\langle B \rangle - H \\ &= \frac{1}{\mu_0 \pi R^2}\int_0^R B(r) 2\pi r dr - H.\end{aligned} \qquad (32.12)$$

上式含有所待测的量 $F_p = B \cdot (dH/dB) \cdot (dB/dr)$，但以积分形式出现. 因而从磁化曲线获得 F_p 非常困难和费时. 通常是先由猜测假设试探的 $F_p(B)$. 试探的 $F_p(B)$ 含有 $B_{可逆}(H)$ 的知识和可调

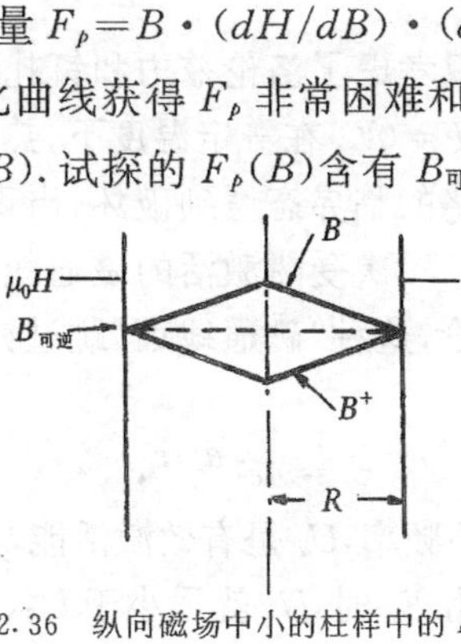

图 32.36　纵向磁场中小的柱样中的 $B(H)$.

参数. 然后由 $F_p(B)$ 得出磁通密度的分布 $B(r)$. 再将 $B(r)$ 和 H 代入式(32.12)中得到 $\langle M(H)\rangle$ 的理论式，调节理论式中的可调参数，使 $\langle M(H)\rangle$ 的理论值和实验结果尽可能地一致，有人已提出了反复迭代的具体方法.

如果磁滞回线面积较小(样品直径小，或 F_p 小或者两者都小)则情况可以大为简化. 此时样品中 B 的最大值和最小值的相对差别较小，我们可以采用比恩模型，设 $\frac{dB}{dr}$ 为常量. 对圆柱样品有

$$F_p=\frac{3\mu_0 B}{2R}\left(\frac{dH}{dB}\right)_{\text{可逆}}[\langle M^+(H)\rangle-\langle M^-(H)\rangle], \quad (32.13)$$

式中 $\langle M^+(H)\rangle$ 和 $\langle M^-(H)\rangle$ 分别表示增大的和减小的外磁场 H 的磁化强度平均值. 斜率 $\left(\frac{dH}{dB}\right)_{\text{可逆}}$ 可由函数 $B_{\text{可逆}}(H)$ 求得. $B_{\text{可逆}}(H)$ 是

$$B_{\text{可逆}}(H)=\frac{1}{2}[\langle M^+(H)\rangle+\langle M^-(H)\rangle]. \quad (32.14)$$

在实际研究中，测量磁化曲线和由所测的结果得出钉扎力还必须仔细，因情况还要复杂，但以上分析清楚说明了 $M_{\text{不可逆}}$ 和 F_p 的关系，在式(32.13)的情形下，F_p 和 M 的滞后值成正比. 由 32.37 示出有钉扎效应的和近乎无钉扎效应的Ⅱ类超导体测量的磁化曲线和 I_c-H 曲线[102].

§32.6 磁通蠕变

到此为止，我们只考虑了洛伦兹力和钉扎力是决定临界态的因素. 实际上假定了 $T=0\text{K}$. 在一定温度下，热激活将帮助洛伦兹力克服钉扎力，使严格的临界态遭到破坏，出现磁通线蠕变. 由于磁通线间的相互耦合，一次受热激活的磁通线跳动可能包含着多根线. 根据安德森理论，这种“磁通线束”跳过钉扎势垒 U_e 跃迁率 v_c[103]是

$$v_c=v_0 e^{-U_e/kT}, \quad (32.15)$$

式中 V_0 是试图跳过的频率，U_e 是有效激活能，参见图 32.38. 当洛伦兹力 F_L 接近钉扎力 F_p 时，U_e 就远小于 U_0，这种跃迁就变得相

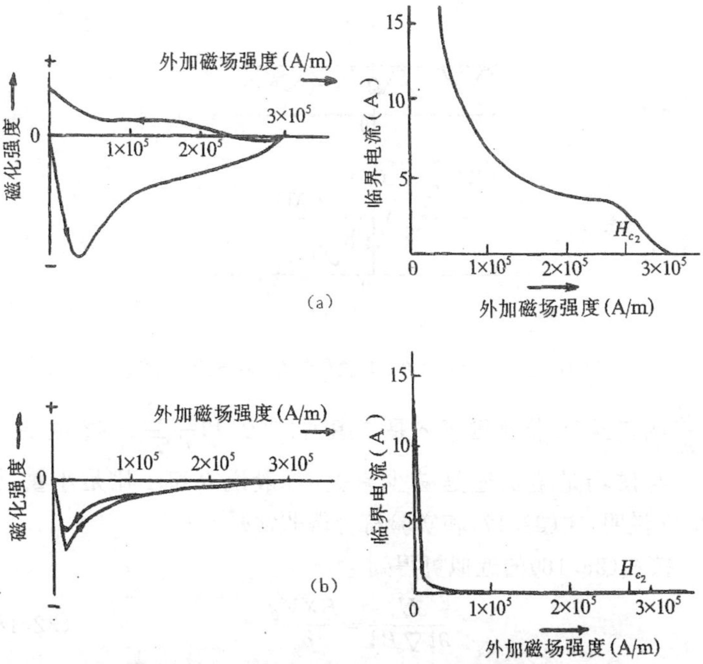

图 32.37　非理想的(a)和近似于理想的(b) Ⅱ 类超导体的磁化曲线和临界电流.

当重要,因为洛伦兹力能有力地帮助磁通线越过钉扎势垒.作为保持物理特征的最简单的形式,安德森和金使用线性关系[104]

$$U_e=U_0-F_pV_BX,\tag{32.16}$$

式中 V_B 是激活体积(或束的体积)而 X 是势垒宽度.为了分析磁通蠕变实验就必须计算某个具体宏观样品中跃迁率 v_c 产生的磁通线输运.这个问题和解扩散方程相当类似.扩散方程也遇到扩散系数是势垒梯度的函数.贝时来(M. R. Beasley)等处理了在纵场中的圆柱样品得到柱中时刻 t 的总磁通量为[105]

$$\Phi(t)=\Phi(t_0)\pm\frac{\pi k}{3}TR^3\left(\frac{\partial U_e}{\partial|\nabla B|}\right)^{-1}(1\pm\delta)\ln\left(\frac{t}{t_0}\right),\tag{32.17}$$

式中 t_0 为初始时刻。R 是柱半径,$\frac{\partial U_e}{\partial|\nabla B|}$是激活能随磁通量密度梯度不同的改变(或随洛伦兹力 $|\nabla B|B/\mu_0$ 的改变).+或-是表

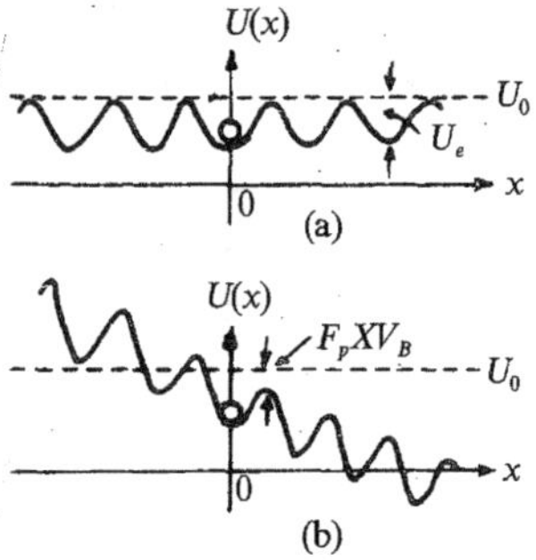

图 32.38 (a)钉扎势垒;(b)洛伦兹力作用下的有效势垒.

示$\frac{\partial B}{\partial r}$的正或负.修正因子$\delta$是考虑到$|\nabla B|$和$\frac{\partial U_e}{\partial|\nabla B|}$随位置而变.与磁场是增加还是减少有关.一般说$\delta$和1比是小量.图32.39说明,式(32.17)和实验符合得非常好[106].

按式(36.16)的近似可得到

$$\frac{\partial U_e}{\partial|\nabla B|}=\frac{BXV_B}{\mu_0}. \tag{32.18}$$

在$F_L \approx F_p$时,可进一步得到$XV_B=U_0/F_p$,故

$$\frac{\partial U_e}{\partial|\nabla B|}=\frac{U_0 B}{\mu_0 F_p}. \tag{32.19}$$

磁通蠕变率R_c定义为

$$R_c \equiv \frac{d\Phi(t)}{d\ln t}. \tag{32.20}$$

由以上各量可得

$$\begin{aligned} R_c &= \frac{\pi}{3}kTR^3\,\frac{\mu_0}{BV_BX}(1\pm\delta) \\ &= \frac{\pi}{3}kTR^3\,\frac{\mu_0 F_p}{BU_0}(1\pm\delta). \end{aligned} \tag{32.21}$$

对图32.39中所示出的管状样品,式(32.19)稍有不同.钉扎力实验测量能得到关于$U_0/(V_BX)$的知识,它和蠕变率R_c的测量一起便能进一步得到对材料结构敏感的U_0和V_BX.图32.40是两个$NbTa_x$合金$x=8$和$x=18$的测量结果[106].U_0和V_BX是由实验

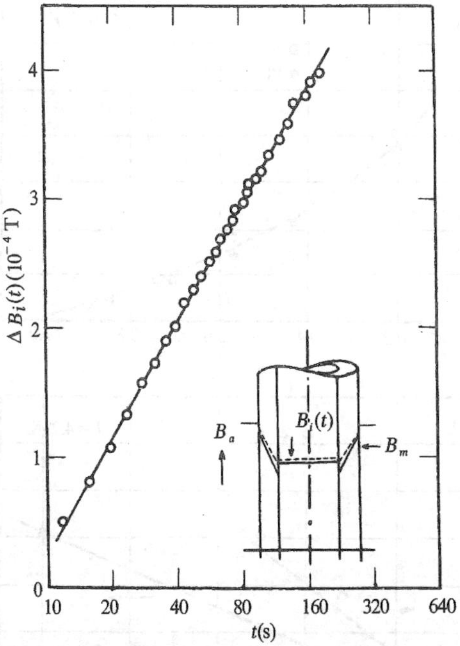

图 32.39 NbTa 圆筒中磁通密度 Bi 与时间 t 的关系. 插图是样品示意图.

测量的 F_p 和 R_c 代入式(32.21)求得的. 圈和点分别代表两个有不同钉扎中心密度的样品.

从式(32.21)看到,$T=0$ 时,$R_c=0$,所以满足严格的临界态概念. 在低温下,R_c 的大小可如下估计:设 $T=4\mathrm{K}$、$J_c=10^8\mathrm{A/m^2}$、$R=1\mathrm{mm}$. $U_0=0.1\mathrm{eV}$. 将玻耳兹曼常量 k 和 π 值一起代入式(32.21),并令 $\delta\approx 0$. 得 $R_c\approx 4\times 10^{-4}\ll 1$. 因此,实际问题中,$R_c$ 是可以忽略的,稳定的临界态概念近似成立.

§32.7 磁通流动

当通过Ⅱ类超导体(理想的和非理想的)混合态的电流超过临界电流,沿单位长度的样品两端就出现电压 $V_f=E_f$. 这里 E_f 是磁通线流动的电场

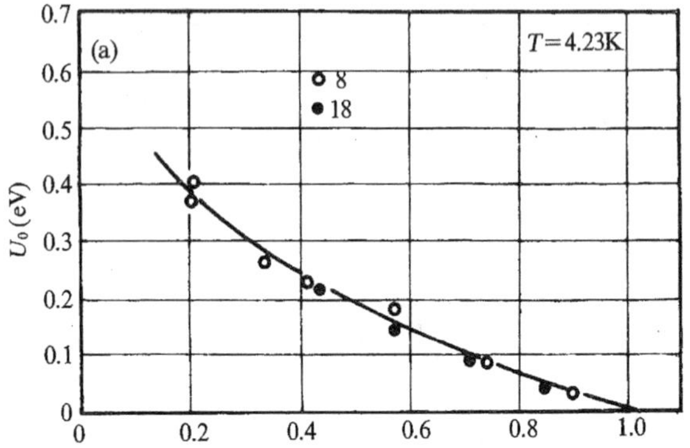

(a)

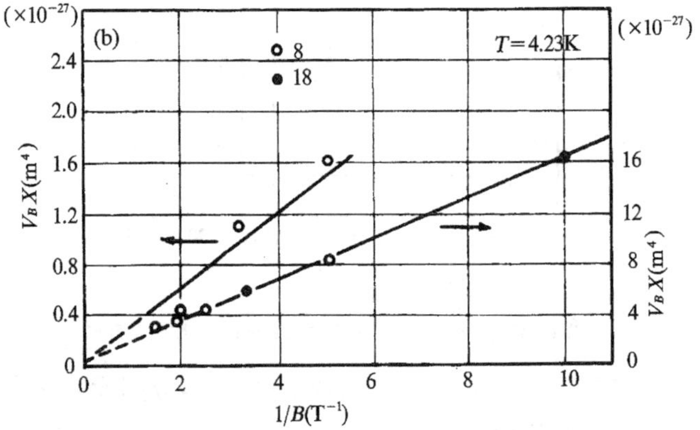

(b)

图 32.40 (a)钉扎中心密度不同时 U_0-b 关系;(b)$V_B X$-B^{-1}关系.

$$\boldsymbol{E}_f=\boldsymbol{B}\times\boldsymbol{v}_L, \tag{31.170}$$

$\boldsymbol{v}_L$ 是磁通线运动的平均速度. 金等首先把 E_f 的产生归因于磁通线的运动[107]. 这一解释的正确性引起了多年的争论,然而实验证据确实表明,磁通线是以式(31.170)中的 $\boldsymbol{v}_L$ 在运动的.

研究还证明了在各种不同材料中磁通流动有以下共同特征:电压 V_f 随差$(I-I_c)$总是线性地变化,与 I_c 无关,而与磁场 H 有关,参见图 32.41. 为了描述这种性质,金使用以下唯象解释. 他假设磁通线流动速度由三个力的平衡所决定:洛伦兹力 F_L,钉扎力

F_p,以及“粘滞力”$n\eta v_L=\frac{B}{\phi_0}\eta v_L$,即

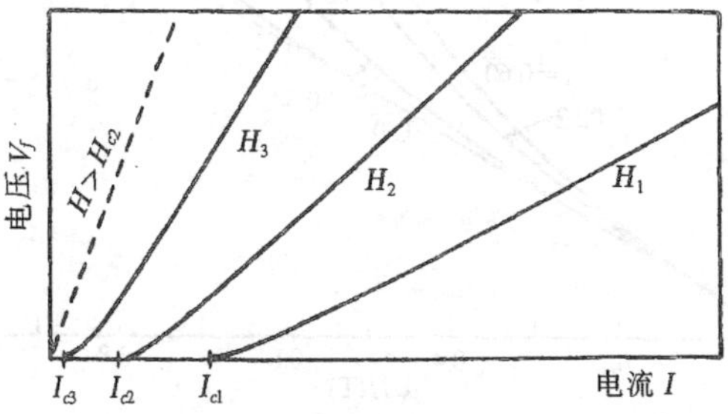

图 32.41 不同材料的 V_f-I 特性曲线,曲线斜率与 I_c 无关,但与 H 有关.
图中 $H_{c1}<H_1<H_2<H_3<H_{c2}$.

$$F_L=F_p+\frac{B}{\phi_0}\eta v_L, \tag{32.22}$$

式中 $\eta(B,T)$是(所有的)超导体的“粘滞系数”.按照式(31.170),磁通流动感生的电场为

$$E_f=\frac{\phi_0}{\eta}(F_L-F_p)=\frac{\phi_0 B}{\eta}(J-J_c). \tag{32.23}$$

此式非常好地和实验结果相符合,参见图 32.41.

式(32.23)和欧姆定律很相似,这表示可以引入“磁通线流动电阻率”,简称“流阻”ρ_f,其定义为

$$\rho_f=\frac{dE_f}{dJ}=\frac{\phi_0 B}{\eta}. \tag{31.171b}$$

图 32.42 所示出的是 ρ_f 与磁场及温度关系的一个例子.自然,唯象方程(32.23)不能提供耗散(能量)机制的信息,因为式(32.22)经过假设 η 为自由参数后决定 v_L.为了澄清磁通运动的耗散机制,一些作者在推广的伦敦方程的基础上从理论上得到[109,110]

$$\rho_f=\rho_n\frac{B}{B_{c2}}. \tag{32.24}$$

式(32.24)至少在低约化温度下与实验符合是好的,参见图 32.42.但是,所考虑的耗散机制仅仅是磁通线芯的正常电子的焦耳热.廷汉姆(M. Tinkham)建议,应当考虑超导电子有一定弛豫

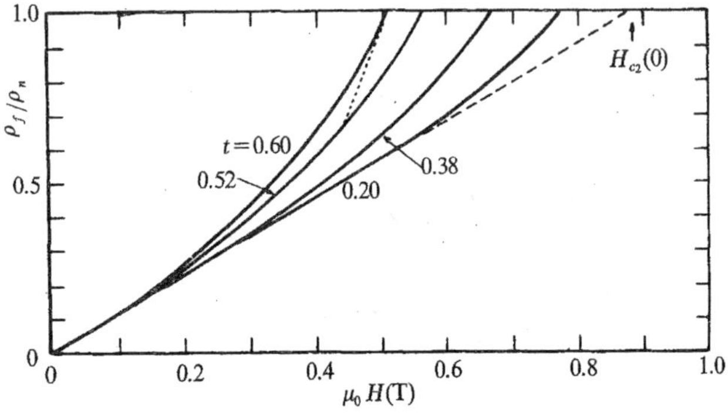

图 32.42 NbTa 合金的ρ_f[103]. - - -式(31.171a)，……式(32.25)，——实验值.

时间而导致的耗散[111]. 也有其它耗散机制的理论. 施密特(Schmid)以含时的 GL 方程得 $t\to 1$ 时的 ρ_f 满足[112]

$$\frac{d\rho_f}{dB}=2\cdot 5\rho_n/B_{c2} \qquad (B\to B_{c2}, 1\lesssim t), \tag{32.25}$$

图 32.42 支持这个结论.

现在对于耗散机制还不能完全了解清楚. 但是这些为粘滞系数描述的耗散仅与理想Ⅱ类超导体的参数即"基本"的参数(如 ρ_n，B_{c2}等)有关，与钉扎力无关. 钉扎力 F_p，因而 J_c，仅决定这种磁通流动的开始，这就是广泛使用的测量临界电流的电测法原理，探测到一定的 ρ_f 或 E_f 就决定了 J_c. 但钉扎力的确产生了另一种大得多的耗散过程. 下节将讨论这个问题.

§32.8 钉扎耗散

在硬超导体中，由于钉扎非常强，耗散或损耗的主要部分不是上一节所述的粘滞损耗，而是"钉扎耗散". 按照欧姆定律，总焦耳热，即磁通线流动时硬超导体总耗散功率密度 W 为

$$W=\boldsymbol{E}_f\cdot\boldsymbol{J}, \tag{32.26}$$

将式(32.22)代入，容易得到

$$W=\boldsymbol{F}_L\cdot\boldsymbol{v}_L=\boldsymbol{F}_p\cdot\boldsymbol{v}_L+\frac{B}{\phi_0}\eta\, v_L^{\,2}, \tag{32.27}$$

式中右边第一项就是钉扎耗散，或叫“钉扎损耗”，因为它是由钉扎中心的存在产生的.钉扎中心随机地分布在磁通线阵中，在磁通线运动时它们的阻滞引起的磁通线阵的局部形变势能将转化为磁通线(阵)的振动能，而这动能最终还是消耗在粘滞介质中.这种钉扎损耗首先为山藤馨等所讨论，并且是他们提出的计算钉扎力的动力学方法的基础[113].在这种图象中，钉扎损耗项 $F_p v_L$ 由 $\frac{B}{\phi_0}\eta[(\overline{v_L^2})-(\bar{v}_L)^2]$ 所给出，即钉扎损耗是局域速度 v_L 相对平均速度 v_L 的涨落的阻尼衰减引起的.如果不存在钉扎中心，所有磁通线将以恒定的速度 $\bar{v}_L=v_L$ 运动，式(32.27)中的第二项就是代表这样的运动引起的损耗.

实用中遇到的磁通线流动的速度 v_L 很小，相应的粘滞损耗 $W_\eta=E_f\cdot(J-J_c)$ 也远小于钉扎损耗 $F_p v_L$.临界电流的判据或磁体失超的判据一般定义作 $E_f=1\mu\text{V/cm}=10^{-4}\text{V/m}$.磁通流动超过这个速度时便认为不再是超导态而受到自动保护.如 $B=0.1\text{T}$.则 $v_L=(E_f/B)=10^{-3}\text{ms}^{-1}$.若材料属中等钉扎强度，$J_c=10^8\text{Am}^{-2}$，$\rho_f\approx\rho_n\approx1\mu\Omega\cdot\text{cm}$，则粘带损耗和钉扎损耗之比为

$$\frac{W_\eta}{W_p}=\frac{E_f(J-J_c)}{E_f J_c}=\frac{E_f\,\rho_F^{-1}}{J_c}\approx\frac{E_f}{\rho_n\cdot J_c}=10^{-4}, \tag{32.28}$$

式中 $W_p=F_p\cdot v_L$ 是钉扎损耗功率密度.这就表示，磁通线在阻尼介质中运动时(按技术应用标准)的损耗产生于振动中，其平均速度损耗能可以忽略.即 $W\approx W_p=F_p\cdot\bar{v}_L$.

鉴于钉扎损耗项不显含粘滞系数，在交变磁场或电流中硬超导体的钉扎损耗仅需知道 $F_p(\boldsymbol{r},\boldsymbol{B})$ 就可算出.把功率损耗密度相对体积 V 和时间 t 积分就得到

$$Q=\int_0^T dt\int_0^v dV\cdot F_p\cdot v_L, \tag{32.29}$$

式中 Q 是样品经过 T 时间的总损耗能，T 是时间间隔.很容易证明，如果磁场或是电流是随时间周期性变化的，一周内的钉扎损耗就等于钉扎导致的磁滞回线的面积

$$Q=\mu_0 V\oint(-M)dH, \tag{32.30}$$

由于这个原因，钉扎损耗也叫“磁滞损耗”．在交变磁场和电流中的磁滞损耗也叫“交流损耗”(在正常-超导复合体中还包括涡流损耗)．事实上，磁化强度测量是用来测量硬超导体的交流损耗的方法之一．

到现在已对交流损耗进行了理论和实验上的大量的分析与测量．实验表明，磁滞损耗对样品极为敏感．样品表面情况、内部结构、超导参数、外场和电流等都有很大影响，以致几乎所公布的测量结果还没有是完全重复的．以下用最简单的分析来说明磁滞损耗的特征．

在迈斯纳态，理论上没有磁滞损耗．然而，表面情况(例如杂质、不平整等)可以使情况变得复杂．退磁因子及杂质的影响可以大大降低表面的 H_{c1} 值，使表面比内部先从迈斯纳态进入临界态，产生表面磁滞损耗．表面损耗实质上是磁滞损耗．但表面磁滞损耗非常复杂，因此我们下面将假设表面是理想的．扁带样品，磁场平行宽面．外场是大的静场 H_0 上叠加一交变小振幅 h_0 的场，参见图 32.43．由于 $\oint(-M)dH=\oint\left(H-\frac{B}{\mu_0}\right)dH$，所以也可以由下式计算样品中每周损耗：

$$Q=-V\oint BdH. \tag{32.31}$$

实际计算中必须考虑临界态概念在交变场中是否仍旧适用？回答是在低频交变场下临界态概念仍是足够精确的．虽然磁场在金属中是变化的，但可以证明，对 $d=1\text{mm}$ 的扁带，磁扩散的弛豫时间约 10^{-6}s．因而交变频率在 10^4Hz 之下(即低频区)时完全可以作准静态处理，临界态成立．用比恩模型，每周样品的损耗为

$$Q=\frac{4\mu_0}{3}\frac{V}{2d}\frac{H_0}{F_p}h_0^3 \qquad (h_0<J_cd), \tag{32.32a}$$

$$Q=2d\cdot V\cdot F_ph_0/H_0 \qquad (h_0\gg J_cd), \tag{32.32b}$$

式中 V 是样品体积、$2d$ 是样品厚度．$F_p\approx H_0J_c$ 是钉扎力．上面关系是对最简单的几何关系导出的，但是与 F_p 及 h_0 的关系对比较复杂的几何形状仍旧成立．例如圆导线在横向交变场中的损耗和

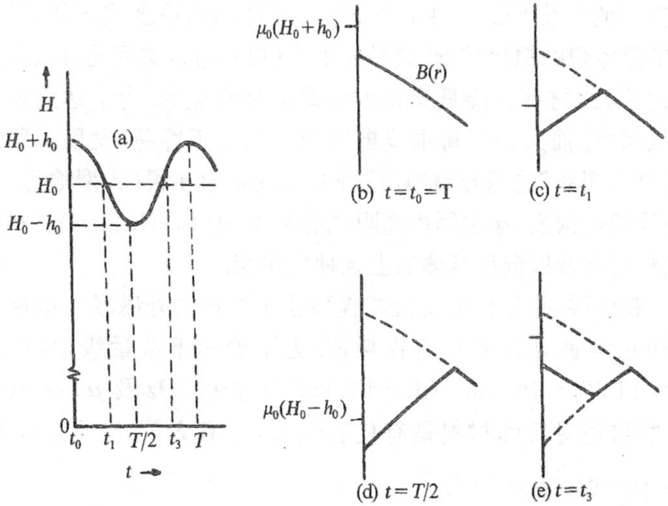

图 32.43 (a)外场随时间的变化;(b—e)时刻 $t,t_1\ T/2$ 和 t_3 时的磁通密度.

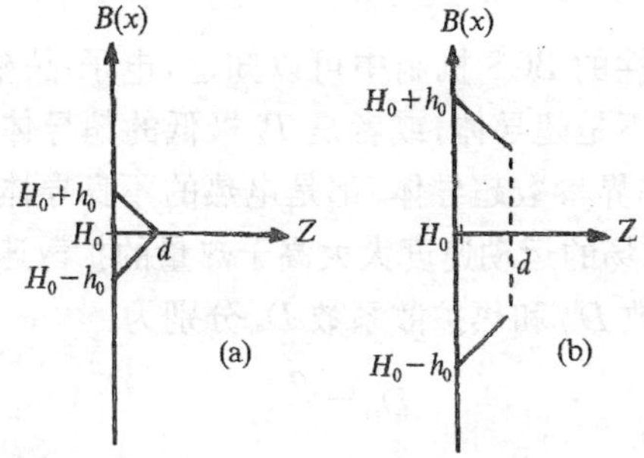

图 32.44 (a)$h_0<H_p$;(b)$h_0>H_p$.

式(32.32)只差数量级为 1 的几何因子. 式(32.32)表示的几个共同特征是:(1)功率损耗率与频率成正比;(2)在比恩模型近似下,损耗率与交变场振幅 h_0 的 n 次方成比例,对小 $h_0(<dJ_c)$,$n=3$,对大 $h_0(\gg J_cd)$,$n=1$,其物理原因可以参见图 32.44;(3)在 $h_0<H_p$ 时,$H_p=dJ_c$ 通常称为穿透场,损耗与 F_p 成反比;而在 $h_0\gg H_p$ 时,损耗与 F_p 成正比;(4)在 $h_0<H_p$ 时,损耗与$(V/2d)$(等于和磁场平行的样品的表面面积)成正比,而与样品的厚度(样品和磁场

垂直方向的尺度)无关. 在 $h_0>H_p$ 时和样品的厚度成正比,尺寸越小单位体积的损耗越低. 线径非常小(现在可以做到超导线径达 1μm 之小)的材料在降低交损方面是非常有益的. 为了达到如此小的线尺寸,而又保证每根线电性独立及加工容易,发展了所谓"多芯复合扭绞"的超导材料. 这种复合线是由多根(典型地为 10^3 根)超导细丝构成,丝之间由高阻抗的基体(如 Cu-Ni 合金)材料隔开,或将复合线以铜作基体加上绕轴向扭绞.

一般地讲,超导体的交流损耗要小于同样的外磁场和电流条件下的正常良导体的交流损耗值. 为了看一下数量级,我们设 $\mu_0 H_0=1\mathrm{T}$, $F_p=10^9\mathrm{Nm}^{-2}$ ($J_c=10^9\mathrm{Am}^{-2}$), $f=50\mathrm{Hz}$ 及 $\mu_0 h_0=10^{-2}$ T(这些数值对实际材料是有代表性的),代入式(32.32),得 $\frac{2dQ}{V}=10^{-2}\mathrm{W}\cdot\mathrm{m}^{-2}$.

§32.9 磁通跳跃和不稳定性

从超导电性的 BCS 机制中可以知道,电子-晶格振动作用弱的金属良导体不是超导体,或者是 T_c 极低的超导体. 技术应用要求的所谓"高临界参数超导体"都是电热的不良导体. 我们可以证明,超导体中磁场的运动速度大大高于热量的扩散速度. 因为在导体中磁扩散系数 D_m 和热扩散系数 D_h 分别为

$$D_m=\frac{\rho}{\mu}, \tag{32.33}$$

$$D_h=\frac{K}{s}, \tag{32.34}$$

式中 ρ 是电阻率、K 是热导率、s 是热容(单位体积物质温度升高 1℃吸收的热量,等于比热和密度的乘积). 表 32.2 说明,良导体 $D_m \ll D_h$,而不良导体则相反. 在低频交变场中,超导体中磁通运动的速度远小于可达到的值,临界态概念是成立的. 然而,磁运动有一定的发热率(即损耗功率),热散逸出(超导体)率很小,便使超导体温度升高. 钉扎力(或 J_c)随温度升高而减小,并使磁通进一步运动. 这便形成一个反馈过程. 在一定条件下,反馈过程是"正反

馈”. 温度升高到 $T>T_c$ 后，超导体转变为正常态. 这就是硬超导体的不稳定性. 磁通运动的正反馈过程如果发生，短时间内就发生大量磁通流动，使超导态被破坏，通常就叫“磁通跳跃”. 由于硬超导体的 J_c 很大，在应用中发生磁通跳跃会造成很大的破坏性，材料烧毁或仪器损坏. 防止磁通跳跃发生而产生的不稳定性是硬超导材料应用研究的基本课题之一. 下面我们仅简要地讨论磁通跳跃机制及稳定原理. 进一步讨论请参考文献[114,115].

表 32.2　良导体 $D_m \ll D_h$，而不良导体则相反

材　料	$s(\mathrm{J\cdot m^{-3}\cdot K})$	$\kappa(\mathrm{w/n^{-1}\cdot K})$	$\rho(\Omega\cdot\mathrm{m})$	$D_h(\mathrm{m^2\cdot s})$	$D_m(\mathrm{m^2\cdot s})$
良导体(Cu,Al 等)	10^3	10^2-10^3	10^{-10}	$10^{-1}-10^0$	10^{-4}
合金($NbTi$,Nb_3Sn,CuNi 等)	10^3-10^4	$10^{-1}-10^0$	$10^{-7}-10^{-6}$	10^{-4}	$10^{-1}-10^0$

(a)*磁通跳跃*　图 32.45 示出的是背景磁场中的超导扁带，情况和以前讨论过的相同，样品处于临界态(用比恩模型). 外场为 H 时，宏观穿透深度 $\delta=\frac{H}{J_c}$，δ 的最大值是样品的半厚度 d. 设某种原因(偶然的热激活、电磁干扰和力学干扰、或交变的电磁场、电流等)引起的磁通流动使超导体从一个临界态(实线)转变到另一个临界态(虚线). 鉴于 $D_m \gg D_h$，过程可以看作是绝热的. 过程的步骤如下：

甲：在 x 处，单位长度样品流入超导体的磁通量是

$$\Delta\Phi_1(x), \tag{32.35a}$$

乙：钉扎损耗热量密度是

$$\Delta Q_1(x)=\Delta\Phi(x)J_c, \tag{32.35b}$$

丙：绝热近似下，局部温度升高为

$$\Delta T_1=\frac{\Delta Q_1(x)}{S}, \tag{32.35c}$$

丁：J_c 的增量是

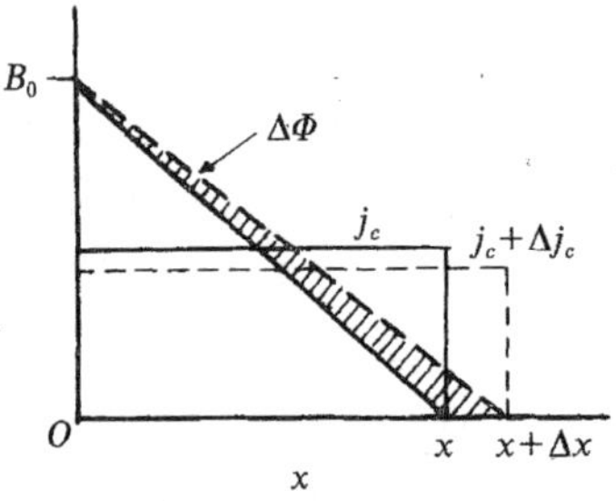

图 32.45 背景磁场中的超导扁带.

$$\Delta J_{c1}=\frac{dJ_c}{dT}\cdot\Delta T_1<0. \tag{32.35d}$$

因为 J_c 随温度升高而降低(参见图 32.46),故$\frac{dJ_c}{dT}<0,\Delta J_c<0$,这样使 $J_c>J_c+\Delta J_c$. 磁通进一步流动,设流量为 $\Delta\Phi_2(x)$,则

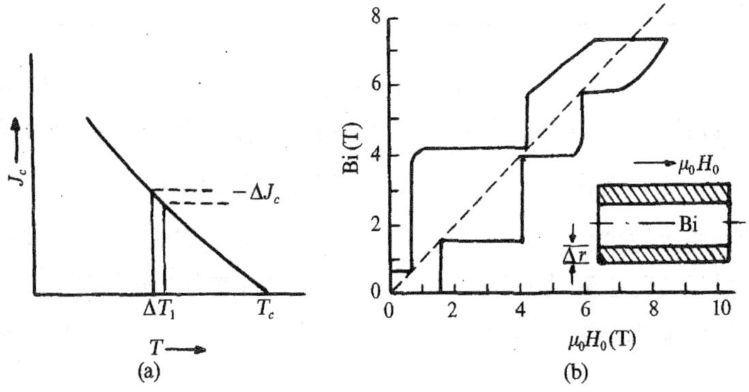

图 32.46 管样品中的磁通跳跃. (a)$J_c(T)$示意图;(b)Nb_3Sn.

$$\Delta\Phi_2(x)=\int_x^{\delta+\Delta x}\Delta B(x)dx\approx-\frac{1}{2}\mu_0\Delta J_c(\delta^2-x^2). \tag{32.36}$$

因为磁通流量与 x 有关,我们取 $x=\frac{\delta}{2}$近似代表样品 $\Delta\Phi_2(\frac{\delta}{2})(=-\frac{3}{8}\mu_0\Delta J_c\delta^2)$. 要使过程为正反馈,发生磁通跳跃的条件是磁通流动量逐步增大

$$\Delta\Phi_1<\Delta\Phi_2. \tag{32.37}$$

将反馈过程各量代入，得

$$\delta J_c > \sqrt{\frac{8ST_0}{3\mu_0}} \equiv H_f. \tag{32.38}$$

或者等价地，由于 $\mu_0 H - B(\delta) = \delta J_c$，而得到

$$H - \frac{B(\delta)}{\mu_0} > H_f, \tag{32.39}$$

式中 $T_0 = -J_c/(\frac{dJ_c}{dT})$ 是材料的参数. 一般可近似地把 T_0 用 $T_c(H)$ 代替. H_f 称为磁通跳跃场，表示在静磁场中开始磁通跳跃时样品表面和内部磁场的最大差值. H_f 的量级是，纯 Nb_3Sn 约为0.5T，NbTi 约为0.1T. 图32.46(b)示出烧结的 Nb_3Sn 管状样品的磁化曲线，明显地表现出磁通跳跃过程. H_f 约为2T. 试验表明烧结样品内有许多孔隙，液氦能经过这些孔隙进入 Nb_3Sn 体内. 液氦的比热(s)比 Nb_3Sn 的大两个量级以上. 液氦的渗入使 Nb_3Sn 的有效热容 s 显著增加. 这就使图32.46(b)中 Nb_3Sn 的 H_f 显著增加. 式(32.39)还说明，H_f 与 T_0 有关，T_0 与 $J_c/(\frac{dJ_c}{dT})$ 有关. 所以 H_f 也与样品的钉扎互作用有关. 实验也发现，Nb_3Zr 线的 H_f 与热处理有关.

由式(32.38)知道，载流导线的磁通跳跃决定于样品厚度和 J_c. 对 NbTi，使短样品的临界电流达到 $J_c = 3\times10^9 Am^{-2}$ 并不困难. 但对厚2mm 的样品，当 $J_c \gtrsim 5\times10^7 A\cdot m^{-2}$ 时即开始不稳定. 这就大大降低了超导材料的优点，并限制了技术应用的发展. 现在已经发展有效的稳定技术，简述如下.

(b)稳定技术　(1)绝热稳定. 克服不稳定性的基本原理是防止磁通跳跃，要做到这一点可以通过限制磁通流量，从而限制总的发热量和温度的升高. 因 δ 的最大值 $\delta_{大}$ 只能是样品半厚度，即 $\delta_{大} = d$，所以样品半厚度若满足条件

$$d < \frac{H_f}{J_c} = \sqrt{\frac{8ST_0}{3\mu_0}} / J_c \equiv dc \tag{32.40}$$

就能将磁通流量 $\Delta\Phi_2$ 限制到足够小，使反馈过程是负的，不能发生

磁通跳跃．对 NbTi，如设 $J_c=3\times10^9\mathrm{A\cdot m^{-2}}$，得 $dc\approx40\mu\mathrm{m}$．式(32.40)叫做"绝热稳定条件"，因为假定过程是绝热的．

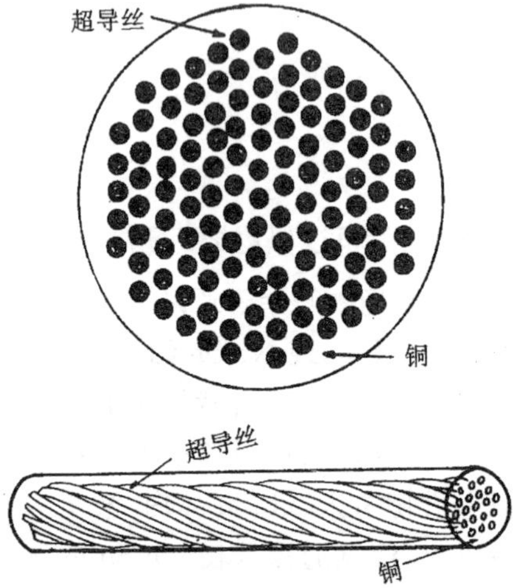

图32.47　多老复合扭绞的 NbTi 线．

虽然早在1964年就知道绝热稳定条件，但是要求超导材料尺寸(例如导线半径)小到10μm 量级，在当时工艺上是难以实现的．从1967年多芯复合线工艺开始出现并逐渐成熟，每一个超导芯的直径可以小到微米的量级．数量约10^1—10^4根芯嵌在良导铜的基体中．总外径在毫米的量级，参见

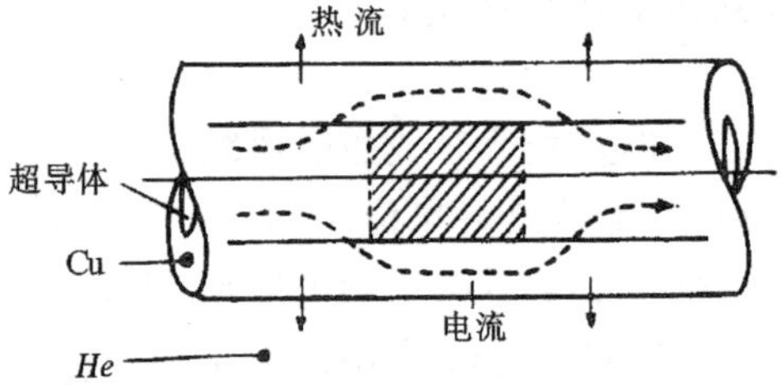

图32.48　单芯低温稳定的复合超导线．

图32.47．不过，如不作绕导线轴的扭绞，则芯间的耦合使整个线中的芯都耦合在一起，像一根粗单芯超导线那样[114]仍达不到绝热稳定条件．在理论上扭节距(绕导线轴扭转2π的轴的距离)越短越好．实际上，在通常的励磁场(或加电流)速率下，扭节距约为10cm即可；(2)低温稳定．为了安全，在大型超导磁体中的超导材料往往把铜超比(即线材的铜横截面积与超导体横截面积之比)取得很

大，例如从10^0到10^2，因为大型磁体的储能极大.这样大的截面的超纯铜导线和超导材料并联，能给大电流(10^3A 或更多)提供一个低阻分路，即使超导体发生磁通跳跃，也没有大量的焦耳热发生，因此也不必要满足绝热稳定条件.设计时将铜超比设计得足够大，以致大电流在复合超导线中的超导部分失超时完全由铜部分输运，也能使铜的温度保持低于超导体的 T_c 值，因而超导体仍将会恢复超导态，磁体能始终稳定运行.图32.48所示的是单芯低温稳定的超导复合线的示意图.在一段超导体失超后(有斜线部分)，电流将"绕道"前进.

Ⅲ 元钉扎力

前面我们已讨论了由晶体缺陷的钉扎效应引起的超导电性质及描述它们的唯象方法.本节讨论单个晶体缺陷的钉扎机制以及由此而产生的钉扎力，叫"元钉扎力"(elementary pinning force).钉扎力就是晶体缺陷(钉扎中心)和磁通线(阵)的相互作用力.相互作用导致超导体自由能局域地改变，其改变量用"钉扎势"U 来描述.U 是钉扎中心与磁通线阵相对位置的函数:$U=U(\boldsymbol{r})$.有了$U(\boldsymbol{r})$，元钉扎力就由$-\nabla U(\boldsymbol{r})$的极大值(绝对值)求得.下面首先讨论计算方法，然后估算各种钉扎机制的元钉扎力的大小.计算方法中，微扰法的优点是能适合各种磁场，尤其在高场时计算会简化.孤立磁通线近似法虽然只适用于低场，但能够处理非微扰情形，而且使钉扎作用的物理图象非常清晰.磁通线阵的缺陷和钉扎中心的相互作用也曾作为钉扎机制，但计算结果说明，其元钉力与孤立磁通线的元钉扎力大小为同一量级.由于磁通线的密度大大超过磁通线阵缺陷的密度，所以实际上不必考虑这两种缺陷的直接相互作用力.

§32.10 微扰法近似

从原则上说，只要温度接近 T_c，钉扎势可由 GL 理论求得.具体方法决定于局域性质偏离基体性质的大小.如果不均匀性可以看作微扰,像应力场等引起的电子平均自由程改变那样,可以用微扰近似法.对于超导电性质小的变化,一级互作用能可以用零级序参量和磁通密度(未受微扰的 φ 及 h)代入微扰后的自由能表示式而求得.那就是说,在原来的 GL 自由能中使用微扰后的参量 K 和 H_{c2}.以下我们按凯贝尔等的方法导出微扰公式[116].

假设自由能由 GL 公式(31.33)表示,并对缺陷处积分

$$F(\varphi,h)=\int(F_s-F_n)dv.$$

如果 φ_e 和 h_e 分别表示未受微扰系统的序参量和磁通密度的平衡值.那么有

$$\left.\frac{\partial F}{\partial\varphi}\right|_{\varphi_e}=0,$$

$$\left.\frac{\partial F}{\partial h}\right|_{h_e}=0.$$

当 F 中的参量 α 和 β 因钉扎中心的微扰而有小的改变 $\delta\alpha$ 和 $\delta\beta$ 时,F 也要改变到新的值 $F(\varphi,h)$

$$\delta F=F(\varphi,h)-F(\varphi_e,h_e)$$

就是改变量,φ 和 h 是改变后的新的平衡值.到一级近似为止,上式的展开式为

$$\begin{aligned}\delta F&=\left.\left(\frac{\partial F}{\partial\varphi}\frac{\partial\varphi}{\partial\alpha}+\frac{\partial F}{\partial h}\frac{\partial h}{\partial\alpha}+\frac{\partial F}{\partial\alpha}\right)\right|_{\varphi_e,h_e}\\&\quad\times\delta\alpha+\left.\left(\frac{\partial F}{\partial\varphi}\frac{\partial\varphi}{\partial\beta}+\frac{\partial F}{\partial h}\frac{\partial h}{\partial\beta}+\frac{\partial F}{\partial\beta}\right)\right|_{\varphi_e,h_e}\cdot\delta\beta\\&=\left.\frac{\partial F}{\partial\alpha}\right|_{\varphi_e,h_e}\cdot\delta\alpha+\left.\frac{\partial F}{\partial\beta}\right|_{\varphi_e,h_e}\cdot\delta\beta\\&=\int\left(\delta\alpha|\varphi_e|^2+\frac{1}{2}\delta\beta|\varphi_e|^4\right)dv.\end{aligned}\tag{32.41}$$

上式已利用了式(31.33).再利用

$$\alpha=-\mu_0\left(\frac{eh}{m}\right)H_{c2},\tag{31.68}$$

$$\beta=2\mu_0\left(\frac{eh}{m}\right)^2K^2, \tag{31.46}$$

$$|\varphi_0|^2=\left(\frac{m}{eh}\right)\frac{H_{c2}}{2K^2}, \tag{31.23}$$

可以将式(32.41)写成

$$U\equiv\delta F=\int\mu_0H_{c2}\left(-\frac{\delta H_{c2}}{H_{c2}}|\varphi|^2+\frac{1}{2}\frac{\delta K^2}{K^2}|\varphi|^4\right)dv, \tag{32.42}$$

式中

$$\varphi=\frac{\varphi_e}{\varphi_0}$$

是约化序参量. 有了钉扎势 U,我们可由 $\nabla U(\boldsymbol{r})$ 的极大值求得元钉扎力 f_p. 因而,元钉扎力便依赖于材料的 H_{c2} 和 K 的变化量 δH_{c2} 和 δK. δH_{c2} 和 δK 是晶体缺陷引起的.

如果超导性质的不均匀性是应力场引起的,式(32.42)需要修改. 因为应力场本身的能量也对自由能有贡献,这一贡献是 $\frac{1}{2}c\varepsilon^2$,它应加进自由能中去. c 是材料弹性常数,ε 是应变. 为了简单,这里没有用张量符号来表示. 因而钉势在有应力场时为

$$U=\int\varepsilon^d\left[\varepsilon^f-\mu_0H_{c2}\left(\frac{1}{H_{c2}}\frac{\partial H_{c2}}{\partial\varepsilon}|\varphi|^2\right.\right.$$
$$\left.\left.-\frac{1}{2}\frac{1}{K^2}\frac{\partial K^2}{\partial\varepsilon}|\varphi|^4\right)\right]dv, \tag{32.43}$$

式中 ε^d 是钉扎中心的应变场,ε^f 是磁通线阵导致的应变场,与钉扎中心的存在与否无直接关系. 其来源可参阅 § 31.4及 § 32.14.

§ 32.11 孤立磁通线近似

有些钉扎中心产生的超导性质改变较大(例如空洞,绝缘夹杂物,大的正常态脱溶粒子等),此时再用微扰法近似就不合适,原则上需要解适当边界条件下的 GL 方程. 一般说非常困难,尚未见这方面工作的报道.

在 $H>H_{c1}$ 的低场区,磁通线之间相距较远,每根磁通线可近似当作孤立的处理,这就叫"低场近似". 利用孤立磁通线的自由能

受钉扎中心的影响，能直接求得单根磁通线受的元钉扎力.

已经知道，单位磁通线的磁能 $\Delta F_{1磁}$ 由式(31.108)所示，而芯能 $\Delta F_{1芯}$ 和磁 $\Delta F_{1磁}$ 之和是式(31.110). 再考虑磁通线单位长的弹性能 $\Delta F_{1弹}$ 后，单位长磁通线的总自由能 ΔF_1 可写成

$$\Delta F_1 = \Delta F_{1芯} + \Delta F_{1磁} + \Delta F_{1弹}. \tag{32.44}$$

现在，假设一个钉扎中心出现在距离此磁通线中心 r 处，那这根磁通线的自由能将要改变. 按钉扎势 $U(\boldsymbol{r})$ 的定义，应该有

$$\begin{aligned} U(\boldsymbol{r}) &= \Delta F_1(\text{钉扎中心存在}) - \Delta F_1(\text{钉扎中心不存在}) \\ &= U_{芯}(\boldsymbol{r}) + U_{磁}(\boldsymbol{r}) + U_{弹}(\boldsymbol{r}). \end{aligned} \tag{32.45}$$

用 P 表示单位长磁通线与钉扎中心的互作用力，则

$$\begin{aligned} \boldsymbol{P}(\boldsymbol{r}) &= -\nabla U_{芯}(\boldsymbol{r}) - \nabla U_{磁}(\boldsymbol{r}) - \nabla U_{弹}(\boldsymbol{r}) \\ &= \boldsymbol{P}_{芯}(\boldsymbol{r}) + \boldsymbol{P}_{磁}(\boldsymbol{r}) + \boldsymbol{P}_{弹}(\boldsymbol{r}), \end{aligned} \tag{32.46}$$

P 的最大值就是元钉扎力 f_p，所以最后有

$$\boldsymbol{f}_p = \boldsymbol{f}_{p芯} + \boldsymbol{f}_{p磁} + \boldsymbol{f}_{p弹}. \tag{32.47}$$

上式等号右边的三项依次分别叫芯钉扎力、磁钉扎力和弹性钉扎力. 而 $U_{芯}$、$U_{磁}$ 和 $U_{弹}$ 也分别叫芯钉扎势、磁钉扎势和弹性钉扎势.

§32.12 芯钉扎力

根据磁通线结构的简化模型，在超导态时单位长磁通线芯区凝聚能损失是 $\frac{1}{2}\mu_0 H_c^2 \cdot \pi\xi^2$. 如果磁通线位于已经是正常态的区域(例如空洞、绝缘夹杂物、大的正常脱溶粒子等)，则磁通线的芯能就不再损失. 为确定，假设钉扎中心引起正常区的有效体积是 V_e，那么磁通线从超导区移动到和这 V_e 重合后自由能的改变(降低)量就是 $\frac{1}{2}\mu_0 H_c^2 \cdot V_e$. 产生这么多改变的移动距离 Δx 约为 ξ，因而钉扎力为

$$f_{p芯} = \left|\frac{dU}{dx}\right| \approx \left|\frac{\Delta U}{\Delta x}\right| = \frac{\mu_0 H_c^2 V_e}{2\xi}. \tag{32.48}$$

对有效体积 V_e 的大小，目前尚有不同看法. 对尺寸大于 ξ 的钉扎中心，V_e 一般取作 $\pi\xi^2 \cdot L_z$，L_z 是钉扎中心在磁场方向的尺寸. 在钉

扎中心的尺寸小于 ξ 时，原来认为 V_e 和钉扎中心尺寸相同. 但最近提出了不同看法[118,119]. 但总的说，芯钉扎机制的结果还是受到实验支持的[120,121]. 按上面所述，对大的钉扎中心，单位长磁通线的受力是

$$f_{p芯}=\frac{1}{2}\mu_0 H_c^{\ 2}\pi\xi.$$

将 H_c 和 ξ 用 H_{c2} 和 K 等能用实验直接测量的量表示后，得到

$$f_{p芯}=\frac{(2\pi\mu_0\phi_0)^{1/2}}{8}\cdot\frac{H_{c2}^{\ 3/2}}{K^2}. \qquad (32.49)$$

由于邻近效应，较小的正常态脱溶相的芯钉力可能严重减小[122].

§32.13 磁钉扎力

磁钉扎力的出现在于钉扎中心靠近磁通线时改变了磁通线的超导涡电流的动能和磁场能量. 对于几何形状简单的钉扎中心，磁钉扎力不难直接求得.

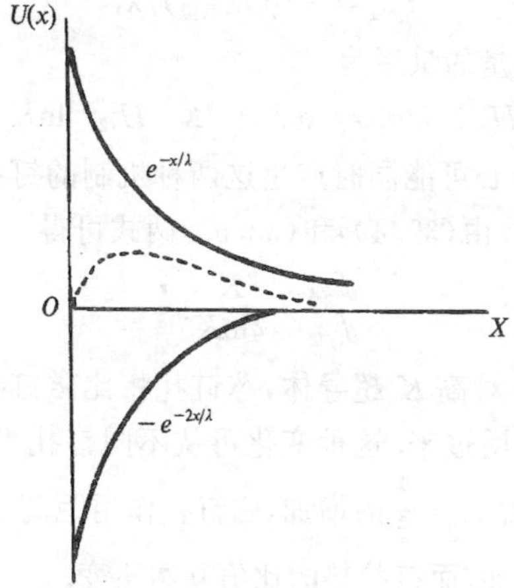

图32.49 超导-绝缘界面($x=0$)附近一根磁通线的势能. $e^{-x/\lambda}$ 和 $e^{-2x/\lambda}$ 分别是屏蔽电流和镜象电流贡献，点线是它们的合成.

假设磁通线位于一和它平行的无限大的超导-绝缘的平整的界面附近，参见图32.49，它将受到两个力作用. 第一是界面超导一

侧厚约为 λ 的一层中的屏蔽电流 j_s 的作用力，此 j_s 和界面两侧的可逆磁化强度差别相对应

$$J_s=\frac{\mu_0H-B}{\mu_0\lambda}=\frac{M_{可逆}}{\lambda}e^{-x/\lambda},\tag{32.50}$$

x 是线中心到界面的距离，参见图32.49，它产生排斥力，并可由下式表示：

$$\phi_0J_s=\frac{\phi_0M_{可逆}}{\lambda}e^{-x/\lambda}.\tag{32.51}$$

第二是涡旋电流在界面附近被畸变，产生的作用力相当于一个反向的以界面作对称面的镜象涡旋的作用力，是吸引力，大小为 $ce^{-2x/\lambda}$，c 是待定常数. 因为把涡旋从 $x=0$ 移到 $x=+\infty$ 时做的总功应当为零，所以可由下式：

$$\int_0^\infty(\frac{\phi_0M_{可逆}}{\lambda}e^{-x/\lambda}e-ce^{-2x/\lambda})dx=0$$

得到 $c=(2\phi_0M_{可逆})/\lambda$[123]. 磁钉扎力(单位长)为

$$f_{p磁}=-(\phi_0M_{可逆})/\lambda,\tag{32.52}$$

代换成可直接测量的量后为

$$f_{p磁}\approx-(\phi_0H_{c1})/\lambda=(\pi\mu_0\phi_0/2)^{1/2}K^{-3}H_{c2}{}^{3/2}\ln K.\tag{32.53}$$

一个钉扎中心可能同时产生这两种机制的钉扎力，其相对大小可作如下比较. 由(32.49)和(32.53)两式可得

$$\frac{f_{p芯}}{f_{p磁}}=\frac{K}{4\ln K}.\tag{32.54}$$

式(32.54)表示，对高 K 超导体，芯钉扎将比磁钉扎更有效. 而对低 K 超导体，则反过来. 这种变化可从不同钉扎机制的作用距离变化来理解. 随着 $K=\dfrac{\lambda}{\xi}$ 的增加，磁钉扎作用距离 λ 和芯钉扎作用距离 ξ 的比值增加，而钉扎势的比值基本不变.

现在以和实际应用的铌钛合金性能相近的参数来估算一下元钉扎力的数量级. 设 $\mu_0H_{c2}=12\text{T}$，$K=50$，$\xi=50\text{nm}$，分别代入 f_p 的表示式中得到，$f_{p芯}=2\cdot10^{-4}\text{N}\cdot\text{m}^{-1}$，$f_{p磁}=3\cdot10^{-5}\text{N}\cdot\text{m}^{-1}$.

尺寸大于 λ 和 ξ 的正常相脱溶粒子的磁元钉扎力也可以用式

(32.53)来计算. 但尺寸小于 λ 时不会有显著钉扎效应. 对两种超导体的相界,情况类似,但 $M_{可逆}$应该用相界两侧可逆磁化强度的差 $\Delta M_{可逆}$代替.

磁性的颗粒夹杂物有很强的钉扎效应,甚至尺寸很小也是如此[124].

§ 32.14 弹性钉扎力

弹性相互作用是基于这一事实,金属的比容和弹性响应在超导态时比正常态略大些. 相对改变的典型值是:体膨胀系数 $\varepsilon_{v0}\approx 10^{-7}$,弹性响应$\dfrac{\Delta s}{s}\approx 10^{-4}$. 这意味着金属点阵在一根磁通线的正常态芯区将比超导态的周围区要致密和坚硬些. 这导致两种相互作用机制:一种和应力场成线性关系,叫"一级弹性互作用"或"体积效应",另一种和应力场的平方成正比,叫"二级弹性互作用"或"模量效应".

在孤立磁通线近似中,一级相互作用是芯外围的应变场与缺陷应力场相互作用引起的. 克莱默等巧妙地避开了微扰法计算中遇到的复杂的张量困难[125]. 他们假设,芯区的膨胀率随超导电子密度线性地改变. 孤立磁通线的序参量设为$|\varphi|^2=|\varphi_0|^2[1-e\times p(-r^2/\xi^2)]$,因而克莱默等假设

$$\varepsilon_v=\varepsilon_{v0}(1-e^{-r^2/\xi^2}), \tag{32.55}$$

ε_{v0}是迈斯纳态($\varphi=\varphi_0$)相对正常态($\varphi=0$)的膨胀率. 利用式(32.55),应力张量 $\boldsymbol{\sigma}$ 的各分量作为距离 r 的函数就容易算出,因而位错和磁通线的相互作用力可按皮奇-柯勒(peach-koehler)公式算得

$$f_{p弹}=\boldsymbol{t}\times(\boldsymbol{\sigma}_0\cdot\boldsymbol{b}_0), \tag{32.56}$$

式中 $\boldsymbol{b}_0$和 $\boldsymbol{t}$ 分别是位错的柏氏矢量和单位方向矢量. 对于和磁通线平行的一根刃型位错($\boldsymbol{t}/\!/\boldsymbol{B}$),克莱默等得到单位长磁通线受钉扎力为

$$f_{p弹}=\frac{\varepsilon_{v0}(1+\nu)}{3s_{44}(1-\nu)}\cdot\frac{b_0}{4}, \tag{32.57a}$$

此式适用于柏氏矢量 $\boldsymbol{b}_0$垂直于位错和磁通线所在的平面. 假如 $\boldsymbol{b}_0$ 位于此平面内(即 $\boldsymbol{B},\boldsymbol{b}_0,\boldsymbol{t}$ 共面)则钉扎力为零. 上式中的 ν 是泊松比,而 s_{44}是切变弹性常数. 设 $\varepsilon_{v0}=2\cdot10^{-7}$, $s_{44}=3\cdot10^{-11}\mathrm{m}^2\cdot\mathrm{N}^{-1}$, $\nu=\frac{1}{2}$, $b_0=3\cdot10^{-10}\mathrm{m}$,代入式(32.57)后,得到单位长度磁通线受到平行于它的刃型位错的最大作用力约为$5\cdot10^{-7}\mathrm{N}\cdot\mathrm{m}^{-1}$.

按计算结果,刃型位错和磁通线垂直时若 $\boldsymbol{b}_0$和 $\boldsymbol{B}$ 平行,则钉扎力非常小,如 $\boldsymbol{b}_0$和 $\boldsymbol{B}$ 垂直,则 $\boldsymbol{\sigma}\cdot\boldsymbol{b}_0=0$, $f_p=0$. 对螺型位错. 则 ΔV 效应的作用是没有的.

二级互作用力的来源可以如下理解:晶体缺陷的弹性自能与金属的弹性常数有关. 在"硬"介质(芯区)中一个钉扎中心的弹性能将大于在"软"介质(芯外超导区)中. 这样,磁通线将和缺陷相互排斥. 韦伯(W. W. Webb)对螺型位错作了计算[126]. 螺型位错的应力场是纯切应力的,因而只涉及磁通线阵的切应变场. 韦伯的简化假设是,在芯区切应变常数改变 Δs_{44}. 在芯外,$\Delta s_{44}=0$. 所得到的平行螺位错对单位长磁通线的作用力是

$$f_{p弹}=\left(\frac{b_0}{2\pi s_{44}}\right)^2\frac{\pi}{\xi}\Delta s_{44}. \tag{32.57b}$$

设 $\Delta s_{44}=4\cdot10^{-15}\mathrm{m}^2\cdot\mathrm{N}^{-1}$,得 $f_{p弹}\approx5\cdot10^{-6}\mathrm{N}\cdot\mathrm{m}^{-1}$. 这比平行刃型位错的一级作用力约高一个量级.

对于和磁通线垂直的螺位错,结果是

$$f_{p弹}=\left(\frac{b_0}{s_{44}}\right)^2\frac{3\Delta s_{44}}{4}. \tag{32.58}$$

和磁通线平行的刃型位错的二级弹性钉扎也曾由克莱默等估算过[125],其大小和一级互作用同一量级.

其它缺陷(如球状夹杂物,空洞等)的弹性互作用也作过讨论[127].

夫累哈特(H. C. Freyhardt)曾对空穴的三种钉扎力 $f_{p芯}$, $f_{p磁}$ 和 $f_{p弹}$作过比较. 结果是小的空穴或绝缘物,$f_{p芯}$占主导作用.

§ 32.15 电子散射钉扎力

电子受晶体缺陷的散射，从而导致电子平均自由程 L 的减小，进而使超导样品的性质(剩余阻率 ρ_0, K, H_{c2}等)局域地受缺陷影响而变化. 这种钉扎机制从定性上很早就提出来了. 为了定量的估算这一机制产生的元钉扎力，周威克(G. Zerweck)对一个无限大的理想平面晶界(厚度为零，在晶界上电子散射概率为1)作了计

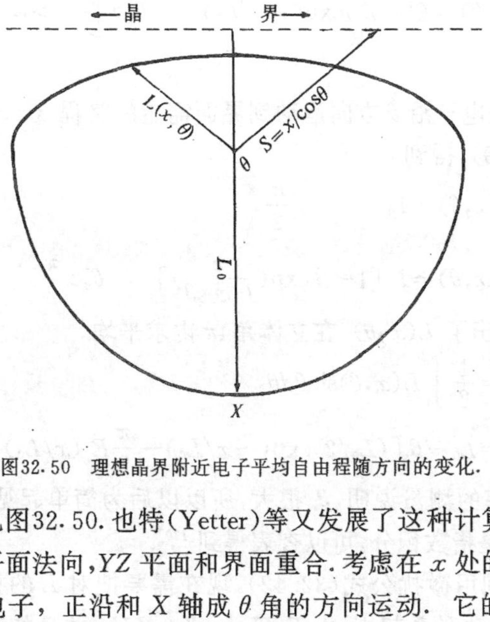

图32.50 理想晶界附近电子平均自由程随方向的变化.

算[128]，参见图32.50. 也特(Yetter)等又发展了这种计算[129]. 设 X 轴沿晶界平面法向，YZ 平面和界面重合. 考虑在 x 处的一个刚被散射过的电子，正沿和 X 轴成 θ 角的方向运动. 它的平均自由程 $L(x,\theta)$是

$$L(x,\theta)=\frac{\int_0^\infty P_r(r,\theta)rdr}{\int_0^\infty P_r(r,\theta)dr}, \tag{32.59}$$

式中 θ 是 X 轴与电子运动方向的夹角，r 是沿此方向运动的路程，

而 $P_r(r)$ 是走了路程 r 后电子仍未被下一次散射的概率. 在无界面的介质中，电子的平均自由程若为 L_0，则

$$P_r(r)=\exp(-r/L_0). \tag{32.60}$$

假设界面的散射概率为 β_s（对理想晶界 $\beta_s=1$），则

$$\begin{cases} P_r(r,\theta)=\exp(-r/L_0) & \theta\leqslant\dfrac{\pi}{2},0\leqslant r<\infty, \\ P_r(r,\theta)=\exp(-r/L_0) & \theta\geqslant\dfrac{\pi}{2},0\leqslant r<s, \\ P_r(r,\theta)=\delta(r-s)L_0\beta_s\exp(-r/L_0), & \theta\geqslant\dfrac{\pi}{2},r=s, \\ P_r(r,\theta)=(1-\beta_s)\exp(-r/L_0) & \theta\geqslant\dfrac{\pi}{2},r>s, \end{cases} \tag{32.61}$$

式中的 s 是电子沿 θ 方向运动到界面需走的路程，$s=-x/\cos\theta$. 积分式(32.59)，得到

$$\begin{cases} L(x,\theta)=L_0 & \theta\leqslant\dfrac{\pi}{2}, \\ L(x,\theta)=L_0\left[1-\beta_s\exp\left(\dfrac{x}{L_0\cos\theta}\right)\right] & \theta\geqslant\dfrac{\pi}{2}. \end{cases} \tag{32.62}$$

图32.50示出了 $L(x,\theta)$. 在立体角 4π 内求平均，

$$\begin{aligned} L(x)&=\frac{1}{2}\int_0^{\pi}L(x,\theta)\sin\theta d\theta \\ &=L_0-\beta_s\left[(L_0/2)\exp(-x/L_0)-\frac{\pi}{2}E_1(x/L_0)\right], \end{aligned} \tag{32.63}$$

晶界电阻率的测量说明，β_s 很大，所以以后为简单起见，设 $\beta_s=1$. 上式中 E_1 是指数积分，可以查表得到[130].

为了利用微扰公式(32.42)，现在需要把对 L 的扰动与对 K 和 H_{c2} 的扰动联系起来. 由于 $H_{c2}=\sqrt{2}KH_c$，并且如克莱默等所证明，对嵌在超导体中的一块薄金属板，其 H_c 因临近效应在 ξ_0 的距离内不能迅速变化，对于很薄的晶界，其 H_c 实际可视为不变[122]，我们可有

$$\frac{\delta K}{K}=\frac{\delta H_{c2}}{H_{c2}}, \tag{32.64}$$

又因 $H_{c2}=\phi_0/(2\pi\mu_0\xi^2)$，于是有

$$\frac{\delta H_{c2}}{H_{c2}}=\frac{\xi^2(L_0)}{\xi^2(L)}-1. \tag{32.65}$$

GLAG 理论给出了纯极限和脏极限下 ξ 和 L_0的关系式(32.40)。但是在一般情况下，ξ 如何随 L_0变化尚无解析的结果。为解决这个空白，顾德曼(Goodman)曾提出一个内插公式，但顾德曼的联系相干长度 ξ 和电子平均自由程的公式在纯极限附近失效。也特等和丁世英等曾提出不同的经验公式。而韦尔希(Welch)则将顾德曼公式进行了修正[132]。总之，一旦联系 ξ 与 L_0的公式获得，便知道 $\frac{\delta K}{K}$和$\frac{\delta H_{c2}}{H_{c2}}$，再设$\frac{\delta K}{K}\ll 1$，有$\frac{1}{2}\ \frac{\delta K^2}{K}=\frac{\delta K}{K}$。代入式(32.42)后就得到钉扎势为

$$U(\boldsymbol{r})=\mu_0 H_c^{\ 2}\int[-\varphi^2(\boldsymbol{r}-\boldsymbol{r}')+\varphi^4(\boldsymbol{r}-\boldsymbol{r}')]\frac{\delta K}{K}(x)d\boldsymbol{r}'. \tag{32.66}$$

通常，也用“杂质参数”α 来联系平均自由程 L_0

$$\alpha=\frac{0.882\xi_0}{L_0}. \tag{32.67}$$

在低场 φ 可用下式作为近似：

$$|\varphi|^2(r)=1-\exp(-\frac{r^2}{2\xi^2}). \tag{32.68}$$

不过勃蓝特(E. H. Brandt)已经用傅里叶级数解法求得了 $|\varphi(\boldsymbol{r})|^2$ 在任意约化磁场 b 及任意 K 值时的解(设 g 是磁通线阵的例格矢)

$$|\varphi(\boldsymbol{r})|^2=\sum_{\nu\neq 0}a_\nu[1-\cos(\boldsymbol{g}_\nu\cdot\boldsymbol{r}], \tag{32.69}$$

a_1到 a_5的数值也已给出[131]。在高约化场，$\varphi^2(\boldsymbol{r})\gg\varphi^4(r)$，可以略去$|\varphi(\boldsymbol{r})|^4$项。$U$ 可由式(36.66)简化为

$$U=-\mu_0 H_c^{\ 2}\int|\varphi(\boldsymbol{r}-\boldsymbol{r}')|^2\cdot\frac{\delta K}{K}(x)d\boldsymbol{r}' \tag{32.70}$$

$|\varphi(\boldsymbol{r})|^2$也只在 $\nu=1$时较重要，此时为

$$|\varphi(\boldsymbol{r})|^2=(1-b)[1-\frac{1}{3}\{\cos(x-\frac{y}{\sqrt{3}})\frac{2\pi}{a_0}$$

$$+\cos\left(\frac{2y}{\sqrt{3}}\right)\frac{2\pi}{a_0}+\cos\left(x+\frac{y}{\sqrt{3}}\right)\frac{2\pi}{a_0}\}],\qquad(32.71)$$

式中 a_0是三角磁通线格子的参数.

考虑到式(32.67)，并将有关式子代入式(32.65)，可知 $U=U(x,\alpha)$,因而可以算出此情况下的元钉扎力,值得注意的是,元钉扎力是杂质参数 α 的函数,因而可以求出在某杂质含量,相当于 $\alpha=\alpha_0$时元钉扎力极大,晶界钉扎最有效.

藤纳伯格(E. V. Thuneberg)认为,以上微扰公式(32.66)未考虑电子的动能,而动能有关项可能有更重要的贡献[132—135]. 鉴于实验上尚未得出一致结论,定量结果尚待获得.

§32.16 各向异性钉扎力

凯贝尔等曾提出各向异性超导电性产生晶界钉扎的机制[136]. 在晶界两侧晶粒取向一般不同. 当超导体参量(如 H_{c2},K 等)与结晶学方向有关时,跨过晶界就有 δH_{c2},δK 等存在,把这些变化当作微扰就可以直接代入微扰公式(32.42). 为了估计这种机制钉扎力的大小,考虑高约化场($b\to1$)的情况:$\varphi^4\approx0$,$\varphi^2\approx\overline{\varphi^2}=1-b$,故可得到

$$\Delta U=-\mu_0H_c^2(1-b)V_e\frac{\delta H_{c2}}{H_{c2}},\qquad(32.72)$$

V_e 是有效体积,约为$\frac{a_0}{2}$,变化的距离 Δx 也近于 $a_0/2$,a_0是线阵参数,于是得到

$$f_p\approx\frac{\Delta U}{\Delta X}=\mu_0H_c^2(1-b)\frac{\delta H_{c2}}{H_{c2}}.\qquad(32.73)$$

对 Nb_3Sn,取 $\mu_0H_c=0.5\mathrm{T}$,$\delta H_{c2}=0.05H_{c2}$,如 $b=0.9$,则有 $f_p\approx10^3\mathrm{N\cdot m^{-2}}$.

若干超导材料(如 Nb,Nb_3Sn 等),确实测量到 H_{c2}的各向异性. 然而,钉扎力的测量证明,晶界的各向异性钉扎机制可能不是占主导地位的机制,至少不是唯一的钉扎机制.

Ⅳ 元钉扎力的求和

为了把每个钉扎中心的元钉扎力和宏观的临界洛伦兹力联系起来，就需要对所有的元钉扎力求和. 鉴于晶体缺陷的密度非常高(例如晶粒度为100nm 时晶界密度就是$10^{21}/m^3$)，缺陷的形状、尺寸、种类、分布等又极其复杂，在一般样品中求和问题就变得非常困难. 尤其要强调的是，磁通线阵有一定的弹性，如何考虑这种弹性性质对求和的影响，从拉伯希提出这个问题起到现在还没有完全解决. 本节定性介绍理解求和方法的物理基础及某些钉扎系统的求和结果，但它们还不能完全解释实验结果.

§32.17 极限情况的求和

在临界态，临界洛伦兹力 $\boldsymbol{F}_c$ 和钉扎力 $\boldsymbol{F}_p$ 平衡

$$\boldsymbol{F}_p+\boldsymbol{F}_c=0.$$

宏观钉扎力密度 $\boldsymbol{F}_p$ 代表大数量钉扎中心对磁通线阵互作用力 $\boldsymbol{p}$ 的联合效果

$$\boldsymbol{F}_p=\sum_i \boldsymbol{p}_i, \tag{32.74}$$

式中 p_i 是第 i 个钉扎中心的钉扎磁通线阵的力. 为了突出求和问题，考虑这样的“模型系统”：密度为 ρ、元钉扎力全同的点钉扎中心，随机地分布在样品中. 由于磁通线之间的耦合；每根磁通线并不一定能使自己调整到受最佳钉扎的位置，故第 i 个钉扎中心的作用力 p_i 不一定是元钉扎力 f_p. 实际上，可设它们在和洛伦兹力相反的方向上有一个分布. 以 $\rho(p)dp$ 表示作用力在 p 到 $p+dp$ 之间的钉扎中心数目. F_p 可以写为

$$F_p=\sum_{i=1}^{\rho} p_i=\int_{-f_p}^{f_p}\rho(p)\cdot p\,dp, \tag{32.75}$$

分布函数 $\rho(p)$ 一般地说是很复杂的. 它与钉扎中心强度与磁通线阵强度的相对大小有特别重要的关系，并且成为求和理论的中心

问题.即使在这种简单的模型系统中,也只有以下两种极限情形可以简单地得到 $\rho(p)$ 和求和结果.

(a)完全刚性的磁通线阵　这意味 $c_{ij}\rightarrow\infty$,磁通线阵像刚体(磁通线阵中任何两根磁通线之间不能有相对位移),表示它的强度远远超过钉扎强度.由于随机分布,作用在刚体上的力应当对称,参见图32.49(a),于是

$$\left.\begin{aligned}&\rho(p)=\rho(-p)\qquad c_{ij}\rightarrow\infty,\\&F_p=\int_{-f_p}^{f_p}p\rho(p)dp=0.\end{aligned}\right\}\tag{32.76}$$

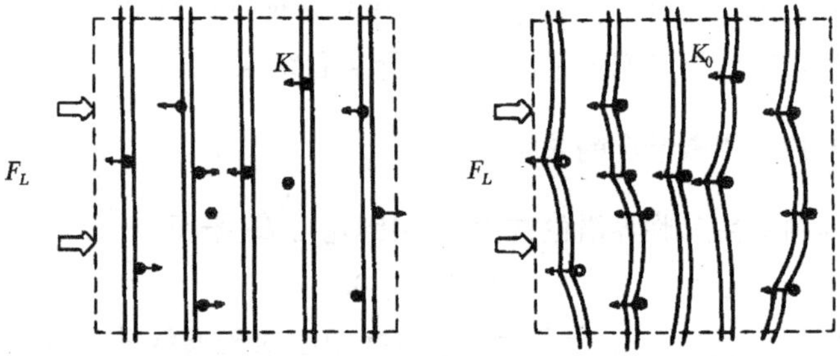

图32.51　极限情况下受钉扎的磁通线阵.(a)完全刚性的;(b)完全软的.

(b)完全柔软的磁通线阵　对于这样的磁通线阵,其弹性强度可以完全忽略,$c_{ij}\rightarrow 0$.在洛伦兹力作用后,每一个钉扎中心都能发挥最佳的钉扎作用,参见图32.49(b).因而容易得到

$$\begin{aligned}&\rho(p)=\rho\delta(p-f_p)\qquad c_{ij}\rightarrow 0,\\&F_p=\int_{-f_p}^{f_p}p\rho(p)dp=\rho f_p.\end{aligned}\tag{32.77}$$

然而,从一个既非完全"硬"也非完全"软"的线阵出发来求和更切合实际.不过以上简单讨论使我们看到磁通线阵的相对强度在求和方法上的重要影响.而且对高 K 强钉扎材料,经常采用式(32.77)所代表的完全软的磁通线阵近似[137].

§32.18　磁通线阵的弹性不稳定

实际的磁通线阵当然不一定是完全刚性的,或完全软的.然而

拉伯希认为，钉扎强度若不足够大(等价地说成磁通线阵若不足够软)到使磁通线阵发生“弹性不稳定”，则不必完全刚性的磁通线阵 F_p 就是零[11]. 现在看一下一个独立钉扎中心要产生弹性不稳定的条件.

设由以下钉扎势代表这个钉扎中心的作用：

$$\begin{cases} U_0(1-\cos\dfrac{2\pi}{d}x) & |x|\leq\dfrac{d}{2}, \\ U_0 & |x|\geq\dfrac{d}{2}, \end{cases} \tag{32.78}$$

d 为势宽度，参见图32.52. 原来位于 x_0的磁通线在受到钉扎作用力 $p=-\dfrac{dU}{dx}$后产生位移 $u_0(x_0)$及恢复力$-cu_0(x_0)$，c 是适当的弹性常数，力平衡条件为

$$-cu_0(x_0)+p_{x_0+u_0}=0.$$

如用胡克定律则 $u_0=x-x_0$，将式(32.78)代入后，得

$$-c(x-x_0)-\frac{2\pi U_0}{d}\sin\frac{2\pi}{d}x=0, \tag{32.79}$$

式中的$\dfrac{2\pi U_0}{d}=f_p$. 我们可由图解法得到解. 参见图32.52(a). 当$\dfrac{d}{2\pi}c>f_p$ 时，对任何 x_0都有反对称解，即

$$p(-x_0)=-p(x_0) \qquad 当\frac{d}{2\pi}c>f_p, \tag{32.80}$$

所以

$$f_p=\sum p_i=\sum p(x_{0i})=0 \tag{32.81}$$

如果$\dfrac{d}{2\pi}c<f_p$，情况就十分不同，参见图32.52(b)，这时

$$\begin{cases} p(-x_0)=-p(x_0) & 当\dfrac{d}{2\pi}c<f_p,\ |x_0|<\dfrac{d}{2}, \\ p(x_0)<0 & 当\dfrac{d}{2\pi}c<f_p,\ \dfrac{d}{2}\leq x_0<D, \\ p(x_0)=0 & 当\dfrac{d}{2\pi}c<f_p,\ 任何其它\ x_0, \end{cases} \tag{32.82}$$

所以

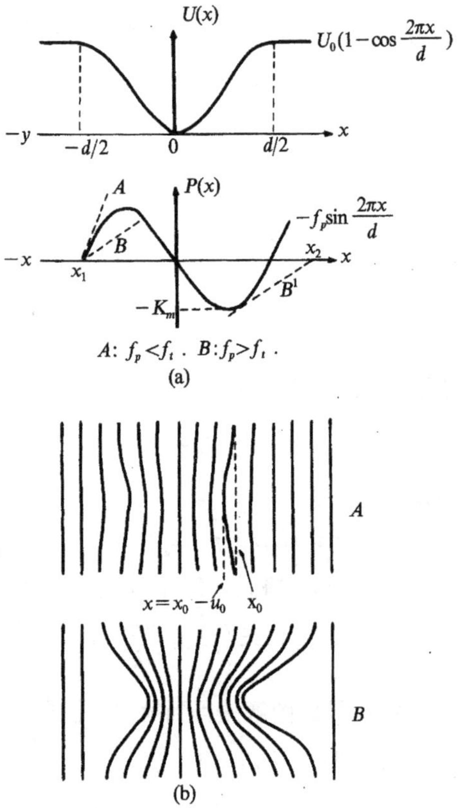

图32.52 (a)钉扎中心附近的势能和力;(b)稳定的 A 和不稳定的 B 磁通线线阵.

$$f_p=\sum p_i=\sum p(x_{0i})<0. \tag{32.83}$$

可见量$\dfrac{d}{2\pi}\cdot c$ 与 f_p 的关系对一个钉扎中心是否能有效十分重要.定义

$$f_t\equiv\frac{dc}{2\pi}, \tag{32.84}$$

叫做元钉扎力的"阈值".因而 f_p 小于阈值时磁通线阵是稳定的,反之则不稳定.

实际中,一般认为 $c\approx(c_{44}c_{66})^{1/2}$,对小的钉扎中心 $d\approx\xi$ 而对大

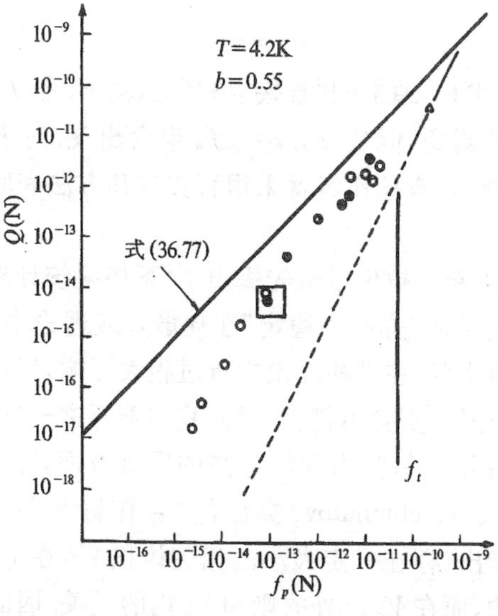

图32.53　元钉扎力的实验平均值 $Q(=F_p/\rho)$ 和理论计算值 f_p 的关系. □—— 位错环, ○—— 空洞, 由高温中子辐照产生, ○—— 空洞, 高温 Ni^+ 轰击产生, △—— Nb 中 NbN_2 脱溶相, ◇—— NbT_0 中 NbN_2 脱溶相, □—— 垂直磁通线阵的直位错线. 铅直实线是式(32.84)[74].

的钉扎中心 $d\approx a_0$. 如以 $b=0.5, K=40, B_{c2}=12$T. 代入 f_t 中得 $f_t\approx10^{-3}$N, 这个值非常大. 而实验发现. 甚至比 f_t 小4个量级的弱钉扎中仍有钉扎效应[74], 参见图32.53. 这就是在钉扎理论中相当长时间存在的"阈值困难". 不过, 我们要注意本节已假定每个钉扎中心"独立"地起作用. 为了使这种假设成立, 拉伯希提出钉扎中心相距足够远, 这就是所谓"稀极限"[10]. 这样, 磁通线阵不稳定条件 $f_p>f_t$ 是稀极限判据. 山藤馨等独立地指出, 硬超导体的磁滞损耗也要求"弹性不稳定"条件[10]. 稀极限的阈值困难从事实角度说明了稀极限假设不成立.

§32.19　几种求和理论

(a)直接求和　对于强钉扎中心, 可以忽略磁通线阵的弹性,

因而

$$F_p=\rho f_p,\qquad (32.85)$$

F_p 是 f_p 的算术和，通常叫"直接求和". 虽然 F_p 与 f_p 的线性关系经常被实验观测到，但是$(F_p/\rho)<f_p$ 也会出现. 对于技术应用的高 K 强钉扎材料，有些作者就采用直接求和方法来联系元钉扎力和实验结果.

(b)统计求和　拉伯希最先提出了"稀极限统计求和"理论，这个求和理论要求的"弹性不稳定"在耗散效应理论中也是必需的. 曾受到广泛的注意，在求和理论中有过很大影响，但钉扎中心独立起作用的稀极限与实验不符合. 因而我们不再进一步讨论它. 在克服"稀极限"理论元钉扎力阈值过高的困难方面，拉金(Larkin)和奥夫钦尼科夫(Ovchinnikov)提出的"合作钉扎"理论取得了成功[138]. 他们指出，存在一定大小的相关体积 V_c，在 V_c 内的钉扎中心都是相关的，而在 V_c 以外的则和 V_c 内的无关. 因而相关体积内的钉扎中心"合作钉扎"磁通线阵，犹如一个大钉扎中心. 这大钉扎中心的总钉扎力由其中的元钉扎力按随机涨落决定，大小为$(\rho V_c f_p^2)^{1/2}$，ρV_c 为 V_c 中的钉扎中心个数. 设所有元钉扎力 f_p 都相等，则有

$$F_p=\frac{(\rho V_c f_p^2)^{1/2}}{V_c}=(\frac{\rho}{V_c})^{1/2}f_p,\qquad (32.86)$$

V_c 本身随 ρ 和 f_p 的增大而减小，随 C_{ij}的增大而增大. 因而对弱的或稀的钉扎中心，或是大 C_{ij}的磁通线阵(硬的磁通线阵)，只是 V_c 变大，不存在阈值问题. 这方面的理论正在发展中[139].

(c)范性切变理论　因为磁通线阵作为弹性体有一定的切变强度，并随温度和磁场而改变. 克赖默提出，在非均匀分布的强钉扎系统中，在磁通线脱离强钉扎中心之前，那些未受强钉扎的部分即发生了范性切变，因而临界洛伦兹力主要决定于c_{66}[93]. 这个理论的自然推论是 N-S 转变的 I-V 曲线应和弹性体的应力-应变屈服曲线相似，范性切变的结论及其推广被用来解释许多实验结果，包括钉扎中心复杂的技术材料的数据[74].

在钉扎理论中，还有一些实验观测到的现象，如弱钉扎系统中的“峰效应”(peak effect)，它是指临界电流在 H_{c2} 附近出现了峰.以及“匹配效应”(match eeffect)，即钉扎中心和磁通线阵参数之间有一定匹配时体钉扎力 F_p 出现极大，但是由于对它们还没有统一的看法，虽然它们也肯定牵涉到求和问题，我们将不讨论这方面的问题. 读者可以参阅文献[16，19，20].

第三十三章　高温超导电性

I　序　论

本节简要概述探索高温超导体和高温超导电性的过程，从中可以看出，从铜氧化物中发现高温超导电性的偶然性及必然性，也可以看到它们和其它超导体的联系与差别. 此外，还介绍了铜氧化物超导体的主要体系和特征[140,141].

§33.1　高温超导体的探索

本编引言中曾提到，寻找高性能的超导材料是世界上最富吸引力的课题之一. 高的超导转变温度就是一个最重要的性能. 在过去的80年中，超导电性研究大大的丰富了基础科学内容，包括凝聚态物理学和材料科学等，也使超导技术从实验室走向了工业界. 但无论是从科学还是从技术角度来看，人们都还不满足. 一个重要方面是在1986年以前只发现了在液氦温区超导的"低温超导体". 液氦的生产和贮存困难，价格高，设备多，效率低等缺点大大限制了超导电的研究与应用. 人们希望能找到高 T_c 的超导体，现在称为"高温超导体"，以充分发挥超导电性的优越性. 例如，如果实现液氮冷却的超导技术，情况将大为改观. 仅就经济角度来讲，使用液氦就好比消耗最昂贵的饮料(例如茅台酒)，而液氮只相当于普通饮料(例如汽水或牛奶). 发现室温超导体就更诱人了，所以科学研究人员一直从多方面来寻找高温超导体.

BCS 理论成功以后，人们探索高 T_c 才有了公共的理论参考. 工作大体可分为两个方面. 一是在电声子机制框架内探索和提高 T_c；另一是研究是否存在新的机制，以便提供更强耦合电子的能力，从而大幅度提高 T_c. 当然人们记得，已有的超导材料的发现都是与掌握经验规律分不开的.

BCS 理论的 T_c 公式是

$$T_c=1.14\Theta_D\exp[-1/(N_0V)],$$

式中 Θ_D 是德拜温度，N_0是费米面的电子态密度，V 反应电声子耦合强度(库伯对耦合强度). 虽然 V 是一个不能直接测量，也不能从任何已知物理参数推算的参数，因而人们从这一公式来推测任何材料的 T_c 是带有任意性的，但它仍然能给人们许多启示.

因为 T_c 与 Θ_D 成比例，人们推测 Θ_D 大的材料有利于高 T_c. Θ_D 和原子量的平方根成反比. 人们估计金属氢如能合成的话，其 T_c 一定很高. 所以一些人致力于金属氢的制备及其性质的研究，但是迄今还没有成功的报道.

因为高 N_0有利于高 T_c，而且实际上，T_c 最高的低温超导体是 A15金属化合物，它们的 N_0很高，来源于 d 带和 f 带电子的高态密度，理论和实验的定性吻合，使探索高 T_c 队伍中相当大的一部分从具有 A15结构的物质中寻找高 T_c 材料，研究过渡金属(由它们构成 A15化合物)的超导电性，这是70年代召开国际高温超导学术会议(即 d 带和 f 带金属的超导电性国际会议)的基础. 这一会议可以看成是现在的国际高温超导会议(即 M^2会议)的前身. 但是这一努力并没有在 A15材料中找到比 Nb_3Ge 的23.2K 更高的 T_c.

如上所述，V 大，则 T_c 高，但人们不知道具体材料的 V 值. 实验上又发现，BCS 理论是弱耦合理论，它只是对强耦合超导体的一种简化描述. 人们希望发展强耦合理论，并希望这种理论虽然在电声子互作用框架内，但仍能给人们以启示. 以埃列希伯格(G. M. Eliashberg)为代表，在1960年代发展了强耦合理论. 1967年，麦克米兰(McMillan, W. L.)[142]以强耦合理论为基础导出了新的 T_c 公式，并得到了两个结论：材料弹性软化及电声子平均耦合强度 λ 适当(不是越强越好而是 $\lambda=2$最好)时，T_c 最佳，并且指出，电声子机制的 T_c 上限约为40K. 这虽有争议但却是许多文献广为引用的值. 到1975年，艾伦(P. B. Allen)和达因斯(R. C. Dynes)[143]得到的

结论却是高 T_c 材料应不发生弹性软化，并有尽可能大的 λ. 但这些结果也未直接导致新高 T_c 材料的出现.

电声子机制以外的强耦合机制以李特尔(W. A. Little)[144]在1963年提出的有机导体激子机制最早. 他提出长链导体中，主链上电子配对引力，由这些电子与侧链上电子的元激发互作用而产生. 据李特尔估算，这种机制可导致2200K 的 T_c. 此后金兹堡[145]曾提出了二维激子超导机制的介质，即金属三明治式结构，而阿伦德(D. Allender)、巴丁和布拉格(J. Brag)[146]则提出了金属和半导体密合导致激子的机制(ABB 模型). 所有这些激子机制虽然还未被证实，但却导致和促进了有机超导体的研究和发展. 1975年，在链状聚合物$(SN)_x$ 中发现了超导电性($T_c=0.25$K). 1980年发现了第一个有机超导体. 现在有机超导体的 T_c 已超过30K(掺卤碱金属的 C_{60}). 其研究与发展是很值得注意的，甚至可以设想是下一代高温超导体，虽然激子机制也未直接导致高 T_c 的出现[147].

在超导电性实验研究中还发现了一些从 BCS 框架看是“奇异”的超导体. “重费米子超导体”就是一例. 第一个重费米子超导体 $CeCuSi_2$是斯泰列奇(F. Steiglich)[148]等于1979年发现的，其 T_c 约为0.5K，电子的有效质量特别大(重费米子)，约为电子质量的20倍，态密度 N_0也很大. 异常大的态密度对应如此低的 T_c 就是其奇异性，从 BCS 框架是难以理解的. 这种奇异性使重费米子超导体成为新的研究热点，它与探索高 T_c 机制密切相关.

另一种 T_c“奇异”的是氧化物超导体. 几十年前人们就发现了氧化物超导体，T_c 都比较低. 1973年，约翰斯通(D. C. Johnston)[149]等发现 $Li_{1+x}Ti_{2-x}O_4$的 T_c 达13.7K. 1975年，斯赖特(A. W. Sleight)[150]等发现 $B_aPb_{1-x}Bi_xO_3$的 T_c 是13K. 这些金属氧化物在当时已算“高 T_c”的超导体了. 它们的奇异之处在于，它们的态密度等不大，而 T_c 却这么高，按 BCS 框架是难理解的. 这里正好和重费米子超导体相反.

对金属氧化物，研究的重点在当时并不是它们的超导电性. 作为一种陶瓷材料，因技术应用的重要性而受到了广泛的研究. 例如米歇尔(C. Michel)等和甘古里(P. Ganguly)等都已就金属氧化物 LaBaCuO 系的电磁性质和晶体结构等方面分别报道了他们的研究结果. 不过,他们都没有研究80K 以下的导电性质和磁性质.

过渡金属的某些种类的化合物(A15化合物和过渡金属氧化物等)未发现高温超导体,上述的 Li-Ti-O 和 Ba-Pb-Bi-O 等的 T_c 也不高,使一些人研究强极化的金属氧化物的超导电问题. 缪勒(K. A. Müller)等研究的是有杨-特勒(Jahn-Teller)效应的氧化物超导体(杨-特勒效应见本书第二卷第二十章). 缪勒和柏诺兹(J. G. Bednorz)对含镍的金属氧化物研究两年而未发现高温超导后,转而研究含铜的金属氧化物. 1986年4月(第一篇论文收稿时间),柏诺兹和缪勒报道说,在 $La_{2-x}Ba_xCuO_4$ 中观察到了"可能的高温超导电性"[151]. 图33.1示出 $La_{2-x}Ba_xCuO_4$ 的高温超导的历史性实验结果:他们先报道电阻测量的结果[图33.1(a)],后来又获得图33.1(b)示出的抗磁性结果. 由于多年来关于发现高温超导电性的每次报道总是不能由他人证实,最后不了了之,因而他们的工作并未引起大部人的重视. 然而,东京大学、休斯顿大学、中国科学院等的超导研究组是属于少数相信之列的. 他们在得知氧化物中可能的高温超导电性报道后立即着手核实这方面的工作.

1986年底,田中昭二(S. Tanaka)领导的,由应用物理,化学和陶瓷专家和他们的学生们组成的东京大学小组得到 LaBaCuO 的 30K 以上的抗磁转变和23K 以上的零电阻转变[图33.1(b, c)][152],并证明,高温超导相是 K_2NiF_4 结构的 $(La_{1-x}B_x)_2CuO_4$,且是体的(bulk)、而不是表面的超导电性,因为样品的迈斯纳比达到30%,从而证实了柏诺兹等的发现,并由此引发了世界性的"高温超导热",或被缪勒称之为科学"淘金热(the gold rush)". 随后,贝尔电话电报公司(AT&T)将 La_2CuO_4 的掺杂物由 Ba^{2+} 改为 Sr^{2+},将转变温度提高到38K.

1987年初,朱经武(休斯敦大学)领导的小组,由于发现高压力(使晶格畸变)能提高 LaSrCuO 系的转变温度 T_c,他和吴茂昆(M. K. Wu)等将较小的稀土元素原子钇(Y)替代较大的钡(Ba),获得

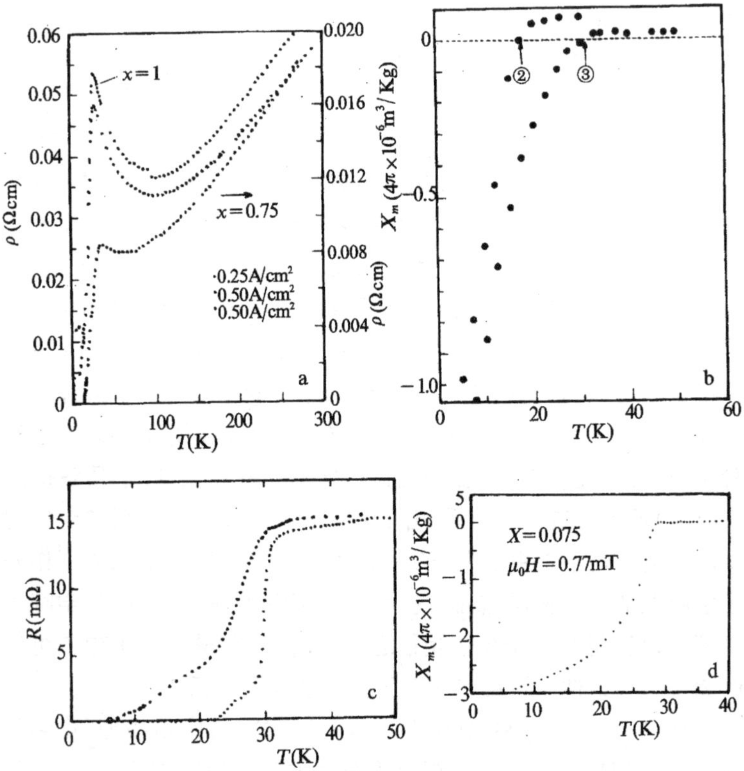

图33.1　$La_{2-x}Ba_xCuO_4$样品的超导转变.

(a,b)是柏诺兹等的发现;(c,d)是田中昭二小组的核实工作结果.

新的含铜氧化物陶瓷 YBaCuO,其起始转变温度约为100K[153].大约同时,中国科学院赵忠贤小组也独立地发现了 YBaCuO 高温超导体[154].AT&T 组证明,其高温超导相是 $YBa_2Cu_3O_{6+x}$,$x\approx1$,具有畸变的钙钛矿($CaTiO_3$)结构.由于 $YBa_2Cu_3O_{6+x}$的零电阻转变温度超过90K,可用廉价、高效、安全的液氮(沸点77.3K)作冷剂,实现了人们向往已久的"液氮温区的超导电性",真正把高温超导热变成了世界性的了.

1987年春,南京大学已成功地观察到 $YBa_2Cu_3O_7$桥中的约瑟夫森(Josephson)效应[154a]. 通过夏皮罗(Shapiro)台阶的观测，特别是缀饰技术和磁通量子化实验，证明准粒子的电荷为$2e$，因而证明库伯对的存在. 研究肯定高温超导电的相干长度很短，约为1nm，最短到0.1nm. 能隙很大，相当于$2\Delta/k_BT_c$约为6到8. 薄膜研究表明，$YBa_2Cu_3O_7$的临界电流密度超过$10^6A/cm^2$(77K，0T)，并为单晶体的磁测量所证实. 理论物理学家除了用已知的准粒子——费米子(Fermion)和玻色子(Boson)，还提出新的准粒子——空穴子(holon)和自旋子(spinon)来分析高温超导机制.

1988年一开始，就传来了前田(H. Maeda)[155]等发现不含稀土元素的铜氧化物高温超导体$Bi_2Sr_2Ca_2Cu_3O_{10}$(T_{c0}=110K，T_{c0}是零电阻转变温度)和盛正直(Z. Z. Sheng)等[155]发现$Tl_2Ba_2Ca_2Cu_3O_{10}$. 后来证明，T_{c0}=125K，创造了超导转变温度的新世界记录. 这个125K的记录一直保持至今. 人们从上述Bi系和Tl系氧化物超导体的结构研究中还知道，这些物质的T_c随着CuO_2层(单位胞中)从1层(如Tl2201)的80K增至2层(如Tl2212)的110K，再增至3层(如Tl2223)的125K，而且Bi系和Tl系都没有Cu—O链，所以CuO_2对高温超导电的贡献是至关重要的，而Cu—O链却不具有CuO_2面的这种重要性. 不过后来证明，更多的(单位胞中)的CuO_2层对提高T_c不见得有益. 这一年还发现，所发现的含铜氧化物超导体的载流子是氧空穴，而且载流子的浓度很低，典型的为$10^{21}cm^{-3}$，比起典型的金属超导体(如铌)$10^{22}cm^{-3}$到$10^{23}cm^{-3}$低很多. 因此，低的载流子浓度是氧化物高温超导体的一个重要特点.

1989年，高温超导研究继续取得新的重大进展. 其中，CuO_2面中的性质研究使人们认识到磁相互作用机制对高温超导的重大作用，而CuO_2间的嵌入层(或叫贮电层)的性质中位于正四面体尖顶原子(氧)的重要性也很大. 另一项重大发现是，远藏(Y. Tokura)等[156]发现的由Nd_2CuO_4掺Ce而得到的NdCeCuO，虽然这种氧化物的T_c不算高(30K)，略低于LaBaCuO，但载流子是电子，所以称为“电子型”或“n型”氧化物超导体. 而YBaCuO等所有以空穴为载流子的超导体的被称作“空穴型”或“p 型”超导体. n 型高温超导体的发现使人们认识到,贮电层不仅能吸收电子(如2^+的 Ba 原子),使相邻的 CuO_2层中出现空穴,变成导电层,从而形成高 T_c 的 p 型氧化物超导体,而且能贡献电子(如4^+的 Ce 原子),使 CuO_2层变为电子导电层,导致 n 型高温超导体的出现. 远藏和前田因为他们在高温超导材料上的以上贡献获得了第一届马梯阿斯(Matthias)奖.

高温超导体块样品如用普通烧结法制备,则其临界电流密度低,并对磁场敏感(在低弱的磁场中便迅速降低),这种“弱连接”存在而引起的低 J_c,使人们对其作为大电流强磁场应用持悲观态度. 1988年,发明了一种叫融熔织构生长(melt texlured growth MTG)的方法,使块样品临界电流密度有大幅度的提高. 后来,又对银套 BiSrCaCuO 带材进行试验,得到高场下(低温4.2K)的大电流密度,使高温超导材料作为强电技术应用材料前景光明起来了. 但是人们更相信,高温超导的弱电应用将会更早和在更大范围(比强电应用)内实现. 例如到1991年,使用薄膜做的晶界约瑟夫森结的斯逵得(超导量子干涉器件,superconducting quantum interference devices,简称 SQUID)的若干指标如白噪声等已达10^{-30}J/Hz,这和在4.2K 工作的商品的金属斯逵得的灵敏度已相当了.

由高温超导薄膜制得超晶格,如 $YBa_2Cu_3O_7/PrBar_2Cu_3O_7$,调制 $YBa_2Cu_3O_7$和 $PrBa_2Cu_3O_7$的厚度,对于研究高温超导机制,涨落效应,体系的“维数”(一维,二维,三维)效应,各向异性,钉扎效应等都是很有效的人工模型样品系统.

有机高温超导材料的研究在1991年取得了重大突破. 由 AT&T 小组发现的掺铷 R_b 的 C_{60},$C_{60}R_b$ 的 T_c 达到了18K,后来又用 K(钾)等其它碱金属掺杂 C_{60},得到高于30K 的 T_c[156]. 有机超导体不仅是理论家预言的优秀体系,它可能成为下一代高温超导体,而且因为近代“分子工程”应用于有机物工艺的成就,使得它们在技术应用上也有很好的远景.

作为探索高温超导体历史的小结,图33.2示出超导转变温度随年代的提高. 可以看出,氧化物高温超导体的发现是提高 T_c 的真正飞跃.

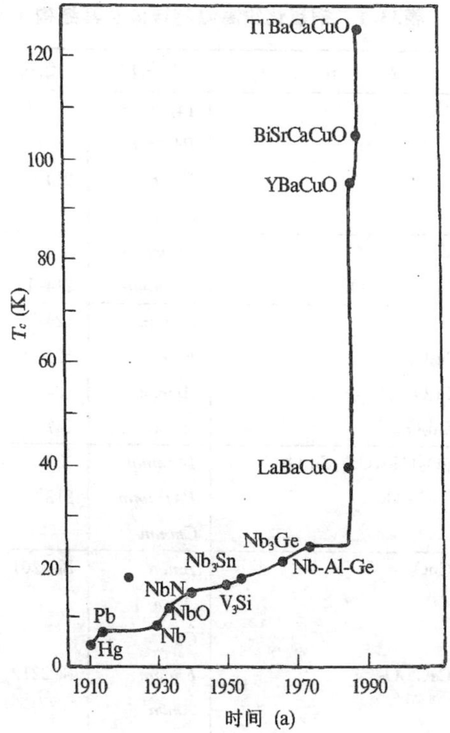

图33.2 超导转变温度的提高

§33.2 氧化物高温超导体的种类

现在发现的氧化物超导体种类已很多,斯赖特最近曾列出了 T_c 在15K 以下的23种[140]. T_c 在15K 以上的可分为铜氧化物和无铜氧化物两类. 无铜的氧化物中,BaKBiO 的 T_c 近30K[16],因其不含铜和 T_c 高而引起很大兴趣. 但研究证明,除在 T_c 高,载流子浓度低,都属陶瓷类等方面和铜氧化物高温超导体的特征相同外,其它性质没有表现出"奇异"而和低温超导体(也叫经典超导体)相似，因此它可能属“低温超导体”．我们将主要论述铜氧化物超导体．表33．1列出了这些超导体以及它们的晶体结构．

表33．1　铜氧化物高温超导体及其结构

编号	成　　分	空间群	结构号	最高 T_c
1a	La_2CuO_4	14/*mmm*	214-T	40
1b		$P4_2/ncm$		
1c		*Bmab*	214-O	40
1d		*Fmmm*		
2	Nd_2CuO_4	14/*mmm*	214-T	25
3	$(Nd,Ce,Sr)_2CuO_4$	*P*4/*mmm*	214-T	
4a	$YBa_2Cu_3O_6$	*P*4/*mmm*	123-T	0
4b	$YBa_2Cu_3O_7$	*Pmmm*	123-O	90
5	$YBa_2Cu_4O_8$	*Ammm*	124	80
6	$Y_2Ba_4Cu_7O_{15}$	*Ammm*	247	40
7	$(Ba. Nd)_2(Nd,Ce)_2Cu_3O_8$	14/*mmm*	223	40
8a	$Pb_2YSr_2Cu_3O_8$	*P*4/*mmm*	2123	70
8b		*Cmmm*		
9a	$Bi_2Sr_2CuO_6$	*Amaa*	Bi-2201	10
9b		*A*2/*a*		
9c		*C*2		
10a	$Bi_2Sr_2CaCu_2O_8$	*Fmmm*	Bi-2212	95
10b		*Amaa*		
11	$Bi_2Sr_2Ca_2Cu_3O_{10}$	14/*mmm*	Bi-2223	110
12a	$Tl_2Ba_2CuO_6$	14/*mmm*	Tl-2201	
12b		*Fmmm*		
13	$Tl_2Ba_2CaCu_2O_8$	14/*mmm*	Tl-2212	115
14	$Tl_2Ba_2Ca_2Cu_3O_{10}$	14/*mmm*	Tl-2223	125
15	$Tl_2Ba_2Ca_3Cu_4O_{12}$	14/*mmm*	Tl-2234	
16	$TlBa_2CuO_5$	*P*4/*mmm*	Tl-1201	
17	$TlBa_2CaCu_2O_7$	*P*4/*mmm*	Tl-1212	
18	$TlBa_2Ca_2Cu_3O_9$	*P*4/*mmm*	Tl-1223	
19	$TlBa_2Ca_3Cu_4O_{11}$	*P*4/*mmm*	Tl-1234	

表中La_2CuO_4代表以它为母体的一系列掺杂(替代)化合物：$(La_{1-x}M_x)_2CuO_4$，式中的杂质元素 M=Ba，Sr，Ca，…，$x=0.075$时，T_c 最高，接近40K，也叫40K 超导体. 但La_2CuO_4本身是绝缘体. 柏诺兹和缪勒正是因为在 LaBaCuO 中首先观测到高 T_c 而获得诺贝尔物理奖的. $(La_{1-x}M_x)_2CuO_4$的 T_c 不仅随杂质含量 x 而变，而且也随氧含量而变，例如La_2CuO_4是绝缘体，但$La_2CuO_{4.08}$的 T_c 却几乎和$La_{1.85}Ba_{0.15}CuO_4$中的一样，因而氧化物超导体的 T_c 是结构敏感的，这和低温超导体有很大的不同. 这个问题后面将有专节讨论. 由于这种 T_c 对成分(替代元素和氧含量)的敏感性，也由于大量的元素可以代换各种稀土元素和其它元素，表33.1中只列出了母系铜氧化物. 简单的元素代换可以获得难以数计的材料. 其 T_c 也是可变的. 例如 $YBa_2Cu_3O_{6+x}$，$x=0.5$时 $T_c=0$，随 x 增加而增加，在 $x=1$时最高约93K，表中给出的 T_c 是这同类氧化物的最高值.

§33.3 氧化物高温超导体的特征

新发现的铜氧化物超导体有许多特征. 首先是它们的高临界温度 T_c. 高 T_c 材料的出现将在技术应用和基础科学等多方面产生重大影响. 有人估计，到1990年的4年左右的时间中，高 T_c 方面论文已发表18000多篇. 除其它因素外，这足以说明研究高温超导所要求的物质设备和经费已大大地放宽了，从而能使大量的研究人员以惊人的速度从事这方面研究工作. 所以一旦应用，可想其经济社会效益之大了.

从固体化学角度来看，高温超导体是不稳定或是亚稳定的. 和这种亚稳定相关联的一个事实是，高温超导体中晶体缺陷的浓度一般很高. 例如 Bi 系 $Bi_2Sr_2Ca_{n-1}Cu_nO_{4+2n}$ 材料的主要成分为$Bi_2Sr_2CaCu_2O_8$，记作 Bi2212($n=2$)，它和 Bi2234($n=4$)交生(intergrowth)，就出现了层错、位错等缺陷[157]. 缺陷在高温时可能由于熵的贡献大而属于热力学稳定的，而在低温是不稳定的. 缺陷的大量存在对于说明高临界温度超导材料的成分是连续变化[即实际样品成分不是表33.1所列的化学配比(stoichiometry)成分]是必要. 晶格的不稳定性与 T_c 高密切相关. 实际上, T_c 越高, 原子晶格就越有不稳定倾向. 例如, $T_c=110K$ 的 Bi2223($n=3$)只有掺一定量的 Pb 才容易制备出来. $T_c=125K$ 的 $Tl_2Ba_2Ca_2Cu_3O_{10}$(Tl2223)相在普通条件的制备过程中一面形成, 一面就分解, 非常难合成. 到现在, 有足够做一般实验的尺寸的 Bi2223和 Tl2223单晶都还未长成, 这些事实都和亚稳特点相关. 高温超导体的亚稳态给制备样品或合成工艺带来了许多新特点.

铜氧化物的第三个重要特征是它们的正常态性质"不正常". 例如它们的霍耳系数随温度降低而单调地降低, 它们的电阻率 ρ_n 随温度降低而线性地降低, 呈现"金属性"(指和 CuO_2平面平行方向的电阻率), ρ_n 在垂直于 CuO_2平面方向, 则可能有不同的行为. $\rho_n(T)$的金属性是人们把这类物质在超导电性方面可视为"金属"一类. 各种正常态性质的异常引起了研究人员的极大注意, 因为这在理解高温超导机制等多方面都很重要.

第四个特征是铜氧化物高温超导体的超导态性质表现为高 K 的第二类超导电性. 它们的宏观电磁性质和经典第二类超导体没有重大差别, 因而伦敦方程在阐明其电磁性质时就很有用. 但是它们的 λ 很大, ξ 很小, 导致了许多特殊性. 尤其是很小的 GL 相干长度 ξ(典型的为10^{-1}—10^1nm)使涨落和磁通蠕动等热激活现象显著起来, 容易出现"弱连接"和与此相关的所谓"颗粒性(granulity)"等. 这些特性使得许多问题具有了新的特点. 例如容易形成弱连接和磁通蠕动, 从而使提高临界电流密度等与应用有关的问题变得复杂了.

各向异性也是铜氯化物的一个特色. 例如结构和电磁性质(包括正常态和超导态的电磁性质)都表现出高度的各向异性. La 系和 Y 系的各向异性程度相对讲最低, 但已很严重. Bi 系和 Tl 系已严重到和二维体系更接近. 高度的各向异性不仅使研究工作复杂化, 而且对未来的应用会带来许多新课题.

对于低温超导体, 人们总认为它们的临界电流、磁滞回线、交流损耗等才是对微结构最敏感的量，而像临界温度等性质是属于结构不敏感的．然而，高温超导体的临界温度却对微量杂质等极为敏感．例如 La_2CuO_4是绝缘体（$T_c=0$），而 $La_2CuO_{4.08}$却具30K 以上的 T_c（见 § 33.7）．这种 T_c 的结构敏感性可能对从基本的高温超导机制到技术应用的许多方面都有重大影响．

Ⅱ　晶体结构

高温超导体原子结构的研究在阐明这种新材料的特征方面有重大作用．结晶学的研究在理解超导电性机制，在预言和合成（发现）新的化合物方面，在将材料加工成线材、薄膜及其它有用的形状等方面都是至关重要的．但仅知道理想结构，平均结构还不够，因为许多超导性质，例如 J_c 和 T_c 等，还决定于晶体缺陷．

测定理想晶体结构的方法主要是 X 射线、中子及电子衍射．观察晶体缺陷的主要工具是高分辨电镜．晶体结构的数据已很多，也比较成熟．和小相干长度有关的若干性质（如造成弱连接和钉扎中心的微区性质差别）要求在原子尺度上知道缺陷的细节，这是很困难的．

本节将简要和有侧重地介绍晶体结构与微结构对超导性质的影响．J_c 问题将在后面的小节中讨论．

§ 33.4　214结构[158]

表33.2列出了已知的三种214结构．它们的共同特点是，每个晶胞含2个 CuO_2平面，并由两层金属-氧离子平面分开（例如 LaO 平面），形成 CuO_2-LaO-LaO……这样的周期堆积．所有214结构的正离子排列都相同，差别仅在于 CuO_2原子面上面和下面的氧原子的位置．214结构也称为 K_2NiF_4结构．

图33.3示出$(La_{1-x}Ba_x)_2CuO_4$的四方结构的晶胞．这一结构简称为214-T(K_2NiF_4)结构，这里 T 指四方．其晶胞参数(a,b,c)，原子位置(x,y,z)，对称性，配位数 Z 和空间群都列于表33.2之中．

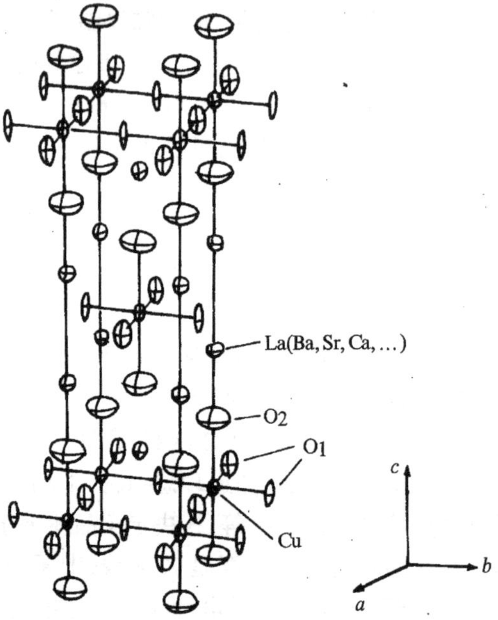

图33.3 $(La_{1-x}Ba_x)_2CuO_4$(214-T)的结晶学原胞.

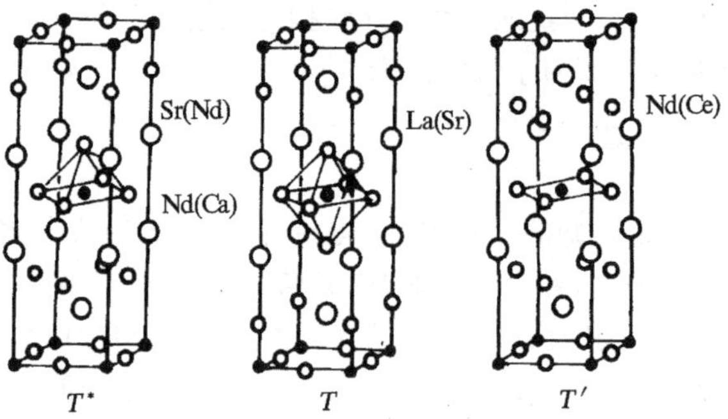

图33.4 $(La_{2-x}Ba_x)_2CuO_4$(214-T),$(Nd_{1-x}Ce_x)_2CuO_4$(214-T')和 $(NdCeSr)_2CuO_4$(214-T^*)的结构比较.

纯 La_2CuO_4在500K 以上是214-T 结构. 用 Ba,Sr 等代换部分 La

在500K以下温度也可形成此结构.但是500K以下的温度中还发现另外三种结构变形,包括两种正交结构(214-*O*).这些结构的情况也列于表33.2.

三种214结构中氧原子位置的差别示于图33.4. Nd_2CuO_4形成的叫 T'结构,用 Ce 等4^+价元素部分替代 Nd,可使绝缘的Nd_2CuO_4变成20K超导体,并且是电子型的. T'结构和 T 结构的差别仅在氧的位置. T^*结构是用 Sr,Ce 等同时替代Nd_2CuO_4中的 Nd 形成的.其特点是上半晶胞中的氧位置和 T 结构相同,下半晶胞中的氧位置和 T'结构相同. T'和 T^*结构的具体情况分别列于表33.3和表33.4.

表33.2 K_2NiF_4结构

1A 四方 $I4/mmm(D^{17}4h)$

$a=b\cong 3.8\times 0.1$nm

$c\cong 13.2\times 0.1$nm $Z=2$

原子	位置	对称性	x	y	z
La	4*e*	4*mm*	0	0	0.36
Cu	2*a*	4/*mmm*	0	0	0
O1	4*c*	*mmm*	0	1/2	0
O2	4*e*	4*mm*	0	0	0.18

1B 四方 $P4_2/ncm(D^{16}4h)$

$a=b\cong 5.4\times 0.1$nm

$c\cong 13.2\times 0.1$nm $Z=4$

原子	位置	对称性	x	y	z
La	8*i*	*m*	0.004	=*x*	0.36
Cu	4*d*	2/*m*	0	0	0
O1	4*e*	*mm*	1/4	1/4	0.01
O1′	4*a*	222	3/4	1/4	0
O2	8*i*	*m*	−0.02	*mx*	0.18

1C 正交 $Bmab(D^{18}2h)$

$a\cong b\cong 5.4\times 0.1$nm

$c\cong 13.2\times 0.1$nm $Z=4$

原子	位置	对称性	x	y	z
La	8*f*	*m*	0	0.01	0.36
Cu	4*a*	2/*m*	0	0	0
O1	8*e*	2	1/4	1/4	0
O2	8*f*	*m*	0	−0.03	0.18

1D 正交 $Fmmm(D^{23}2h)$

$a\cong b\cong 5.4\times 0.1$nm

$c\cong 13.2\times 0.1$nm $Z=4$

原子	位置	对称性	x	y	z
La	8*i*	*mm*	0	0	0.36
Cu	4*a*	*mmm*	0	0	0
O1	8*e*	2/*m*	1/4	1/4	0
O2	8*i*	*mm*	0	0	0.18

表33.3　$Nd_2CuO_4(T')$结构

四方　$I4/mmm(D^{17}4h)$　$Z=2$

$a=b\approx3.9\times0.1$nm　　$c\approx12.2\times0.1$nm

原子	位置	对称性	x	y	z
Ln	$4e$	$4mm$	0	0	0.35
Cu	$2a$	$4/mmm$	0	0	0
O1	$4c$	mmm	0	1/2	0
O2	$4d$	$\bar{4}m2$	0	1/2	1/4

表33.4　$(NdSr)_2CuO_4(T^*)$结构

四方　$P4/mmm(D^{7}4h)$　$Z=2$

$a=b\approx3.9\times0.1$nm　$c\approx12.5\times0.1$nm　Z=2

原子	位置	对称性	x	y	z
(Sr,Ln)	$2c$	$4mm$	1/4	1/4	0.39
(Nd,Sm)	$2c$	$4mm$	1/4	1/4	0.10
Cu	$2c$	$4mm$	3/4	3/4	0.25
O1	$4f$	mm	3/4	1/4	0.24
O2	$2c$	$4mm$	3/4	3/4	0.43
O3	$2a$	$\bar{4}2m$	3/4	1/4	0

§33.5　123结构[158]

(a)　123结构　123及其相关的结构，包括表33.1中序号4到8的各种化合物. $YBa_2Cu_3O_7$(Y123)的超导转变温度最高，它是正交结构123-O. 其晶胞示于图33.5，相应的参数列于表33.5. 其基本特征是两个CuO_2平面中央一有层Y原子面，居于晶胞中央. 两侧是BaO原子面. 上下底是含Cu-O链的Cu-O平面(图33.5右). Cu-O链沿b轴，$b>a$. 链上失去部分O原子，则超导T_c下降，b轴也缩短，直到成分接近$YBa_2Cu_3O_{6.5}$时，$a\approx b$，变成四方结构123-T(图33.5左，表33.5). 晶胞底上Cu-O链平面的氧原子位置是部分占有的，而且是沿a和b轴的占有率相等. 在约600℃以上123-T结构是平衡相. 在600℃以下氧含量才逐渐增加，并且沿Cu-O链

(b 轴)有序化,发生 T-O 相变. 123-T 是不超导的,所以高温烧结的 YBaCuO 样品要在 O_2气氛中缓慢炉冷或经600℃以下氧气氛退火才会有高的 T_c. 在氧含量增加时也就是处理温度降低时,b 轴上O1位置占有率增加,铜氧链逐渐形成,b 轴加长,正交结构明显化. 但是温度降低时,氧原子的扩散速度迅速减小,氧达

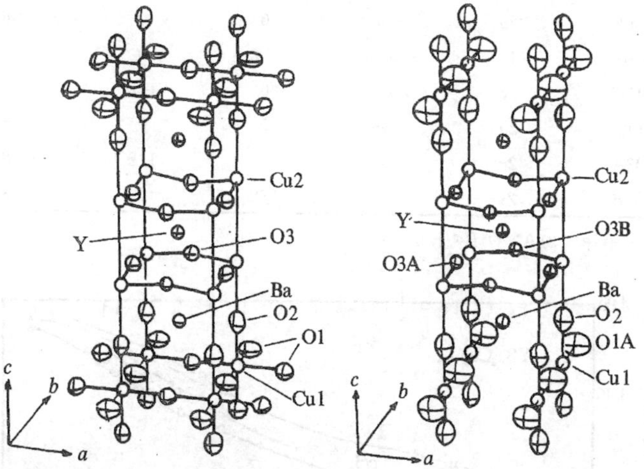

图33.5 $YBa_2Cu_3O_{6+x}$的四方结构原胞(左),正交结构原胞(右). 注意四方结构的 O1位置占有率只有0.2左右,参见图33.7.

表33.5 $YBa_2Cu_3O_{6+x}$(1-2-3)结构

A. 四方 $P4/mmm(D^7 4h)$

$a=b\cong 3.9\times 0.1$nm $c\cong 11.8\times 0.1$nm Z=1

原子	位置	对称性	x	y	z
Y	1d	4/mmm	1/2	1/2	1/2
Ba	2h	4mm	1/2	1/2	0.19
Cu1	1a	4/mmm	0	0	0
Cu2	2g	4mm	0	0	0.36
O1*	2f	mmm	0	1/2	0
O2	2g	4mm	1/2	0	0.15
O3	4i	mm	0	1/2	0.38

*占有率 01≪1.0

B. 正交　$Pmmm(D^1 4h)$

$a \cong b \cong 3.9 \times 0.1$nm　　$c \cong 11.8 \times 0.1$nm　　Z=1

原子	位置	对称性	x	y	z
Y	1h	mmm	1/2	1/2	1/2
Ba	2t	mm	1/2	1/2	0.19
Cu1	1a	mmm	0	0	0
Cu2	2q	mm	0	0	0.36
O1A+	1b	mmm	1/2	0	0
O1B+	1e	mmm	0	1/2	0
O2	2q	mm	0	0	0.16
O3A	2r	mm	0	1/2	0.38
O3B	2s	mm	1/2	0	0.38

+占有率　O1A≫O1B≪1.0

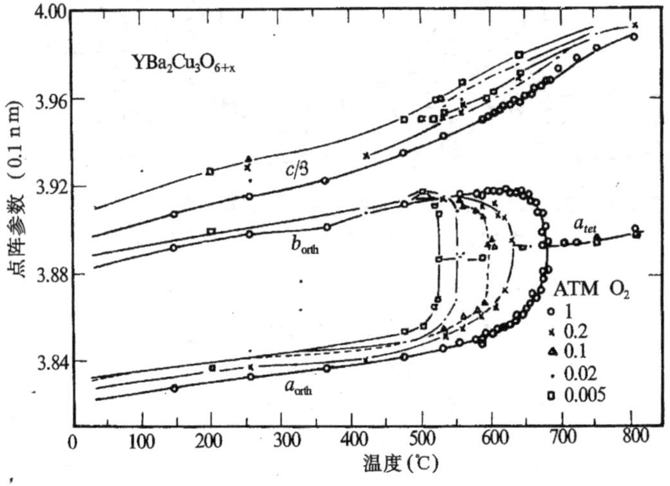

图33.6　$YBa_2Cu_3O_{6+x}$的123-O和123-T结构的形成温度，氧分压和晶格参数三者的关系.图中脚标orth和tet表示O结构和T结构.

不到平衡浓度.缺氧的结果使超导性能不好.在图33.6，图33.7和图33.8中详细地示出了上述各种关系.图33.9示出123-T和123-O结构的形成与温度和氧分压的相图.

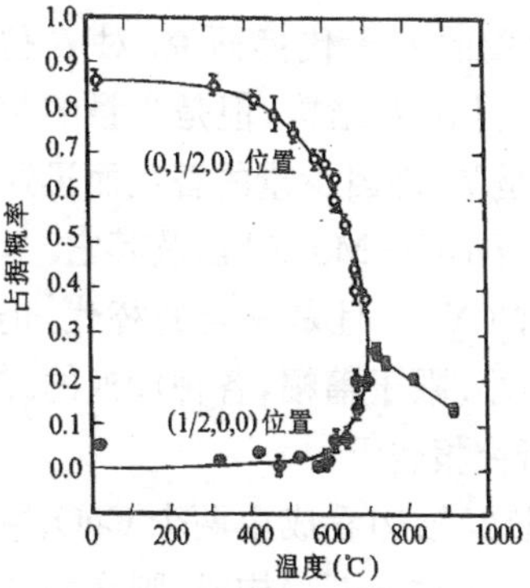

图33.7 $YBa_2Cu_3O_{6+x}$的 O1位置的占有率与温度的关系.

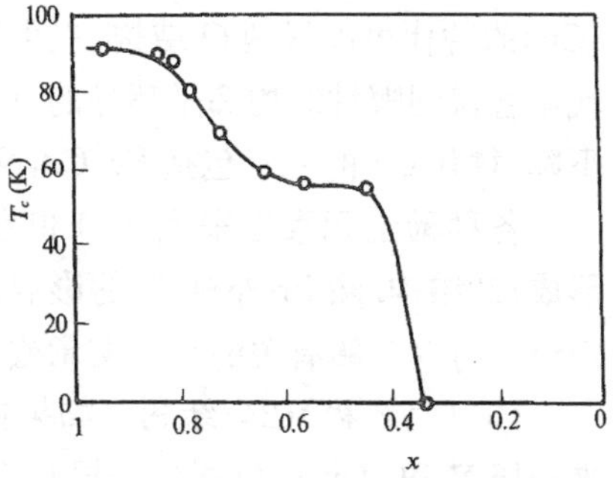

图33.8 $YBa_2Cu_3O_{6+x}$的 T_c 与 x 的关系.

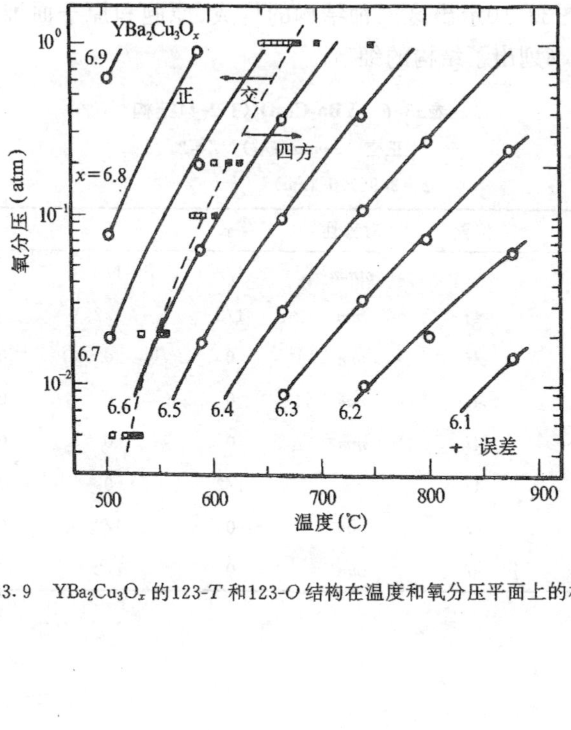

图33.9 $YBa_2Cu_3O_x$ 的123-T 和123-O 结构在温度和氧分压平面上的相图.

$(YBa_2)Cu_3O_6$可以看成3个钙钛石原胞 ABO_3沿 c 轴堆成，不过缺了3个 O 原子. Y 和 Ba 占据 A 位置，Cu 占据 B 位置. 所以有人也称 YBaCuO 为类钙钛石结构.

发现 $YBa_2Cu_3O_7$以后，进行了大量的元素代换研究. 对 B 位(Cu)的替代可以得到 O 结构，也可以得到 T 结构，但是少量的替代不管得到哪种结构都是超导的，可是 T_c 却因少量的替代而迅速下降. 替代 Cu 的元素包括 Fe，Co，Ni，Zn，Ga，Mg，Al 以及其它.

各种稀土元素用来代换 A 位置的 Y，并且是完全的替代，仍形成123结构. 除 Pr 外对 T_c 的影响很小. 限于篇幅，各种代换的详细情况可以参阅有关的总结文章或研究报告[159].

(b)124结构和247结构　如果把123结构看成由两个 CuO_2层夹一层 Y 和两个 BaO 层夹一层 CuO_{x+1}($0 \leqslant x \leqslant 1$)构成，则在两个 BaO 层中加一层 CuO_{x+1}就形 $YBa_2Cu_4O_8$或124结构. 将123和124两种基元混合周期性地沿 c 轴堆积，则形成新的 $Y_2Ba_4Cu_7O_{15}$(247结构). 图33. 10示出这三种结构的构成、原胞和原子面堆积的比较. 表33. 6列出了结构的细节.

表33. 6　$YBa_2Cu_4O_8$(1-2-4)结构

正交　$Ammn(D_{2h}^{19})$　$Z=2$

$a=b=3.9(\times 0.1\text{nm})$　　$c=27.2$

原子	位置	对称性	x	y	z
Y	$2c$	mmm	1/2	1/2	0
Ba	$4j$	mm	1/2	1/2	0. 13
Cu1	$4i$	mm	0	0	0. 21
Cu2	$4i$	mm	0	0	0. 06
O1	$4i$	mm	0	0	0. 15
O2	$4j$	mm	1/2	0	0. 05
O3	$4i$	mm	0	1/2	0. 05
O4	$4i$	mm	0	1/2	0. 22

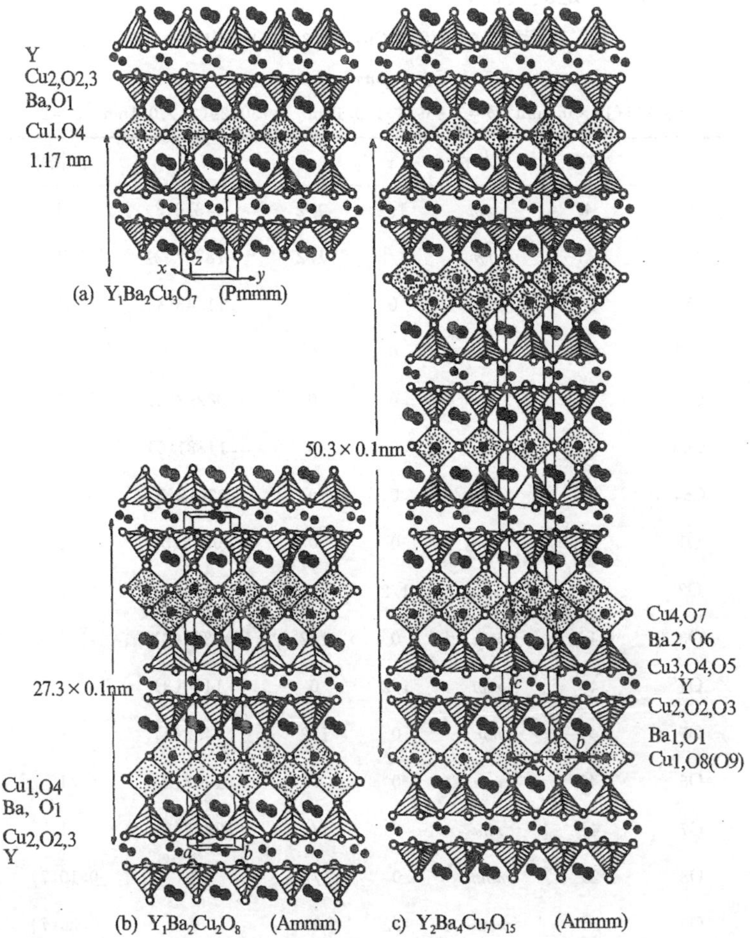

图33.10 123结构.(a)124结构;(b)和247结构;(c)的比较.

124结构的 $YBa_2Cu_4O_8$的 T_c 仅约80K,但是没有 Cu—O 链,也没有孪晶,这是和 $YBa_2Cu_3O_7$不同的.这种化合物的发现澄清了,Cu—O 链不是高温超导电的关键,YBaCuO 系的(实际上也是整个铜氧化物的)关键单元是 CuO_2平面.同时孪晶在高温超导电性方面的作用也不是关键的.

表33.7　$Y_2Ba_4Cu_7O_{15}$(2-4-7)结构

正交　$Pmmm(D_{2h}^{19})$

$a=3.851(1)\times0.1$nm　$b=3.869(1)\times0.1$nm　$c=50.29(2)\times0.1$nm　$Z=2$

原子	位置	对称性	x	y	z	占据率
Ba_1	$4i$	mm	1/2	1/2	.04310(3)	1
Ba_2	$4j$	mm	1/2	1/2	.18797(2)	1
Y	$2a$	mmm	0	0	.11545(4)	1
Cu1	$4i$	mm	0	0	0	1
Cu2	$4i$	mm	0	0	.08293(5)	1
Cu3	$4i$	mm	0	0	.14831(5)	1
Cu4	$4i$	mm	0	0	.23012(5)	1
O1	$4i$	mm	0	0	.0353(8)	1
O2	$4j$	mm	1/2	0	.0871(3)	1
O3	$4j$	mm	0	1/2	.0865(3)	1
O4	$4j$	mm	1/2	0	.1430(3)	1
O5	$4j$	mm	0	1/2	.1432(3)	1
O6	$4i$	mm	0	0	.1937(2)	1
O7	$4j$	mm	0	1/2	.2328(3)	1
O8	$2b$	mmm	0	1/2	0	0.10(7)
O9	$2d$	mmm	1/2	0	0	0.20(7)

(c)223结构和2123结构　和123结构及214结构相关的一个新系列化合物($T_c\approx40$K)是$(Ba_{1-x}Ln_x)_2(Ln_{1-y}Ce_y)_2Cu_3O_{8+\delta}$(Ln=Nd,Sm,Eu 和 Gd).这种化物的结构叫223结构,可以看成是123-T 和 Nd_2CuO_4两种层的周期集合,其晶胞示于图33.11,结构细节列于表33.8.

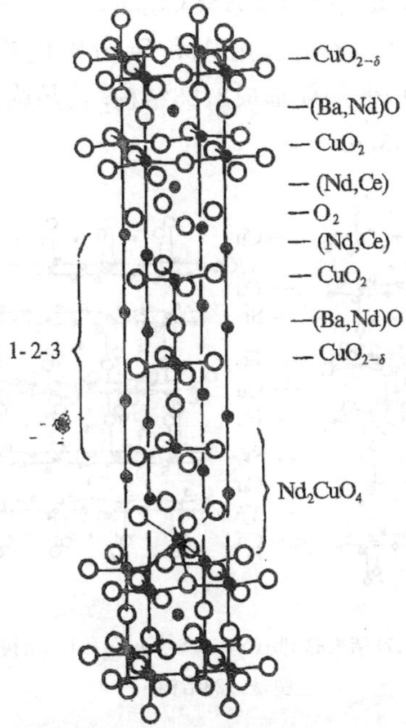

图33.11 $(Ba,Nd)_2(Nd,Ce)_2Cu_3O_8$的晶胞

表33.8 $(Ba,Nd)_2(Nd,Ce)_2Cu_3O_{8+\delta}$(2-2-3)结构

四方 $I4/mmm(D_{4h}^{17})$

$a=3.8747(4)\times0.1nm$ $b=28.599(3)\times0.1nm$ $Z=2$

原子	位置	对称性	x	y	z	占有率
(Ba,Nd)	4e	4mm	0	0	0.4244(2)	1
(Nd,Ce)	4e	4mm	0	0	0.2956(1)	1
Cu1	8h	mm	0.053(2)	$=x$	0	1/4
Cu2	4e	4mm	0	0	0.1418(1)	1
O1	16i	m	0.060(7)	0.440(8)	0	0.114(5)
O2	16m	m	0.054(5)	$=x$	0.0639(2)	1/4
O3	8g	mm	0	1/2	0.3525(1)	1
O4	4d	$\bar{4}m2$	0	1/2	1/4	1

还有一种70K 超导体 $Pb_2ASr_2Cu_3O_{8+\delta}$（A＝Y，稀土，Ca，Sr），其结构为2123，也和123相关. 用 A 和 Sr 分别代换 $YBa_2Cu_3O_6$中的 Y 和 Ba，再插入两 Pb 层就形成2123结构. 其晶胞和结构细节分别参见图33.12和表33.9.

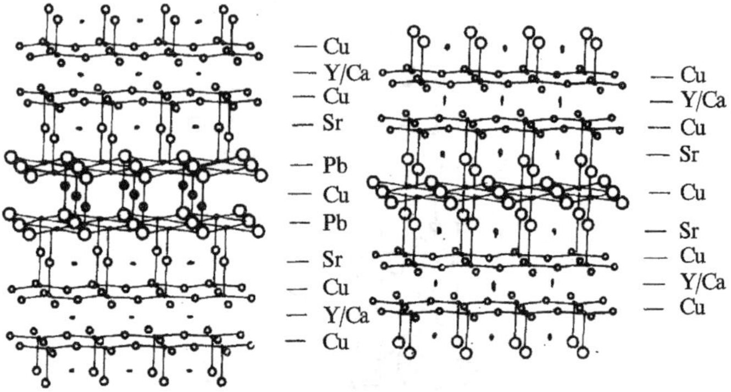

图33.12　2123结构的 $Pb_2(Y,Ca)Sr_2Cu_3O_8$和123结构的比较.
左图是2123结构.

表33.9　$Pb_2YSr_2Cu_3O_8$(2-1-2-3)结构

A. 四方　$P4/mmm(D_{4h}^1)$

$a=b=3.8\times0.1$nm　　$c=15.8\times0.1$nm　　$Z=2$

原子	位置	对称性	x	y	z
Pb	$2h$	$4mm$	1/2	1/2	0.39
Sr	$2g$	$4mm$	0	0	0.22
Y	$1a$	$4/mmm$	0	0	0
Cu1	$2h$	$4mm$	1/2	1/2	0.11
Cu2	$1b$	$4/mmm$	0	0	1/2
O1	$4i$	mm	0	1/2	0.10
O2	$2h$	$4mm$	1/2	1/2	0.25
O3*	$2g$	$4mm$	0	0	0.38

B. 正交　$Cmmm(D_{2h}^{19})$

$a=b=5.4\times0.1\text{nm}$　　$c=15.7\times0.1\text{nm}$　　$Z=2$

原子	位置	对称性	x	y	z
Pb	$4l$	mm	1/2	0	0.39
Sr	$4k$	mm	0	0	0.22
Y	$2a$	mmm	0	0	0
Cu1	$4l$	mm	1/2	0	0.11
Cu2	$2d$	mmm	0	0	1/2
O1	$8m$	m	1/4	1/4	0.10
O2	$4l$	mm	1/2	0	0.25
O3	$4k^*$	mm	0	0	0.38

§33.6　复杂结构

复杂结构指 Bi 系和 Tl 系材料. 根据现在已知结果, $Bi_2Sr_2Ca_{n-1}Cu_nO_{2n+4}$和 $Tl_2Ba_2Ca_{n-1}Cu_nO_{2n+4}$($n=1,2,3,4$)的结构相似. 但 Bi 系, $n\neq4$. 在图33.13中以 Tl 系为代表示出这些化合物的

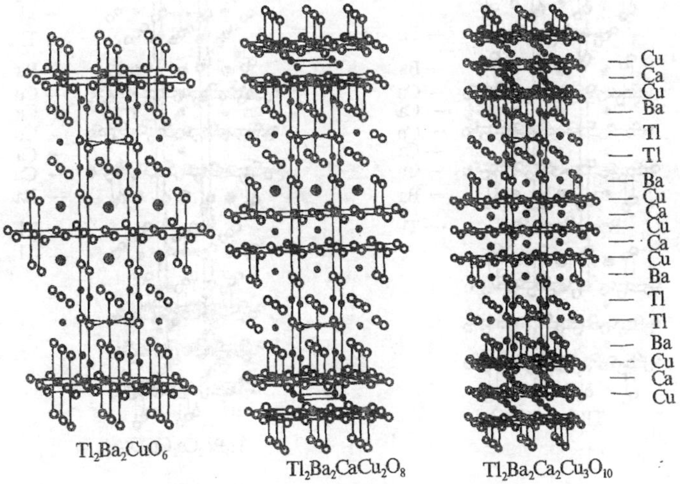

图33.13　$Tl_2Ba_2Ca_{n-1}Cu_nO_{2n+4}$($n=1,2,3$)的晶体结构.

晶体结构.分子式中的 n 代表 CuO_2原子面在一个晶胞中的层数.如有两层 CuO_2面则有一层 Ca 原子面夹于其中,和123结构中的二层 CuO_2平面中间夹一层 Y 原子面相似.从图33.15中可更直观地看出这一点. $TlBa_2Ca_{n-1}Cu_nO_{2n+3}$($n$=1,2,3,4)和上述结构的差别在于少一层 Tl-O 原子面.这两种结构的比较示于图33.14.各结构的细节列于表33.10到表33.15.

虽然 Bi 系和 Tl 系的原胞都比较大,每个晶胞的原子数也比较多,但就理想结构来看还是简单的,并不算"复杂结构".使结构复杂化的是在实际样品中常出现各种缺陷.例如,Bi 系中容易或总是出现无公度调制,氧含量偏离化学配比式(nonstoichiometry),阳离子无序,堆垛层错(不同 n 结构的交替就是层错)以及其它的非周期行为.图33.15示出 Bi2201的情况.

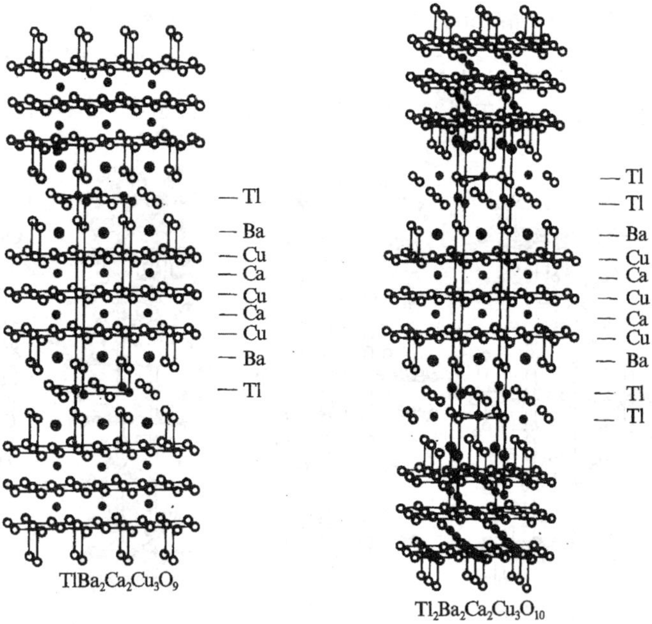

图33.14　两种 Tl 系结构的差别.注意 Tl-O 原子面.

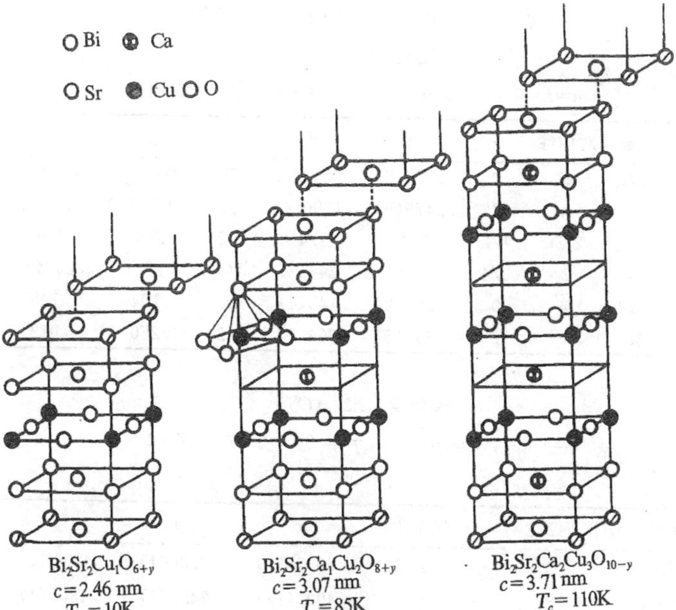

(a)

(b)

图33.15 (a)$Bi_2Sr_2Ca_{n-1}Cu_nO_{2n+4}$的结构;(b)$Bi_2Sr_2CuO_6$的调制.
图面为(010)面.

表33.10 $Bi_2Sr_2CuO_6$(2-2-0-1)结构

A. 正交 *Cmmm*(D_{2h}^{19})

$a=b=5.4\times0.1$nm　　$c=24.4\times0.1$nm　　$Z=4$

原子	位置	对称性	x	y	z	x	y	z
Bi	8*l*	*m*	0	.2758(5)	.0660(2)	0	.2745(6)	.0671(2)
Sr	8*l*	*m*	1/2	.2479(9)	.1790(4)	1/2	.2467(12)	.1810(4)
Cu	4*e*	2/*m*	1/2	3/4	1/4	1/2	3/4	1/4
O1	8*g*	2	3/4	1/2	.246(2)	3/4	1/2	.242(2)
O2	8*l*	*m*	0	.226(12)	.145(4)	0	.194	.145
O3	8*l*	*m*	1/2	.334(15)	.064(5)	1/2	.250	.022

B. 单斜 *A*2/*a*(C_{2h}^{6})

$a=b=5.4\times0.1$nm　　$c=24.3\times0.1$nm　　$Z=4$

$\beta=90°$

原子	位置	对称性	x	y	z
Bi	8*f*	1	.0027(10)	.2726(4)	.0668(2)
Sr,Ca	8*f*	1	.4991(15)	.2455(9)	.1805(4)
Cu	4*c*	$\bar{1}$	0	1/4	1/4
O1	8*f*	1	.756(12)	.499(7)	.241(2)
O2	8*f*	1	.521(12)	.788(11)	.148(4)
O3	8*f*	1	.615(14)	.313(16)	.094(3)

表33.11 $Bi_2Sr_2CaCu_2O_8$(2-2-1-2)结构

A. 正交 *Fmmm*(D_{2h}^{23})

$a=b=5.4\times0.1$nm　　$c=30.9\times0.1$nm　　$Z=4$

原子	位置	对称性	x	y	z
Bi	8*i*	*mm*	0	0	0.20
Sr	8*i*	*mm*	0	1/2	0.11
Ca	4*b*	*mmm*	0	1/2	0
Cu	8*i*	*mm*	0	0	0.05
O1	16*j*	2	1/4	1/4	0.05
O2	8*i*	*mm*	0	1/2	0.20
O3	8*i*	*mm*	0	0	0.13

B. 正交　$Amaa(C_{2h}^{20})$

$a=b=5.4\times0.1nm$　　$c=30.9\times0.1nm$　　$Z=4$

原子	位置	对称性	x	y	z
Bi	$8l^*$	m	1/2	0.23	0.05
Sr	$8l$	m	0	0.25	0.14
Ca	$4e$	$2/m$	0	1/4	1/4
Cu	$8l$	m	1/2	0.25	0.20
O1	$8h$	2	1/4	0	0.19
O2	$8h$	2	1/4	1/2	0.20
O3	$8l^*$	m	1/2	0.31	0.12
O4	$8l^*$	m	0	0.20	0.05

表33.12　$Bi_2Sr_2Ca_2Cu_3O_{10}$(2-2-2-3)结构

膺四方　$I4/mmm(D_{4h}^{17})$

$a=b=3.8\times0.1nm$　　$c=37.1\times0.1nm$　　$Z=2$

原子	位置	对称性	x	y	z
Bi	$4e$	$4mm$	0	0	0.21
Sr	$4e$	$4mm$	1/2	1/2	0.16
Ca	$4e$	$4mm$	1/2	1/2	0.05
Cu1	$2a$	$4/mmm$	0	0	0
Cu2	$4e$	$4mm$	0	0	0.11
O1	$4c$	mmm	0	1/2	0
O2	$8g$	mm	0	1/2	0.11
O3	$4e$	$4mm$	0	0	0.16
O4	$4e$	$4mm$	1/2	1/2	0.21

表33.13　$Tl_2Ba_2CaCu_2O_8$(2-2-1-2)结构

四方　$I4/mmm(D_{4h}^{17})$

$a=b=3.9\times0.1nm$　　$c=29.4\times0.1nm$　　$Z=2$

原子	位置	对称性	x	y	z
Tl	$4e$	$4mm$	1/2	1/2	0.21
Ba	$4e$	$4mm$	0	0	0.12
Ca	$2a$	$4/mmm$	0	0	0
Cu	$4e$	$4mm$	1/2	1/2	0.05
O1	$8g$	mm	0	1/2	0.05
O2	$4e$	$4mm$	1/2	1/2	0.15
O3*	$4e$	$4mm$	1/2	1/2	0.28

表33.14 $Tl_2Ba_2Ca_2Cu_3O_{10}$(2-2-2-3)结构

四方 $I4/mmm(D_{4h}^{17})$

$a=b=3.9\times0.1nm$ $c=36\times0.1nm$ $Z=2$

原子	位置	对称性	x	y	z
Tl	$4e$	$4mm$	1/2	1/2	0.22
Ba	$4e$	$4mm$	0	0	0.14
Ca	$4e$	$4mm$	0	0	0.05
Cu	$2b$	$4/mmm$	1/2	1/2	0
Cu2	$4e$	$4mm$	1/2	1/2	0.09
O1	$4c$	mmm	1/2	0	0
O2	$8g$	mm	1/2	0	0.09
O3	$4e$	$4mm$	1/2	1/2	0.17
O4*	$4e$	$4mm$	1/2	1/2	0.28

表33.15 $Tl_2Ba_2Ca_3Cu_4O_{12+\delta}$(2-2-3-4)结构

四方 $I4/mmm(D_{4h}^{17})$

$a=b=3.9\times0.1nm$ $c=42\times0.1nm$ $Z=2$

原子	位置	对称性	x	y	z
Tl	$4e$	$4mm$	1/2	1/2	0.236
Ba	$4e$	$4mm$	0	0	0.160
Ca1	$2a$	$4/mmm$	0	0	0
Ca2	$4e$	$4mm$	0	0	0.076
Cu1	$4e$	$4mm$	1/2	1/2	0.038
Cu2	$4e$	$4mm$	1/2	1/2	0.114
O1	$8g$	mm	1/2	0	0.038
O2	$8g$	mm	1/2	0	0.114
O3	$4e$	$4mm$	1/2	1/2	0.162
O4	$4e$	$4mm$	1/2	1/2	0.280

§33.7 晶体的微结构与高温超导电性[160]

很少超导材料具有铜氧化物那样的复杂结构.这些结构是由各种金属-氧组成的原子面堆积而成.这类复杂堆积本身当然有趣

得很，但更重要的是，人们目前对氧化物高 T_c 超导体性质的理解在很大程度上依赖于它们的结构知识.

然而，仅知道理想结构(或称为平均结构)还不够，我们还必须知道晶格缺陷以及它们的排列(缺陷有序度)才能把结构与超导电性质联系起来，并用结构方面的知识来发掘更深层的物理机制和作为探索新材料的向导. 这就是说，高温超导机制是结构敏感性的.

如前面所述，铜氧化物超导体的共同特征是一个或一组 CuO_2 面的存在. 在这种平面内，铜原子基本排成方阵，每个铜原子又与它的周围(与它相距约0.19nm)的4个氧原子键合着(参见图33.3和图33.5等). 最先发现的高 T_c 铜氧化物超导体 $La_{2-x}Ba_xCuO_4$ 由一个 CuO_2 层和2个皱折的 LaO 层周期堆积而成. 后来发现的各种铜氧化物超导体都是这种层状结构的变形，即总是以 CuO_2 面为基础的.

关键的 CuO_2 面可以是单层的，也可以是复层的. 复层(结构)情况指每组 CuO_2 面间都由金属原子(如 Y 或 Ca 等)面隔开. 复层之间又嵌入不同层数的金属氧化物层，如 LaO，BaO，CuO，TlO，BiO 或 PbO(嵌入层). 图33.5所示出的90K 超导体 $YBa_2Cu_3O_7$ 含有由 Y 原子面分开的双层 CuO_2 面. 分开这些双层 CuO_2 面的嵌入层含有 Ba，Cu 和 O 原子. 改变复层中的 CuO_2 面数和隔开这些复层内 CuO_2 面的金属原子以及嵌入层的化学性质、厚度和结构就可能获得很大数量的化合物. 因而现在已发现了大量的铜氧化物超导体是不奇怪的. 这一节要讨论这种铜氧化物中的结构缺陷对高温超导电性的影响，即结构敏感的超导电性质.

(a)电荷转移模型　从铜氧化物超导体的共同结构特征中得到的自然模型应当是，超导电性起源于 CuO_2 平面，而嵌入层以某种方式提供载流子或超导电性必需的耦合机制. 基于这一假设，把层状结构的铜氧化物超导体看成是由导电层(CuO_2 复层)和贮(存)电(荷)层(嵌入层)是很有益的. 这个模型被称为"电荷转移模型". 导电层中载流子数由整体的化学性质和导电层与贮电层间的电荷转移量所控制.电荷转移量又与结构、原子的氧化态及电荷转移和贮电层中的金属原子的氧化或还原间的竞争有关.

$YBa_2Cu_3O_{6+x}$是电荷转移模型已应用的最广泛而又最简单的系统.此化合物的一个特点是它的铜原子起作两种作用.一个晶胞中有两个铜原子(Cu2)在导电层,第三个铜原子(Cu1)位于贮电层,并形成 Cu—O 链.它的氧含量可有很大变化,从每晶胞6个到7个原子($0\leqslant x\leqslant 1$).这一氧含量的变化是 Cu—O 链中的氧原子变化引起的.当每晶胞有7个氧原子时,氧原子是完全结构有序的,并形成 Cu—O 链.当这些位置上的氧原子逐渐丢失时,有序化程度也相应地降低,也就是一些氧原子转移到位于两个 Cu—O 链之间的 a 轴的中点上去,直至最终在这两类位置上氧原子的占有率相同(参见图33.7),发生正交到四角的相变.

以上氧含量变化的主要影响是改变链上铜原子的氧化态.一般来讲,其氧化态决定于它周围氧原子的数目及配位.氧含量改变的次要影响是在贮电层和导电层间转移电荷.在电子转移到贮电层时导电层中就产生了空穴载流子.这种电荷重新分布可由导电层中铜原子氧化态的变化测出.一种比较精确量度这种氧化态变化的方法是利用这种铜原子(Cu2)的价键长来计算价键和(bond valence sum).这样的计算给出 T_c 与导电面上铜原子的有效电荷之间的关联(图33.16).此图示出的惊人的相关性是电荷转移模型在理解层状氧化物超导体时的可靠性及用途的证据.

类似的电荷转移思想也可以用来说明其它层状氧化物超导体的超导性质与其结构之间的关系.在每种情况下,单层或复层 CuO_2面可当作导电层,嵌入的金属-氧构成的一层或多层可当作贮电层.改变贮电层的化学方面就能通过电荷转移过程改变导电层的载流子数目.改变贮电层化学方面的方法一般可由结构缺陷的产生而达到.

(b)缺陷的掺杂效应　在 $YBa_2Cu_3O_{6+x}$中,上述缺陷就是按有序或无序方式占据这一结构中链区位置的氧原子.缺陷密度可在很大范围变化,致使其性质可从绝缘的变到超导的.虽然并非所有铜氧化物超导体都有如此大的缺陷密度范围，但大部分都可由取决于贮电层中缺陷的掺杂效应来理解.

贮电层中产生缺陷有一个简单的几何解释. 对于大部分铜氧化物结构，导电层 CuO_2 面和贮电层的金属-氧平面并不匹配. CuO_2 面控制单位胞的尺寸，而嵌入的贮电层被迫与之匹配. 嵌入面上的原子被迫弛豫到可接受的价键长的位置上. 因此而产生的多余空间有利于填隙缺陷(如填隙氧原子)的形成或金属原子位置上的代换缺陷的形成.

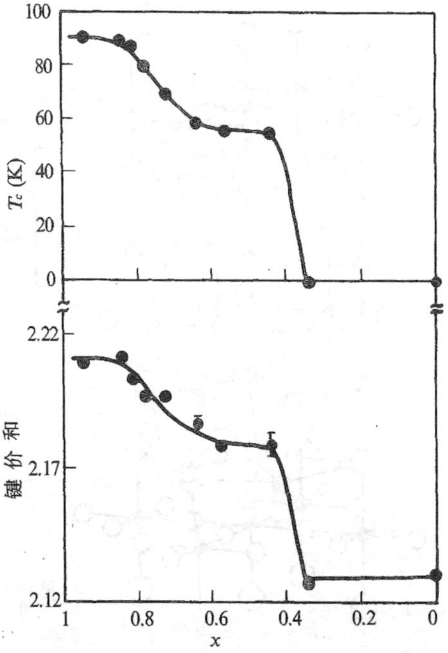

图33.16　电荷转移模型的证据. 上部：转变温度 T_c 与氧含量 x 的关系；下部：导电层中铜原子键价和与氧含量 x 的关系.

这种行为的最简单的例子可能是 La_2CuO_4. 这里 La_2O_2层中的填隙氧原子就和掺杂效果相同：使导电层 CuO_2中产生载流子(空穴). 图33.17示出 $La_2CuO_{4+\delta}(\delta\geqslant 0.08)$的缺陷结构. 将 La_2CuO_4掺 Sr 以代换部分 La 原子(形成 $La_{1.85}Sr_{0.15}CuO_4$)或掺 O 以形成有填隙氧的 $La_2CuO_{4.08}$都能获得 T_c 约为35K 的超导体. 假设 Sr，La 和 O 的氧化态分别是2+，3+和2−，则这两种掺杂机制产生的自由电子数的净变化是一样的.

从结构观点看，最复杂的掺杂和电荷转移的例子是在层状铜氧化物超导体中插入 Bi 或 Tl 层. 我们已知，这些化合物的一般的分子式可写成 $Bi_2Sr_2Ca_{n-1}Cu_nO_{2n+4}$或 $Tl_mBa_2Ca_{n-1}Cu_nO_{2n+m+2}$($m$ 和

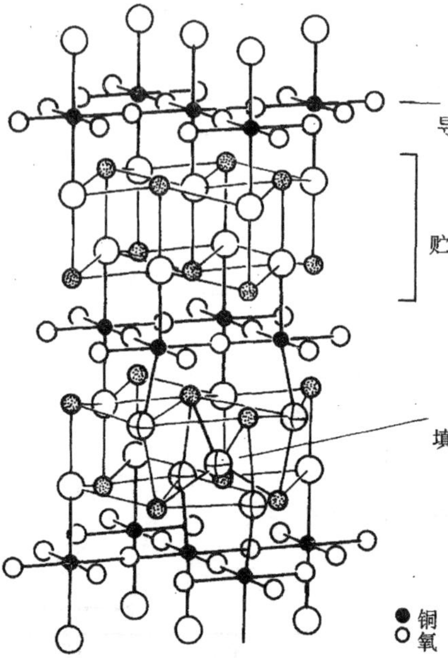

图33.17 $La_2CuO_{4+\delta}$的缺陷结构.缺陷氧离子占据和贮电层中4个 La 原子配位的位置.为此,最近的氧原子被推离它们的正常位置约0.05nm.

n 都是整数).此时,贮电层中可能的缺陷有金属位置的缺位或错位,氧空位或填隙氧.由于有这样多的可能的缺陷,至今为止还未完全弄清楚这些缺陷是怎样控制导电层中载流子浓度的.

以 Bi 系为例,CuO_2层与嵌入层的失配是如此严重,以致结构表现出无公度的调制.这就使情况大为复杂化了.在这一系统中,原子位置不再有原胞中的理想平移对称性了,而是从其理想的有周期性的位置发生位移,不再和它们下面的原胞有公度(参见图33.14和图33.15).对 Bi 系,调制包括原子的位移和金属原子的错位,这些都会影响 CuO_2和嵌入的贮电层.对有调制结构的 Bi2212,深入的 X 射线衍射研究证明,其中的缺陷包括 Bi 替代了部分 Sr 和 Ca 原子,Sr 原子又替代了部分 Ca,Sr 位置的空穴以及调制边缘的氧填隙.尽管如此复杂,计算得到导电层中 Cu 原子的氧化态是2.21,和其它铜氧化物超导体中的最佳值符合得很好.因此可以说,即使对 Bi 系和 Tl 系这样的复杂系统,只要弄清各种缺陷,电荷转移模型仍很有效.

有些化合物,电荷转移与贮电层中的金属离子的氧化或还原之间的竞争会使缺陷化学、电荷转移及超导电性复杂化．例如，对 $Pb_2Sr_2Ca_xY_{1-x}Cu_3O_{8+\delta}$（参见图33.12），导电层是由 Y 或 Ca 分开的两个 CuO_2层，和 $YBa_2Cu_3O_{6+x}$是一样的．贮电层是2SrO＋2PbO＋CuO_δ，$0<\delta<2$．和 $YBa_2Cu_3O_{6+x}$类比，人们会预期贮电层中氧含量增加将提高 T_c，但情况恰好相反．有最高 T_c 的超导成分相当于贮电层中 Cu 为1＋，而导电层中的 Cu 则有所需要的2＋以上的氧化态．因而此化合物铜的平均氧化态低于2＋．过量 O 离子会氧化 Cu^{1+} 为 Cu^{2+} 以及氧化一部分 Pb^{2+} 为 Pb^{4+}．结果使 Pb^{2+} 和 Pb^{4+} 有序化，它正好阻止电荷转移和导电层中载流子的产生．导电层中 Cu 离子的氧化态降低了，超导电也被破坏了．导电层中 Cu-O 键长的测量确认这种化合物电荷转移模型仍旧成立，不过嵌入层中复杂的氧化和还原使解释复杂化了．

(c)缺陷破坏超导电性　缺陷也能破坏那些本来是超导的铜氧化物的超导电性．研究得最多的可能就是那些涉及各种位置上元素的代换引起的缺陷．例如 $YBa_2Cu_3O_{6+x}$中 Pr 代 Y，Fe，Co，Ni 等代 Cu．这类人为缺陷对探测铜氧化物超导体的性质是很有用的．但这里讨论那些本征缺陷（即在正常合成这些物质时产生的缺陷），因为理解这些缺陷对合成新型高温超导体可能更有用．

最重要的例子是在导电层中形成的缺陷．最先在 $La_{2-x}Sr_xCuO_4$的 CuO_2导电层中的氧空位的形成中发现了这种情况．此材料的 T_c 随 Sr 含量增加到 $x=0.15$时达到最高值35K．对于在1atm 的氧气中制备样品，如果进一步增加 Sr（$x>0.15$），则氧空位将在导电层中形成，其结果就破坏了超导电性．不过，现在还不清楚是氧空位抵消了所掺的 Sr 还是打乱了导电层．

在最近发现 $La_{2-x}Sr_xCaCu_2O_6$中的60K 超导电性也使人们注意到缺陷破坏超导电性的重要性．这个系的结构示于图33.18，过去一直未观测到它的超导电性，尽管人们把它的成分调整到使 CuO_2 上的铜离子达到对超导最有利的2.2＋到2.3＋．$La_{2-x}Sr_xCaCu_2O_6$的超导成分的特征是导电层中两个 CuO_2平面间的金属原子位置（即 $YBa_2Cu_3O_{6+x}$中 Y 的位置）为 Ca 独占．而当在它的非超导成分时这一位置为大的La或Sr离子占据，从而允许氧原子来占据靠近La或Sr原子的位置(图33.18中示为氧缺陷位置)和CuO_2面中Cu原子之间的位置.显然，是这些过量的氧原子打乱了CuO_2导电层的二维性质而破坏了超导电性.

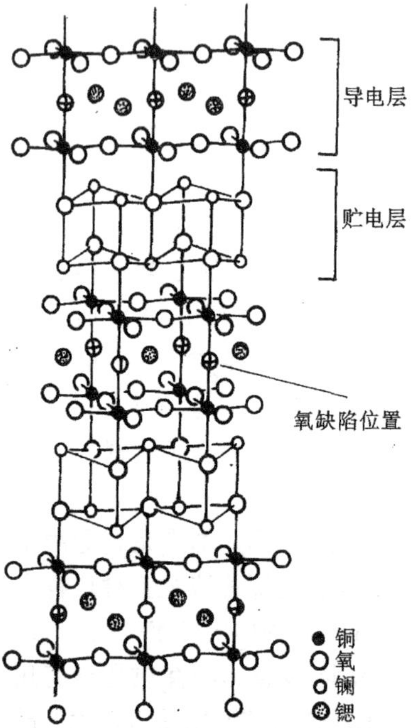

图33.18 $La_2SrCu_2O_{6+\delta}$结构.当氧原子部分占据导电层中接近锶位置的缺陷时，就破坏了超导电性.Ca替代Sr，以及La和Sr替代一些La就得到超导的$La_{2-x}Sr_xCaCu_2O_6$.较小的Ca离子半径阻止O原子占据缺陷位置.

(d)缺陷有序化与超导电性　现在越来越明白，缺陷的有序化对超导电性也有重大影响.$YBa_2Cu_3O_{6+x}$一直是研究这种影响的模型系统，因为它的缺陷密度和有序化程度的变化范围大.此点前已提及.在氧浓度最大($x=1$)时贮电层中氧原子位置的一半是被占据的，即沿b轴的氧位置全被占据而形成完整的Cu—O链，结构是正交的(图33.5).当氧浓度最小($x=0$)时不存在Cu—O链，结构为四方的.因而当氧浓度从$x=1$到$x=0$时，结构就可以从正交逐步变成四方，有序程度也发生相应的变化.实际上在高温时确实观测到这种正交到四方相的连续相变过程.

在低温时行为就较复杂.因为链上的和链间的氧原子间的相互作用会引起各种有序结构.图33.19示出的是计算出的$YBa_2Cu_3O_{6+x}$的相图.OⅠ是123-O相(正交相)，T是123-T相(四方相)，都已讨论过了.OⅡ相是有序的正交结构，其特征是在理想

成分 $x=0.5$时有填满的和全空的交替 Cu—O 链而形成参数 a 扩大一倍的超晶胞.这样的计算还得到另外的相当于较复杂氧有序化的一些相,不过图中未示出.OⅡ 相及许多这些计算所预言的相都为缺氧样品的衍射实验所证实.但是缓慢的扩散运动仅导致短程有序的各种相的形成,因此,妨碍了实验上证实另一些计算所得到的相图.

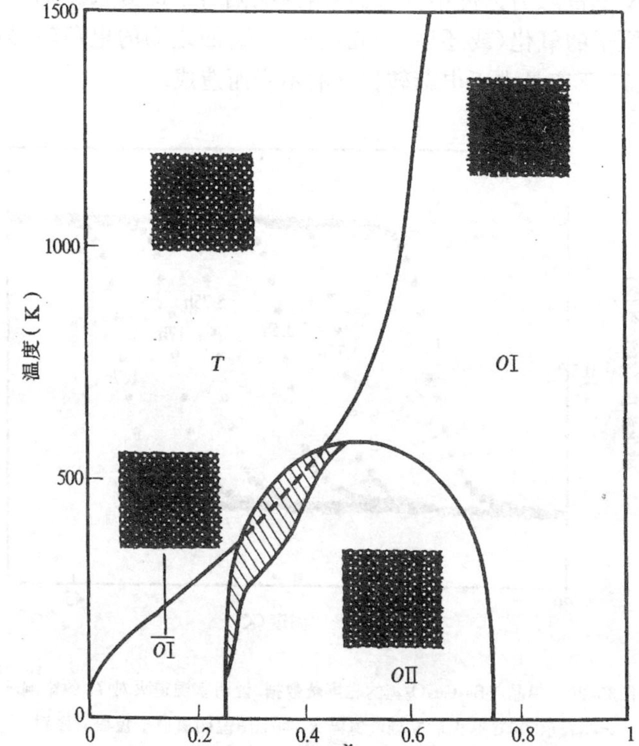

图33.19　$YBa_2Cu_3O_{6+x}$的相图.OⅠ是正常的正交相,T 是正常的四方相.OⅡ 是有序的正交相.其中点和圈是占据的 O 位和空着的 O 位.链示意 Cu—O 链的交替,产生了沿 a 轴的超晶胞.各插入图示意蒙特卡罗模拟所得的结构图.

尽管有这类实验上的困难，这种缺陷有序化对超导电性的影响却是很清楚的. 特别是所谓的 YBaCuO60K 平台[氧含量变化时 T_c 保持不变(见图33.16)]是与 O Ⅱ 有序相的形成有关的. 最能直接证实这一结论的实验可能就是观测从高温淬火的缺氧 $YBa_2Cu_3O_{6+x}$的样品未见有60K 平台，而用低温方法制备的同类样品确有明确的60K 平台. 人们认为，转变温度 T_c 在氧含量变化时，在60K 平台区仍保持不变，这是因为缺陷有序的方式影响了链上的铜原子的氧化(或还原)与在链和 CuO_2面之间的电荷转移间的竞争:T_c 不变是由于电荷转移量的不变而造成.

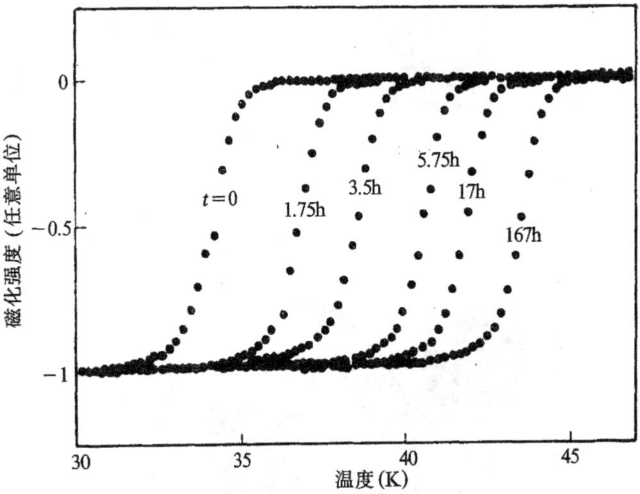

图33.20 单晶 $YBa_2Cu_3O_{6+x}$的磁屏蔽数据. 说明室温退火对 T_c 的影响. $t=0$表示500℃退火后立刻液氮淬火. 整个图说明氧原子短程有序对 T_c 的影响.

缺陷的短程有序也强烈地影响超导电性. 如下的实验使这一结论变得很清楚：当缺氧的 $YBa_2Cu_3O_{6+x}$样品中的氧原子在室温下向有序态扩散时，同时监视它的结构和超导性质. 在室温，扩散长度是短的，约为1nm/24h，因而结构有序只发生在短程上，譬如是几个原胞的尺度. 但对超导 T_c 的影响却很大(图33.20). 先将 $YBa_2Cu_3O_{6.45}$单晶在500℃平衡化处理，这时的氧气压要适当(图33.9). 然后将它用液氮淬火以冻结已得到的500℃时的氧原子状态，并立即测量 T_c. 此后再将样品反复加热到室温，每退火一次就测量一次新 T_c. 结构测量肯定，T_c 的系统增加是由于氧原子的扩散以更接近其室温平衡相图造成的短程有序化所致. 这些测量使我们要提出的问题是如何定量地估价缺陷的短程有序化对超导性质的影响. 很清楚，短程有序化使导电层中有了额外的载流子. 导电层中 Cu—O 键长，显示出根据电荷转移模型预期的由 T_c 增加造成的收缩. 一种简单的解释是短程有序化使贮电层中配位不利的铜原子数减少. 按化学术语来讲，这时的电荷转移是因为链上 Cu 原子的氧化态是配位几何学及配位数的函数. 如果链上的 Cu 原子的氧化态变了，则面上 Cu 原子也要响应. 成熟的电子结构计算得到相同的结论：小段 Cu—O 链的形成或贮电层的有序态提高了导电层载流子的浓度.

我们现在讨论的问题是有棘手之处的，即对超导性质产生影响的有序畴，若由实验来测定是太小了. 蒙特卡罗(Monte Carlo)计算机模拟提供了讨论这一问题的途径. 有人用这种方法能预言 $YBa_2Cu_3O_{6+x}$的 T_c 如何随氧含量变化. 不过目前这仍是一种需要发展的方法.

总之，虽然所有已知的铜氧化物超导体的平均结构都已确知了，但只有当结构知识扩展到局域尺寸时，我们才能由结构信息来理解超导性质. 我们必需研究缺陷和它们的有序态. 目前，只有少数铜氧化物的结构知识达到这样的水平. 现有的大部分实验技术还不足以研究缺陷的局域有序化，而这种短程有序化却足以显著地改变超导性质.

但已详细研究过的一些系统的结果说明了电荷转移模型的成功，同时也说明了铜氧化物高温超导体的高温超导电性的惊人的结构敏感特性.

Ⅲ　正常态性质[161]

铜氧化物高温超导体的正常态性质表明它属于普通金属，不过这种金属又和一般金属不一样．正是这种与众不同的金属性引起了人们极大兴趣，人们把研究和理解它们的异常作为理解高温超导电性的一个极重要的方面．本节扼要讨论正常态性质的几个方面：输运性质，磁性质，电子结构和费米面等等．

§33.8　铜氧化物的相图

据上节讨论，铜氧化物可以看成是这样的特殊材料：它由导电层和贮电层交替堆积构成，导电层含一层或多层 CuO_2 面．导电层对超导电性是关键性的，其中的载流子的多少和有无(或正负)可通过调节与其相邻的贮电层的缺陷或自身层内的缺陷而完成．例如用“Ce^{4+}”代换 Nd_2CuO_4 中的“Nd^{3+}”(在贮电层中)便可在导电层中形成负载流子(电子)，如此等等．由于掺杂数量不等，可使母体物从绝缘体变为超导或进一步变为正常导体．

图33.21示出 p 型铜氧化物高温超导体的相图，它表示当载流子(空穴)浓度变化时，其电和磁的性质的变化情况．从图的左边的绝缘的、长程有序的反铁磁体开始，在空穴浓度变化约0.01—0.02(个/CuO_2)时，有序温度(即奈尔温度)就迅速降低．当电子浓度偏离母相(未掺杂相)约0.1个/CuO_2时，金属的输运性质($T>T_c$)和超导电性($T<T_c$)同时出现了．可以看到，在低温区($T\to 0$)，在电子浓度小于约0.2个/CuO_2时是没有金属(输运)性质的，也就是绝缘或超导的．在进一步向右时，材料变成有金属性但无超导电性，就和普通的非超导的金属一样了．实验证明，铜氧化物超导体虽有多种，但各种材料在其成分为能出现最高转变温度的成分时，物理性质却惊人地相似．下面以 p 型高温超导体为例说明这些共同性质．

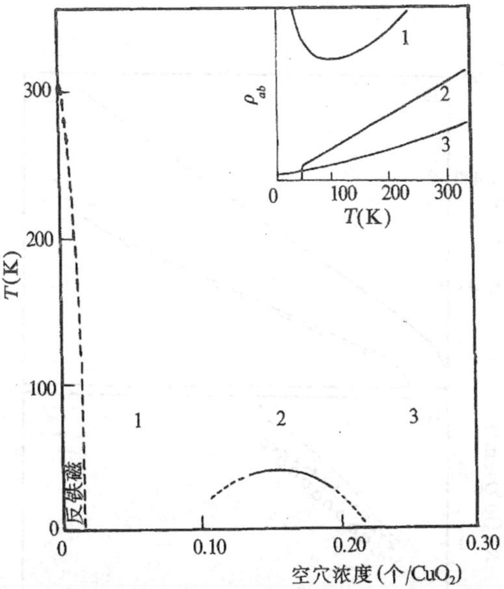

图33.21 铜氧化物超导体的相图. 当 CuO_2导电层中载流子浓度增加时,从左边的绝缘的、长程反铁磁有序的母相变到,1:短程磁有序的绝缘体(自旋玻璃基态);2:有超导基态的金属;3:正常的金属. 右上角插图示出三种不同掺杂水平的材料的和 CuO_2面平行方向的电阻率 ρ_{ab}随温度的变化状况.

§33.9 正常态输运性质

正像我们从晶体构造可预计的那样,层状结构的铜氧化物的电学性质是高度各向异性的. 例如,Bi2212单晶沿 c 方向的电阻率 ρ_c 比 ab 平面内的 ρ_{ab}高5个量级. 当然,各向异性的程度随化合物而变,并且反映了贮电层阻止电子在导电层之间运动的能力. ρ_c 和 ρ_{ab}的特性也不同. ρ_{ab}和普通金属一样,随温度升高而增加. ρ_c 却类似于半导体,随温度升高而降低. 可能的例外是各向异性程度最低的 $YBa_2Cu_3O_7$. 有报道说,它的 ρ_c 虽然仍比 ρ_{ab}大10倍,但具有金属特征.

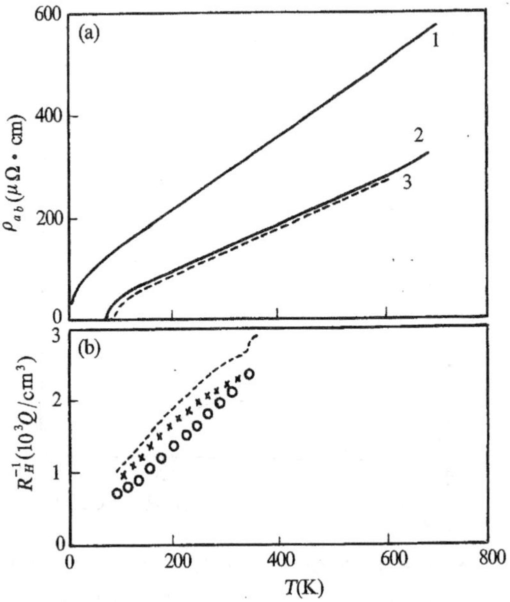

图33.22 不同铜氧化物的电阻率和霍尔系数.(a)电阻率 ρ_{ab}都相似并随温度线性地变化,线性温区也很宽. 1. $Bi_{2.1}Sr_{1.9}CuO_6$; 2. $Bi_2Sr_{2.2}Ca_{0.8}Cu_2O_8$; 3. $YBa_2Cu_3O_7$;(b)霍尔系数的倒数.由3个不同 $YBa_2Cu_3O_7$单晶的测量所得结果(由点,叉和圈号分别标出)显示了整个测量温区的强烈温度关系.

图33.22示出若干单晶体的 $\rho_{ab}(T)$曲线.值得注意的是,不同铜氧化物的电阻率数值接近.在很宽的温区中,它们近乎线性地随温度变化而变化(外推到绝对零度的),剩余电阻率非常小. 这些 $\rho(T)$曲线惊人的相似性是不同晶体结构的物质中都是由 CuO_2平面起关键作用的很有说服力的证据. $YBa_2Cu_3O_7$的电子平均自由程在100K 时的估计值为10—20nm.这和它的0.38nm 的晶胞参数相比是算长的了.因而其中的电子受到散射是弱的,属于“净极限”.各材料的电阻率随温度的变化率 $d\rho_{ab}/dT$ 集中于0.5$\mu\Omega\cdot$

cm/°C的狭窄范围内.

撇开直流电导率 $\sigma_0(T)\equiv 1/\rho_{ab}(T)$来看由光学法测量的依赖于频率的电导率 $\sigma(\omega,T)$(图33.23),则可以更清楚地看到其"不正常"的正常态性质.粗看起来,迅速减小的 $\sigma(\omega)$曲线的低频部分使人想到载流子是受到与频率无关的概率$1/\tau_0$的散射,这和简单金属相同.但是这种具有常 τ_0模型(洛伦兹型,宽度 h/τ_0近似地为 kT)预言的最简单的散射形状严重地偏离了实测的 $\sigma(\omega)$曲线.在因载流子受激(诸如受声子等)散射的模型中,所测的 $\sigma(\omega)$曲线的自洽描述需要散射概率依赖于温度和频率这两者.铜氧化物的奇特的电荷动力学特征是反映在散射概率的形式:$h/\tau^*(\omega,T)$是由 kT 或 $h\omega$ 中的大者给出.所提出的具体的函数关系中有一种是$(h/\tau^*)^2=(\alpha kT)^2+(\beta h\omega)^2$,$\alpha$ 和 β 都是数量级为1的常数.这些结果意味着载流子与一个频率远高于声子,而且能量范围很宽的激发谱相互作用着.在激发能为几十个电子伏特范围内,电导能力的增强也表示有不同能带之间的电子激发.

拉曼散射研究发现的电子激发则很可能与导致 $\sigma(\omega,T)$的散射密切相关.普通金属的经验是,因导至粒子-空穴激发的光散射频谱大约只延伸到频率为50cm^{-1}的量级(1.5×10^{12}Hz).与此相反,铜氧化物的电子激发谱是连续而宽广的.拉曼光谱响应函数的虚部 R''的若干重要特征示于图33.23(b)中.图中表示出一些声子散射引起的明锐谱线条.在能量低于 k_BT 的低能部分,谱线随 ω 趋向零而线性地趋近于零(图中点线示出).插图示出谱线的斜率在 T_c 以上温度正比于$1/T$.谱的高能部分是一个宽平台,延伸到1eV(约8000cm^{-1}),说明高能激发的连续而宽广谱.现在还不清楚这种宽频范围的激发是自旋激发还是自旋与电荷激发并存引起的.从输运和光散射实验得出的一个重要结论是低能激发,并无和温度本身以外的任何其它量的关联.

和电阻率紧密相关的是霍尔效应.霍尔效应是电导率能量的非对角元素的量度.在简单金属中,霍尔系数 R_H 反应载流子浓度,因而只与温度有很弱的关系.$1/R_H$ 与温度的关系已示于图

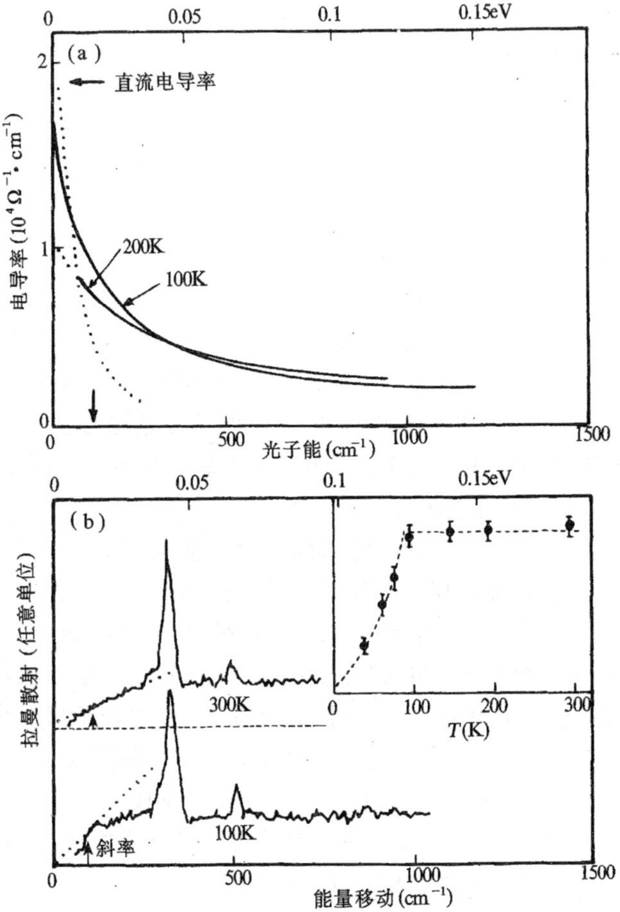

图33.23 处在92K以上的金属态的 $YBa_2Cu_3O_7$ 的电荷动力学特征.(a)与频率和温度有关的电导率 $\sigma(\omega,T)$. 说明载流子与能量范围很宽的激发谱相互作用. 右实线是100K; 左实线是200K; 点线是由简单常散射概率 $1/\tau_0 \approx kT/h$ 模型计算的 σ. 箭头所示能量为 $k\times200$K; (b)拉曼散射谱. 说明不同温度时有相同的特征, 详见文内说明. 插图是说明 T_c 以上温度谱线斜率正比于 T^{-1} 的.

33.22(b)中(也是 $YBa_2Cu_3O_7$单晶样品的). 由 $YBa_2Cu_3O_7$和其它体系的高质量单晶的研究发现,实验观测到的 R_H 的强烈温度关系是铜氧化物超导体的一种共同内禀特性. 对普通金属,只有温度降低到远低于它们的德拜温度 Θ_D 时(一般是 $T<\Theta_D/2—\Theta_D/5$)才发现霍尔效应与温度有很强的关系. Θ_D 是材料的声子特征能量的量度. 对于123化合物,Θ_D 约为400—450K. 因而所观测到的霍尔效应与温度强烈相关现象并非由电子—声子散射引起的. 假设存在几种载流子,譬如说由不同能带激发的、有效质量不同的所谓重的和轻的电子和空穴,并以此来解释上述的 $\rho(T)$和 $R_H(T)$的反常也不成功,因为这将导至载流子浓度和迁移率与温度的关系发生混乱.

§33.10 正常态磁性质

未掺杂的超导铜氧化物的母相是一些磁性绝缘体,其磁性质已经清楚了. 近乎填满的 Cu^{2+} 的$3d^9$壳层的磁矩在二维方阵上形成$\frac{1}{2}$自旋的海森堡系统. 强反铁磁超交换 J(10—130meV)是相邻铜位置间的主要相互作用. 弱的层之间的耦合导致长程三维反铁磁有序(发生于温度远低于 Cu_2O 面内的交换能区). 对奈尔温度约为330K 的 La_2CuO_4已进行了系统的研究,以期发现量子效应. 然而人们却发现,静磁化率和自旋激发都可以用经典模型来很好地描述. 量子效应只引起小的数字上的修正,不导至量子挫败(quantum frustration)或其它新性质的动力学.

引入载流子后就观测到磁响应的逐渐变化. 在 T_c 和400K 之间的温度,高品质样品(T_c 最高)的静磁化率仅与温度有很微弱的关系. 但对具有不同 CuO_2层的体系,静磁化率却随导电层中 CuO_2 层数的增加而系统地增加,每一平面约贡献1.5—1.8×10^{-2} SI/mole的自旋磁化率.

核磁共振和核四极共振已被用于自旋动力学的研究,因为核磁矩耦合到电子自旋自由度,并可探测磁化率的低频极限. 基本是探测局域磁化率的核磁共振耐特移动(NMR Knight shift)在铜和氧位置上表现出相同的温度关系，与宏观测量的静磁化率相似. 因而单种自旋系统的描述似乎是恰当的.

自旋动力学的另一个方面可用核磁矩弛豫率来描述. 实验发现，铜和氧的核弛豫率在大小和温度关系上都显著地不同. 这一差别是铜氧化物在金属态时候的另一个特点，并且一直被解释为源于磁化率 $x(q,\omega\rightarrow 0)$的某种波矢(q)关系. 根据 Cu 原子和 O 原子的几何位置，从这些核磁弛豫得到结论：$x(q,\omega\rightarrow 0)$在布里渊区的角上[$\boldsymbol{q}=(\pi/a_0,\pi/a_0)$，$a_0$是点阵参数]增强了. 这种增强被解释成自旋之间存在强反铁磁相关的证据时就成了一些高温超导理论的基干内容. 有可能支持这种解释的、判断性的中子散射实验目前还没有，因为现在还不能制备尺寸足够大的高质量单晶样品以进行这种实验.

对 T_c 较低的、成分接近反铁磁区的超导体(即图33.21中所示的低载流子浓度区)的自旋动力学却十分不同. 静磁化率、耐特移动以及核弛豫率都在室温以下的温区随温度降低而减小. 一般认为，这些减小说明低频自旋激发的抑制，它来源于激发谱中的膺能隙，情况和 $s=1$的反铁磁体的线性链的自旋能隙相似.

§33.11 电子结构和费米面

在费米能 E_F 附近的电子态是很重要的，因为它们决定着输运性质. Cu^{2+}和 O^{2-}之间的键合具有离子键和共价键两种特征，并包括着 Cu$3d$ 和 O$2p$ 轨道. 共价键合的根本原因是$3d$ 能级和$2p$ 能级的接近，因而是这两种元素的特殊结合. $BaBi_{1-x}Pb_xO_3$超导体中 Pb 和 Bi 的$6s$ 能级和 O 的$2p$ 能级也具有相似的能量简并度. 各种类型的电子谱都证实了 Cu 和 O 的共价混合，并揭示那些最高的电子占据态即接近 E_F 的那些态有$3p$ 和$2p$ 两者的特征，而后者的特征($2p$)更明显. 结果，由掺杂而引入导电层中 CuO_2面的空穴，并不仅仅位于 Cu 或 O 的位置，而是有混合的特征.

更重要的是费米面是否存在及其形状如何的问题. 我们知道，

费米面是动量空间中电子占据态急聚变化，产生粒子-空穴对需要的能量降为零的那些态的轨迹. 在费米面为球面的简单金属中，$T=0$时动量 k 小于费米动量 k_F 的态全被占据，而 $k>k_F$ 的所有态全空着. 一般来讲，费米面的形状决定于电子能量的动量关系 $E(\boldsymbol{k})$，$E(\boldsymbol{k})$也体现出电子能带结构. 不同材料的 $E(\boldsymbol{k})$是不同的. 各种材料，包括复杂的铜氧化物的能带结构的计算已取得了很大进展. 当人们考虑到铜氧化物中电子的强相关作用时，费米面的存在并不是很明摆着的事.

光发射电子谱是一种用于研究 $E(\boldsymbol{k})$的实验工具. 实验中，测量发射强度与能量及发射角(相对于晶体的对称主轴)的函数关系. 现有的最好结果是 $Bi_2Sr_2CaCu_2O_8$的. 样品是在真空中解理，因而有干净和稳定的表面. 主要结果是，所测得的、经能带计算的、在 k 空间中跨过费米面的那些点的 $E(\boldsymbol{k})$肯定了费米面的存在. 此外，比较难的、但也是重要的一些细节，诸如峰的形状和背景强度等也能进行分析，以确定用普通费米液体描述是否合适. 虽然近年来实验技术已有显著进步，但现有的分辨能力还不足以给出不含糊的答案. 但也有些论证说，现有的谱结果已显示非常规的费米液体性质. 关于这点的一个迹象是能量为 E 的电子态的寿命延长，以 $|E-E_F|^n$ 的形式增长，其最佳值是 n 接近于1. 而对通常的郎道费米液体，$n\geqslant 2$.

比热和自旋磁化率的测量能探测能量在 E_F 附近约几倍 kT 的范围内的电子态密度. 实测的态密度值和带结构计算结果相差不超过2倍，因而说明了由于相互作用(譬如说与声子的相互作用)只导至态密度的小增加.

因而，从所考虑过的如下性质中：电子态密度展宽；电导率测量推得的电载流子弛豫时间与温度和频率的特征关系；拉曼散射谱中宽广的电子激发谱和 Cu 与 O 的核弛豫率的不同，人们从不同方面看到了近二维的铜氧化物电子态的特殊性.

Ⅳ 超导态性质[161]

铜氧化物高温超导体的超导态性质和经典的低温超导体的超导态性质没有定性上的差别. 它们是 T_c 高的、各向异性的高 GL 参数的Ⅱ类超导体. 对这个问题人们并无争议. 这一节的讨论集中在超导性质概貌、能隙的测量结果及有关机制上的内容.

§33.12 超导态的概况

发现铜氧化物具有高温超导电性后,很快就知道此中包含有准粒子(电子)的配对,也就是存在库伯对. 有效电荷 $e^* = 2e$. 与此有关的实验有交流约瑟夫森效应的观测,磁通跳跃的测量,直接测量磁通量子 ϕ_0 的大小和李特尔-派克斯(Little-Parks)振荡实验等. 安德列也夫(Andreev)散射实验结果则表明,库伯对是由动量相反的电子组成的. 超导电性涉及的方面很多,这里只述及一些最有兴趣的方面,也就是配对机制的研究,能隙 $\Delta(\boldsymbol{k},T)$,相干长度 ξ 和磁穿透深度 λ.

铜氧化物的令人瞩目的层状结构不仅影响正常的电子性质,而且也影响超导态. 在某些方面,这些化合物表现为弱耦合的超导片(即导电层)的组合. 从用各种方法的大量实验结果所得到的平行于和垂直于 CuO_2 平面的 ξ 和 λ 值已基本集中. 能搜集到最完整数据的是 $YBa_2Cu_3O_7$. 此材料也是各向异性最低的. 在低温极限,其 $\xi_{ab}=1.4+0.2\text{nm}$, $\xi_c=0.15-0.3\text{nm}$, $\lambda_{ab}=140\text{nm}$, $\lambda_c=700\text{nm}$.

作为比较,低温超导体铌的 $\lambda=35\text{nm}$, $\xi=40\text{nm}$. 因而铜氧化物的这些特征长度就显得是(ξ_c 和 ξ_{ab})"两极分化"了,这与这些材料的具体性质有关. 铜氧化物高温超导体是极端的Ⅱ类超导体,其 GL 参数 $K=\lambda/\xi\gg 1$,并且属于"纯极限". 即 $\xi(T=0)$ 远小于电子平均自由程(在 $T\to T_c$ 时为10—20nm).

λ 大意味着外场穿透样品深度是大的. 这是由于载流子浓度低(典型浓度为2—5×$10^{21}/\text{cm}^3$),因而不能有效而很快屏蔽外场所致. 作为超导电子对即库伯对在空间延伸尺度的 ξ 非常小则是由一套具体材料参数决定的. 在 BCS 理论框架内, $\xi_0=hv_F/[\pi\Delta(0)]$,式中 v_F 是费米速度, $\Delta(0)$ 是0K 温度的能隙参数,它正比于 T_c(BCS 超导体的 $\Delta(0)$ 是 $1.76kT_c$). $\xi_0=1.5\text{nm}$ 相当于 $v_F=1.1\times10^7\text{cm/s}$,这和 Y123化合物的典型测量值 $2\Delta(0)=6kT_c$ 一致. 由于 c 轴方向的相干长度 ξ_c 仅为0.2nm 的量级,所以像 Bi 系超导体这样的材料中导电层被由两层 BiO 构成的贮电层隔开,导电层之间只能是弱耦合相关联.

这种超导各向异性既对实际工作有很大的影响,因为不利于大的载流能力,也会产生磁通动力学方面的一些新奇的物理现象. 短的相干长度在理论和实践两方面都引起很大的兴趣. 对于每个 CuO_2 的电子不到1的低电子浓度,相干体积中仅含有5—10个单位的 CuO_2,所以一个相干体积所具有的电子对数将小于5. 这比低温超导体的情况小几个量级. 例如,铝的一个相干体积中约有 10^4 个电子对. 它的超导电性可以由 BCS 配对理论很好地描述. 小的 ξ 使得样品在由正常态向超导态转变时产生显著的涨落现象.

短相干长度使制作超导器件遇到相当的麻烦. 这些器件都是基于隧道效应和邻近效应制作的. 这里会要求控制材料质量(例如均匀性)的尺度不能超过0.5—1nm. 譬如说,在制作超导电子学的关键元件"超导—绝缘—超导结"时需要淀积很薄的绝缘层时就要求这样的高质量. 但是短相干长度是有利于低温高场应用的,这方面内容后面将有较多讨论.

短相干长度和高 H_{c2} 相联系 $(\mu_0H_{c2}=\phi_0/(2\pi\xi^2))$. 对 $YBa_2Cu_3O_7$, μ_0H_{c2}($//CuO_2$ 面)在低温时超过100T. 这使高场强电应用的前景诱人.

§33.13 能隙

我们知道,拆散一个超导电子对需要的最小能量是 $2\Delta(T)$,也就是能谱中有能隙 $2\Delta(T)$. 对低温和高温超导体都是如此. 不过低温超导体的能隙一般是各向同性的,也就是在费米上的任何位置

基本上有相同的 Δ 值. 在超流 ^3He 中以及重费米子超导体中，在费米面上的某些点或某些线的位置上 $\Delta=0$. 至于配对机制，^3He 是磁激发作媒介的，重费米子超导体也可能是磁相互作用机制，而不是声子机制. 因而对铜氧化物的配对机制就引起了很大的兴趣.

各种测量说明，费米面上各点都有能隙，也就是说对任何 $\boldsymbol{k}$ 都有 $\Delta(\boldsymbol{k})\neq 0$. 这一结论的根据是低温下超(电)流密度随温度的变化关系 $n_s^*(T)$ 的形状. n_s^* 正比于序参量的平方 $|\varphi|^2$，可以认为是凝聚到超流基态上的载流子的百分率. 根据上述可知，$n_s^*=\lambda^2(0)/\lambda^2(T)=H_{c1}(T)/H_{c1}(0)$. 在像铝这类低温超导体中，$n_s^*$ 在极低温 $(T\to 0)$ 时是常数，当温度升高时以 $\exp(2\Delta/kT)$ 方式下降，这是因为有热激发. 相反，如果 $\Delta(\boldsymbol{k})$ 在某些点或线上是零，则就没有能隙. 而态密度就随能量 E 按线性律或抛物线律增加，结果，n_s^* 随 T 增加就按幂律变化. 它和指数律变化的区别可由实验方式确定.

图 33.24(a)示出有关 $n_s^*(T)$ 曲线的代表性结果，是用 $YBa_2Cu_3O_7$ 样品进行不同方法测量所得. 这些曲线在低温部分的"平台"清楚地证明，在整个费米面上拆开库伯对都存在一个非零的能隙. 在 $T\leqslant T_c$ 时超流密度随温度升高而降低，但降速快于弱耦合的 BCS 曲线，并和电子比热在 T_c 反常所定出的 $2\Delta/(kT)=6-7$ 曲线符合得很好. 在 $T\to 0$ 时的电子自旋磁化率曲线也说明肯定的非零能隙的存在.

还使用好几种谱线方法来测量超导能隙的大小及其与温度的关系 $\Delta(T)$. 例如已用了样品和计数电极之间排列方式不同的电子隧道谱，高分辨的光发射谱，光学谱和拉曼散射谱等等. 在 T_c 以下温度所作的拉曼谱中看到，在某一特征能量 Δ 以下有一个上面讨论过的宽电子激发谱的减小以及声子频率和寿命的小小的变化，相当于 $2\Delta/(kT_c)$ 是在5到8的范围，比弱耦合的 BCS 值3.5大. 当然也有实验报道比值 $2\Delta(kT_c)$ 是3—4范围的，甚至还有些结果暗示能隙在 CuO_2 面上不是各向同性的. 值得一提的是，有些结果还不能理解. 例如，有的谱结果表明，当能量低于 Δ 时态密度并不立即为零. 另一种是与能隙 Δ 相关联的特征谱线. 当温度趋近于

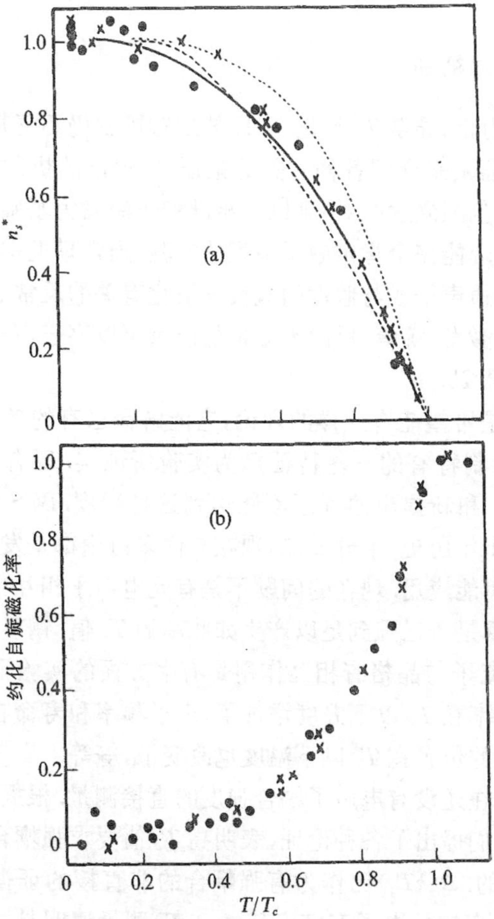

图33.24　非零的能隙存在于整个费米面上，它由低温下各种数据给出的“平台”证明. (a)由 $n_s^*=\lambda^2(0)/\lambda^2(T)$(点和实线)和 $n_s^*=H_{c1}(T)/H_{c1}(0)$(╳)的实验数据及弱耦合的BCS(虚线)和唯象的二流体模型(点线)分别给出；(b)自旋磁化率(核磁共振耐特移动)，由O位置(╳)和Cu位置(·)分别给出，数据是不同小组的. 整个图都是 $YBa_2Cu_3O_7$ 样品.

T_c 时与能量有关的谱线几乎没有移动，这是直到 T_c 时 Δ 近似为常数的表示.

§33.14 配对机制

到目前为止，导至 T_c 超过100K 的配对机制仍不清楚，也不可能以较短的篇幅来介绍各种有关的论证. 已提出的机制从通常模型（以各种玻色型激发配对）到以二维准粒子激发为基础的激子模型. 还没有出现能完全肯定激子模型的实验. 通常模型中的玻色激发类型有：普通声子或与假设的氧反常极化有关的反常点阵振动；电子激发；磁激发；等等. 后两类激发的能量可以高于声子能量，因而可以产生高 T_c.

最理想是希望能有这样的理论，它能解释已有的各种实验数据，而且该机制特有的一些特征已为实验所证实. 现有的各种模型，包括 BCS 和新提出的都还不能达到这种程度. BCS 的电声子机制已有数十年历史，十分成熟，现在有许多讨论都是发掘在多大程度上它还可能应用. 现在的问题不是有无电声子相互作用，而是这种相互作用是否已强到足以产生如此高的 T_c 值. 铜氧化物高温超导体中载流子与晶格有相互作用是有多方面的实验证据的. 例如，声子热导率在 T_c 以下温度增加了，声子频率和寿命在 T_c 以下改变了，原子的位置在 T_c 以下温度也改变了，等等.

然而，现在还没有电声子耦合强度的直接测量. 根据实验得到的声子谱，人们提出了各种论证，表明高 T_c 值要求强耦合. 于是一部分人以大的$2\Delta(kT_c)$比作为有强耦合的非直接的证据. 另一些人则指出，更直接的电子态密度和 $\sigma(\omega,T)$测量说明是弱耦合，也就是说耦合强度 λ 小于约0.4. 大的$2\Delta/(kT_c)$比并不一定说明耦合是强的，而可能是由大的拆对效应引起的.

实验发现，对于成分适当而有最高 T_c 的样品，同位素效应很小甚至是零，而对成分不能获得最佳 T_c 的同系样品，同位素效应却较明显. 这也引起理论上的兴趣. 还有其它一些模型，如强的非均匀的点阵缺陷模型等等，但是现在还难以进行实验验证.

以上例子说明了理论工作所遇到的挑战:5年的高温超导电性研究已积累了大量分散性的和不同质量的数据(这里已提到的实验当然只是一小部分).看来需要多学科的共同努力以制备更高质量的样品,并运用更精巧的先进测量技术,才能使研究深入下去.

V 静态磁性质

本节先介绍静(平衡)态磁性质的唯象理论描述(§33.15,§33.16),然后叙述高 T_c 超导体的实验结果(§33.17—§33.20).唯象理论是为描述常规超导体性质而发展起来的,但实践证明对高温超导体也很有用.有关高 T_c 氧化物超导体的第二类超导电性的研究工作很多,我们只能重点介绍高温超导体的特色,也就是与高度各向异性和高 K 等相关联的性质,并且主要介绍物理结果.对于理论推导和实验技术的细节感兴趣的读者请参阅有关文献.

§33.15 三维各向异性磁性质[162]

我们熟悉描述各向同性连续介质磁性质的GL理论.此理论本来只适用于 T_c 附近的温区,但实际上人们也把它用于远低于 T_c 的温度.在无外场和电流的一般情形下,GL序参量可以是实数,现记为 φ_e,脚标 e 表示平衡值.在有局域场 $\boldsymbol{b}$ 和局域电流密度 $\boldsymbol{J}$ 时,φ是复数,可写作$\varphi=\varphi_e f\exp(i\gamma)$,式中$f$和$\gamma$都是实数,且$f<1$(在 $b=0,j=0$时,$f=1$).超导体性质由下列两个方程的解决定:

$$\xi^2\nabla^2 f=-(1-f^2)f+[a_s/(2H_e^2\lambda^2)]f, \tag{33.1}$$

$$\boldsymbol{J}=-a_s f^2/(\mu_0\lambda^2), \tag{33.2}$$

式中 ξ 是相干长度,描述 φ 在空间有显著变化的尺寸,而穿透深度 λ 是超流 $\boldsymbol{J}$ 的变化尺度,$\boldsymbol{a}_s=\boldsymbol{a}+[\phi_0/(2\pi)]\nabla\gamma$,$\boldsymbol{a}$ 是矢量势,γ 是位相,ϕ_0是磁通量子.

因为铜氧化物高温超导体是高度各向异性的,所以描述这些材料性质的理论也应当是各向异性的,并且必须能说明这种各向异性.

将有效质量张量引入各向同性的GL理论即可适合各向异性系统.令晶体的主轴a,b和c分别为参考系的主轴X,Y,Z后,质量张量就对角化了.将对角元素$m_i(i=a,b,c$或$x,y,z)$作如下约化:$m_am_bm_c=1$.此时穿透深度$\lambda_i=\lambda\sqrt{m_i}$,描述沿主轴$i$的超流的变化尺度.相干长度$\xi_i=\xi/\sqrt{m_i}$,表示序参量沿主轴$i$的变化尺度(图33.25)显然$\lambda_a\lambda_b\lambda_c=\lambda^3$,$\xi_a\xi_b\xi_c=\xi^3$.$\lambda_i$和$\xi_i$间的联系是$\mu_0H_c=\phi_0/(2\sqrt{2}\pi\lambda_i\xi_i)$,$H_c$是热力学临界场,仍由凝聚能密度差定义:$G_n-G_s=\mu_0H_c^2/2$.GL参数仍然是$K=\lambda/\xi$.$H_c$和$K$都是标量.

实验得到,$YBa_2Cu_3O_7$的$\lambda_a:\lambda_b:\lambda_c\approx1.2:1:5.5$,相当于$m_a=0.4$,$m_b=0.3$,$m_c=8.8$.为了定性地理解这些实验结果,我们可以说$\lambda_a$和$\lambda_b$远小于$\lambda_c$是因为超流容易在导电的$CuO_2$面中流动,沿$c$轴方向流动则困难得多.而$\lambda_b$略小于$\lambda_a$是由于超流沿Cu—O链($b$方向)方向流动比垂直于链的方向($a$方向)略容易些.对$Bi_2Sr_2CaCu_2O_8$的实验发现,其各向异性更大:$m_a\approx m_b$,各向异性比$\Gamma=\gamma^2=m_c/m_a\approx3000$,相当于$m_a\approx m_b\approx0.07$,$m_c\approx200$.

需要强调指出的是,穿透深度决定于屏蔽超流的方向,而不是局域磁场的方向(参见图33.25).λ的脚标是指超流方向.

(a)孤立涡旋线的结构　磁场的穿透受麦克斯韦方程和第二GL方程制约.引入有效质量张量后的第二GL方程为

$$\boldsymbol{J}_i=-[f^2/(\mu_0\lambda_i^2)]\boldsymbol{a}_{si},\tag{33.3}$$

此方程给出超流密度$\boldsymbol{J}$和规范不变矢量势$\boldsymbol{a}_s=\boldsymbol{a}+[\phi_0/(2\pi)]\nabla\gamma$的第$i$个分量间的联系$(i=a,b,c,x,y,z)$,和各向同性的情况式(33.2)相当.同样,$\boldsymbol{a}$是矢量势,$\gamma$是约化序参量$f\exp(i\gamma)$的位相,序参量可当作库伯对波函数.

考虑低场情形,有一根孤立涡旋线,其中心位于X轴.按伦敦理论(芯外$f=1$)有

$$b_x(y,z)=[\phi_0/(2\pi\lambda_b\lambda_c)]K_0\{[(y/\lambda_c)^2+(z/\lambda_b)^2]^{1/2}\},\tag{33.4}$$

式中K_0是修正的贝塞尔函数.局域磁场b在Y方向以衰减长度λ_c

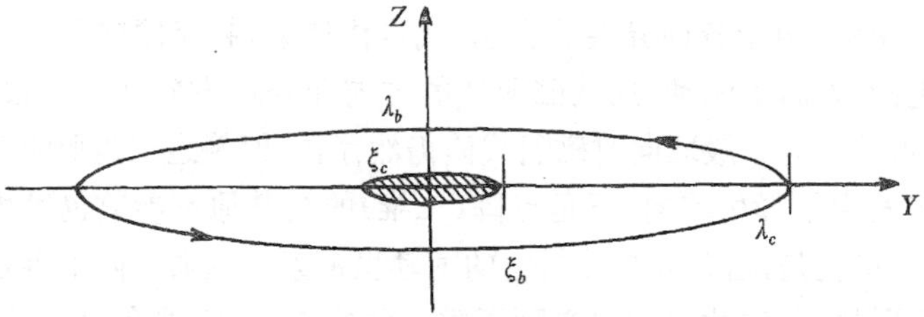

图33.25 磁场平行于 ab 面(沿 X 轴)时孤立 Abrikosov 涡旋截面示意图. 外面的椭圆是超流线或等磁感线,阴影是涡旋芯区. Z 轴平行于 ab 面法线.

近似指数式衰减,沿 Z 方向则以衰减长度 λ_b 同样地衰减. 等磁场线和电流流线是椭圆:$(y/\lambda_c)^2+(z/\lambda_b)^2=$常数(参见图33.25). 涡旋芯由椭圆:$(Y/\lambda_c)^2+(Z/\lambda_b)^2=(\xi_c/\lambda_b)^2=(\xi_b/\lambda_c)^2=m_a/\kappa^2=1/\kappa_a^2$定义. 超流密度在芯周界上达到极大. 上式中 $\kappa_a=\kappa/\sqrt{m_a}$是沿 a 方向的涡旋的有效 κ.

按上述伦敦模型,芯内 $b_i=$常量,$f=0$. 然而,按各向异性的 GL 理论,序参量向中心光滑地趋近于零,在芯的中心才精确地为零. 假如涡旋中心(即磁场方向)沿其它主轴,则 b_i(因而 j_i)可由轮转脚标($x\to y\to z\to x,a\to b\to c\to a$)而得到.

(b)下临界场　单位长涡旋线的能量 ε_1 也由第二 GL 方程求得. 在涡旋线沿 a 轴时,ε_{1a}和下临界场 H_{c1a}的关系为 $\varepsilon_{1a}=\phi_0H_{c1a}$. H_{c1}加上脚标是因为它也是各向异性的. ε_{1a}是磁能和超流电子动能的总贡献. 如果只考虑到对数衰减精度,则

$$\mu_0H_{c1a}=\phi_0\ln\kappa/(4\pi\lambda_b\lambda_c).$$

对各向异性的 GL 方程数值解得到($\kappa_a\gg1$)

$$H_{c1a}=\phi_0(\ln\kappa_a+0.50)/(4\pi\mu_0\lambda_b\lambda_c). \tag{33.5}$$

假如涡旋中心沿 Y 轴或 Z 轴,则 H_{c1b}和 H_{c1c}可以和上面一样由轮转脚标($x\to y\to z\to x,a\to b\to c\to a$)得到.

(c)磁化强度和磁通点阵　利用 GL 理论或伦敦理论,可以得到各向异性超导体在低场和中场($H_{c1}\ll H\ll H_{c2}$)时的磁化强度和

磁通点阵. 这里，虽然不允许我们作具体的推算，但总的特征仍旧是简单的. 由于各向异性的影响，或具体地说，超流倾向于优先在导电的 ab 面上流动，局域磁通线的方向和外场方向并不一致. 结果，当外场为一般取向时磁通线阵仍然存在，但等边三角形的三角点阵发生了择优取向，三角点阵（二维）的初基原胞参数也发生了改变. 也就是说，各向异性材料的阿勃里柯索夫磁通点阵不再是正三角形的了. 磁化强度也受到了类似的影响. 这表现在，当外场不平行于晶体主轴时，磁化强度矢量一般不再平行于外场方向. 换言之，除了平行于磁场方向的分量外，一般还有垂直于磁场的横向分量. 而且除了磁场严格平行于 ab 面外，垂直于 c 轴的磁化强度分量几乎为零. 精确地说，除 $\boldsymbol{H}$ 和 ab 面夹1个小角度外，磁化强度沿 c 轴分量都比较大. 这是因为超流（产生抗磁性的电流）所在的平面择优于 ab 面（导电面）.

(d)*上临界场和磁化强度*　考虑高场情况，$H \lesssim H_{c2}$. 各向异性的 GL 理论可以求得各向异性的上临界场 H_{c2}. 和各向同性的情况相同，可以将各向异性的第一 GL 方程线性化而求得 H_{c2}. 假定磁场 $\boldsymbol{H}$ 和 c 轴的夹角是 θ，用 ϕ 表示 $\boldsymbol{H}$ 在 xy（ab）面中的分量（$H\sin\theta$）和 X 轴（a 轴）的夹角，即

$$\boldsymbol{H} = H(\sin\theta\cos\phi, \sin\theta\sin\phi, \cos\theta),$$

则各向异性的上临界场为

$$H_{c2}(\theta,\phi) = \sqrt{2}\,\kappa_e(\theta,\phi)H_c = \phi_0/(2\pi\mu_0\xi^2 m_e), \qquad (33.6)$$

$$m_e = m_a\sin^2\theta\cos^2\phi + m_b\sin^2\theta\sin^2\phi + m_c\cos^2\theta.$$

如外场分别沿主轴 a,b,c 时，我们可得到3个主轴方向的上临界场，即

$$H_{c2a} = \phi_0/(2\pi\mu_0\xi_b\xi_c), \qquad (33.6a)$$

$$H_{c2b} = \phi_0/(2\pi\mu_0\xi_c\xi_a), \qquad (33.6b)$$

$$H_{c2c} = \phi_0/(2\pi\mu_0\xi_a\xi_b). \qquad (33.6c)$$

和中低场时磁化情况相似，当外场为任意方向时，磁化强度也有横向分量. 但是当外场沿任一个主轴方向时，M 却相对地简单（无横向分量），即

$$M_i=(H-H_{c2i})/[(2\kappa^2-1)\beta_A] \qquad \boldsymbol{H}//i \text{ 轴}, \tag{33.7}$$

式中 i 可取任一主轴方向(a,b 或 c),β_A 是 Abrikosov 参数,三角点阵 $\beta_A=1.16$,四角点阵 $\beta_A=1.18$. 式(33.7)形式上和各向同性的情况相同. 当外场近似平行于主轴时也只有平行于主轴的分量. 对于外场为一般方向时的磁化强度问题可在文献中找到[162].

§33.16 层状结构材料的磁性质[162—164]

上节的各向异性连续介质唯象描述方法对 ξ_c 远小于导电层间距 s 的层状结构二维性超导体已不适用. 从物理上说,ξ_c 也不应当进入各表达式. 不同体系的铜氧化物高温超导体的各向异性是很不同的. Y 系和 La 系就接近于各向异性的三维连续介质,而 Bi 系和 Tl 系一般更接近于层状结构的二维材料. 此外,ξ 在低温和高温的值很不相同,因而一种超导体在低温下接近于二维系统,而在 T_c 附近则可以变成三维性明显的连续介质. 因此当某种高温超导体在高温下可用 GL 的连续介质理论描述,到低温下就可能不再恰当了. 二维或准二维系统可用劳伦斯-唐纳奇(W. E. Lawrence-S. Doniach)模型(LD 模型)描述[163].

LD 模型处理的是层状结构的超导系统,它们由超导层周期性堆积所构成,层间又有约瑟夫森耦合. 超导层性质由二维 GL 理论描述,序参量变化的空间尺寸 ξ 小于层间距离 s. 如果 $\xi>s$,则这种分立的二维系统就退化为上节的三维情形.

在 LD 模型中,假定所有超导层中的序参量大小不变(在 $\xi_c<s$ 时,这个假定是很可靠的),相邻两层的位相差一定. 序参量沿 Z 方向的梯度就用 $[\Psi_n(x,y)-\Psi_{n-1}(x,y)]/s$ 来代替. 用 LD 模型计算的层状结构超导体中的一个孤立涡旋结构示于图33.26. 在外场是如图所示的情形下,涡旋周围的场是

$$b_x(y,z)=[\phi_0/(2\pi\lambda_b\lambda_c)]K_0(\widetilde{R}), \tag{33.8}$$

式中 $\widetilde{R}^2=\widetilde{u}_0^2+\widetilde{y}^2+\widetilde{z}^2$,$\widetilde{u}_0^2=s/(2\lambda_b)\ll 1$,$\widetilde{y}=y/\lambda_c$,$\widetilde{x}=x/\lambda_b$. 跨过每个约瑟夫森结的超流只有 Z 分量 $J_E=J_0\sin\Delta\gamma$,$\Delta\gamma$ 是规范不变局域跨结位相差. 在涡旋中心层,$z=0$(第 n 层 $z=ns$),有

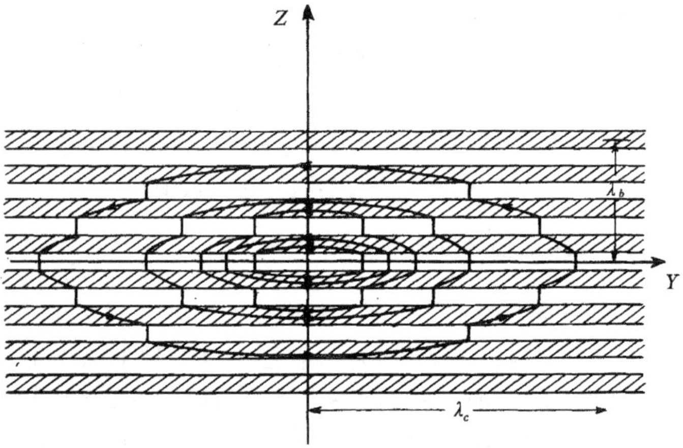

图33.26　层状结构超导体中平行于 $X(a)$ 轴的孤立涡旋. 箭号表示超流和流线. 超导层有阴影.

$$J_z(y,0)=J_0(s/\lambda_b)K_1(\widetilde{R}_0)(\widetilde{y}_0/\widetilde{R}_0), \qquad (33.9a)$$

式中 $\widetilde{R}_0^2=\widetilde{u}_0^2+\widetilde{y}^2$. 对 $|\widetilde{y}|\ll 1$, 有

$$J_z(y,0)=2J_0\widetilde{u}_0\widetilde{y}/(\widetilde{u}_0^2+\widetilde{y}^2). \qquad (33.9b)$$

此式在 $\widetilde{y}=\widetilde{u}_0$, 即 $y=y_m\equiv(s/2)(\lambda_c/\lambda_b)$ 时取极值, $J_z(y_m,0)=J_0$. 由于超流 J 在 $y=\pm y_m$ 和 $z=\pm s/2$ 处极大, 因而可想象涡旋芯是椭圆. 此椭圆的半轴比是 $(s/2)(\lambda_c/\lambda_b):(s/2)=\lambda_c/\lambda_b=(m_c/m_b)^{1/2}$, 恰好就是 GL 理论给出的各向异性超导体中的孤立阿勒里柯索夫涡旋的芯, 与图33.25所示出的结果相同.

如图33.26所示的孤立涡旋线的单位长的能量是 $\varepsilon_{1a}=\phi_0 H_{c1a}$, 而 H_{c1a} 是 a 方向的下临界场

$$H_{c1a}=(\phi_0/[4\pi\mu_0\lambda_b\lambda_c])(\ln[\lambda_b/s]+1.12). \qquad (33.10)$$

对连续介质中的何勒里柯索夫涡旋, 式(33.10)中对数项内是 $\kappa_a=\lambda_b/\xi_c$, 而这里用层周期 s 代替了 ξ_c, 因而是较低的截止.

在把上述结果与 $YBa_2Cu_3O_7$ 的实验数据比较时发现, 定义"中间夹了一层 Y 原子面的两个 CuO_2 面的组合"作为一个超导层更恰当. 于是, 层周期 s 就是 $YBa_2Cu_3O_7$ 的晶胞参数 c(=1.17nm). 其

中的 BaO 和 CuO 层就自然是绝缘层(贮电层). 对 $Bi_2Sr_2CaCu_2O_8$，则把半个晶胞参数 $c/2$当作 $s(s=c/2)$更合适.

当外场沿 c 轴时，涡旋线也沿 c 轴. 平行于 ab 面流动的屏蔽电流的流线呈圆($\lambda_a=\lambda_b$)或椭圆($\lambda_a\neq\lambda_b$)图案. 沿 c 方向无电流，于是在这种情况下约瑟夫森耦合不起作用. 从各向异性的伦敦方程轮转脚标就得到此种孤立涡旋线的磁场

$$b_z(x,y)=(\phi_0/[2\pi\lambda_a\lambda_b])K_0\{[(x/\lambda_b)^2+(y/\lambda_a)^2]^{1/2}\}. \quad (33.11)$$

这个结果在阿勃里柯夫涡旋芯区以外的远处成立.

已经证明，这个结果也可以由一系列独立的，沿 c 轴排列的，二维"饼涡旋"(pancake vorlex)[或"点涡旋"(doted vortex)]产生的场叠加而成[164]. 每个"饼"("点")都位于一个导电层中. 图33.27示出一个饼涡旋(它含有一个磁通量子 ϕ_0)的磁场. 图33.28(a)示出 在低温($T\approx0$)时，一系列堆积的饼涡旋(上)及其合成磁场(下). 如果 $\lambda_a\neq\lambda_b$，则饼涡旋的流线是椭圆. 如果 $\lambda_a=\lambda_b$，则流线是圆. 在相邻两个导电层间(弱耦合的层间)有约瑟夫森电流，它们形成所谓"约瑟夫森涡旋". 在同一导电层中的饼涡旋间是相互排斥的. 相邻两层中的饼涡旋则是吸引的. 吸引一般很弱，并与层间耦合的强弱有关. 在很低的温度下，饼涡旋排成点阵. 每个饼运动的"激活能"很小，所以磁通线阵即饼涡旋点阵只有在足够低的温度下才会稳定. 当温度升高时就逐渐不稳定了. 在温度升到某个值 $T_{KT}=\phi_0^2 s/(8\pi\mu_0 k_B\lambda_a\lambda_b)$时单根涡旋线就"蒸发"为一些独立的饼涡旋了[图33.28(b)]. T_{KT}和一对正反涡旋分离的温度(即 K—T 相变的温度)是一致的.

在磁场不平行于主轴的一般情形，如果温度足够低，则涡旋排列如图33.29所示. 注意到每个饼涡旋的方向基本上没有改变. 磁通线也出现了大量的弯结(kink)或台阶.

§33.17 磁通点阵

在低温第二类超导体的发现及其性质的研究中，磁通(涡旋)点阵(线阵)的直接观测是最重要的实验方法之一. 发现铜氧化物

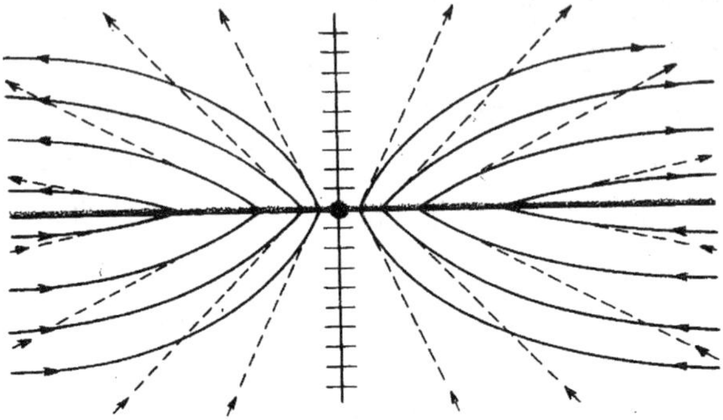

图33.27 一个饼涡旋产生的磁场示意图. 虚线是一个孤立饼涡旋在真空中的磁场. 实线是沿 c 轴有一系列导电层时一个饼涡旋的磁场. 这磁场被限于一个层中.

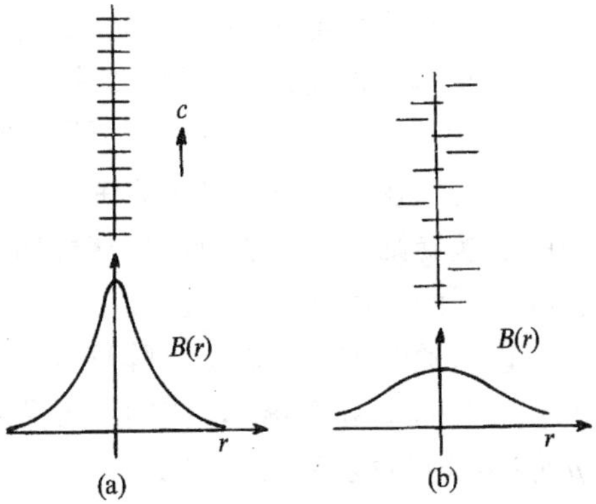

图33.28 (a)排列在 c 轴上的一列饼涡旋的磁场. 磁场 B 只有 Z 分量,为式(33.11)所表示. 导电层(饼所在平面)中的分量为零. 磁场的范围主要限于 $2\lambda_a \approx 2\lambda_b$ 中;(b)饼涡旋的热涨落可以使涡旋线蒸发. 随着温度增加,涡旋的磁场逐渐变成宽而平,在一定的"融化温度"时磁场变成无限的"平坦". 图中短的水平横线表示饼涡旋.

高温超导体后,直接观测磁通点阵也受到重视,得到许多重要结果.

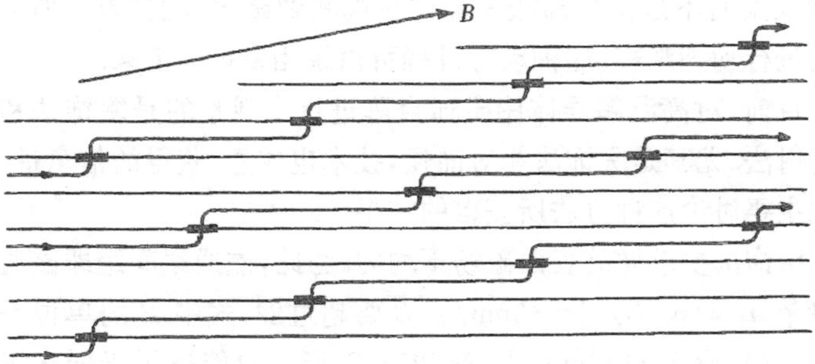

图33.29　磁场和导电层近于平行时层状超导体中的涡旋示意图. 如果层间耦合很弱,由层中的饼涡旋和层间的约瑟夫森涡旋构成的涡旋线是有弯结的.

最早发展的观测技术是中子衍射和缀饰法. 这两种方法对认识第二类超导电性(由阿勒里柯索夫理论上预言)的存在起了重大作用. 近年来又发展了电子全息照相(electron holography)[165]和扫描隧道谱(scanning tunneling spectroscopy)等技术来直接观测涡旋线及涡旋点阵[166].

缀饰法是利用超细铁磁微粒"缀饰"样品表面涡旋露头处后再观察缀饰图案的办法来探测涡旋线的存在及其排列[167,168]. 扫描隧道谱法则是将样品和针尖作为两个电极,加上一定偏压后,让针尖贴近样品表面扫描,并测量隧道 I-V 曲线,从而可以通过探测样品表面涡旋芯和其周围电子态的方法来确定涡旋芯露头的位置以及能隙等[169]. 这两种方法都只能探测样品表面涡旋的情况. 中子衍射法是根据中子磁矩与磁场的相互作用,周期性的磁通线排列将导致中子束的布拉格衍射. 衍射线的位置和强度给出样品内部磁场的分布信息[169]. 磁通线的全息照相原理是基于磁场会改变电子波的位相[165]. 相干平面电子波(束)经过不同强度的磁场后位相将有不同的改变,再由干涉电子显微镜精确测定电子波的位相分布,便可探测磁力线的分布. 利用这种和普通光学全息照相原理相同的方法,目前已能探测低温超导体(例如铌膜环和铅膜)所捕获的磁通线和穿透超导体的磁通线. 而且因这种方法是对磁场线的直接观察而不是像缀饰法等那样只观测到磁通线的“象”，所以能对它进行动态观察，这种动态过程可由录相带记录下来.

目前，对高温超导体中磁通点阵进行了观察的是缀饰法和中子衍射法. 尤其是缀饰法相对简便，技术也成熟，获得的信息最多，我们主要讨论这种方法所获得的结果.

缀饰法要求样品表面磁场不均匀. 为此，磁通线间距即磁通点阵参数 $a_0 \approx (\phi_0/B)^{1/2} = 45\text{nm}/\sqrt{B}$ 要超过 2λ，式中 B 的单位是 T (特斯拉). 设 $\lambda \geqslant 170\text{nm}$，则 $B < 20\text{mT}$，所以只能适用于低磁场下的磁通线观测. 在惰性气体的背景中蒸发铁磁材料，被蒸发的原子和惰性原子碰撞后减速并凝聚，形成“磁烟”. 高质量的单晶具有新鲜解理表面，先场冷以捕获磁通. 尺度约为5nm 的微粒构成的磁烟随后形成，烟中微粒沿磁力线漂移到样品表面后就淀积在磁通线的露头处，并在范德瓦耳斯力的作用下而固定下来. 然后将样品升温到室温，用扫描电镜或高倍光学显微镜观察所形成的图案. 这个方法常称作毕特技术，和低温超导体使用的是一样原理及技术.

用缀饰法已在 $YBa_2Cu_3O_7$ 的单晶和薄膜、$Bi_2Sr_2CaCu_2O_8$ 和 $Tl_2Ba_2CaCu_2O_8$ 等单晶样品上观察了磁通线和磁通点阵图案. 磁通点阵都是在液氦温区缀饰所得. 在液氮温区缀饰得到非晶态分布的磁通线，被解释为磁通液态. 实验还得到一系列其它结果，包括能给出样品各向异性的有椭圆形截面的涡旋线，作为磁通点阵存在相变证据的六角对称图(hexatics)，证明存在本征钉扎(intrinsic pinning)揭示与高度各向异性有关的磁通线链，等等. 实验还证实每个磁通线的磁通量是 ϕ_0，磁通线与晶体缺陷(如孪晶界等)间的钉扎效应，磁通密度梯度(体临界电流)的存在，测量了穿透深度等等. 所有这些都是高温超导体的第二类超导电行为的直接证明[170—177].

图33.30示出一个缀饰图案[168]. 这种图案直接证明了高温超导体存在混合态，其性质和常规第二类超导体完全相似. 例如，低温下涡旋线形成规则的三角点阵，其中含有大量的缺陷(不是晶体缺陷)，涡旋线受到钉扎作用，等等.

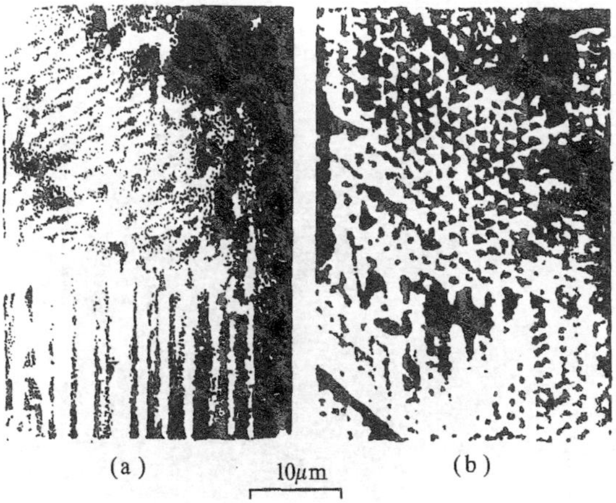

图33.30 $YBa_2Cu_3O_7$单晶 *ab* 面上的 Bitter 图案.(a)是用偏振光而(b)是用非偏振光的光学显微镜观察的结果.(a)中可见到孪晶界,主要位于下半部.(b)中可见到涡旋排列的情形,说明涡旋优先聚积于孪晶界上,故孪晶界是吸引涡旋的,这是弱超导区钉扎磁通.即使在无孪晶区,磁通线排列也非完全有序,暗示有其它未分辨出的钉扎中心的存在.样品是在1mT 的磁场中场冷到液氦温度的[168].

图33.31示出的是高温超导体有奇异宏观磁性质的一例,它说明在通常磁通线格子的背景上出现的磁通线链.这种链的出现被解释为高度各向异性导致磁通线间除了排斥力外还有吸引力的存在.

图33.32示出的是低温下阿勃里柯索夫点阵变为六角涡旋玻璃(hexatic vortex glass)的例子.涡旋玻璃理论预言,像$Bi_2Sr_2CaCu_2O_8$这样的高温超导体"在低场和低温下的涡旋系统的有序相是一种凝聚态奇异相",其主要特征为涡旋位置短程有序(有序空间尺寸为几个涡旋点阵参数)和方向对称的长程有序(有序空间尺度为几百个涡旋(线)点阵参数).

图33.33示出的是 $YBa_2Cu_3O_7$在磁场平行于 c 轴时涡旋(线)点阵的傅利叶交换,它说明因 λ_a 和 λ_b 不同导致三角点阵畸变,由

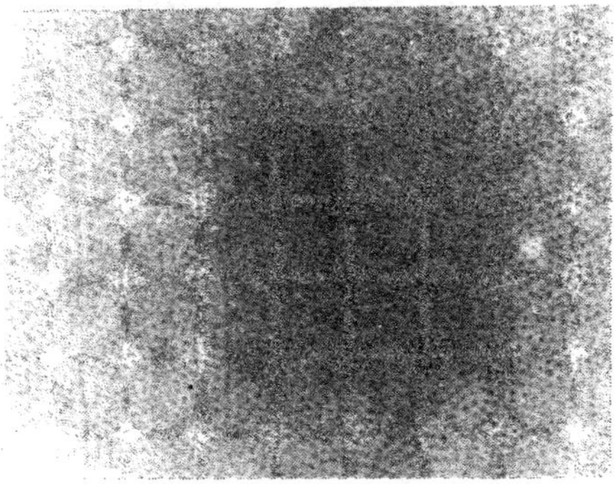

图33.31 $Bi_2Sr_2CaCu_2O_8$单晶的磁通点阵中的磁通线链. 黑点是磁通线. 涡旋点阵中有相距约10μm 的磁通线链. 观察面是 ab 面. 样品在3.5mT 的磁场中冷却. 磁场相对 c 轴倾斜70°. 此现象被解释为处于倾斜磁场中的各向异性材料，其磁通线间有吸引作用[172].

此图结果可定出 $\lambda_b/\lambda_a = 1.15 \pm 0.02$.

利用中子衍射方法已对磁场高达4T 的情况进行了磁结构观测. 中子衍射对 $YBa_2Cu_3O_7$单晶在2T 外场下磁结构与温度关系的研究结果说明，在4K$\lesssim T \lesssim$80K 的温区中并未发现磁结构有任何异常. 这和磁通(格子)融化理论的预言是不相符合的[169].

§33.18 磁化曲线

我们熟悉第二类超导体的磁化曲线 $M(T,H)$的特征. 比较高温超导体和低温超导体的磁化特性是研究高温超导体宏观电磁行为的重要方法之一. 图33.34示出 $YBa_2Cu_3O_7$单晶样品的一种磁化曲线 $M(T)$，即外场一定[可以场冷(先加磁场后冷却样品)也可以是零场冷(先冷却样品到实验温度再加磁场)]时磁化强度(或磁化率)随温度的变化. 由图中可见，低外场(例如0.1mT)时 M 迅速降为饱和值 M_0，这一性质通常被用来测定样品的抗磁转变温度. 对

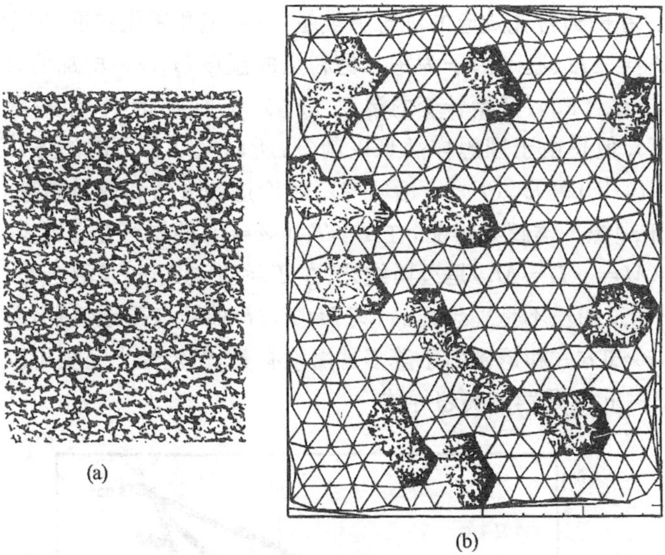

图33.32 六角有序涡旋玻璃.(a)4.2K 时 $Bi_2Sr_2CaCu_2O_8$的缀饰图，$B=2mT$；(b)(a)图中左上方一个小区域的德劳耐(Delaunay)三角网，一个交点为一个涡旋，阴影表示有缺陷的非六配位晶胞，注意左上方有一个孤立位错[172].

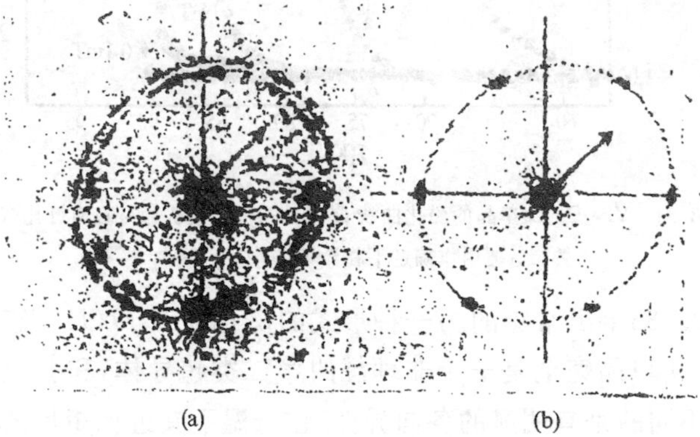

图33.33 磁通点阵的数值傅利叶变换. $H /\!/ c$. $YBa_2Cu_3O_7$晶体. $T=4.2K$. (a)$\mu_0H=4mT(\overline{B}=3.5mT)$；(b)$\mu_0H=8mT(\overline{B}=6.5mT)$. 箭头指 a 轴方向，椭圆反映 $\lambda_a \neq \lambda_b$.

于不存在磁通钉扎效应的理想Ⅱ类超导体，饱和磁化强度(完全抗磁)$M_0=-H$(退磁因子为零)，饱和点的温度(T_{c1})和所加的外场决定了$H_{c1}(T)$，开始转变的温度(T_{c2})和所加的外场决定了$H_{c2}(T)$. 但是由于理想样品难以制备，所以发展了不同的方法来测定$H_{c1}(T)$和$H_{c2}(T)$，下面将专门讨论这些方法和测量结果. 总之对于理想Ⅱ类超导样品，在$T\geqslant T_{c2}(M=0)$的温区是正常态. $T\leqslant T_{c1}(M=-H=M_0)$是迈斯纳态，在$T_{c1}\leqslant T\leqslant T_{c2}$时是混合态. 图33.34所示的虽不是理想样品，其$M(T,H)$曲线与磁通钉扎，磁通运动，冷却方式和退磁因子等多种因素有关，但定性上完全可以说明$YBa_2Cu_3O_7$是第二类超导体.

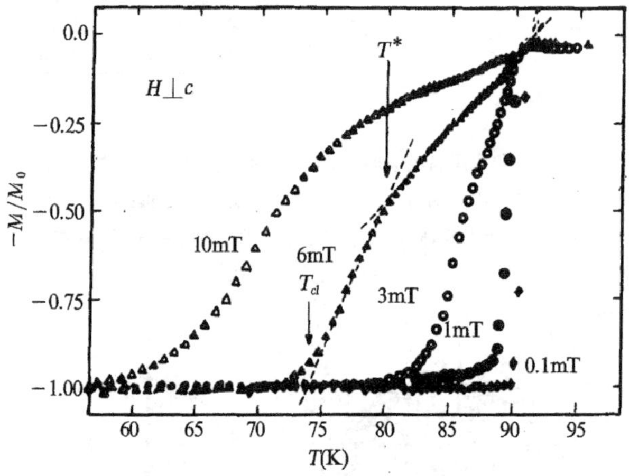

图33.34 $YBa_2Cu_3O_7$单晶的磁化曲线$M(T,H)$. T^*被认为与磁通钉扎有关，T_{c1}被用作确定下临界场$H_{c1}(T)$[178].

图33.35示出常见的另一种形式的磁化曲线$M(H)$. 它说明$YBa_2Cu_3O_7$单晶完全是一个非理想的第二类超导体，和普通低温超导体不同的是有明显的各向异性. 在低温下其近似矩形的磁滞回线表示单晶体中有较强的钉扎效应和临界电流随磁场变化较小等性质.

图33.35中示出的初始磁化曲线(通过坐标原点)也表现为直

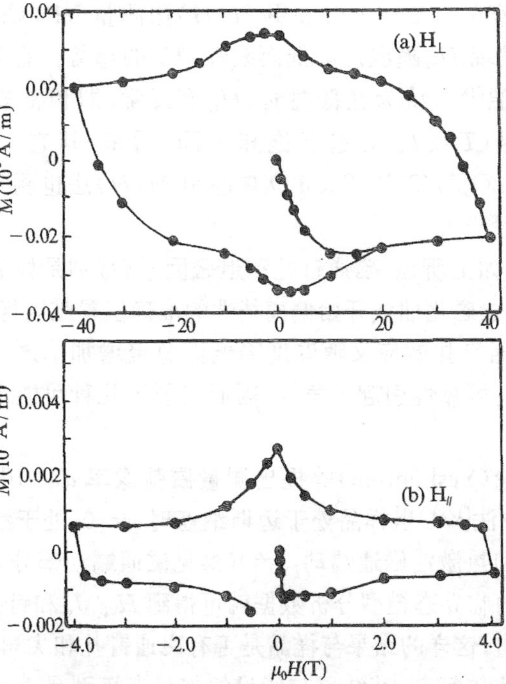

图33.35 在液氦温度 $YBa_2Cu_3O_7$单晶的磁化曲线 $M(T,H)$[179]. $H_{\perp}$和 $H_{/\!/}$分别表示外磁场垂直和平行于 CuO_2(ab)平面.

线,但是,由于磁通钉扎效应(有磁滞回线)较强,说明至少在低温时用初始磁化曲线偏离直线的温度和磁场来确定 $H_{c1}(T)$是不可靠的.

§33.19 下临界场

测量 H_{c1}的经典方法是 $M(H)$法,即在给定的温度下测量初始磁化曲线 $M(H)$,把 $M(H)$开始偏离线性的磁场定为 H_{c1}. 改变温度即可得到 $H_{c1}(T)$. 这种方法较简便,但要求样品无磁通钉扎现象,且退磁因子容易确定. 没有磁通钉扎的样品实验上难以制备,而钉扎效应很弱的样品是可以制取的. 我们曾使用一种消除弱磁通钉扎的方法来研究 $H_{c1}(T)$[180].

乌梅查瓦(Umezawa)等用 $M(H)$ 法测量 $YBa_2Cu_3O_7$ 单晶的 $H_{c1}(T)$,发现 H_{c1} 随温度降低而线性增加的趋势一直延续到 $T<T_c/2$ 的低温[181];认为在低温时,H_{c1} 有反常,即和常规超导体的 H_{c1} 在低温($T<T_c/2$)趋于饱和不同. 后来,其它一些小组对 $Bi_2Sr_2CaCu_2O_8$ 和 $Tl_2Ba_2CaCu_2O_8$ 单晶用 $M(H)$ 法也测到了类似的低温反常[182,183].

然而,如上所述,磁通钉扎和退磁因子(特别是样品的尖角部分)会使初始磁化曲线开始偏离线性的准确位置难以肯定. 高温超导体的磁通钉扎效应又随温度降低而急聚增加,这些因素使 $M(H)$ 法的可靠性引起了争议. 因而发展了几种可能消除上述缺点的方法.

耶什伦(Yeshunrum)等提出测量磁弛豫率 $dM/d\ln t \equiv s$ 来确定 H_{c1} 的方法[185]. 当样品处于迈斯纳态时,$s=0$,处于混合态时因磁通钉扎和热激活磁通蠕动,$s\neq 0$(参见磁通蠕动部分). 测出 s 后再用一定的临界态模型分析数据就可得到 H_{c1}、J_c 和钉扎能 U_0. 他们论证得出,这样的结果与样品是否有磁通钉扎和尖角无关. 显然这种方法比较复杂,其结果与所设的临界态模型是否有关也需实验作检验. 这一方法称为 $M(t)$ 法.

克勒辛-爱尔保姆(Krusin-Elbuaum)等[178]则通过测量一定磁场下混合态的 $M(T)$,再以一定的临界态模型作处理,以确定 $H_{c1}(T)$(参见图33.34). 这一方法被称为 $M(T)$ 法. 图33.36示出 $M(T)$ 法测得的 $YBa_2Cu_3O_7$ 的 $H_{c1}(T)$.

北泽弘一(K. Kitazawa)等测量一定温度下,场冷样品的剩余磁化强度 $M_r(T,H)$,再按一定的临界态模型处理以来获得 $H_{c1}(T)$,我们称之为 M_r 法[184]. 由 M_r 法测得的 $(La_{0.93}Sr_{0.07})_2CuO_4$ 的 $H_{c1}(T)$ 示于图33.37中.

高温超导研究中发展起来的测量 H_{c1} 的方法还有振动簧片法(vibrating read)[186]和磁转矩法[189]等力学方法. 力学方法和上述 $M(t)$、$M(T)$、M_r 等方法所得的结果都未见有 H_{c1} 的低温反常,而是和各向异性的 GL(平均场)理论的结果一致,因而表明高温超

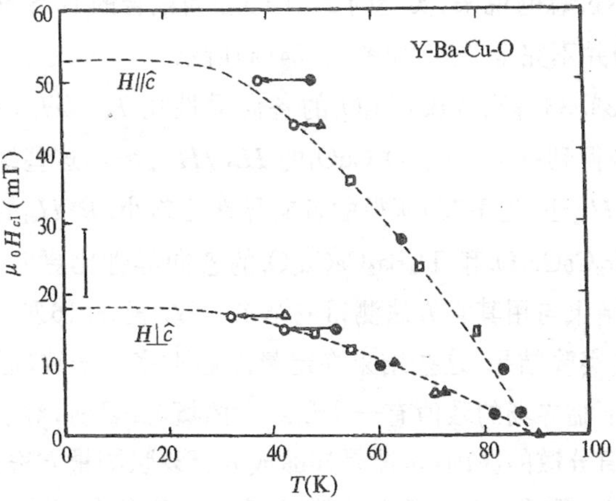

图33.36 $YBa_2Cu_3O_7$的 $H_{c1}(T)$. 虚线是弱耦合的 BCS 理论值[178].

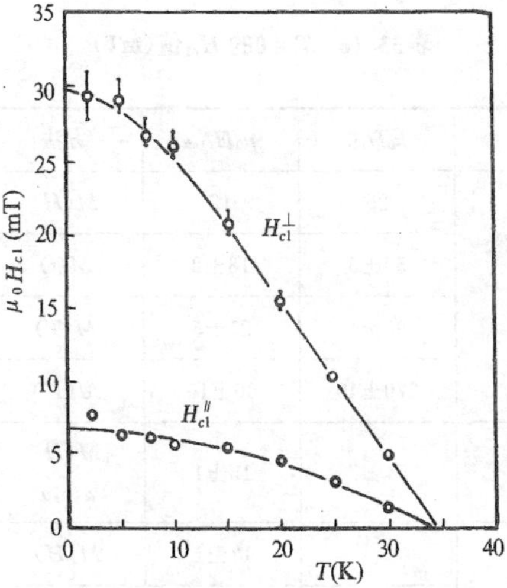

图33.37 $(La_{0.93}Sr_{0.07})_2CuO_4$的 $H_{c1}(T)$[184].

导体的混合态性质是“正常的”(和低温超导体定性一致). 还应指出,由于 K 值近乎和温度无关,从式(33.5)中可见,H_{c1}和 λ^{-2}的温度关系相同. 用介子自旋弛豫等测量 $\lambda(T)$后也发现超导态性质

“正常”.不过总的说来,实验的 $H_{c1}(T)$和弱耦合的 BCS 理论预测的 $H_{c1}(T)$并不完全一致,如图33.24(a)所示.

从图33.36得到 $YBa_2Cu_3O_7$的各向异性比 $H_{c1c}/H_{c1ab}\approx4—5$,从图33.37得到$(La_{0.93}Sr_{0.07})_2CuO_4$的 $H_{c1c}/H_{c1ab}\approx4$,这些结果比从缀饰法和 H_{c2}法(见下节)所得的各向异性比略小.从 H_{c1}的实验还得知,$Bi_2Sr_2CaCu_2O_8$和 $Tl_2Ba_2CaCu_2O_8$的各向异性比更大,这定性地所得出结果与用其它方法测得的结果一致.表33.16列出了有关 H_{c1}的一些实验结果.这些结果在定量上还不完全一致,但是可以使我们对下临界场的数值有一个量级上的概念.目前,对于实验的下临界场值分散的原因(可能是样品成分、形状、测量方法等)并无一致的看法.但倾向于磁通钉扎效应、表面效应和退磁因子不易估计是 H_{c1}难以准确测量的主要原因.

表33.16　$T=0$的 H_{c1}值(mT)

材料	μ_0H_{c1c}	μ_0H_{c1ab}	方法	文献
$YBa_2Cu_3O_7$	25	12	$M(H)$	181
	53±5	18±2	$M(t)$	128
	90±1	21±5	$M(T)$	185
	270±40	60±10	$M(H)$	183
$H_0Ba_2Cu_3O_7$	54±7	15±1	$M(H)$ a,c,x	182
$Bi_2Sr_2CaCu_2O_8$		17±1	$M(H)$	187
		8−14	$M(H)$	188
	12.5	0.25	$M(H)$	190
$Tl_2Ba_2CuCu_2O_8$	>800	>120	$M(H)$	191
$(La_{0.93}Sr_{0.07})_2CuO_4$	30±4	7	$M_x(H)$	184

§33.20　上临界场

测量 H_{c2} 的经典方法主要是 dc 电阻法和 dc 磁化强度法，即测量样品在一定磁场 H 中的转变温度. 一般记作 $T_{c2}(H)$，也就是 $H_{c2}(T)$，表示发生超导电成核相变的位置. 在 $H_{c2}(O)$ 很大时直接测量用的外场太高，所以先测量 $T_{c2}(H)$，即 T_c 附近的 $H_{c2}(T)$，再采用 WHH 理论公式

$$H_{c2}(O)=0.7T_c[\partial H_{c2}/\partial T]_{T_c} \tag{33.12}$$

得到 $H_{c2}(O)$，式中的 T_c 就是零外场的转变温度. 在研究高温超导体高潮中还提出过几种其它方法，如 ac 磁化率法、力学法和钉扎力法等等. 前者原理和直流法同，后者则定义使磁通钉扎强度为零的外场为 H_{c2}. 实验发现，各种方法测得的表观 $H_{c2}(T)$ 很分散，并且有 $H_{c2}(T)$ 曲线“凹向上”的奇异性[按平均场 GL 理论，$H_{c2}(T)$ 为式(33.6)，在 $T\to T_c$ 时 $H_{c2}\propto(T_c-T)$]. 起初人们还以为这是高温超导体的特征，后来才认识到上述大部分方法测到的不是 $H_{c2}(T)$，而是与磁通动力学有关的现象(参见 §33.23)，H_{c2} 的行为还是属于第二类超导体的“正常”行为，所以这里不讨论它们. 此外，由于各向异性，多晶样品的实验数据只能是各向异性 H_{c2} 的某种平均值，我们也不讨论.

韦尔普(U. Welp)等同时测量了品质基本相同的两块 $YBa_2Cu_3O_7$ 单晶样品的 H 对 T_c 的影响 $T_{c2}(H)$，发现静场 H 对 dc 磁矩法的转变温度的影响 $T_{c2}(H)$ 远小于 dc 电阻法的，而且样品在磁场中发生零电阻转变时，dc 磁矩没有任何可察觉到的变化(参见图33.38)，因而提供了一个有说服力的证据，证明磁场中的零电阻转变点不对应抗磁性的改变，电阻法表观 $T_{c2}(H)$ 也不是 $H_{c2}(T)$.

韦尔普等测量了一系列的 $Mi(T,H)$，然后用式(33.7)将 Mi 外推到零，得到 $\mu_0H_{c2i}(T)$[或 $B_{c2i}(T)$]. 在 T_c 附近，$Mi(T,H)$ 偏离线性被解释为涨落效应所致，而在较低温下，$Mi(T,H)$ 的线性被认为是平均场 GL 理论预期的“正常”的第二类超导体的行为. 所

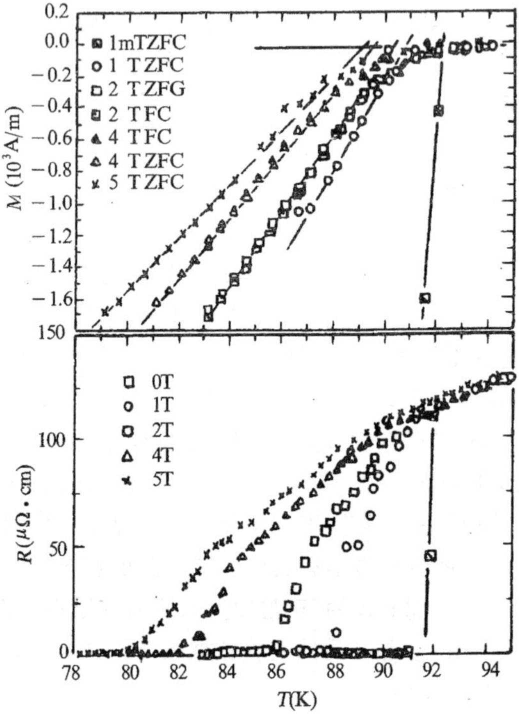

图33.38 静磁场对 $YBa_2Cu_3O_7$ 单晶 T_c 的影响. 上半: dc$M(T,H)$曲线. $T_{c2}(H)$由线性外推 $M(T,H)=0$得到. 稍低温时的 $M(T)$线性很好. T_{c2}附近数据的分散归因于热涨落; 下半: dc $R(T,H)$曲线. 注意在 $R(T,H)=0$决定的转变温度处, M 无任何异常, 因而由 $R(T,H)=0$测得的不是 $T_{c2}(H)$[191].

得的 $H_{c2i}(T)$如图33.39所示. 在 T_c 附近, $H_{c2}(T)$偏离直线也是涨落引起的(见插图). 由图可见, 不存在所谓的凹向上反常.

根据式(33.6)和式(33.12), 可由 $H_{c2}(T)$曲线得到 $\xi_i(T)$, $\xi_i(O)$, $H_{c2i}(O)$. 由此得到$YBa_2Cu_3O_7$的各向异性比$H_{c2ab}/H_{c2c}\approx 25$, 和用缀饰法等所得的结果一致.

在 $YBa_2Cu_3O_7$中, 沿 b 轴的 Cu—O 链对超导电性的贡献问题也是重要的. 通过非等轴应变技术已可制备无孪晶 $YBa_2Cu_3O_7$单

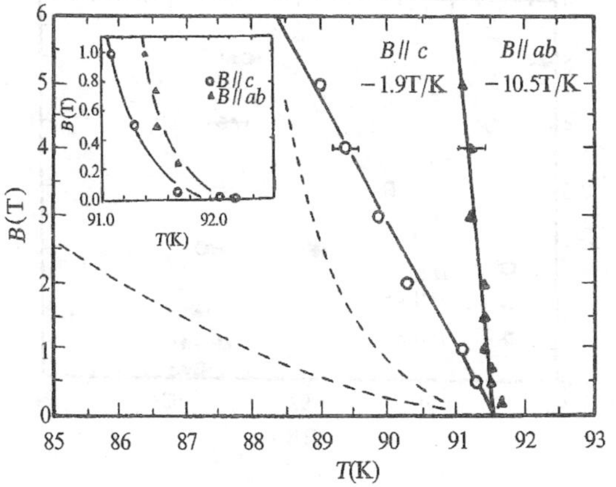

图33.39 $YBa_2Cu_3O_7$的上临界场与温度的关系. 图中 $H_{c2}(T)$曲线右边的数字是斜率 $\mu_0 dH_{c2i}/dT$. 在 T_c 附近, $H_{c2}(T)$实验点的分散归因于热涨落. 虚线是电阻法的结果. 插图是 $H_{c2}(T)$在 T_c 附近的放大[192].

晶体,使 a 轴和 b 轴在一个晶体中的方向得以固定. 图33.40示出无孪晶 $YBa_2Cu_3O_7$的 $H_{c2i}(T)$. 由图可知,Cu—O 链对 H_{c2},因而对超导电性的影响并不大.

实验的 $T_{c2}(\theta)$和由式(33.6)预言的 $T_{c2}(\theta)$的比较示于图33.41(理论公式取参数 $m_a=m_b, \phi=0, m_c/m_a=25$),两者符合得较好,这说明 $YBa_2Cu_3O_7$可当作各向异性的三维超导体,因为二维薄膜的 $T_{c2}(\theta)$在 $\theta=90°$时有尖顶[193],如图中虚线所示. 此外,这些结果也再次说明平均场的各向异性 GL 理论是适用的.

由于高温超导体的 ξ 很小,可以推测它们是"纯极限"的第二类超导体,即电子平均自由程 $l>\xi$. 至少对电流平行 CuO_2面是正确的. 测量 H_{c2}与正常态电阻率 ρ_n 的关系的实验也支持上述推测. 因为在"脏极限"时, H_{c2}和 ρ_n 成正比,而实验没有表明这一点.

值得注意的是,由于磁通动力学现象的复杂性,也由于涨落效应(尤其在高温和高场时)的显著,使 H_{c2}的测量增加了困难. 特别对 Bi 系和 Tl 系,可靠的 H_{c2} 数据还没有见到[194]. 就是对

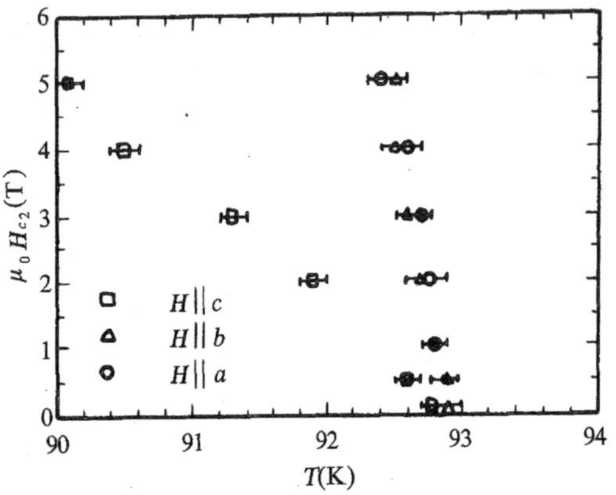

图33.40　上临界场的各向异性. 样品是无孪晶的 $YBa_2Cu_3O_7$，其中 a，b 和 c3 个方向都确定不变. 说明 Cu—O 链对 H_{c2}没有显著影响[192].

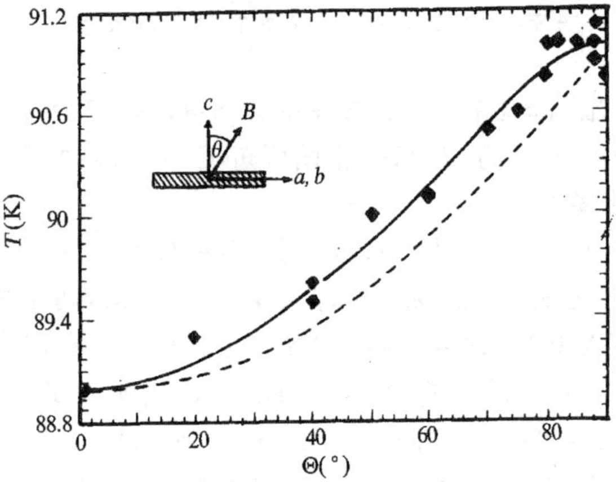

图33.41　$YBa_2Cu_3O_7$在 T_c 附近的 $H_{c2}(\theta)$关系. 实线是三维各向异性的理论值($m_c/m_{ab}=25$)，虚线是二维薄膜理论值. $\mu_0 H=5$T.

$YBa_2Cu_3O_7$，由于高温(T_{c2}附近)和高场时热涨落效应大，其 H_{c2}的可靠值也有争议. 例如，不同方法测得的 $\mu_0 dH_{c2}/dT$ 从1.6T/K(磁化强度法)[195]到7T/K[196][由爱丁豪森(Ettingshausen)效应测量得到].

Ⅵ 磁通动力学

与热涨落激活和磁通钉扎有关的磁通动力学是高 T_c 铜氧化物超导体的第二类超导电性的另一个特征，也是目前十分活跃的研究领域. 现有的研究结果已大大丰富了磁通耗散动力学和混合态相图的内容. 本节先概要介绍有关磁通动力学性质研究的重要实验结果，然后介绍有较广泛影响的磁通动力学机制和混合态相图问题.

§33.21 不可逆线

发现高温超导体后不久，缪勒等又报道了氧化物超导体的磁性质有新特征[197]. 他们测量了烧结块状样品 La-Ba-Cu-O 的磁矩，发现在磁场中冷却（FC）和零场冷却（ZFC）样品的磁化曲线 $M(T)$或 $\chi(T)$被一个与磁场有关的温度 T^i_{CH}划分为两个区域：$T<T^i_{CH}$时，FC 和 ZFC 的磁矩不同，是不可逆的，$T>T^i_{CH}$时，FC 和 ZFC 的磁矩相同，是可逆的(见图33.42). 改变 H，T^i_{CH}也改变，并遵从如下实验规律：

$$1-T^i_{CH}/T_{c0}=AH^q, \tag{33.13}$$

式中 T_{c0}是零场转变温度，A 是常数，$q\approx 2/3$. 这表示 T^i_{CH}是 H-T 平面中的一条曲线，它把混合态分为两个区域. 在 $T>T^i_{CH}$($1-T/T_{c0}<AH^q$)区是磁矩可逆区，反之则是不可逆区. 现在把 T^i_{CH}称为"不可逆线". 后来大量实验证明，不可逆线不是多晶样品的特征. 各种单晶样品都有不可逆线(图33.43). 指数 q 随样品和测量方法不同而有小的变化，其范围为$1/2\lesssim q\lesssim 3/4$. 常数也随样品体系而变. 实验发现，不同材料的约化不可逆温度 T^i_{CH}/T_{c0}不同，Y 系的最高，Bi 系和 Ti 系各相都较低.

后来发现，低温超导体 Nb_3Sn，NbTi 等也存在不可逆线，不过它们的约化不可逆温度 T^i_{CH}/T_{c0}较高，不可逆线接近 $H_{c2}(T)$曲线. 图33.44示出的是典型的低温与高温超导体不可逆线的比较[198].

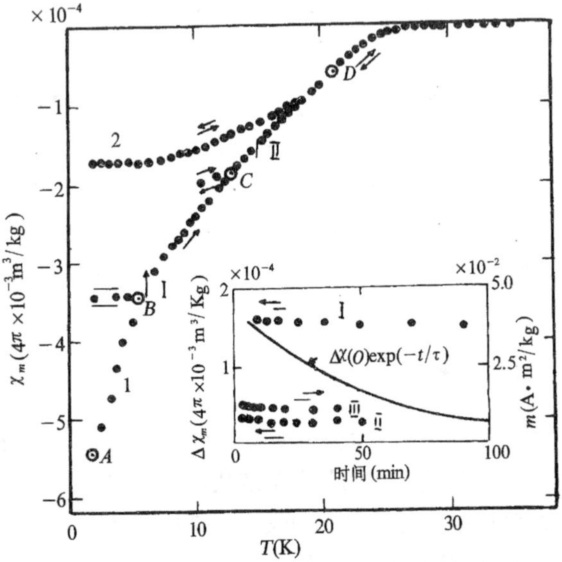

图33.42　ZFC 磁化曲线1($ABCD$)和 FC 磁化曲线2. $La_{1.85}Ba_{0.15}CuO_4$烧结多晶样品. $\mu_0H=30$mT. $T_D\equiv T_{CH}^i$,$T>T_{CH}^i$时,磁化率 χ 可逆,与冷却样品方式无关,$T<T_{CH}^i$时,χ 是不可逆的,与冷却样品方式有关. 改变 H,T_{CH}^i也改变. 插图中Ⅰ和Ⅱ分别表示图中点Ⅰ和点Ⅱ处 FC 和 ZFC 的剩余磁化率差 $\Delta\chi(t)$ 随时间的变化,Ⅲ是剩余磁化强度随时间的变化,其位置在图中未示出. 插图说明磁化强度随时间衰减的规律不是普通指数规律[197].

因为高温超导体的磁化强度往往随时间变化(即磁通蠕变,参见下节),所以实验测量值与何时读数有关. 这意味着不可逆温度也与采集数据等待时间有关. 尽管如此,不可逆线反应了超导体磁性质的一个真实而重要的特征. 此外,它还可以从测量一定温度下升场与降场磁滞回线的交点得到.

粒子辐照实验发现,快中子($E>0.1$MeV)在通量$\gtrsim10^{20}/m^2$时的辐照,使 Y 系和 Bi2212单晶的不可逆温度有明显提高,并伴随有零场转变温度 T_c 的降低,磁滞回线面积(因而磁 J_c)增加[199](图

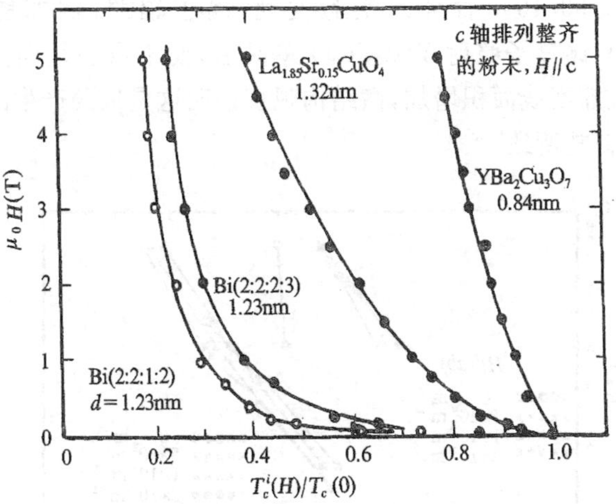

图33.43　不同高 T_c 体系材料的不可逆线. 磁场均平行于 c 轴，d 是样品尺寸[198].

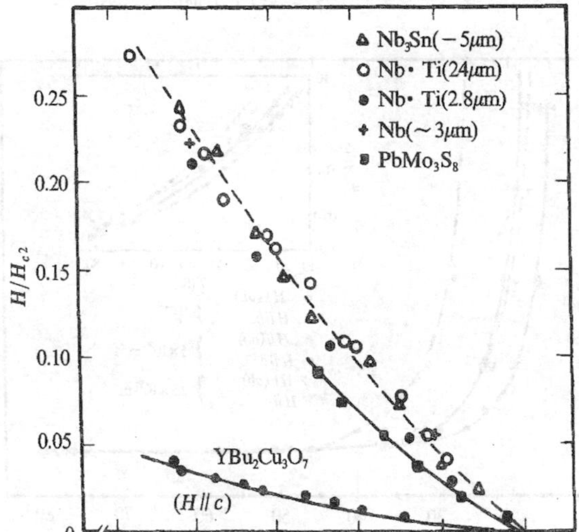

图33.44　几种低温超导体的不可逆线与 $YBa_2Cu_3O_7$ 的比较[198].

33.45和图33.46). 后来的实验发现，离子辐照，例如能量为580MeV的锡离子照射$YBa_2Cu_3O_7$单晶后，使不可逆线向高温高场移动，磁滞回线面积增加，微结构观察证明这是辐照产生的柱状缺陷增强钉扎所致[200].

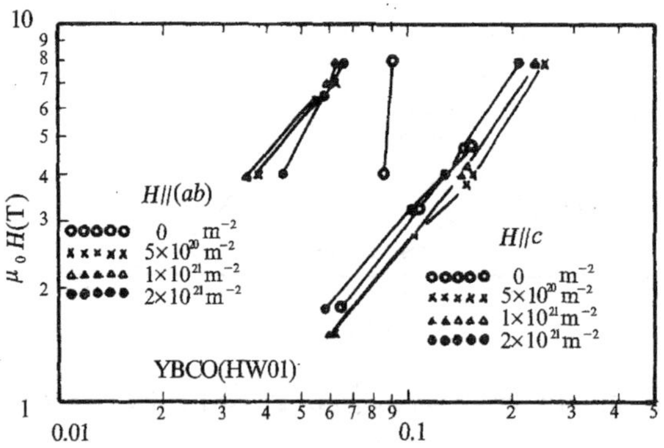

图33.45　$YBa_2Cu_3O_7$单晶不可逆线与中子辐照的关系[199].

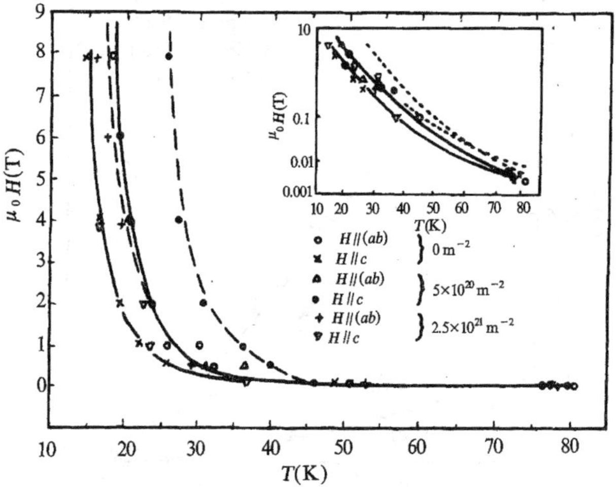

图33.46　中子辐照对$Bi_2Sr_2CaCu_2O_8$单晶不可逆线的影响[199].

总结以上实验结果可得出，不可逆线与材料的各向异性、T_c

以及磁通钉扎有关.

§33.22 巨磁通蠕动

上节中已提到，$La_{1.85}Ba_{0.15}CuO_4$多晶和 $YBa_2Cu_3O_7$融熔样品的磁化强度明显地随时间变化(弛豫). Müller 等的这一发现和关于不可逆线的发现一样是开拓性的. 继他们的工作发表后，已对各种体系(La，Y，Bi，Tl 等体系)的多种类型的样品(单晶，薄膜，结构块材和多晶等)进行了大量研究. 实验结果表明，高温超导体的上述磁弛豫现象比低温常规超导体的要严重得多，所以往往被称为“巨磁通蠕动”(giant flux creep)[201].

实验结果表明，大部分样品的磁通蠕变率在测量的时间范围内仍和低 T_c 常规超导体相似，遵从安德森-金(Anderson-Kim)经典模型所预言的对数律，即

$$s \equiv -(dB/B_0)/d\ln t = -(dM/M_0)/d\ln t = 常量,$$

或

$$M(t) = M_0[1-(k_B T/U_0)\ln(t/t_0)], \tag{33.13a}$$

式中 B_0，M_0，U_0和 t_0都是常量. 实验也观测到 s 有偏离对数律的情况.

图33.47和图33.48示出了一些实验研究的实例. 它们表明蠕变规律与样品种类、磁场强度、温度及测量时间范围等有关.

对融熔织构 $YBa_2Cu_3O_7$样品(含有211相粒子)的 $J_{c,s}$，T^{i}_{CH}及211相粒子尺寸和含量关系的研究发现，随着211相粒子尺寸减小，数量增加，磁 J_c 增加，弛豫率 s 降低，T^{i}_{CH}升高(参见图33.49). 这表示高 T_c 超导样品的磁通蠕变也是与磁通钉扎有关的. 由于磁 J_c 是磁通钉扎敏感的量，如果认为不可逆温度也是与磁通钉扎有关的，那么这些实验结果就容易理解了.

在经典磁通蠕变机制中，即式(33.13)所示的关系中，U_0是钉扎能，它表示磁通钉扎的强弱，是一个很重要的物理量. 磁化强度弛豫实验是测定U_0的一种重要方法. 但是如何从实验测定U_0与磁通蠕变机制有关. 一般可以直接得到的是磁通蠕变率. 为了

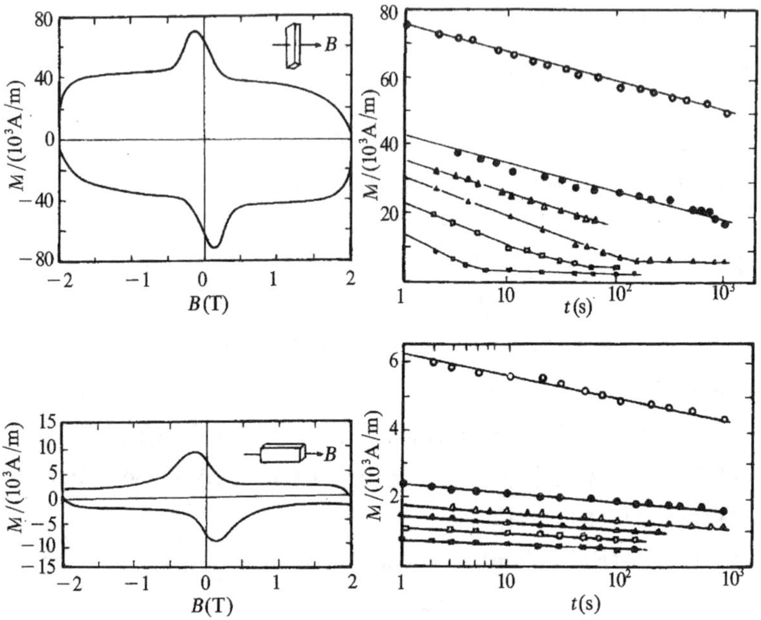

图33.47　融熔织构块样品 $YBa_2Cu_3O_7$的磁滞回线和磁弛豫[202]. 上半 $B/\!/c$，下半 $B\perp c$. 外场：○$B=0$T；●$B=0.27$T；△$B=0.7$T；▲$B=1.0$T；□$B=1.5$T；■$B=1.9$T.

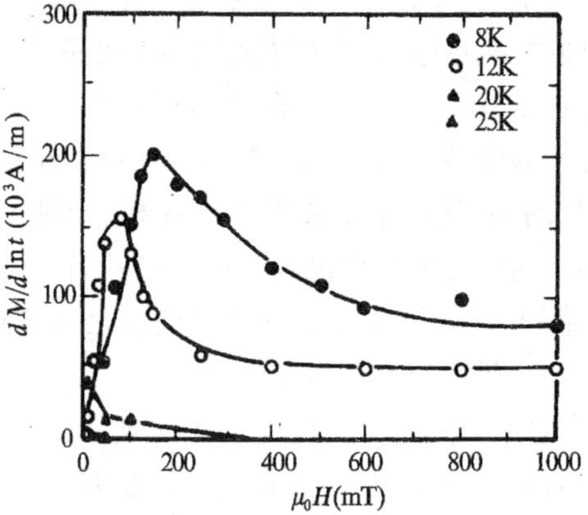

图33.48　$Bi_2Sr_2CaCu_2O_8$单晶的磁豫率与温度和磁场的关系[203].

消除未知量 M_0，最通常的是测定约化磁通弛豫率 $-d\ln M/d\ln t$. 显然，按经典公式(33.13)，它反映钉扎能和温度等量的组合. 图33.50示出的是约化磁化强度弛豫率与温度和磁场的关系的例子[205]. 图中结果不能仅用式(33.13)来解释.

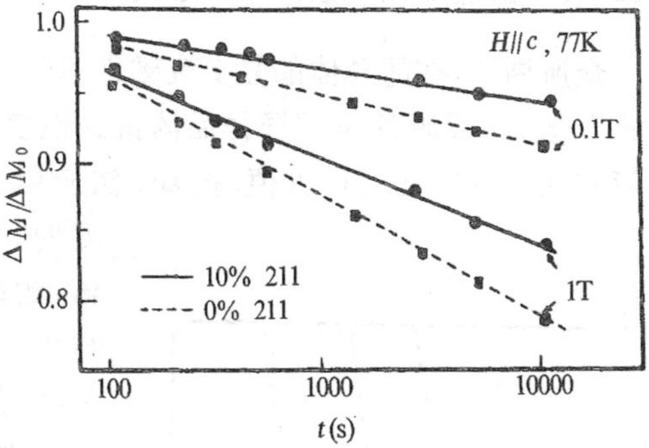

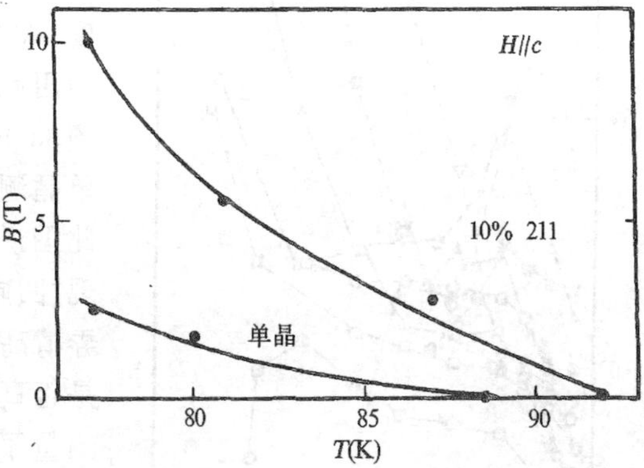

图33.49 融熔织构的 $YBa_2Cu_3O_7$ 样品的磁弛豫率(上)和不可逆线(下)与211相微粒含量的关系[204].

在高 T_c 样品中还观测到，温度降到很低时仍有一定的磁通蠕变. 按经典理论，蠕变率 s 随温度降低而减小，如式(33.13)所示. 图33.51示出的是 $YBa_2Cu_3O_7$ 单晶和薄膜的实验结果[205]. 由图可知，在温度低于1K 时，蠕变率不趋向零，而是保持为常值，直到温度接近1mK 都基本不变. 这一现象称为“量子隧道磁通蠕变”或“涡旋(磁通)量子隧道运动”，被解释为涡旋段的隧穿运动所致. 而较高温($T>1$K)的蠕变被认为是热激活的磁通运动.

与经典超导体相比，高 T_c 超导体的磁通蠕动确实很大，它和不可逆线的存在一样，反映了磁通动力学的特征.

§ 33.23 交流磁化率损耗峰的移动

众所周知,在超导体的复交流磁化率(acχ)$x=x'+ix''$中,实部x'的变化$\Delta x'$反映的是超导样品的抗磁性变化,而虚部x''的峰则对应磁通运动损耗的极大值. 把acχ法应用于测量超导磁转变温度时,不加静场或只加弱场,频率也较低. 所得的T_c与由电阻法测出的值基本一致. 人们也施加不同强度的静磁场H来测量转变温度,即$T_c(H)$或$H_c(T)$,希望用此方法测量上临界场. 图33.52示出对$YBa_2Cu_3O_7$单晶测量所得的一些结果. 此图说明表观的$T_{c2}(H)$呈现“凹向上”的奇异性. 为了弄清高T_c超导体的$H_{c2}(T)$是否真的有奇异性,人们又测量了交变场频率对表观$T_{c2}(H)$的影响,结果如图33.53所示. 此图上的结果证明,acχ法测量的表观$T_{c2}(H)$不是上临界场,而是与磁场变化速度有关的(即磁通动力学)性质. 马洛塞莫夫(A. P. Malozemoff)等认为这$T_{c2}(H)$也是不可逆线,也起源于磁通耗散运动,故我们记这$T_{c2}(H)$为T^{χ}_{CH}[206,207]. 实验表明,T^{χ}_{CH}

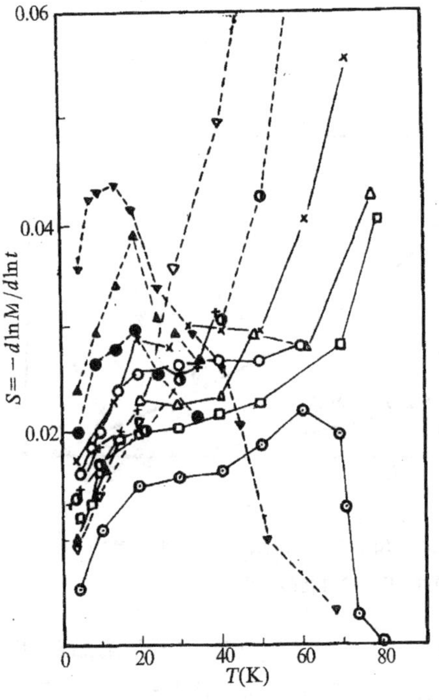

图33.50 不同$YBa_2Cu_3O_7$样品的约化磁通蠕变率[205]. 磁场平行于c轴,除注明的外都是1T. ▲,●,$B=2$T,晶粒定向排列(grain-aligned)样品,△,◑,$B=4$T,▽,$B=8$T,中子辐照的晶粒定向排列样品;▼$B=1.5$T,单晶;○,□质子辐照的单晶;t,⊙电子束蒸发,$SrTiO_3$基片膜;×,$B=0.9$T,溅射,MgO基片膜.

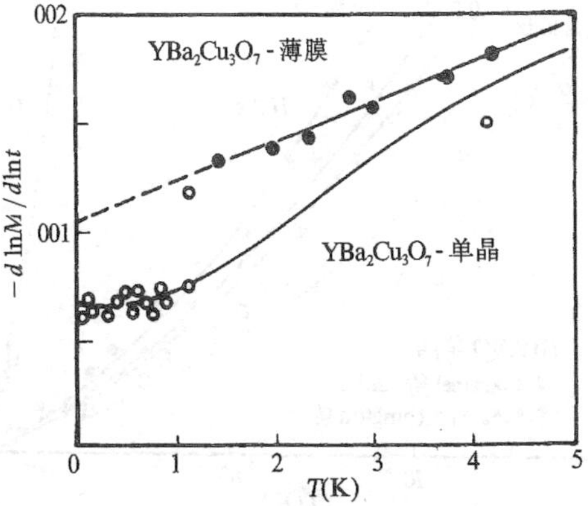

图33.51 80nm 厚的外延膜和单晶样品的约化磁弛豫率. $B /\!/ c$，膜0.26T，单晶0.2T[205].

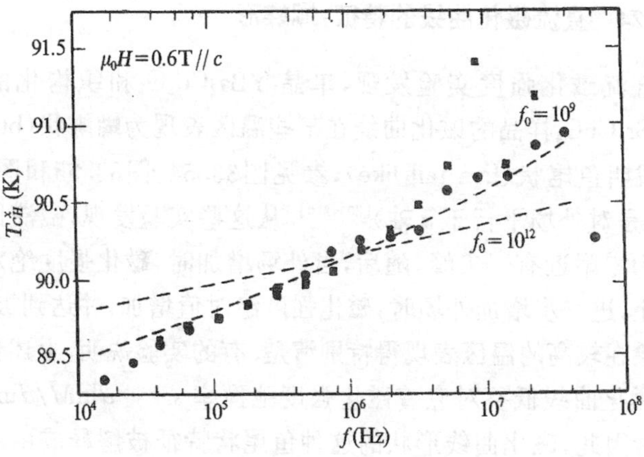

图33.52 $ac\chi$ 法和力学法(□)测量的损耗峰位置 $H(T)$. 实线和虚线是热激活磁通蠕动模型预言的不可逆线[206,208].

和 T'_{CH}所遵从的规律基本一致. 这个实验是证明不可逆线起源于磁通耗散运动的重要实验.

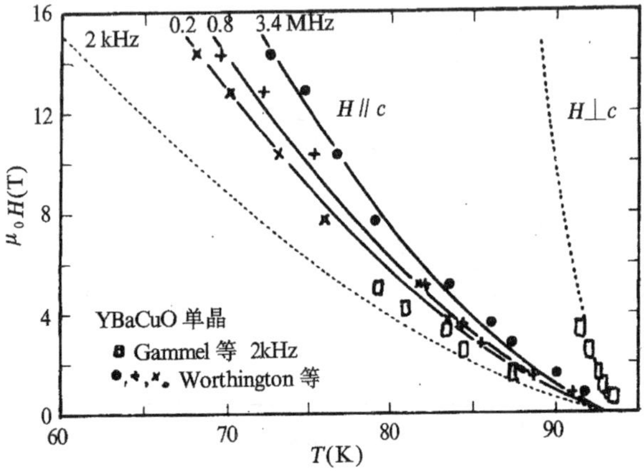

图33.53 acχ 法 χ″峰位置 T_{CH}^{χ}与频率的关系. $YBa_2Cu_3O_7$单晶[207]. 这个实验结果提供了 T_{CH}^{χ}是磁通动力学性质而不是静态性质 $H_{c2}(T)$的证据.

§33.24 直流磁化曲线的特征:蝴蝶形

直流磁化强度实验发现,单晶 $YBa_2Cu_3O_7$和织构化的单晶 $La_{2-x}Sr_xCuO_4$样品的磁化曲线在某些温区表现为蝴蝶状(butterfly like)或叫鱼尾状(fish tail like),参见图33.54、图33.55和图33.56(主要是对外场平行于 c 轴)[209,210]. 从这些实验发现,磁滞回线在外场为零附近有一尖峰,随后,当外场增加时,磁化强度绝对值出现极小,进一步增加外场时,磁化强度绝对值增加,并达到极大. 这一现象在较高的温区表现得特别清楚. 有的实验说明,上述低场部分的磁化曲线低谷对应着磁化强度弛豫率 $s=-d\ln M/d\ln t$ 的极大[210],因此,磁化曲线形状的这种鱼尾状特征被解释成由不同的磁通钉扎和蠕变机制引起的. 在图33.57示出磁化曲线形状和磁化强度弛豫率的对应关系,图中 μ 的不同数值对应着不同的磁通蠕变机制. 然而,有人也提出了其它一些解释,所以这一现象的机制尚待进一步研究.

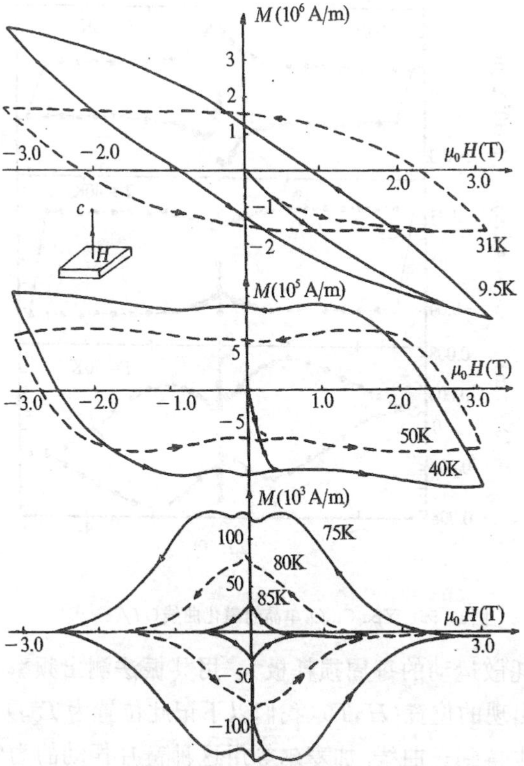

图33.54　融熔织构 $YBa_2Cu_3O_7$的磁化曲线 $M(T,H)$，$H/\!/c$[209].

§33.25　力学法研究结果：磁通融化与脱钉

力学法是使样品在静外场中振动，它刚好在物理上与 acχ 法等价，因为二者都是样品和外场有相对运动加麦尔（D. L. Gammel）等的力学实验装置见图33.58. 较大样品直接在静磁场中作机械振动（较小样品用基片支撑），振幅足够小. 振子（样品）的固有振动频率与其弹性常数有关. 样品在磁场中时有磁通线在其中，如晶体和磁通点阵因钉扎效应完全耦合（固连）在一起，则振子固有频率较高，相反（不耦合）则频率较低. 所以振子的固有频率的改变对应着晶体和磁通点阵的耦合与去耦（脱钉）. 此去耦也恰好是

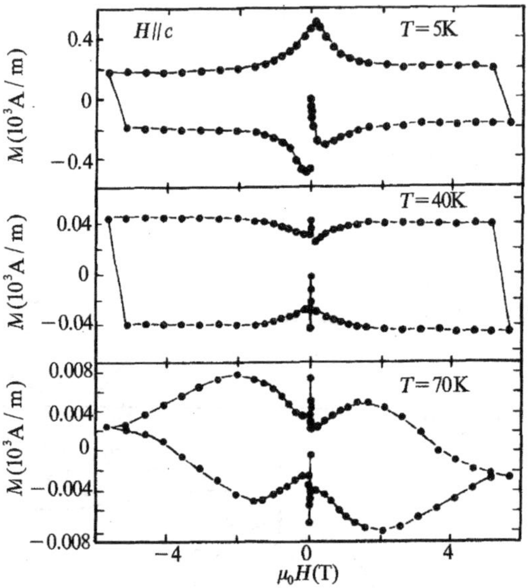

图33.55　$YBa_2Cu_3O_7$单晶的磁化曲线($H//c$)[210].

使磁通线耗散运动的每周损耗极大. 用共振法测出频率突变以及损耗峰值出现的位置(H,T)(我们以下记此位置为T_{CH}^{m}),则在H-T平面上也得到一曲线. 加麦尔等用这种簧片振动的力学方法测得的部分结果示于图33.52以及后面图33.67中. 然而他们认为T_{CH}^{m}是磁通点阵融化曲线(磁通点阵相变曲线):在$T_{c2}(H)>T\gg T_{CH}^{i}$时涡旋线系统是液体(vortex liquid). 在$T\ll T_{CH}^{i}$时是涡旋点阵,在$T=T_{CH}^{i}\equiv T_g$时,涡旋点阵融化. 他们对实验结果的阐述是:当$T\ll T_{CH}^{m}$时,磁通线形成点阵,并受到钉扎作用. 当其受到压缩后,弛豫时间τ很大,致使$\omega\tau\gg1$,涡旋点阵跟随晶体一起振动. 所以涡旋点阵中相当于纵声波的弹性模量就和振子的(力学)弹性模量相加,从而决定了振子的共振频率ω. 当$T\gg T_{CH}^{m}$时,涡旋的运动主要为热涨落控制,液态涡旋将迅速弛豫,$\omega\tau\ll1$,从而使涡旋系统对振子的弹性响应没有明显的贡献. 当温度接近融化温度时,弛豫率强烈地依赖于温度. 在$\omega\tau\approx1$时产生了损耗峰并确定融化温度

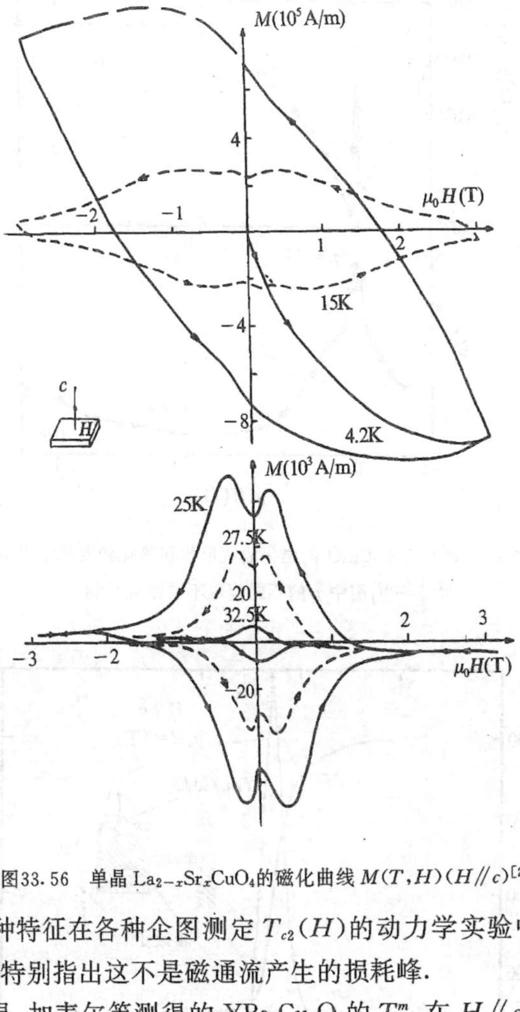

图33.56 单晶 $La_{2-x}Sr_xCuO_4$的磁化曲线 $M(T,H)(H/\!/c)$[209].

T^m_{CH}.这种特征在各种企图测定 $T_{c2}(H)$的动力学实验中都被观测到.他们特别指出这不是磁通流产生的损耗峰.

但是,加麦尔等测得的 $YBa_2Cu_3O_7$的 T^m_{CH}在 $H/\!/ab$ 时和交流磁化率的 T^χ_{CH}一致,在 $H/\!/c$ 时,T^m_{CH}约小于 T^χ_{CH}3K,即图33.52和图33.69中所示出的结果.现已确定,T^χ_{CH}不是 $T_{c2}(H)$,而是一种磁通耗散动力学线.此外,加麦尔等的结果,分别被马洛塞莫夫等[207]和帕尔斯特拉(T. T. M. Palstra)等[212]用热激活的磁通蠕动机制所解释.所以磁通格子融化的解释还不是唯一的.实际上还有别的

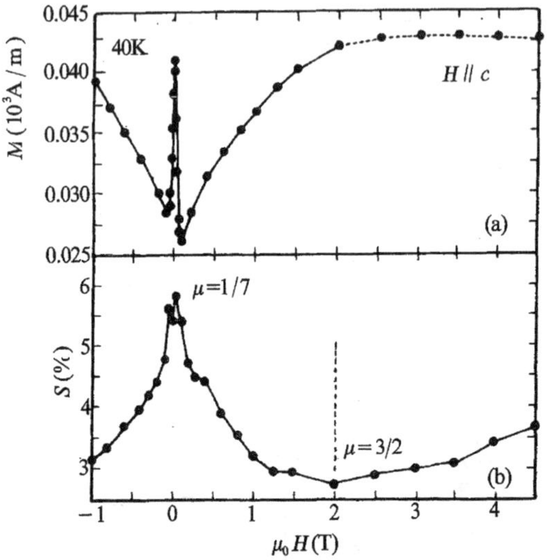

图33.57　单晶 $YBa_2Cu_3O_7$的磁化曲线形状和磁化强度弛豫率间的关系[210]，图中 μ 的不同值对不同弛豫机制.

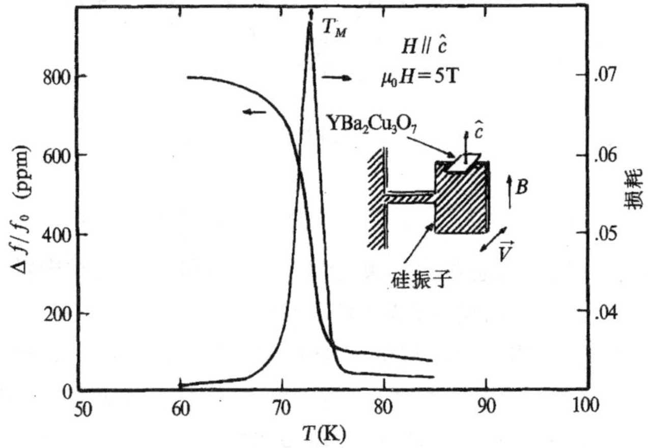

图33.58　加麦尔等关于磁通格子融化温度 $Tg(H)\equiv T_{CH}^{m}$的实验装置和结果示意. 图中 V 指振子的振动方向[211].

解释，如 T_{CH}^{m}是脱钉线，或简单的就是不可逆线等等. 尽管如此，加麦尔等的实验结果及解释有广泛的影响，被许多研究磁通格子融化的理论文章引作实验证据.

勃兰特等[213]用振动簧片法测量了大尺寸多晶的低 T_c 和高 T_c 超导样品的共振频率突变和损耗峰的位置 T_{CH}^{m}. 他们把 T_{CH}^{m}解释为磁通脱钉线(depinning line). 所得的结果与上述实验定性一致，只是频率突变和相应的峰很宽.

潘寇特(J. Pankert)等[214]研究了 Bi 系2223相大尺寸多晶样品的超声声速突变以及超声衰减峰的温度随外场的变化 T_{CH}^{m} 曲线. 声速改变的宽度及峰的宽度也较大. 这是用多晶样品的结果.

我们知道，样品(振子)中的声速与其弹性模量有关，所以振子固有频率和声速的变化都起源于其弹性模量的变化，声振动的衰减峰当然就是损耗峰. 所以这些力学振动实验的结果相似是容易理解的. 它们所测量的频率和损耗的变化都与磁通线系统与晶体点阵系统间的耦合(钉扎)强度变化有关，而这耦合强度又与磁通点阵本身的强度及钉扎效应(晶体缺陷与磁通间的相互作用)有关. 潘寇特等用这种热激活磁通线脱钉运动(扩散)机制来解释他们的实验结果. 他们认为，这是排斥磁通融化等其它任何机制的唯一解释[214].

§33.26 磁阻曲线的反常展宽

伊亦(Iye)等首先报道 $YBa_2Cu_3O_7$单晶在磁场中的电阻转变的温度区域显著地比零场中的宽[215]. 现在常称这一现象为电阻转变的展宽效应(磁阻曲线的反常展宽). 廷汉姆(M. Tinkham)[216]把展宽效应解释为磁通流的结果. 帕尔斯特拉等[217]对 $Bi_2Sr_2CaCu_2O_8$单晶样品的展宽实验发现，$R(T,H)$的低值部分(图33.59)遵从扩散现象中的阿伦纽斯(Arrhenius)关系(图33.60)

$$\rho(T,H)=\rho_0\exp[-U_0/(k_BT)], \qquad (33.14)$$

式中的 U_0为扩散激活能，它是温度、磁场和电流密度的函数，ρ_0为常量(不是 ρ_n). 这就说明，至少 ρ 的低值部分(ρ 的“拖尾”)展宽与

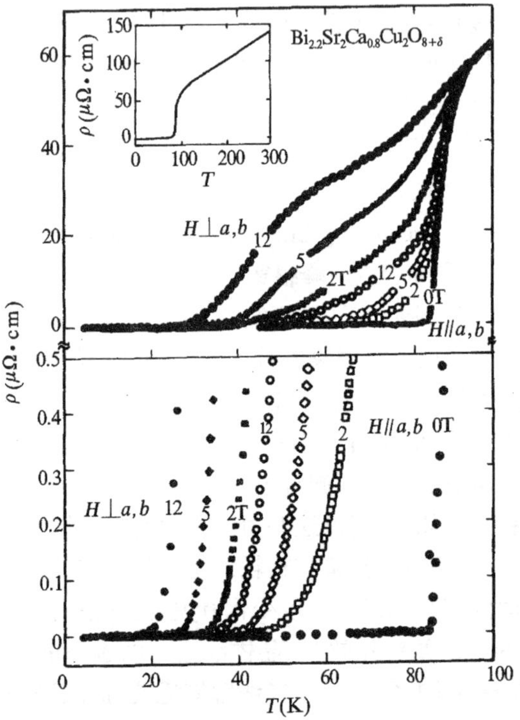

图33.59 磁场中电阻转变的展宽现象[212]. 上半：$\rho(T,H)$曲线；下半：低ρ部分的放大.

磁通扩散运动有关.各种体系样品的研究得到电阻转变展宽现象有如下一些实验规律和性质：(1)磁场中的零电阻转变温度T_{CH}^{ρ}不是超导电性成核温度$T_{c2}(H)$，$T_{CH}^{\rho}<T_{c2}(H)$，这点在图33.40中(韦尔普等的实验）已清楚. 所以早期用磁场中电阻转变展宽法(即电测H_{c2}法)测量的H_{c2}值实际上是与磁通运动有关的场，而不是真正的上临界场；(2)$\rho(T,H)$满足阿伦纽斯关系式(33.14)；(3)$\rho(T,H)$曲线低值部分有“膝盖”(也叫“足”，“肩膀”等，参见图33.61和图33.62，记这膝盖处的温度为T_{CH}^{s}，因为它也与H有关). 注意到$T_{CH}^{\rho}<T_{CH}^{s}$；(4)低ρ值附近的展宽程度与电流和磁场的夹角有关，即和洛伦兹力有关. 在$\rho\sim\rho_n$附近的展宽与洛伦兹力

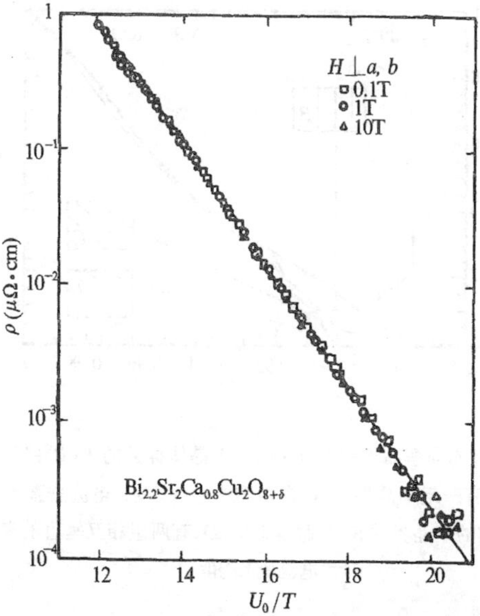

图33.60　ρ 的阿伦纽斯关系：$\ln\rho=\ln\rho_0-U_0/T$.

无关；(5)一般地随着样品的各向异性程度增加展宽显著，例如 Bi 系比 Y 系的展宽效应显著.(6)$H/\!/c$ 时的展宽效应大于 $H\perp c$ 时的；(7) La-Sr-Cu-O 单晶样品的电阻转变展宽与洛伦兹力无关[184]，T^{ρ}_{CH}曲线和式(37.13)的 T^{i}_{CH}相似，即

$$1-T^{\rho}_{CH}/T_{c0}=A'H^{q}, \tag{33.13b}$$

其中 A' 为常量，$q\approx2/3$. 式(33.13b)暗示我们，电阻转变展宽现象和不可逆线现象的机制有联系或者是一样的.

因为有电阻区是超导体中磁通线的耗散运动区，所以电阻转变曲线的反常展宽反映了铜氧化物超导体磁通动力学的新特征，引起了广泛的兴趣.

克拉伯特利(G. W. Crabtree)等对有孪晶的 $YBa_2Cu_3O_7$单晶样品进行微结构观察和电阻转变曲线测量(图33.61)，结果证明，ρ 的低值部分是磁通钉扎敏感的磁通线运动引起的[217].

混合态的热电和热磁效应研究也表明，电阻转变展宽和温度

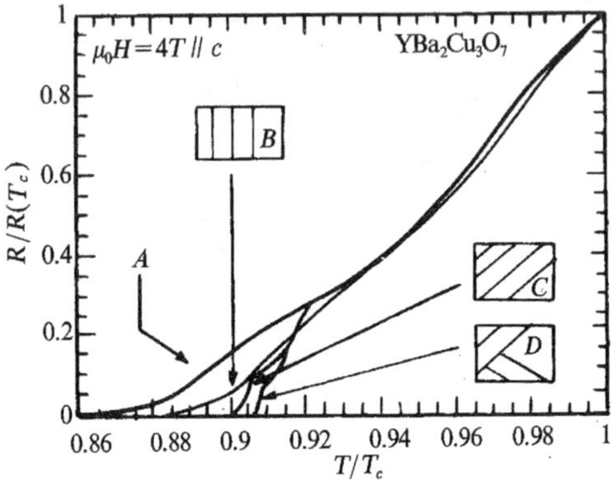

图33.61 四块有不同孪晶界的 $YBa_2Cu_3O_7$单晶体样品的 $R(T)$曲线[217]. *A*. 无孪晶的;*B*. 只有一组孪晶界,其取向由图中直线表示,电流垂直于孪晶界;*C*. 只有一组取向的孪晶界并和电流成45°角;*D*. 有两组相互垂直的孪晶界,都和电流成45°角.

梯度引起的磁通运动是同步发生的[218],参见图33.65.

§ 33.27 *I-V* 特性曲线

除 *R-T* 曲线(在一定 H 时)外,电压-电流(*I-V* 或 *E-J*)曲线也是研究高温超导体的输运性质的重要方面. 图33.62示出两个 $YBa_2Cu_3O_7$单晶样品的 $R(T,H)$曲线[219]. 图33.62(a)示出的样品的微结构的主要特征是孪晶间距大,而图33.62(b)示出的样品是孪晶很小. 可以看到,$R(T,H)$曲线的形状即展宽效应与微结构有关. 图33.63示出样品 a 在不同温度下的 *E-J* 曲线. 由图可见,确实存在一个温度 $T=T_{CH}^V$,在此温度时,*E-J* 曲线是线性的,而 $T>T_{CH}^V$时凹向上,$T<T_{CH}^V$时,凹向下. 这意味当 $T<T_{CH}^V$时才有零电阻电流,也就是严格意义的临界电流,而 $T\geqslant T_{CH}^V$时就无零电阻电流(即 ρ 一定), 像式 (8.14) 所表示的那样. 式 (37.14) 表示,除非 $U_0/T=\infty$,否则 $\rho\neq 0$的. 这样一个 T_{CH}^V的存在是磁通格子融化理论预言的,且就是磁通线系统从磁通线固态或磁通玻璃态($T<T_{CH}^V$)到液态的融化温度. 文献中多按费许(Fisher)的习惯,记 T_{CH}^V

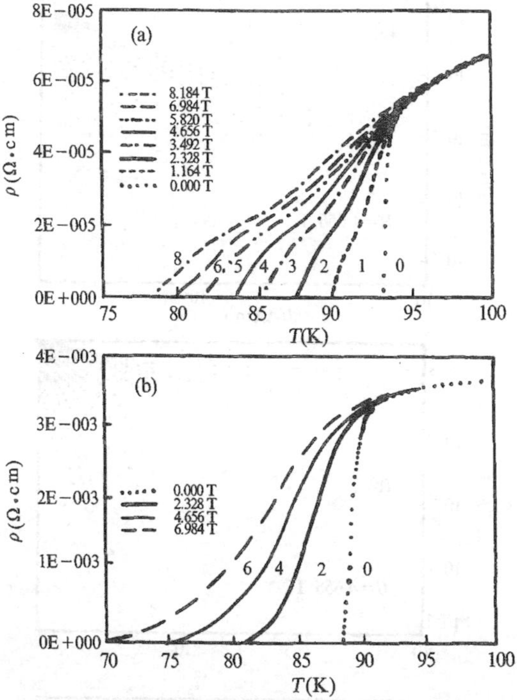

图33.62　两块具有不同微结构(孪晶)的 $YBa_2Cu_3O_7$ 单晶样品的 $R(T,H)$ 曲线[219]. (a)样品 a,孪晶较大;(b)样品 b,孪晶较小.

$\equiv T_g$[220]. 样品 b 也有这样一个 T_g,但和样品 a 的不同. 这样的结果首先在 $YBa_2Cu_3O_7$ 薄膜,而后也在 $YBa_2Cu_3O_7$ 单晶及 $Bi_2Sr_2CaCu_2O_8$ 单晶等上被观察到了,被认为是磁通融化和磁通玻璃理论的重要实验证据之一[221]. 改变外场 H,用图33.63所示的方法可得到 $T_g(H)$ 曲线,它被认为是磁通线系统的二级相变曲线. 由图33.63还可以求出相变的临界指数 ν 和 z,改变磁场可以得到 $\nu(H)$ 和 $z(H)$ 关系. 对图33.62示出的样品 a,在 $\mu_0 H \leqslant 6T$ 时,$z \approx 3$,而 $\nu \approx 0.35$. 就定量而言,临界指数还不能和磁通玻璃理论一致.

图33.64示出另一个 $T_c = 88.3K$ 的 $YBa_2Cu_3O_7$ 单晶样品的电

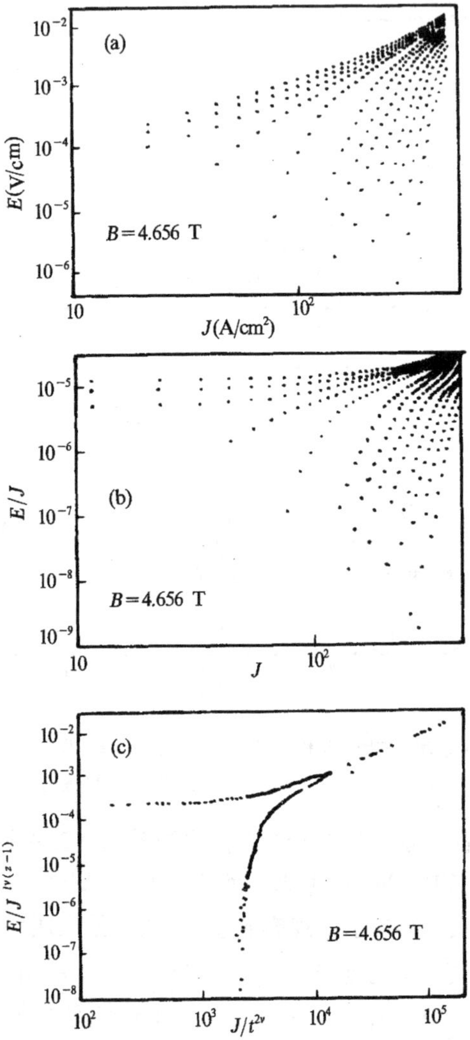

图33.63　上图样品(a)的 I-V 曲线与温度的关系[219]. (a)E-J 曲线；(b)(E/J)-J 曲线；(c)(E/J)/$t^{\nu(z-1)}$-$J/t^{2\nu}$关系，$t=|T-T_g|/T_g$. $\mu_0H=4.565$T.

阻(R)和临界电流密度(在图中以 J_{sc}表示)与温度的关系：即 $R\propto$

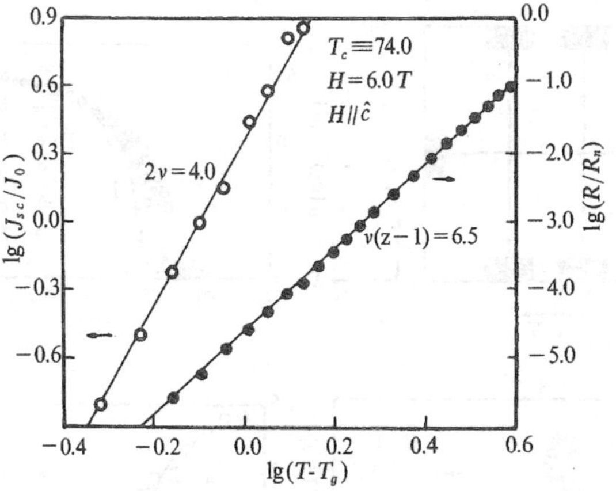

图33.64　$YBa_2Cu_3O_7$单晶样品的电阻和临界电流密度与温度的关系[222].实线是磁通玻璃理论值,点和圈是实验值. $R_n=0.064\Omega_B$　$J_0=2.5\times10^3 A/cm^2$,是$T=74.811K$的临界电流密度.临界电流判据为$V(I_{sc})/(I_{sc}R)=2$,和通常的判据不同.

$(T-T_g)^{\nu(z-1)}$,$T_g=74K$,$\nu(z-1)=6.5$,和$J_{sc}\propto(T-T_g)^{2\nu}$,$2\nu=4$.由这两条曲线得到$\nu=2\pm1$,$z=4.3+1.5$[220].这个结果和涡旋玻璃理论符合得很好.值得注意的是,这块样品在$R/R_n>10^{-3}$时的$R(T,H)$曲线和热激活的经典磁通蠕动结果式(37.14)一致(图中未示出).这表示较高电阻(即较高温度)时,涡旋运动是磁通蠕动,$R(T)$曲线式(33.14)并不随温度突变.当温度下降到T_g附近时,R急聚下降,在$T=T_g$时,R降为零,所以$T\lesssim T_g$开始存在真正的零阻电流,这个实验结果正是磁通玻璃理论所预言的行为[220].

§33.28　热磁效应

和常规的低温超导体相似,铜氧化物高温超导体也存在热磁效应或能斯脱效应(Nernst effect)和磁热效应即爱丁豪森效应(Ettingshausen effect).简单地讲,能斯脱效应是由于磁通线系统(处于混合态的样品中)有温度梯度∇T_x(假设为X方向,见图33.65,图中磁场垂直于纸面)时,磁通线将在热力的驱动下从热端

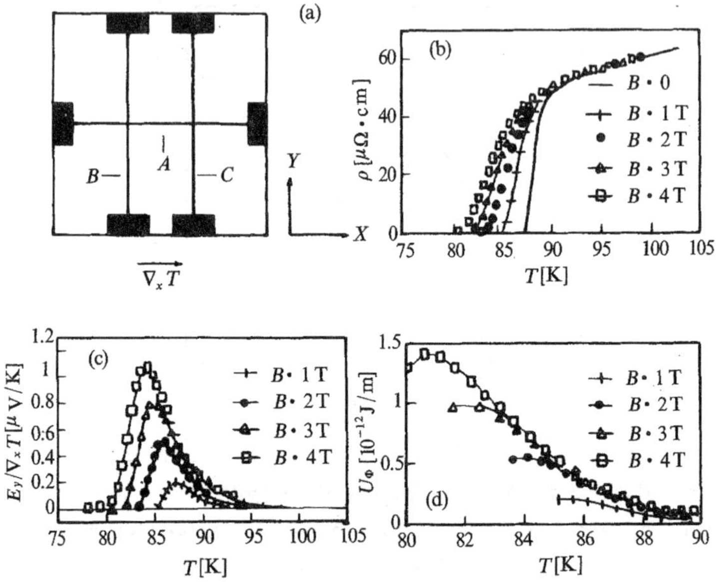

图33.65 $B/\!/c$,沿 c 轴织构的外延 $YBa_2Cu_3O_7$膜的能斯脱效应[218]. (a)能斯脱实验示意. 样品是 $YBa_2Cu_3O_7$膜. 磁场垂直于纸面. 狭条 A 中的磁通线从高温端向低温端运动,狭条 B 和 C 作为温度计和电压测量用;(b)电阻率 $\rho(T,B)$;(c)能斯脱系数(T,B);(d)输运能流 $U_\phi(T,B)$. U_ϕ是输运熵流产生的. 磁通线流动时其芯区的熵也随着一起输运. $U_\phi(T,B)$存在高温拖尾现象被解释为涨落所致.

向冷端扩散,因而在 Y 轴方向将有电场 E_y. 能斯脱系数定义为 $E_y/\nabla_x T$. 图33.65(a)示出 $YBa_2Cu_3O_7$薄膜被光刻后用作能斯脱效应测量的示意. 长条膜 A 测量温度梯度,长条 B 和 C 可用作 E_y 测量和温度计. 对这样一个样品同时测量 $\rho(T,H)$,$E_y(H)/\nabla_x T$ 以及输运能 $U_\phi(=\phi_0 E_y/(\rho\nabla_x T))$,便得到图33.65所示的结果[218]. 特别值得注意的是,此图(b)中出现电阻处(因而也是出现洛伦兹力驱动磁通线运动处)和(c)中出现 E_y 处(因而也是热力驱动磁通线运动处)是恰好在同一位置(同样温度),这就提供了电阻转变展宽起源于磁通运动的独立的证据. 有人还指出,用 U_ϕ值可以推得

$H_{c2}(T)$,并且和磁测量结果一致[218].

§33.29 经典磁通蠕动模型

为解释各种实验所揭示的与磁通动力学相关的现象,人们提出了包括经典磁通蠕动合作(集体)磁通蠕动、磁通融化、磁通流动、磁涨落(也叫巨涨落)、磁通脱钉和颗粒超导电性等多种理论模型.目前的状况是,不同的模型都既能解释一些实验结果,但也存在一些困难.本章我们仅讨论有较广泛影响的两个模型.即热激活磁通蠕动模型和磁通融化和玻璃态模型.

(a)*热激活磁通蠕动的经典模型* 耶什伦等最早提出"热激活的磁通蠕动"模型来解释他们在 $YBa_2Cu_3O_7$晶体中所观测到的不可逆线等的实验结果[201].这种模型认为互不相干的磁通线或磁通线束虽然受到的洛伦兹力仍小于最大钉扎力,但在热激活的协助下能沿洛伦兹力的方向定向扩散(蠕动),所以这实际上就是安德森-金的经典模型,只是对高温超导体而言,其激活能较低,测量温度较高,因而控制磁通扩散的玻耳兹曼因子 $\exp[-U_0/(kT)]$发生了数量级上的重要变化,导致所谓的"巨磁通蠕动"现象.

按照安德森-金模型,高度为 $U_0(J,B,T)$、相距为$2x_0$的一系列周期排列的势井,在无磁通蠕动时临界电流密度为 J_{c0},在有磁通蠕动和电流密度 $J(<J_{c0})$时,有效的位垒将降为(X 方向)

$$U_J(T,B)=U_0(1-J/J_{c0}), \tag{33.15a}$$

式中 $U_0J/J_{c0}=U_L$,是洛伦兹力所对应的势(参见图33.66),因而磁通向前跳(X 方向)的净频率为

$$f=2f_0\exp[-U_0/(kT)]\mathrm{sh}[U_0J/(J_{c0}kT)]. \tag{33.16a}$$

假如温度很低,或 U_0很大,则 $U_0(J/J_{c0})\gg kT$,故

$$f=f_0\exp[-U_J/(kT)],$$

式中 f_0是固有振动频率.上式可改为

$$J=J_{c0}[1-(kT)/U_0)\ln(f_0/f)]. \tag{33.16b}$$

按临界态模型,$J/M=J_{c0}/M_0$,磁化强度随时间的变化为

$$M(t)=M_0[1-(kT/U_0)\ln(t/\tau)], \tag{33.16c}$$

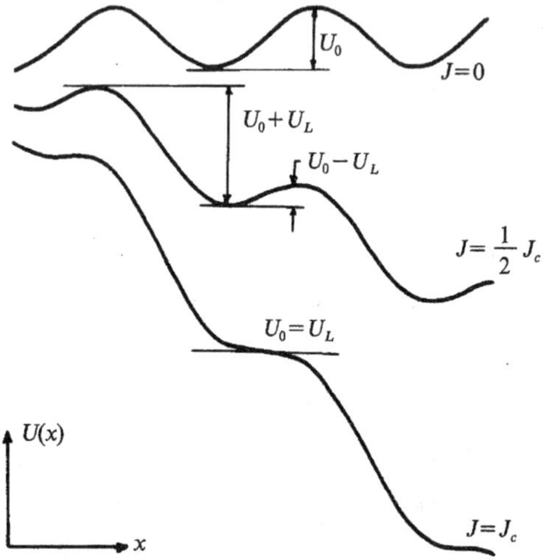

图33.66 热激活磁通蠕动的经典模型.有电流时势井的有效值降为 $U_J(T,B)=U_0(T,B)(1-J/J_{c0})$.

式中 τ 是有效跳跃孕育时间(effective hopping attempt time)包括固有跳跃孕育时间 $\tau_0(=f_0^{-1})$和其它样品几何因子和场因子,τ_0约为10^{-6}到$10^{-12}s$. J_{c0}和 M_0是假设不发生磁通蠕动的量,因而是一个未知量.为消除 M_0的困难,定义蠕变率为

$$s=-d\ln M/d\ln t=-d\ln J/d\ln t,$$

将(33.16b)代入得

$$s=kT/[U_0-kT\ln(t/\tau)].$$

因而由这样的测量可以得到 U_0,图33.67示出弛豫法测量的 $YBa_2Cu_3O_7$的有效激活能.

然而,对高温超导体,条件 $U_0\gg kT$ 不一定成立,所以需要考虑一般情况,但是磁扩散方程的解是很复杂的.蒙特卡罗(Monte Carlo)模拟发现[223]

$$M(t,T,B)=M_0(T,B)[1-(kT/U_0)\ln(1+t/\tau)], \quad (33.17a)$$

式中 $t\ll t^*$,是以开始弛豫而不是以任意参考点(例如以测量开始时 $t=0$)计算的时间. t^*是一特征时间,它是温度、磁场,样品种类

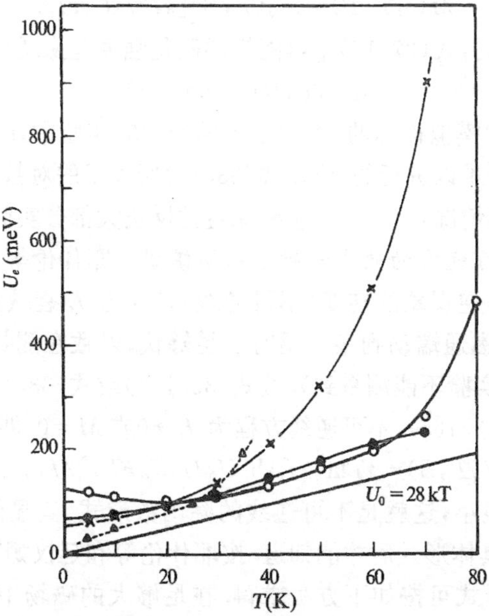

图33.67　磁弛豫法测量的 $YBa_2Cu_3O_7$ 有效激活能 U_0. ×为多晶；△为定向排列粉末，其余是单晶[223].

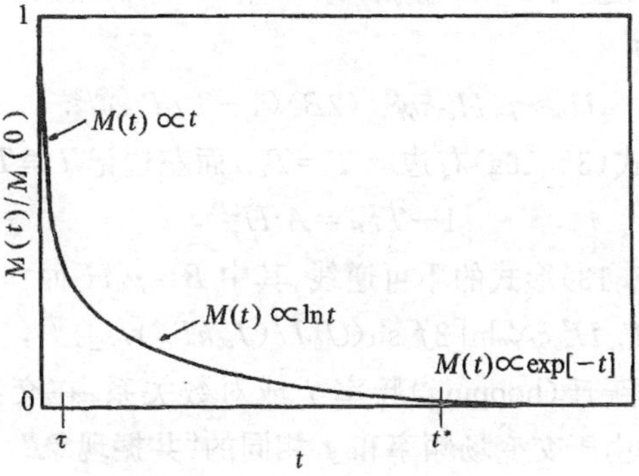

图33.68　蒙特卡罗模拟的磁化强度弛豫[223].

和微结构的函数，其定义为

$$t^* = \tau\{\exp[U_0/(kT)] - 1\}.$$

式(37.17)表明，在 $t < \tau$ 时(注意 $10^{-12}s \lesssim \tau \lesssim 10^{-6}s$)

$$M(t,T,B)=M_0(T,B)[kTt/(U_0\tau)]. \qquad (37.17b)$$

而在 $t\gg t^*$ 后，式(37.17)不再能描述磁化强度弛豫现象. 这时有

$$M(t,T,B)\propto\exp(-t).$$

由蒙特卡罗模拟得到的 $M(t)$ 示于图33.68. 实验中，$t<\tau$ 和 $t\gg t^*$ 的测量都是难以进行的，所以式(33.17)所表示的对数律应该是实验所遇到的情况，这一式子也确能定性反映大部分实验结果.

(b)不可逆线的热激活磁通蠕动模型　耶什伦等认为[201]，从不可逆到可逆现象的转变(不可逆线)是因为 J_c 衰减随温度升高而加快，即磁通蠕动到某一温时已足够快，以致在测量时 J_c 已趋近于零(即实验不能测量到). 按式(33.16b)或式(33.16c)，或更一般地按式(33.16a)，不可逆线方程为 $J_c\to0$ 或 $M=0$，即

$$U_0(J,T,B)=kT\ln\{2f_0\mathrm{sh}[U_0J/(J_{c0}kT)]/f\}, \qquad (33.16d)$$

式中的 J 很小，这就是不可逆线的隐函数形式. 其显函数只有在知道 U_0 的具体形式后才能知道. 按耶什伦等和廷汉姆[216]的意见，U_0 的具体形式可按如下方法求得. 在足够大的磁场中，U_0 由最小激活体积 $(\phi_0/B)\xi$ 和凝聚能密度 $\mu_0H_c^2/2$ 所决定：$U_0=(\phi_0/B)\xi(\mu_0H_c^2/2)$，式中 ϕ_0/B 是一根磁通线的截面积，ξ 是被激活的磁通线的最短长度. 当 $T\to T_{c0}$ 时，$H_c\sim H_{c0}(1-T/T_{c0})$，$\xi\sim\xi_0(1-T/T_{c0})^{-1/2}$，因而

$$U_0\approx\mu_0H_{c0}^2\xi_0\phi_0/(2B)(1-T/T_{c0})^{3/2}. \qquad (33.18)$$

在 T_{c0} 附近，式(33.16a)右边取 $T=T_{c0}$，而左边记 $T\equiv T_{CH}^{\chi}$. 得

$$1-T_{CH}^{\chi}=A^{\chi}H^{2/3}, \qquad (33.13a)$$

这就是式(37.13)形式的不可逆线，其中 $B=\mu_0H_0$ 而

$$A^{\chi}\equiv\{kT_{c0}H_{c0}^2\xi_0\phi_0\ln[2f_0\mathrm{sh}(U_0J/(J_{c0}kT_{c0})/s]\}^{2/3}, \qquad (33.19)$$

A^{χ} 和磁通的跃迁(hopping)频率 f 成对数关系. 在交流磁化率测量中，χ''峰是由于交变场频率和 f 相同的"共振现象"，表示外场变化部分到达样品的中心，所以出现能量损耗的峰值[212]. 这样便说明不可逆温度与交频场频率的对数关系. 相同的解释可以应用于各种力学方法. 因为样品在静场中的振动和磁场交变(样品不动)是等价的. 直流磁化强度测量则相当于磁场变化频率很小的极限，

所以令式(33.13a)中 $f\to0$即可.因而 $s,T^{i}_{CH},T^{\chi}_{CH},T^{m}_{CH}$等可以由这个模型统一解释.尤其值得一提的是,$T^{x}_{CH}(f)$的对数律是热激活磁通蠕动机制的基本特征,它恰好被实验证实.

在电阻转变展宽实验中,认为电阻是由磁通扩散产生的,所以 $J\rho=vB=2x_0f\cdot BV$,式中 ρ 是流阻率,v 是磁通扩散速率,V 是磁通束体积,利用式(33.16a)得

$$\rho(T,H)=\rho_0\exp[-U_0/(kT)],\qquad(33.14)$$

式中 $\rho_0=4f_0x_0BV\text{sh}[JU_0/(J_{c0}kT)]/J$.因为电压测量的灵敏度较低,$E=\rho J$ 中,$J\to0$,T 较大,故 $JU_0\ll J_{c0}kT$,则 $\rho_0=2f_0x_0vBU_0/(J_{c0}kT)$,$\rho(T,H)$与电流密度无关,叫做线性电阻区.线性电阻式(33.14)就是实验观测到的阿伦纽斯关系,也叫 ρ_{TAFF}(热激活磁通流阻).

因而在经典磁通蠕动机制的框架内,交流磁化率、直流电阻率、力学振动等方法(包括超声衰减法)只是测量了同一现象的不同侧面,测量所得的结果 $s(T,H)$,$T(H,f)$,$H(T,f)$或 $f(T,H)$应有相同的函数形式,即由不同方法测量的结果之间应没有可调参数,图33.69示出了从 $\rho(T,H)$实验定出的参数,代入磁通蠕动理论公式后所得的在没有可调参数情况下的 $H(T,f)$曲线.各种实验结果和理论预言(实线)间符合程度还是好的[212].

在更一般的情况,式(33.14)给出的电阻有三种情形:

$$\rho\approx\rho_0\exp[-U_0/(kT)]=\rho_{\text{TAFF}},$$

$$J\ll J_{c0}/(kTU_0)\equiv J_1,\qquad(33.20\text{a})$$

$$\rho\propto\exp(J/J_1)\qquad J\approx J_{c0},\qquad(33.20\text{b})$$

$$\rho\approx\rho_0(1-J_{c0}^2/J^2)^{1/2}\approx\rho_0\qquad J\gg J_{c0}.\qquad(33.20\text{c})$$

$J\gg J_{c0}$时的 ρ_0就应表示磁通流动的流阻.

综上可见,磁通蠕动模型成功地解释和联系了相当多独立的实验结果,至少在定性上是如此.因而有广泛的影响.

但是,经典磁通蠕动模型仍旧不能解释前面已提到的或限于篇幅而未提到的若干实验结果.一个例子是图33.70中所示的约化磁化强度弛豫率 $d\ln M/d\ln t$ 与温度的关系.按经典磁通蠕变理论

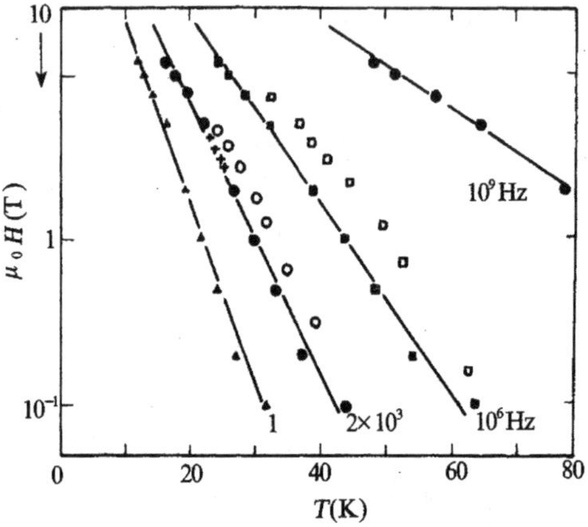

图33.69 经典磁通蠕动模型的预言和实验的比较. 实线是测量直流电阻率 $\rho(T,H)$后定出 U_0和 ρ_0(假设 $f_0=10^{-12}s^{-1}$)再代入经典磁通蠕动模型预言的 $H(T,f)$曲线. 没有可调参数. 符号:实心的为 T^{ρ}_{CH}. 空心的是其它方法的实验值. ○T^{χ}_{CH}(f=2kHz),□T^{χ}_{CH}(f=1MHz),+T^{m}_{CH}(f=2kHz). T^{χ}_{CH}和 T^{m}_{CH}用式(33.16a). $YBa_2Cu_3O_7$样品[212].

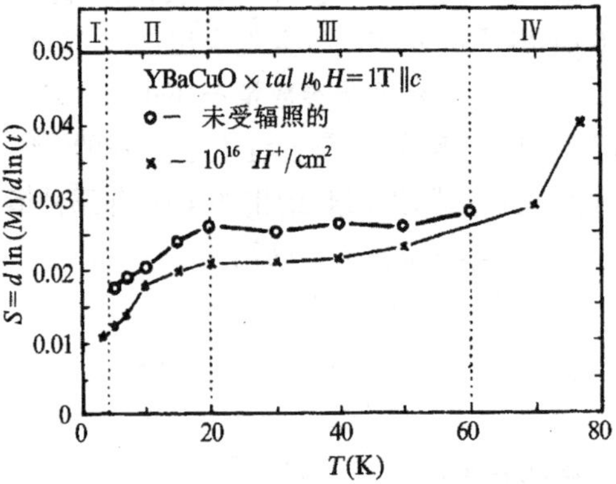

图33.70 约化磁化强度弛豫率与温度的关系. $YBa_2Cu_3O_7$单晶在质子辐照前(○)和辐照后(×),s 都出现平台(标志Ⅲ区)[224]. 磁通蠕变的经典模型不能解释 s 平台的出现.

(其精华是磁通线或磁通线束是独立的),弛豫率 s 将随温度升高而增加,U_0则应随温度升高而减小. 但是图33.70所示中只有低温部分(Ⅱ区)是如此,而到中温(Ⅲ区)时 s 有一个平台,这说明经典理论遇到了困难[224]. 此外,U_0随温度升高而增加(图33.67),甚至在某些较高温度发散也是经典理论遇到的主要困难之一[224]. 从物理上讲,当温度升高时涡旋线间的关联也会跟着变化,当蠕动的磁通束体积随温度变化时,经典的"独立粒子式"的蠕动将会变为"集体蠕动"(collective creep)(即合作蠕动). 高温超导体出现后提出的磁通(涡旋)融化(fluxmelting),磁通(涡旋)玻璃(vortex glass)等就是强调温度升高后磁通线阵的集体效应以及钉扎中心的影响的. 此外,还有"巨涨落"(giant fluctuation)等解释磁通动力学行为的理论,但限于篇幅,下节将简要介绍涡旋融化和玻璃理论的实验和理论情况.

§33.30 磁通融化与磁通玻璃

磁通(涡旋)融化是指磁通线系统从固态经过相变变为液态. 磁通液态有时也叫纠结的磁通液态(entangled flux liquid). 磁通固态也包括阿布里考索夫点阵和磁通玻璃. 这一领域的研究目前仍十分活跃. 以下将介绍这方面的主要实验结果和理论基础.

(a)主要实验结果　加麦尔等较早地报道,由液氦温区的缀示实验观察到了阿布里考索夫点阵,而在液氮温区则不存在磁通点阵. 这可视为磁通线存在阿布里考索夫态和非晶态的早期证据. 缀示的实验揭示,在4.2K 时 $Bi_2Sr_2CaCu_2O_8$中存在六角磁通玻璃(图33.32),这是磁通玻璃态的直接观察. 后来,有人在15K 的温度同时缀饰 $YBa_2Cu_3O_7$和 Bi2212相单晶,发现 Bi2212相的磁通线分布不规则,而且容易移动,和 $YBa_2Cu_3O_7$中的较稳的阿布里考索夫态显著地不同,他们认为这和 Bi2212的磁通融化温度 T_g 比较低相关[171-174].

前已提到,利用电子全息照相术已能观察铅膜这类低温超导体中的磁力线,在膜厚为2μm 时观察到和二类超导体的孤立磁通量子($h/2e$)线相同的磁力线. 实验发现,当温度不超过5K 时 Pb 膜中磁通线仍是稳定的,当温度再升高而接近 T_c 时,磁通线开始变粗(λ变大),在温度刚低于临界温度时磁通线就开始移动,从一种弯曲形状连续地向其它弯曲形状变化,这和融化的磁通线非常接近[166].

除了加麦尔等的力学实验外,他们的交流磁化率实验结果也被解释为从磁通格子到液态的相变证据[222].

在输运性质测量方面,例如电阻及 I-V 曲线测量方面也提供了存在此种相变的证据,其中柯奇(R. H. Koch)等关于 $YBa_2Cu_3O_7$ 薄膜的 I-V 测量结果是比较早的[221],随后,关于 $YBa_2Cu_3O_7$的单晶 I-V 数据也表明融化温度 T_g 的存在[219,222],已如前节所述.

此外,我们在图33.70中已看到,磁化强度弛豫实验数据中弛豫率以及激活能随温度的变化关系不能用经典(即独立的磁通线或磁通线束)蠕动模型加以解释,而可以较好地以合作(集体)磁通钉扎加以解释[224].合作磁通钉扎的一种表达方式就是磁通玻璃理论.

目前,存在磁通液态和玻璃态的实验证据还有增加的趋势[210,225—227].理论研究也十分活跃,但是意见也还没有统一.就是说,磁通融化和冻结成玻璃态的理论在解释实验结果方面也有困难[224,167].然而,这一理论是高温超导研究中发展起来的,与高温超导体的特征有密切关系.

(b)*有关理论的物理基础*　把磁通线系统看成各磁通线之间有关联的集合,它在热涨落贡献足够大时导致磁通融化,而在温度降低时,随机分布的磁通钉扎作用又使系统冻结为磁通玻璃.

阿布里考索夫证明,对于常规第二类超导体,不考虑热涨落和磁通钉扎作用时,各向同性超导体中磁通线排成三角点阵时自由能最低.对于低温超导电性存在的温区,单位长度磁通线能量 $H_{c1}\phi_0 \gg kT$,涨落效应可以忽略.例如典型的高 K 低温超导体 NbTi 和 Nb_3Sn,其 $\mu_0 H_{c1} \approx 10\text{mT}$,$T_c \lesssim 20\text{K}$,所以磁通线状态受温度的影响很小.如果有磁通融化,其 T_g 也和 $T_{c2}(H)$ 线无多大区别.拉金等证明[38],随机分布的钉扎中心即使很弱,也将导致磁通线阵失去长程序而变成由许多局域有序的磁通线束(flux line bundle)构成的“多晶的”磁通线系统. 弱钉扎时局域序的尺寸是大的. 当钉扎力增大或磁通格子的弹性模量减小时此尺寸将缩小.

低温超导薄膜的情况则有些不同. 柯斯特李次(J. M. Kostelitz)等证明[228],在特征温度 T_{KT}时,二维格子中束缚着的位错(涡旋)—反位错(反涡旋)对会游离成自由位错(涡旋)的“等离子体”,从而破坏了格子的拓扑序,这就是 K-T 相变. 存在 K-T 相变的条件是,当体系增大时,单根涡旋的能量发散和涡旋对间的相互作用能与它们的间距成对数关系(长程互作用). 晶体中的位错和 He 膜中的涡旋满足这些条件,所以存在 K-T 相变. 和低温超导体中的涡旋不满足这些条件的情况不同,低温超导膜中的涡旋由于 $\lambda_{\perp}=\lambda^2/d$($d$ 是膜厚)大而使互作用变为长程的,故也可以发生 K-T 相变.

汉尔破林(B. I. Halperin)等证明[229],如果一种二维固体的融化过程是以涡旋(位错)对的分离为媒介的二级相变,那么它不会经相变直接变成各向同性的液体,而要经过一个各向异性的六角玻璃区. 固相是长程序的,六角玻璃区则是有一定的方向序,序参量按幂律在空间衰减,当温度进一步升高时再变成无序的液相.

高温超导体的情况与低温超导体不同. 前面曾提到,高温超导体的温度区扩大到120K 以上,其热运动能 kT 一般要高得多. ξ 小,λ 大和高度的各向异性使单根涡旋线的能量(与 ξ 有关)较小,但其相互作用的距离(与 λ 有关)较长,磁通线阵的弹性模量(例如倾侧模量 C_{44})降低. 高度各向异性的准二维系统导致饼涡旋阵列的出现,这样的饼涡旋点阵存在一个 T_{KT},当温度等于它时导致磁通涡旋的 K-T 相变(饼涡旋蒸发),也就是一种磁通融化.

现在已发展了不同形式的磁通系统相变理论. 耐尔松(D. R. Nelson)等考虑磁通线与钉扎中心纠结引起的类似聚合物的玻璃态. 按耐尔松的图象[230],高温超导体磁通线能量线密度低,kT 高,磁通线的一些段落将发生布郎式的运动,使它们偏离其阿布里考索夫点阵位置的均方位移 $\sqrt{u^2}$ 也大. 依据晶体点阵融化(熔化)的

林德曼(Lindemann)判据,当$\sqrt{\bar{u}^2}>0.1a_0$时,点阵就融化.按耐尔松的结果为

$$\sqrt{\bar{u}^2}\approx\sqrt{n/\mu_0 kT}/\sqrt{\mu k},$$

式中μ是磁通点阵的拉梅系数,它和各向同性超导体的相近,$k\approx(m_{ab}/m_c)HB$是倾侧模量,它随各向异性增加而减小,$n=B/\phi_0\approx a_0^{-2}$是磁通线的面密度.因此,较高的各向异性将有较低的融化温度,而高的测量温度就可能超过这个融化温度,导致磁通液态在测量温度下出现.

从不同角度出发得到这类形式的磁通线系统性质的还有费许等[231]和范阶尔曼(Feigelman)和维纳库尔(V. M. Vinokur)等[232,233].他们的理论强调合作钉扎的贡献,并获得有些相似的结论.费许认为,随机的磁通钉扎相当于随机分布的磁场.这些钉扎中心存在某种合作效应.受钉扎的磁通线系统在某特征温度T_g以下时转变为磁通玻璃,而$T>T_g$时为磁通液体.当温度降低而逐步接近T_g时,超导体的输运性质有显著的特征:电阻随温度以关系$R\propto(T-T_g)^{\nu(z-1)}$降低,$I$-$V$曲线是线性的,表示有一定电阻.当$T=T_g$时,$R=0$,是一真实的零电阻超导体.$I$-$V$曲线遵从$V\propto I^n$,$n=3$的关系.因此由$R(T)$和$I$-$V$曲线可以从实验上测定$T_g$.当$T<T_g$时,电流-电压特性曲线变为$E\propto\exp[-(J_1/J)^\alpha]$,式中$\alpha$接近1,$J_1$是一恒定值.

磁通融化和玻璃态理论除了能解释在本小节(主要实验结果一段)已提到的一些实验外,还正在获得逐渐增加的理论与实验支持.但是对若干实验解释意见还不统一,或者同一实验可用不同的机制加以解释[224].前面提到过的加麦尔等的力学实验和交流磁化率实验就是磁和力学测量的结果的例子.在输运性质上,热激活的经典磁通蠕动机制和磁通玻璃态机制也有类似的情况[213,221].而且,中子衍射实验在液氦温度到T_c附近的宽阔温区中并未观测到有磁通融化的证据[169].

§ 33.31　混合态相图

高 T_c 的铜氧化物超导体的 H-T 平面相图在定性上和常规的第二类超导体的相同，但也有一些特点. 就其相图的特点而言，包含着静态和动态两个方面，但以后者为主(参见图33.71).

从静态磁性质看，高温超导体的 $H_{c2}(0)$很大，$H_{c1}(0)$很小. 根据 $H_{c2}/H_{c1}\approx 2K^2/\ln K\gtrsim 10^3$，混合态的相界相距很远. 其次，相界曲线(临界磁场 H_{c2}和 H_{c1})是各向异性的，它们的大小与磁场相对晶体主轴的方向有关，因此相图也与这相对取向有关. 这和各向同性的情况很不相同(常规低 T_c 超导体大部分都是各向同性的).

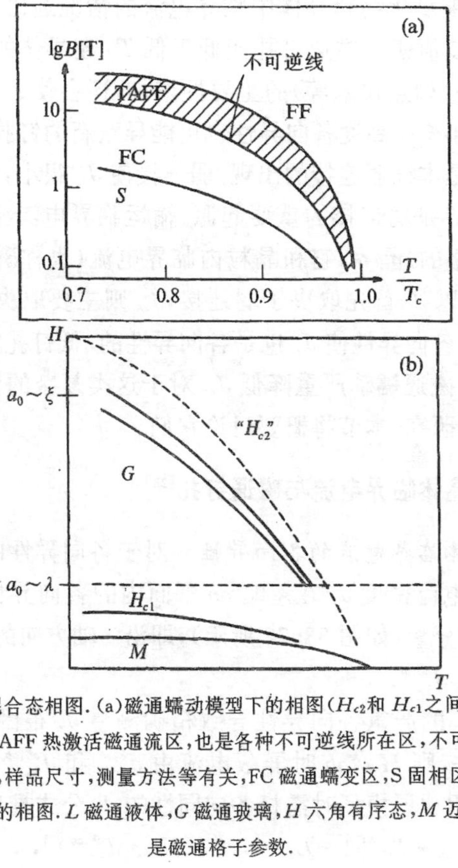

图33.71　混合态相图. (a)磁通蠕动模型下的相图(H_{c2}和 H_{c1}之间部分). FF 磁通流区，TAFF 热激活磁通流区，也是各种不可逆线所在区，不可逆线位置与钉扎强度，样品尺寸，测量方法等有关，FC 磁通蠕变区，S 固相区；(b)磁通玻璃模型下的相图. L 磁通液体，G 磁通玻璃，H 六角有序态，M 迈斯纳态，a_0 是磁通格子参数.

从动力学性质看，实验得到的各种不可逆线或融化线又将相图划分成不同区域．这些不可逆线在磁通蠕动的经典模型和磁通玻璃模型中有不同含义．图 33.71 示出这两种主要磁通动力学模型下的混合态相图的定性示意．对于低温常规超导体，虽然也存在不可逆线，但是和 $H_{c2}(T)$线很接近．这一点很可能是在高温超导体的不可逆线被发现之后才研究低温超导体的不可逆线的原因．

Ⅶ 临界电流

高 T_C 铜氧化物超导体中临界电流的情况远比常规超导体的复杂．小的 ξ 值使其磁通钉扎能低于低 T_C 超导体的，也使大量的小钉扎中心(如点缺陷等)的重要性增加，还会使大的晶体缺陷变成弱连接．小 ξ 和高度各向异性也可能导致新的钉扎机制，即本征钉扎，或者是本征弱连接的出现．弱连接使 J_C 很小，而且对磁场十分敏感．晶界是弱连接的重要起源．输运临界电流密度 J_{ct}必须通过(形成网络的)晶界，它和晶粒内临界电流(也称磁化电流)密度 J_{cm}不同．所以 J_{ct}首先取决于弱连接，J_{cm}则主要取决于钉扎效应．样品的高度各向异性使 J_c 也是各向异性的．低钉扎能和高运行温度还可能使磁通蠕动严重降低 J_c．对于这类复杂的课题在目前尚未有深入的研究．本节将概要讨论它们．

§33.32 晶体临界电流与磁通钉扎[23]

(*a*)晶体临界电流的各向异性　对于各向异性的高温超导晶体，其临界电流密度 J_c 在忽略 ab 平面内的各向异性的条件下存在着 3 个主分量(如图 33.72 所示)，即沿 c 轴方向的 $J_c^{c,ab}$，ab 平面内的 $J_c^{ab,c}$ 和 $J_c^{ab,ab}$．

晶体 J_c 的严重各向异性导致精确测量 J_c 很困难．例如采用磁测量方法，则 $H/\!/ab$ 时屏蔽电流由 $J_c^{c,ab}$ 和 $J_a^{ab,ab}$ 构成(参见图 33.72)．采用比恩模型时需将各向同性的 J_c 公式推广为[235,236]

$$\Delta M = L_{ab}\cdot J_c^{c,ab}\left[1 - L_{ab}\cdot J_c^{c,ab}/(3L_c\cdot J_c^{ab,ab})\right],$$

$$J_c^{c,ab}/J_c^{ab,ab}<L_c/L_{ab}, \tag{33.21a}$$

$$\Delta M = L_c \cdot J_c^{ab,ab}[1-L_c \cdot J_c^{ab,ab}/(3L_{ab} \cdot J_c^{c,ab})],$$
$$J_c^{ab,ab}/J_c^{c,ab}<L_{ab}/L_c, \tag{33.21b}$$

式中 $\Delta M=M^- - M^+$ 是降磁场和增磁场时的磁化强度差，L_{ab} 和 L_c 分别为方形样品沿 c 轴和 ab 面的尺寸. 上式中未计及退磁因子的影响. 当 $H /\!/ c$ 时，由于样品往往具有 $L_c \ll L_{ab}$，退磁因子特别大，对于这种情形下，磁测量方法在估算 J_c 时的精度是差的[233]. 按融熔织构 $YBa_2Cu_3O_7$ 样品的测量结果(输运的和磁的测量)看，$J_c^{ab,ab}/J_c^{c,ab}$ 在 10 到 100 之间[237]. 但是，因为单晶或织构 $YBa_2Cu_3O_7$ 样品的质量不高(例如沿 ab 平面易有微裂纹)使沿 c 轴的电流的有效截面积(因而上述数值)难以确定. 然而，高质量的单晶薄膜目前已能制得. 而且由于 $\xi \sim 1$nm，当薄膜厚为 100nm 时也可认为反映块样品性质了. 所以薄膜的研究是重要的，尤其是Bi系和 Tl 系膜在

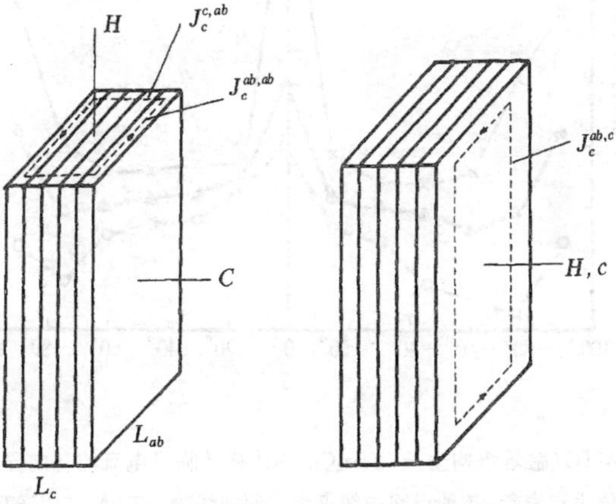

图 33.72　各向异性临界电流密度的 3 个主分量. 忽略 ab 面内的各向异性. 电流和磁场的方向如 J_c 的右上角标所示.

研究各向异性性质方面是很合适的. 可惜的是，用薄膜几乎不能测量沿 c 轴的临界的临界电流($J_c^{c,ab}$). 最近的理论和实验指出，Bi2212的 $J_c^{ab,ab}$ 与磁场几乎无关，或只与外场在 c 轴方向的分量有

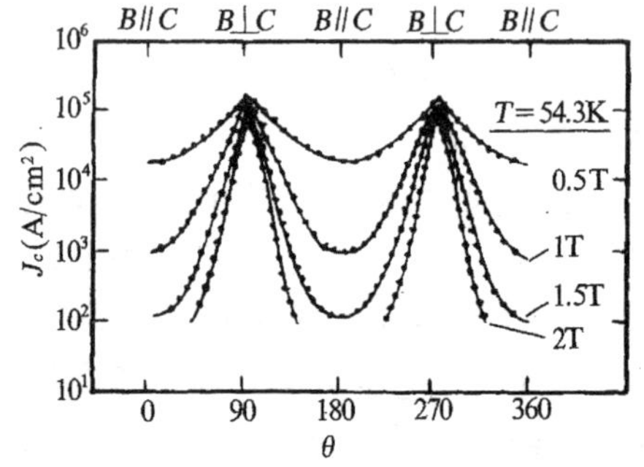

图 33.73 Bi 2212薄膜的 $J_{ct}(\theta)$. 电流平行 ab 面，磁场与 c 轴的夹角为 θ[239].

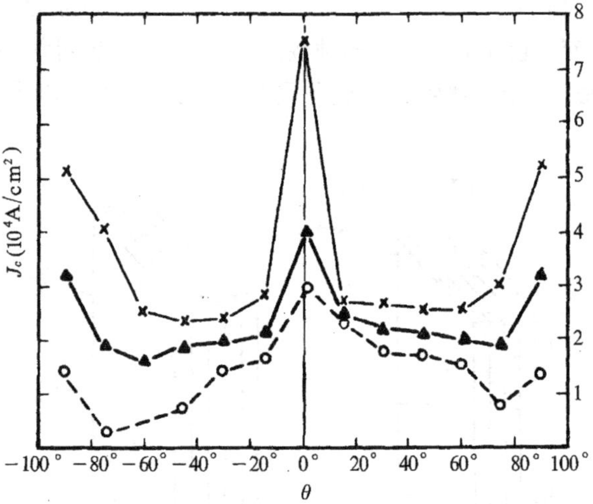

图 33.74 MTG(融熔织构生长)$YBa_2Cu_3O_7$体样品临界电流的各向异性[240]. 实验值由点表示，各种点间连线仅为方便视线：×2T；▲4T；○6T. H 平行 ab 面时，$\theta=0°$，是 $J_c^{ab,ab}$；H 垂直于 ab 面时，$\theta=90°$，是 $J_c^{ab,c}$.

关，而与 ab 平面上的分量无关[238,239]. 图 33.73示出外延的高质量 $Bi_2Sr_2CaCu_2O_8$ 薄膜的 $J_{ct}(\theta)$的关系，J_c 在 ab 面内，$J_c \perp H$，但 H 和 C 轴的夹角为 θ，这表示各向异性较高，而且其程度与温度有关.

图 33.74 示出的是各向异性程度较低的 $YBa_2Cu_3O_7$ 融熔织构样品的输运临界电流密度[240]. 图 33.73 所示的结果是基本上支持“本征钉扎存在”这一看法的.

总的看,临界电流的各向异性这一问题仍是可靠而且微结构清楚的实验测量不多. 所以这一问题的研究仍停留在定性的阶段上.

(b) *磁通蠕动* 受磁通蠕动的影响, 临界电流将从假设的未受影响的值 $J_c(0, T, H)$ 降到 t 时刻的

$$J_c(t, T, H) = J_c(0, T, H)\left[1-(kT/U_0)\ln(1+t/\tau)\right].$$

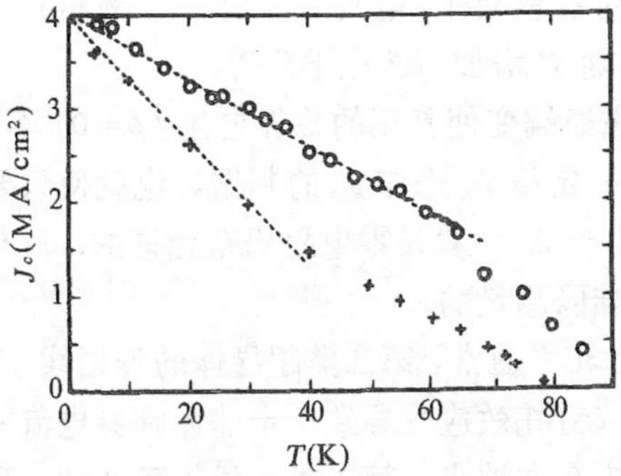

图 33.75 外延 $YBa_2Cu_3O_7$ 膜的临界电流与温度的关系.

○输运测量, +磁测量[241].

因此, J_c 除受钉扎力(它决定 $J_c(0, T, H)$)控制外, 还受温度、钉扎能及时间的影响, 而钉扎能和时间对低温超导体的影响是可忽略的. 但是高 T_c 样品的 U_0 较小, 在 77K 下的热运动能 kT 比 4K 时的大得多, 使 $(kT/U_0)\ln t$ 项即磁通蠕动的影响变得严重了. 此外, 由于输运电流法测量得到的 J_c 受时间影响小, 而作磁测量时需要等待一段时间以让 M 衰减速度足够小(此时读数方才稳定), 这就使 $\ln(t/\tau)$ 很大, 所以磁测量的 J_c 一般比电测量的要低(参见图 33.75).

我们应当注意的是, 钉扎能和钉扎力不是同一个物理量. 临

界电流密度 J_c（0，T，H）取决于体钉扎力密度 F_p，F_p 是元钉力 f_p 和钉扎中心密度 n_p 的函数. 一般说，单位体积中钉扎中心越多（n_p 越大），每个钉扎中心的钉扎力（f_p）越大，F_p 也越大，J_c（0）也越大. f_p 和 U_0 的关系是 $f_p=|\nabla U_0|\approx U_0/\xi$. 而磁通蠕动主要只是与钉扎能相关的量. 高温超导体的 U_0 小，但 ξ 也小，所以钉扎力并不小. 但它的小 $U_0/(kT)$ 就有可能产生巨磁通蠕变. 此外，增加钉扎中心密度一般将使钉扎力增大，但不能提高 U_0.

已有一些实验结果说明，巨磁通蠕动对超导体临界电流有重要影响，特别在 77K 下是如此. 例如，已证实巨磁通蠕变的存在及其大体上的对数衰减律，电测的输运 J_{ct} 比磁测的磁 J_{cm} 高（参见图 33.75），J_c 随 T 增加而线性下降等.

严格说，磁通蠕变使真正的临界电流（$\rho=0$）不存在. 但在实用上用 E 小于一定值 E_c 来作 J_c 的判据，也就使只要 ρ 和 J 的乘积（$\rho J=E$）小于 E_c 就算是零电阻仍是允许的. 此外，真正的零电阻实验上是难以测量的.

(c) *磁通钉扎* 通常，第二类超导体的磁通线（阵）与晶体缺陷的相互作用（钉扎效应）导致一定的体临界电流密度. 所以体分布的临界电流存在被当作第二类超导体存在的一种判据. 缀饰磁通线的实验发现，磁通聚集于单晶 $YBa_2Cu_3O_7$ 中的孪晶界上和融熔织构样品的 211 相粒子周围，这是钉扎效应存在的直接证据[168,174]. 后来，其它实验也证明孪晶界确实有钉扎作用（例如见[217]）. 用各种粒子（中子和各种离子）辐照高温超导体后发现其 J_c 可提高约两个数量级. 相应的微结构观察表明粒子辐照产生了多种晶体缺陷. 这也是存在钉扎效应的证据.

村上雅人（M. Murakami）等首先在融熔织构的 $YBa_2Cu_3O_7$ 块材中引入 211 相粒子使临界电流密度有显著提高[204]. 一般认为，211 相粒子及其周围的晶体缺陷（位错，层错等）有钉扎效应. 最近报道，单晶的 $YBa_2Cu_3O_7$ 膜的 J_c 与其中的螺位错密度间有一定的比例关系，这是单个位错产生钉扎作用的一种证据[242].

高 T_c 的铜氧化物的钉扎效应有许多特征. 这些特征可以大体概括如下：（1）由于 λ 大和 H_{c1} 小，在外场较低时（譬如说 0.1T），其内部的磁场就已基本均匀. 因此，磁通线在样品内运动只是其芯的运动，而不是局域磁场有变化. 这就是说，以涡旋电流和局域场和晶体缺陷相互作用为机制的"磁钉扎"作用基本可以忽略[243,244]；（2）由于 ξ 已小到和点缺陷（如空位、填隙或替代原子）、单个位错等相当，这些对低温超导体钉扎作用很小的钉扎中心都可能有显著的作用；（3）需要同时考虑钉扎力与钉扎能的大小. 因为低 T_C 超导体的磁通蠕动可以忽略，其 J_C 和 J_{CO} 相同，而高温超导体的 J_C 和 J_{CO} 及 $U_0/(kT)$ 都有关；（4）高温超导体的层状结构和小 ξ 使其中正常的贮电荷层本身也可能作为钉扎中心，即"本征钉扎 (intrinsic pinning)"[245].

虽然如此，作为第二类超导体的铜氧化物，其钉扎效应的物理基础仍是和常规超导体一样的. 有关常规低温超导体的钉扎机制，各种钉扎能以及钉扎力的估算，读者可以参阅第三十二章.

（d）单晶和织构短样品的临界电流密度值　图 33.76、图 33.77 和图 33.78 是三种有代表性的材料 $YBa_2Cu_3O_7$，$Bi_2Sr_2CaCu_2O_8$ 和 $La_{2-x}Sr_xCuO_4$ 的短样品在若干外场中的临界电流密度随温度变化关系的实验值[246,247]. 由图 33.76 中可看到，薄膜样品的 J_C 最高，在零外场中超过 $10^6A/cm^2$（$T=77.3K$）已很普遍，有的已接近 $10^7A/cm^2$，甚至还有更高的. 其次高的是取向排列的小晶粒（由于单颗晶粒体积不够大，造成测量困难，把许多颗晶粒放在一起，但某晶轴如 c 轴平行，一般称为取向或定向晶粒）. 尺寸较大的单晶或融熔织构生长的样品则 J_c 较低. 这一原因尚不清楚. J_c 值与样品尺寸有关是高温超导体的特征.

图 33.79 示出 MTG $YBa_2Cu_3O_7$ 块样品在沸腾液氮中的 $J_{ct}^{ab,ab}$ 与磁场的关系曲线[248]. 可以看到，临界电流随磁场增加而减小是非常缓慢的. 高磁场中 J_c 达到技术应用的值（$10^4A/cm^2$ 左右）显示，高温超导材料在经济的冷却液体（液氮）作强磁场应用的巨大潜力. 这类样品的微结构特征是存在大量的平行于 c 轴的孪晶

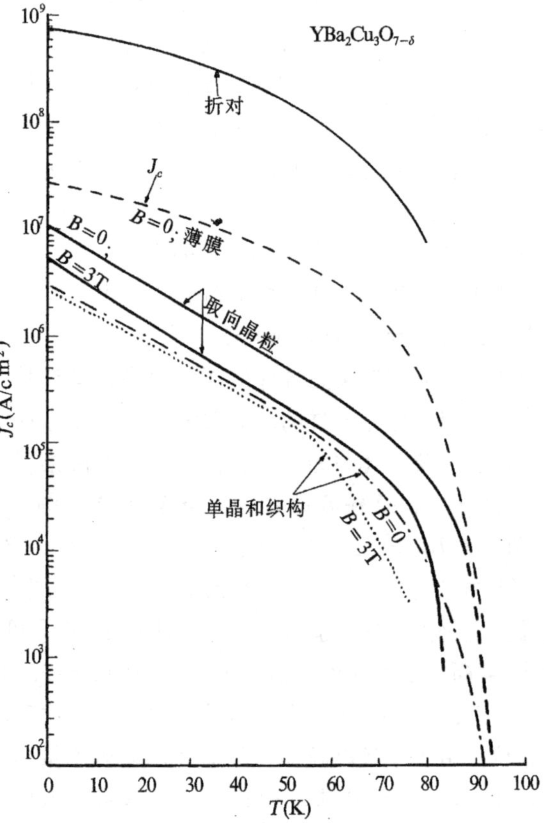

图 33.76　各种 $YBa_2Cu_3O_7$ 样品的临界电流密度与温度的关系.[246]

——折对；　　　　　　———薄膜，($H=0$)；

——取向晶粒；　　　　—·—·—单晶和 MTG ($H=0$)

……单晶和 MTG ($\mu_0H=3T$)

界和平行于 ab 面的层错，而很少观察到 211 脱溶粒子. 所以，211

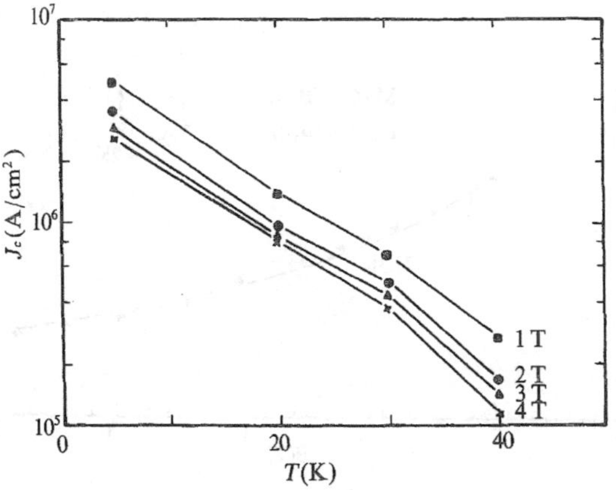

图 33.77　单晶 $Bi_2Sr_2CaCu_2O_8$ 的磁临界电流密度

与温度的关系（Hc）.

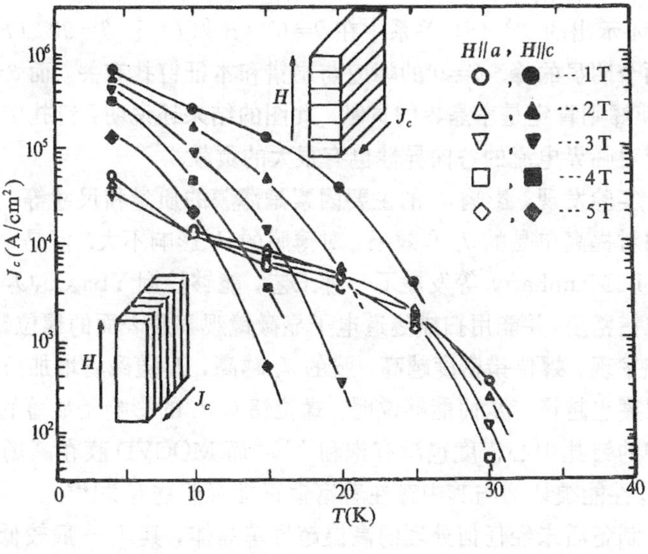

图 33.78　单晶 $La_{2-x}Sr_xCuO_4$（尺寸 4×2×1mm³）的临界电流密度

与温度的关系（$H/\!/C$）[247].

相粒子不是引起 $YBa_2Cu_3O_7$ 织构样品的高 J_c 所必需的条件. 实验

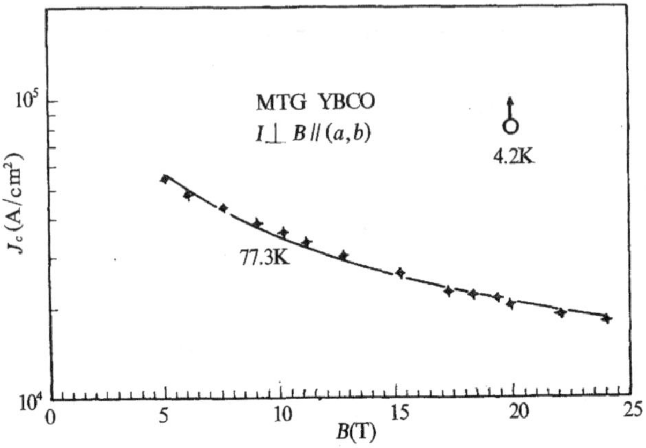

图 33.79　融熔织构 $YBa_2Cu_3O_7$ 体样品在沸腾液氮中（77.3K）的输运临界电流密度与磁场的关系[248]．○↑表示超过 0 位值．

发现，这样的 $YBa_2Cu_3O_7$ 中面缺陷对 J_c 有很大的影响．如图 33.74 示出的 J_c^{ab}（θ）关系中在 $\theta=0°$（$B/\!/ab$）和 $\theta=90°$（$B/\!/c$）有两个明显的峰．$\theta=0°$的峰应与层错和本征钉扎有关，而 $\theta=90°$ 的 J_c 峰则肯定是孪晶界的贡献．此图的结果还说明，钉扎中心的性质对临界电流的各向异性也有很大的贡献．

实验发现，影响 J_c 的主要因素是薄膜的质量和尺寸等．粒子辐照对提高单晶的 J_c 有效果，对薄膜的 J_c 影响不大．但是，门哈特（J. Mannhart）等发展了一种工艺，能够控制 $YBa_2Cu_3O_7$ 膜的螺位错密度，并能用扫描隧道电子显微镜观察膜表面的螺位错，因而能发现，螺位错密度越高，膜的 J_c 越高，J_c 随磁场增加而衰减的速度也越慢．从而能够说明，螺位错对 J_c 的影响是显著的，薄膜中的钉扎中心密度也没有饱和[242]．而 MOCVD 膜在高场的优越 J_c 性能被认为与其中存在着富铜正常沉淀物有关[249]．

制备后未经任何处理的高温超导单晶体，其 J_c 一般较低．早期报道磁测量的 J_{cm}(4.2K，0T)仅为 $10^4A/cm^2$ 量级，而J_{cm}（77K）几乎为零[179]．

如前所述，村上雅人等首先采用“淬火融熔法（quench and

melting growth）把磁测量的 J_c 提高到 10^4A/cm^2（在 77K 和 1T），J_c 提高的原因被认为是 211 相粒子产生强的钉扎效应[204].

由于这样的方法需要高温（1400℃左右），产生的 211 粒子尺寸也较大，周廉等发展了一种“粉末融熔工艺”（PMP），在熔化反应前的原料中加入 211 相粉末，以达到降低反应温度（可降到 900℃左右），控制 211 粒子的尺寸和数量的目的，从而提高 J_c. 已有人报道，PMP 的 J_c（77K，1T）达 10^5A/cm^2[250].

金（Jin）等报道了一种能把块状样品的 J_c（77K，1T）提高到 10^5A/cm^2 的方法[251]，它包括把预制好的 $YBa_2Cu_5O_8$ 在 920℃进行快速分解并产生尺寸约为 5mm 的无序物.

提高单晶体 J_c 的另一种途径是用各种粒子对高 T_c 样品进行辐照. 最常用的粒子是中子和各种离子. 范多福（Van Dover）等用中子辐照 $YBa_2Cu_3O_7$ 后大大提高了此样品的 J_c，在 77K 和 1T 下达 6×10^5A/cm^2[252]. 赛维耳（L. Civale）等用 S_n^+ 离子（580MeV）辐照 $YBa_2Cu_3O_7$ 单晶，使其磁 J_c（77K，4.5T）达 10^5 A/cm^2[253]，微结构分析发现，这种高能离子的辐照产生了直径 5nm，长约 15μm 的柱状空洞（柱轴方向平行于粒子束方向），当磁场平行于柱轴时，J_c 最高. 按钉扎理论，这是柱状缺陷的最佳钉扎状态. U_0 也最大. 这就说明，像这样大的缺陷对提高 J_c 仍很有效. 因此，尺寸并不比它大的 211 粒子（尺寸 1μm 量级）成为有效钉扎中心是可能的. 赛维耳等还发现，辐照样品的 T^i_{CH} 也提高了，这是 J_c 和 T^χ_{CH} 同受钉扎中心控制的结果. 迄今所知的强磁场的输运临界电流密度是傅耀先等的 MTG $YBa_2Cu_3O_7$，在 20T 的强磁场中超过 2×10^4A/cm^2（77K）[248].

§33.33 微桥的临界电流

我们知道，微小单晶（晶须）的强度远高于普通尺寸的单晶体，接近金属的理论强度. 类似地，超导“晶须”，即超导微桥的临界电流密度也很高. 我们这里的微桥的尺寸小到桥宽 l 满足 $\xi\ll l\leqslant\lambda$，厚度大为 200—500nm. $YBa_2Cu_3O_7$ 薄膜刻蚀的微桥的输运

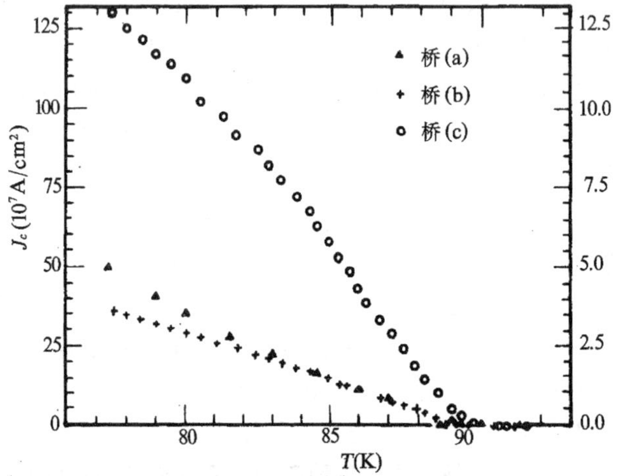

图 33.80 脉冲激光淀积的 $YBa_2Cu_3O_7$ 膜被刻成微桥后测量的输运临界流与温度的关系[254]. (a) $l=400$nm, $t=500$nm; (b) $l=50$nm, $t=500$nm; (c) $l=50$nm, $t=200$nm, l 是桥宽, t 是刻桥用的膜厚.

临界电流密度非常高，最高的达到 J_{ct}^{ab} (77K) $=1.3\times10^9$A/cm²，如图 33.80 所示. 这是乞今所测量到的最高的输运临界电流密度，达到了 $YBa_2Cu_3O_7$ 的拆对临界电流密度 (depairing critical current density) J_{cd}值. 按式 (31.161)，$J_{cd}=\phi_0/(3\sqrt{3}\pi\xi\lambda^2\mu_0)=4H_c/(3\sqrt{6}\lambda)$. 以 $\lambda=100$nm，$\xi=1$nm，$\phi_0=2.07\times10^{-15}$V·s 代入后得 $J_{cd}\approx10^9$A/cm² 和图中之最高值相符. 但是这样不能解释为什么较厚桥的临界电流密度比较低. 江 (H. Jiang)[254]等用昂萨格-费因曼 (Onsager-Feynman) 的临界速度机制解释微桥的这种高临界电流密度现象. 在这种 (临界速度) 模型中，超导“对” (pair) 流的临界速度是由于涡旋环的产生

$$v_c\simeq(4\hbar/Ml_{\rm eff})\ln(l_{eff}/\xi),$$

式中 $M=2m$ 是载流子的质量，$l_{\rm eff}$是桥的有效长度. 临界电流密度是

$$J_c=qn_sv_c,$$

式中 $q=2e$ 和 n_s 分别是超导对的电量和密度. 利用 $\lambda_l^2=M/(\mu_0 q^2 n_s)$，可得

$$J_c=(4\hbar/(\mu_0 q\lambda_L^2 l_{\text{eff}}))\ln(l_{\text{eff}}/\xi).$$

于是 $l_{\text{eff}}\leqslant 50\text{nm}$ 时，$J_c\approx 10^9\text{A/cm}^2$，达到折对电流值，$l_{\text{eff}}\geqslant 50\text{nm}$ 时，$Jc\approx 10^8\text{A/cm}^2$，相当于较大有效寸尺的样品值，和实验结果达到比较满意的符合. 我们注意到，有效尺度 l_{eff}是随微桥的横截面积减小而减小的. 总之，江等认为微桥中的临界电流密度大到了理论的极限值是由于桥的尺寸小到了使涡旋不能产生的结果. 在金属的强度理论中，当材料的尺寸小到不能使位错产生时，其强度也将达到理论极限值.

§33.34 多晶的临界电流

(a)*烧结多晶样品的微结构形貌* 在发现高温超导体的初期，人们就发现烧结的样品是由大量的颗粒组成的，具有颗粒性，参见图 33.81. 颗粒大小不等，平均约为微米量级的尺寸. 颗粒边界原子排列不完善，成分也不符合化学配比成分 (nonstoichiometry)，其超导电性当然不好，甚至是不超导的. 构成块体样品的各晶粒之间的连接质量一般就 不好，有效的连接面积也比较小，弱连接烧结样品的质量密度也因此而减小到理论质量密度的三分之二左右. 例如，$YBa_2Cu_3O_7$ 的理论质量密度约为 6g/cm^3，而烧结样品则只有约 4g/cm^3，这是因为晶粒之间有大量的空隙（参见图 33.81). 这种多孔的疏松结构是陶瓷材料的特征，也是氧化物超导体的一项重要特点. 因此，氧化物超导体也是一种陶瓷材料，有时称为颗粒性材料.

陶瓷材料的颗粒性对电磁性质和其它方面都有重大影响. 这一节我们主要讨论烧结多晶样品的电磁性质，特别是临界电流性质.

(b) *烧结样品的磁化曲线* 图 33.82 示出一组典型的烧结多晶 $YBa_2Cu_3O_7$ 样品的磁滞回线. 图 33.82 (a) 表明在低于 $H_{c1}^W\approx$ lmT 的磁场中没有磁滞现象，样品近于完全抗磁：$M\approx -H$，H_{c1}^W

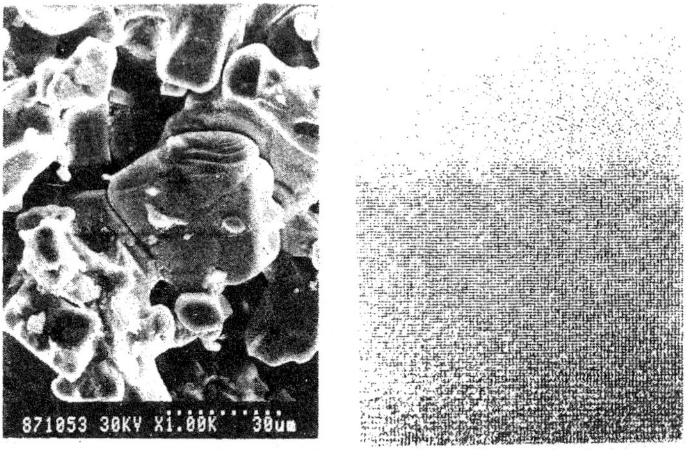

(a)　　　　　　　　(b)

图 33.81　烧结 $YBa_2Cu_3O_7$ 样品的显微形貌和结构.

(a) 扫描电镜照片；(b) 透射电镜照片，显示晶粒边界原子排列已不整齐，图中亮点是金属离子.

称为弱连接超导体的下临界场，其大小取决样品的质量. 有的烧结样品用高精度的磁强计测量时，可发现外场小于 1%mT 时就有磁滞回线，即 H_{c1}^{W} 可小于 1%mT. 图 33.82 (b) 示出的是 $H_{c1}^{W}<H<H_{c2}^{W}$ 时的典型情形，H_{c2}^{W} 是弱连接超导体的上临界场，其大小也视样品而定，一般仅约数毫特 (mT). 在 $H>H_{c2}^{W}$ 的[参见图 33.82 (c)] 部分，磁滞回线又消失，表示部分样品又出现完全抗磁性. 我们从此图的 (b) 和 (c) 可见到，$H>H_{c2}^{W}$ 的磁化曲线的斜率也小于通过原点那部分曲线的. 说明样品此时只有部分是完全抗磁的. 图 33.82 (d) 说明样品在更大的磁场中的磁滞回线形状已和单晶 $YBa_2Cu_3O_7$ 的定性上一致. 图 33.82 (e) 定性反应更强外场中的磁滞回线形状.

为了理解烧结多晶样品磁滞的上述特征，在图 33.83 中定性地示出在不同的外场中和上图磁化曲线相对应的磁化（屏蔽）电流的情况：(a) $H<H_{c1}^{W}$ 的情形. H 较低，不仅不能透入晶粒（穿

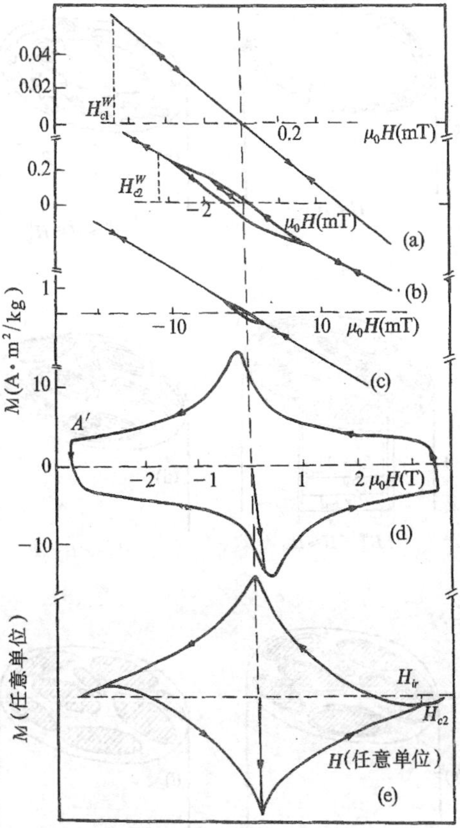

图 33.82　含有大量弱连接晶界的烧结样品的磁滞回线.
注意外磁场的最大值不同.

透深度为 λ_l)，而且也不能透过弱连接(弱连接的穿透深度为 λ_j，$\lambda_l \ll \lambda_j$)，所以样品近于完全抗磁性.(b) $H_{c1}^{W} \leqslant H \leqslant H_{c2}^{W}$的屏蔽电流情况．此时外场超过了弱连接的完全抗磁能力，从弱连接处透入样品，并可出现于内部的弱连接区域.(c) $H_{c2}^{W} \leqslant H \leqslant H_{c1}$的屏蔽电流情况，它们只分布于晶粒表面，因为外场 H 还低于晶粒的下临界场 H_{c1}，样品中的晶粒内部有完全抗磁性，但弱连接区此时已完

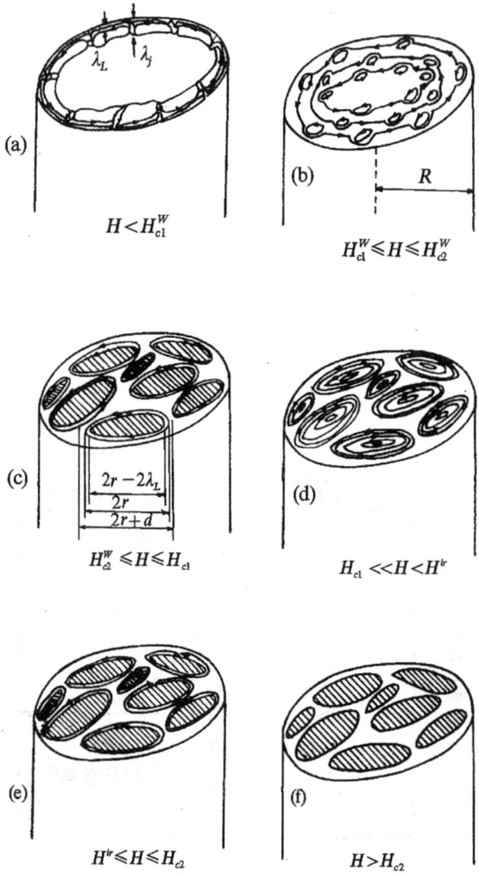

图 33.83　柱形烧结样品在平行于轴线的外场中的磁化电流．各图相应于不同强度的外场．图（a）到（e）分别示意产生图 33.82 中相应图号（a）到（e）的磁化电流．

全不超导了．(d) $H_{c1} \ll H < H^{ir}$，外场已进入晶粒内（晶粒处于混合态），但此时钉扎力仍不为零，因 $H < H^{ir}$，H^{ir}是不可逆磁场．也就是说，此时晶粒内有屏蔽电流．(e) $H^{ir} < H < H_{c2}$，晶粒已相当于磁场中的理想的Ⅱ类超导体，屏蔽电流只处于晶粒表面．(f) $H_{c2} < H$，整个样品进入正常态．

值得指出的是，以上的样品磁化情况叫做“零场冷”，是先把样品冷到超导态温度（$T<T_c$），后施加磁场．显然，$H<H_{c1}^W$时，ZFC 测得的烧结样品的磁化率不只代表其中超导区，也代表弱连接区和其它非超导区（空隙，杂质等）．如果想测出烧结样品中超导区域（通过抗磁区域大小的测量），则可用场冷的方法，即当样品还在正常态时就加磁场，然后再冷却样品至超导态，即所谓“场冷”．即便如此，由于晶粒内钉扎效应，晶粒也不会表现出完全排斥磁通的迈斯纳效应，显然 $H<H_{c1}$．不过，在 $H<H_{c1}$的情况下，烧结样品的磁化与加场的历史（场冷还是零场冷）有关是一个显著的特征，在发现高温超导体的初期，人就开始把这一现象称作“颗粒超导电性”，并且给予很大的注意．甚至人们发现，早期的单晶样品也具有和烧结样品相同的颗粒超导电性．但是，现在人们相信，单晶样品如表现出颗粒超导电性行为，则是样品的品质不高，其中含有弱连接．高质量的样品不具有颗粒超导电性．因此有关颗粒超导电性的问题我们不作深入的介绍．

实验还证明，烧结样品的磁化曲线与样品的表观尺寸 R 和形状无关，而和颗粒（晶粒）的平均半径 r_g 有关．图 33.84 示出外形相同、晶粒尺度不同的几个样品的磁化曲线[255]．可以看到，晶粒（r_g）越小，磁滞回线越大．磁滞和样品表观性质无关是容易理解的，因为 H_{c1}^W很小，$H>H_{c1}^W$后各晶粒几乎是磁性独立的．然而，磁滞和 r_g 的关系问题还不是理解得很清楚的．

(c)烧结样品的临界电流　从上节可知，烧结样品的情况比较复杂．对于输运电流来讲，它必需跨过晶粒，所以晶粒及晶粒之间的连接都会影响它．实验发现，烧结样品的晶粒间的连接绝大部分是弱连接，它们对输运临界电流的行为起着决定性的作用．

实验发现，烧结高温超导样品的临界电流与磁场的历史关系特别显著(参见图 33.85)[256]．由图可见，场冷和零场冷的 J_{ct}不同，因而形成了所谓的“输运临界电流滞后回线”．所以 J_{ct}一般需要说明是升场（J_{ct}^+）还是降场（J_{ct}^-）的，这和磁滞一样，同一外场有两个值．下面，我们不指明时的 J_{ct}是指场冷的 J_{ct}（$\equiv J_{ct}^-$）．

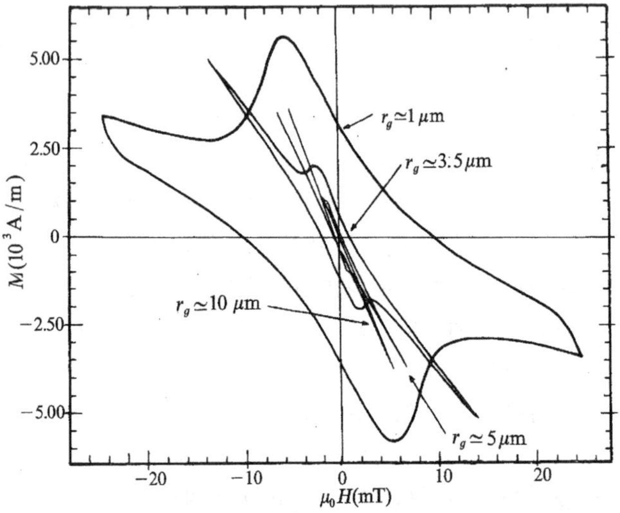

图 33.84 烧结 $YBa_2Cu_3O_7$ 样品中晶粒尺寸对磁滞回线的影响[255].

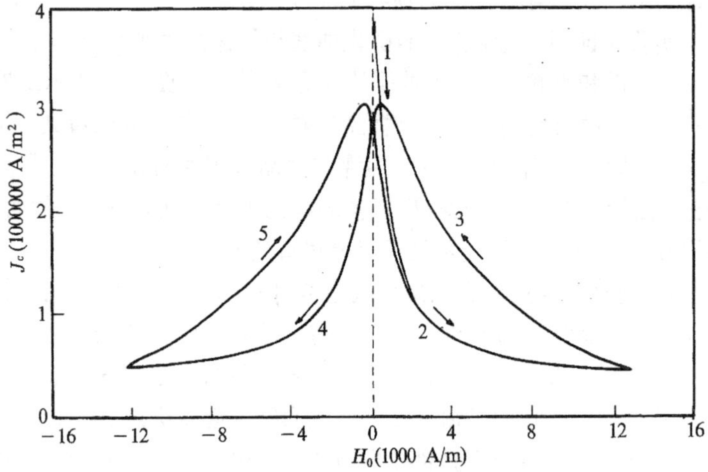

图 33.85 烧结 $YBa_2Cu_3O_7$ 样品的临界电流回线. 图中箭头示磁场改变方向，数字示磁场变化次序[256].

以上的实验已经说明，J_{ct}很低，并且对外场非场敏感. 也就是说，J_{ct}小，而且随外场增加而迅速降低．这是烧结样品的显著特征．由于约瑟夫森临界电流（通过约瑟夫森结的临界电流）密度小，又对外场非常敏感，所以一般认为弱连接是约瑟夫森结．由此，也能容易地理解，J_{ct}的滞回是由于场冷和零场冷所致，即使在同一外场中，样品内所捕获的磁通不同，弱连接所感到的磁场不同，其临界电流不同，整个样品的 J_{ct}也不同了．

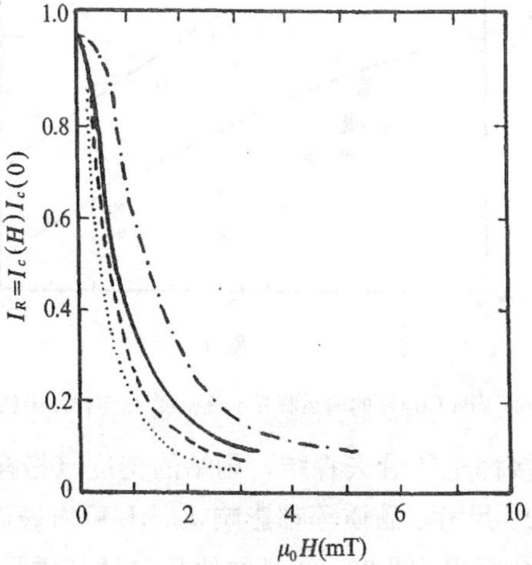

图 33.86　各种条件制备的 $YBa_2Cu_3O_7$ 烧结颗粒样品的输运临界电流与外场的关系[257]．—·—·—940℃烧结；———910℃烧结；－－－－910℃＋0.1wt%SiO_2 烧结；……910℃＋1wt%SiO_2 烧结．

烧结样品的临界电流密度与样品制备条件有关，在图 33.86 中示出一些典型的研究结果[253]．显然这些不同的 $J_c(H)$ 是制备条件对弱连接的影响所致．

烧结样品的输运临界电流密度（零外场）和样品的表观半径 R 有关．从已有的大量数据来看，J_{ct}基本上可认为与 R^{-1}成比例，参见图 33.87[254]．一般认为，这是自场效应的结果．

图 33.88 示出的是烧结 $YBa_2Cu_3O_7$ 体样品的临界电流密度与温度的关系（零场）[258]．显然，制备条件也影响这种关系．J_{ct}与 T

没有一个普适的函数关系，这也很容易从各样品中的弱连接随样品而异得到理解.

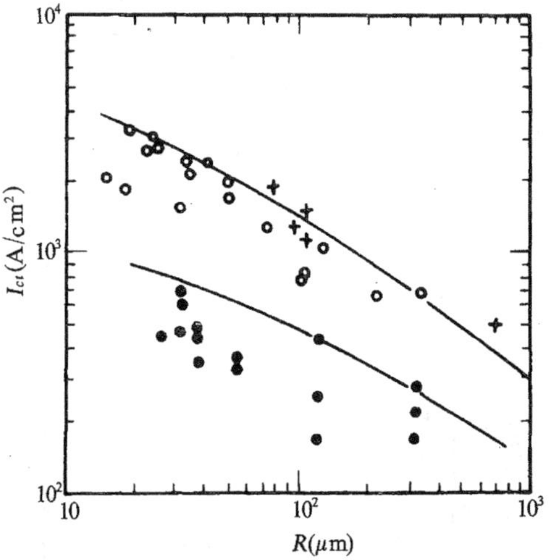

图 33.87 烧结样品 $YBa_2Cu_3O_7$ 的输运临界电流密度 J_{ct} 与样品半径 R 的关系[258].

假定弱连接都是约瑟夫森结，则结的密度（指样品单位横截面中结的数目）、尺寸、品质等都影响 J_{ct}. J_{ct} 可由表面电流 J_s，体钉扎电流等混合而成. 图 33.89 是结的几何学与质量对 J_c 影响的示意. (a) 理想小晶粒小结，结中有电流；(b) 大晶粒大结，结只有表面电流，类似于理想Ⅱ类超导体；(c) 非均匀大结，和上面两种理想的均匀结不同，结中的大空间和小空穴等各种不均匀性产生磁通钉扎，类似于非理想的Ⅱ类超导体，具有体（结中）电流. 当然，我们知道，由于结的品质或类型不同（SNS，SIS 等），其临界电流密度也不同.

图 33.90 示出各种样品的临界电流密度与磁场关系的定性比较（$T=4.2K$）. 此图说明，高度织构材料（膜、体材）的临界电流密度可以很高，随磁场增加而降低的速度也并不一定很快，虽然我们知道织构化材料不是单晶，其中是有很多晶界的. 因此，晶界的情况不仅对决定 J_c 是极为重要的，而且情况十分复杂. 这一

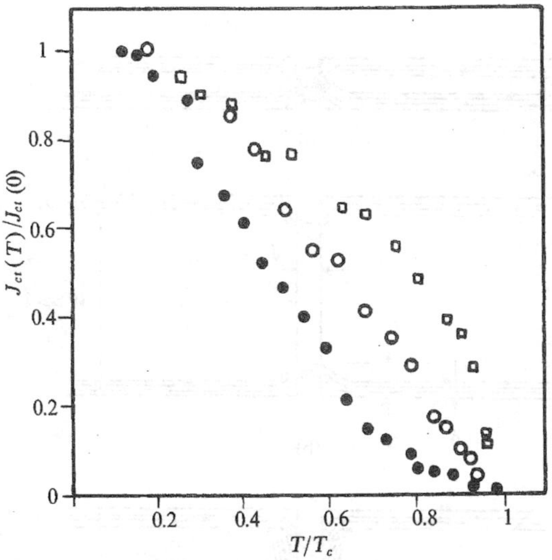

图 33.88 烧结 $YBa_2Cu_3O_7$ 样品的输运临界电密度 J_{ct} 与温度的关系与制备条件有关[258].

点非常值得研究. 因为早期认为晶界都是弱连接，而弱连接使 J_{ct} 值非常低，而且对磁场很敏感，实用长线材是多晶的又是不可避免的，所以早期对高温超导材料的强电流和磁场技术应用前景非常悲观. 下面就介绍有关晶界对 J_c 影响的一些重要研究结果.

(d) 晶界的电磁性质

(1) 弱连接型晶界. 在研究晶界性质对 J_c 的影响时，狄莫斯 (D. Dimos) 等采用一种巧妙方法来研究晶界的失配角对 J_c 的影响[260]. 他们先制备具有不同失配角的双晶 $SrTiO_3$ 基片，然后在这些基片上外延生长具有同样失配角的双晶 $YBa_2Cu_3O_7$ 薄膜，再测量其晶间临界电流密度 J_{ct} 和晶内临界电流密度 J_{cG}. 实验结果示于图 33.91 中. 此图说明，大角晶界的 $J_{cg}/J_{ct}\approx50$，表示晶界失配对 J_c 有重大影响，至少薄膜是如此. 此后的研究发现，对每一超导系统而言，存在一个临界失配角 θ_c，当晶界角度 $\theta>\theta_c$ 时，晶界是弱连接，而 $\theta<\theta_c$ 时，J_c 由磁通钉扎效应控制[261]. 现在的制膜技术已能控制薄膜中晶界的角度 θ. 因而利用含晶界的膜作斯

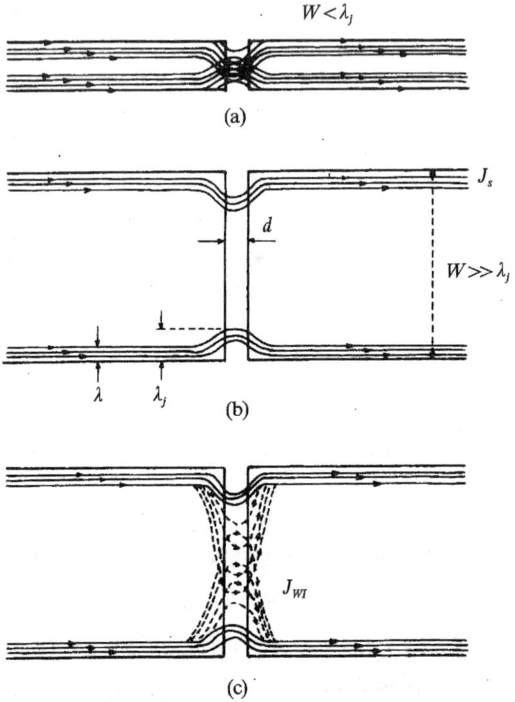

图 33.89　不同尺寸的和不同品质的结的临界电流示意.
(a) 理想小结；(b) 理想大结；(c) 非理想的大结.

逵得的约瑟夫森结时可以按需要设计 θ，使噪声和其它性能达到最佳值. 利用这种方法，使高温超导斯逵得的白噪声低于低温超导体制作的商品斯逵得的工作已在进行中[261].

(2) 晶界影响的缓解. 可以设想实用线（带）材中大角晶界在所难免. 假设材料中的晶界都是弱连接，那么，只要晶粒都是长板状或针状，长度和电流两种方向平行，就可使弱连接的危害大大减轻或消除. 这种晶粒几何因素对 J_c 的影响的物理基础示于图 33.92. 当电流由左向右时将不是直线式而是波浪式地前进，以使晶界的局域电流密度 J_{ct} 小于样品的平均值 J_c. 图 33.93 示出基于这种思想所作的一种模拟计算结果[262]. 它说明，随着晶粒长度

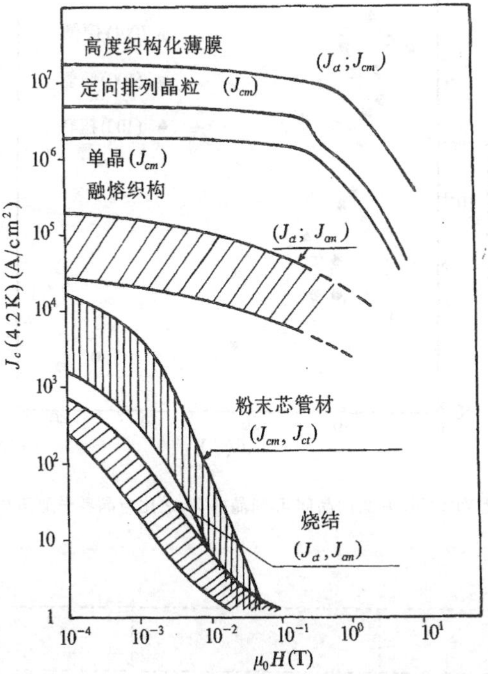

图 33.90 各种 $YBa_2Cu_3O_7$ 样品的临界电流与磁场的关系[259].

D 的变长，J_c/J_{ct}可超过 10，J_c 可达 $10^6 A/cm^2$. 幸运的是，这种有利于提高 J_c 的晶粒形状以及排列方式在用融熔织构法和挤拉法等制备的样品中很普遍. 这也可能是融熔织构 $YBa_2Cu_3O_7$ 和银包套的 $Bi_2Sr_2Ca_2Cu_3O_{10}$线材的 J_c 迅速提高的一个原因.

(d) 非弱连接型晶界. 进一步的研究证明，晶界失配角并不是形成多晶体中弱连接的唯一因素. 柏考克 (S. Babcock) 等研究了有不同失配角的双晶块状 $YBa_2Cu_3O_7$ 样品的电磁性能，其结果示于图 33.94 中. 他们发现，含有直至 90°的晶界扭转角时，样品的输运 J_{ct} (H) 仍未表现出弱连接的特性，从而证明了块状样品中非弱连接型的大角度晶界的存在.

到目前，对于为什么有的大角度晶界是弱连接的而另一些又

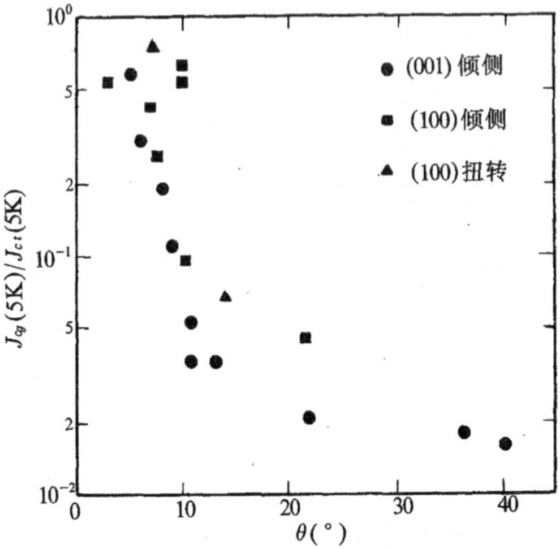

图 33.91　外延 $YBa_2Cu_3O_7$ 膜的晶间 J_{ct}和晶内 J_{cg}之比与晶界失配角 θ 的关系[260].

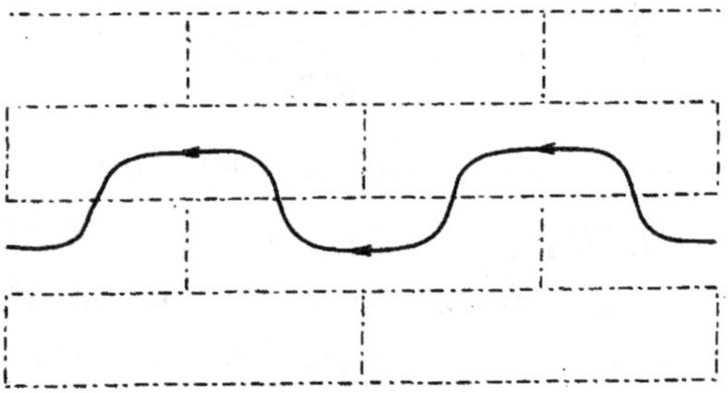

图 33.92　择优取向的长晶粒多晶体中电流通路（箭头所示）示意图.
锁线示晶界，电流的路径是使通过晶界的电流密度最小.

不是仍未有共识. 但是一般说应与晶粒间界的结构、厚度、成份等有关. 晶界性质的研究很重要，并已取得了大量的研究结果.

(e) 输运临界电流密度的提高　突破弱连接对 J_c 限制的第一个信息来源于金等的报道[264]，他们发明了融熔织构生长法（MTG）并成功地用来制备 $YBa_2Cu_3O_7$ 块状样品，其 J_{ct}比当时的

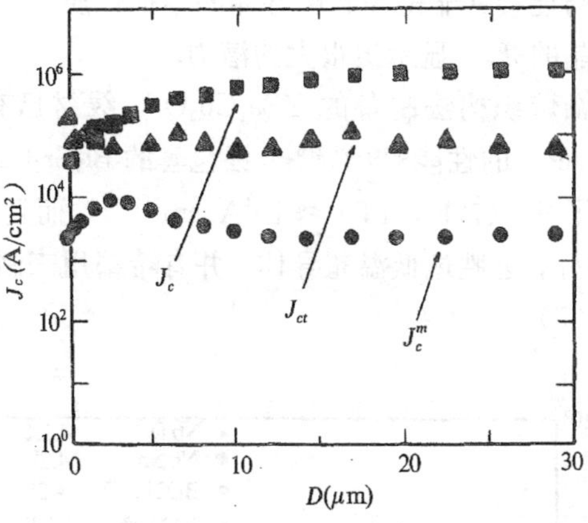

图 33.93 多晶体平均和局域晶界电流密度的模拟计算结果[262]. J_c：样品平均值，J_{ct}：晶界局域值，J_c^m：晶界有磁场穿透使电流降低的情况.

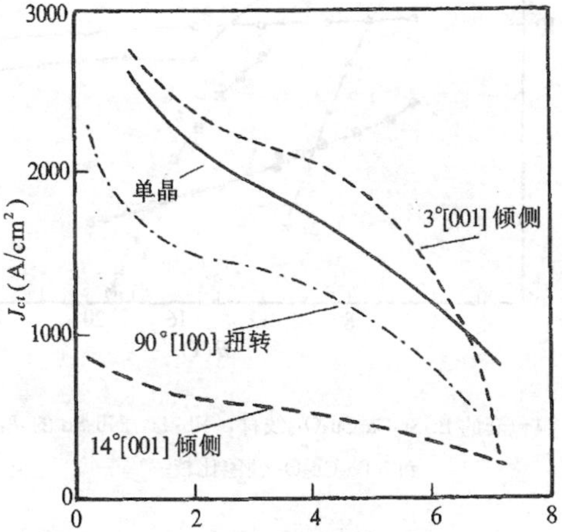

图 33.94 不同晶界的 J_c (H). 晶界类型及其失配角已注明，未注明的是单晶. 输运测量，T=77K[263].

任何烧结样品都有数量级上的提高. 海因（K. Heine）等则肯定了弱连接对 J_{ct} 的限制可以被克服[265]. 他们报道，部分融熔法制备的银包套的 $Bi_2Sr_2CaCu_2O_8$ 线材的 J_{ct}（4.2K，25T）$>10^4$ A/cm²，从而证明了弱连接并非是高温超导体的本征性质．多晶线材也有可能达到单晶的 J_{ct}，显示出很大的潜力．

目前，融熔织构法制备的 $YBa_2Cu_3O_7$，线材已有 J_{ct}（77K，1T）$\approx 10^5 A/cm^2$ 的性能[248,250,266]．银包套的 $Bi_2Sr_2Ca_2Cu_3O_{10}$线材性能也达到了 J_{ct}（77K，1T）$\approx 10^4 A/cm^2$[267]，而且低温下其 J_{ct}（H）性能更好，远胜过低温超导体，并有希望用来制作高场磁体（参见图 33.95）.

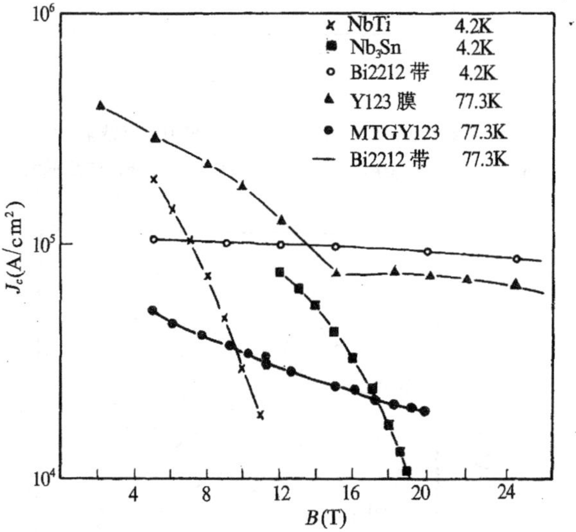

图 33.95　银包套的 $Bi_2Sr_2Ca_2Cu_3O_{10}$线材，Nb-Ti，Nb_3Sn 的 J_{ct}（4.2K，B）和 $YBa_2Cu_3O_7$ 性能比较[268].

第十三编 参考文献

[1] H. K. Onnes, *Leiden Comm.*, **122b**, 124c (1911).

[2] W. Meissner, R. Ochsenfeld, *Naturwiss*, **21**, 787 (1933).

[3] V. L. Gingzburg, L. D. Landau, *Zh. Eksp. Teor. Fiz.*, **32**, 1064 (1950).

[4] J. Bardeen, L. N. Cooper, J. R. Schrieffer, *Phys. Rev.*, **108**, 1175 (1957).

[5] L. V. Shubnikov, V. I. Khotkevich, Yu. D. Shepelev, Yu. N. Riabinin, *Zh. Eksp. Teor. Fiz.*, **7**, 221 (1973).

[6] A. A. Abrikocov, *Zh. Eksp. Teor. Fiz.*, **32**, 1442 (1957).

[7] J. E. Kunzler, E. Buehler, F. S. L. Shu, J. H. Wernick, *Phys. Rev. Lett.*, **8**, 250 (1962).

[8] H. London, *Phys. Lett.*, **6**, 162 (1962).
C. P. Bean, *Phys. Rev. Lett.* **8**, 250 (1962).
Y. B. Kim, C. F. Hempstead, A. R. Strand, *Phys. Rev. Lett.*, **9**, 309 (1962).

[9] C. J. Gorter, *Phys. Letters*, **1**, 69 (1962); P. W. Anderson, *Phys. Rev. Lett.*, **9**, 309 (1962).

[10] K. Yamafuji, F. Irie, *Phys. Lett.*, **A25**, 387 (1967).

[11] R. Labusch, *Crystal lattice defects*, **1**, 1 (1969).

[12] P. G. De Gennes, Superconductivity of Metals and Alloys, 1966, W. A. Benjamin, Inc.. 中译本：刘长富，秦国毅，邵惠民译，金属与合金的超导电性，科学出版社 (1980).

[13] D. Saint-James, G. Sarma, E. J. Thomas, Type II Superconductivity, Pergamon Press (1969).

[14] M. Tinkham, Introduction to Superconductivity, 1975, McGraw-Hill. 中译本：邵惠民，宁宇宏，张其瑞译，超导电性导论，科学出版社 (1985).

[15] 管惟炎，李宏成，蔡建华，吴杭生著，超导电性物理基础，科学出版社 (1981).

[16] H. Ullmaier, Irreversible Properties of Type Ⅱ Superconducters, Springer-Verlag (1975).

[17] 吴杭生，管惟炎，李宏成，超导电性，第二类超导体和弱连接超导体，科学出版社 (1979).

[18] R. P. Huebener, Magnetic Flux Structures in Superconductors. Springer-Verlag (1970).

[19] A. M. Campbell, E. J. Evetts, *Adv. Phys.*, **21**, 199 (1972).

[20] Proceeding of The International Discussion Meeting on Flux Pinning, ed. by P. Haasen and H. C. Freyhardt (1975).

[21] In Superconductivity, ed by R. D. Parks, Marcel Dekker, New York (1979).

[22] J. R. Gavalar, M. A. Janoko, C. K. Jones, *J. Appl. Phys.*, **45**, 3009 (1974).

M. Tojumoto, H, Bando, K, Murata, H, Anzai, N, Konoshito, K, Kajimura, T. Ishiguro, *Synthetic Metals*, **13**, 9 (1986).

[23] Dislocations in Solids, ed. by F. R. N. Nabarro, **5**, 192—242 (1980).

[24] L. D. Landau, *Zh. Eksp. Teor. Fiz.*, **7**, 371 (1937).

[25] H. Haken, In Synergetic Cooperative Phynomena in Multicomponent Systems, ed. by H. Haken, B. G. Teubener, Stuttgart (1973).

[26] L. P. Gorkov, *Zh. Eksp. Teor. Fiz.*, **34**, 505 (1985); **36**, 1918 (1959).

[27] F. London, H. London, Proc. Royl. Soc., (London), ***A*149**, 71 (1935).

[28] D. Sant-James, G. Sarma, E. J. Thomas, Type II Superconductivity, Pergamon Press, 31 (1969).

[29] F. London, Superfluids, John Wiley and Sons, New York, **I** (1950).

[30] R. Doll, M. Näbauer, *Phys. Rev. Lett.*, **7**, 51 (1961).

[31] B. S. Daver, W. M. Fairbank, *Phys. Rev. Lett.*, **7**, 43, (1961).

[32] R. P. Huebener, Magnetic flux Structures in Superconductors, Springer-Verlag, 87 (1979).

[33] S. Foner, et al., *Phys. Lett.*, **49*A***, 269 (1974); **57*A***, 345 (1976); *IEEE Trans. Mag.*, **11**, 155 (1975).

[34] X. Fisher, et al., *J. Phys.*, **C7**, L450 (1874); **8**, L474 (1975).

[35] D. Sant-James, P. G. De Gennus, *Phys. Lett.*, **7**, 306 (1963).

[36] P. G. De Gennus, Superconductivity of Metals and Alloys, 中译本，刘长富，秦国毅，邵惠民译，金属和合金的超导电性，科学出版社，240 (1980).

[37] 吴杭生，管惟炎，李宏成，超导电性第二类超导体和弱连接超导体，科学出版社，45 (1979).

[38] W. H. Cleiner, L. M. Roth, S. H. Autler, *Phys. Rev.*, **133*A***, 1226 (1964).

[39] J. Schelten, H. Ullmaier, G. Lippmann, *Phys. Rev.*, ***B*12**, 1772 (1975).

[40] R. P. Huebener, Magnetic Flux Structures in Superconductors, Springer-Verlag, 72—74 (1979).

[41] H. Ullmaier, Irreversible Properties of Type, Springer-Verlag, 114 (1975).

[42] A. M. Clogston, *Phys. Rew. Lett.*, **9**, 266 (1962).

[43] B. Serin, *Phys. Lett.*, **16**, 112 (1965).

[44] A. L. Fetter, P. G. Hohenberg, In Superconductivity, ed by Parks, R. D., Marcel Dekker, New York, 817 (1969).

[45] N. R. Werthamer, In Superconductivity, ed by R. D. Parks, Marcel Dekker, New York, 321 (1969).

[46] E. H. Brandt, *J. Low Temp. Phys.*, **24**, 427 (1976).

[47] R. P. Huebener, Magnetic Flux Structures in Superconductors, Springer-Verlag, 16 (1979).

[48] L. D. Landau, *Zh. Eksp. Teor. Fiz.*, **7**, 371 (1937).

[49] D. E. Farrell, R. P. Huebener, R. T. kampwirth, *Solid State Commun.*, **11**, 1647 (1972).

[50] A. Kiendl, H. Kirchner, *J. Low Temp. Phys.* **14**, 349 (1974).

[51] A. Bodmer, U. Essmann, H. Trable, *Phys. Stat. Sol.* (a), **13**, 471 (1972).

[52] H. Träuble, U. Essmann, *Phys. Stat. Sol.*, **18**, 813 (1966).

[53] D. Cribier, B. Jacrot, L. Madhay Rao, B. Farnoux, *Phys. Lett.*, **9**, 106 (1966).

[54] R. P. Huebener, Magnetic Flux Structures in Superconductors, Springer-verlag, 60 (1979).

[55] B. Obst, *Phys. Stat. Sol.*, **645**, 467 (1971).

[56] J. Schelten: Anisotropy Effects in Superconductors, ed by H. W. Weber, Plenum Press, New York, 113 (1977).

[57] R. P. Huebener, Magnetic Flux Structures in Superconductors, Springer-Verlag, 89 (1979).

[58] R. F. S. Hearmon, An Introduction to Applied Anisotropic Elasticity, Oxford University Press, Oxford, 63 (1961).

[59] J. Matricon, *Phys. Lett.* **9**, 289 (1964).

[60] A. L. Fetler, et al., *Phys. Rev.* **147**, 140 (1966).

[61] R. Labusch, *Phys. Stat. Sol.*, **19**, 715 (1967); **32**, 419 (1969).

[62] R. Labusch, *Phys. Lett.*, **22**, 9 (1966).

[63] U. Essmann, H. Träuble, *Phys. Stat. Sol.*, **32**, 337 (1969).

[64] A. M. Compbell, J. E. Evetts, *Adv. Phys.*, **21**, 273 (1972).

[65] H. Träuble, U. Essmann, *J. Appl. Phys.*, **39**, 4052 (1968); *Phys. Stat. Sol.*, **25**, 373 (1968).

[66] U. Essmann, H. Träuble, *Phys. Lett.*, **24A**, 526 (1969); *Phys. Stat. Sol*, **32**, 337 (1968).

[67] J. Friedel, P. G. DeGennus, *J. Matricon*, *Appl*, *Phys. Lett.*, **2**, 119

(1963).
[68] A. M. Campbell, J. E. Evetts, *Adv. Phys.*, **21**, 400 (1972).
[69] F. B. Silsbee, *J. Wash. Acad. Sci.*, **6**, 597 (1916).
[70] A. C. 罗斯-英尼斯, E. H. 罗德里克, 章立源、毕金献译, 超导电性导论, 人民教育出版社, 202 (1981).
[71] C. C. Chang, J. B. Mckinnon and A. C. Rose-Innes, *Phys. Stat. Sol.*, **36**, 205 (1969).
[72] J. A. Goodk, E. J. Kramer, *Phil. Mag.*, **24**, 334 (1971).
[73] E. J. Kramer, *J. Appl. Phys.*, **41**, 621 (1970).
[74] E. J. Kramer, *J. Appl. Phys.*, **49**, 742 (1978).
[75] A. V. Narlikar, D. Dew-Hughes, *J. Mater. Sci.*, **1**, 317 (1966).
[76] A. M. Campbell, J. E. Evetts, *Phil. Mag.*, **18**, 313 (1968).
[77] J. E. Evetts, *Phys. Rev.*, ***B2***, 95 (1970).
[78] M. J. Witcomb, et al., *J. Mater. Sci.*, **3**, 143 (1968).
[79] J. A. Good, E. J. Kramer, *Phil. Mag.*, **22**, 329 (1970).
[80] R. I. Coote, Thesis Cambridge (see A. M. Campbell, J. E. Evetts, *Adv. Phys.*, **21**, 383 (1972).
[81] H. C. Freyhardt, *Z. Metallk.*, **60**, 409 (1969); *Phil. Mag.*, **23**, 345 (1971).
[82] D. F. Neal, A. C. Barber, A. Woolcock, J. A. F. Gidley, *Acta Mettall.*, **19**, 143 (1971).
[83] A. M. Campbell, J. E. Evetts, Proc. Tenth Inter. Conf. on Low Temp. Phys., ***IIB***, (Moscow), 26 (1966).
[84] G. Antesberger, H. Ullmaier, *Phys. Rew. Lett.*, **35**, 59 (1975).
[85] A. Das Gupta, C. C. Coch, D. M. Kroeger, Y. T. Chou, *Phil, Mag.*, **B83**, 367 (1978).
[86] M. Pulver, *Phys. Stat. Sol.*, ***B49***, k95 (1972).
[87] R. M. Scanlan, W. A. Feitz, E. F. Koch, *J. Appl. Phys.*, **46**, 2244 (1975).
[88] B. J. Shaw, *J. Appl. Phys.*, **47**, 2134 (1976).
[89] R. H. Hammond, B. E. Jacobson, T. H. Geballe, J. Talvacchio, J. R. Salm, H. C. Pohl, A. I. Braginski, *IEEE Trans. Mag.*, **MAG-15**, 619 (1979).
[90] A. M. Campbell, J. E. Evetts, *Adv. Phys.*, **21**, 70 (1972).
[91] H. W. Weber, K. Pfeiffer, H. Roch, *Z. Phys.*, **244**, 383 (1971).
[92] W. A. Feitz, and W. W. Webb, *Phys. Rev.*, **178**, 657 (1969).
[93] E. J. Kramer, *J. Appl. Phys.*, **44**, 1360 (1973).

[94] J. W. Ekin, Cryogenic, 611 (1980).
[95] E. J. Kramer, *J. Electronic Mater.*, **4**, 834 (1975).
[96] D. Dew-Hughes, *IEEE Trans. Mag.*, **MAG-17**, 561 (1981).
[97] R. Rupp, E. F. Mcniff, Jr., S. Foner, *IEEE Trans. Mag.*, **MAG-17**, 370 (1981).
[98] J. J. Sue, D. K. Finnomore, J. E. Oslenson, E. D. Gibson, J. D. Verhoeven, *Adv. Cryog. Eng. Mater.*, **28**, 323 (1984).
[99] 史可信，余正，丁世英，低温物理，**8**，33 (1986).
[100] F. London, *Phys. Lett.*, **6**; 162 (1962); C. P. Bean, *Phys. Rev. Lett.*, 8, 250 (1962).
[101] Y. B. Kim, M. J. Stephen, Superconductivity, ed by R. D. Parks, Marcel Deker, New York, **II**, 31 (1969).
[102] W. J. Heaton, A. C. Rose-Innus, *Cryg.*, **4**, 85 (1964).
[103] P. W. Anderson, *Phys. Rew. Lett.*, **9**, 309 (1962).
[104] P. W. Anderson, Y. B. Kim. *Rev. Mod. Phys.*, **36**, 36 (1964).
[105] M. R. Beasly, R. Labusch, W. W. Webb, *Phys. Rev.*, **181**, 682 (1969).
[106] G. Antesberger, H. Ullmaier, *Phil. Mag.*, **29**, 1101 (1974).
[107] Y. B. Kim, C. F. Hempstead, A. R. Strand, *Phys. Rev.*. **129**, 528 (1963), **131**, 2486 (1965).
[108] A. Besson, T. Aomine, L. Rinderer, *J. Low Temp. Phys.*, **11**, 289 (1973).
[109] J. Bardeen, M. J. Stephen, *Phys. Rev.*, **140**, A193 (1965).
[110] A. G. Van Vijfeijken, A. K. Niessen, *Phys. Lett.* **16**, 23 (1965).
[111] M. Tinkham, *Phys. Rev. Lett.*, **13**, 804 (1964).
[112] A. Schmid, *Phys. Kond. Mat.*, **5**, 302 (1966).
[113] K. Yamafuji, F. Irie, *Phys. Lett.*, **A25**, 387 (1967).
[114] M. N. Wilson, C. R. Walters, J. D. Lewin, P. F. Smith, A. H. Spurway, *J. Phys. D*, **3**, 1517 (1970).
[115] 吴杭生，管惟炎，李宏成，超导电性，第二类超导体和弱连接超导体（第四章和第五章），科学出版社 (1979).
[116] A. M. Campbell, J. E. Evetts, *Adv. Phys.*, **21**, 333 (1971).
[117] H. Ullmaier, Irreversible Properties of Type II Superconductors, Springer-Verlag, 42 (1975).
[118] E. V. Thuneberg, et al., *Phys. Rev. Lett.*, **48**, 1853 (1982).
[119] G. P. van der Meij, P. H. Kes, *Phys. Rev.*, ***B29***, 6233 (1984).
[120] 丁世英，余正，颜家烈，史可信，中日超导材料和物理讨论会论文集，25

(1986).
[121] A. F. Hebard, A. T. Fiory, S. Somekh, *IEEE Trans. Mag.*, **MAG13**, 589 (1977).
[122] E. J. Kramer, H. C. Freyhardt, *J. Appl. Phys.*, **51**, 4930 (1980).
[123] A. M. Campbell, J. E. Evetts, *Adv. Phys.*, **21**, 340 (1971).
[124] T. H. Alden, L. D. Livingston, *J. Appl. Phys.* **37**, 3551 (1966).
[125] E. J. Kramer, C. L. Bauer, *Phil. Mag.*, **15**, 1189 (1967).
[126] W. W. Webb, *Phys. Rev. Lett.*, **4**, 75 (1964).
[127] L. E. Toth, I. P. Pratt, *Appl. Phys. Lett.*, **4**, 75 (1964).
[128] G. Zerweck, J. Low Temp. *Phys.*, **42**, 1 (1982).
[129] W. E. Yetter, E. J. Kramer, *Phil. Mag.*, ***B*46**, 523 (1982).
[130] W. Gautschi, W. F. Cahill, Handbook of Mathematical Functions. ed. by M. Abramowitz and I. A. Segun, 228 (1965).
[131] E. H. Brandt, *Phys. Stat. Sol.*, ***B*51**, 345 (1972).
[132] E. V. Thuneberg, et al., *Phys. Rev*, ***B*29**, 3913 (1984).
[133] E. V. Thuneberg, *J. Low Temp. Phys.*, **57**, 415 (1984).
[134] E. V. Thuneberg, Proc. Int. Symp. Flux Pin. and Electromag Prop. Superc., Fukuoka, 26 (1985).
[135] 松下照男，山藤馨，中日超导材料和物理讨论会论文集，19 (1986).
[136] A. M. Campbell, J. E. Evetts. *Adv. Phys.*, **21**, 199 (1971).
[137] R. G. Hampshire, M. T. Taylor, *J. Phys. F*, **2**, 89 (1972).
[138] A. I. Larkin, Yu. N. Ovchinnikov, *J. Low Temp. Phys.*, **34**, 409 (1979).
[139] H. R. Kerchner, *J. Low Temp. Phys.*, **50**, 337 (1980).
[140] J. Rowell, *Phys. Today*, **44**, 22 (1991).
A. W. Sleight, *Ibid* 24, **44**, 24 (1991).
J. D. Jorgensen, *Ibid* 34, **44**, 34 (1991).
B. Batlogg, *Ibid* 44, **44**, 44 (1991).
P. W. Anderson and R. Schrieffer, *Ibid* (44, 54);
D. Larbalestier, *Ibid*, **44**, 74.
[141] Physical Properties of High Temperature Superconductors, ed. by D. M. Ginsberg, World Scientific. **I** (1989), and **II** (1991).
[142] W. L. McMillan, *Phys. Rev.*, **167**, 331 (1968).
[143] P. B. Allen, R. C. Dynes, Phys, Rev, **12*B***, 905 (1975).
[144] W. A. Little, *Phys. Rev.*, **134*A***, 1416 (1964).
[145] Y. Ksander, S. Singer, Advanced Concepts of Superconductivity: A Comparative

Review of Soviet and American Research, Part I, High Temperature Superconductivity (1974).

[146] D. Allender, J. Bray, J. Bardeen, *Phys. Rev.*, **7B**, 1020 (1973).

[147] K. A. Muller, *Physica*, **C185-189**, 3 (1991).

[148] F. Steiglich et al., *Phys. Rev. Lett.*, **43**, 1892 (1979).

[149] D. C. Johnston et al., *Materials Research Bulletin*, **8**, 777 (1973).

[150] A. W. Sleight et al., *Solid State Comm.*, **17**, 27 (1975).

[151] J. G. Bednorz and K. A. Muller, *Z Phys. B.* **64**, 189 (1986); J. G. Bednorz, H. Takashige, K. A. Muller, *Europhys. Lett.*, **3**, 379 (1987).

[152] S. Uchida, H. Takachi, K. Kitazawa, S. Tanaka, *Jpn. J. Appl. Phys. Lett.*, **26**, L1 (1987).

[153] M. K. Wu et al., *Phys. Rev. Lett.*, **58**, 908 (1987).

[154] 赵忠贤等，科学通报，**32**，412 (1987)；超导电子学研究组，高 T_c 超导材料研究组，南京大学学报（自然科学），**23**，403 (1987).

[155] H. Maeda, Y. Tanaka, M. Fukutomi, T. Asano, *Jpn, J. Appl. Phy.*, **27**, L209 (1988); Z. Z. Sheng, A. M. Hermann, *Nature*, **332**, 55 (1988).

[156] Y. Tokura. H. Tagagi, S. Uchida, *Nature*, **337**, 345 (1989). 关于 C_{60} 掺杂有机超导体，可参见例如 J. M. Williams, *Physica*, **C185-189**, 355 (1991).

[157] A. W. Sleight，文献 [140]，24.

[158] R. M. Hazen，文献 [141]，**II**，121.

[159] L. H. Greene, B. G. Bagley，文献 [141]，**II**，509.

[160] J. D. Jorgensen，文献 [140]，34.

[161] B. Batlogg，文献 [140]，44.

[162] J. R. Clem, *Supercond. Sci. Technol.*, **5**, S33 (1992).

[163] W. E. Lawrence, S. Doniach, 1971 Proceedings of the 12 International Conference on Low Temp. Phys., ed. by E. Kanda, Kyoto: Academic Press of Japan, 361 (1971).

[164] J. R. Clem. *Phys. Rev.*, **B43**, 7837 (1991).

[165] A. Tonomura *Physica*, **C185--189**, 253 (1991).

[166] H. F. Hess, *Physica*, **C185—189**, 259 (1991).

[167] P. L. Gammel, D. J. Bishop. G. J. Dolan J. R. Kwo, C. A. Murray L. F. Schneemeyer, J. V. Vaszzak, *Phys. Rev. Lett.*, **39**, 2592 (1987).

[168] L. Ya. Vinikov G. A. Emelchenko, P. A. Cononovichi, Yu. A. Ossipyan, I. F. Scheglev, *Physica*, **C153--155**, 1359 (1988); *Solid State Commun.*, **70**, 1145 (1989).

[169] E. M. Forgan, et al., *Physica*, **C185—189**, 247 (1991).

[170] E. H. Brandt, *Inter. I. Modern Phys*,. **B5**, 751 (1991).
[171] C. A. Bolle, P. L. Gammel, D. G. Grier, C. A. Murry, D. J. Bishop, *Phys. Rev. Lett.*, **66**, 112 (1991).
[172] C. A. Murry, P. L. Gammel, D. J. Bishop, *Phys. Rev. Lett.*, **64**, 2312 (1990).
[173] G. J. Dolan, F. Holtzberg, C. Feild, T. R. Dinger, *Phys. Rev. Lett.*, **62**, 2184 (1989).
[174] R. N. Kleiman, P. L. Ganimel, L. F. Schneemeyer, J. V. Waszczak, D. J. Bishop, *Phys. Rev. Lett.*, **62**, 2332 (1989).
[175] 张汉鹤、丁世英、秦正浩、余正，低温物理学报，**12**，451 (1990).
[176] H. H. Zhang, S. Y. Ding, Z. H. Qing, Z. Yu, X. Jin, X. X. Yao, *Physica*, **185—189** (1991).
[177] Litai Tong, Haiying Hang, Guizi Wang, Shousheng Yan, Cungui Zhang, Jun Xu, Huntao Ren, Ling Xio, Qing He, *Solid State Com.*, **76**, 341 (1990).
[178] L. Krusin-Elbaum, A. P. Malozemoff, Y. Yeshunrun, D. C. Cronemeyer, F. Hdtzberg, *Phys. Rev.* ***B*** **39**, 2936 (1989).
[179] T. R. Dinger, T. K. Worthington, W. J. Gallagher, R. L. Sanderstrom, *Phys. Rev. Lett.*, **58**, 2687 (1987).
[180] 丁世英，颜家烈，史可信. 余正. 童红武，*Modern Phys. Lett.*, ***B*1**, 309 (1987).
[181] A. Umezawa, G. W. Grabtree, K. G. Vandervoort, V. Welp. W. K Kwok, *J. Z. Liu*, *Physica*, ***C*** **162—164**, 733 (1989).
[182] M. Vacenovsky, H. W. Weber, O. B. Hyun, D. K. Finnemore, and K. Mereiter, *Physica*, ***C*** **162—164**, 1629 (1989).
[183] H. Adrian, W. Assmus, A. Hohr, J. Kowalewski, H. Spille and F. Steglish, *Physica*, ***C*** **162—164**, 329 (1989).
[184] K. Kitazawa, Y. Tomiqka, T. Hasegawa, K. Kishio, M. Naito, *Supercond. Sci. Technol.*, **4**, S35 (1991).
[185] Y. Yeshunrum, A. P. Malozemoff, F. Holtzberg, T. R, Dinger, *Phys. Rev.*, ***B*** **38**, 11828 (1988).
[186] A. Gapta, P. Esquinazi, H. F. Braun, *Physica*, ***B*165—166**, 1443 (1990).
[187] B. Batlogg, T. T. M. Palstra L. F. Schnemeyer, R. B. Vandover, and R. J. Cava, *Physica*, ***C*153—155**, 1062 (1988).
[188] L. Krusin-Elbaum, A. P. Malozemoff, and G. V. Chandrasehhar, *Physica*, ***C*162—164**, 1553 (1989).
[189] R. B. Van Dover, L. F. Schneemeyer, E. M. Gyorgy, J. V. Waszcak, *Phys.*

Rev., **B39**, 4800 (1989).

[190] S. Gygax, W. Xing, O. Rajora, and A. Curzon, *Physica*, **C162—164**, 1551 (1989).

[191] V. N, Kopylov and I. F. Schegolov, *Physica*, **C162—164**, 1143 (1989).

[192] V. Welp, W. K. Kwok, G. W. Grabtree, K. G. Vandervoort, J. Z. Liu, *Phys. Rev. Lett.*, **62**, 1908 (1989). (Prog. in HTSC, **24**, 107)

[193] M. Tinkham著，邵惠民等译. 超导电性导论，科学出版社，176 (1985).

[194] P. H. Kes, C. J. Vander Beek, M. P. Maley, M. E. McHenery, M. J. V. Menken, A. A. Menovsky, *Phys. Rev. Lett.*, **67**, 2383 (1991).

[195] Z. Hao, J. R. Clem, M. W. MeElfresh, L. Civale, A. P. Malozemoff F. Holtzberg, *Phys. Rev.*, **B43**, 2844 (1991).

[196] T. T. M. Palstra, B. Batlogg, L. F. Schneemeyer, J. V. Waszcak, *Phys. Rev. Lett.*, **64**, 3090 (1990).

[197] K. A. Muller, M. Tagashige, J. G. Bednortz, *Phys. Rev. Lett.*, **58**, 408 (1987).

[198] M. Suenaga, D. O. Welch, R. Budhani, *Supercond. Sci. Technol.*, **5**, S1 (1992).

[199] H. W. Weber, *Physica*, **C185—189**, 309 (1991).

[200] L. Civale, A. D. Marwick, T. K. Worthington, M. A. Kirk, J. R. Tompson, L. Krusin-Elbaum, Y. Sun, J. R. Clem, F. Holtzberg, *Phys. Rev. Lett.*, **67**, 648 (1991).

[201] Y. Yeshurun, A. P. Malozemoff, *Phys. Rev. Lett.*, **58**, 2202 (1987).

[202] 丁世英、张贻瞳，任洪涛、鹿牧、余正、金新，低温物理学报，**13**，281 (1991).

[203] Donglu Shi, Ming Xu, A. Umezawa, R. F. Fox, *Phys. Rev.* **B42**, 2062 (1990).

[204] M. Murakami, S. Gotoh, H. Fujimoto, K. Yamaguchi, N. Koshizuga, S. Tanaka, *Physica*, **C185—189**, 321 (1991).

[205] R. Griessen, J. G. Lensink, H. G. Schnack, *Physica*, **C185—189**, 337 (1991).

[206] T. K. Worthington, Y. Yeshurun, A. P. Malozemoff, R. Yandrofski, F. Holtzberg, T. Dinger, *J. de Physique*, **C8**, 2093, (1988).

[207] A. P. Malozemoff, T. K. Worthington, Y. Yeshurun, F. Holtzberg, P. H. Kes. *Phys. Rev.* **B38**, 7203 (1988).

[208] A. P. Malozemoff, 文献 [141] 92.

[209] S. Senoussi, *J. Phys.* (*III*), France **2**, 1102—1106 (1992).

[210] L. Klusin-Elbaum, L. Civale, V. M. Vinokur, F. Holtzberg, *Phys. Rev. Lett.*, **69**, 2280 (1992).

[211] P. L. Gammel, L. F. Schneemeyer, J. V. Waszcak, D. J. Bishop, *Phys. Rev. Lett.*, **61**, 1666 (1988).

[212] T. T. M. Palstra, B. Batlogg, R. B. Van Dover, L. F. Schneemeyer, J. V. Waszcak, *Phys. Rev.*, ***B*42**, 6621 (1990).

[213] E. H. Brandt, *Physica*, **C185—189**, 270 (1991).

[214] J. Pankett, G. Marbach, A. Comberg, P. Lemmens, P. Froning, and 5. Ewert, *Phys. Rev. Lett.*, **65**, 3052 (1990).

[215] Y. Iye, T. Tamegai, H. Takeya, H. Takei, *Jpn. J. Appl. Phys.*, **26**, L1057 (1987).

[216] M. Tinkham, *Phys. Rev. Lett.*, **61**, 1658 (1988).

[217] G. W. Crabtree, W. K. Kwok, U. Welp, J. Downey, S. Fleshler, K. G. Vandervort, J. Z. liu, *Physica*, **C185—189**, 282 (1991).

[218] P. P. Huebener, F. Kober, R. Gross, H. C. Ri, *Physica*, **C185—189**, 349 (1991).

[219] M. K. Wu, M. J. Wang, C. C. Chi, F. Holtzberg, *Physica*, **C185—189**, 332 (1991).

[220] M. P. A. Fisher, *Phys. Rev. Lett.*, **62**, 1156 (1989). M. P. A. Fisher, D. S. Fisher, D. A. Huse, *Physica*, ***B*169**, 85 (1991).

[221] R. H. Koch, V. Fogletti, W. G. Gallegher, G. Koren, A. Gupta, M. P. A. Fisher, *Phys. Rev. Lett*, **63**, 1511 (1989); S. N. Coppersmith, M. Inui, P. B. Littlewood, *Phys. Rev. Lett*, **64**, 2585 (1990).

[222] P. L. Gammel, *Physica*, **C185—189**, 327 (1991).

[223] R. Griessen, J. G. Lensink, T. A. M. Schroder, B. Dam, *Cryogenics*, **30**, 563 (1990).

[224] A. P. Malozemoff, *Physica*, **C185—189**, 264 (1991); A. P. Malozemoff. MRS Bulletin, **50**, June (1990).

[225] H. K. Olsson, R. H. Koch, W. Eidelloth, R. P. Robertazzi, *Phys. Rev. Lett.*, **66**, 2661 (1991).

[226] C. Dekker, W. Eidelloth, R. H. Koch, *Phys, Rev. Lett.*, **68**, 3347 (1992).

[227] Y. Y. Xue, Z. J. Huang, P. H. Hor, C. W. Chu, *Phys. Rev. Lett.*, ***B*43**,, 13598 (1991).

[228] J. M. Kostelitz. D. J. Thouless, *J. Phys.*, **C6**, 1181 (1973).

[229] B. I. Halperim, D. R. Nelson, *Phys. Rev. Lett.*, **41**, 121 (1978).

[230] D. R. Nelson, Physica, ***C*162—164**, 1156 (1989); M. C. Machetti, D. Nelson, *Phys. Rev.*, ***B*42**, 9938 (1990).

[231] M. P. A. Fisher, *Phys. Rev. Lett.*, **62**, 1156 (1989); M. P. A. Fisher, D. S. Fisher, D. A. Huse, *Physica*, ***B*169**, 85 (1991).

[232] V. V. Vinokur *Physica*, **C185—189**, 276 (1991).

[233] M. V. Feigel'man, et al., *Phys. Rev. Lett.*, **63**, 2303 (1989). M. V. Feigel'man, V. V. Vinokur, *Phys. Rev*,. ***B*41**, 8986 (1990).

[234] A. P. Malozemoff, High Temperature Superconducting Compounds, ed. by S. M. Wang, A. Dasgupta, R. B. Labowitz, TMS Publication, Warrendale PA (1990).

[235] E. M. Gyorgy, R. B. Van Dover, K. A. Jackson, L-F. Schneemeyer, J. V. Waszcak, *Appl. Phys. Lett.*, **55**, 283 (1989).

[236] 余正、丁世英、颜家烈、任洪涛,物理学报,**40**, 634 (1991).

[237] 丁世英、林建伟、金新、余正、姚希贤、牟惠琳、周廉, *Supercond. Sci. Technol*, **5** (1991); Gao L. Meng R. L, Xue Y Y, Hor P H, Chu W, *Appl. Phys. Lett.*, **58**, 92 (1991).

[238] P. H. Kes, J. Aarts, V. M. Vinikur, C. J. Vanderbeek, *Phys. Rev. Lett.*, **64**, 1603 (1990).

[239] P. Schmitt, P. Kummeth, L. Schultz, G. Saemann-Ischenko, *Phys. Rev. Lett.*, **67**, 267 (1991).

[240] Fu Yaoxian, Yang Hongchuan, et al, Proc. of 1992 Bejing Inter, Conf. of High Tc Supercond, BeiJing, May25-29, (1992).

[241] A. P. Malozemoff, 文献 [141], **I**, 92.

[242] J. Mannhart, D. Anselmett, J. G. Bednortz, Ch. Gerber, K. A. Muller, D. G. Schlom, *Supercond*, *Sci. Technol.*, **5**, S125 (1992).

[243] H. Ullmaier, Irreversible Properties of Type II Superconductors, Springer-Verlag (1975).

[244] M. Tinkham, *Physica*, ***B*169**, 66 (1991).

[245] M. Tachiki, S. Takahashi, *Solid State Comm*, **70**, 291 (1989).

[246] S. Senossi, 文献 [209], 1110.

[247] M. F. Tai, et al., *Physica*, ***B*165—166**, 1401 (1990); Khishiol et al., Proc. 3rd Int. Symp. Supercond., Sendai (1990).

[248] 傅耀先等,科学通报, 38, 1085 (1993).

[249] K. Watanabe, H. Yamane, H. Kurosawa, T. Hirai, N. Kobayashi, H. Iwasaki, K. Noto, Y. Muto, *Appl. Phys. Lett.*, **54**, 575 (1989).

[250] Zhou Lian, Zhang Pingxiang. Ji Ping, Wang Keguang, Wang Jingrong, Wu Xiauzu,

IEEE. Trans., **Mag 27**, 912 (1991).
[251] S. Jin, T. H. Tiefel, S. Nakahava, J. E. Graebner, H. M. O'Bryan, R. A. Fastnacht, G. W. Kammlott, *Appl. Phys. Lett.*, **56**, 1287 (1990).
[252] R. B. Van Dover, E. M. Gyorgy, L. F. Schneemeyer, J. W. Mitchell, K. V. Rao, R. Puzniak, J. V. Waszcak, *Nature*, **342**, 355 (1989).
[253] L. Civale, A. D. Marwick, T. K. Worthington, M. A. Kirk, J. R. Thon Pson, L. Krusin-Elbaum, Y. Sun. J. R. Clem, F. Holtzberg, *Phys, Rev. Lett.*, **67**, 648 (1991).
[254] H. Jiang. Y. Huang, H. How, S. Zhang, C. Vittoria, *Phys. Rev. Lett.*, **66**, 1785 (1991).
[255] R. Maury, A. R. Fert, J. P. Redoules, J. Ayache, J. Sabras, C. Monty, *Physica*, **C167**, 591 (1990).
[256] 曾朝阳、史可信、丁世英、余正，低温物理学报，**15**，110 (1993).
[257] J. E. Evetts, B. A. Clozcki, *Cryogenios*,, **28**, 641 (1988)
[258] S. Senoussi, 文献 [209], 1121, 1124.
[259] S. Senoussi, 文献 [209], 1128.
[260] D. Dimos, P. Chaudhari, J. Mannhart, F. K. LeGoues, *Phys, Rev. Lett.* **61**, 219 (1988); *Phys. Rev.*, ***B*41**, 4038 (1990).
[261] P. Chaudhari, *Physica*, ***C*185—189**, 292 (1991).
[262] J. Mannhart, C. C. Tsuei, *Z. Physik*, ***B*77**, 53 (1989).
[263] S. E. Babcock, X. Y. Cai, D. L. Kaiser, D. C. Larbalestier, *Nature*, **347**, 167 (1990).
[264] S. Jin, T. H. Tiefel, R. C. Sherwood, M. E. Davis, R. B. van Dover G. W. Kammlott, R. A. Fastnacht, H. D. Keith, *Appl. Phys. Lett.*, **52**, 2074 (1988).
[265] K. Heine, N. Tenbrink, M. Thoner, Appl. Phys. Lett., **55**, 2441 (1989).
[266] M. Murakami, T. Oyama, H. Fujimoto, S. Gotoh, K. Yamaguchi, Y. Shiohara, N. Koshizuaka, S. Tanaka, *IEEE. Trans*,. **Mag** 27, 1479 (1991).
[267] K. Sato, T. Hikata, H. Mukai, M. Veyama, N. Shibuta, T. Kato, T. Masuta, M. Nagala, K. Iwasa, T. Mitsui, *IEEE Trans.*, **Mag 27**, 1231 (1991).
[268] 丁世英，物理学进展. **1**, 39 (1993).

第十四编　金属磁性

翟宏如

引　言

一切物质均有磁性，金属亦是如此．通常所谓的磁性材料与非磁性材料，实际上是指强磁性材料及弱磁性材料．后者的磁化率比前者小10^4至10^{11}倍．

最早发现的磁性为磁铁矿的强磁性．据说，我国于公元前2500年已开始将磁铁矿应用于指南[1]．在公元前三到四世纪已有“磁石之取铖（针）”及“慈石召铁”的记载[2]．希腊 Thales 的著作中指出，公元前600年亦已有磁铁矿吸铁的概念．然而，磁性理论的建立及磁性材料的发展则是近100多年来的事，是与近代工业技术发展相联系的．

人们对于弱磁性的认识只能追溯到十八、九世纪，因为弱磁性的测量需借助于仪器．1845年法拉第建立了对抗磁性与顺磁性的认识，19世纪末居里进一步发现了抗磁磁化率不随温度变化及一些顺磁物质磁化率与温度成反比的居里定律[3]．20世纪初朗之万用经典统计理论证明了居里定律[4]，外斯提出分子场假说与磁畴的概念[5]，并用以解释铁磁性、居里点及在居里点以上顺磁状态的磁化率对温度的依赖性，居里-外斯定律揭开了现代磁学的篇章．

量子力学的出现使人们开始把对物质磁性的认识建立在原子及电子的尺度上．海森伯（W. Heisenberg）[6]用静电性的交换作用对铁磁体中的分子场的性质给出了正确的解释．1936年范弗莱克(J. H. Van Vleck)的著作[7]已对物质磁性作出相当全面的量子理论阐述．与此同时，磁畴及磁化过程的实验研究和宏观理论逐渐发展．这是与固体结构、特别是微结构密切相关．1948年在前苏联[8]及1950年在美国[9]出版的两本铁磁学专著反映出现代磁学的研究，且理论上已相当系统．40年代末及50年代，以铁氧体为代表的亚铁磁体的发现、研究及其应用形成一个热潮，改变了100多年来金属磁性材料独占强磁体领域的局面．强磁材料的研究及应用扩展到绝缘体和化合物，发展到高频和微波领域．60年代后有两个重大突破，即稀土化合物及其合金和非晶态磁性的研究及应用．强磁材料所含元素从$3d$发展到$4f$族，稀土—过渡族合金磁性的研究使永磁性能获得巨大提高．非晶合金磁性的发展不仅打破了晶态统一强磁物质的局面，而且开拓了一个优质软磁材料的新领域，发展了新的应用．

近来，一个新的应用领域正在迅猛发展，即各种磁记录材料和新近的磁光记录材料的研究，后者将磁性材料的研究和应用发展到光频领域．同时，薄膜、超薄膜、多层膜、微粒及超微粒材料及其磁性的研究和应用成为又一热点．最近，有机铁磁体及C_{60}化合物铁磁性的发现预示了磁学与磁性材料引人入胜的发展前景．随着丰富的实验事实的不断出现，基本磁性的理论和磁化过程的理论既都在不断开拓发展，又不断在接受挑战和更新．

目前，磁学的研究领域十分广泛，遍及了各种元素及其合金和化合物，包括金属、半导体和绝缘体、有机和无机．然而，金属材料仍占有主要的地位，由于多数金属材料为弱磁性，故金属磁性的研究重点集中在与应用有关的强磁性方面．本篇在前三章中将对金属磁性作比较全面的讨论，其后主要篇幅放在金属强磁性物理方面．第三十七、八两章介绍强磁体的内禀磁性及磁化性能的物理原理．第三十九章介绍固体缺陷对磁化性能影响的进展．第四十章对微粒及薄膜等特殊状态下的磁性作简要介绍．在磁性物理方面，金属与非金属有许多共同之处，但也有差别，为了更好地论述磁性物理，本篇将不完全局限于金属的磁性.

物质磁性依赖于原子结构和原子间的相互作用，后者又依赖于物质的结构和微结构.我们将逐次地讨论物质磁性与原子结构，物质结晶构造和微结构的内在联系，同时适当指出如何根据磁性参量的测试而对物质进行磁性分析.

第三十四章　金属磁性分类及原子磁矩

§34.1　物质磁性概论

物质均有磁性，即其在外磁场中恒被磁化而获得磁矩. 单位体积的磁矩称为磁化强度 M，磁化强度与磁场强度的比值被定义为磁化率 χ，即 $\chi=\frac{M}{H}$. 它在 CGS 制和 SI 制中均无量纲，其磁感应强度 B 及磁导率 μ 则由以下两式决定：

在 CGS 制中：$B=H+4\pi M=\mu H$，$\mu=1+4\pi\chi$；

在 SI 制中：$B=\mu_0(H+M)=\mu_0\mu H$，$\mu=1+\chi$.

磁化率有时按单位质量或按每克分子或克原子物质定义，每克物质的磁矩称为比磁化强度，以 σ 表示，克分子或克原子磁化率以 χ_M 及 χ_A 表示. 在 CGS 制中，H 的单位为 Oe（奥斯特）（目前已定为非许用单位），B 和 M 的单位为 Gs（高斯）（目前已定为非许用单位），量纲相同；在 SI 制中，H 的单位为 A/m（安培/米），M 的单位与 H 相同. B 的单位为 T（特斯拉），$1\text{A/M}=4\pi\times10^{-3}\text{Oe}$；对 M，$1\frac{\text{A}}{\text{m}}=10^{-3}\text{Gs}$；$1\text{T}=10^{4}\text{Gs}$，$\mu_0=4\pi\times10^{-7}\text{H/m}$（亨利/米），为真空磁导率. 有时，将 $J=\mu_0 M$ 定义为磁极化强度，单位为 T.

物质的磁性大体可分为五类，即抗磁性，顺磁性，反铁磁性，铁磁性及亚铁磁性.

抗磁性物质的磁化率为负，其磁化强度 M 与磁化场 H 反向；顺磁性物质的磁化率为正，M 与 H 同向. 这两种物质磁化率的数值均很小，约为10^{-4}—10^{-7}；反铁磁性物质的磁化率也为正值，其数亦很小. 因此上述三种物质均属弱磁性物质，但反铁磁性物质有磁相变点，称为奈耳点 T_N. 当温度高于 T_N 时，呈顺磁性. 当温度低于 T_N 时，原子磁矩自发地反平行排列，或按螺旋形或其他形式排列，原子磁矩相互抵消．不加磁场时，$M=0$，在磁场作用下，M 很小，$\chi\sim 10^{-5}—10^{-4}$，是磁有序的弱磁性．由于弱磁性物质的磁化率很小，在常温及通常磁场作用下几乎不随磁场变化．所以常用磁化率的数值作为物质磁性的特征．其直线

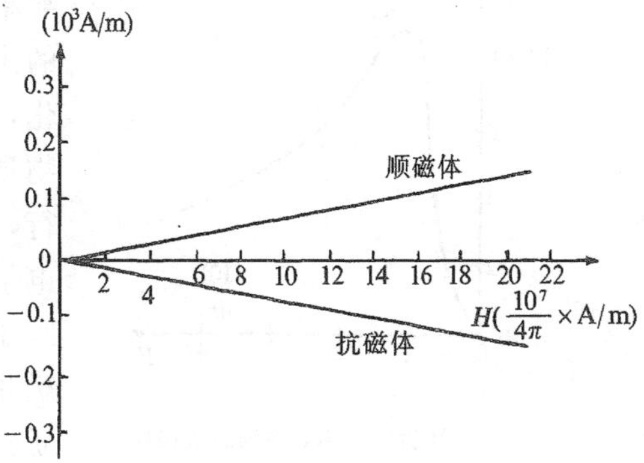

图34.1　弱磁性物质的磁化曲线．

型磁化曲线示意于图34.1．磁化率与温度的关系或几乎与温度无关，或随温度上升而下降，有的物质甚至随温度上升而上升．

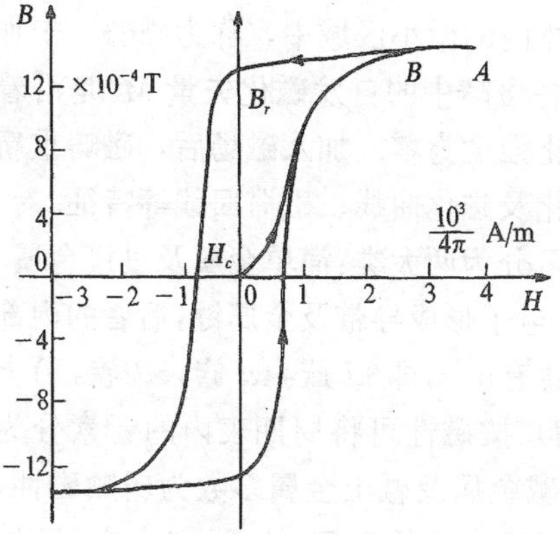

图34.2　铁的磁化曲线和磁滞回线．

铁磁性物质、亚铁磁性物质及反铁磁性物质均为磁有序物质，只有前两种物质属于强磁性物质，它们都有相变点，称为居里点 T_c．当温度高于 T_c 时，物质呈顺磁性，只有当温度低于 T_c 时才呈铁磁性或亚铁磁性．强磁性的特点是其磁化率远高于弱磁性的磁化率，$\chi\sim 10^0—10^5$，其磁化曲线呈非线性，较易于达到磁饱和，磁化率与磁导率随磁场而变，有磁滞现象等．图34.2和图34.3示出代表性的强磁

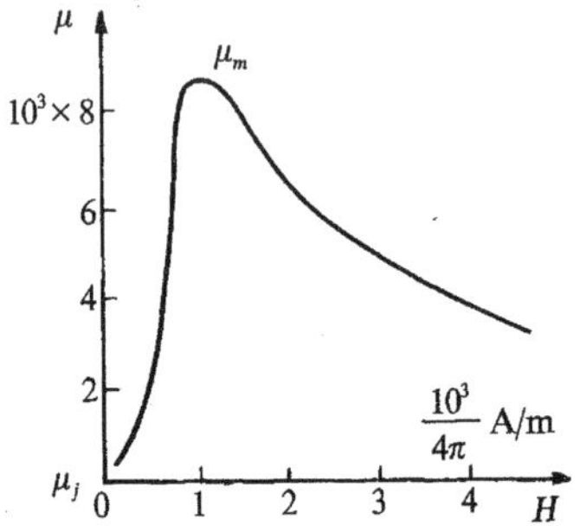

图34.3　铁的磁导率对磁场的依赖性

（μ_i：初始磁导率；μ_m 最大磁导率）．

性磁化曲线、磁滞回线及磁导率与磁场的关系．强磁性的上述特征来源于自发磁化，在温度低于 T_c 时，铁磁物质中的原子磁矩自发平行，或在能带中正负自旋的电子数不相等，故不加磁场时出现了不等于零的自发磁化强度 M_s．亚铁磁性物质常为化合物或合金，在 T_c 温度以下时，原子磁矩呈反铁磁性排列，即自发的反平行排列或其他类型的自旋排列，但是或由于原子磁矩大小不等，或由于排列方式的特殊性，它们的磁矩没有抵消为零，其未抵消的净磁矩便导致了自发磁化强度．自发磁化常出现在大块强磁体内的微小区域中，称为磁畴．未加磁场而强磁体呈磁中性时，各磁畴中的自发磁化矢量 M_s 是沿着不同方向的，但合成的总磁化强度为零．加入磁场后，磁畴重新调整，导致了强磁物质的磁化及磁化曲线、磁滞回线等特征．

周期表中的金属元素可分为两大类：简单金属及过渡金属．前者的内层电子填满，外层价电子形成导带及金属键，后者的内部有未满的壳层，过渡族金属共有5个，即3d 族，4d 族，5d 族，稀土族（4f）及锕族（5f 及6d 不满）．按磁性可将周期表内的元素分为几个部分．在过渡族的左侧，碱金属及碱土金属多数为弱顺磁性，唯一例外的是抗磁性 Be，过渡族金属的右侧，从 Cu，Ag，Au 开始向右，包括一些半金属半导体均为抗磁性，但简单金属 Al 为弱顺磁．中间为上述5个过渡族金属，其中3d 族中 Fe，Co，Ni 为铁磁性元素，Cr 与 Mn 为反铁磁体，稀土族中 Ce，Pr，Nd，Sm，Eu 在低温下具有反铁磁体转变．重稀土中前6个均有铁磁转变，其他过渡族元素均为顺磁体，它们的磁化率多数较高，如 Pd，V，Pt 等，也有的较

表34.1 元素周期表中金属及半导体的原子磁化率实验数据[10]

	Ⅰ	Ⅱ						
2	Li^{3} 25.2	Be^{4} −9.02						
3	Na^{11} 15.6	Mg^{12} 6						
4	K^{19} 21.5	Ca^{20} 44	Sc^{21} 315	Ti^{22} 150	V^{23} 230	Cr^{24} 160	Mn^{25} 527	Fe^{26} ——
5	Rb^{37} 19.2	Sr^{38} 92	Y^{39} 191	Zr^{40} 120	Nb^{41} 120	Mo^{42} 54	Tc^{43}	Ru^{44} 44
6	Cs^{55} 29.9	Ba^{56} 20	La^{57} 140	Hf^{72} 70	Ta^{73} 145	W^{74} 53	Re^{75} 68.7	Os^{76} 7.6
7	Fr^{87}	Ra^{88}	Ac^{89} (90 103)	Ku^{104}	Ha^{105}			

					Ⅲ	Ⅳ	Ⅴ	Ⅵ
2					B^{5} −6.7	C^{6} −42		
3					Al^{13} 16.7	Si^{14}	P^{15}	
4	Co^{27} ——	Ni^{28} ——	Cu^{29} −5.4	Zn^{30} −10.3	Ga^{31} −16.8	Ge^{32} −8.9	As^{33} −5.5	Se^{34} −26.5
5	Rh^{45} 113	Pd^{46} 580	Ag^{47} −21.56	Cd^{48} −19.6	In^{49} −12.6	βSn^{50}* 4.4	Sb^{51} −107	Te^{52} −40.8
6	Ir^{77} 25	Pt^{78} 200	Au^{79} −29.6	Hg^{80} −33.8	αTl^{81} −44.0	Pb^{82} −24.9	Bi^{83} −285	Po^{84}
7								

表中为克原子磁化率 $\chi_A\times10^6$；* αSn 的 $\chi_A=-31.5\times10^{-6}$.

低,如 Ru,Os,Ir 等.

下面我们将对金属中的磁性来源及各种磁性的特点与物理原理分别作进一步介绍,以便对磁性物质有更深入的了解和理解.

§ 34.2 原子磁矩

金属由原子组成,为了理解金属的磁性,应该对原子磁性有基本的了解.这里,我们首先讨论孤立原子的磁矩,然后再简单介绍原子在金属中的磁性表现.

原子磁矩有3个来源，即电子轨道运动磁矩，电子自旋磁矩及原子核磁矩. 原子核磁矩比前二者约小2000倍，对于宏观磁性而言，可以忽略.

(a)孤立原子磁矩

(1)电子轨道磁矩. 若电子态的主量子数为 n，$n=1,2,3,\cdots$，相应于电子轨道壳层 $K,L,M,\cdots$，其角动量取决于轨道量子数 l，其值为

$$p_l=\sqrt{l(l+1)}\hbar, \tag{34.1}$$

式中：$l=n-1,n-2,\cdots 0$，$\hbar=\dfrac{h}{2\pi}=1.05450\times10^{-27}\,\mathrm{erg\cdot s}$ 或 $=1.05450\times10^{-34}\,\mathrm{J\cdot s}$. 相应的磁矩与角动量方向相反，其值为

$$\mu_l=\sqrt{l(l+1)}\,\mu_B, \tag{34.2}$$

μ_B 称为玻尔磁子.

CGS 制：$\mu_B=\dfrac{e\hbar}{2mc}=0.9273\times10^{-20}\,\mathrm{erg/Oe}$；

SI 制：$\mu_B=\dfrac{\mu_0 e\hbar}{2m}=1.165\times10^{-29}\,\mathrm{wb\cdot N}$

磁矩与角动量的关系为

$$\mu_l=-\gamma_l p_l, \tag{34.3}$$

式中 γ_l 称为旋磁比或磁力比，其值为

$$\gamma_l=\frac{e}{2mc}(\text{CGS 制})=\frac{\mu_0 e}{2m}(\text{SI 制}). \tag{34.4}$$

由于轨道角动量的空间量子化，角动量及磁矩沿某特定方向如磁场方向 Z 的分量决定于轨道磁量子数 m_l，其值为

$$p_{lZ}=m_l\hbar, \tag{34.5}$$

$$\mu_{lZ}=m_l\mu_B, \tag{34.6}$$

式中 $m_l=\pm l,\pm(l-1)\cdots,\pm1,0$.

(2)电子自旋磁矩. 电子自旋的固有角动量及磁矩分别决定于自旋量子数 s，$s=\dfrac{1}{2}$

$$p_s=\sqrt{s(s+1)}\hbar=\sqrt{\frac{3}{4}}\hbar, \tag{34.7}$$

$$\mu_s = 2\sqrt{s(s+1)}\,\mu_B = \sqrt{3}\,\mu_B. \tag{34.8}$$

自旋的磁力比为

$$\gamma_s = g_s \frac{e}{2mc}(\text{CGS 制}) = g_s \frac{\mu_0 e}{2m}(\text{SI 制}), \tag{34.9}$$

$\gamma_s = 2\gamma_l$，或 $g_s = 2$（按量子电动力学及精确测量，$g_s = 2.003$）. 自旋的空间量子化及磁量子数只有两个，$m_s = \pm\frac{1}{2}$.

$$p_{sZ} = m_s \hbar = \pm\frac{1}{2}\hbar, \tag{34.10}$$

$$\mu_{sZ} = 2m_s\mu_B = \pm\mu_B. \tag{34.11}$$

（3）原子的总磁矩. 原子的总角动量与总磁矩由所含电子的轨道与自旋的角动量耦合而成. 除重元素外，多数原子取罗索-桑德（Russell-Saunders）耦合，即 L-S 耦合. 各电子的轨道与自旋角动量先分别合成总轨道角动量 P_L 和总自旋角动量 P_S，然后两者再合成总角动量 P_J，即

$$\boldsymbol{P}_l = \sum_i \boldsymbol{p}_{li}, \boldsymbol{P}_S = \sum_i \boldsymbol{p}_{si}, \boldsymbol{P}_J = \boldsymbol{P}_L + \boldsymbol{P}_S.$$

总轨道角动量由总轨道量子数 L 决定.

$$P_L = \sqrt{L(L+1)}\hbar, \tag{34.12}$$

L 为各电子的 l 的某种组合，决定于各电子轨道角动量的空间取向，若共有 i 个电子，则 $L = \sum_i m_{li}$，其中 l_i 为电子 i 的角量子数，m_{li} 为其磁量子数. 如为两个电子，则 $L = (l_1 - l_2), (l_1 - l_2) + 1, \cdots, (l_1 + l_2)$，总的轨道磁矩 μ_L 与 P_L 的方向相反，数值为

$$\mu_L = \sqrt{L(L+1)}\,\mu_B, \tag{34.13}$$

其在磁场方向的分量为

$$\mu_{LZ} = m_L \mu_B, \tag{34.14}$$

$m_L = \pm L, \pm(L-1), \cdots, 0$，相应于 $(2L+1)$ 个取向.

总自旋角动量为

$$P_S = \sqrt{S(S+1)}\,\mu_B. \tag{34.15}$$

总自旋磁矩沿 p_S 的相反方向，其数值为

$$\mu_S = 2\sqrt{S(S+1)}\mu_B \qquad (34.16)$$

S 决定于各电子自旋的合成，依赖于它们的取向，故 $S=\sum_i m_{Si}$，总自旋磁矩在磁场方向的分量为

$$\mu_{SZ} = 2m_S\mu_B \qquad (34.17)$$

其中 $m_S=\pm S,\pm(S-1),\cdots$，共 $(2S+1)$ 个取向.

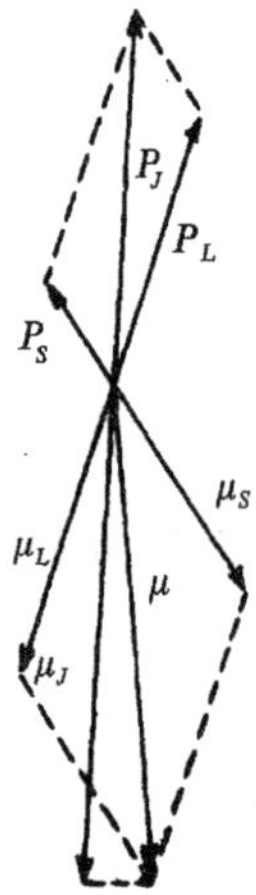

图34.4　原子总角动量与总磁矩的合成.

原子总角动量决定于总角量子数 J.

$$P_J = \sqrt{J(J+1)}\hbar, \qquad (34.18)$$

J 由 L 及 S 合成，依赖于 $\boldsymbol{P}_L$ 与 $\boldsymbol{P}_S$ 的相对取向，$J=|L-S|,|L-S|+1,\cdots,|L+S|$.

原子的总磁矩 μ_J 与 $\boldsymbol{P}_J$ 的方向相反，但是其数值不等于 μ_L 与 μ_S 的矢量和，由于 $\gamma_S=2\gamma_l$，$\mu=\mu_L+\mu_S$ 与 $\boldsymbol{P}_L$ 不在同一直线上，如图34.4所示，$\boldsymbol{P}_L,\boldsymbol{P}_S,\mu_L$ 和 μ_S 均绕 $\boldsymbol{P}_J$ 进动，所以原子的总磁矩 μ_J 为 μ_L 和 μ_S 沿 P_J 方向分量的和.

$$\mu_J = \mu_L\cos(\boldsymbol{P}_L,\boldsymbol{P}_J) + \mu_S\cos(P_S,P_J). \qquad (34.19)$$

根据图34.1中 $\boldsymbol{P}_J,\boldsymbol{P}_S$ 及 $\boldsymbol{P}_L$ 构成的三角关系可以求得

$$\cos(\boldsymbol{P}_L,\boldsymbol{P}_J) = \frac{L(L+1)+J(J+1)-S(S+1)}{2\sqrt{L(L+1)}\sqrt{J(J+1)}},$$

$$\cos(\boldsymbol{P}_S,\boldsymbol{P}_J) = \frac{S(S+1)+J(J+1)-L(L+1)}{2\sqrt{S(S+1)}\sqrt{J(J+1)}}.$$

将上列两个关系式及式(34.13)和式(34.16)代入式(34.19)便可得到

$$\mu_J = g_J\sqrt{J(J+1)}\mu_B, \qquad (34.20)$$

g_J 称为朗德劈裂因子，即

$$g_J = 1+\frac{J(J+1)+S(S+1)-L(L+1)}{2J(J+1)}. \qquad (34.21)$$

原子的磁力比为

$$\gamma_J = g_J \frac{e}{2mc}(\text{CGS 制}) = g_J \frac{\mu_0 e}{2m}(\text{SI 制}), \qquad (34.22)$$

g_J 的数值反映出电子轨道及自旋在原子总磁矩中的比例，当 $S=0$，而 $L\neq 0$时，$g_J=1$，$\gamma_J=\gamma_l=\frac{\mu_0 e}{2m}$；当 $S\neq 0$，而 $L=0$时，$g_J=2$，$\gamma_J=\gamma_S=\frac{\mu_0 e}{m}$；当 S 和 L 都不为零时，孤立原子或离子的 g_J 值可以大于或小于2.

原子总角动量和总磁矩沿磁场的分量与磁场作用能分别为

$$P_{JZ}=m_J\hbar, \qquad (34.23)$$

$$\mu_{JZ}=g_J m_J/\mu_B, \qquad (34.24)$$

$$E_m=-\mu_J B_0=-g_J m_J \mu_B H_0, \qquad (34.25)$$

$m_J=\pm J, \pm(J-1), \cdots$，共有$(2J+1)$个可能的取向.

以上关于孤立原子磁矩的各个表示式亦都适用于孤立离子.

根据式(34.20)和式(34.24)等，当原子的 $J=0$时，原子磁矩为零，常称为非磁性原子. 当原子中的电子壳层均被填满时即属此情况. 当原子的 $J\neq 0$时，原子具有不为零的磁矩，称为原子的固有磁矩，这相应于原子中某壳层未满，而其 L 与 S 未相互抵消，即 $L-S\neq 0$时的情况. 可以推论，原子中被填满的电子壳层对原子固有磁矩无贡献，原子的固有磁矩来源于未满壳层的电子.

洪德(Hund)法则就是用以确定含有未满壳层的原子或离子基态的电子组态及其总角动量的几条规则[1]，简述如下：

(i)未满壳层中各电子的自旋取向(m_S)使总自旋量子数 S 最大时能量最低.

(ii)在满足法则(i)的条件下，以总轨道角量子数 L 最大的电子组态能量最低.

(iii)当未满壳层中的电子数少于状态数一半时，$J=|L-S|$能量最低；超过一半时，$J=|L+S|$能量最低.

在应用上述定则时，以服从泡利原理为前提. 每个由 n, l, m_l, m_S 确定的电子状态中只能有一个电子.

原子状态的量子数常用光谱符号$^{2S+1}L_J$表示，$2S+1$表示自旋多重态，L为0，1，2，3，4，5，…时，分别用$S,P,D,F,H,\cdots$表示.

(b)金属中的离子和电子磁性　原子进入到金属中时，电子态与孤立原子相比发生了变化，上述对原子磁矩的讨论不能简单地用于金属.在金属电子理论中作过一般介绍(本书第一卷44页).在金属中，原子的外层电子，如简单金属中的s电子，为金属集体所公有化，称为传导电子，导致了种种金属的特性，如高的电导率及光反射率等.传导电子具有特殊的磁性，将在§35.2中讨论.简单金属中的原子实或正离子中的电子基本上是局域化的，其磁性与孤立离子有相似之处.但原子间的相互作用带来若干变化，金属中正离子产生的库仑电场，又称晶体电场，使离子中外层电子的轨道运动与孤立离子中的电子不完全相同.例如使其轨道的简并态发生分裂，依晶场对称性而出现轨道量子化方向，使轨道磁矩对总磁矩的贡献减小甚至消失，即所谓轨道矩的淬灭，并导致磁各向异性，§35.1中关于局域电子抗磁性及顺磁性适用于正常金属中原子实的磁性的解释，过渡金属的情况较为复杂.在本书第一卷中曾指出，过渡金属的d电子介于局域态与公有态之间，造成理论上的困难.为解释过渡金属的磁性，局域电子理论与以能带理论为核心的巡游电子模型长期有争论，且互有成功和缺陷的方面。现代的实验与理论研究指出，在$3d$、$3d$和$5d$壳层不满的3个过渡金属中，除s电子公有化成为导带外，d电子亦有相当程度的公有化而成为能带电子.d带能量与s带能量相接近，且与费米面接近、未满的d带电子既参与导电又提供磁性.中子散射等实验表明，d电子既有局域成分又有扩展成分.由于s带与d带交叠，原子中的d电子与s电子按能带能量重新分布，致使d带中电子数及s带的电子数与孤立原子中的d及s壳层中的电子数不相同.稀土族与锕族金属的$4f$和$5f$壳层电子不满，这一点与前3个d过渡族相似.其不同之处是，稀土及锕族中的f电子局域化性质远比d电子强，稀土金属的$4f$电子平均半径仅约0.05—0.06nm，远小于1原子半径(0.17—0.18nm)，因而相邻原子的$4f$电子云几不发生重叠.4f 电子仍保持相当高的局域化.锕族金属介于 d 过渡金属与稀土金属之间,轻锕族和过渡族相近,5f 电子公有化成分大,成为能带.随5f 电子数的增加,5f 电子的局域性相应加强.重锕族金属中5f 电子基本局域,与稀土金属相似.金属中电子间交换作用影响磁性,并导致几个过渡族金属及稀土族金属成为铁磁或反铁磁金属,且出现多种磁有序结构,将在§36.1及§36.2中讨论.

第三十五章　无磁序金属磁性

§35.1　局域电子抗磁性及顺磁性

为了得到一个统一的图象，首先按范弗莱克早在60年前给出的关于局域电子抗磁性及顺磁性的量子理论作一简单讨论[7].

设原子中的电子系统处于一外加均匀恒定磁场之中，其哈密顿量(*CGS* 制)为

$$\mathscr{H}=\sum_i \frac{1}{2m}(\boldsymbol{p}_i+\frac{e}{c}\boldsymbol{A}_i)^2+V+\sum_i \frac{e}{mc}\boldsymbol{S}_i\cdot\mathrm{curl}\boldsymbol{A}_i, \tag{35.1}$$

式中 $\boldsymbol{p}_i=\frac{\hbar}{i}\nabla_i$ 为第 i 个电子的动量算符，$\boldsymbol{S}_i$ 为电子的自旋算符，V 为电子的静电势，$\boldsymbol{A}_i$ 为外磁场的矢量势，$\boldsymbol{H}=\mathrm{curl}\boldsymbol{A}_i$.

设外磁场沿 Z 轴方向，则 $\boldsymbol{A}=\frac{1}{2}\boldsymbol{H}\times\boldsymbol{r}_i$，$A_{x_i}=-\frac{1}{2}Hy_i$，$A_{y_i}=\frac{1}{2}Hx_i$，$A_{Z_i}=0$，代入式(35.1).

可得到

$$\mathscr{H}=\sum_i\left\{\left[-\frac{\hbar^2}{2m}\nabla_i^2+V\right]+\left[H\frac{e\hbar}{i2mc}\left(x_i\frac{\partial}{\partial y_i}-y_i\frac{\partial}{\partial x_i}\right)\right.\right.$$
$$\left.\left.+H^2\frac{e^2}{8mc^2}(x_i^2+y_i^2)+\frac{e}{mc}HS_{Z_i}\right]\right\}, \tag{35.2}$$

式中第一方括弧中为无磁场时孤立原子中电子的动能与势能算符，记为$\mathscr{H}=\left[-\frac{\hbar^2}{2m}\nabla_i^2+V\right]$，第二方括弧中的第一项与第三项分别为电子轨道磁矩和自旋磁矩与外磁场作用能的算符，可以合并为一项，记为$\mathscr{H}_P$，原子磁矩算符记为 μ_Z^0，则

$$\mathscr{H}_P=H\frac{e}{2mc}\sum_i(\boldsymbol{l}_{Zi}+2S_{Z_i})=-H\mu_Z. \tag{35.3}$$

式(35.2)中 H^2项可记为$\mathscr{H}_d$

$$\mathscr{H}_d = H^2 \frac{e^2}{8mc^2} \sum_i (x_i^2 + y_i^2), \tag{35.4}$$

于是有

$$\mathscr{H} = \mathscr{H}_0 + \mathscr{H}_P + \mathscr{H}_d$$

通常磁场作用能$\mathscr{H}_p + \mathscr{H}_d$均比$\mathscr{H}_0$小得多，故可作为微扰项，用微扰法求系统的能量本征值，为

$$E_n = E_n^{(0)} + E_n^{(1)} + E_n^{(2)} = E_n^{(0)} + HE_{pn}^{(1)} + H^2 E_{dn}^{(1)} + H_{pn}^{2\ (2)}, \tag{35.5}$$

式中 $E_n^{(0)}$ 是磁场为零时的本征能量，n 代表原子中与电子能量有关的一组量子数，$E_n^{(1)}$ 和 $E_n^{(2)}$ 为一、二级微扰能的附加项，其中 $HE_{pn}^{(1)}$ 为磁场与原子磁矩的作用能$\mathscr{H}_P$ 相应的一级微扰能，而 $H^2E_{dn}^{(1)}$为与$\mathscr{H}_d$ 相应的一级微扰能，$H^2E_{p_n}{}^{(2)}$则为与$\mathscr{H}_P$ 相应的二级微扰能，亦含 H^2. 对于量子态为 n 的原子，磁场作用能有以下三项：

$$\left.\begin{aligned}
HE_{p_n}^{(1)} &= -H\langle n|\mu_Z^0|n\rangle, \\
H^2E_{dn}^{(1)} &= H^2\sum_i \frac{e^2}{8mc^2}\langle n|x_i^2 - y_i^2|n\rangle, \\
H^2E_{p_n}^{(2)} &= -H^2\sum_{n'\neq n}\frac{|\langle n'|\mu_Z^0|n\rangle|^2}{E_{n'}^{(0)} - E_n^{(0)}},
\end{aligned}\right\} \tag{35.6}$$

式中 n' 指激发态，显然，$n' \neq n$.

故准确到二级近似，在外加磁场下，孤立原子的总磁矩为

$$\mu_{nZ}(H) = -\frac{\partial E_n}{\partial H} = \mu_{nz}^0 + \mu_{nd} + \mu_{nv}, \tag{35.7}$$

式中

$$\mu_{nz}^0 = \langle n|\mu_Z^0|n\rangle, \tag{35.8}$$

$$\mu_{nd} = -H\sum_i \frac{e^2}{4mc^2}\langle n|x_i^2 + y_i^2|n\rangle, \tag{35.9}$$

$$\mu_{nv} = 2H\sum_{n'\neq n}\frac{|\langle n'|\mu_Z^0|n\rangle|^2}{E_{n'}^{(0)} - E_n^{(0)}}, \tag{35.10}$$

其 μ_{nZ}^0为状态 n 下的原子的固有磁矩沿磁场的分量，在式(34.24)

中表为 $\mu_{JZ}=g_J m_J \mu_B$. 原子固有磁矩在磁场中的取向导致正常顺磁性，其 μ_{nd}正比于磁场，恒为负值，这是由磁场感生的抗磁性磁矩. μ_{nv}亦正比于磁场，恒为正，为磁场感生的顺磁磁矩. 有别于固有磁矩，常称为范弗莱克顺磁磁矩，来源于二级微扰，乃磁场使电子的激发态 n'混入所致. 相当于电子云的形变导致的极化.

上述电子系的总能量式(35.5)及式(35.6)和总磁矩式(35.7)至式(35.10)均为量子力学平均值. 为确定物质的宏观磁矩，应求诸统计物理. 设单位体积中原子数为 N，温度为 T 而外磁场为 H，在热力学平衡的条件下原子处于各种量子态 n 的概率按玻耳兹曼统计分布，设简并度 $g_n=1$，其态和函数为

$$
\begin{aligned}
Z(H,T) &=\left[\sum_n \exp\left\{-\frac{E_n}{kT}\right\}\right]^N \\
&=\left[\sum_n \exp\{-E_n^{(0)}-HE_{dn}^{(1)}-H^2E_{dn}^{(1)}-H^2E_{pn}^{(2)}\}/kT\right]^N.
\end{aligned}
$$

宏观磁化强度为

$$
\begin{aligned}
M &=kT\frac{\partial \ln z}{\partial H}=-\frac{N}{Z}\sum_n \frac{\partial E_n}{\partial H}e^{-E_n/kT}=\frac{N}{Z}\sum_n \mu_{nZ}e^{-E_n/kT} \\
&=\frac{N}{Z}\sum_n (\mu_{nz}^0+\mu_{nd}+\mu_{nv})e^{-E_n/kT}.
\end{aligned}
\tag{35.11}
$$

磁化率为

$$
\chi=\frac{M}{H}=\frac{N}{HZ}\sum_n (\mu_{nz}^0+\mu_{nd}+\mu_{nv})e^{-E_n/kT}. \tag{35.12}
$$

在普通温度及磁场的条件下，E_n 中的各项，除 $E_n^{(0)}$ 外，与磁场有关的各项均远小于 kT. 故可将上式中的 $e^{-E_n/kT}$展成级数，并截断，只取到 H^2项，作为近似，

$e^{-E_n/kT}\simeq e^{-E_n^{(0)}/kT}\left(1+\frac{\langle n|\mu_Z^0|n\rangle}{kT}+\cdots\cdots\right)$，经计算得到高温近似表达式

$$
\chi=\chi_p+\chi_d+\chi_{vv}, \tag{35.13}
$$

其中

$$
\chi_p=\frac{N}{Z_0 kT}\sum_n (\langle n|\mu_Z^0|n\rangle)^2 e^{-E_n^{(0)}/kT}, \tag{35.14}
$$

$$\chi_d = -\frac{N}{Z_0}\frac{e^2}{4mc^2}\sum_n \sum_i \langle n|x_i^2+y_i^2|n\rangle e^{-E_n^{(0)}/kT}, \quad (35.15)$$

$$\chi_{vv} = \frac{2N}{Z_0}\sum_n \sum_{n'\neq n} \frac{|\langle n'|\boldsymbol{\mu}_Z^0|n\rangle|^2}{E_{n'}^{(0)}-E_n^{(0)}} e^{-E_n^{(0)}/kT}, \quad (35.16)$$

式中 Z_0 为 Z 的近似，$Z_0=\sum_n e^{-E_n^{(0)}/kT}$. n 为表征能态的一组量子数. 上述表式对原子所有状态求和. 实际情况是原子中多数激发态与基态能差远大于 kT，在通常的热激发下激发态对 χ_p 及 χ_d 贡献很小，可不考虑，少数情况，不同 J 的能差不大，对 χ_p 有影响. 但对于 χ_{vv}，式(35.16)为二级微扰项，激发态才必须考虑，根据此特点，可将上式简化为如下常见的形式：

$$\chi_p = \frac{N}{3kTZ_0}\sum_J \langle J|\boldsymbol{\mu}^0|^2 J\rangle e^{-E_J^{(0)}/kT}, \quad (35.17)$$

$$\chi_d = -N\frac{e^2}{4mc^2}\sum_i \langle n|x_i^2+y_i^2|n\rangle, \quad (35.18)$$

$$\chi_{vv} = \frac{2N}{3}\sum_{n'\neq n} \frac{|\langle n'|\boldsymbol{\mu}^0|n\rangle|^2}{E_{n'}^{(0)}-E_n^{(0)}}. \quad (35.19)$$

式中 $\boldsymbol{\mu}^0$ 为原子磁矩算符，不同于以前表式中的 $\boldsymbol{\mu}_Z^0$. χ_p 为原子磁矩取向顺磁磁化率，强烈地依赖于温度. 只有具有固有磁矩的原子才对 χ_p 有贡献. χ_d 与 χ_{vv} 为与温度无关的抗磁磁化率及范弗莱克顺磁磁化率(一般情况，热激发态可略去). 二者均来自磁场感生磁矩. χ_d 来自磁场对电子运动的作用——洛伦兹力引起的轨道运动，各电子的抗磁性相互叠加而不抵消，故任何材料均有抗磁性，但由于其数值较小，容易被磁性原子的 χ_p 所掩盖. 一般，只有当物质中不含磁性原子时，才呈现抗磁性. χ_{vv} 来自磁场与磁矩作用的二级微扰——激发态的混入或电子云的形变，其数值依赖于未微扰前电子波函数的对称性与形状，如为球对称波函数，则对此无贡献. 通常，激发态与基态能差颇大，故一般 χ_{vv} 的数值亦小，与 χ_d 相近，但恒为正，χ_d 及 χ_{vv} 常合并为一项，记为 $N\bar{\alpha}$，作为对取向顺磁性的修正，即

$$\chi = \frac{N}{3kT}\frac{1}{Z_0}\sum_J \langle J|\boldsymbol{\mu}^0|^2 J\rangle e^{-E_J/kT} + N\bar{\alpha}$$

或

$$\chi=\frac{N\overline{\overline{\mu^2}}}{3kT}+N\bar{\alpha}, \tag{35.20}$$

$\bar{\alpha}$的正负依赖于 χ_{vv}大于或小于 χ_d 的绝对值. $\overline{\overline{\mu^2}}$为原子磁矩平方的平均值,双横表示量子力学的平均值,$\langle J|\boldsymbol{\mu}^{0^2}|J\rangle$,再经过对不同量子态作统计平均.

(a)*局域电子抗磁性*　早在本世纪初,朗之万根据洛伦兹电子论对物质抗磁性给出定量解释[4],用经典理论可得到与式(35.18)几乎相同的表达式.

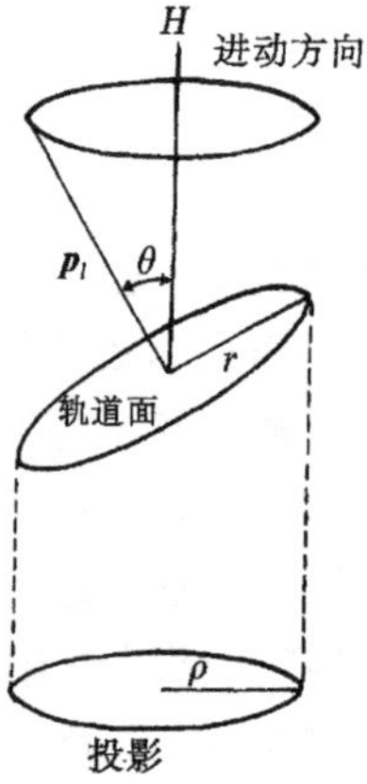

图35.1　电子轨道进动及抗磁性.

设原子中电子的轨道角动量$\boldsymbol{p}_l$与磁场$\boldsymbol{H}$作任意角θ,其磁矩为

$$\mu_l=-\frac{e}{2mc}\boldsymbol{p}_l,$$

与$\boldsymbol{p}_l$方向相反. 磁场对此磁矩产生的力矩为$\boldsymbol{\mu}_l\times\boldsymbol{H}$,它使轨道矩绕磁场旋进,称为拉莫尔(Larmor)旋进. 其运动方程为

$$\frac{d}{dt}\boldsymbol{p}_l=\boldsymbol{\mu}_l\times\boldsymbol{H}$$

或

$$\frac{d}{dt}\boldsymbol{p}_l=\frac{e}{2mc}\boldsymbol{H}\times\boldsymbol{p}_l$$

拉莫尔旋进角速度为

$$\boldsymbol{\omega}_L=\frac{e}{2mc}\boldsymbol{H}, \tag{35.21}$$

如图(35.1)所示. 与之相应电子获得附加的角动量及附加磁矩如下:

$$(\Delta\boldsymbol{\mu}_l)_H=-\frac{e}{2mc}(\Delta\boldsymbol{P}_l)_H=-\frac{e}{2mc}m\boldsymbol{\omega}_L\bar{\rho}^2=-\frac{e^2}{4mc^2}\bar{\rho}^2\boldsymbol{H},$$

式中$\bar{\rho}^2$为电子轨道半径在与磁场垂直的平面上的投影的均方值. 设单位体积物质有N个原子,每个原子有z个电子,则抗磁性磁化率为

$$\chi_d = -\frac{Ne^2}{4mc^2}\sum_i^z \overline{\rho_i^2}.$$

上式与式(35.18)十分相似,一般可不考虑原子处于不同量子态的统计平均.对于球对称的电子轨道,$\overline{\rho_i^2}=\frac{2}{3}\overline{r_i^2}$,可得常见的表式

$$\chi_d = -\frac{Ne^2}{6mc^2}\sum_i^z \overline{r_i^2} \tag{35.22}$$

将物质常数代入上式,并设$\overline{r_i^2}\sim 10^{-16}\text{cm}^2$,可得克原子磁化率的估计值

$$\chi_{dA}\sim -2.8\times 10^{-6}z,$$

准确的计算依赖于量子力学对 $\overline{r_i^2}$ 的计算.上式的定性结论与实验结果吻合,这些结论是

(1)抗磁磁矩$(\Delta\boldsymbol{\mu}_l)_H$ 与 $\boldsymbol{H}$ 反向而不依赖于$\boldsymbol{\mu}_l$的方向,各电子的抗磁性是叠加的.抗磁性为物质的共性.

(2)抗磁磁化率随电子数或原子序数增加而增加.一般说重原子的 χ_d 数值较大.

(3)χ_d 正比于各电子的轨道半径平方.

图35.2示出了一些原子或离子的 χ_d 与电子数的依赖关系的实验结果.这些原子及离子均具有填满的电子壳层,因而表现为抗磁性.图中的数据表明 χ_d 随 z 增加而上升,相同 z 的原子及离子的 χ_d 随原子序数增加而减小.原子序数增加即原子核正电荷数增加,电子的半径因而减小.

离子的抗磁磁化率的测定只能是间接的,通过对离子盐的固体或溶液的 χ_d 的测量来推算.如测量了 Na^+Cl^-,K^+Cl^-,Na^+I^-及K^+I^-的磁化率,假设各离子磁化率为常数,不因在不同化合物中而有所改变且服从相加关系,便可算出各离子的 χ_d.上述假定并不完全符合事实,因而为所测定的离子磁化率带来一些不确定性.对此问题迈伊尔(W. R. Myer)[11]及多尔夫曼(Ya. G. Dorfman)[12]给出详细讨论,后者用范弗莱克顺磁磁化率对离子磁化率的相加关系作了修正,即离子化合物 A^+B^-的磁化率为

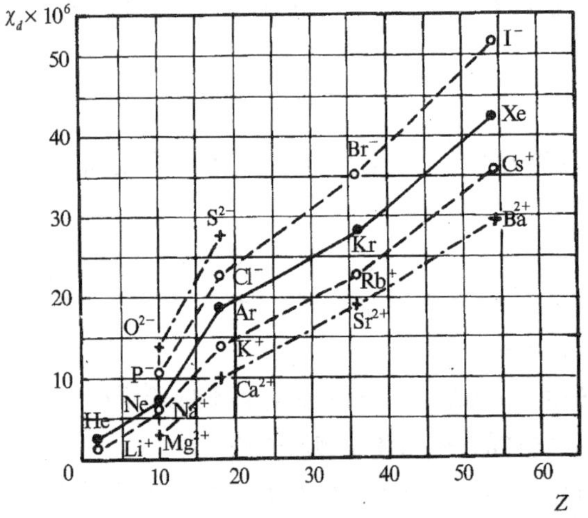

图35.2　一些原子和离子的 χ_d 与原子中电子数 Z 的关系.

$$\chi_d^{AB}=\chi_d^{A^+}+\chi_d^{B^-}+\chi_{vv}^{AB}.$$

金属离子的磁化率构成了金属磁化率的一个组成部分，金属的原子实呈现离子抗磁性，在分析金属弱磁性时，需要离子抗磁磁化率的数据，一些数据提供在表35.1中[13]. 表中为克原子磁化率，带 * 号者为磁性离子的抗磁部分.

(b)*局域电子顺磁性*[7]　这里着重考察原子具有固有磁矩的情况，即 $J\neq0$，这时，局域电子顺磁性由两部分组成，即取向顺磁性及范弗莱克极化顺磁性，其磁化率的一般表式已由式(35.14)至式(35.19)及式(35.20)给出. 由于原子能级的分布随元素而异，金属中原子间存在着不同的相互作用亦随元素而不同，局域电子顺磁性的行为亦有不同的表现. 下面对不同宽度的多重能级，晶场效应及原子间相互作用分别进行讨论.

表35.1　离子磁化率

离子	$-\chi_A\times10^6$	离子	$-\chi_A\times10^6$	离子	$-\chi_A\times10^6$	离子	$-\chi_A\times10^6$
Ag^+	24	* Dy^{3+}	19	* Mn^{3+}	10	* Sm^{2+}	23
Al^{3+}	2	* Er^{3+}	18	* Mo^{2+}	31	* Sm^{3+}	20
As^{3+}	9?	* E_u^{3+}	20	* Mo^{3+}	23	Sn^{2+}	20
As^{5+}	6	* Fe^{2+}	13	Na^+	5	Sn^{4+}	16
Au^+	40	* Fe^{3+}	10	Nd^{3+}	20	S_r^{2+}	15
B^{3+}	0.2	Ga^{3+}	8	Ni^{2+}	12	Ta^{5+}	14
Be^{2+}	0.4	* Gd^{4+}	20	* Os^{2+}	44	* Tb^{4+}	19
Bi^{3+}	25	Hf^{3+}	16	* Os^{3+}	36	* Th^{3+}	23
Bi^{5+}	23	Hg^{2+}	37	Pb^{2+}	28	* Ti^{3+}	9
Ca^{2+}	8	* Ho^{3+}	19	* Pd^{2+}	25	* Tm^{3+}	18
Cd^{2+}	22	In^{3+}	19	* Pr^{3+}	20	* U^{3+}	46
* Ce^{3+}	20	* Ir^{2+}	42	* Pt^{2+}	40	* V^{2+}	15
Ce^{4+}	17	* Ir^{3+}	35	* Re^{3+}	36	* V^{3+}	10
* Co^{2+}	12	K^+	13	* Rh^{3+}	22	* W^{2+}	41
* Co^{3+}	10	La^{3+}	20	* Ru^{3+}	23	* W^{3+}	36
* Cr^{2+}	15	* Li^+	0.6	Sb^{3+}	17?	Y^{3+}	12
* Cr^{3+}	11	* Lu^{3+}	17	Sb^{5+}	14	Yb^{2+}	20
Cs^+	31	Mg^{2+}	3	Sc^{3+}	3	* Yb^{3+}	18
Cu^+	12	* Mn^{2+}	14	Si^{4+}	1	Zn^{2+}	10

(1)宽多重线能级. 许多元素有此特点. 原子基态与第一激发态的能级差大,$E_{J'}-E_J\gg kT$. 早在1905年朗之万建立的顺磁理论亦基于此. 设所有原子均处于基态 J,磁场作用能为

$$E_M=-g_J m_J \mu_B H,$$

态和为

$$Z=\left[\sum_{-J}^{J} e^{m_J x}\right]^N,$$

式中 $x=g_J\mu_B H/kT$.

根据式(35.11),磁化强度为

$$M=kT\frac{\partial}{\partial H}\ln Z=Ng_J\mu_B\frac{\partial}{\partial x}\left[\ln\sum_{-J}^{J}e^{m_J x}\right]$$

$$=Ng_J\mu_B\frac{\partial}{\partial x}\left[\ln\frac{\operatorname{sh}(J+\frac{1}{2})x}{\operatorname{sh}\frac{x}{2}}\right]$$

于是得到

$$M=MoB_J(\alpha_J), \tag{35.23}$$

式中 $Mo=Ng_J J\mu_B$ 为饱和磁化强度. $\alpha_J=J_x=\dfrac{g_J J\mu_B H}{kT}$,

$$B_J=\frac{M}{Mo}=\frac{2J+1}{2J}\operatorname{cth}\left(\frac{2J+1}{2J}\right)\alpha_J+\frac{1}{2J}\operatorname{cth}\frac{\alpha_J}{2J} \tag{35.24}$$

$B_J(\alpha_J)$称为布里渊函数. 室温下,$kT\sim5\times10^{-14}$erg,当 $H\sim10^4$Oe 时,$\mu_B H\sim10^{-16}$erg,故 $\alpha_J\ll1$. 将 $B_J(\alpha_J)$展为 α_J 的幕级数,得近似式

$$B_J(\alpha_J)\cong\frac{J+1}{3J}\alpha_J-\frac{J+1}{3J}\frac{2J^2+2J+1}{30J^2}\alpha_J^3. \tag{35.25}$$

取 α_J 的一次项代入式(35.23),即得到居里定律

$$\chi_P=\frac{C}{T}, \tag{35.26}$$

C 称为居里常数,$C=\dfrac{N^2g_J J(J+1)\mu_\beta^2}{3k}$,$\chi_P$ 与 H 无关,与式(35.20)第一项相似,但这里只取基态的原子磁矩

$$\mu_J^2=g_J^2J(J+1)\mu_B^2=p_{\text{eff}}^2\mu_B^2,$$

p_{eff}称为有效玻尔磁子数. 可从实验测得的居里常数计算

$$p_{\text{eff}}=\frac{\sqrt{3kCN}}{N\mu_B}. \tag{35.27}$$

由于多重线能差大，因而 χ_{vv} 小，经推导，得

$$N_{\bar{\alpha}}=\frac{N\mu_B^2}{6(2J+1)}\left[\frac{F(J+1)}{E_{J+1}-E_J}-\frac{F(J)}{E_J-E_{J+1}}\right], \tag{35.28}$$

式中 $F(J)=\frac{1}{J}[(S+L+1)^2-J^2][J^2-(S-L)^2]$.

根据洪德法则，基态的 $J=L+S$ 或 $L-S$，故式(35.28)中的两项之一为零. χ 的一般表示式为

$$\chi=\frac{N^2g_JJ(J+1)\mu_B^2}{3kT}+N_{\bar{\alpha}}=\frac{C}{T}+\chi_{vv} . \tag{35.29}$$

情况虽有多种多样，但局域电子顺磁性的来源只有两个：局域磁矩取向顺磁性及范弗莱克顺磁性. 当局域磁矩不为零时，磁矩取向顺磁性常占主导地位，而范弗莱克顺磁性只是一个几乎不依赖于温度的修正. 局域磁矩取向顺磁性的主要特点是强烈地依赖于温度. 温度上升，磁化率下降，这是由于与温度关联的热运动总是干扰磁场对局域磁矩的取向，即影响磁化. 在通常条件下，热运动能 kT 远大于磁场与局域磁矩的作用能

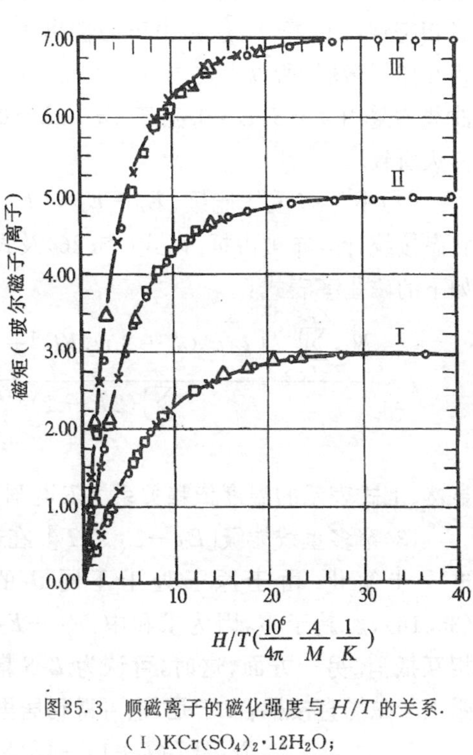

图35.3 顺磁离子的磁化强度与 H/T 的关系.

(Ⅰ) $KCr(SO_4)_2\cdot 12H_2O$;

(Ⅱ) $FeNH_4(SO_4)_2\cdot 12H_2O$;

(Ⅲ) $Gd_2(SO_4)_3\cdot 8H_2O$.

$H\mu_B$，故顺磁性为弱磁性，其磁化率 χ_P 随温度上升而减小，符合居里定律

$$\chi=\frac{C}{T}.$$

但在很低的温度及较强的磁场条件下，也可以得到较大的磁化，甚至能接近与达到磁饱和. 这时，在式(35.24)中，$\alpha_J \ll 1$的条件不再满足，居里定律不再适用，而必须采用式(35.24).

图35.3示出为 Gd^{3+}，Fe^{3+}和 Cr^{3+} 的磁化强度对 H/T 关系的实验数据和式(35.24)代表的理论曲线的相互对比. 由图可见，两者相符情况很好[14]，这是由于磁性离子处于带有结晶水的盐中，相互作用微弱，所以上述局域电子顺磁理论是适用的. 图中的理论曲线均采用 $J=S$，$L=0$. 对于 Cr^{3+}，$L=0$是由于晶场效应的轨道淬灭所致.

(2)中等多重线能级$[E_{J'}-E_J \approx kT]$. 由于热激发，不同 J 的状态按统计分布被占据. 以式(35.26)及式(35.28)为基础，可得到如下的磁化率表式：

$$\chi=\frac{N\sum\limits_{J=L-S}^{L+S}\{[g_J^2\mu_B^2(J+1)/3kT]+\bar{\alpha}_J\}(2J+1)e^{-E_J^{(0)}/kT}}{\sum(2J+1)e^{-E_J^0/kT}}. \tag{35.30}$$

显然，上式表示的温度依赖关系 χ-T 与居里定律不同.

(3)窄多重线能级$[E_{J'}-E_J \ll kT]$. 在这个条件下，磁化率可以进一步简化. 由于原子处于不同 J 的概率几相同，根据式(35.16)，χ_{vv}趋于零，因为求和中，$E_{J'}-E_J=-(E_J-E_{J'})$，这两项相互抵消. 另一方面，这时，可认为 L-S 耦合被破坏，轨道与自旋磁矩与磁场直接耦合. 于是，也可得到居里定律式(35.26)，但

$$\left.\begin{aligned} C&=\frac{N\mu_B^2[L(L+1)+4S(S+1)]}{3k}, \\ p_{\rm eff}^2&=[L(L+1)+4S(S+1)]. \end{aligned}\right\} \tag{35.31}$$

(4)晶体电场效应及原子磁矩的淬灭. 在图35.3中，Cr^{3+}的离

子磁矩取$2S\mu_B$，即$J=S$时，理论才能与实验一致. 铁族原子在固体大多与此相近. 称为轨道矩的淬灭，包括完全或部分淬灭，乃晶体电场效应所致.

在固体中，原子或离子并非完全孤立，它们不可避免地受到邻近离子产生的不均匀电场作用. 对局域电子，常称为晶体电场，它具有与晶格相同的对称性. 对传导电子，常称为周期静电势，亦具有晶格对称性，它们对电子空间运动都有影响.

在自由原子中，电子受中心静电场及电子间库仑场作用. 使电子的轨道及自旋角动量耦合成P_L及P_S. 其基态遵守洪德法则第1，2条. 电子的轨道与自旋的耦合能使P_L和P_S耦合成P_J，其基态遵守洪德法则第3条. 在固体中，晶体电场引起电子运动的变化及原子角动量及磁矩的种种变化，视晶体电场的相对强度而不同. 表35.2列出属于不同过渡族的离子的电子间库仑能，晶场能，自旋-轨道作用能的范围及对磁矩的不同影响.

表35.2　几个过渡族离子的晶场能及其他有关能量范围[15]

离子	库仑能差	晶场能	L-S能*	对磁矩的影响
铁族	$10-40\times10^3\text{cm}^{-1}$	$10-20\times10^3\text{cm}^{-1}$	$100-800\text{cm}^{-1}$	轨道磁矩有淬灭 $\langle L_z\rangle\sim0, J\sim S$
钯族	$5-20\times10^3\text{cm}^{-1}$	$20-40\times10^3\text{cm}^{-1}$	$400-2000\text{cm}^{-1}$	轨道与自旋磁矩均有淬灭，低自旋态
铂族	$5-20\times10^3\text{cm}^{-1}$	$20-40\times10^3\text{cm}^{-1}$	$800-5000\text{cm}^{-1}$	同上
稀土族	$5-40\times10^3\text{cm}^{-1}$	$\sim200\text{cm}^{-1}$	$600-3000\text{cm}^{-1}$	总磁矩低温下有淬灭

* $1\text{cm}^{-1}=1.439\text{K}=1.986\times10^{-16}\text{erg}=1.240\times10^{-4}\text{eV}$.

按上述三种能量的相对大小，可分为三类

(i)铁族离子，中等晶场. 磁性材料中多含有铁族离子，铁族离子也最早受到详细的研究. 由于$3d$电子几乎完全暴露在晶场的直接作用下，晶场能大于轨道-自旋耦合能；一般，又小于电子间库仑作用能. 各个电子的轨道与自旋角动量仍分别耦合，用L及S表征，保持自由原子的数值. 但它们的方向受到晶场很大的影响. 轨道-自旋耦合受到破坏，不足以使 $\boldsymbol{P}_L$ 与 $\boldsymbol{P}_S$ 耦合成总角动量. 不存在表征总角动量的量子数 J. 对于自由原子，不同 M_L 的状态具有不同的电子云分布和轨道角动量空间取向. 略去 L-S 耦合时，它们的能量相同，为 $(2L+1)$ 简并态. 在外磁场中，原子轨道矩在磁场方向的分量由 M_L 决定，最大值为 L. 然而，在具有某种空间对称性的晶场作用下，这些简并态发生能级分裂. 一般来说，晶场下被分裂后的原子态为不同 M_L 的零级波函数的线性组合，M_L 不再是晶场原子态的运动常数. 沿磁场方向的磁矩分量由平均值决定，可得到一平均 $\langle M_L\rangle$，其值比自由原子的 M_L 的最大值 L 要小，甚至为零. 这就是原子轨道角动量的部分或完全淬灭. 实际上在固体中，铁族离子的轨道矩常大部被淬灭，因而常取 $J\sim S$，而旋磁比因子 $g\sim 2$.

为了给出一个更清晰的晶场效应的物理图象，图35.4示出3d电子在立方晶场中的五种状态的电子云分布，图中并示出立方晶格的正离子位置，这5个电子态的波函数为

$$
\left.\begin{aligned}
&\phi_1\sim Y_{xy}=\frac{1}{2}(Y_{2,2}-iY_{2,-2})\sim\sin^2\theta\sin^2\varphi=\frac{xy}{r^2},\\
&\phi_2\sim Y_{yz}=\frac{1}{2}(Y_{2,1}-iY_{2,-1})\sim\sin\theta\cos\theta\sin\varphi=\frac{yz}{r^2},\\
&\phi_3\sim Y_{zx}=\frac{1}{2}(Y_{2,1}+iY_{2,-1})\sim\sin\theta\cos\theta\cos\varphi=\frac{zx}{r^2},\\
&\phi_4\sim Y_{x^2-y^2}=\frac{1}{2}(Y_{2,2}+iY_{2,-2})\sim\sin^2\theta\cos^2\varphi=\frac{1}{r^2}(x^2-y^2),\\
&\phi_5\sim Y_{z^2}=Y_{2,0}\sim(3\cos^2\theta-1)=\frac{1}{r^2}(3z^2-r^2).
\end{aligned}\right\}
\tag{35.32}
$$

它们是具有不同 $m_l(=0,\pm1,\pm2)$ 的角度波函数，Y_{2,m_l} 的线性组合. 对于自由原子，这5个波函数与 Y_{2,m_l} 均为本征态，且均为简并态. 但在正离子造成的立方晶场中，Y_{xy}，Y_{yz} 及 Y_{zx} 的电子云与正离子错开，静电势能较高，而 $Y_{x^2-y^2}$ 和 Y_{z^2} 接近正离子，静电势能较

低. 于是5个简并能级分裂成两组. 高能级为三重态(记作 Γ_5),低能级为双重态(Γ_3),如图35.4所示. 若晶场来自负离子,则相反. 能级分裂的大小与晶场强度、对称性及波函数(包括径向波函数的延伸)有关. 晶场中的电子状态不具有确定的 m_l 是显然的. 式(35.32)代表的5个晶场波函数,除 Y_{z^2}外,都不是 $p_{lz}=\frac{\hbar}{i}\frac{\partial}{\partial\varphi}$的本征函数,且每个状态的轨道角动量分量的平均值,$\langle\phi_i|\frac{\hbar}{i}\frac{\partial}{\partial\varphi}|\phi_i\rangle$均为零. 若 d 电子只有一个$3d^1$,在负离子产生的立方晶场中,这个电子将等概率地占据晶场基态 Γ_5(三重态). 可以证明,其平均轨道矩分量 $\overline{m}_l=1$,比 $l=2$减小一半. 反之,若占据 Γ_3(双重态),$\overline{m}_l=0$,前者为部分猝灭,后者为全部猝灭. 若晶场还有更低对称性的分量,如立方对称的晶格发生四方的变形或次近邻产生三角对称的附加晶场等,能级可能进一步分裂,轨道矩发生进一步猝灭.

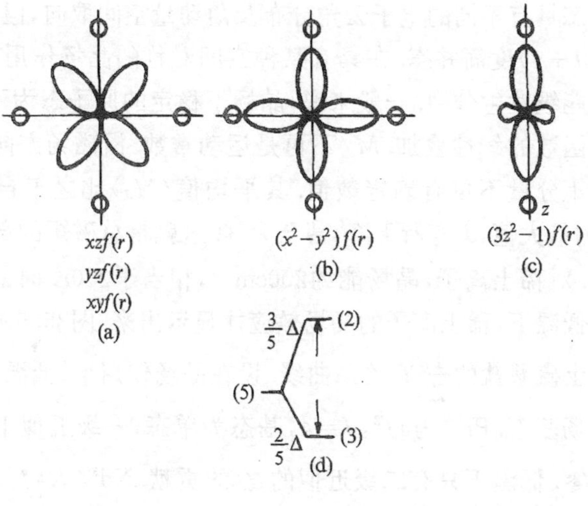

图35.4　$3d$ 轨道在立方晶场中的电子云分布和能级分裂.

应当指出,轨道-自旋耦合虽然不能使在晶场中的铁族离子的 L 与 S 耦合成 J,但其二级微扰可使原子的电子云形变而极化,即激发态混入，因而引进附加的轨道角动量及磁矩．微量地影响轨道矩的淬灭．例如基态为单态时，不论是由于原子的 $L=0$(S 态)或晶场基态为单态，由于 L-S 耦合，其轨道磁矩也不完全等于零．换言之，使 g 因子不完全等于2．g 因子的改变 Δg 约为[15]

$$\Delta g \approx \frac{c\lambda}{\Delta E}, \qquad g-2 \approx \frac{\lambda}{\Delta E},$$

式中 c 为约1—10的常数，λ 为轨道-自旋耦合因子，ΔE 为晶场能级分裂的能差 $En-Eo$．对于铁族，$\lambda \sim 10^2-10^3\text{cm}^{-1}$，$\Delta E \sim 10^4\text{cm}^{-1}$，$\Delta g \sim 10^{-1}—10^{-3}$．这就是为什么离子 Fe^{3+} 及 Mn^{2+}(S 态)的 g 值不等于2的一个原因．

(ii)稀土离子，弱晶场．与 d 电子情况不同，$4f$ 电子受 $5s$ 及 $5p$ 电子屏蔽，且 $4f$ 电子云的分布非常局域在半径很小的范围内，其晶场能比 L-S 耦合能低．稀土离子的 L、S 及 J 仍遵守洪德法则．其相应的角动量和磁矩的绝对值与自由原子相同，然而原子总角动量及总磁矩的空间取向受到影响．在自由原子状态下，不同 M_J 的状态具有不同的电子云角分布及角动量空间取向，但能量相同，为$(2J+1)$度简并态．在具有某种空间对称的晶场作用下，这些简并的能级发生分裂．一般来说，晶场下稳定的原子态为不同 M_J 的原波函数的线性叠加．M_J 不再是运动常数．沿磁场方向的角动量及磁矩分量不再有确定数值．其平均值$\langle M_J \rangle$比之于自由原子时 M_J 的最大值，J 有所下降，甚至为零．这就是总磁矩的部分或完全淬灭．对稀土离子，晶场能约200cm^{-1}，相当于280K 时的 kT，故只有在低温下，稀土离子的晶场效应才显示出来．图35．5示出两种含水稀土硫酸盐的$\frac{1}{\chi}$-T 关系曲线．设在晶场作用下，低温时，离子处于晶场基态．Pr^{3+} 为 $4f^2$，$J=4$，基态为单态，一级近似下的原子磁矩为零．低温下只有二级近似的 χ_{vv} 的贡献．Nd^{3+} 为 $4f^3$，$J=\frac{9}{2}$，晶场基态为双态．根据此模型的理论计算结果为图中的实线[16]，与实验颇一致．

锕族离子介于铁族与稀土之间．实验发现，当 $5f$ 电子数为1—

2时，与3d族相似，$J\sim S$，轨道矩被淬灭. 当5f电子增多时，与稀土相似，角量子数仍保留为定值.

(iii)钯族及铂族，强晶场. 这里4d和5d电子与3d相似，直接暴露在晶体电场中，而它们的电子云分布又较3d向外扩展，即平均半径大，因而晶场效应更强. 在许多场合下，甚至大于电子间库仑作用，因而影响了洪德法则第1，2条. 在第(i)节，曾论及d电子在立方晶场中电子轨道的5个能级分裂成Γ_5及Γ_3. 在负离子晶场作用下，Γ_5三重态为基态，在那里，由于晶场分裂小于电子间库仑作用能，3d壳层中电子的分布仍遵守洪德法则的1，2条. 以Fe^{3+}为例，为3d^5. 按S最大，5个电子将占据3个Γ_5态及2个Γ_3态，而它们的s均为$+\frac{1}{2}$，满足S最大的要求，降低了电子间较大的交换作用能. 而钯族的Ru^{3+}则不同，由于其5个4d电子受到更强的晶场作用，其轨道态的分裂大于电子间库仑作用能. 这5个d电子占据了5个Γ_5的状态. 按泡利原理，其s分别为$\frac{1}{2}$，$\frac{1}{2}$，$\frac{1}{2}$，$-\frac{1}{2}$，$-\frac{1}{2}$，使$S=\frac{1}{2}$，使自旋矩降低. 由此可见，强晶场效应不仅使轨道矩发生淬灭，而且使自旋矩亦有淬灭. 有时，人们称这种淬灭的自旋为低自旋态. 实际上在化合物中，如有相当大的共价键成分，铁族离子也会由于强晶场而处于低自旋态[17]. 另一方面，4d及5d电子具有较强的轨道-自旋作用，使其轨道矩不易完全淬灭，残余轨道效应

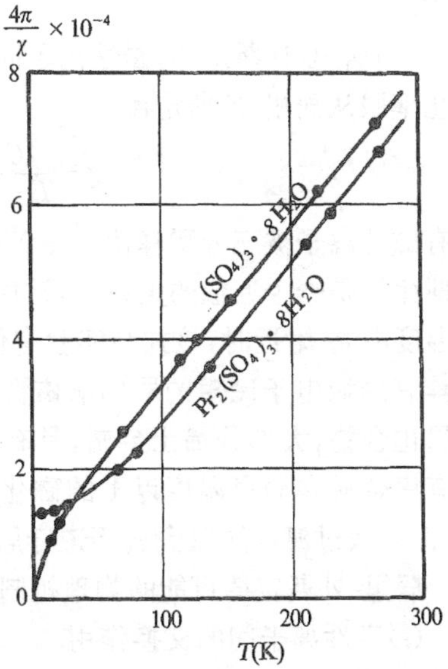

图35.5　两种稀土盐的$\frac{1}{\chi}$-T关系曲线.

较大.

(5)居里-外斯定律,磁性离子间的相互作用. 许多物质的顺磁磁化率服从居里-外斯定律

$$\chi=\frac{C}{T-\theta_P} \tag{35.33}$$

只有磁性离子被充分稀释使 $\theta_P\to 0$时,居里定律才成立. 然而居里-外斯律只是一个近似的关系式,适应于一些材料及一定温度范围. 当温度在 θ_P 附近时,该式与实验有偏离. 原理上,该关系式只适用于具有局域电子磁矩的取向顺磁性,如含过渡族和稀土离子的非金属化合物,大部分稀土金属,具有巡游电子性质的 Fe,Co,Ni 等磁有序金属在居里温度以上的磁化率也近似地服从居里-外斯定律. 但多数过渡族顺磁金属不遵守居里-外斯定律.

居里-外斯定律可能的物理机制有如下3种:

(i)磁性离子间的交换作用.

(ii)磁性离子间的磁相互作用.

(iii)晶体电场效应.

磁相互作用很低,仅约1K. 因此,磁性离子间的交换作用和晶体电场效应是主要的,可以通过观察 θ 是否随磁性离子浓度不同而变化来鉴别 θ 的来源是交换作用或晶场效应,前者随磁性离子浓度降低而减小.

通常引入一个内场,常称为分子场 H_M 来代表磁性离子间的相互作用以解释居里-外斯定律. 设分子场 H_M 正比于磁化强度 M,$H_M=\lambda M$,λ 称为分子场常数,总磁场为外磁场 He 与 H_M 之和,即

$$H=He+\lambda M, \tag{35.34}$$

代入式(35.26),得到

$$M=\frac{C}{T}(He+\lambda M)=\frac{N\mu_B^2}{3kT}g_J^2J(J+1)(H_e+\lambda M),$$

整理后即得到居里-外斯定律

$$\chi=\frac{M}{H_e}=\frac{C}{T-\lambda C}=\frac{C}{T-\theta_P}, \tag{35.35}$$

式中 C 仍为

$$\left.\begin{aligned} C&=\frac{Ng_J^2J(J+1)\mu_B^2}{3k},\\ \theta_P&=\lambda C=\lambda\frac{Ng_J^2J(J+1)\mu_B^2}{3k}. \end{aligned}\right\} \tag{35.36}$$

分子场主要来自磁性离子间的交换作用,这方面的内容将在后面讨论.

§35.2 传导电子抗磁性及顺磁性

在金属中,除正离子的局域电子磁性外,传导电子也提供磁性,在许多金属中,传导电子的磁性甚至是主要的.与局域电子一样,传导电子既具有抗磁性又提供顺磁性.局域电子的抗磁性来自电子轨道的拉莫尔旋进,传导电子的抗磁性来自传导电子的回旋运动,局域电子的顺磁性来自电子轨道及自旋磁矩的取向及轨道电子云的形变极化,传导电子的顺磁性来自传导电子自旋取向及其空间电子云的形变极化,实验表明简单金属或为顺磁或为抗磁性(见表35.1),其磁化率几乎不随温度变化,且数值较小;过渡金属均为顺磁性,不少为较强的顺磁体,且磁化率大多随温度而变,有的依赖性很强[18,19],如图35.6.下面将分别介绍传导电子的抗磁性与顺磁性的原理,以对金属弱磁性的特点给以解释.

(a)传导电子抗磁性.德哈斯-范阿尔芬效应　首先考虑自由电子.在磁场作用下,运动着的电子受洛伦兹力的作用,作螺旋形运动,称为回旋运动,螺旋轨道的轴与磁场平行,在垂直于磁场的平面上,运动轨迹的投影为圆形.不难证明,圆的半径及回旋运动的角频率分别为

$$R=\frac{mc}{eH}V,\omega_c=\frac{e}{mc}H, \tag{35.37}$$

ω_c 称为回旋共振(cyclotron resonance)频率.为拉莫尔旋进频率的两倍.电子的这个圆运动产生一附加磁矩,其方向总是与磁场相反.这就是传导电子抗磁性的来源,但根据经典理论,具有回旋运

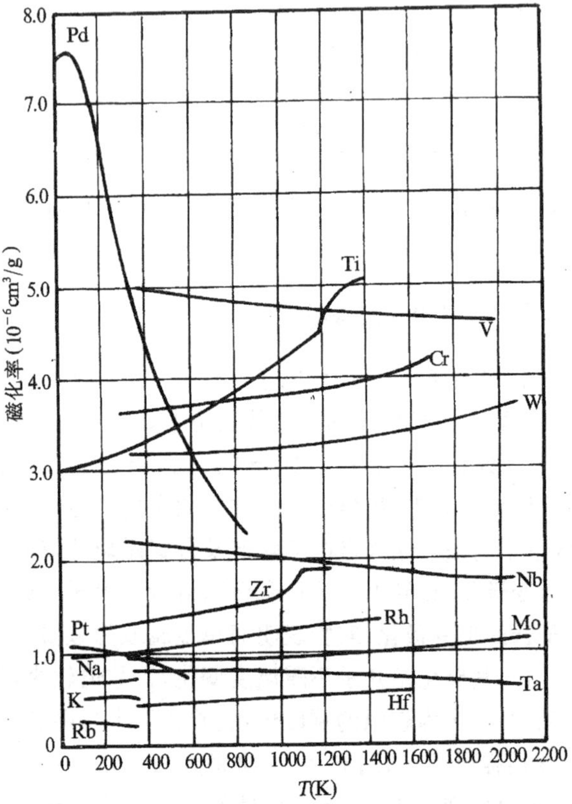

图35.6　金属磁化率与温度的依赖关系曲线.

动的电子的集合体并不导致宏观抗磁性. 磁场改变了电子运动的方向，而不改变速度的数值，即不改变其动能. 因此，在热平衡条件下，电子能量的统计分布不因加入磁场而变化，与磁场无关，故总磁矩 $M=-\dfrac{\partial E}{\partial H}=0$. 朗道[20]最早发现，传导电子的抗磁性来自上述回旋运动的量子效应，此量子效应使磁场作用下的自由电子系的能量依赖于磁场，因磁场而稍增加，导致微弱的抗磁性.

设磁场 H 沿 Z 轴. 电子的回旋运动在 x-y 平面上的圆运动，相当于两个互相垂直的线性谐振运动，按量子力学，电子的谐振运

动的能量是量子化的，可能的能量为

$$E_{\perp}=(n+\frac{1}{2})\hbar\omega_c=(n+\frac{1}{2})2\mu_B H, \qquad (35.38)$$

$n=0,1,2,\cdots$. 上式的物理意义是将未加磁场时自由电子系的准连续能谱〔见本书第一卷45页式(2.17)〕变为分立的能级，称为朗道能级.

$$En=\frac{p_Z^2}{2m}+2\mu_B H(n+\frac{1}{2}),$$

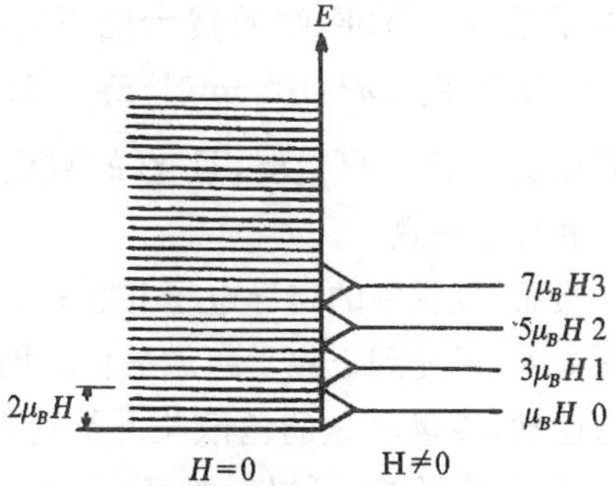

图35.7　磁场作用下形成的朗道能级.

如图35.7所示，左侧阴影表示 $H=0$时的连续谱，右侧为 $H\neq0$时的朗道能级，相邻两能级之间的能差为$2\mu_B H$. 可以看到，当 $H=0$时处于能量范围$2\mu_B H$ 中的状态，在 $H\neq0$时处于同一能级上. 例如，在图中的能带底的0至$2\mu_B H$ 范围的准连续能级(左侧)在磁场下均处于同一简并能级，其 $n=0$. 能量均为 $E_{\perp}=\mu_B H$. 原处于比该能级低的能态，在磁场作用下，能量提高到 $\mu_B H$，而原来在比该能级高 $\mu_B H$ 范围中的能态的能量均降低到 $\mu_B H$. 如在此能级上下 $\pm\mu_B H$ 范围中的连续能态均被电子占满，则能级的分裂，但并不导致这些电子总能量的变化. 以此类推，对 $n=1,2,\cdots$等能级均如此. 总之，若不考虑热激发，则对于具有高传导电子浓度的金属，能带中大部分能级均被占满. 大部分电子的总能量不因磁场使能级分裂而改变. 只有那些处于费米面附近的电子的总能量因磁场使能级分裂而升高，从而导致抗磁性，金属中费米能 $E_F\gg kT$，故自由电子抗磁性数值很小，且几乎不依赖于温度. 用费米分布，经推导，可以得到自由电子抗磁磁化率为[21]

$$\chi_{de}=-\frac{1}{2}\frac{n\mu_B^2}{kT_{F_o}}=-\frac{4m\mu_B^2}{h^2}\left(\frac{\pi}{3}\right)^{2/3}n^{1/3}, \qquad (35.39)$$

或考虑到温度依赖性

$$\chi_{de}=-\frac{1}{2}\frac{n\mu_B^2}{kT_{F_o}}\left[1-\frac{\pi^2}{12}\left(\frac{kT}{E_{Fo}}\right)^2\right], \qquad (35.40)$$

此表式的推导可在磁学专著中找到[1,21,22]，式中 n 为单位体积中的电子数，E_{Fo} 为0K 时的费米能，T_{F_0} 为相应的费米温度，$kT_{F_0}=E_{F_0}$，一般金属的 $n\sim10^{22}\text{cm}^{-1}$，$E_{F_0}\sim3\text{eV}$，$T_{F_0}\sim3.5\times10^4$. 可见，$\chi_{de}$ 对温度的依赖性很微弱，且 χ_{de} 的数值约 10^{-6}—10^{-7}，与若干简单金属的特点一致.

然而，金属中的传导电子并非完全自由，除局限在金属样品的体积中外，还受到正离子组成晶格的周期静电势的作用，使传导电子的运动，能量动量的色散关系及费米面的形状等与自由电子模型时不同. 经计算，可得一般表式[21,23]

$$\chi_{de}=\frac{e^2}{12\pi h^2c^2}\int\left[\frac{\partial^2E}{\partial K_x^2}\cdot\frac{\partial^2E}{\partial K_y^2}-\left(\frac{\partial^2E}{\partial K_x\partial K_y}\right)^2\right]\frac{\partial f}{\partial E}d\boldsymbol{K}, \quad (35.41)$$

式中 E 为电子能量，E 为波矢量 K_x，K_y 及 K_z 的函数，而准动量 $\boldsymbol{p}=\hbar\boldsymbol{k}$，$f$ 为费米分布函数，磁场作用于 Z 方向. 若为自由电子，$E=\frac{\hbar^2k^2}{2m}$ [见本书第一卷，式(2.17)]. 取零级近似，上式可转化为式(35.39). 从上式可见，χ_{de} 与费米面的曲率相关，在金属中费米面可能具有复杂的形状，因此其曲率可有很大的变化，在布里渊区边界能带隙附近，曲率可以很高，因而传导电子抗磁磁化率也可以有很高的数值. 另一方面，有效质量 m^* 的倒数与 E-k 关系的曲率相关，曲率大即有效质量小. 按有效质量近似，$E=\frac{\hbar^2k^2}{2m^*}$，式(35.39)中，$\mu_B$ 中的 m 应取 m^*，因该式中的 μ_B 并非电子自旋磁矩，而来自回旋运动，故

$$\chi_{de}=-\frac{1}{2}\frac{n\mu_B^2}{kT_{F_0}}\left(\frac{m}{m^*}\right)^2=-\frac{4\mu_B^2}{h^2}\left(\frac{\pi}{3}\right)^{\frac{2}{3}}m^*n^{\frac{1}{3}}\left(\frac{m}{m^*}\right)^2. \qquad (35.42)$$

金属铋的能带接近填满，故具有大的费米面曲率和小的有效质量，m/m^* 约0.003[15]，因而具有很高的抗磁性磁化率.

德哈斯-范阿尔芬(de Haas-Van Alphen)[24]在30年代初最早发现，在低温下金属铋的抗磁磁化率随磁场改变呈周期性的振荡. 后来发现多种抗磁及

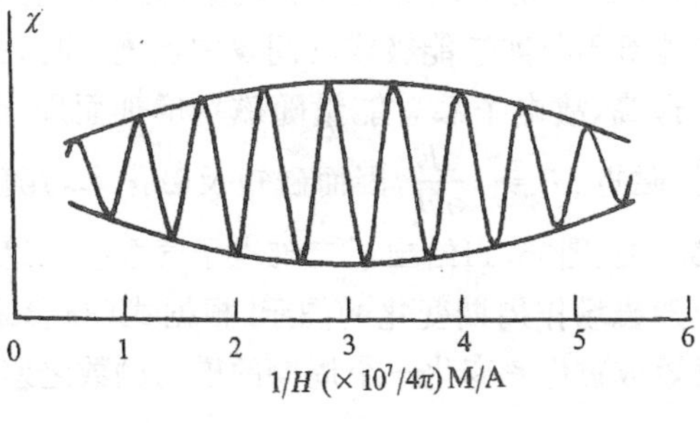

图35.8 锌的磁化率随磁场的变化，磁场与六角轴成20℃.

顺磁金属有此现象，图35.8所示的为锌的磁化率与磁场的关系的实验结果[25]，这个现象是磁场作用下能级分裂形成朗道能级的表现之一. 其物理图象可以结合图35.8给以说明. 我们曾指出，在低温下，能带中大部分能级均被电子占满，这些电子的总能量不因磁场使能级分裂而改变. 只有那些处于费米面附近的电子的能量因磁场使能级分裂而升高，分裂后能级的间隔$2\mu_B H$随磁场增加而增大，朗道能级的简并度亦随磁场增加而增大. 因而费米面

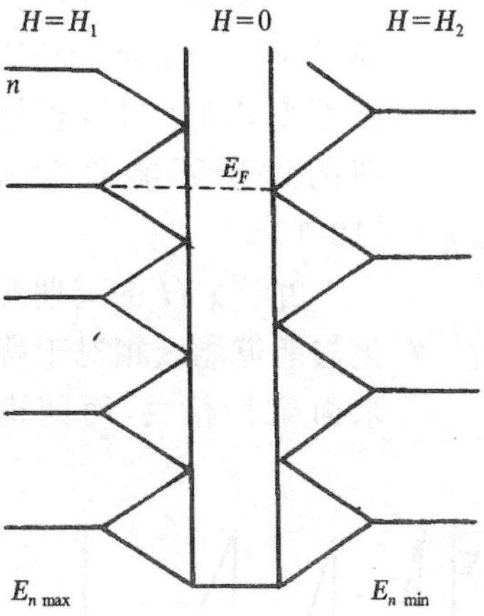

图35.9 朗道能级随磁场变化而变动的示意图.

与朗道能级的相对位置亦随之而变化，如图35.9所示. 当磁场使某朗道能级(n)恰与费米面重合时(H_1)，电子能量最高. 当磁场增加至H_2，使朗道能级向上移动，费米面能级E_{F_0}正好在相邻两分立能级的中点. 这时，$H=0$时的费米面向下移动$\mu_B H$，原费米面以下$\mu_B H$范围中的电子均处于此($n-1$)朗道能级上，能量有所降低，但此能级上的另一半电子的能量是升高的，二者正好抵消. 故这

时，H_2的作用不改变电子总能量，处于能量最低的状态. 磁场使费米能级不与朗道能级或其间隔中点重合时，总能量有所增加，但不是最高，故电子系总能量随磁场增加而周期性地变化. 绝对零度时，磁矩 $M=-\frac{\partial E}{\partial H}$，因而磁矩及磁化率均随 H 作振荡型变化，图35.10及图35.11给出了二唯电子气系统在绝对零度下总能量和磁矩随磁场作周期变化的图示. 根据式(35.38)不难算出，使能量及磁矩或磁化率变化一个周期的磁场倒数之差为一常数

$$\Delta\left(\frac{1}{H}\right)=\frac{2\mu_B}{E_{F_0}}. \tag{35.43}$$

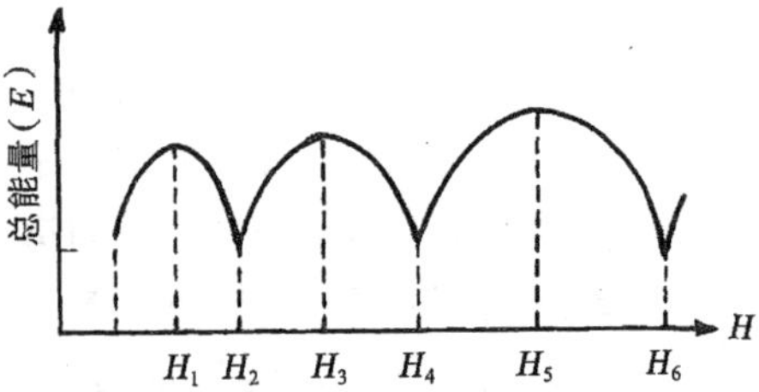

图35.10　二维电子气总能量随磁场的变化.

对于三维电子气，计算亦得到 M 及 χ 随磁场作周期变化的结果，较详细的讨论可参考文献[18,19].

由于 χ-H 的周期变化与朗道能级相对于费米面位移相关，而朗道能级又与有效质量 m^* 有关，根据 χ-H 的实验数据可推算费米面形状及数值. 迄今，德哈斯-范阿尔芬效应仍然是研究金属的费米面的主要实验方法之一.

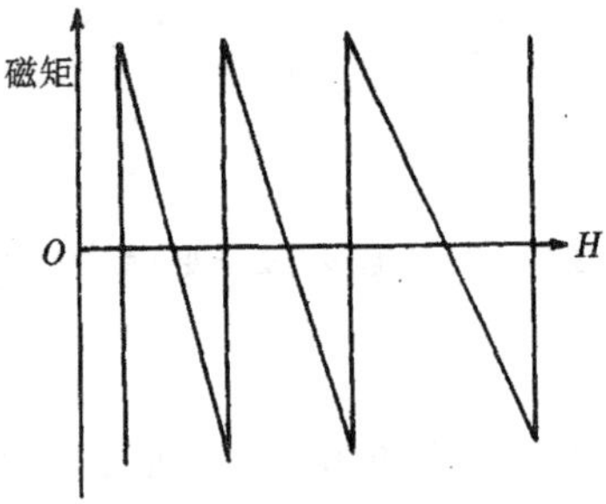

图35.11　二维电子气磁矩随磁场的变化.

以上所述均属典型的金属的传导电子抗磁性，其特点是电子浓度高，$n\sim10^{22}\text{cm}^{-1}$，费米能高，$E_{F_0}$约2—10eV. 由于费米统计，$\chi_{de}$对温度的依赖性微弱. 对于半金属和半导体，电子浓度低，常远小于10^{19}cm^{-1}，相当于传导电子在0K 下填充的最高能量

E_m 可比常温下的 kT 小. 当满足 $E_m \ll kT$ 时，费米统计转化为玻耳兹曼统计，用玻耳兹曼统计处理分立的朗道能级中传导电子的分布，不难得到抗磁磁化率的近似表式

$$\chi_{de} = -\frac{n\mu_B^2}{3kT}\left(\frac{m}{m^*}\right)^2. \tag{35.44}$$

与式(35.42)对比，上式的温度依赖性是明显的.

传导电子抗磁磁化率难以直接测定. 直流测量值中还包括了传导电子顺磁性及原子实磁性的贡献.

(b) *传导电子顺磁性，泡利顺磁性*　若干简单金属为顺磁体，其磁化率几乎不随温度变化，如碱金属. 另一方面，多数抗磁性简单金属的抗磁磁化率小于正离子的抗磁磁化率的数值. 这些事实说明，传导电子具有顺磁性，其值多大于传导电子抗磁磁化率的绝对值，传导电子顺磁性主要来自电子的自旋磁矩. 在磁场作用下，正、负自旋的电子具有不同能量，$E_H = \mp \mu_B H$. 因而，在热平衡时，正自旋电子有较大的布居数，导致顺磁性. 然而，按玻耳兹曼统计，得到的磁化率为居里定律的形式

$$\chi_{pe} = \frac{n\mu_B^2}{kT}, \tag{35.45}$$

与多数顺磁金属的温度依赖性的实验事实不符. 此矛盾只有应用费米统计才得到解决，泡利[26]最早给出证明，故传导电子自旋极化顺磁性常称为泡利顺磁性.

对于若干简单金属，如钠、锂等，自由电子模型取得半定量的成功.

在自由电子模型中，电子的能量与波矢量和动量呈抛物型色散关系

$$E = \frac{\hbar^2 k^2}{2m} = \frac{p^2}{2m}.$$

单位体积的能态密度为

$$N(E) = \frac{4\pi}{h^3}(2m)^{\frac{3}{2}} E^{\frac{1}{2}}. \tag{35.46}$$

电子在各能态中的分布遵守费米统计，分布函数为

$$f(E)=[e^{(E-EF)/kT}+1]^{-1}. \tag{35.47}$$

在0K 时，当 $E<E_F$ 时，$f(E)=1$；而当 $E>E_F$ 时，$f(E)=0$，故0K 时，电子占据的最高能量为费米能 E_{F_0}，电子浓度 n 为

$$n=\int_0^{E_{F_0}} N(E)dE=\frac{8\pi}{3}\frac{(2m)^{\frac{3}{2}}}{h^3}E_{F_0}^{\frac{3}{2}}.$$

故

$$E_{F_0}=\frac{h^2}{2m}\left(\frac{3n}{8\pi}\right)^{\frac{2}{3}}. \tag{35.48}$$

在 TK 时，根据

$$n=\int_0^{\infty}N(E)f(E)$$

可算出 TK 时的费米能为

$$E_F=E_{F_0}\left[1-\frac{\pi^2}{12}\left(\frac{kT}{E_{F_0}}\right)^2\right]. \tag{35.49}$$

一般金属，取 $E_{F_0}\sim 3\text{eV}$. 考虑到常温下的 $kT\simeq 0.025\text{eV}$，$E_{F_0}\gg kT$，常温下的热扰动对电子分布及费米能的影响很小.

为了方便，将电子系按自旋的方向为正负分为两个次系，在 $H=0$时，令正与负自旋的电子的态密度为 $N_+(E)$及 $N_-(E)$，而

$$N_+(E)=N_-(E)=\frac{1}{2}N(E)=\frac{2\pi}{h^3}(2m)^{\frac{3}{2}}E^{\frac{1}{2}}, \tag{35.50}$$

如图35.12(a)，总磁化强度 $M=0$.

当加入磁场 H 时，自旋方向与磁场同向(+)及反向(−)的电子能量相差$2\mu_BH$，如电子分布没有变化，则所有正自旋电子的能量降低 μ_BH，而负自旋电子的能量升高 μ_BH，如图35.12(b). 但这是一个非平衡的分布，不符合总能量极小. 平衡时，自旋反平行、能量较高的部分电子转为平行，最终使正负自旋电子最高能量水平一致，如图35.12(c). 这时，正自旋电子数 n_+ 大于负自旋电子数 n_-，导致磁化. 由于 $\mu_BH\ll E_{F_0}$，略去负自旋电子向正"次带"流动，引起费米面附近态密度的变化. 单位体积中两"次带"电子差数为

$$\Delta n=n_+-n_-=2[N_+(E_{F_0})\mu_BH]=N(E_{F_0})\mu_BH.$$

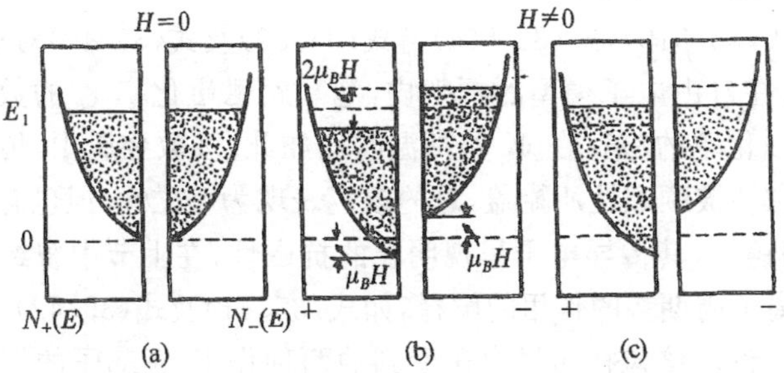

图35.12　传导电子状态密度函数 $N(E)$.

(a) $H=0, T=0\text{K}$；(b) $H\neq 0$，非平衡态，(c) $H\neq 0$，平衡态.

泡利顺磁磁化率为

$$\chi_{pe}=\frac{M}{H}=\frac{1}{H}\mu_B\Delta n=N(E_{F_0})\mu_B^2, \tag{35.51a}$$

或

$$\chi_{pe}=\frac{12m\mu_B^2}{h^2}\left(\frac{\pi}{3}\right)^{2/3}n^{1/3}=\frac{3}{2}\frac{n}{k}\frac{\mu_B^2}{T_{F_0}}. \tag{35.51b}$$

如温度 $T\neq 0\text{K}$，温度依赖性通过费米统计引入，磁化强度为

$$M=\mu_B\int[f(E-\mu_B H)-f(E+\mu_B H)]\frac{1}{2}N(E)dE.$$

考虑到 $\mu_B H\ll E_{F_0}$，取近似值，可得[13,21]

$$\chi_{p_e}=\mu_B^2 N(E_{F_0})+\frac{\pi^2\mu_B^2 k^2 T^2}{6}$$
$$\left\{\frac{d^2N(E)}{dE^2}-\frac{1}{N(E)}\left[\frac{dN(E)}{dE}\right]^2\right\}_{E=E_{F_0}}. \tag{35.52a}$$

在 $kT\ll E_{F_0}$ 的条件下，可有

$$\chi_{p_e}=\frac{3}{2}\frac{n\mu_B^2}{kT_{F_0}}\left[1-\frac{\pi^2}{12}\left(\frac{kT}{E_{F_0}}\right)^2\right] \tag{35.52b}$$

将式(35.51b)与局域电子顺磁性的磁化率式(35.20)比较，可见泡利顺磁磁化率要比局域磁矩顺磁性小2—3个数量级，且对温度依赖性非常微弱，这两个特点常被用来鉴别磁性电子是处于巡游态

(公有态)或是局域态.

将式(35.51b),式(35.52a)与式(35.39)及式(35.40)对比,可以看到,在自由电子模型的框架内,泡利顺磁磁化率 χ_{p_e} 的数值恰为抗磁磁化率的3倍. 在0K和高温时均如此. 多数金属中,传导电子的抗磁性被顺磁性所掩盖,总的效应表现为顺磁性. 但也有一些金属,如铋等,其传导电子呈现明显的抗磁性,在上节中曾给出对基于正离子周期势的作用的解释,如式(35.41)及式(35.42). 符合实际的理论应该包括传导电子受到的两种作用:正离子的周期势和传导电子间的静电相互作用,这在本书第一卷第二章中已论及.

(1)正离子晶格的周期静势的作用使传导电子能量-动量色散关系不再是单纯的抛物线关系,并出现间断的能带和复杂的费米能面,采用有效质量近似,传导电子顺磁磁化率可写为

$$\chi_{p_e}=\frac{12\mu_B^2}{h^2}\left(\frac{\pi}{3}\right)^{2/3}n^{1/3}m^*. \tag{35.53}$$

与抗磁磁化率相加,得传导电子总磁化率为

$$\chi_e=\frac{12\mu_B^2}{h^2}\left(\frac{\pi}{3}\right)^{2/3}n^{1/3}m^*\left\{1-\frac{1}{3}\left(\frac{m}{m^*}\right)^2\right\}. \tag{35.54a}$$

当 $m=m^*$ 时,即为自由电子模型

$$\chi_e=\frac{8\mu_B^2}{h^2}\left(\frac{\pi}{3}\right)^{2/3}mn^{\frac{1}{3}}, \tag{35.54b}$$

恰为自由电子顺磁磁化率的 $\frac{2}{3}$,根据式(35.54a),当 $m^*>\frac{m}{\sqrt{3}}$ 时,总磁化率 $\chi_e>0$,传导电子呈现顺磁性;当 $m^*<\frac{m}{\sqrt{3}}$ 时,总磁化率 $\chi_e<0$,传导电子呈现抗磁性;当 $m*\ll m$ 时,为强抗磁体.

(2)传导电子中的静电相互作用,包括传导电子间的交换作用与库仑相关.

(i)交换作用使自旋平行的电子相互排斥,从而降低静电相互作用能,因而有助于正、负自旋能量的分裂,增强泡利顺磁磁化率,并在一定条件下引起磁有序,后者将在以后讨论.

(ii)库仑相关是指电子间的库仑作用($\frac{e}{r_{ij}}$)导致电子运动间的

相关,因而也对磁化率发生影响.

经交换作用和库仑相关修正后得到的 χ_p 比自由电子的泡利顺磁磁化率有所增强,可表为

$$\chi_{p_e}=\frac{3}{2}\frac{n\mu_B^2}{kT_{F_0}}\frac{1}{1-\alpha}=\mu_{\text{eff}}^2N(E_{F_0}), \qquad (35.55)$$

式中 $\mu_{eff}=\mu_B(1-\alpha)^{-\frac{1}{2}}$,一般$0<\alpha<1$. 它的一些结果示于表35.3中[15,21].

表35.3 碱金属磁化率的理论与实验值

金属	$\frac{m^*}{m}$	理论值(×10⁶)						实验值(×10⁶)	
		抗磁性			泡利顺磁性		总 χ	顺磁共振	总 χ
		χ_{dion}	χ^0_{de}	χ_{de}	χ^0_{pe}	χ_{pe}		χ_{pe}	
Li	1.66	−0.05	−0.18	−0.20	1.35	2.20	1.95	1.89	2.1
Na	1.00	−0.18	−0.22	−0.25	0.64	0.86	0.43	0.68	1.1
K	1.09	−0.31	−0.18	−0.21		0.73	0.21	0.47	
Rb	1.21	−0.32	−0.18	−0.21		0.78	0.25	0.33	
Cs	1.76	−0.42	−0.18	−0.21		1.15	0.52	0.42	

表中 χ_{dion}为正离子抗磁磁化率,χ^0_{de}及 χ^0_{pe}为未修正的自由电子磁化率,无上标者为经交换和库仑相关及有效质量修正后的磁化率,总的 $\chi=\chi_{dion}+\chi_{de}+\chi_{pe}$,通常方法测得的为总磁化率 χ. 顺磁共振可直接测量顺磁磁化率[27],对于锂,χ 及 χ_{pe}的理论与实验都相符得很好,其他金属半定量地相符. 显然,碱金属均呈现顺磁性是由于泡利顺磁性超过正离子及传导电子抗磁性之和的缘故.

最后,还应指出的是,能带中的电子也有由于二级微扰导致的范弗莱克轨道顺磁性,由于泡利顺磁性及朗道抗磁性的磁化率量级约为$\frac{\mu_B^2}{E_{F_0}}$,而 $\chi_{vv}=\frac{\mu_B^2}{\Delta E}$,二者同数量级,故 χ_{vv}往往不宜忽略,例如对于金属钒,χ_{vv}高达10×10^{-5}—20×10^{-5}[28].

§35.3 无磁序金属(顺磁体及抗磁体)

金属与合金可分为两个主要类型,(1)无磁序金属. 在任何条

件下不出现磁有序状态.(2)磁有序金属,在某个温度下出现磁有序转变.本节将根据抗磁性及顺磁性原理对无磁序金属,即抗磁性及顺磁性金属,进行综合考察.且把重点放在纯金属上.在周期表上,除铁族中的铬、锰、铁、钴、镍和稀土金属外,均属此类,包括简单金属及大部分过渡族.它们的磁化率已在表34.1中给出.一些金属的磁化率对温度的依赖性在图35.6中示出.长期以来,这类弱磁性金属并未获得直接的实际应用.对他们的研究主要在于学术上和科学上的目的.在近几年,人们发现,在铁磁金属,如铁、钴、镍、钆等,与弱磁金属组成的金属超晶格薄膜中,多种弱磁金属如铬、铜、银、金、铝、钼、钇、钌、铂、钯等均可传播交换作用,而把铁磁层耦合起来[29].这种多层结构的金属膜呈现出一些特殊性能,如巨磁电阻效应[30],附加磁光效应等[31].具有新的应用前景.因而对弱磁金属的研究有新的兴趣与意义.

(a)简单金属　简单金属是由传导电子和电子壳层填满的抗磁性正离子组成,其磁化率可近似地表为

$$\chi=\chi_{di}+\chi_{de}+\chi_{pe}=\chi_{di}+\chi_{e}, \qquad (35.56)$$

χ_{di}为正离子的抗磁磁化率.传导电子的磁化率 χ_e 是正或是负,依赖于传导电子顺磁磁化率 χ_{pe}大于或小于其抗磁磁化率 χ_{de}.表35.3已列出碱金属的数据.表35.4至表35.6给出位于周期表不同

表35.4　周期表第一族金属磁化率(室温)

族	金　属	$\chi_A\times10^6$	$\chi_{di}\times10^6$	$\chi_e=(\chi_A-\chi_{di})\times10^6$
ⅠA	Li	18—25.5	−1	17—24.2
	Na	15.6	−6.5	22.1
	K	21.5	−14	35.1
	Rb	19.2	−23	42.2
	Cs	29.9	−36	65.9
ⅠB	Cu	−5.4	−18	12.6
	Ag	−21.56	−34	12.44
	Au	−29.59	−40	10.4

族的金属的磁化率的实验数据[13,32]. 表中 χ_{di} 为用间接方法确定的实验值，χ_e 为根据式(35.56)，即 $\chi_e=\chi_A-\chi_{di}$，及实验数据间接确定的. 表中取克原子磁化率，$\chi_A=\dfrac{A}{\rho}\chi$. A 为原子量，ρ 为密度. 表中 χ_{di} 的数据有两个不确定性. 其一，χ_{di} 往往是从离子化合物的实验数据中间接推算，而同一种正离子在不同环境中可有不完全相同的磁化率. 其次，在金属中，特别是高价元素的金属中，正离子的价态有不确定性，因而，表中的 χ_e 也有不确定性.

表35.5　周期表第二族金属磁化率(室温)

族	金　属	$\chi_A\times10^6$	$\chi_{di}\times10^6$	$\chi_e=(\chi_A-\chi_{di})\times10^6$
ⅡA	Be	−9	−0.4	−8.6
	Mg	6	−2.9	8.9
	Ca	44	−10.4	54.4
	Sr	92	−20	112
	Ba	20	−31.6	51.6
ⅡB	Zn	−10.26	−12.8	2.54
	Cd	−19.6	−27	7.4
	Hg	−33.2	−40.6	7.4

表35.6　Ⅲ～Ⅴ族金属磁化率

族	金　属	$\chi_A\times10^6$	$\chi_{di}\times10^6$	$\chi_e=(\chi_A-\chi_{di})\times10^6$
Ⅲ	Al	16.7	−2.5	19.2
	Ga	−21.7	−8	13.7
	In	−12.6	−32	19.4
	Tl	−44.0	−48	4.0

续表

族	金　　属	$\chi_A \times 10^6$	$\chi_{di} \times 10^6$	$\chi_e = (\chi_A - \chi_{di}) \times 10^6$
Ⅳ	Sn(白)	4.4	−28	32.4
	Pb	−24.86	−42	17.14
Ⅴ	As	−5.5	$-6(As^{5+})$ $-9(As^{3+})$	0.5 3.5
	Sb	−107	$-14(Sb^{5+})$ $-17(Sb^{3+})$	−93 −90
	Bi	−285	$-70(Bi^{3+})$	−215

从表中的数据中可以看到，在周期表中处于过渡族左侧的碱金属及碱土金属，除铍(Be)外，均为顺磁金属. 其原因在于这些金属的传导电子提供了顺磁性，且比离子的抗磁性强. 同一列中的各元素的离子，由上到下，电子数增加，$|\chi_{di}|$亦增加，而 χ_e 的数值亦相应地增加. 但是在过渡族的右侧则不同. 如 Cu、Ag 和 Au，属 ⅠB 族，与碱金属均为一价，它们的$|\chi_{di}|$也依次增大，传导电子虽亦呈现顺磁，但 χ_e 的数值不大，$\chi_e < |\chi_{di}|$. ⅡB 族的 Zn、Cd 和 Hg 也相似，均呈抗磁性. 在过渡族右侧的金属元素中只有铝和 β 锡(白锡)为顺磁体，其他均为抗磁体，它们的传导电子仍呈顺磁性，即泡利顺磁性大于朗道抗磁性. 但 χ_e 的数值不大，$|\chi_{di}| > \chi_e$，多数抗磁性金属都是由于离子的抗磁性占主导地位造成的. 在第Ⅴ族出现了另一种情况. 锑及铋的抗磁性明显地是由于传导电子也提供了强抗磁性. 前已指出，当能带近满时，由于高的费米面曲率及小的有效质量 m^*，传导电子抗磁性特别强，见公式(35.54a).

多数简单金属的磁化率几乎不依赖于温度，但也有一些简单金属的磁化率随温度而变化，顺磁体如镁，抗磁体如锑及铋(见图35.6)均有此特性，来源于传导电子磁性对温度的依赖性，正离子的磁化率几乎不依赖于温度.

(b)过渡族金属　本节只讨论在整个温区不发生磁有序转变

的 d 过渡族金属，它们包括

(1)铁族(3d). 只有钪(Sc)，钒(V)和钛(Ti)；

(2)钯族(4d). 有钇(Y)，锆(Zr)，铌(Nb)，钼(Mo)，锝(Tc)，钌(Ru)，铑(Rh)，钯(Pd)；

(3)铂族(5d). 有镧(La)，镥(Lu)，铪(Hf)，钽(Ta)，钨(W)，铼(Re)，锇(Os)，铱(Lr)，铂(Pt).

稀土族均有磁有序转变，不在此讨论，锕系尚未充分研究.

3个 d 族中共有20个无磁序金属，它们均为顺磁体. 绝大多数的磁化率明显地比简单金属高. 有些为强顺磁，如钯、钒、铂等. 个别为弱顺磁，如锇，数值示于表35.7中.

这些金属的另一特点是，它们的磁化率均与温度有不同的依赖性. 少数金属，在一定温度范围中，近似地符合居里-外斯定律[32]. 但在宽温下的测量证明，所有20个金属元素的磁化率均不服从居里-外斯定律[21]. 钯在低温时还出现磁化率的极大值，锆在低温时出现磁化率的极小值. 如图35.6及图35.13所示. 更加特殊之处是，一些 d 族金属的 χ 随温度上升而增大(Ti, Zr, Hf, Cr, Mo, W, Ru, Os, Rh, Ir)，即 $(d\chi/dT)>0$. 而另一些金属相反，$(d\chi/dT)<0$，如 V, Nb, Ta, Mn, Re, Pd, Pt. $d\chi/dT$ 为正或负值，有一定规律. 在周期表中同一纵列(族)的元素有同号的 $\frac{d\chi}{dT}$，在同一周期(横行)的元素，从左到右，$\frac{d\chi}{dT}$ 的符号随 d 电子增加作周期性变化. 与此相应 χ 的数值亦呈周期性起伏，当 $\frac{d\chi}{dT}>0$ 时，χ 的数值较小. 当 $\frac{d\chi}{dT}<0$ 时，χ 较大. 此状况示于表35.7[21].

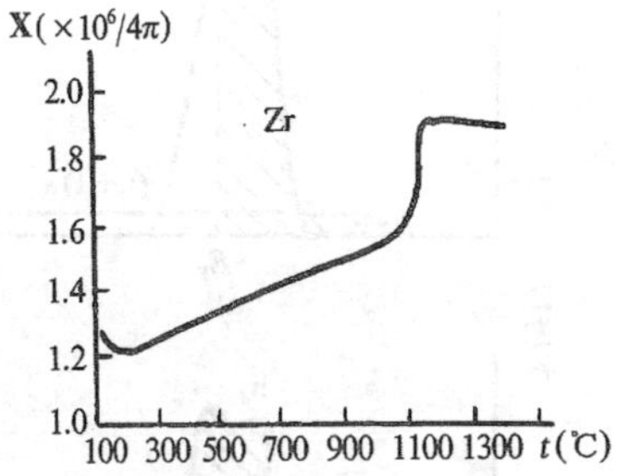

图35.13　锆的 χ-T 关系.

表35.7 弱磁性过渡族金属 χ_A 及 $\frac{d\chi}{dT}(=\chi')$

元素	Ti	V	Cr	Mn			
$\chi_A\cdot 10^6$	161	296					
χ'	+	−	+	−			
元素	Zr	Nb	Mo	Tc	Ru	Rh	Pd
$\chi_A\cdot 10^6$	121	212	82.5	270	44	101	558
χ'	+	−	+	−	+	+	−
元素	Hf	Ta	W	Re	Os	Ir	Pt
$\chi_A\cdot 10^6$	70	152	55	65	9.5	35	189
χ'	+	−	+	−	+	+	−

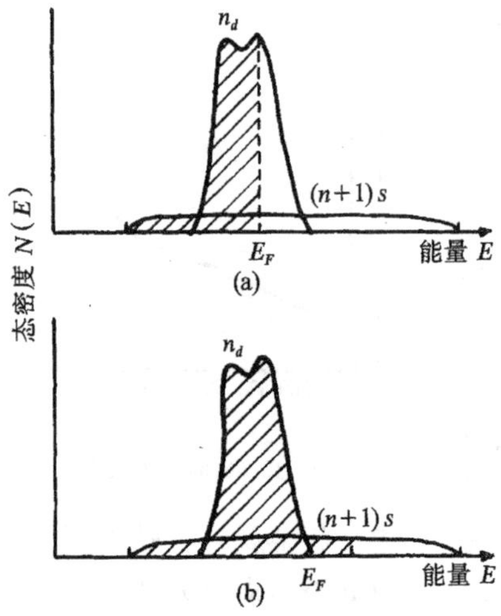

图35.14 态密度函数示意图.
(a)d 过渡金属；(b)正常金属.

过渡金属磁性的上述特点与其电子结构的特点相关，处于原子时，d 族元素的 $3d$、$4d$ 和 $5d$ 电子壳层不满.它们的能量分别与 $4s$、$5s$ 和 $6s$ 相近.处于金属态时，s 带与 d 带相互重叠.原子态时的 d 电子和 s 电子在 d 带和 s 带中重新分布，零度时填到费米能 E_{F_0}. 如图35.14所示[33]. 图35.14(a)为 d 过渡族金属的 $N(E)$-E 关系的示意图. d 带的双峰与立方对称的晶格有关.图35.14(b)为一正常金属的态密度函数，如铜.前者 d 带未满，费米面比 d 带顶低.后者 d 带满，费米面比 d 带高. d 族过渡金属的传导电子系包括 s 电子和 d 电子，这已为多种实验证实.

原则上，过渡金属的磁化率也可用式(35.55)表示，

$$\chi=\chi_{di}+\chi_e=\chi_{di}+\chi_{de}+\chi_{pe},$$

只是 χ_{de}和 χ_{pe}中包含了 s 电子和 d 电子的贡献.

$$\chi_e=\chi_e(s)+\chi_e(d).$$

引用式(35.54),上式可写为

$$\chi_e=\frac{12\mu_B^2}{h^2}\left(\frac{\pi}{3}\right)^{\frac{2}{3}}n_s^{\frac{1}{3}}m_s^*\left[1-\frac{1}{3}\left(\frac{m_s}{m_s^*}\right)^2\right]+$$

$$+\frac{12\mu_B^2}{h^2}\left(\frac{\pi}{3}\right)^{\frac{2}{3}}n_d^{\frac{1}{3}}m_d^*\left[1-\frac{1}{3}\left(\frac{m_d}{m_d^*}\right)^2\right], \quad (35.57)$$

足符 s 及 d 代表 s 及 d 电子的有关参量. s 带为宽带,d 带为窄带. 因此,一般说,d 带电子的有效质量远大于 s 电子的有效质量. 通常,d 电子浓度又大于 s 电子浓度,$n_d>n_s$. 故 d 过渡金属中的抗磁性和 s 电子的磁性的贡献常远小于 d 电子的泡利顺磁性. 换言之,d 族过渡金属的强顺磁主要来自 d 电子的泡利顺磁性.

以此为基本认识,可对 d 族过渡金属的 χ 及$\frac{d\chi}{dT}$随 d 电子数作周期性变化给予简短讨论. 回顾式(35.51a)及式(35.55),泡利顺磁磁化率可表为

$$\chi_{pe}=\mu_{\text{eff}}^2N(E_{F_0}). \quad (35.58)$$

在自由电子模型中. $\mu_{\text{eff}}=\mu_B$,传导电子间的交换作用和库仑相关引入的因子使 μ_B 被 μ_{eff}代替. $N(E_{F_0})$为 d 带费米面上的态密度. 参看式(35.52a),可见 χ_{pe}的温度依赖性,精确到 T^2项,与态密度的导数有关,即

$$\chi_{pe}=\mu_{\text{eff}}^2N(E_{F_0})+\frac{\pi^2\mu_{\text{eff}}^2k^2T^2}{6}$$

$$\left\{\frac{d^2N(E)}{dE^2}-\frac{1}{N(E)}\left[\frac{dN(E)}{dE}\right]^2\right\}_{E=E_{F_0}}. \quad (35.59)$$

在图35.14中示意的 d 带的态密度函数远非平滑单调的抛物线型而存在着起伏,峰及谷. 实际的态密度函数更加复杂,有多个峰及谷. 当金属的费米面处于 $N(E)$的最小值附近时,一次导数 $N'(E_{F_0})\approx0$,而二次导数 $N''(E_{F_0})>0$. 这类金属的 χ_{pe}值小,而$\frac{d\chi_{pe}}{dT}>0$,出现了 χ_p 随温度上升而增大的"反常"现象,与式(35.52b)及居

里定律所代表的正常顺磁性的温度系数的符号相反. 当金属的费米面远离 $N(E)$的最小值,甚至接近最大值时,$N(E_{F_0})$数值大. 因而 χ_P 大;同时,T^2项的系数可为负值,特别是当 $N''(E_{F_0})<0$时. 因而,$\frac{d\chi}{dT}<0$.

在低温下,在远低于德拜温度和费米温度时,金属的比热可写为 $C=\gamma T+AT^3$. 其中 AT^3为点阵振动的贡献,γT 为电子对比热的贡献,系数 γ 完全由费米面附近态密度所确定[18]

$$\gamma=\frac{\pi^2 k^2}{3}N(E_{F_0}).$$

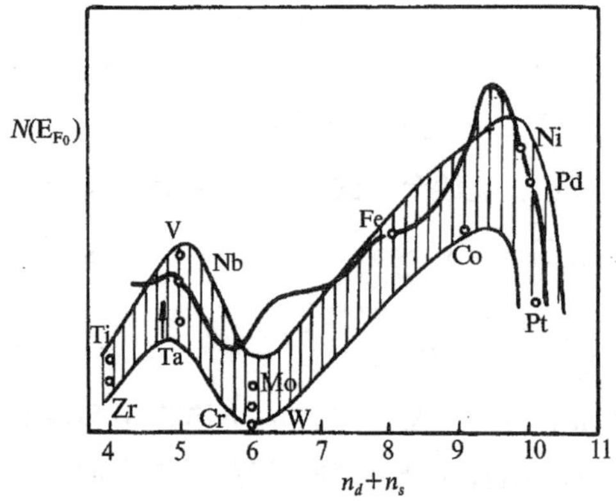

图35.15 从电子比热系数求出的过渡金属费米面态密度与 n_d+n_s 的关系.

实验测得比热与温度的线性关系,便可确定 γ 及 $N(E_{F_0})$. 实验数据表明,d 过渡族金属的 γ 值远高于简单金属,说明 d 电子参与了集体化传导电子系统. 实验测定的 γ 值与金属中 d 与 s 电子总数的关系呈振荡型,从 γ 的数据算出的费米面能态密度与每个原子中 d 与 s 电子总数的关系示于图35.15中[21]. 可以看到,当每个原子的 d 和 s 带电子总数,n_d+n_s,增加时,三个过渡族金属的 $N(E_{F_0})$均按相似的规律作振荡式的变化. 而且不同周期同一纵列的金属的 $N(E_{F_0})$是相关的. 例如,V,Nb,Ta 均接近于极大,而 Cr,Mo,W 均接近于极小. 这与表35.7中 χ 和$\frac{d\chi}{dT}$符号的振荡相应.

在过渡金属中,钯是一个特殊的情况. 钯是人们熟知的强顺磁金属,但在原子态时,电子组态为$4d^{10}$,$5s^0$. 无固有磁矩,处于金属态时的强顺磁间接证明了$4d$带与$5s$带的重叠，使这10个电子在d及s带中重新分布. 根据文献[34]的记载，平均每个原子有0.6个电子处于$5s$带，使$4d$带中有0.6个空穴. 后者对钯的泡利顺磁性给出主要贡献，而钯的高费米面能态密度与交换作用均与其强顺磁性能密切相关[35]. 以上有关传导电子磁性的理论及公式均适用于能带中的空穴，只是在与磁性有关的公式中，用空穴浓度n_h代替电子浓度n.

过渡金属虽然均为顺磁，多数为强顺磁，说明其抗磁性被掩盖，但抗磁磁化率随磁场而周期性振荡，即德哈斯-范阿尔芬效应，在许多金属中仍被观察到，如Cr，Zr，Nb，Ru，Pd，Mo，W，Ta，Re，Pt，Th，甚至Ni等. 这些实验提供了费米面的信息.

与纯金属比，合金的弱磁性更为复杂，且未充分研究. 有的合金磁性可以用简单模型给予解释. 举钯合金为例. Pd与一价元素，如Cu，Ag，Au或H构成的固溶体的弱磁性可以用刚带模型来理解. 设合金中溶剂Pd的能带基本上不随溶质浓度变化，纯Pd的d带中的空穴数为每个原子0.6，每个一价溶质提供一个s电子填入d带空穴中，从而使合金顺磁磁化率线性减小，当溶质比为60%时，d带成为满带，合金变为抗磁性. 图35.16为Pd-H合金的磁化率与氢钯比的实验关系[36]，χ随氢含量增加而线性下降.

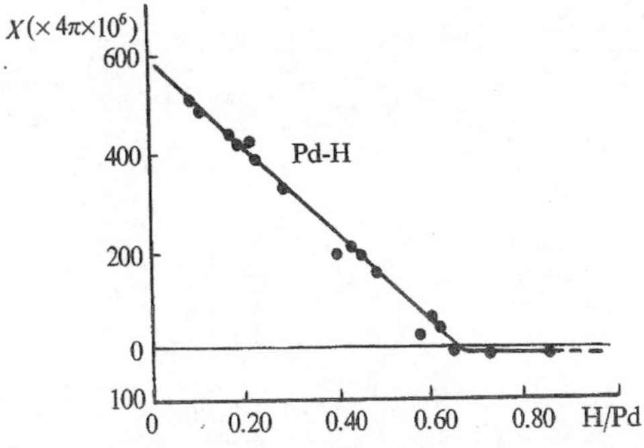

图35.16 Pd-H合金的磁化率.

然而，有的合金的磁性表明，溶质原子的外部电子在合金中处于局域态. 其能量可以高于或低于基质电子的能带[37]，少量铁固溶于Cu、Ag或Au中时，其顺磁磁化率遵守居里-外斯律，铁的电子态似乎处于局域态. 有一些合金的磁性与能带及局域电子模型均不吻合，如少量 Ni 固溶于 Cu 中[38].

微量铁磁元素，如铁或钴溶于非铁磁过渡金属中时，常使合金转变为铁磁性. 这类实验有利于揭示磁有序转变的条件，引起人们的注意. 例如0.1%原子的 Co 固溶于 *Pd* 中可使合金在7K 下发生铁磁性转变[39].

第三十六章　金属中的磁有序

§36.1　铁磁性

铁磁性属强磁性，铁磁物质均有一相变温度，即居里点 T_c. 当温度 $T>T_c$ 时，铁磁物质呈顺磁性，当 $T<T_c$ 时，呈铁磁性.

铁磁物质的顺磁性磁化率近似地服从于居里-外斯定律，与式(35.35)相似，

$$\chi=\frac{C}{T-\theta_p},\tag{35.35}$$

θ_p 称为顺磁居里点，实际上只有在温度较远地高于 θ_p 时，$\frac{1}{\chi}$ 与 T 的关系才大体为直线性；当温度下降到 θ_p 附近时，$\frac{1}{\chi}$-T 的关系与线性偏离. 如图 36.1 所示. 图中还示出铁的结构相变使 χ 发生跳跃，根据高温 $\frac{1}{\chi}-T$ 的线性关系可确定 θ_p 的数值，这样确定的 θ_p 比铁磁性出现的铁磁居里点 T_c 高.

(a)铁磁性的特征与铁磁金属

(1)铁磁性的特征. 铁磁性是指铁磁体在居里温度以下的性能，铁磁性的第一个特征是具有远比顺磁体高的磁化率，在不太高的磁场下可使铁磁状态下的物质获得高的磁化强度，以图 34.2 为例，当 H 约为 $(1\times10^3/4\pi)$ A/m 时，在室温下，铁的磁化强度达 10^6 A/m. 与此对比，顺磁态的磁化率，较高的亦仅 10^4，在 $(1\times10^3/4\pi)$ A/m 的磁场下，磁化强度仅有 $M\sim10^{-1}$ A/m，相差达 10^7 倍，甚至更大. 铁磁体的磁化曲线上存在着饱和现象，饱和磁化强度随着材料而异，但均为温度的函数. 当温度从绝对零度上升时，饱和磁化强度 M_s 下降. 趋于居里温度时，M_s 便趋于零，这示于图 36.2.

铁磁性的第二个特征为磁化曲线的非线性和磁滞，典型的示

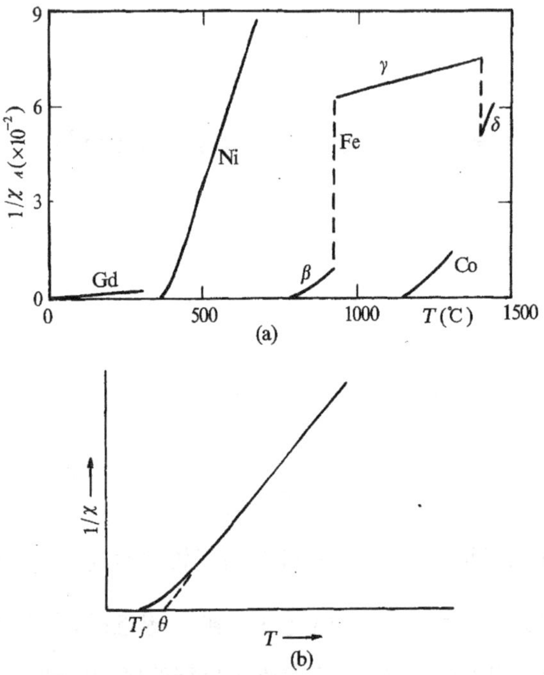

图 36.1 铁磁金属的$\frac{1}{\chi}$与 T 的关系.

(a)铁、钴、镍和铽的$\frac{1}{\chi}$与 T 的关系;(b)$\frac{1}{\chi}$-T 关系的示意图.

于图 34.2,该图示出了磁感应强度 B 与 H 的关系,磁化强度 M 与 H 的关系与之类似. 若铁磁体从未被磁化过,H 为零时,磁感应强度及磁化强度均为零,称为磁中性或退磁状态. 当加入磁场后,B 及 M 沿磁化曲线增大,初始部分常较缓慢,然后迅速上升而达到"膝点". 该点与零点的连线恰为该点的切线,其斜率为最大磁导率. 过膝点后磁化曲线又变得缓慢,然后趋于饱和. 铁磁体的磁化曲线随材料及样品形状而异,这与铁磁体特殊的磁化过程相关. 其不可逆磁化过程导致磁滞. 当 H 从趋于饱和状态下降时,在高场范围,B(或 M)可逆地沿磁化曲线下降. 但从某一磁状态开始(如图中 B 点),出现不可逆过程,B(或 M)不沿原磁化曲线下降,

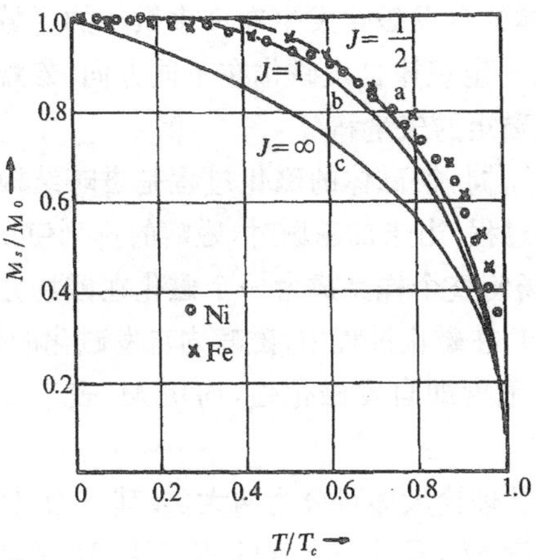

图 36.2 铁磁体饱和磁化强度随温度变化的曲线.

而发生滞后. 当 $H=0$ 时,B(或 M)不回到零点,而达到剩磁点,剩余磁感应强度 $B_r=\mu_0 M_r$(SI 制)或 $B_r=4\pi M_r$(CGS 制),M_r 为剩余磁化强度. 只有当磁场强度为一负值($-H_c$)时,才能使磁状态回到零,H_c 称为矫顽力,常代表使 $B=0$ 的磁场. 使 $M=0$ 的磁场,记为 $_MH_c$,称为内禀矫顽力,$_MH_c \geqslant H_c$. 磁场变化一周,得磁滞回线. 磁滞回线,矫顽力与剩磁,磁化曲线及磁导率均为铁磁物质应用的重要参量.

顺磁磁化率很小,这是由于通常条件下,热运动或电子动能远大于磁场与电子磁矩的作用能 $H\mu_B$ 所造成,磁矩无规分布占主导地位. 然而在铁磁状态下,何以很低的磁场会导致很高的磁化强度呢? 现代实验与理论证明,外斯[5]在 1907 年提出的分子场、自发磁化及磁畴的假说是正确的. 1928 年,海森伯[6]揭示了分子场的本质乃是静电性的交换作用. 这个假说已成为现代铁磁学理论的基本出发点,它的主要内容如下:

(i)铁磁体中存在着代表相互作用的分子场 H_m. 在居里温度以下,分子场与原子(或电子)磁矩的相互作用能大于热运动能,足以克服热运动的无规作用,导致了铁磁体的自发磁化.

(ii)铁磁体的自发磁化发生在许多微小的区域中，称为磁畴，这些磁畴常按一定规律自发磁化在不同方向.宏观磁化强度为单位体积中磁畴磁矩的矢量和.

与顺磁体不同，铁磁体的磁化过程是磁畴结构在外磁场作用下重新排列的过程.当未加磁场时，磁畴的排列使铁磁体的磁化强度为零.当磁场使整个样品成为一个磁化在磁场方向的单个磁畴时，即为磁饱和.在磁化过程中，磁畴内自发磁化的数值变化很小.定义饱和磁化强度即自发磁化强，均用 M_s 表示. M_s 随温度上升而减小.

铁磁性及其理论大体可分为两大类.其一为自发磁化性能.包括自发磁化强度 M_s，及其与温度的依赖性，M_s-T，居里温度 T_c 及交换作用，以及居里温度以上顺磁磁化率的温度关系等.称为铁磁物质的内禀磁性及其理论；其二为与在磁场作用下，铁磁体的磁化有关的性能，包括磁畴结构，磁化曲线，磁滞回线，磁化率，矫顽力，剩磁等，以及与技术磁化有密切关系的磁各向异性与磁致伸缩等.这方面已形成比较完整的磁畴与技术磁化理论.在第三十八章和三十九章中将进行比较深入的讨论.

(2)铁磁金属的类型.金属性铁磁物质按其组成元素分类.

(i)单质.在元素周期表中有铁磁性转变的元素全部为金属.在 3 个过渡族 24 个元素中只有 3 个铁磁性金属，即铁、钴、镍，均属 3d 族.另外还有 6 个重稀土金属：钆(Gd)，铽(Tb)，镝(Dy)，钬(Ho)，铒(Er)和铥(Tm).前 3 个铁磁金属都具有比室温高的居里温度.长期以来获得广泛应用的铁磁材料多数为铁、钴、镍及它们的合金.6 个稀土金属中只有钆的居里点高于室温，T_c=293.2K.

(ii)含铁磁元素的合金.为了改变与控制铁磁材料的多种性能及研究铁磁性的各种规律，人们对多种合金进行了研究与发展，在含铁磁元素的合金中又可分为 1. 铁磁金属间的合金，例如，Fe-Co 合金的饱和磁化强度高于纯 Co 及纯铁.而以 35at%Co-Fe 合金最高[9]. Fe-Ni 合金系则以高磁导率，低 H_c 为其特点.60 年代末以来，为了改进稀土金属低居里温度的弱点，人们对稀土-过渡族金属合金进行了大量研究.发现稀土金属与铁、钴、镍合金化后,居里温度可达较高的数值,兼有高各向异性或高磁致伸缩等特殊性能,在永磁等方面获得重要应用[40].为了调整合金性能,合金不限于二元,一些有用的材料常为三元、四元以致多元合金,如 Fe-Co-Ni 系出现了"恒磁导率"(permivar)合金,稀土-过渡金属非晶合金薄膜,如 Gd Tb Fe Co 系,则已成为新近进入市场的高密度磁光盘的存储材料而获得重要应用. 2. 铁磁-非铁磁金属合金. 在铁磁合金中,非铁磁元素的加入常使居里点及饱和磁化强度降低,但有可能带来其他性能的改善. 铁镍合金中加入钼、铬、锰、铜等提高了合金的磁导率和电阻. 铁-铝-硅三元系中, 9.5—10% Si-5—5.5% Si-Fe 合金具有高的磁导率. 然而,在 1983 年出现的新型永磁 Nd-Fe-B 合金系中,B 的加入使 Fe-Nd 合金的居里温度提高[41]. 在最近发现的含氮或碳稀土合金,如 $R(FeTM)_{12}N_x$ 及 $Fe_{17}Sm_2N_{3-x}$ (C_{3-x})中,N 及 C 的加入使合金的居里温度和饱和磁化强都得到提高[42].

(iii)反铁磁金属-正常金属合金. 锰和铬是过渡族金属中仅有的两个反铁磁金属. 其奈尔温度 T_N 不高. 锰为 100K[43], 铬为 312K[44]. 然而,它们与正常金属的合金中出现了若干铁磁体. 早在 1898 年,赫斯勒(F. Heusler)发现了铁磁性 Mn-Cu-Sn 合金[45]. 后来出现了多种 Heusler 合金, Cu_2MnM, 其中 M = Al, Ge, Zn, As, In, Sb, Bi, Ga 等. 相似的还有 MnAgsAl[46], Mn-Al-C 等及若干二元系 MnBi, MnSb, MnAs 等. 也发现一些铬合金具有铁磁性转变,如 CrTe, CrAs 等[49]. 此外,还有些含有顺磁性过渡元素的铁磁性合金,如 MnSbPt[47], Cr-Pt 合金等[9].

(iv)顺磁过渡金属-正常金属合金. 已经发现一些由顺磁性过渡族金属与正常金属构成的弱铁磁合金. 如 $ZrZn_2$[48], Sc_3In[49], Au_4V[50] 等. 它们的饱和原子磁矩 $\bar{p}_s$ 分别为 $0.13\mu_B$, $0.16\mu_B$ 及 $0.41\mu_B$, 而居里温度 T_c 分别为～35K, 5—6K, 42—43K. 虽然这类合金属弱铁磁性,其居里温度和饱和磁化强度很低,但在发展金属磁性理论上有重要意义.

铁磁金属及合金的主要性能在博佐思的专著[9]中有较详细的论述,金属间化合物的基本磁性可查阅文献[51].

(3)铁磁金属的非磁性能.除了以上所述铁磁性的主要特征外,还应注意到铁磁体中与自发磁化有关的若干非磁性能的反常.例如

(i)比热反常.与原子磁矩或自旋的有序转变相应的熵的变化,使在居里温度处有比热峰出现.如图 36.3 所示.根据比热峰的位置及形状可以确定 T_c,研究自发磁化的机制.

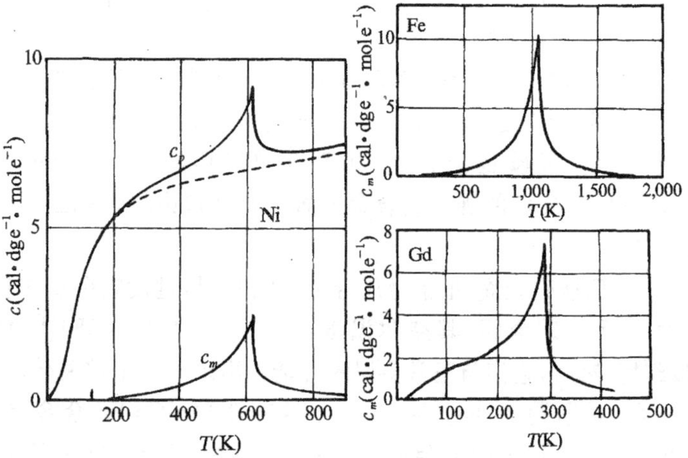

图 36.3 镍的比热及镍、铁和钆的磁比热.

(ii)磁致伸缩,热膨胀系数反常及弹性模量反常.与自发磁化同时出现的还有铁磁体的体积的自发变化(膨胀或缩小)和晶格的弹性形变,这就是自发磁致伸缩.磁致伸缩对磁畴结构和技术磁化有直接影响.磁致伸缩是弹性与磁化耦合的表现.可以直接用来实现磁弹性及磁声的耦合,换能及传感.磁致伸缩及其温度依赖性使铁磁体的热膨胀系数及弹性模量与非铁磁物质有不同的特性.利用自发磁伸缩(体积伸缩)可使某些合金的热膨胀系数在一定温度内减小,甚至无膨胀,称为殷钢效应(lnvar);或弹性模量的温度系

数很小,称为恒弹性效应(elinvar).

(iii)电阻反常及磁电阻效应.过渡金属均有较高的电阻率.这是由于各种机制的磁散射的贡献.一般,总电阻可认为是剩余电阻,电子声子散射及磁性散射对电阻的贡献的叠加.后者包括 s-d 散射,磁不均匀散射等,$\rho_T=\rho_o+\rho_{ph}+\rho_{mag}$.当自发磁化出现时,磁散射电阻降低使总电阻迅速减小.如图 36.4 所示.图 36.4(a)示出镍的电阻率对温度的依赖关系.图 36.4(b)示出与具有相似外层电子结构的 Pd 的对比.

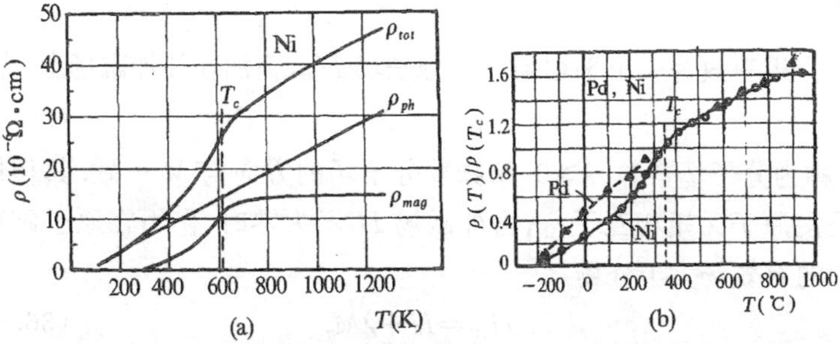

图 36.4 镍的电阻对温度的依赖关系(a),及与钯的对比(b).

铁磁状态下的电阻还依赖于 M 的方向.技术磁化改变磁畴结构,因而使电阻发生变化,即为磁电阻效应(magnetoresistance).此效应已被应用于磁场传感.与自发磁化相应亦有附加的霍尔效应[21].

(iv)磁卡效应(magnetocaloric effect).顺磁体及核磁系统在绝热条件下磁化时温度升高,绝热去磁时温度降低,与其熵的变化相应.此原理曾用以获得极低温度.前者可达 mK,后者可达 μK 范围.铁磁体在较高的温度下被磁场进行磁化或去磁时,也有磁卡效应,其引起温度的变化量依赖于工作温度及磁场.在居里温度时,顺磁磁化最强,熵的变化最大,因而有最大的磁卡效应.如图 36.5 所示.图中 $\triangle H$ 为磁体在磁化前后外加磁场的变化量.

(b)*局域磁矩铁磁性* 外斯分子场铁磁理论基于局域磁矩的模型[5],它是朗之万局域磁矩顺磁理论的发展.将原子磁矩间的相

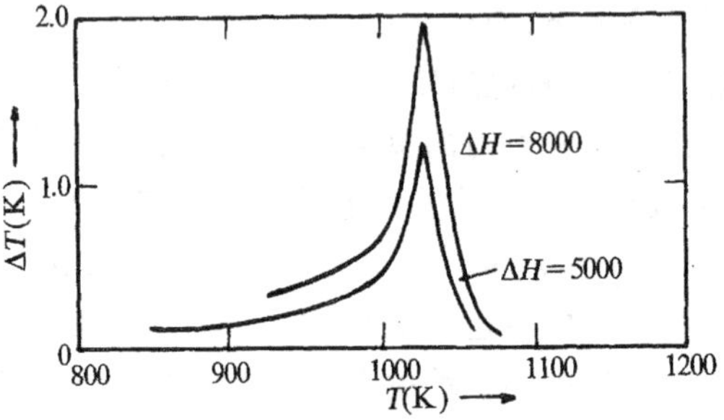

图 36.5 α-Fe 的磁卡效应与温度及磁场的关系.

互作用等效为一个平均场——分子场 H_m，叠加在外加磁场上. 令

$$H_m=\lambda M, \tag{36.1}$$

λ 称为分子场常数. $\lambda>0$，意味着分子场的方向与 M 一致. 其作用是使原子磁矩相互平行，当外磁场 H 不为零时，作用在原子磁矩上的有效场大于外场

$$H_{\text{eff}}=H+\lambda M. \tag{36.2}$$

与式(35.23)的推导相似，宏观磁化强度为

$$M=M_0B_J(\alpha_J), \tag{36.3}$$

而

$$\alpha_J=\frac{g_JJ\mu_B}{kT}(H+\lambda M), \tag{36.4}$$

式中 $M_0=N_{g_J}J\mu_B$，N 为单位体积中的原子数，$g_JJ\mu_B$ 为原子沿磁场的最大磁矩. $B_J(\alpha_J)$为布里渊函数

$$B_J(\alpha_J)=\frac{2J+1}{2J}\text{cth}(\frac{2J+1}{2J})\alpha_J+\frac{1}{2J}\text{cth}\,\frac{\alpha_J}{2J}.$$

图 36.6 中示出的曲线(1)为约化磁化强度$\dfrac{M}{M_0}$与 α_J 的关系曲线，即布里渊函数.

(1)$T<T_c$，自发磁化与铁磁居里温度. 铁磁性的自发磁化意味着当 $H=0$ 时，式(36.3)及式(36.4)中有 M 不等于零的稳定解. 当 $H=0$ 时，有

$$\alpha_J=\frac{g_J J\mu_B}{kT}\lambda M, \qquad (36.5a)$$

或

$$\frac{M}{M_0}=\frac{kT}{\lambda N g_J^2 J^2 \mu_B^2}\alpha_J. \qquad (36.6)$$

在图 36.6 中，曲线(1)为布里渊函数，曲线(2)相应于式(36.6)．直线(2)和曲线(1)的非零交点 A 相应于同时满足式(36.3)及式(36.6)的稳定解．从交点的纵坐标可确定自发磁化强度，即 M_s．直线(2)的斜率正比于温度 T．当温度 $T\to 0\text{K}$ 时，交点在 $\alpha_J\to\infty$ 处．这时，$B_J(\infty)\to 1$，$M_s=M_0$．自发磁化达到完全的饱和，每个局域(原子)磁矩沿磁场方向均取最大值，故

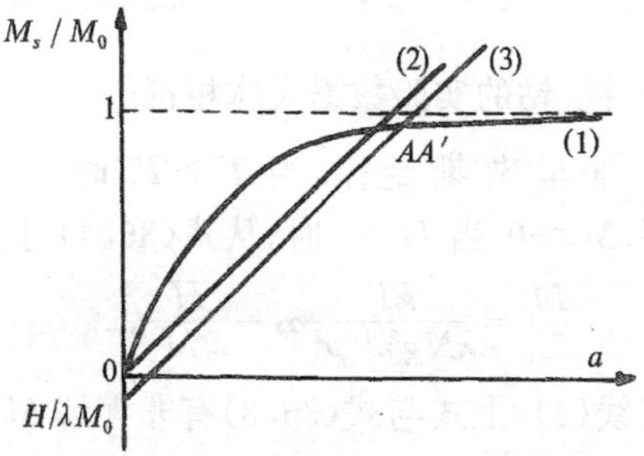

图 36.6　布里渊函数及磁化强度．

$$M_0=N g_J J\mu_B. \qquad (36.7a)$$

定义每个原子的铁磁饱和磁矩为

$$p_s=g_J J=\frac{M_0}{N\mu_B}, \qquad (36.7b)$$

p_s 以玻尔磁子为单位．

当温度从 0K 增加时，交点 A 从∞向左移，自发磁化强度 M_s 从 M_0 下降，当达到临界温度，居里点 T_c 时，直线(2)的斜率与曲线(1)在零点的切线斜率相等．交点 A 与原点汇合．$M_s=0$，铁磁性消失．T_c 称为铁磁居里点．

曲线(1)在原点的切线方程为

$$\frac{M}{M_0}=\frac{1}{3}\frac{J+1}{J}\alpha_J.$$

上式与 $T=T_c$ 时的式(36.6)应相等,可得

$$T_c=\lambda\frac{Ng_J^2J(J+1)\mu_B^2}{3k},\tag{36.8}$$

代入式(36.5),得

$$\alpha_J=\frac{3J}{J+1}\left(\frac{M_s}{M_0}\Big/\frac{T}{T_c}\right),\tag{36.5b}$$

代入式(36.3),可得到约化的 M_s-T 的普遍关系

$$\frac{M_s}{M_0}=B_J\left(\frac{3J}{J+1}\frac{M_s}{M_0}\Big/\frac{T}{T_c}\right)\tag{36.9}$$

图 36.2 中示出的实线为 $J=\frac{1}{2}$,1 及∞时上式的理论曲线. 其中 $J=\frac{1}{2}$的曲线与铁、镍、钴的实验数据大体相符.

(2) $T>T_c$,居里-外斯定律. 当 $T>T_c$ 时,式(36.3)和式(36.6)无非零解,$M_s\equiv0$. 当 $H\neq0$ 时,从式(36.4)可得

$$\frac{M}{M_0}=\frac{kT}{\lambda Ng_J^2J^2\mu_B^2}\alpha_J-\frac{H}{\lambda_0M_0},\tag{36.10}$$

相应于图中的直线(3),上式与式(36.3)有非零解 M,为顺磁态的磁化强度. 由于上式中$\frac{H}{\lambda M_0}$很小,M 很小,χ 也很小.

当 $T\gg T_c$ 时,$\alpha_J\ll1$. 取 $B_J(\alpha_J)$ 的近似表式,可得到与式(35.35)相同的居里-外斯定律

$$\chi=\frac{C}{T-\theta_p},\tag{35.35}$$

与式(35.36)相同,顺磁居里点 θ_p 和居里常数 C 分别为

$$\left.\begin{aligned}\theta_p&=\lambda\frac{Ng_J^2J(J+1)\mu_B^2}{3k},\\C&=\frac{Ng_J^2J(J+1)\mu_B^2}{3k}.\end{aligned}\right\}\tag{35.36}$$

在外斯分子场理论中,$T_c=\theta_p$,但实验结果并非如此. 如图 36.1 所示,当 $T\to T_c$ 时,$\frac{1}{\chi}$-T 的关系明显地与直线偏离而向上弯曲. 由顺

磁态$\frac{1}{\chi}$-T 的实验关系的直线部分外插到$\frac{1}{\chi}\to 0$，得到的顺磁居里点 θ_p 常比由铁磁态 M_s-T 的实验关系外插到 $M_s\to 0$ 得到的铁磁居里点 T_c 要高. 表 36.1 为几个铁磁金属的数据. 为解释 θ_p 与 T_c 不等的实验事实，曾有过不同的理论改进[1,21,52]. 其中重要的是短程有序理论. 用式(36.1)表示的分子场 $H_m=\lambda M$ 意味着将导致磁有序的相互作用看作为长程有序产生的平均场. 但实际上分子场的本质，交换作用，是一种短程相互作用. 外斯将 Bethe-Peirels 有关二元合金近程有序理论用于铁磁性[53]. 将中心原子与近邻原子看作一个原子团簇，它们之间的相互作用取近程交换作用，周围原子对原子簇的作用仍用等效场 He 处理. 在铁磁居里点 T_c 以下，自发磁化导致不为零的 He. 在居里温度 T_c 以上，长程有序消失，但由于交换作用，短程有序仍存在，在外场作用下，He 并不完全为零. 因而使 $T\gtrsim T_c$ 时，$\frac{1}{\chi}$-T 关系与居里-外斯定律偏离而向上弯曲，证明了顺磁居里点 θ_p 比铁磁居里点 T_c 高。对于 $s=\frac{1}{2}$的体心立方晶格来说，$\theta_p=1.05T_c$，并证明了在 $T>T_c$ 时，磁性比热不为零.

表 36.1　几种铁磁金属的居里点及居里常数[21,52]

金属	T_c(K)	θ_p(K)	C(CGS 单位/克原子)
Fe	1043	1101	1.26
Co	1395	1428	1.22
Ni	631	650	0.32
Gd	293.2	317	7.8

局域磁矩分子场理论给出的铁磁性出现的条件如下：

(i)金属中的离子具有不等于零的磁矩，即 $J\neq 0$.

(ii)存在着正的分子场，亦即正的交换作用.

根据居里点的实验数值和公式(36.8)可以估算出分子场及分

子场常数的量级(列于表 36.2),其量级达 10^7Oe,来源是静电性的交换作用,有关这方面内容将在第三十七章中讨论.

表 36.2 Fe,Co,Ni 分子场的估算值

金属	λ		$H_m=\lambda M\left(\times\frac{10^3}{4\pi}\mathrm{A/m}\right)$	
	$J=\frac{1}{2}$	$J=1$	$J=\frac{1}{2}$	$J=1$
Fe	8950	6700	1.6×10^7	1.2×10^7
Co	1.45×10^4	1.1×10^4	2.1×10^7	1.6×10^7
Ni	1.9×10^4	1.4×10^4	0.9×10^7	0.4×10^7

(3)金属中的原子饱和磁矩和有效磁矩. 根据外斯分子场理论,可以用实验方法求出铁磁体的原子磁矩,方法及定义有二:其一,由 0K 时的饱和磁化强度 M_0 求出原子的铁磁饱和磁矩 p_s,如式(36.7);其二,由顺磁态的居里-外斯关系求出居里常数 C,再利用式(35.36)求出顺磁态下原子的有效磁矩 p_{eff},

$$p_{\mathrm{eff}}^2=\frac{3kC}{N\mu_B^2}=g_J^2J(J+1), \qquad (36.11)$$

p_{eff}为原子磁矩的绝对值,有别于按式(36.7b)从 M_0 求出的 $p_s=g_JJ$,后者为原子磁矩分量的最大值. 表 36.3 列出几种铁磁金属的各种数值. 表中 p_s,p_{eff}为实验值. p_c 是按式(36.11),令 $g_J=2$ 时求出的. $p_s(H)$及 $p_{\mathrm{eff}}(H)$为按洪德法则算出的数值.

表 36.3 几种铁磁金属的原子磁矩(以 μ_B 为单位)

金属	$M_0(\times10^{-4}\mathrm{T})$	p_s	$p_s(H)$	p_{eff}	$p_{\mathrm{eff}}(H)$	p_c	p_c/p_s	$p_c/p_s(H)$
Fe	1743	2.216	4	3.13	4.90	2.29	1.03	0.83
Co	1447	1.715	3	3.13	3.87	2.29	1.34	0.79
Ni	521	0.616	2	1.62	2.83	0.90	1.46	0.45
Gd	1980	7.55	7	7.98	7.94	7.04	0.93	1.01

分子场理论以及在§37.1中讨论的海森伯交换作用理论构成了局域磁矩铁磁理论的框架，相当出色地解释了铁磁物质的铁磁性、顺磁性、磁相变及若干相关的性能，如自旋波、熵及比热异常等.但进一步的研究发现，用局域磁矩理论描述Fe、Co、Ni过渡族铁磁金属的磁性导致了若干严重的问题.从表(36.3)可以看到，按照局域磁矩铁磁性模型，Fe、Co、Ni的p_s远小于p_c，即顺磁态下的原子磁矩远大于铁磁原子磁矩.更突出的是，它们的p_s值远小于按洪德法则算出的$p_s(H)=2S$，且均非整数.许多实验事实说明，Fe、Co、Ni中的$3d$电子是非局域的.它们参与导电及金属性键合，特别是观察到$3d$电子形成的费米面，并可用能带理论计算来重现.现已公认，Fe、Co、Ni的d电子是巡游电子，这些内容将在后面讨论.属于局域磁矩模型的物质有绝缘体磁性化合物及金属中的稀土和部分锕族金属.下面将对稀土金属的磁性简单介绍.

(4)稀土金属铁磁性.稀土金属的磁矩主要来自$4f$电子.$4f$电子的局域性可从图36.7中所示的钆原子中电子的径向电荷密度分布看出.图中横坐标上竖直记号为金属钆的原子间距的一半.

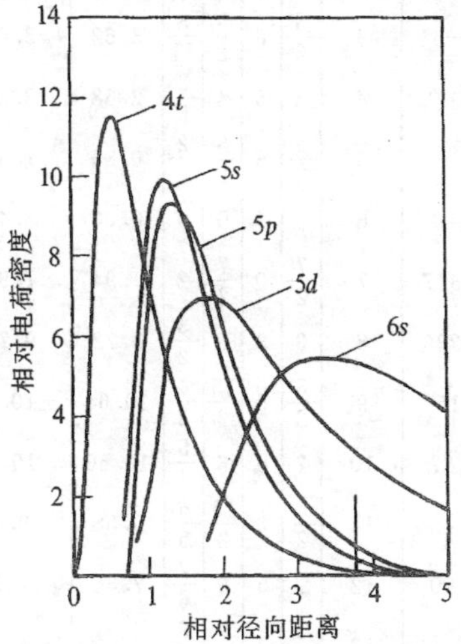

图36.7 钆原子中电子径向电荷密度分布.

显然，相邻原子中 $4f$ 电子的重叠是极少的．表 36.4 列出了稀土金属磁性的主要数据．La 和 Lu 各有 0 及 14 个 $4f$ 电子，固有原子磁矩均为零．Yb 与离子态不同，无固有磁矩．但均呈泡利顺磁性．其他稀土金属的 $4f$ 壳层不满，均有固有原子磁矩．其中天然放射性金属钷(P_m)未经仔细研究．其他 11 个金属均有磁有序相变．轻稀土金属铈、镨、钕、钐、和铕在低温下具有反铁磁相变，其相变点称为奈耳点 T_N．个别的有铁磁或亚铁磁性出现于更低的温度[55]．重稀土金属中除 Gd 外均呈现复杂的磁相变：低温下为铁磁性，高于 T_c 时转变为特殊结构的反铁磁性，在更高的奈耳点 T_N 之上才转变为顺磁态．只有 Gd 具有单一的铁磁-顺磁转变．

表 36.4　稀土金属磁性[21,54]

金属	T_c(K)	T_N(K)	θ_p(K)	自由 3 价离子电子构造					$p_{eff}(H)$	$p_{eff}(v.v.)$	p_{eff}	$p_s(H)$	p_s
				$n(f)$	S	L	J	g_J					
Ce		12.5	−38	1	$\frac{1}{2}$	3	$\frac{5}{2}$	$\frac{6}{7}$	2.54	2.56	2.51	2.14	0.62
Pr		20	−21	2	1	5	4	$\frac{4}{5}$	3.58	3.62	2.56	3.20	0.7—1.0
Nd	7.5	19	−15	3	$\frac{3}{2}$	6	$\frac{9}{2}$	$\frac{8}{11}$	3.62	3.68	3.3—3.71	3.27	2.3
Pm				4	2	6	4	$\frac{3}{5}$	2.68	2.83	—	2.40	
Sm		14.8 (106)		5	$\frac{5}{2}$	5	$\frac{5}{2}$	$\frac{2}{7}$	0.85	1.55	1.74	0.72	1.8
Eu		90		6	3	3	0	0	0.00	3.40	8.3	0.0	5.9
Gd	289		317	7	$\frac{7}{2}$	0	$\frac{7}{2}$	2	7.94	7.94	7.98	7.0	7.55
Tb	218	230	236	8	3	3	6	$\frac{3}{2}$	9.72	9.70	9.77	9.0	9.34
Dy	90	179	151	9	$\frac{5}{2}$	5	$\frac{15}{2}$	$\frac{4}{3}$	10.64	10.6	10.65	10.0	10.20
Ho	20	133	87	10	2	6	8	$\frac{5}{4}$	10.60	10.6	11.2	10.0	10.34
Er	20	80.52	42	11	$\frac{3}{2}$	6	$\frac{15}{2}$	$\frac{6}{5}$	9.58	9.6	9.9	9.0	8.0
Tm	22	56	20	12	1	5	6	$\frac{7}{6}$	7.56	7.6	7.6	7.0	7.0
Yb				13	$\frac{1}{2}$	3	$\frac{7}{2}$	$\frac{3}{7}$	4.53	4.5	0.0	4.0	0.0

表中 $n(f)$,S,L,J,g_J 及 p_{eff} 为自由三价离子的 $4f$ 电子数,其量子数及按洪德法则算得的离子有效磁矩. $p_{\mathrm{eff}}(v.v.)$为根据范弗来克理论,考虑了多重态对磁矩的贡献,利用式(35.30)得到的计算值. $p_s(H)$为洪德法则给出的离子饱和磁矩式(36.7). p_{eff}及 p_s 为金属态的实验值.轻稀土的 p_s 为由中子衍射数值得到的平均原子磁矩,Gd 等重稀土金属的 p_s 则由磁测量获得.表中 Gd,Tb 及 Dy 的 p_s 及 p_{eff} 值均与局域磁矩理论值接近.其 p_s 值略高,可理解为传导电子被交换作用所磁化的贡献.这 3 个金属在低温下均呈正常的磁矩共线(colinear)铁磁性.有的金属低温下呈现原子磁矩非共线铁磁性.如 Ho 及 Er 在 0K 和 T_c 间呈铁磁螺旋结构,沿六角结构的 c 轴有自发磁化,但在 c 平面内原子磁矩的分量呈简单螺旋结构,即每个六角平面中原子磁矩分量平行,而相邻 c 平面的原子磁矩旋转一角度,故 c 平面中平均磁化强度为零. T_m 在 0K 和 T_c 间呈"反相畴"结构,其原子磁矩沿 c 轴,并作有序排列,4 个相邻原子层的磁矩向上,而 3 个相邻原子层的原子磁矩向下,7 个原子层为一周期,每个原子磁矩为 $7\mu_B$,故平均沿 c 轴每个原子未抵消的磁矩值为 $1\mu_B$.这些特殊结构的铁磁性不能用上述简单的分子场理论解释,而要用更复杂的理论即既要考虑最近邻及次近邻原子间的交换作用,又要考虑强大的磁晶各向异性的理论来解释,将在§36.2 中继续讨论.这里只对具有单一的共线铁磁-顺磁转变的 Gd 的实验结果与上述分子场理论进行比较.图 34.8 示出 M_s-T 的关系.实验结果与 $J=\dfrac{7}{2}$的布里渊函数相符得很好.图 34.9 中的$\dfrac{1}{\chi}$-T 呈现了良好的线性关系[56].其 p_{eff} 值与 $p_{\mathrm{eff}}(H)$相符得很好.此外,p_c 与 p_s 之比接近于 1.符合局域磁矩理论的要求.上述 11 个有磁序转变的稀土金属在较高温区中多服从居里-外斯律.实验确定的 p_{eff}与 $p_{\mathrm{eff}}(H)$以及从稀土离子化合物的实验得到的 p_{eff}大多比较一致.图 36.10 说明了稀土金属的局域磁矩的行为.明显的矛盾在于 $\mathrm{S_m}$ 和 $\mathrm{E_u}$.其实验 p_{eff}与 $p_{\mathrm{eff}}(H)$明显偏离,而与 $p_{\mathrm{eff}}(v.v.)$比较接近,其原因在于这两个元素的多重线宽度 $E_{J'}$-

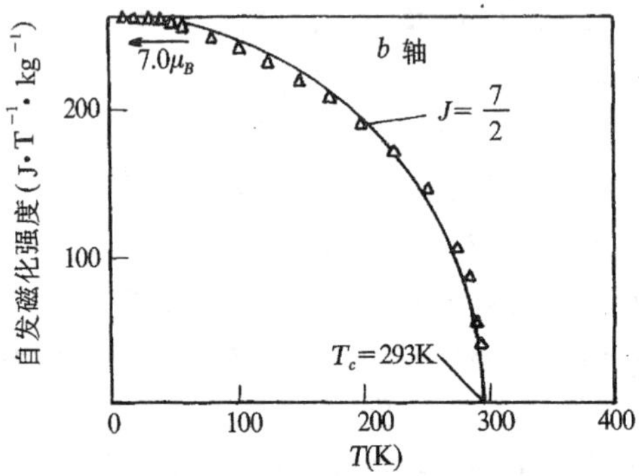

图 36.8 钆的 M_s-T 关系的实验与理论曲线.

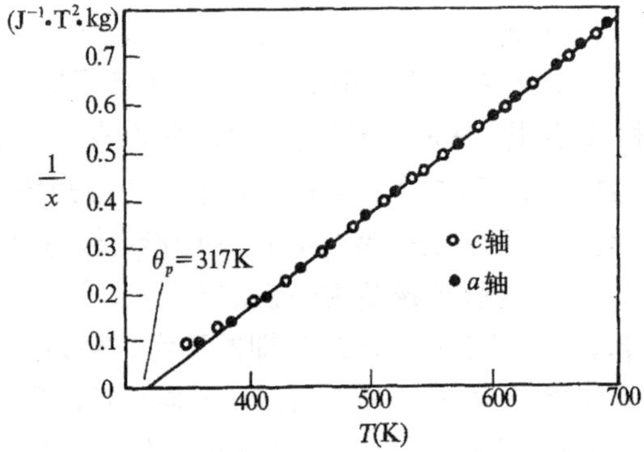

图 36.9 T_c 以上钆的$\frac{1}{\chi}$-T 关系.

E_J 较小,不属于远大于热运动能 kT 的简单情况(见 § 35.1). 如图 36.11 所示. 利用式(35.30)得到的磁化率不同于居里-外斯律,但与实验较一致. 此外,磁矩的计算值均假定稀土离子处于三价,金属中稀土离子不一定为三价. 这也是计算值与实验值不一致的原因之一. Yb 表现为泡利顺磁性,说明其电子结构可能为 $4f^{[14]}$,二价,$J=0$. Eu 亦可能具有二价的离子实,因而使其 p_{eff} 远大于 p_{eff} (*v. v.*). 重稀土金属的 $\theta_p>0$,说明其分子场为正.

(c) 巡游电子铁磁性　外斯分子场理论最早是针对铁族金属

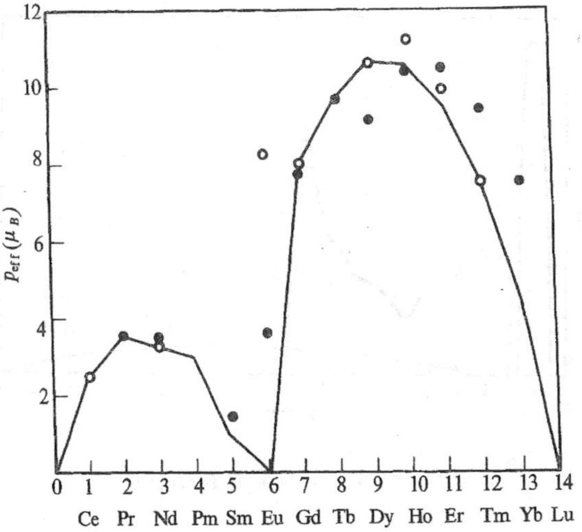

图 36.10 稀土原子及离子的 p_{eff} 值. ∘,金属;• R_2O_3 化合物;实线,$p_{eff}(H)$.

的铁磁性提出的. 这种局域磁矩理论在定性解释 Fe、Co、Ni 等金属磁性方面虽获得成功,但定量方面存在着若干严重的矛盾. 上面已指出 Fe、Co、Ni 中的磁性负载者 d 电子不是局域的,而是巡游电子. 基于巡游电子特征的铁磁性理论日益得到人们的承认.

(1)斯托纳模型的图象. 最早提出巡游(itinerant)电子理论的有斯托纳(Stoner)[57],莫脱(Mott)[58]和斯莱特(Slater)[59]等,均基于能带理论. 常被称为斯托纳模型,其要点如下.

(i)过渡元素形成金属后,d 及 s 能级分别形成能带,且二者

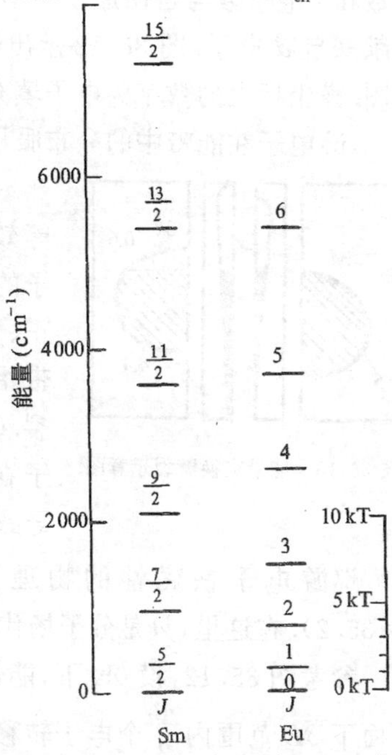

图 36.11 300K 时,Sm^{3+} 和 Eu^{3+} 多重线能级间距与 kT 的对比.

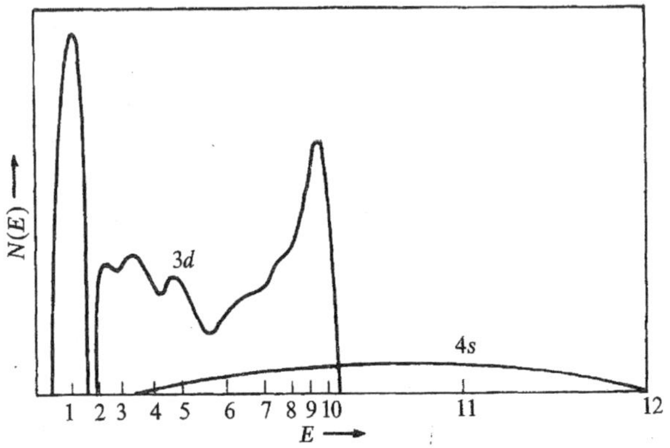

图 36.12 铜的 4s 和 3d 能态密度图.

有重叠. d 电子和 s 电子按能量分布在两个能带中,使金属中 d 电子数和 s 电子数与自由原子中不同. d 带窄,s 带宽. 铁磁性的主要贡献来自 d 电子. 图 36.12 示出的为铜的 3d 与 4s 能带的能态密度图. 横坐标上的数字为电子填充数.

(ii)电子在能带中的分布服从费米统计.

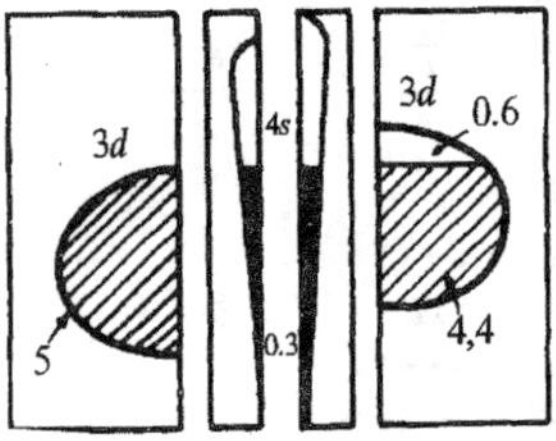

图 36.13 能带交换劈裂示意图.

(iii)巡游电子间的交换作用或其等效的分子场使能带中正负自旋电子的能量不同. 若将能带分解为一对正、负自旋次能带,分子场使两次能带沿能量轴相对位移. 称为交换劈裂. 0K 下 Ni 的示意图见图 36.13. 电子在交换劈裂后能带中的重新分布导致了自发磁化. Ni 的 $p_s=0.6$.

巡游电子铁磁性的物理图象与传导电子顺磁性相似(§35.2). 在这里,只是分子场代替了外磁场.

参考图 35.12,设 0K 下,能带的交换劈裂使负自旋带中原费米面下 δE 范围内$\frac{\Delta n}{2}$个电子转移到正自旋带原费米面之上. 通过能量分析,我们将可得到巡游电子铁磁性出现的条件. 基于此图象也可计算自发磁化强度及其对温度的依赖关系及 T_c 以上磁化率与温度的关系.

(2)铁磁性判据. 设 N 为电子浓度. 正、负自旋带中在未磁化前各有 $\frac{N}{2}$ 个电子. 磁化后，单位体积中有 $\frac{\Delta n}{2}$ 个电子转移. 正自旋带中电子数比负带多 Δn 个电子. 设能带中轨道矩淬灭，磁化强度 $M=\Delta n\mu_B$. 令分子场 H_m 为

$$H_m=\lambda M=\lambda\Delta n\mu_B.$$

分子场使正自旋的能量降低，负自旋的能量升高，即图中两次能带分别向下及向上位移 δE. 该能量为自能，故

$$\delta E=\frac{1}{2}H_m\mu_B=\frac{1}{2}\lambda\Delta n\mu_B^2. \tag{36.12}$$

磁化使单位体积的分子场作用能的降低为

$$\begin{aligned}\Delta E_m &=-\left(\frac{N}{2}+\frac{\Delta n}{2}\right)\frac{1}{2}\lambda\Delta n\mu_B^2+\left(\frac{N}{2}-\frac{\Delta n}{2}\right)\frac{1}{2}\lambda\Delta n\mu_B^2\\ &=-\frac{1}{2}\lambda\Delta n^2\mu_B^2.\end{aligned} \tag{36.13}$$

电子的转移使原先负自旋带中费米面下 δE 宽度内 $\frac{\Delta n}{2}$ 个电子转移到原先正带中费米面上 δE 的区域，从而使电子的动能增加，其增加量为

$$\Delta E_K=\frac{\Delta n}{2}\delta E. \tag{36.14}$$

在费米面附近 δE 宽度中的电子数 Δn 为

$$\Delta n=N(E_{F_0})\delta E,$$

代入式(36.13)及式(36.14)，得到

$$\Delta E_m=-\frac{1}{2}\lambda N^2(E_{F_0})\mu_B^2(\delta E)^2,$$

$$\Delta E_k=\frac{1}{2}N(E_{F_0})(\delta E)^2.$$

电子转移引起的总能量变化为

$$\Delta E=\Delta E_m+\Delta E_k=\frac{N(E_{F_0})}{2}(\delta E)^2[1-\lambda N(E_{F_0})\mu_B^2].$$

若 $\Delta E<0$,磁化引起总能量降低,磁化将自发进行.这就是铁磁性出现的充分条件,表为

$$\xi=\lambda\mu_B^2 N(E_{F_0})>1, \tag{36.15a}$$

即著名的斯托诺判据. $\lambda\mu_B^2$ 正比于电子间交换能 ε_{ex}. 文献中,上式常被表达为[21]

$$\xi=|\varepsilon_{ex}|N(E_{F_0})>1. \tag{36.15b}$$

斯托纳判据指出,巡游电子铁磁性要求满足两个条件:(1)正的且足够大的分子场常数或交换常数;(2)费米面处能态密度足够高.图 36.14 示出了周期表中一些金属的交换-相关积分 J 和费米面能态密度 $N(E_{F_0})$ 与原子序数的关系的理论计算结果[60].值得

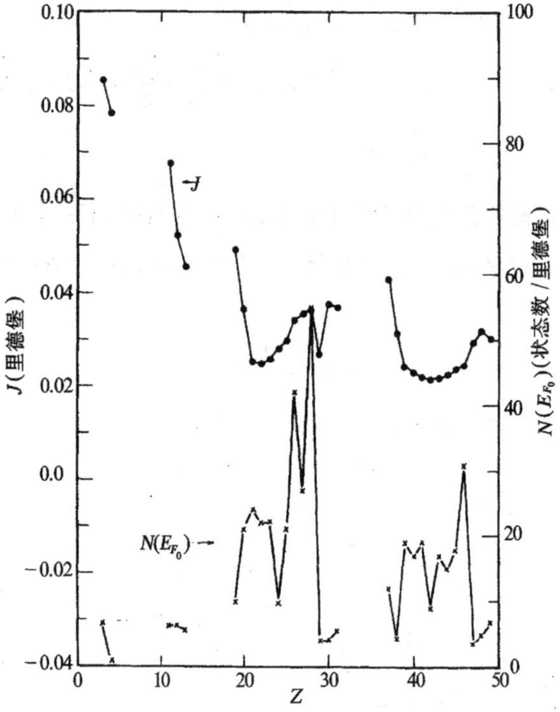

图 36.14 交换-相关积分 J 和费米面能态密度 $N(E_{F_0})$ 与原子序数 Z 的关系(按 fcc 及 bcc 计算).

注意的是，一些简单金属如 Li、Be、Na、Mg、K 的交换积分明显地大于 Fe、Co、Ni. 但前者的 $N(E_{F_0})$ 值远小于后者. Fe、Co、Ni 之所以成为铁磁体是由于它们的 J 及 $N(E_{F_0})$ 均比较大，满足斯托诺判据. 周期表中 J 和 $N(E_{F_0})$ 总的变化趋势是，J 随 Z 增大而降低. 而在过渡族中 J 随 Z 增大而增大. 简单金属的 s 或 s-p 带有较大的重叠，能带宽，因而 $N(E_{F_0})$ 小. 过渡金属的 d 带重叠较小，能带窄，因而具有较高的 $N(E_{F_0})$. 在过渡族中，接近于 d 带顶的轨道的局域趋势使 $N(E_{F_0})$ 及 J 均增大. 这些规律说明为什么 $3d$ 族的 Fe、Co、Ni 具有较高的 J 及 $N(E_{F_0})$，成为铁磁体. 关于 Fe、Co、Ni 基本磁性的数据与讨论见文献[52]. 总之，在研究与探索金属铁磁性材料时，注意力不仅应放在交换作用上而且应注意费米面能态密度的高低.

当 $\xi<1$ 时，磁化使能量升高，铁磁性不是稳定状态，无自发磁化. 然而在外磁场作用下可有交换增强的泡利顺磁性. 在 § 35.2 中，外磁场 H 使正、负自旋次能带发生的能量移动为 $2\delta E_H=2\mu_B H$ 并导致电子转移. 这里，考虑到电子转移引起的分子场，使两次能带的劈裂和磁化进一步加强，因而出现交换增强的泡利顺磁性.

设在外磁场作用下次能带的增强劈裂使正负自旋带间的电子转移数仍用 $\frac{1}{2}\Delta n$ 表示，则有关的能量的变化分别为磁场作用能的下降 ΔE_H，分子场作用能的下降 ΔE_m，及动能的上升 ΔE_K. 根据上面的关系可得到总能量的变化为

$$\begin{aligned}\Delta E &= \Delta E_H + \Delta E_m + \Delta E_k \\ &= -\Delta n \mu_B H - \frac{1}{2}\lambda(\Delta n)^2 \mu_B^2 + \frac{1}{2}\frac{(\Delta n)^2}{N(E_{F_0})}.\end{aligned}$$

平衡时 Δn 的值决定于 $\frac{\partial(\Delta E)}{\partial(\Delta n)}=0$，得

$$\Delta n = \frac{N(E_{F_0})\mu_B H}{1-\lambda N(E_{F_0})\mu_B^2}.$$

磁化率为

$$\chi=\frac{M}{H}=\frac{1}{H}\mu_B\Delta n=\frac{N(E_{F_0})\mu_B^2}{1-\alpha}. \qquad (36.16)$$

上式的分子恰为无交换作用时的泡利顺磁磁化率 χ_{pe}，见式(35.17a)，故上式可表为式(35.55)的形式，即

$$\frac{\chi}{\chi_{pe}}=\frac{1}{1-\alpha}, \qquad (36.17)$$

称为增强因子. 其表式与式(36.15a)中的 ξ 相同，

$$\alpha=\lambda N(E_{F_0})\mu_B^2=\xi. \qquad (36.18)$$

对于顺磁性金属，$0<\alpha<1$. 故 $\chi/\chi_{pe}>1$，其值随费米面能态密度及分子场常数即交换常数增大而增大. 对于铁磁金属，$\xi=\alpha>1$，$\chi/\chi_{pe}<0$ 变为负值. 实际上，当 $\alpha=1$ 时，$\chi/\chi_p\to\infty$，即为顺磁不稳定性的开始. 表 36.5 列出一些金属元素的 $N(E_{F_0})$ 及 χ/χ_{pe} 的理论计算值[60]. 表中带 * 的金属室温下的晶体结构不是 fcc. 其中 Mn 为简立方，Ga 为斜方，In 为四方，其他为六角. 钴在 425℃有晶格相变，高温相为面心立方，低温相为密积六角，均为铁磁相. 从上表可以

表 36.5 一些金属的 $N(E_{F_0})$ 及 χ/χ_{pe} 的计算值[60]

金属	Li bcc	Be* fcc	Na bcc	Mg* fcc	Al fcc	K bcc	Ca fcc	Sc* fcc	Tc* fcc	V bcc	Cr bcc
$N(E_{F_0})$ (1/eV·At)	0.48	0.054	0.45	0.45	0.41	0.73	1.56	1.73	1.59	1.64	0.70
χ/χ_{pe}	2.25	1.06	1.71	1.47	1.34	1.95	4.49	2.47	2.17	2.24	1.36
金属	Mn* fcc	Fe bcc	Co* fcc	Ni fcc	Cu fcc	Zn* fcc	Ga* fcc	Rb bcc	Sr fcc	Y* fcc	Zr* fcc
$N(E_{F_0})$ (1/eV·At)	1.56	3.06	2.01	4.06	0.29	0.30	0.41	0.90	0.31	1.41	1.28
χ/χ_{pe}	2.74	−2.34	38.2	−0.98	1.12	1.18	1.26	2.12	1.15	1.88	1.64
金属	Nb bcc	Mo bcc	Tc fcc	Ru* fcc	Rh fcc	Pd fcc	Ag fcc	Cd* fcc	In* fcc		
$N(E_{F_0})$ (1/eV·At)	1.40	0.65	1.22	1.13	1.35	2.31	0.27	0.36	0.50		
χ/χ_{pe}	1.72	1.23	1.57	1.53	1.79	4.46	1.12	1.18	1.26		

看到，增强因子与 $N(E_{F_0})$ 的相关性. 表中 Fe、Co、Ni 的增强因子为负值或特大相应于顺磁态不是稳定态或近于不稳定态，即呈现铁磁性. 文献[52]给出的计算结果似更符合实际. 示于表 36.6.

表 36.6　Fe,Co,Ni,Pd 的增强因子及居里温度的计算值

金　属	Fe	Co	Ni	Pd
α	1.5—1.7	1.6—1.8	2.1	0.8
χ/χ_{pe}	−2—−1.4	−1.7—−1.2	−0.9	5
T_c(K)	4400—6200	3300—4800	2900	

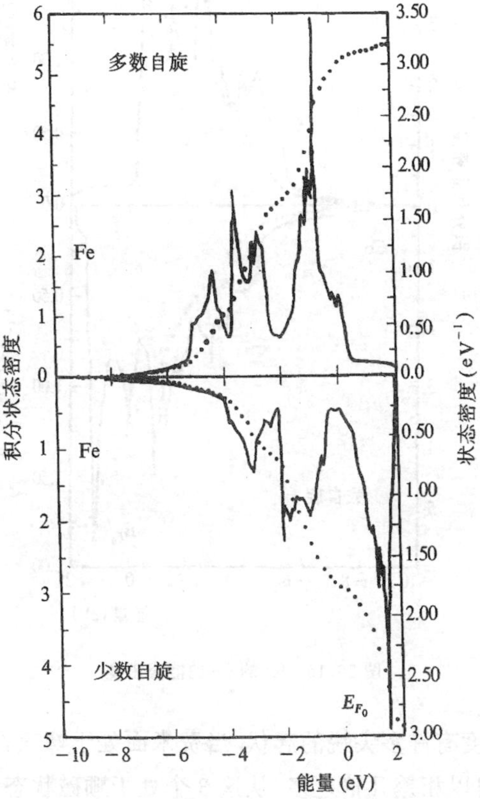

图 36.15　bcc 的 Fe 的能态密度.

Fe,Co,Ni 的 $\alpha>1$,为铁磁体. Pd 为强顺磁. 按 α 的数据算出的 T_c 值过高,为斯托纳模型的困难.

实际金属的能带结构是相当复杂的. 尤其是过渡族. 图 36.15,图 36.16 和图 36.18 为 Fe,Co 和 Ni 的能态的计算结

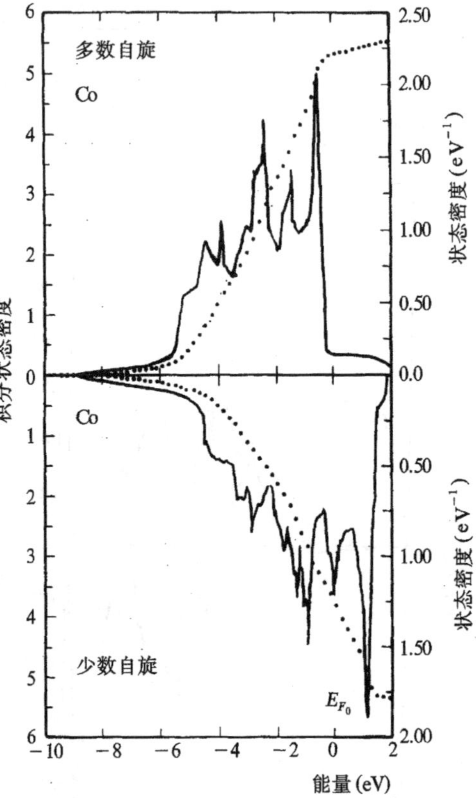

图 36.16 fcc 的 Co 的能态密度.

果[60]. 态密度有许多尖锐的起伏. 当费米面处于峰或谷处时,态密度 $N(E_F)$ 可以相差几倍之多. 从这 3 个处于顺磁状态的图中可以看到,它们的费米面态密度 $N(E_F)$ 均接近于某个峰值的位置. 图

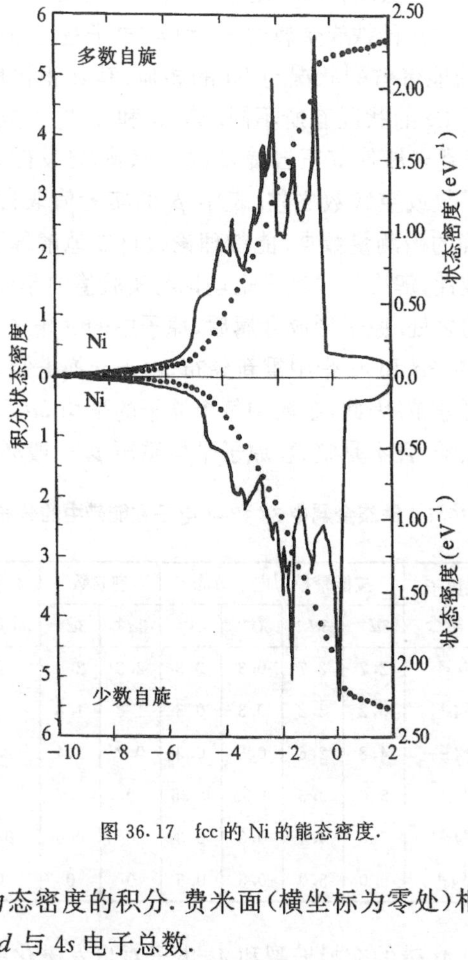

图 36.17　fcc 的 Ni 的能态密度.

中的点线为态密度的积分. 费米面(横坐标为零处)相应的积分态密度即为 $3d$ 与 $4s$ 电子总数.

(3)0K 下的自发磁化强度. 上面已指出,自发磁化强度来源于分子场即交换作用使正负自旋次能带发生劈裂及它们之间的电子转移. 根据费米统计,在 0K 时,低于费米面的能态全部被电子占满. 图 36.13 示出的是 Ni 的能带劈裂,d 电子在次能带中不等分布的示意图. 这里,d 正自旋次带全部被占满,以每个原子计,电子数为 5. 负自旋 d 带未被填满,二次带电子数之差 $\Delta n=0.6$,恰为负自旋带中的空穴数. 自发磁化强度 $M_s=\Delta n\mu_B$. 表 36.7 列出按斯托诺模型拟合的几种铁族金属的 $3d$ 和 $4s$ 电子在能带中的分布数据. 表中 Co 的能带劈裂状况与 Ni 的相似，其 d 正自旋次带被填满，$n_{d^+}=5$，但 Fe 的状况有所不同. 其 $3d$ 和 $4s$ 电子数少于 Co 和 Ni 的，交换劈裂未能使其正自旋 d 次带填满，自发磁化强度决定于二次带电子数或空穴数之差. 表中 p_s 的实验值取自文献[52]. 为晚近最准确的磁测量数据. 能带理论很自然地解释了原子饱和磁矩的非整数性，解决了局域磁矩理论与实验值的矛盾. 这是斯托诺模型的成功之处. 原子形成金属后，原子中的 d 电子及 s 电子为金属所公有，在 $3d$ 和 $4s$ 带中重新分布，由于交换劈裂，又在正、负自旋次带中再分布. 因此，金属中每个原子的平均 $3d$ 和 $4s$ 电子数不同于孤立原子，且不是整数. 原子平均磁矩 p_s 一般亦非整数.

表 36.7　铁族金属中 $3d$ 和 $4s$ 电子在能带中的分布

元素	孤立原子电子组态	按能带模型电子分布				空穴数		未抵消自旋数	p_s 实验值
		$3d^+$	$3d^-$	$4s^+$	$4s^-$	$3d^+$	$3d^-$		
Cr	$3d^4 4s^2$	2.7	2.7	0.3	0.3	2.3	2.3	0	0
Mn	$3d^5 4s^2$	3.2	3.2	0.3	0.3	1.8	1.8	0	0
Fe	$3d^6 4s^2$	4.8	2.6	0.3	0.3	0.2	2.4	2.2	2.216
Co	$3d^7 4s^2$	5.0	3.3	0.35	0.35	0	1.7	1.7	1.715
Ni	$3d^8 4s^2$	5.0	4.4	0.3	0.3	0	0.6	0.6	0.616
Cu	$3d^{10} 4s^1$	5.0	5.0	0.5	0.5	0	0	0	0

在上表中 $4s$ 带的交换劈裂和 $4s$ 电子对自发磁化的贡献未被考虑，由于 $4s$ 带远比 $3d$ 带宽，且 $4s$ 带中电子数少，这样的近似，一般是可以接受的. 但从物理上考虑，由于 d-s 变换作用及 s-s 交换作用，$4s$ 电子的自旋极化是一个有意义的问题. 中子衍射的实验发现 Fe、Co、Ni 中 $4s$ 电子自旋极化磁矩的数值相当大，且为负值. 如表 36.8 所列出[61]. 表中的总磁矩与表 36.7 中磁测量的实验数值有差异，差值在实验范围内.

表 36.8 铁，钴和镍 $3d$ 和 $4s$ 电子自旋密度

元　　素	Fe	Co	Ni
$3d$ 电子磁矩(μ_B)	2.39	1.99	0.620
$4s$ 电子磁矩(μ_B)	−0.21	−0.28	−0.105
总磁矩(μ_B)	2.18	1.71	0.515

此外还应注意，表 36.7 中列出的电子分布是基于磁矩只来自电子自旋的假定得到的. 实际上轨道磁矩并未完全淬灭. 表 36.9 列出 Fe、Co、Ni 的 g 因子及轨道磁矩和自旋磁矩. 更精确的电子分布应考虑 s 电子的磁矩和轨道磁矩的修正. 但这种修正是很小的，只具有物理上的意义.

表 36.9 g 因子、轨道和自旋磁矩[52]

	g	$\mu_L(\mu_B)$	$\mu_s(\mu_B)$	$p_s(\mu_B)$
Fe	2.091	0.0918	2.124	2.216
Co	2.187	0.1472	1.568	1.715
Ni	2.183	0.0507	0.563	0.606

(4)$T\neq 0$K 时的磁性. $T\neq 0$K 时，铁磁体的自发磁化强度随温度上升而下降. 当温度趋于居里点时，M_s 趋于零. 在 $T>T_c$ 时，转变为顺磁性. 顺磁磁化率随温度上升而降低，近似服从居里-外斯定律. 铁磁金属的这些基本特征亦可在能带理论的框架内得到解释和重现. 这里只对斯托诺最早的处理作简要介绍.

设电子浓度为 N. 由于交换劈裂，正、负自旋次带中的电子数分别为 N^+ 和 N^-. 而 $N=N^++N^-$，$\Delta n=N^+-N^-$. 磁化强度 $M=\Delta n\mu_B$. 定义相对磁化强度 $\zeta=M/N\mu_B$. 当所有电子具有同一符号时 $M=N\mu_B$，$\zeta=1$，称为完全磁化.

为了计算磁化强度，必须计算 $N^{\pm}$. 一般地说，$N^{\pm}$ 决定于温度，交换作用或分子场作用及外加磁场，可由费米统计计算.

$$
\left.\begin{aligned}
N^{+} &= \int_{0}^{\infty} \frac{1}{2} N(E^{+}) f^{+}\, dE, \\
N^{-} &= \int_{0}^{\infty} \frac{1}{2} N(E^{-}) f^{-}\, dE,
\end{aligned}\right\} \qquad (36.19)
$$

式中 $N(E)$ 为电子能态密度，$E^{\pm}$ 为正、负自旋电子的自由能.

$$
E^{\pm} = E \mp \frac{1}{2} \lambda \Delta n \mu_B^2 \mp \mu_B H,
$$

式中 E 为电子在能带中相对于能带底的能量，$\mp \frac{1}{2} \lambda \Delta n \mu_B^2$ 为分子场能量，$\mp \mu_B H$ 为外磁场作用能. 在许多著作和文献中将分子场能改写为 $\mp k\theta' \zeta$，θ' 为量纲为温度的分子场常数，k 为玻耳兹曼常数，ζ 为相对磁化强度. 故

$$
E^{\pm} = E \mp k\theta' \zeta \mp \mu_B H. \qquad (36.20)
$$

$f^{\pm}$ 分别为正、负自旋电子的费米分布函数

$$
f^{\pm} = [e^{(E - E^{\pm} - \eta)/kT} + 1]^{-1} \qquad (36.21)
$$

$T = 0\text{K}$ 时，$\eta = E_{F_0}$，即费米能. $T \neq 0\text{K}$ 时，$\eta = E_F$，与 E_{F_0} 接近. 磁化强度的一般表达式为

$$
\begin{aligned}
M &= (N^{+} - N^{-}) \mu_B \\
&= \mu_B \left[\int_{0}^{\infty} N(E^{+}) f^{+}\, dE - \int_{0}^{\infty} N(E^{-}) f^{-}\, dE \right]. \qquad (36.22)
\end{aligned}
$$

取自由电子近似的抛物线能态密度函数，据式(35.10)，可有

$$
N(E) = \frac{3}{2} \left(\frac{N}{E_{F_0}} \right)^{3/2} E^{\frac{1}{2}}. \qquad (36.23)
$$

式(36.22)可近似地表为

$$
M = \frac{3}{4} N \mu_B \left(\frac{kT}{E_{F_0}} \right)^{\frac{3}{2}} \left[\int_{0}^{\infty} \frac{x^{\frac{1}{2}} dx}{e^{x - \beta - \beta' - \eta'} + 1} - \int_{0}^{\infty} \frac{x^{\frac{1}{2}} dx}{e^{x + \beta + \beta' + \eta'} + 1} \right], \qquad (36.24)
$$

式中

$$
x = \frac{E}{kT}, \beta = \frac{k\theta' \zeta}{kT}, \beta' = \frac{\mu_B H}{kT}, \eta' = \frac{\eta}{kT}.
$$

定义费米积分为

$$F_{\frac{1}{2}}(\varepsilon)=\int_0^{\infty}x^{\frac{1}{2}}[e^{(x-\varepsilon)}+1]^{-1}dx$$

式(36.24)可表为常见的形式

$$M=\frac{3}{4}N\mu_B(\frac{kT}{E_{F_0}})^{\frac{3}{2}}[F_{\frac{1}{2}}(\eta'+\beta+\beta')-F_{\frac{1}{2}}(\eta'-\beta-\beta')]. \tag{36.25}$$

由于 M 的计算繁杂.斯托诺给出的数值计算的主要结果示于图 36.18 至图 36.21[62].

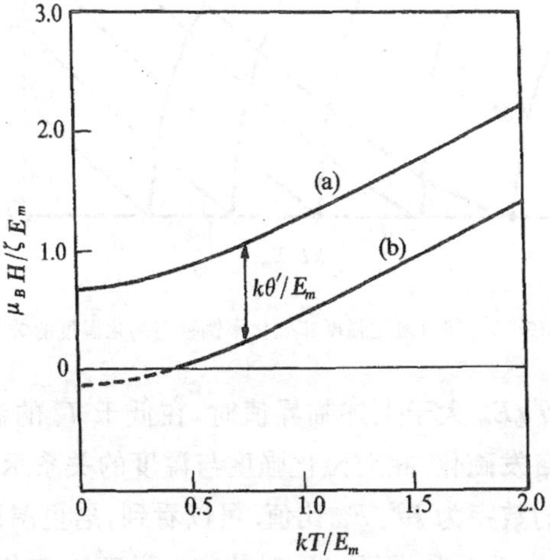

图 36.18 磁化率倒数与温度的关系

(i)图 36.18 为约化磁化率倒数与约化温度的关系,横坐标为热运动能与能带宽 E_m 之比.若能带底的能量为零,E_m 即为费米能 E_{F_0}.图中(a)为无交换作用,$k\theta'=0$ 时的曲线.即泡利自由电子顺磁性.一般条件下 $kT/E_m\sim10^{-2}$,故 χ_p 几乎不依赖于温度,当存在着交换作用时,得曲线(b).下移 $k\theta'E_m$.为交换增强的顺磁性.但不一定导致铁磁性.只有当 $k\theta'/E_m$ 大于一临界值,使曲线(b)与横坐标有交点时才出现铁磁性.该交点即相应于居里点 T_c.此临界值相当于使 $T_c=0$K 的 $k\theta'/E_m$ 比.对于抛物线能带,$(k\theta'/E_m)_{c1}=$

$\frac{2}{3}$. 即 $k\theta'/E_m<\frac{2}{3}$时，无自发磁化. $k\theta'/E_m>\frac{2}{3}$时，才出现自发磁化及铁磁性. 考虑到能带宽 E_m 与能态密度大体呈反比关系，这里的临界值条件与斯托诺判据式(36.15)是一致的.

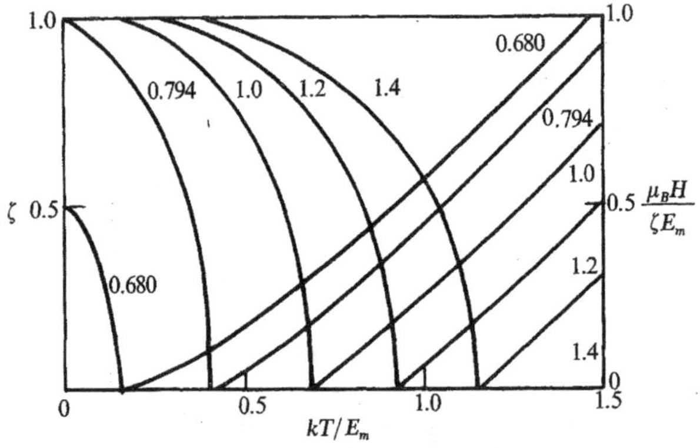

图 36.19 相对磁化强度和磁化率倒数与约化温度的关系.

(ii)当 $k\theta'/E_m$ 大于上述临界值时，在低于 T_c 的温区，在外场为零时出现自发磁化. 相对磁化强度与温度的关系示于图 36.19. 图中曲线上的数字为 $k\theta'/E_m$ 比值. 可以看到，居里温度 T_c 随交换作用能 $k\theta'$ 增大而上升. 而且 0K 时的磁化强度 ζ_0 亦依赖于 $k\theta'/E_m$ 比值. 当 $k\theta'/E_m$ 从$\frac{2}{3}$增大时，随着交换劈裂增大，ζ_0 从小于 1 的数值上升，直到 $k\theta'/E_m$ 等于第二个临界值$(k\theta'/E_m)_{c2}$时，ζ_0 达最大值. 对于抛物线能带，$(k\theta'/E_m)_{c2}=2^{-\frac{1}{3}}=0.7937$，$\zeta_{0\max}=1$. 上述结论不能定量地用于过渡金属. 因 d 带不是抛物线型，且 d 次带最大可容纳的电子数有限. 但上述概念常被引用. 当交换劈裂及 T_c 较小时，0K 下的自发磁化强度未达到其最大可能值，且随 T_c 降低而减小，称为弱铁磁性. 当 $k\theta'/E_m$ 足够大，使 M_0 达到最大可能值时，M_0 不可能随 T_c 升高而增大，称为强铁磁性.

(iii)$T>T_c$ 时，铁磁性消失，自发磁化为零，呈交换增强顺磁性. 磁化率倒数对温度的依赖性亦示于图 36.20 中. 将式(36.22)中的 $f^{\pm}$ 按 H 展开,取近似,可得到顺磁磁化率

$$\chi=\chi_p(T)/[1-\lambda\chi_p(T)], \tag{36.26}$$

式中 $\chi_p(T)$ 为无交换增强的泡利顺磁性磁化率,表式为式(35.52b),代入上式可得

$$\chi=\frac{N(E_{F_0})\mu_B^2[1-\frac{\pi^2}{12}(\frac{T}{T_F})^2]}{1-\lambda N(E_{F_0})\mu_B^2+\lambda N(E_{F_0})\mu_B^2\frac{\pi^2}{12}(\frac{T}{T_F})^2}. \tag{36.27}$$

令 $\chi^{-1}=0$,即可得到居里点 T_c 的表式

$$T_c=T_F\sqrt{\frac{12}{\pi^2}\left(\frac{\lambda N(E_{F_0})\mu_B^2-1}{\lambda N(E_{F_0})\mu_B^2}\right)}. \tag{36.28}$$

将上式代入式(35.27),得到的磁化率表式为

$$\chi\sim T_F^2/(T^2-T_c^2). \tag{36.29}$$

式(36.28)给出的 T_c 值显然偏高. 上式给出的 χ 不同于居里-外斯律所给出的. 这是斯托纳模型在有限温区内所碰到的两个困难. 志水正男[63]以斯托纳模型为基础,利用合理的 $N(E)$ 曲线及交换常数并进行轨道磁化率等的修正后得到与 Fe,Co,Ni 实验结果一致的 χ-T 关系,并指出实验结果并不服从居里-外斯律.

图 36.20 示出约化磁化强度 $\frac{M_s}{M_0}=\frac{\zeta}{\zeta_0}$ 和约化磁化率倒数对约化温度 $\frac{T}{T_c}$ 的依赖关系. 随着 $k\theta'/E_m$ 增大,曲线形状发生变化. 图中当 $k\theta'/E_m$ 为∞时,相当于 E_m 趋于零,相应于局域磁矩的情况. 图 36.21 示出的是 Ni-Cu 合金的约化磁化强度与温度的关系的实验结果,与计算结果是相似的.

(5)局域模型与巡游模型. 金属铁磁理论的新进展. 在局域模型中,磁性负载的电子局域于原子中. 交换作用或分子场使其在 T_c 以下发生局域磁矩的自发磁化. 在 T_c 以上局域磁矩受热运动的影响而混乱取向,呈顺磁性. 局域磁矩模型较早成功地描述了自发磁化强度与顺磁化率与温度的关系,并解释了自旋波、T_c 附近

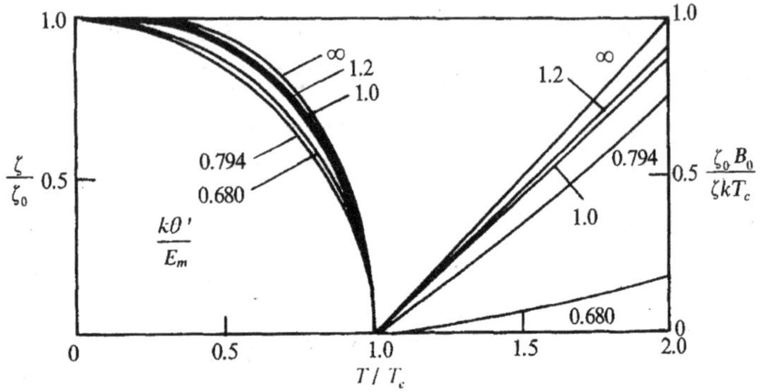

图 36.20 约化磁化强度和磁化率倒数与温度的关系的计算结果.

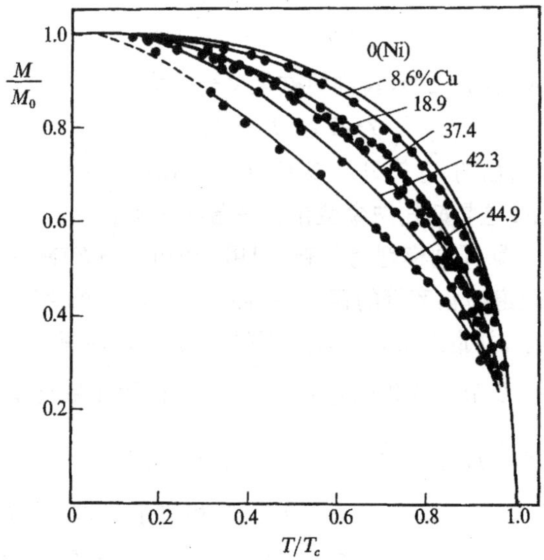

图 36.21 Ni-Cu 合金约化磁化强度和约化温度的关系的实验结果.

的熵异常、磁电阻等其他性能,使它成为早期广泛应用的铁磁性理论模型.但严格地说,局域模型只适用于绝缘体化合物及稀土金属铁磁性.对过渡族金属及合金的铁磁性出现了原子磁矩的分数性及 $p_c/p_s>1$ 等根本性的不合理结果.图 36.22 示出的 Rhodes-

Wohlfarth 图[64]为一些铁磁物质的 p_c/p_s 与 T_c 的关系图，该图常被用来鉴别铁磁物质遵守局域模型或巡游模型. 前者的 $p_c/p_s \sim 1$，不论其 T_c 高或低；后者当 T_c 较低时，p_c/p_s 明显地大于 1，因为对于弱铁磁性，p_s 随 T_c 及 θ' 降低而减小. 许多实验数据近似服从

$$(p_c/p_s) \sim \frac{1}{T_c}.$$

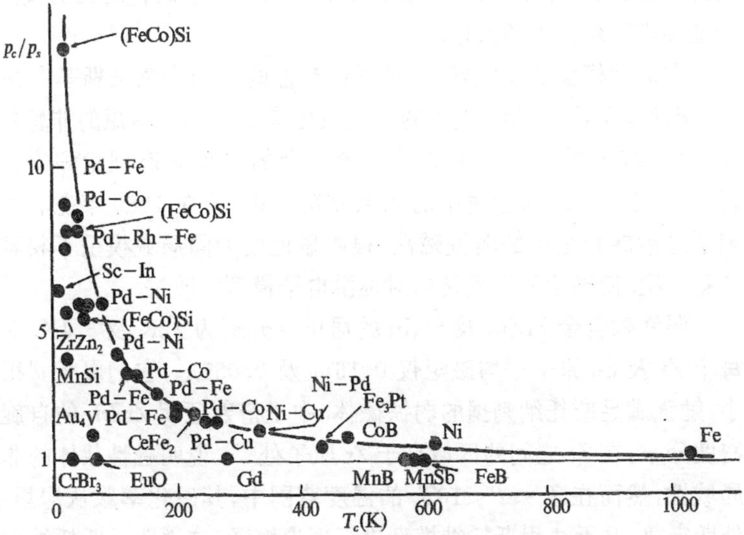

图 36.22 (p_c/p_s)-T_c 关系，即 Rhodes-Wolhlfarth 图.

巡游电子模型中负载磁矩的电子不局域于原子而为原子集合体系所共有. 目前已公认，过渡族金属及合金的磁性属于巡游电子模型所描述的情况. 斯托纳模型成功之处在于它自然地说明了原子的平均磁矩的非整数性，并给出了不同于局域磁矩模型的铁磁性出现的条件，即斯托纳判据，它也定性地再现了 M_s-T 关系及 T_c 以上 $\frac{1}{\chi}$-T 的关系，然而，长期以来，巡游电子理论存在着相当严重的问题. 主要在于 $T \neq 0$K 时的磁性. 首先是斯托纳模型给出的居里点 T_c 比实验值高一个数量级. Fe，Co，Ni 的 T_c 的计算值高达

4400—6200K，3300—4800K 和 2900K[52]. 这不是计算精度造成的. 其次在 $T>T_c$ 时许多金属和合金铁磁体的 χ-T 服从居里-外斯定律，即 $\frac{1}{\chi}$-T 呈线性关系，而斯托纳理论并不给出这样的关系，除非在很高的温区.

总之，局域模型和巡游模型的早期理论在与实验比较时各有利弊. 因此几十年来，若干学者曾分别努力于以这两种对立的模型为基础进行理论上的改进.

在局域模型的发展方面，早期曾有曾讷[65]及奉索夫斯基[66]的 s-d 交换作用理论. 用 s 电子的自旋极化来解释原子磁矩的非整数性. 以后有夫里德耳[67]对磁性稀释合金的虚束缚态理论和安德森[68]的更为普遍的金属中的局域磁矩理论. 但在 1960 年左右发现了过渡族合金中的弱铁磁性，很明显地成为同局域模型不相容的新典型. 使理论的发展转向对巡游电子模型的改进.

弱铁磁合金 $ZrZn_2$ 及 Sc_3In 的居里点分别为 22K 及 6.1K. 而每个 Zr 及 Sc 原子平均磁矩仅 $0.16\mu_B$ 及 $0.055\mu_B$，它们属于 θ' 很小，勉强满足斯托纳判据的弱铁磁体. 中子衍射证明 $ZrZn_2$ 的自旋密度分布，在 Zr 之间的区域高于 Zr 原子处[69]. 说明磁性载体的非局域性，然而在 $T_c<T<10T_c$ 的温度范围中，其磁化率服从居里-外斯定律. 又无法用斯托纳模型进行理论解释，这说明了斯托纳理论的缺陷，也意味着为了解释线性的 $\frac{1}{\chi}$-T 关系需要寻求与局域模型无关的新机制，这就是在 70 年代发展起来的交换增强的自旋起伏理论.

自旋起伏理论是在巡游电子模型的自旋波理论的基础上发展起来的，自旋波的概念及理论开始于局域模型，以后在巡游模型中开始建立自旋波理论. 60 年代发展了基于动态平均场近似或无规相近似的自旋起伏的普遍理论[70]. 70 年代自旋起伏理论的新进展在于考虑自旋起伏的傅里叶分量间的耦合及自旋起伏对平衡态的影响，形成了自旋起伏的自洽重整化理论[71]. 自旋起伏理论导致了以下几个突出的结果.

(i)降低了 T_c 的计算值.改善了斯托纳模型中 T_c 过高计算的结果.

(ii)给出了 $T>T_c$ 时的居里-外斯律.

(iii)$T>T_c$ 时,有强的短程自旋有序及局域磁矩为中子衍射所证实[72].

以守谷亨的工作为代表的巡游电子磁性理论的新发展还提出了将局域模型和巡游模型统一起来的磁性物理图象,详见文献[71].

§36.2 反铁磁性和亚铁磁性

(a)反铁磁体和亚铁磁体的基本特征 反铁磁体和亚铁磁体均属磁有序物质.它们的磁有序转变温度分别称为奈耳点 T_N 及居里点 T_c.在 T_N 和 T_c 以上的温区呈顺磁性,在 T_N 和 T_c 以下处于磁有序状态.

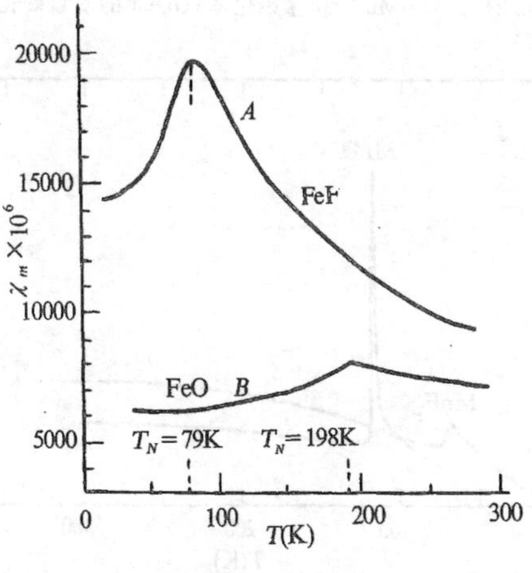

图 36.23 FeF_2 和 FeO 的磁化率对温度的依赖关系.

在反铁磁状态下,原子或电子磁矩的空间有序分布使磁矩相互抵消.宏观自发磁化强度为零.其磁化率仍保持很小的数值,甚至比 T_N 附近更小.因而反铁磁体的磁化率与温度的关系常以 T_N

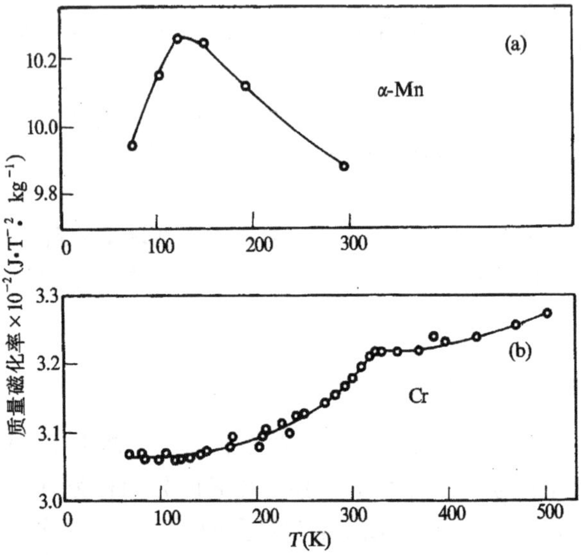

图 36.24 (a)α-Mn 的质量磁化率;(b)Cr 的质量磁化率.

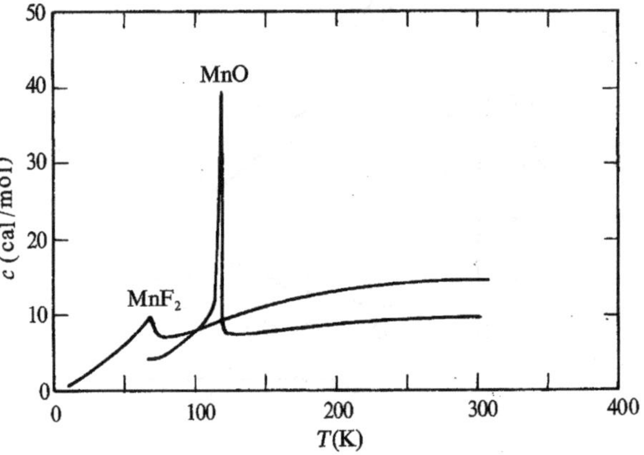

图 36.25 MnF_2 和 MnO 的比热.

处出现极大值为特征.其他反映二级相变特征的物理量亦常在 T_N 处出现极值或折点.图 36.23 示出的是 FeF_2 和 FeO 的摩尔磁化

率对温度的依赖关系[73]. 图 36.24 示出的是金属锰和铬的质量磁化率[74]. 图 36.25 示出的是 MnF_2 和 MnO 的比热与温度的关系[75]. 图 36.26 示出的是几个氧化物的热膨胀系数[76]. 图 36.27 示出的是锰的电阻率与温度的关系[77].

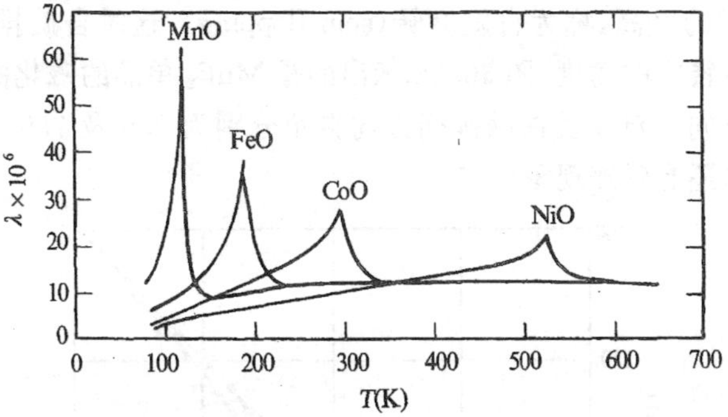

图 36.26　几个氧化物的热膨胀系数.

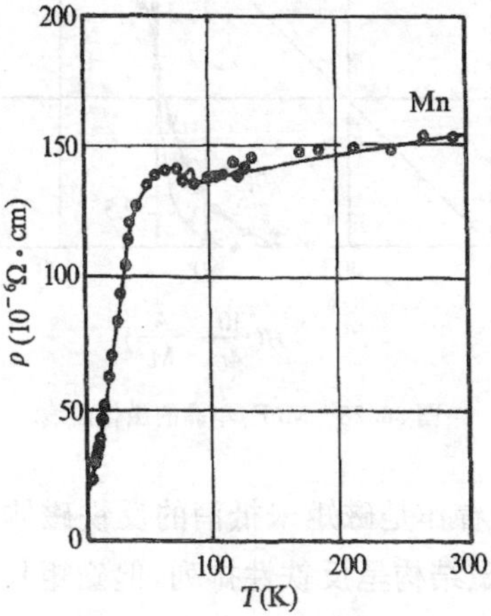

图 36.27　锰的电阻率与温度的关系.

反铁磁性大体出现在三类物质中:(i)过渡金属离子化合物;(ii)过渡金属和合金;(iii)稀土金属.

表 36.10 列出一些具有代表性的反铁磁体及其数据. 包括(i)及(ii)类,稀土金属大多具有复杂的反铁磁磁矩结构,将在下面专门讨论.

反铁磁体的磁化率在奈耳点以下常表现出微弱的磁场依赖性. 当磁场沿反铁磁体自发磁化轴向且足够大时,磁化强度会突然跳跃式的升高,称为自旋突转(spin flopping). 这时自旋排列方向突然旋转大的角度. 图 36.28 示出的是 MnF_2 单晶的磁化曲线[78],磁场方向与自发反铁磁排列方向夹角分别为 2.5°及 7.5°. 有的反铁磁体还有磁滞现象.

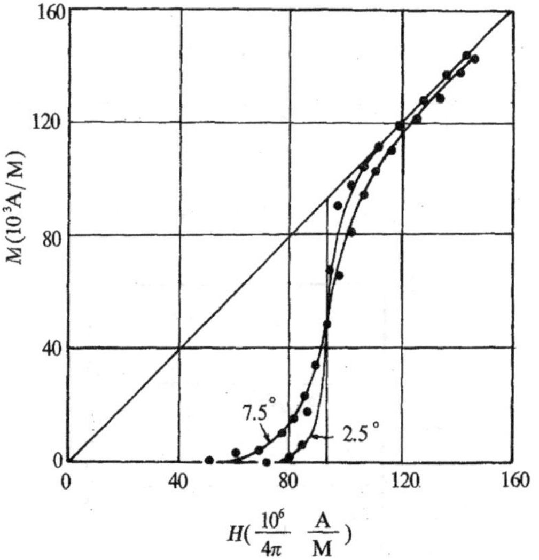

图 36.28 MnF_2 单晶的磁化曲线.

亚铁磁体可看作是磁矩未抵消的反铁磁体. 在磁有序转变点 T_c 以下的温区,磁结构呈反铁性排列,但磁矩只部分抵消,故具有不等于零的自发磁化强度 M_s. 如不考虑微观结构及其影响,其宏观磁性常与铁磁体相似,如磁化率高,易饱和,有磁滞等. 亚铁磁体属强磁性物质,获得广泛的应用. 铁氧体为亚铁磁体中的一大类,重稀土-过渡金属合金亦属此类.

表 36.10 一些反铁磁体及其数据[8,18,29]

物质	奈耳点 T_N(K)	顺磁居里点 θ_p(K)	θ_p/T_N	$\chi(0)/\chi(T_N)$	顺磁离子的晶格
MnO	122	−610	5.0	2/3	面心立方
MnS	165	−528	3.2	0.82	面心立方
MnSe	247	−748	~3		面心立方
MnTe	307				六角层
MnF_2	72	−113	1.57	0.76	体心正方
FeF_2	79	−117	1.48	0.72	体心正方
$FeCl_2$	23.5	48	2.0	<0.2	六角层
FeO	198	−570	2.9	0.8	面心立方
$CoCl_2$	24.9	38.1	1.53	~0.6	六角层
CoO	291	−280			面心立方
NiO	523—647	−2470	~5	0.67	面心立方
$NiCl_2$	49.6	68.2	1.37		六角层
CrSb	725	~1000	1.4	$\sim\frac{1}{4}$	六角层
Cr_2O_3	310	485	1.6	0.76	六角
$CrCl_2$	~40	−14.9			
VCl_3	30	−30.1			
$TiCl_2$	~100				
$CuCl_2$	~70	−109			
α-Fe_2O_3	950	−2000			六角
α-Mn	95				复杂
γ-Mn	~390				面心四方
Cr	312				体心立方,单晶
Cr	~500				体心立方,粉末
γ-Fe	~40(~8)				面心立方
$MnAu_2$	363				
Pt_3Fe	~100				

由于原子磁矩呈反铁磁排列与耦合，亚铁磁体的某些宏观磁性与铁磁体有差别. 如在 T_c 以上，磁化率明显地不遵守居里-外斯律；在 T_c 以下，自发磁化与温度的关系也常与铁磁体不同. 图 36.29 示出的是锰铁氧体 $MnFe_2O_4$ 在居里点以上的 $\frac{1}{\chi}$ 与温度的关系. 只有很高温度时才为直线. 图 36.30 示出的是为钆-铁合金的自发磁化强度与温度的关系的示意图. M_s 随温度上升而下降很快，在约 290K 附近，$M_s=0$. 此温度并非居里点，称为抵消点 T_d. 这时磁矩仍呈有序排列. 只是 Fe 及 Gd 的原子磁矩反平行，且大小相等，因而恰好完全抵消，使 $M_s=0$. 在 $T>T_d$ 时，M_s 随 T 上升而又增大，然后降低，直至 T_c 才转变为顺磁状态. 图中还示出，在 T_d 处矫顽力 H_c 呈现极大值，将在以后讨论.

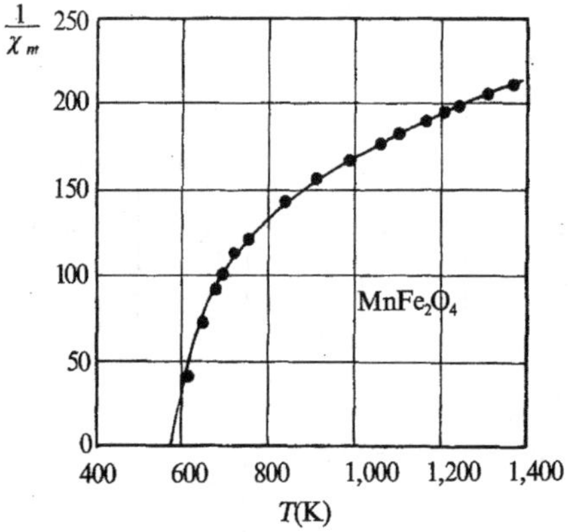

图 36.29 $MnFe_2O_4$ 的 $\frac{1}{\chi}$-T 关系.

(b) *局域磁矩反铁磁性* 在过渡族金属中，正的交换作用或分子场导致了铁、钴、镍铁磁性出现的概念，这样很自然地使人们提出，负的交换作用及分子场是否可能使某些过渡族金属呈现反铁磁性. 奈耳早在 30 年代就提出原子磁矩呈反平行排列的反铁磁性以及目前称为奈耳点的反铁磁相变温度[80]. 但首先在实验上被证实，以后被系统研究的反铁磁体是大量的过渡金属离子化合物，如

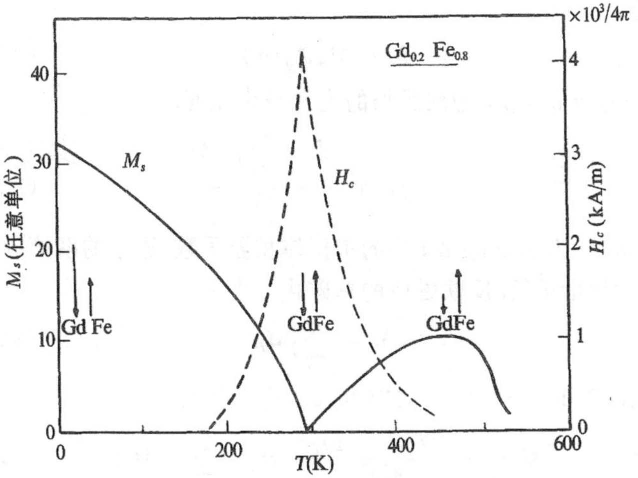

图 36.30　$Gd_{0.2}Fe_{0.8}$合金的 M 和 H_c 与温度的关系示意图.

表 36.10 所列. 它们都属于局域磁矩反铁磁性,且原子磁矩多为共线(colinear). 对于这种情况,常可按磁矩排列的特征将晶格分成两个以上相互贯穿的次晶格(sublattice),将外斯铁磁性分子场理论推广到次晶格中,形成反铁磁体的分子场理论. 这个理论适用于离子化合物,但对于金属在某些场合下亦可借鉴.

反铁磁体中的次晶格是根据在奈耳点以下的反铁磁有序排列显示出来的原子间交换作用的特点来划分的. 一般地说,同一次晶格内的原子磁矩在 T_N 以下相互平行,有似于铁磁性的自发磁化. 不同次晶格间各有不同性质的交换耦合和分子场. 作为普遍的理论模型,设共有 j 个次晶格. 其中第 i 个的次晶格中的原子磁矩受到的等效场为外磁场 H 与分子场 H_{ij}之和. $i\neq j$ 时,H_{ij}为其他次晶格 j 对次晶格 i 产生的分子场,$i=i$ 时,H_{ii}为 i 次晶格中其他原子磁矩产生的分子场. 分子场取$-\lambda_{ij}M_j$ 的形式.

$$\boldsymbol{H}_i = \boldsymbol{H} - \sum_j \lambda_{ij}\boldsymbol{M}_j, \qquad (36.30)$$

λ_{ij}为分子场常数,式中的负号使反铁磁耦合相应于 $\lambda_{ij}>0$,铁磁耦合相应于 $\lambda_{ij}<0$. 与式(36.3)的推导相似. 每个次晶格的磁化强度

M_i 为

$$M_i=M_{io}B_{Ji}(\alpha_i), \tag{36.31}$$

其中 $M_{io}=n_i g_i J_i \mu_B$ 为次晶格的饱和磁化强度.

$$\alpha_i = g_i J_i \mu_B \frac{H - \sum_j \lambda_{ij} M_j}{kT}, \tag{36.32}$$

式中 n_i, g_i, J_i 为次晶格 i 中的单位体积原子数,原子的朗德因子和总角动量量子数.反铁磁体的总磁化强度为

$$\boldsymbol{M} = \sum_i \boldsymbol{M}_i. \tag{36.33}$$

温度在 T_N 以上时,$\alpha_i \ll 1$,式(36.31)可近似为

$$\boldsymbol{M}_i = \frac{n_i g_i^2 J(J+1)\mu_B^2}{3kT}(\boldsymbol{H} - \sum_j \lambda_{ij} \boldsymbol{M}_j), \tag{36.34}$$

共 j 个方程,解出后利用式(36.33)可求出总磁化强度 $\boldsymbol{M}$ 及磁化率.

(1)$T>T_N$ 时的磁化率与奈耳点.以最简单的两次晶格为例.这时 $i=A,B$.设组成的原子相同,且处于同一状态,$n_A=n_B=\frac{n}{2}$,$g_A=g_B=g, J_A=J_B=J$.令 $\lambda_{AA}=\lambda_{BB}=\beta, \lambda_{AB}=\lambda_{BA}=\alpha$.式(36.34)可写为

$$\left.\begin{aligned} \boldsymbol{M}_A&=\frac{C}{2T}(\boldsymbol{H}-\alpha\boldsymbol{M}_B-\beta\boldsymbol{M}_A), \\ \boldsymbol{M}_B&=\frac{C}{2T}(\boldsymbol{H}-\alpha\boldsymbol{M}_A-\beta\boldsymbol{M}_B), \end{aligned}\right\} \tag{36.35}$$

而

$$C=ng^2J(J+1)\mu_B^2/3k.$$

$T>T_N$ 时,顺磁磁化强度为二次晶格磁化强度的叠加

$$M=M_A+M_B=\frac{C}{2T}(2H-\alpha M-\beta M),$$

解之,可得反铁磁体的居里-外斯定律

$$\chi=\frac{C}{T-\theta_p}, \tag{36.36}$$

$$\theta_p=-\frac{1}{2}(\alpha+\beta)C. \quad (36.37)$$

当 α 及 β 均为正值，即原子间均为反铁磁耦合，或 $\alpha>|\beta|$，即两次晶格间有强的反铁磁耦合时，则 $\theta_p<0$. 这是许多反铁磁体具有的特征，如表 36.10 所示.

当 $T=T_N$ 时，各次晶格开始出现自发磁化. 这意味着 $H=0$ 时式(36.35)具有非零解. 注意到这时 $\boldsymbol{M}_A$ 与 $\boldsymbol{M}_B$ 方向相反，解该式的系数行列式，可得

$$T=T_N=\frac{1}{2}(\alpha-\beta)C, \quad (36.38)$$

T_N 必须大于零，故应有 $\alpha>\beta$，这是二次晶格模型出现反铁磁结构的条件. 根据以上两式可得

$$\frac{|\theta_p|}{T_N}=\frac{\alpha+\beta}{\alpha-\beta}. \quad (36.39)$$

上述简单的分子场理论给出了许多反铁磁离子化合物的共性：在 T_N 以上，其顺磁磁化率服从居里-外斯定律，而 θ_p 为负值. 但两次晶格模型只适用于少数体心晶格的物质. 一些体心及面心结构的化合物的反铁磁体中的磁矩排列及交换作用可用不同类型的四次晶格模型来描述. 它们均可得出相似的结论，但其 θ_p 及 T_N 的表式与上三式不同. 这些理论指出，体心结构的反铁磁体的 $|\theta_p|/T_N$ 最大值为 3，而面心结构为 5，与表 36.10 中所列出的数据大体相符.

(2)反铁磁状态下的磁化率. 在 $T<T_N$ 时，发生自发的反铁磁有序结构，其磁化率常随温度下降而减小. 对单晶体来说，磁化率呈现各向异性，如图 36.31 所示. 在 T_N 以下，磁场方向平行于 MnF_2 单晶的四方轴，与垂直时不同. 可用简单的二次晶格模型解释.

在 $T<T_N$ 时，两次晶格的原子磁矩自发反平行磁化在易磁化方向——[100]轴向上. 当 H 与此轴垂直时，磁化是通过 $\boldsymbol{M}_A$ 及 $\boldsymbol{M}_B$ 的转动来实现的，如图 36.32 所示. $\boldsymbol{M}_A$ 和 $\boldsymbol{M}_B$ 均转动了相同的

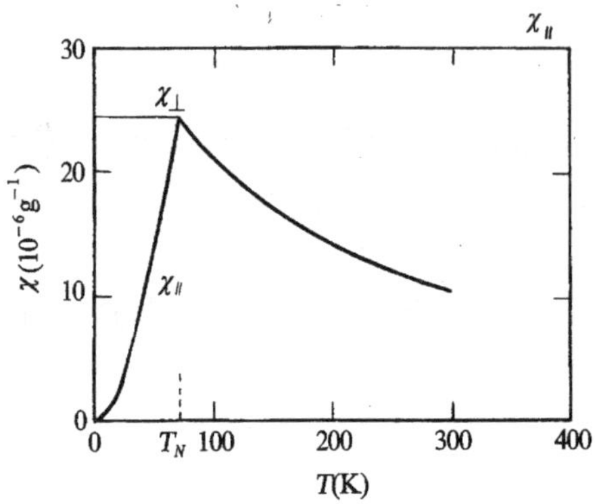

图 36.31 MnF_2 单晶的磁化率.

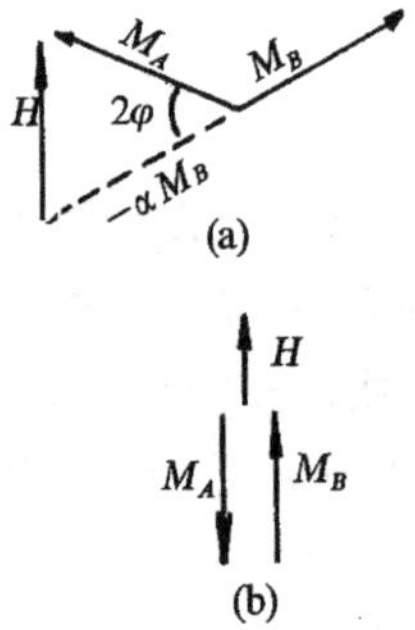

图 36.32 磁化的各向异性
(a)垂直;(b)平行.

角度 ϕ. 相互交角为 2ϕ. 按力学平衡的条件,应有

$$\boldsymbol{M}_A\times(\boldsymbol{H}+\boldsymbol{H}_A)=\boldsymbol{M}_A\times\boldsymbol{H}-\boldsymbol{M}_A\times\alpha\boldsymbol{M}_B=0$$

即 $$M_AH\cos\phi-\alpha M_A^2\sin2\phi=0,$$

或

$$H=2\alpha M_A\sin\phi.$$

但

$$M_H=2M_A\sin\phi=\frac{H}{\alpha},$$

故 $$\chi_{\perp}=\frac{1}{\alpha}. \tag{36.40}$$

垂直于自发磁化方向的磁化率 $\chi_{\perp}$ 与温度无关. 应该指出,上面推导中的 $M_{A,B}$ 为次晶格的自发磁化强度. 它们随温度上升而减小. 在分子场理论中服从布里渊函数,见式(36.31). 当 H 与自发磁化方向平行时,情况有所不同. 当 $T=0\text{K}$ 时,$\boldsymbol{M}_A$ 和 $\boldsymbol{M}_B$ 均达饱和值. 在磁场作用下,其数值不变,且不转动. 故 $\chi_{/\!/}=0$. 当温度从 0K 上升时,与磁场同向的 M_B 将稍高于 M_A 的数值. 因而,$\chi_{/\!/}\neq0$. 根据分子场理论计算可得出,$\chi_{/\!/}$ 随温度上升而增加,直至 T_N 时达最大值

$$\chi_{/\!/}(T_N)=\frac{1}{\alpha}.$$

H 沿任意方向，并与自发磁化方向的夹角为 θ 时，

$$\chi=\chi_{/\!/}\cos^2\theta+\chi_{\perp}\sin^2\theta.$$

对多晶体来说，若无结晶学织构，取平均

$$\chi=\frac{1}{3}\chi_{/\!/}+\frac{2}{3}\chi_{\perp}.$$

0K 时，$\chi=\frac{2}{3}\chi_{\perp}$. $T=T_N$ 时，$\chi=\frac{1}{\alpha}$，故

$$\frac{\chi(0)}{\chi(T_N)}=\frac{2}{3}, \tag{36.41}$$

与表 36.10 中所列出的数据相接近.

对于图 36.28 中表出的反铁磁状态下的磁化中的自旋突转，可借诸图 36.32 作进一步说明. 当 H 与自发磁化方向接近平行，且足够大时，有可能将次晶格的磁化 $\boldsymbol{M}_j$ 由原易磁化轴转动约 90°，从而使磁场与次晶格磁化方向的夹角由近于零度突然变为近于垂直，即由图 36.32(b)变到图 36.32(a). 因而使 χ 及 M 发生突变. 发生自旋突转的临界磁场 H_f 依赖于反铁磁体的各向异性. 此外，有些反铁磁体，次晶格内为强铁磁耦合，次晶格间为弱反铁磁耦合. 当外加磁场的强度超过层间的反铁磁交换场时，反铁磁耦合被破坏，晶体成为近铁磁排列. 这种现象称为赝铁磁性(metamagnetism). 经过以上两种突变后的状态常被称为准铁磁状态.

(c)反铁磁过渡金属与合金　过渡金属及合金中有若干反铁磁体，如 Mn，Cr，γ-Fe，$MnAu_2$，Pt_3Fe 等. 原则上它们应属于巡游电子模型，受能带结构的影响，因而性能各异，其中有些具有简单的磁结构，且其顺磁磁化率服从居里-外斯定律，如 Pt_3Fe. 但是 α-Mn 及 Cr 的反铁磁性能有明显的不同. 它们的 χ-T 在 T_N 处的极大非常微弱，如图 36.24 所示. 图中纵坐标的尺度是很小的，在 $T>T_N$ 时，Mn 的磁化率随温度上升而减小，但不服从居里-外斯律. Cr 的 χ-T 关系则相反，已在表 35.7 中提及，这些性能与能带结构有关.

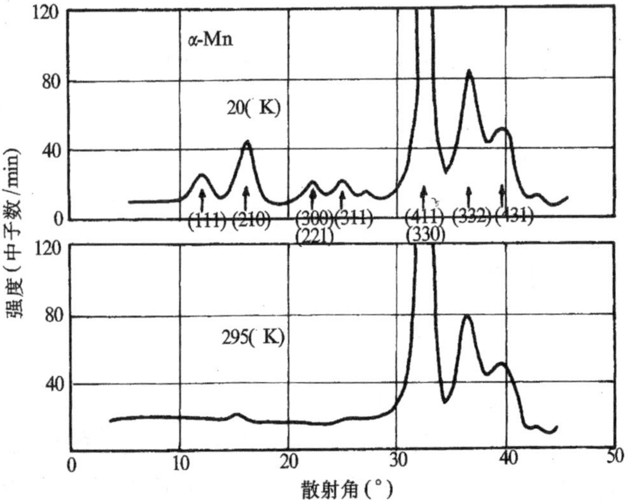

图 36.33 α-Mn 的中子衍射图.

最早,用中子衍射证明了纯铬及 α 锰的反铁磁有序转变[81]. α 锰的反铁磁性可在图 36.33 的中子衍射图中看到. 在低温下出现的附加衍射峰来自反铁磁排列的磁矩的磁散射. 从附加衍射峰强度随温度的变化可以确定奈耳温度.

锰的晶体结构和磁性均颇复杂. 有四种同素异形结构,α,β,γ,δ 相. 在 705℃以下的稳定结构为 α-Mn,是一种复杂的体心立方结构,每个元胞有 29 个原子. T_N 为 95K,Mn 的原子磁矩在不同晶位分别为 1.90,1.78,0.60,0.25μ_B,构成复杂的反铁磁排列[82]. 高温稳定相,面心立方的 γ 相及体心立方的 δ 相可通过快冷、合金化及外延生长在低温下出现并呈现反铁磁性. 理论研究还发现有可能出现高自旋的铁磁性 δ-Mn[83].

铬的磁性对晶体缺陷十分敏感. 曾测得粉末状的铬具有高达 500K 的奈耳温度[81]. 但单晶铬的 T_N=312K[84]. 其磁矩在晶格中呈现一种波动的分布. 0K 时,振幅的最大值为 0.59μ_B.

纯铁在 910℃以下为体心立方的 α 相，为铁磁体. 在 910℃以上转变为面心立方的 γ 相，处于顺磁状态. 对具有 γ-Fe 结构的奥氏体钢的磁化率与温度关系的测量发现在 40K 时出现极大值，相应于反铁磁相变. 对 Cu-Fe 合金中分解出的 γ-Fe 的中子衍射的测量给出的奈耳点约为 8K，原子磁矩仅约 $0.7\mu_B$.

$MnAu_2$ 合金的反铁磁性曾受到相当的重视，它是第一个被认为是具有螺旋式反铁磁状态的物质. 它是非共线反铁磁结构的一种，将在稀土金属的反铁磁性中一并讨论.

过渡族金属和合金的一个共性是其原子磁矩小，金属 Mn，Cr 和 γ-Fe 的平均原子磁矩均远小于离子化合物中 Mn^{2+}，Cr^{2+} 和 Fe^{3+} 的离子磁矩. 后者分别为 5，4，$5\mu_B$. 这个问题可以在巡游电子模型中得到解答. 将斯托纳关于铁磁性的巡游电子模型及次晶格的概念推广到反铁磁金属可以解释小的平均原子磁矩和 T_N 处磁化率极值微弱等现象[85].

将金属中的原子分为两个次晶格 A 和 B. 设金属中的 d 电子的巡游活动基本上分别局限在 A 或 B 次晶格中，且两次晶格中的 d 电子均可具有两种自旋方向. 如任一瞬间，在 A 次晶格中的状态有某种自旋极化，例如正自旋的电子较多，则由于 A 和 B 间的反铁磁交换作用，B 次晶格的状态将出现负自旋的极化，示于图 36.34，即 A，B 次晶格的正负自旋次能带均发生交换劈裂，但方向相反. 令在这四个次能带中的电子浓度为 N_A^+，N_A^-，N_B^+ 和 N_B^-. 在 A 次带中的 $N_A^+ + N_A^-$ 个电子的交换能为

$$E_{ex}=\frac{N_A^+\mu_B^2}{2}\left[-\alpha(N_B^- - N_B^+)+\beta(N_A^+ - N_A^-)\right] + \frac{N_A^-\mu_B^2}{2}\left[+\alpha(N_B^- - N_B^+)-\beta(N_A^+ - N_A^-)\right],$$

α 及 β 为次晶格间和次晶格内的分子场常数.

因 $N_A^+ = N_B^-$ 及 $N_A^+ = N_B^-$，

令

$$\Delta n = N_A^+ - N_A^- = N_B^+ - N_B^-$$

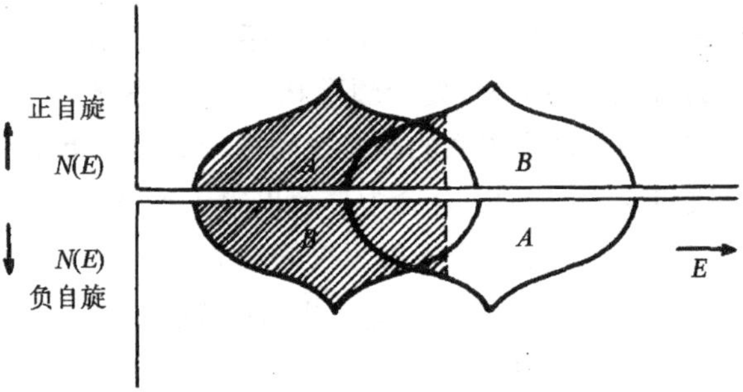

图 36.34　反铁磁金属中的 4 次能带.

可得到

$$E_{ex}=-\frac{\Delta n^2\mu_B^2}{2}(\alpha-\beta). \tag{36.42}$$

上式可与斯托纳铁磁性的公式(36.12)相比.只是用 $\alpha-\beta$ 代替了 λ,而 Δn 相应于各次晶格的自发磁化而不是整个铁磁体的磁化.与斯托纳的理论相似,可得到反铁磁性出现的判据

$$2(\alpha-\beta)\mu_B^2N(E_{F_0})>1. \tag{36.43}$$

这样的巡游电子模型可以说明反铁磁过渡金属中的某些特点,由于 d 电子在能带中重新分布,且次晶格中的磁有序可以不完全,因而平均原子磁矩远小于局域离子磁矩的数值的事实可从巡游电子模型中很自然地得到理解,但是上述理论还属于分子场唯象模型.

对金属铬反铁磁性的研究导致的自旋密度波(SDW)理论的建立是过渡金属磁性研究中的一个重要进展.分子场的本质为交换作用,而交换作用为近邻电子的一种静电作用.交换作用不仅可导致铁磁性——自旋的长程自发平行,更重要的是短程的平行.Overhauser[86]提出,斯托纳的铁磁性条件只是在铁磁性及顺磁性间进行比较.实际上具有交换作用的电子气的基态可以是甚至常常是 SDW.由于交换作用,正、负自旋电子的空间分布可以是不均匀的,呈简谐变化而相位相反.使自旋密度为波动分布.铬及其合金以及在多层膜中的 SDW 反铁磁性的形成条件及机理以及在层

间耦合中的效应曾经是并仍然是颇具吸引力的研究课题[87]. 其他反铁磁金属(如锰)迄今仍缺乏深入了解.

(d)*稀土金属中的反铁磁性和复杂的磁有序结构* 在§36.1曾论及稀土金属在低温下有多样性的磁有序转变及磁(矩)结构. 它们在高温下为顺磁性. 低温下多数有反铁磁转变. 重稀土金属,除*Yb*外,低温下有铁磁性. 其中Gd,Tb,Dy为共线铁磁性,而Ho,Er,Tm为非共线铁磁性,但在$T>T_c$时,发生铁磁-反铁磁转变. 它们的反铁磁结构也常不是简单的共线反平行排列. 其中Er更为特殊,有两个奈耳点T_{N1}及T_{N2},有两种不同的反铁磁转变. 表36.11列出各种有磁序转变的稀土金属的磁序结构及其相应的T_c及T_N. 图36.35示出的是各种磁序结构的示意图. 由于相变温度

表36.11 稀土金属的磁结构及转变温度[21,54]

金属	磁结构和转变温度 T_c 及 T_N(K)
Ce	反铁磁(c平面内亚铁磁,面间反平行)$\xrightarrow[12.5]{T_N}$顺磁
Pr	反铁磁(与Nd相似?)$\xrightarrow[20(?)]{T_N}$顺磁
Nd	铁磁或亚铁磁$\xrightarrow[7.5]{T_c}$反铁磁(面内平行,面间反铁磁)$\xrightarrow[19]{T_N}$顺磁
Sm	? $\xrightarrow[14]{?}$反铁磁(与Nd相似)$\xrightarrow[106(?)]{T_N}$顺磁
Eu	反铁磁性(SSS)$\xrightarrow[90]{T_N}$顺磁
Gd	铁磁(平行c轴,$T>248$K偏离c轴)$\xrightarrow[289]{T_c}$顺磁
Tb	铁磁(平行c面)$\xrightarrow[218]{T_c}$反铁磁(SSS)$\xrightarrow[230]{T_N}$顺磁
Dy	铁磁(平行c面)$\xrightarrow[90]{T_c}$反铁磁(SSS)$\xrightarrow[179]{T_N}$顺磁
Ho	铁磁(FS)$\xrightarrow[20]{T_c}$反铁磁(SSS)$\xrightarrow[133]{T_N}$顺磁
Er	铁磁(FS)$\xrightarrow[20]{T_c}$反铁磁(CS)$\xrightarrow[52]{T_{N1}}$反铁磁(SLSW)$\xrightarrow[80]{T_{N2}}$顺磁
Tm	铁磁(APD)$\xrightarrow[22]{T_c}$反铁磁(SLSW)$\xrightarrow[56]{T_N}$顺磁

注:表中的符号分别为SSS简单螺旋结构;FS铁磁螺旋结构或锥面结构;CS复杂螺旋结构或反相锥面结构;SLSW静态纵向自旋波结构或简谐调制结构;APD反相畴或方波调制结构. T_m的结构是四层原子磁矩向上,三层向下,平均净磁矩为$1\mu_B$/原子.

多在低温且结构复杂，有些金属(如轻稀)尚未完全研究清楚. 稀土金属的晶体结构除 Ce，Sm，Eu，Yb 外均为六角.

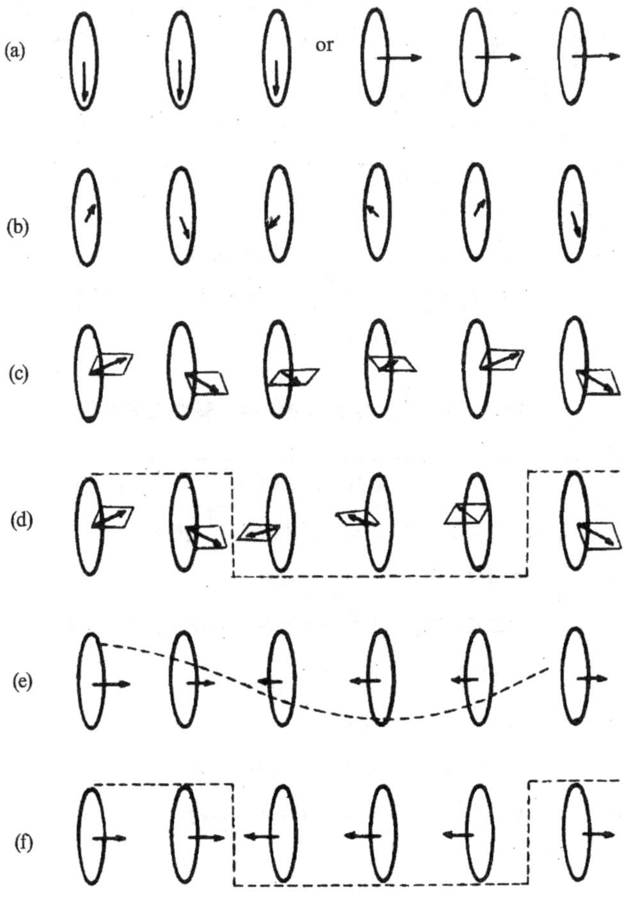

图 36.35 各种复杂的磁结构示意图.

(a)简单铁磁结构：Gd，Tb，Dy；(b)SSS：Tb，Dy，Ho，Eu 为反铁磁，$MnAu_2$ 亦属之；(c)FS：Ho，Er(铁磁性或称亚铁磁性)；(d)CS：Er(反铁磁性)；(e)SLSW：Er，Tm(反铁磁性)；(f)APD：Tm(铁磁性或称亚铁磁性).

其中(c)相当于(a)+(b)；(d)相当于(b)+(e)；(a)，(e)，(f)为共线结构，其他为非共线结构.

多种多样的磁结构反映了固体内复杂的相互作用，引起人们的很大兴趣，提出了不同方法不同层次的理论解释[88]．下面只简单介绍螺旋磁结构的分子场理论，以说明较为长程的交换作用或分子场可以导致不同类型的磁结构[15]．

考虑一个单轴对称的晶体，如六角晶格．磁性原子处于与单轴垂直的各原子层中．设由于各向异性及交换作用，原子磁矩的方向总是垂直于单轴，且在同一原子层中自发平行磁化在某一方向，相邻层的磁化方向相差一角度 θ，从而构成简单螺旋结构．若代表交换作用的分子场较为长程，即作用在某层原子磁矩上的分子场为来自同层(0)原子磁矩的分子场与来自最近邻层(1)，次近邻层(2)，再次近邻层(3)……分子场的总和．即

$$H_{ex}=\lambda_0 M_0+2\lambda_1 M_1\cos\theta_1+2\lambda_2 M_2\cos\theta_2+\cdots, \quad (36.44)$$

第一项代表本层中其他原子产生的分子场，设 λ_0 为正，有利于本层内的磁矩自发平行，M_0 为本层的自发磁化强度；第二项代表两个最近邻层对零层原子磁矩的相互作用；第三项为两个次近邻层产生的分子场，$\lambda_1,\lambda_2,\cdots$ 为相应的分子场常数，$\theta_1,\theta_2,\cdots$ 为各邻层的磁化强度 $\boldsymbol{M}_1,\boldsymbol{M}_2,\cdots$ 与 $\boldsymbol{M}_0$ 的夹角．在简单螺旋反铁磁结构中，原子及晶座均等同，故

$$M_0=M_1=M_2=\cdots=M_s,$$

$$\theta_1=\theta,\theta_2=2\theta,\theta_3=3\theta,\cdots,$$

故

$$\begin{aligned}H_{ex}&=M_s(\lambda_0+2\lambda_1\cos\theta+2\lambda_2\cos 2\theta+2\lambda_3\cos 3\theta+\cdots)\\&=M_s\lambda(\theta),\end{aligned} \quad (36.45)$$

而

$$\lambda(\theta)=\lambda_0+2\lambda_1\cos\theta+2\lambda_2\cos 2\theta+\cdots.$$

每层的交换作用能为分子场中的自能

$$E_{ex}=-\int_0^{M_s}H_{ex}dM=-\frac{1}{2}\lambda(\theta)M_s^2. \quad (36.46)$$

如 $\lambda(\theta)$ 为正值，0K 时层内原子磁矩平行排列，M_s 达最大值．θ 的数值由能量极小决定

$$\frac{\partial E_{ex}}{\partial \theta}=0, \tag{36.47}$$

即平衡条件下的 θ_0 使 $\lambda(\theta_0)$ 为极大值，一般，θ_0 不是 0 或 π，故得到简单螺旋结构.

可以想像，螺旋结构出现的必要条件是有的分子场常数 λ_i 为负，有的为正. 如若所有分子场常数 λ_i 均为正，$\lambda(\theta)$ 的极大值要求 $\theta_0=0$，即为局域磁矩理论中的铁磁性. 如 λ_1 为负，而其他 λ 系数均为零，式(36.47)要求 $\theta_0=\pi$. 即为已讨论过的共线反铁磁性. 当 λ_2 以正的分子场常数为零，可得到螺旋结构，而

$$\cos\theta_0=-\lambda_1/4\lambda_2$$

以上是 $T=0\mathrm{K}$ 的情况. 按与外斯分子场相似的方法，可以求得各层 M_s 随温度上升而下降的关系及 $M_s\to 0$ 时的温度为

$$T_N=\frac{J(J+1)}{3k}\lambda(\theta_0)Ng^2\mu_B^2, \tag{36.48}$$

这里 N 为每层中单位面积的原子数，g，J 为原子的有关常数.

若单轴各向异性使原子磁矩的方向均沿单易磁化轴而不是在垂直的平面内，相似的分子场理论可以得到纵向简谐调制结构. 由于各层的原子磁矩及磁化强度均沿单轴方向，相应的分子场分量及总和亦沿单轴方向. 分子场的作用不会导致各层磁化方向在垂直平面中旋转，但可以使其数值随层次而变化.

较长程的交换作用的来源将在下章讨论.

(e)**亚铁磁性**　亚铁磁体在 T_c 以下的温区具有不为零的自发磁化，但其原子磁矩呈反铁磁排列，其宏观磁化强度为原子磁矩相互抵消后的剩余部分，故数值常较小，现在按照奈耳针对铁氧体的亚铁磁性提出的分子场理论对最简单的两次晶格的情况作扼要的介绍[89].

设亚铁磁体中包含两类不同的磁性原子 A 和 B，分别属于两个次晶格 A 和 B. 它们的原子浓度分别为 χ_A 和 χ_B，而 $\chi_A+\chi_B=1$. 在给定温度下，各次晶格的克原子磁化强度为 M_A 和 M_B，则此物质的摩尔磁化强度为

$$\boldsymbol{M}=\chi_A\boldsymbol{M}_A+\chi_B\boldsymbol{M}_B. \tag{36.49}$$

与两次晶格的反铁磁性分子场理论相似，作用在 A，B 次晶格上的分子场 H_A 和 H_B 分别为

$$\left.\begin{aligned}\boldsymbol{H}_A&=\boldsymbol{H}_{AA}+\boldsymbol{H}_{AB}=-\lambda_{AA}\chi_A\boldsymbol{M}_A-\lambda_{AB}\chi_B\boldsymbol{M}_B.\\ \boldsymbol{H}_B&=\boldsymbol{H}_{AB}+\boldsymbol{H}_{BB}=-\lambda_{AB}\chi_A\boldsymbol{M}_A-\lambda_{BB}\chi_B\boldsymbol{M}_B.\end{aligned}\right\} \tag{36.50}$$

根据反铁磁排列的假设，应有 $\lambda_{AB}>0$，且 $\lambda_{AB}\gg|\lambda_{AA}|$ 及 $\lambda_{AB}\gg|\lambda_{BB}|$.

令 $\lambda_{AB}=\lambda$，$\lambda_{AA}=-\alpha\lambda$，$\lambda_{BB}=-\beta\lambda$，$|\alpha|<1$ 及 $|\beta|<1$，则上式可写为

$$\left.\begin{aligned}\boldsymbol{H}_A&=\lambda(\alpha\chi_A\boldsymbol{M}_A-\chi_B\boldsymbol{M}_B),\\ \boldsymbol{H}_B&=\lambda(-\chi_A\boldsymbol{M}_A+\beta\chi_B\boldsymbol{M}_B).\end{aligned}\right\} \tag{36.51}$$

(1)$T<T_c$，亚铁磁状态. $H=0$ 时，A，B 次晶格均自发磁化，其磁化强度为

$$\left.\begin{aligned}M_A&=M_{AO}B_J(\alpha_A),\\ M_B&=M_{BO}B_J(\alpha_B),\end{aligned}\right\} \tag{36.52}$$

式中 $M_{AO}=Ng_AJ_A\mu_B$，$M_{BO}=Ng_BJ_B\mu_B$. N 为阿伏伽德罗常量. $\alpha_A=g_AJ_A\mu_BHA/kT$，$\alpha_B=g_BJ_B\mu_B/kT$. 由于二次晶格的自发磁化相互反平行，故总自发磁化为二者之差

$$M_s=|\chi_AM_A-\chi_BM_B|. \tag{36.53}$$

奈耳对于更简单的情况，A，B 为同类原子，但所处晶座不等同，$\chi_A\neq\chi_B$，进行了分析与讨论，得到图 36.36 所示出的各种自发磁化与温度的关系曲线.

总自发磁化强度为二次晶格之差. 当 α，β，χ_A，χ_B 甚至两次晶格的原子不同时，各次晶格的自发磁化强度及其温度依赖关系各不相同，因而出现了种种不同的总磁化强度与温度关系的曲线. 其中 M，V，R 型在 0K 时的斜率不等零，在物理上不合理. Q 型与通常的铁磁性相似，N 型较为特殊，在 T_c 以下出现了使 M_s 等于零的抵消点 T_d. 在铁氧体及重稀土-过渡族合金中已多次出现. P 型亦曾发现，两次晶格的自发磁化强度的温度依赖性不同导致这种特别的 M_s-T 的原理示意于图 36.37. Fe-Gd 合金的有抵消点的 M_s-T 曲线已示于图 36.30 中. 当两次晶格中的原子及含量完全相

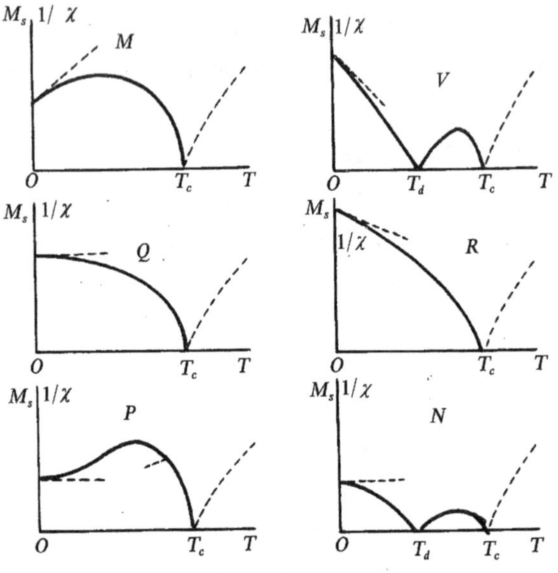

图 36.36 亚铁磁体的几种 M_s-T 关系.

同时,可能出现两次晶格的自发磁化及其温度依赖关系完全相同的情况,在 $T<T_c$ 的温区中相互抵消,使 $M_s=0$,即为反铁磁性.

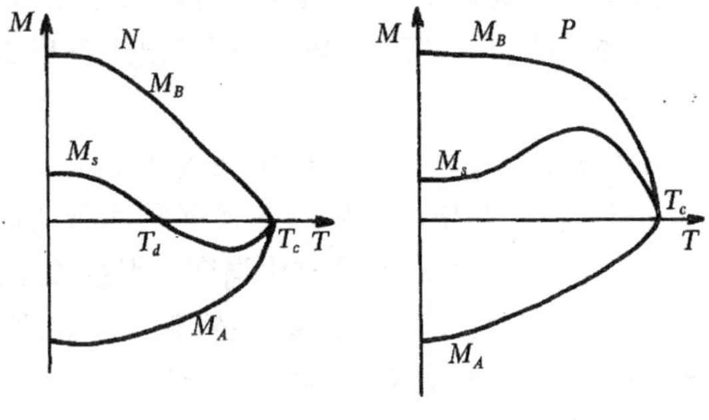

图 36.37 N 及 P 型 M_s-T 的原理.

(2)T_c 以上的磁化率和居里温度. 当 $T>T_c$ 时,只有当外磁场 $H\neq0$ 的条件下,M_A 和 M_B 才不等于零,为顺磁态. 将

$$
\left.\begin{aligned}
H_{\mathrm{eff}A}&=H+H_A,\\
H_{\mathrm{eff}B}&=H+H_B,
\end{aligned}\right\}\tag{36.54}
$$

代替式(36.52)中 α_A 和 α_B 中的 H_A 和 H_B,并考虑到 $\alpha_A,\alpha_B\ll 1$,可得到

$$
\left.\begin{aligned}
M_A&=\frac{C_{mA}}{T}(H+H_A),\\
M_B&=\frac{C_{mB}}{T}(H+H_B).
\end{aligned}\right\}\tag{36.55}
$$

当 A,B 原子相同时

$$
C_{mA}=C_{mB}=C_m=\frac{Ng^2J(J+1)\mu_B^2}{3k}.
$$

总磁化强度为

$$
M=\chi_A M_A+\chi_B M_B.
$$

联立解式(36.51)、式(36.54)和式(36.55),可得摩尔顺磁磁化率与温度的关系为

$$
\frac{1}{\chi_m}=\frac{T}{C_m}+\frac{1}{\chi_0}-\frac{\sigma}{T-\theta},\tag{36.56}
$$

式中

$$
\frac{1}{\chi_0}=\lambda(2\chi_A\chi_B-\chi_A^2\alpha-\chi_B^2\beta),
$$

$$
\begin{aligned}
\sigma&=\lambda^2C_m\chi_A\chi_B[\chi_A(1+\alpha)-\chi_B(1+\beta)]^2,\\
\theta&=\lambda C_m\chi_A\chi_B(2+\alpha+\beta).
\end{aligned}
$$

式(36.56)与外斯定律不同之处在于多一项 $\frac{\sigma}{T-\theta}$,使 $\frac{1}{\chi_m}$-T 不是直线而是双曲线性的. 在高温时,略去最后一项,式(36.56)变为其渐近线

$$
\frac{1}{\chi_m}=\frac{T}{C_m}+\frac{1}{\chi_0}=\frac{T-\theta'_p}{C_m},
$$

$\theta'_p=-\frac{C_m}{\chi_0}$ 称为虚居里温度,如图 36.38 所示.

式(36.56)中使 $\frac{1}{\chi_m}=0$ 的温度即为亚铁磁体的磁序转变温度

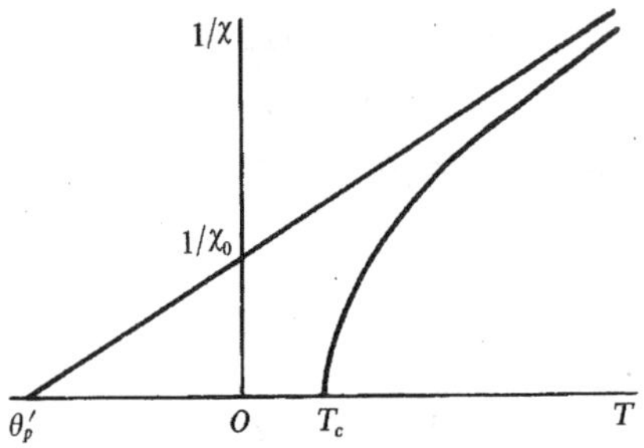

图 36.38 亚铁磁体的$\frac{1}{\chi}$-T关系.

T_c. 解之可得

$$T_c=\frac{\lambda C_m}{2}\left[\alpha\chi_A+\beta\chi_B-\sqrt{(\alpha\chi_A-\beta\chi_B)^2+4\chi_A\chi_B}\right]. \quad (36.57)$$

上述最简单的两次晶格共线亚铁磁性理论可以定性解释许多亚铁磁体的磁性. 在亚铁磁体中也发现一些非共线磁结构,如三角形结构. 这时需要用三次晶格或四次晶格理论来解释,其磁序结构是A次晶格原子磁矩自发平行,B次晶格分为B_1和B_2次晶格. 它们的自发磁化互成一角度,而合成的磁矩与A反平行. 这种三角形结构在$CuCr_2O_4$及Mn_3O_4中被中子衍射证实.

一些反铁磁体在T_N以下表现出微弱的自发磁化. 例如α-Fe_2O_3, $MnCO_3$, $CoCO_3$, CrF_3等. 其原因是呈反铁磁排列的次晶格原子磁矩并非完全反平行,而与180°偏离一很小的角度,从而合成一个微弱的自发磁化,被称为寄生铁磁性(parasitic ferromagnetism)或倾斜磁性(cant magnetism).

(f) 自旋玻璃和混磁性　在磁性金属固溶在非磁金属而形成的稀释合金中,当磁性元素含量低于某临界值时,低场下,其磁化率与温度的曲线上出现尖锐的峰. 当外加磁场加大时,峰的尖锐程度下降. 不同磁场下测得的Fe-Au合金的磁化率与温度的关系示于图36.39. 峰出现的温度称为冻结温度T_f. T_f的数值依赖于合金的成分. 在$T\leqslant T_f$时,并不出现反铁磁相变. 交换作用还不足以使稀释合金中的原子磁矩有序化. 但由于较长程的交换作用,在T

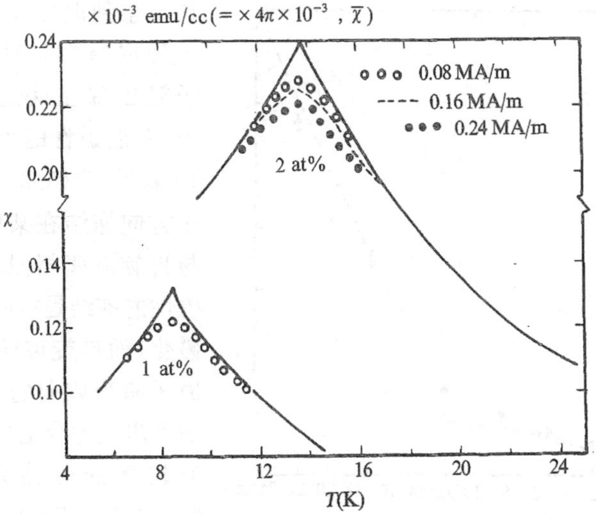

图 36.39 Fe-Au 合金的 χ-T 关系.

$<T_f$ 时自旋被固定——冻结在某个方向,且在不同空间位置自旋取向为无规的,因而被称为自旋玻璃(spin glass).可以用无规分子场理论给予解释.自旋玻璃现象往往发生在一定的成分范围中,当磁性元素含量过少时,磁性原子距离太远,交换作用不能及,不足以形成自旋玻璃.但由于磁散射,电阻率在某个温度出现极小值,即近藤效应(Kondo effect)[90].当磁性元素含量超过某一上限时,则出现磁有序转变或混磁性(mictomagnetism)转变,自旋玻璃现象不仅发生在磁性金属与非磁性金属形成的合金中,如 Fe-Au, Mn-Cu,亦出现在过渡金属合金中,如 Mo-Mn, Rh-Mn, La-Ga, Fe-Cr;不仅出现在晶态合金中,同时也出现在非晶合金中,以及过渡金属氧化物及硫属化合物之中.详细介绍可参阅文献[91].

在一些合金中还发现另一种特别的现象,不只一种性质的交换作用同时出现在一个合金系统中,因而在低温下出现铁磁、反铁磁以至亚铁磁有序同时出现,混合在一起.这种现象称为混磁性[92].在若干磁性金属-非磁金属形成的合金及过渡金属合金中

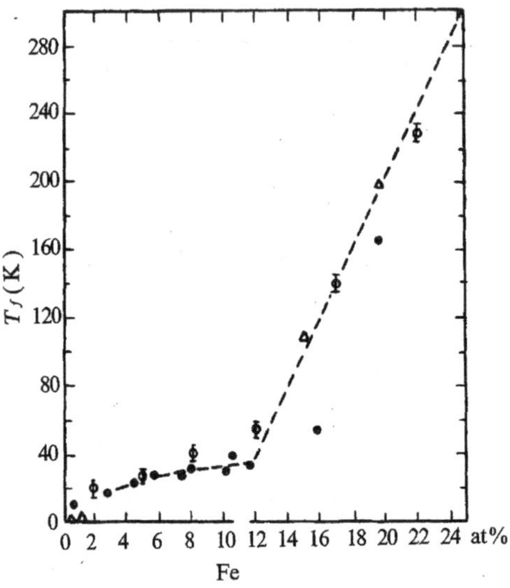

图 36.40　Fe-Au 合金的 T_f.

均观察到混磁性.常见的一种混磁性是铁磁性原子簇出现在反铁磁基体中.在混磁性的冻结温度 T_f 以下,铁磁原子簇的磁化方向冻结在某些方向,与自旋玻璃相似.只是混磁性的冻结是指原子簇的磁化,而自旋玻璃为单个原子磁矩取向的冻结.混磁性出现的合金成分常含有较多的磁性元素.图 36.40 示出 Fe-Au 合金的冻结温度 T_f 与成分的依赖关系曲线.自旋玻璃的成分范围为 0.01—0.12 的 Fe,超过 0.12 后开始出现混磁性,最后出现长程铁磁性.

对成分范围广阔的合金系,依次研究近藤效应、自旋玻璃、混磁性及磁有序有助于对交换作用及磁有序起源的了解.

第三十七章　强磁金属的内禀磁性

从本章起将对获得广泛应用的金属强磁性进行较为深入的讨论. 本章讨论的内禀磁性包括交换作用、居里温度、饱和磁化强度及其对温度的依赖关系.

§37.1　交换作用

交换作用是分子场的来源和本质. 在局域模型中,它引起磁矩的铁磁或反铁磁耦合,在巡游模型中,它引起次能带的劈裂,稀土金属中的种种复杂的磁结构与较长程的交换作用相关.

尽管分子场是以磁场的形式出现的,但分子场的本质不是磁的相互作用. 原子间磁的相互作用的数量级为$\frac{\mu_B}{a^3}\sim 10^5\mathrm{A/m}$,不可能解释在表 36.2 中给出的高达 $10^9\mathrm{A/m}$ 的分子场. 分子场的本质是静电相互作用的量子力学效应,这个概念是在量子力学出现以后于 1928 年建立的[6]. 本节将对交换作用的物理图象和不同类型的交换作用逐一介绍.

(a)交换作用的物理图象. 海森伯直接交换作用　经典的静电性相互作用不影响磁矩的取向. 但量子力学证明,静电性的交换作用与电子自旋的取向相关. 这首先在氢分子中被发现[93]. 海森伯将其用于解释铁磁性的来源. 因它来自相邻原子间的直接相互作用,故称为海森伯直接交换作用.

(1)氢分子中的直接交换作用. 图 37.1 示出由两个氢原子核 a,b 和两个电子 1,2 组成的氢分子和它们之间的距离的示意图. 设 $\Psi_a(r_1)$为孤立的氢原子 a 上电子 1 的空间波函数,$\alpha(1)$和 $\beta(1)$代表电子 1 处于正自旋和负自旋的自旋波函数,余类推. 按局域电子模型,把氢分子看作是两个距离较近的氢原子,讨论其中的相互

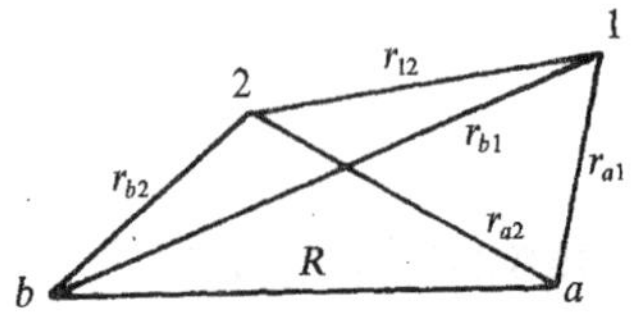

图 37.1 氢分子中电子与原子核间的距离.

作用.因此,可近似地用氢原子波函数的组合来表示氢分子中两电子系统的波函数.按泡利原理的要求,两电子系统的总波函数的表式有以下两组:

$$\Psi_s = N_S[\Psi_a(r_1)\Psi_b(r_2) + \Psi_a(r_2)\Psi_b(r_1)][\alpha(1)\beta(2) - \beta(1)\alpha(2)], \tag{37.1}$$

$$\Psi_t = N_t[\Psi_a(r_1)\Psi_b(r_2) - \Psi_a(r_2)\Psi_b(r_1)]\begin{Bmatrix}\alpha(1)\alpha(2), \\ \alpha(1)\beta(2) + \beta(1)\alpha(2), \\ \beta(1)\beta(2),\end{Bmatrix} \tag{37.2}$$

式中 N_s 和 N_t 为归一化因子.泡利原理要求电子系统的波函数必须是反对称的,即两个电子不能同处于一个状态.上面两组波函数中,Ψ_s 的自旋波函数为反对称,自旋角动量 $S=0$,而空间波函数为对称的,为自旋单重态;Ψ_t 的自旋波函数为对称,自旋角动量 $S=1$,而空间波函数为反对称,为自旋三重态.因此泡利原理的直接结果是,两个电子的自旋状态与空间波函数发生相关.当它们的自旋平行时,空间波函数必须是反对称的;自旋反平行时,空间波函数必须对称,而对称与反对称的空间波函数的电子云分布是不同的.将式(37.1)和式(37.2)两式平方,即得到与 Ψ_s 和 Ψ_t 相应的电子云分布概率.令组成上两式的氢原子波函数取 1s 态的函数,Ψ_s 和 Ψ_t 相应的电子云空间分布示于图 37.2.当二电子自旋平行时图 37.2(b),电子云的空间分布向两侧扩展.两个原子间的电子云概率较低,其中分线上概率为零,而两侧的概率相对增加.与自旋反平行的状态〔图 37.2(a)〕相比,自旋平行的两个电子的空间运动表现出相互躲避与排斥的现象.称为泡利排斥或交换相关.按泡利原理,两个电子自旋平行时不能处于同一坐标,相当于相互排斥.两电子系的波函数表为原子波函数的对称性组合意味着电子经历着不断的交换，使两电子的空间分布密度增加了一项交换电子云分布，导致了图 37.2(a,b)的不同分布. 应该强调，泡利排斥与电子间的库仑排斥作用无关. 库仑排斥也使一个电子的空间位置影响另一电子的空间位置，但与两电子的自旋态无关，称为库仑相关.

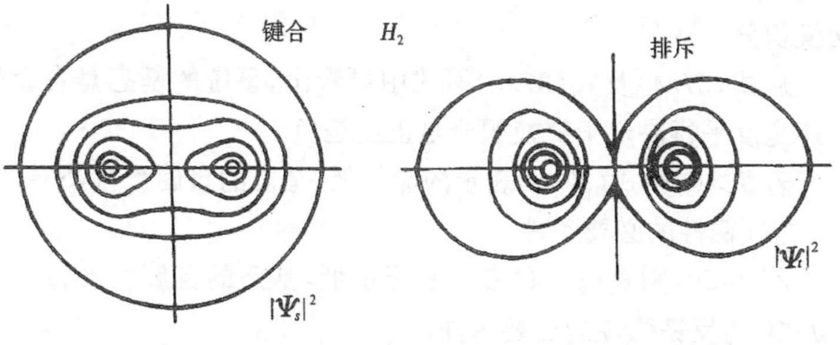

图 37.2　氢分子的两种电子云分布.

交换相关使两电子的自旋态不同时，电子云的空间分布不同，因而也使自旋态不同时电子间及电子与原子核间的静电相互作用能不同. 其差别就是交换作用能.

氢分子中两电子系的哈密顿量为

$$\mathscr{H}=\frac{\hbar^2}{2m}(\nabla_1^2+\nabla_2^2)-\frac{e^2}{r_{a1}}-\frac{e^2}{r_{b2}}-\frac{e^2}{r_{a2}}-\frac{e^2}{r_{b1}}+\frac{e^2}{r_{12}},\tag{37.3}$$

式中前二项相应于二电子的动能，后五项相应于电子与原子核及电子间的静电相互作用势能. 相应于式(37.1)和式(37.2)的两种状态，可求出两电子系的一级近似能量的两种表式

$$E_s=2E_0+2N_s^2(C+J),\tag{37.4}$$

$$E_t=2E_0+2N_t^2(C-J),\tag{37.5}$$

式中

$$2E_0=\int|\Psi_a(r_1)|^2\left[-\frac{\hbar^2}{2m}(\nabla_1^2+\nabla_2^2)-\frac{e^2}{r_{a1}}-\frac{e^2}{r_{b2}}\right]\times|\Psi_b(r_2)|^2d\tau_1d\tau_2,\tag{37.6}$$

$$C=\int|\Psi_a(r_1)|^2\left[-\frac{e^2}{r_{a2}}-\frac{e^2}{r_{b1}}+\frac{e^2}{r_{12}}\right]|\Psi_b(r_2)|^2d\tau_1d\tau_2,\tag{37.7}$$

$$J=\int\Psi_a(r_1)\Psi_b(r_2)\left[-\frac{e^2}{r_{a2}}-\frac{e^2}{r_{b1}}+\frac{e^2}{r_{12}}\right]\Psi_a^*(r_2)\Psi_b^*(r_1)d\tau_1 d\tau_2\,, \tag{37.8}$$

E_0 为孤立氢原子的能量，C 为二原子的库仑作用能，相应于氢原子间的吸引，第三顶 J 则是经典理论中没有的，是一项量子力学的附加交叉项，是波函数中存在着电子交换而引起的能量. J 称为交换积分.

从式(37.4)及式(37.5)两式中可看出，系统的基态是自旋平行还是反平行决定于交换积分是正还是负.

若 $J>0$，则式(37.5)表示的能量低，基态的自旋平行，$S=1$. $J>0$ 为铁磁性的必要条件.

若 $J<0$，则式(37.4)表示的能量低，基态的自旋反平行，$S=0$. $J<0$ 为反铁磁性的必要条件.

因此，静电性的交换作用可以使电子自旋平行或反平行，导致自发磁化. 氢分子的 $J<0$，两个自旋反平行成对，形成化学键.

交换积分的数量级相当于$\frac{e^2}{a}$乘以一由波函数叠交决定的分数，约 10^{-19}—10^{-20}J，与分子场作用能 $\mu_B H_m\sim10^{-20}$J 相当. 可见，从数量级上看，交换能可以解释强大分子场的来源.

上述交换积分为直接交换作用能. 它是当两原子靠近，电子云有叠交时才出现的. 从式(37.8)可见，只有在波函数 $\Psi_a(r)$ 和 $\Psi_b(r)$ 均不为零，即当电子云 a 和 b 相重叠时才有不等于零的交换积分 J. 因此，直接交换作用是非常近程的相互作用. 一般只能发生在固体中的最近邻之间.

(2)交换哈密顿量. 在处理因体中的磁有序问题时，常将式(37.4)和式(37.5)中的 $2E_0$ 和 C 作为常数而省略，只保留与自旋态有关的交换积分项

$$E_{ex}=\pm J\,, \tag{37.9}$$

+，一号相应于自旋单态与三重态. 更进一步时可将不同自旋态时的交换能统一在一个表式中，使交换能与自旋态直接联系起来，即交换哈密顿量. 由狄拉克首先给出.

$$\mathscr{H}_{ex}=-2J\boldsymbol{s}_1\cdot\boldsymbol{s}_2,\tag{37.10}$$

$\boldsymbol{s}_1$ 和 $\boldsymbol{s}_2$ 为两相邻原子中单电子的自旋算符. 上式的关系证明如下:两电子的自旋算符与总自旋 $\boldsymbol{S}$ 的关系为

$$\boldsymbol{S}^2=\boldsymbol{s}_1^2+\boldsymbol{s}_2^2+2\boldsymbol{s}_1\cdot\boldsymbol{s}_2.\tag{37.11}$$

$\boldsymbol{s}_1^2$ 和 $\boldsymbol{s}_2^2$ 的本征值均为$\frac{4}{3}$,而 $\boldsymbol{S}$ 的本征值可为

$$S(S+1)=\begin{cases}0 & \text{当 } S=0,\\ 2 & \text{当 } S=1,\end{cases}\tag{37.12a}$$

故 $2\,\boldsymbol{s}_1\cdot\boldsymbol{s}_2$的本征值可为

$$|2\,\boldsymbol{s}_1\cdot\boldsymbol{s}_2|=S(S+1)-\boldsymbol{s}^2-\boldsymbol{s}^2=\begin{cases}-\frac{3}{2} & \text{当 } S=0,\\ \frac{1}{2} & \text{当 } S=1.\end{cases}\tag{37.12b}$$

如将能量写为算符形式

$$\mathscr{H}_{ex}=-\frac{J}{2}-2J\,\boldsymbol{s}_1\cdot\boldsymbol{s}_2.\tag{37.13a}$$

则根据式(37.12)的关系,上式与式(37.9)等同. 再将常数项$\frac{\mathrm{J}}{2}$省略,便得到交换哈密顿量,即式(37.10). 将该式推广到固体中. 若固体中的两个单电子原子为 i 和 j,它们之间的交换作用为

$$\mathscr{H}_{ex}=-2\mathrm{J}_{ij}\boldsymbol{s}_i\cdot\boldsymbol{s}_j.\tag{37.13b}$$

如每个原子有多个电子,不考虑原子内交换作用,且设所有电子间交换积分均相同,则有

$$\begin{aligned}\mathscr{H}_{ex}&=-2J_{ij}\sum_{i,j}\boldsymbol{s}_i\cdot\boldsymbol{s}_j\\&=-2J_{ij}\sum_{i}\boldsymbol{s}_i\cdot\sum_{j}\boldsymbol{s}_j\\&=-2J_{ij}\boldsymbol{S}_i\cdot\boldsymbol{S}_j,\end{aligned}\tag{37.13c}$$

$\boldsymbol{S}_i$ 和 $\boldsymbol{S}_j$ 为 i,j 原子的总自旋算符. 可见,若两原子中的一个原子(如 i 原子)含有满壳层的电子,其 $\boldsymbol{S}_{i,j}=0$,则交换作用能为零. 由于直接交换作用为短程作用,在固体中,设除最近邻原子外,其他原子间的交换作用均可略去,且交换积分均相同,$J_{ij}=J$,固体的

总交换哈密顿量为

$$\mathscr{H}_{ex}=-2J\sum_i\sum_j{}' \boldsymbol{S}_i\cdot\boldsymbol{S}_j, \tag{37.14}$$

式中 j 只对 i 原子的最近邻求和，i 对所有原子求和，$\sum'$ 表示不重复求和. 上式为交换哈密顿量的普遍公式. 常推广应用于各种类型的交换作用. 这时 J 为等效交换积分，不限于直接交换作用. 对于不同物质，J 可由不同机制及模型给出. 设 Z 轴为量子化方向，略去 X 和 Y 方向的乘积，即 $S_{xi}S_{xj}+S_{yi}S_{yj}$，式(37.14)可近似为

$$\mathscr{H}_{ex}=-2J\sum_{i,j}{}' \boldsymbol{S}_{zi}\boldsymbol{S}_{zj} \tag{37.15}$$

称为 Ising 模型.

式(37.14)常被称为双线性(bilinear)交换哈密顿量. 实验发现，在一些物质和多层膜中，存在一种双平方交换作用(biquadratic)

$$\mathscr{H}_{er}=2J_b(\boldsymbol{S}_i\cdot\boldsymbol{S}_j)^2. \tag{37.16}$$

当只有此项，且 $J_b>0$ 时，两原子的自旋为 90°时为基态.

(3)交换作用与分子场和居里温度的关系.

利用式(37.15)，可以得到分子场常数与交换积分的关系. 设固体中原子只有一种，$S_{zc}=S_{zj}=S_z$，近邻数为 Z，交换能可表为

$$E_{ex}=-2JZS_z\frac{N}{2}S_z.$$

局域模型的分子场及饱和磁化强度分别为 $H_m=\lambda M_0$，$M_0=NgS_z\mu_B$. 分子场能量为 $E_{ex}=-\frac{1}{2}\lambda M_0^2$，可有

$$E_{ex}=-\frac{1}{2}\lambda N^2g^2S_z^2\mu_B^2,$$

故

$$\lambda=\frac{2ZJ}{Ng^2\mu_B^2}. \tag{37.17}$$

局域模型中的居里温度 $T_C=\lambda\frac{Ng^2\mu_B^2S(S+1)}{3k}$，故

$$T_C=\frac{2ZS_z(S_z+1)J}{3k}=\frac{2ZS(S+1)J}{3k}, \tag{37.18}$$

分子场系数和居里温度与交换积分成正比.

这里还要指出一点,交换作用只与自旋取向相关,而不能直接影响轨道磁矩的取向,只有通过自旋-轨道耦合,交换作用才能间接地影响轨道磁矩的取向以及以 J 代表的总磁矩的取向. 式(37.17)和式(37.18)只限于轨道基本淬灭的情况.

虽然直接交换作用在基本原理上解决了分子场的本质和磁有序的来源问题. 但联系到实际物质时,人们日益发现,对绝大多数磁有序物质,用直接交换作用的模型来解释都有很大的困难. 计算得出,Fe,Co,Ni 金属中的 d 电子间的直接交换积分的理论值远小于实验的要求,无法说明它们的铁磁性来源[94],而且目前已公认,Fe,Co,Ni 的 $3d$ 电子具有巡游性,局域型直接交换作用是不适用的. 稀土金属的 $4f$ 电子虽局域于离子,但其轨道半径远小于半原子间距,叠交很小,直接交换作用也很小. 对稀土金属的磁有序起主导作用的是下面要介绍的 RKKY 间接交换作用. 在许多化合物中,磁性离子的最近邻常为满壳层的非磁性离子,直接交换作用也不适用.

然而,早在 30 年代由贝特[95]和斯莱特[96]提出的直接交换作用与原子间距的关系不断与有关居里温度的实验事实定性吻合,似乎是一个很有用处的设想. 因此将此关系引入在图 37.3 中,此图是基于对直接交换作用的分析而提出的. 从式(37.8)可以看到,J 的数值由三项之和决定. 其中含 $\frac{e^2}{r_{12}}$ 的项常为正值. 含 $-\frac{e^2}{r_{a2}}-\frac{e^2}{r_{b1}}$

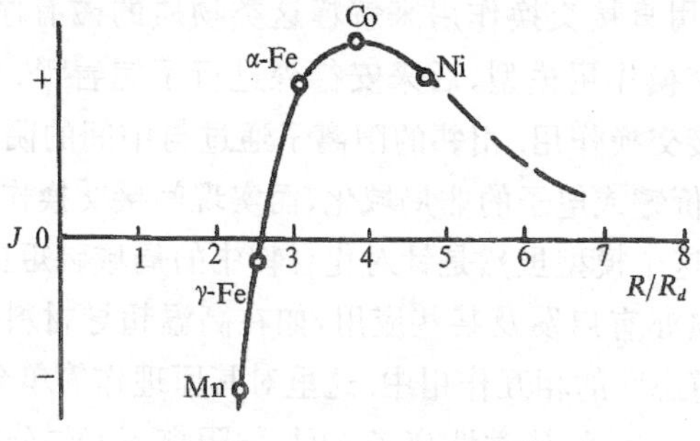

图 37.3　贝特-斯莱特关系曲线.

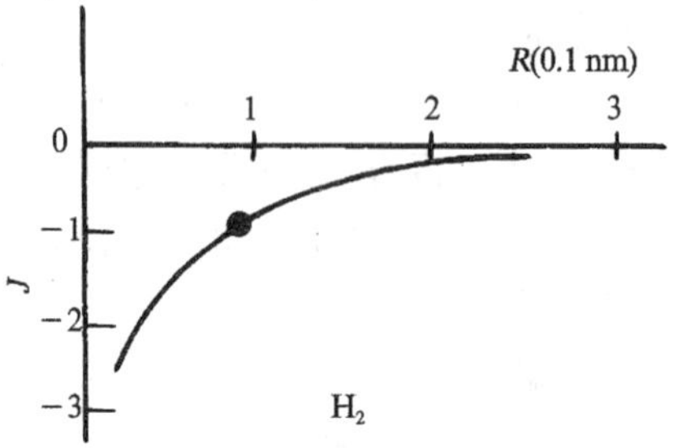

图 37.4　氢分子的交换积分与原子间矩的关系.

的积分常为负值.它们随波函数和原子间距而变.计算发现,氢分子的 A 恒为负值,只是其绝对值随原子间距而迅速减小,如图 37.4 所示.但贝特的分析提出,当原子的未满壳层电子的角量子数 l 较大时,J 的数值可负可正,且随原子间距 R 与磁性电子轨道半径 R_d 之比而变.图 37.3 中,Fe,Co,Ni 具有最佳的$\dfrac{R}{R_d}$比值,γ-Fe,Mn 和 Cr 的 R/R_d 比过小,$J<0$.若通过加压力或合金化使 Fe 的原子间矩增大或 Ni 的原子间矩减小,均有利于提高交换积分.这已为一些实验所证实,考虑到金属中 d 电子的巡游性,贝特的曲线需要新的理论给予论证.

(b)过渡族化合物中的间接交换作用.　许多过渡族化合物为反铁磁体或亚铁磁体,曾在第三十六章中讨论过.这些磁有序物质有一个共同的特点,即磁性阳离子间的距离较大,且处于基态为非磁性的阴离子(如 O^{2-} 或 S^{2-} 等)包围中,磁性离子间的直接交换作用很小.而与阳离子的 d 电子云有叠交的阴离子中的电子为满壳层,如 O^{2-} 为 $2p^6$.按式(37.13c),它们之间的直接交换作用为零.因此,不能用直接交换作用来解释这类物质的磁有序.克喇末[97]提出了超交换作用模型,后来安德森进行了完善[98].超交换作用是一种间接交换作用.相邻的阳离子通过与中间的阴离子相互作用,形成共价键或电子的非局域化,而实现间接交换作用及电子自旋的关联.这个模型虽然是针对化合物中的局域磁矩提出的,但其机制对金属亦有启发及某些应用,如在高温超导材料中及在金属中的虚束缚态间的相互作用中.这里对其原理作简单介绍.

以 MnO 为例,其磁性离子 M_n^{2+} 与阴离子 O^{2-} 分别排成面心

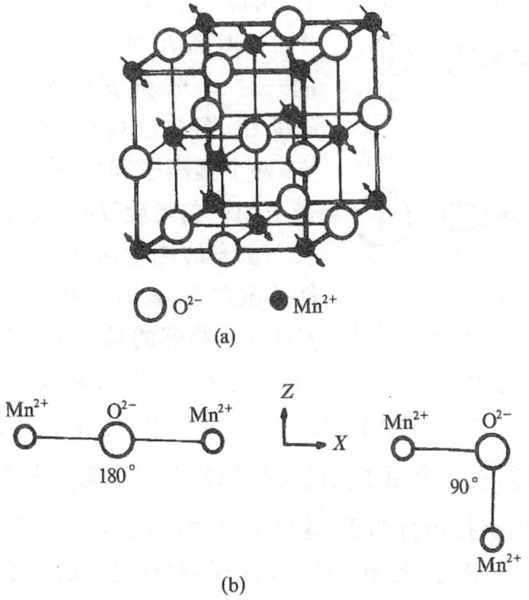

图 37.5　MnO 的结构与磁结构.

立方结构而相互贯穿，如图 37.5 所示. 在 T_N 以下，Mn^{2+}的自旋是这样排列的：Mn^{2+}—O^{2-}—M_n^{2+} 成 180°排列的两个 Mn^{2+} 离子的磁矩总是反平行的；而成 90°排列的两个 Mn^{2+} 离子的磁矩取向则不确定，一半平行，一半反平行. 说明成 180°排列的位于 O^{2-} 两侧的 Mn^{2+} 离子间存在着强烈的反铁磁耦合. 但是若锰及氧离子均完全处于 M_n^{2+} 和 O^{2-} 的状态，与 Mn 的磁矩相关的交换作用不可能出现. 超交换作用的基本概念是这样的：由于离子间电子云的叠交与相互作用，离子状态受到微扰而发生不大的，但能导致间接交换作用的变化. 根据微扰理论，这种状态的变化是未微扰系统的激发态混入的结果. 若未微扰的基态空间波函数为 u_g，而 u_i 为第 i 个激发态，则受到微扰发生变化后的新基态波函数可写为

$$u = Au_g + B\sum_i u_i.$$

下面我们将不进入计算，而对微扰过程的图像进行分析. 为简单

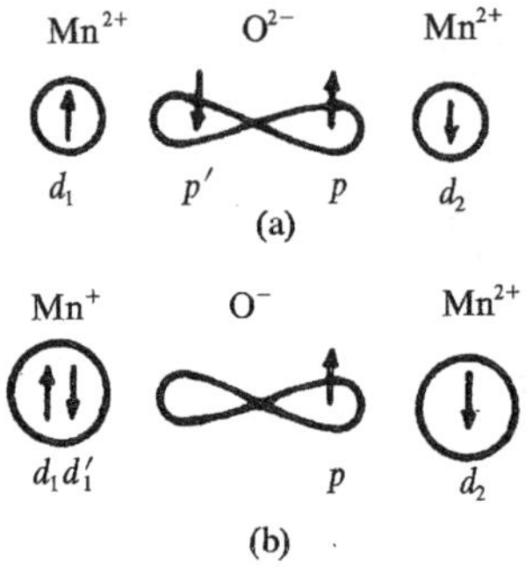

图 37.6　MnO 中的四电子系统.

计，考虑一个由两个锰离子中的各一个 $3d$ 电子，d_1 和 d_2，及中间的氧离子的一对 $2p$ 电子，p'和 p，组成的四电子系统. 图 37.6(a)为未微扰前的基态. 两个锰离子间的交换能为零，锰离子 M_n^{2+} 的自旋没有关联，自旋单态或三重态的能量简并. (b)为一个可能的激发态. 氧离子中的一个 p 电子 p'跃迁到相邻的锰离子中成为 d'_1. 3 个离子的构型成为M_n^+—O—M_n^{2+}. 在这个激发态中，d_1 和 d'_1 同处于一个锰离子中，它们的自旋取向受原子内交换作用的控制并遵守泡利原理，在一个原子内的交换积分中排斥能$\frac{e^2}{r_{12}}$占主导地位，因而原子内交换积分为正. 这就是洪德法则第一条，S 最大的来源. 对于 Mn^{2+}离子，已有 5 个 $3d$ 电子，故新进入的电子 d'_1 与原有电子 d_1 的自旋反平行时能量低. 如图 37.6(b)所示. 于是氧离子 O^-中剩余的一个 p 电子的自旋为向上. 这个自旋向上的不成对 p 电子与另一侧的 Mn^{2+}中的电子 d_2 发生直接交换作用. 其交换积分常为负值，故电子 p 和 d_2 的自旋反平行时能量低. 总的效果是，在这个激发态中，Mn^+离子通过相邻的 O^- 离子与另侧的 Mn^{2+}的自旋相互关联. 最终使新的基态发生反铁磁交换耦合. 根据二级微扰理论计算，可得到超交换作用的等效交换哈密顿量

$$E_{ex}=-2J_i\boldsymbol{S}_i\cdot\boldsymbol{S}_j, \tag{37.19}$$

式中 J_i 为超交换作用的等效的交换积分

$$J_i=\frac{1}{2}\rho^2 J_d\left[\frac{1}{(\Delta E_1)^2}-\frac{1}{(\Delta E_3)^3}\right], \tag{37.20}$$

ρ 为 p 电子激发为 d 电子的跃迁积分. J_d 为 O^- 中剩余的 p 电子与另侧 Mn^{2+}中的 d 电子间的直接交换积分. ΔE_3 为电子 p'跃迁为 d'_1 态而其自旋与 d_1 平行(三重态)时的能量增加，ΔE_1 为反平行(单态)时的能量增加. 对于 Mn^{2+}离子，$\Delta E_3>\Delta E_1$. 如阳离子中

的 d 电子数小于 5 时，$\Delta E_3 < \Delta E_1$.

超交换作用给出以下与实验符合的规律.

(1)参加超交换作用的二阳离子应均为不满壳层，$S \neq 0$.

(2)等效超交换积分 $J_i > 0$ 时为铁磁耦合，$J_i < 0$ 时为反铁磁耦合. 由于通常 $J_d < 0$，故当磁性离子中的 d 电子数 <5 时为铁磁耦合，$\geqslant 5$ 时为反铁磁耦合.

(3)J_i 的绝对值的大小与 ρ 有关. 当阴离子的负电离性变弱或阳离子的低价倾向强时，有利于 ρ 及 $|J_i|$ 增大. 如 MnO，MnS，MnSe，MnTe 和 MnO，FeO，CoO，NiO 两个系列的 T_N 依次升高.

有一类氧化物，如 $La_{1-x}Ca_xMnO_3$，呈现铁磁性及金属导电来源于双交换作用[99]. 其中 Mn^{3+} 中的一个 d 电子通过相邻的 O^{2-} 转移至相邻的 Mn^{4+} 中，使两种离子的位置互换而总能量几乎不变化.

(c)金属中的间接交换作用，RKKY 交换作用　磁有序金属主要有过渡金属，稀土金属和它们的合金，前已指出，d-d 电子及 f-f 电子间的直接交换积分很小，不能解释金属中的磁有序现象. 因而人们提出并发展了另一种交换作用的机制. 金属中的传导电子作为中间媒介，使局域磁矩间发生间接交换作用[99]. 这个理论是由茹德曼(Ruderman)和基特尔(Kittel)[99]，糟谷(Kasuya)和芳田(Yosida)[100]先后针对 Ag 和 Mn-Cu 合金的核磁共振线宽和超精细结构发展成型的. 前者是传导电子被核自旋交换极化，导致核自旋间的间接交换作用；后者是传导电子被 Mn 的 d 电子交换极化，导致 d 电子间的间接交换作用. 金属中的这种间接交换作用称为 RKKY 交换作用. 目前，稀土金属被认为是 RKKY 模型最为适用的物质. 稀土金属中的 $4f$ 电子是十分局域的，相互叠交很小，处于 s，p 电子形成的传导电子的包围中.

为了对传导电子极化导致的间接交换作用有一个明白的物理图象，将式(37.13)表示的交换哈密顿量引用到包含了局域磁矩和电子气的系统中. 设离子用 i，j 标记，其自旋矩表为 S，传导电子用 m，n 标记，其自旋矩用 s 表示，系统的交换哈密量可写为

$$\mathscr{H} = -2\sum_{ij} J_{ij}\boldsymbol{S}_i \cdot \boldsymbol{S}_j - 2\sum_{im} J_{im}\boldsymbol{S}_i \cdot \boldsymbol{S}_m - 2\sum_{mn} J_{mn}\boldsymbol{s}_n\boldsymbol{s}_m \cdot \boldsymbol{s}_n, \quad (37.21)$$

J_{ij},J_{im}及 J_{mn}为离子间、离子与传导电子间和传导电子间三种相互作用相应的“交换”常数. 传导电子为非局域的,其电荷密度分布于整个晶体中,狄拉克交换哈密顿用于传导电子主要为了给出物理图象. 与上式相应的能量为

$$E = -2\sum_{ij} J_{ij}\langle \boldsymbol{S}_i \cdot \boldsymbol{S}_j\rangle - 2\sum_{im} J_{im}\langle \boldsymbol{s}_i \cdot \boldsymbol{s}_m\rangle - 2\sum_{mn} J_{mn}\langle \boldsymbol{s}_m \cdot \boldsymbol{s}_n\rangle.$$

用离子及传导电子的自旋矩的 z 向分量的平均值,代入上式,可得

$$E = -zNVJ_{ij}\overline{S}_z^2 - 2NnV^2 J_{im}\overline{S}_z\overline{S}_z - n^2V^2 J_{mn}\overline{S}_z^2, \quad (37.22)$$

V 为系统的体积,其中有 NV 个离子和 nV 个传导电子,z 为离子的近邻数. 相对于 $\overline{S}_z$ 求能量极小可确定平衡时传导电子在两种交换作用影响下的自旋极化平均值

$$\frac{\partial E}{\partial \bar{s}_z} = -2NnJ_{im}\overline{S}_z - 2n^2 J_{mn}\bar{s}_z = 0,$$

即

$$n\bar{s}_z = -\frac{J_{im}}{J_{mn}} N\overline{S}_z. \quad (37.23)$$

代入式(37.22),可得

$$E = -zNVJ_{ij}\overline{S}_z^2 + N^2V^2 \frac{J_{im}{}^2}{J_{nm}}\overline{S}_z^2. \quad (37.24)$$

与上式相应,局域磁矩间等效的耦合哈密顿量为

$$\mathscr{H}_{\text{eff}} = -2\sum_{ij} J_{ij}\boldsymbol{S}_i \cdot \boldsymbol{S}_j + 2\sum_{kl} \frac{J_{im}{}^2}{J_{mn}}\boldsymbol{S}_k \cdot \boldsymbol{S}_e, \quad (37.25)$$

第一个求和项为离子间的直接交换作用,只对最近邻求和;第二项为传导电子极化导致的间接交换耦合,对所有离子对求和. 因此,当直接交换作用很小时,这种间接交换作用可能提供一个有用的补充.

式(37.25)中的间接交换作用项,局域磁矩间的间接交换可发生在无限距离内,这是不合理的. 这是由于在上面的推导中有一个

隐含的假设，传导电子的交换极化是均匀的. 实际上，电子间的交换作用使相同自旋或相反自旋的电子间发生吸引及排斥的作用，传导电子的自旋极化是不均匀的，可以是以波矢为 q 的平面简谐波的傅里叶级数之和. 为得到不均匀的传导电子自旋极化及引起的间接交换作用，需要对局域磁矩与传导电子间的相互作用进行二级微扰计算，以获得微扰后的传导电子波函数. 用二次量子化方法计算得到如下的间接交换作用的等效交换哈密顿量，

$$\mathscr{H} = -2\sum_{ij} J(R_{ij}) \boldsymbol{S}_i \cdot \boldsymbol{S}_j, \tag{37.26}$$

$$J(R_{ij}) = -\frac{3n}{4\pi E_F} |J_{im}|^2 k_F^3 F(2k_F R_{ij}), \tag{37.27}$$

$$F(2k_F R_{ij}) = \frac{2k_F R_{ij}\cos(2k_F R_{ij}) - \sin(2k_F R_{ij})}{(2k_F R_{ij})^4}, \tag{37.28}$$

式中 i, j 对局域磁矩求和，R_{ij}为两个局域磁矩的距离；J_{im}为局域磁矩与传导电子间的交换积分；$\boldsymbol{S}_i$ 和 $\boldsymbol{S}_j$ 为两个局域矩的自旋矢量；E_F 及 k_F 为传导电子的费米能及波矢.

RKKY 间接交换作用理论给出与狄拉克交换哈密顿相似的哈密顿量，式(37.26). 但等效交换常数 $J(R_{ij})$既不是直接交换积分又不是像在式(37.25)中，在无穷大范围中保持常数，而是两局域磁矩间距离 R_{ij}的函数，按 R_{ij}^{-3}衰减，并按 $2k_F$ 作周期性振荡. 随 R_{ij}改变，$J(R_{ij})$的符号发生变化. 与此相应，在局域矩 S_i 附近的传导电子也发生衰减振荡型的自旋极化，与 $J(R_{ij})$的变化相似. 自旋极化为

$$\langle \mathscr{S}_z \rangle = C\overline{S}_z F(2k_F R_{im}), \tag{37.29}$$

R_{im}为传导电子自旋密度与局域矩的距离. 局域矩附近传导电子自旋极化密度的分布示于图 37.7(b). 这种衰减振荡型分布的物理图象示于图 37.7(a)，局域自旋与传导电子间的交换关联使传导电子的基态发生修正，原在费米面以上的状态混入到未微扰前的基态中形成新的基态，在局域矩附近的不均匀自旋密度分布为不同波矢的波函数叠加的结果. 在局域矩处，它们的相位相同而相加，在一定距离后发生干涉而相消. 正自旋和负自旋电子的空间分

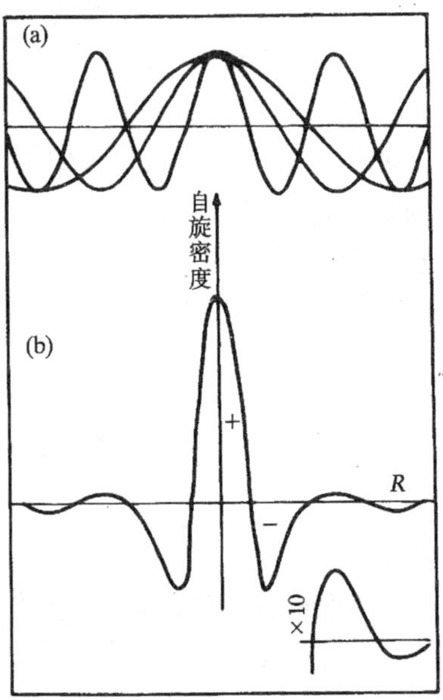

图 37.7 RKKY交换作用.
(a)局域矩附近传导电子波函数;(b)局域矩附近传导电子自旋极化密度分布.

布相位相反.其结果是自旋密度为衰减振荡型的不均匀分布,而电荷密度保持均匀分布.

RKKY 交换作用的最重要的特点如下:(1)交换耦合为长程的.耦合长度远大于直接交换作用要求的波函数直接叠交的原子间距;(2)原子间距相对于传导电子自旋密度周期分布的微小变化可能使间接交换强度发生大的变化甚至改变符号.

稀土金属的多样性的磁结构,如螺旋型磁结构等为RKKY 交换作用的重要实验证据.在§36.2(d)中曾论及,稀土金属中的螺旋磁性的解释,要求最近邻及次近邻间的交换作用符号相反而强度合适.RKKY 交换作用提供了理论根据.稀释磁性合金的自旋玻璃等转变是RKKY 交换作用的另一有力的实验证据.在Mn-Cu 合金中,当含Mn 量低达0.01%原子浓度时,在低温下仍观察到自旋玻璃的转变.在这样低的浓度的合金中,每个Mn 原子平均被10^4个Cu 原子包围.对于fcc 结构,相当于2500个单胞.交换作用的距离相当于晶格常数的13倍.用Cu^{63}核磁共振直接测量出在冻结温度之下Mn 离子周围不同距离处超精细场及自旋极化密度振荡型的变化.芳田最早将此理论用于这个合金系[100].后来在Fe-Cu,Mn-Cu 和Co-Cu 合金中都观察到Cu^{63}核磁共振的附加奈特位移.证明了磁性杂质附近传导电子自旋极化的振荡型分布[101].最近,在稀土多层膜及过渡金属多层膜中观察到一个相当普遍的现象.几乎所有的过渡族金属及一些正常金属在多层膜均能传播交换作用，将两侧的铁磁层耦合起来. 非铁磁层传播交换作用的距离可以长达 3nm 以上，且随非铁磁层厚度变化交替地出现铁磁及反铁磁耦合，即交换耦合常数呈衰减振荡型变化[30]. 在 Fe/Cu 多层膜中用 Cu^{63} 核磁共振观察到与铜中传导电子自旋极化相应的附加奈特位移，呈正、负振荡型分布[102]. RKKY 交换作用在层间耦合机制的研究中进一步发展.

(d)巡游电子交换作用[15]　过渡金属中有 5 个磁有序金属，即 Fe，Co，Ni，Mn，Cr，还有大量磁性合金. 它们最早受到多方面研究，并有极广的应用. 它们的磁性起源及交换作用机制最为复杂，迄今仍不能认为已经研究清楚.

对过渡族金属的交换作用的解释，历来有两种不同的出发点及模型，即局域模型和巡游电子模型，d 电子参与传导，形成费米面等实验事实及巡游电子理论的发展与成就使巡游模型日益成为主流.

任一多电子系统，由于总波函数的反对称性，都存在着交换作用. 两种情况的交换作用可较为严格地进行处理，即完全局域电子和完全自由电子. 后者为巡游电子中最为简单的情况. 其实，当讨论交换作用时总是在考虑一个多电子系统. 交换相关和库仑相关使电子不完全自由，故称为准自由电子为宜.

巡游电子的单电子理论建立在这样的初始模型上. 设一个电子在晶格正离子的周期势场 $V(r)$ 中运动，其他电子均匀分布. 单电子波函数为如下薛定谔方程的解：

$$\mathscr{H}\,U(\boldsymbol{r})=[T+V(\boldsymbol{r})]U(\boldsymbol{r})=EU(r), \qquad (37.30)$$

T 为电子动能算符，本征能量 E_n 与波函数 $U_n(\boldsymbol{r})$ 相应. $U(\boldsymbol{r})$ 的一般形式取布洛赫函数

$$U_k(\boldsymbol{r})=B_k(\boldsymbol{r})e^{-2\pi i\boldsymbol{k}\cdot\boldsymbol{r}}, \qquad (37.31)$$

指数部分表示以波长为 $\frac{2\pi}{k}$ 的平面波，其振幅为受周期势场的影响呈周期性调制的 $B_k(\boldsymbol{r})$. 以此为出发点，下面对两种极端情况进行讨论.

(1)准自由电子. 设电子的动能远超过周期势场 $V(\boldsymbol{r})$，可将周期势近似为一个均匀分布的正电荷的均匀势. 式(37.31)中的振幅近似为一个常数 $B=\frac{1}{\sqrt{V}}$，V 为系统的体积. 自由电子的单电子波函数为

$$U_k(\boldsymbol{r})=Be^{-2\pi i k\cdot r}. \tag{37.32}$$

本征能量依赖于 k，为

$$E_k=\frac{\hbar^2k^2}{2m}. \tag{37.33}$$

为了计算自由电子间的交换作用，必须考虑由自由电子组成的多电子系统. 多电子系统的总波函数为单电子波函数的反对称组合，可用斯莱特行列式表示. 总波函数为

$$\Psi=N_N\sum_{v}(-1)^vP_v\Psi_p, \tag{37.34a}$$

$$\Psi_p=\psi_{k1}(r_a)\psi_{k2}(r_b)\cdots\psi_{ki}(r_n)\cdots\psi_{kN}(r_N),$$

$\psi_{ki}(r_n)$为单电子波函数，N_N 为归一化因子，电子总数为 N，$\psi_{ki}(r_n)$为空间及自旋波函数的乘积

$$\psi_{ki}(r_n)=U_{ki}(r_n)\chi_\sigma(s_n). \tag{37.34b}$$

多电子系统的总哈密顿量为式(37.30)中的哈密顿量的总和与电子间相互作用能$\frac{e^2}{r_{nm}}$之和

$$\mathscr{H}_T=\sum_{n}[T_n+V_n(\boldsymbol{r}_n)]+\frac{e^2}{2}\sum_{nm}\frac{1}{r_{nm}}, \tag{37.35}$$

式中 $r_{nm}=|r_n-r_m|$为电子 n 及 m 的间距. 系统的总能量为

$$E_T=\int\Psi\mathscr{H}_T\Psi^*d\tau. \tag{37.36a}$$

可以证明，当单电子波函数为正交函数时

$$E_T=E_0+C-J, \tag{37.36b}$$

其中 E_0 为单电子能量之和，C 及 J 分别为自由电子气中的库仑作用能及交换能. 它们均可表为处于不同状态下电子对间相互作用能之和[15]

$$C = \sum_{ij} C_{ij} = \sum_{ij} \int U_{ki}^*(r_n) U_{kj}^*(r_m) \frac{e^2}{r_{nm}} U_{ki}(r_n) U_{kj}(r_m) d\tau,$$

(37.37)

$$J = \sum_{ij} J_{ij} = \sum_{ij}{}' \int U_{ki}^*(r_n) U_{kj}^*(r_m) \frac{e^2}{r_{nm}} U_{kj}(r_n) U_{ki}(r_m) d\tau,$$

(37.38)

式中$U_{ki}(r_n)$为单电子空间波函数,式(37.32);$d\tau$ 相应于 $3N$ 空间坐标;C 的表式对所有电子对求和,J 的表式只对自旋相互平行的电子对求和,故记为$\sum'$,可以证明,自旋相互反平行的电子对间的交换能 J_{ij}的总和为零. 将自由电子的单电子空间波函数式(37.32)代入上两式,得到

$$C_{ij} = \frac{e^2}{V^2} \int \frac{d\tau_n d\tau_m}{r_{nm}},$$

为均匀分布的电荷的自能,与 k_i 和 k_j 无关. 由于交换能只对自旋同号的电子对求和,可将电子分为正自旋和负自旋两组,并设正、负自旋的电子数分别为 N^+ 与 N^-. $N = N^+ + N^-$. 0K 时,它们占据的最高能量及相应的波数分别为 $E_F^\pm$ 和 $k_F^\pm$,则交换能为两组电子交换能之和. 以正自旋电子为例,则

$$J^+ = \frac{1}{V^2} \sum_{k_i, k_j} \int \frac{e^2}{r_{nm}} (e^{2\pi i k_i \cdot r_n})(e^{2\pi i k_j \cdot r_m})(e^{-2\pi i k_j \cdot r_n})(e^{-2\pi i k_i \cdot r_m}) d\tau$$

$$= \frac{1}{V^2} \sum_{k_i, k_j} \int \frac{e^2}{r_{nm}} e^{-2\pi i (k_j - k_i) r_{nm}} d\tau,$$

k_i 和 k_j 从 0 变到 k_F^+. 对于宏观样品,将 k 值看作连续,用积分代替求和,

$$J^+ = \frac{1}{V^2} \int \frac{e^2}{r_{nm}} e^{-2\pi i (k_j - k_i) r_{nm}} N(k_i) N(k_j) dk_i dk_j d\tau_m d\tau_n,$$

式中 $N(k)dk = \frac{2}{\pi^2} V k^2 dk$,为 dk 范围中的状态数. 经计算得到[15]

$$J^+ = \frac{V}{4\pi^3} k_F^4.$$

同理

$$J^- = \frac{V}{4\pi^3} k_F^4.$$

将 $k_F^{\pm}$ 与 $N^{\pm}$ 的关系代入，可得

$$J = J^+ + J^- = \frac{3^{4/3}}{(4\pi V)^{1/3}}[(N^+)^{4/3} + (N^-)^{4/3}]. \qquad (37.39)$$

上式给出的自由电子中的交换能为正值，其数值依赖于磁化. 无磁化时，$N^+ = N^- = N/2$；完全磁化时，$N^+ = N, N^- = 0$. 代入上式，比较完全磁化和无磁化时，根据式(37.36′)算出的能量，得到了一个显然不合理的结论：自由电子气呈现铁磁性的条件是极低的自由电子浓度，说明自由电子模型过于简化.

(2)紧束缚巡游电子. 过渡金属的 d 电子处于窄能带中，更近似于紧束缚巡游电子. 由于电子的动能不高，在巡游过程中有更多的时间或概率陷入到离子的位阱中，但又不断地穿越位垒进行巡游. 作为近似，可用原子轨道线性组合(LCAO)方法建立巡游电子的单电子波函数，亦即束缚电子布洛赫函数

$$U_k(\boldsymbol{r}) = N^{\frac{1}{2}} \sum_j e^{-2\pi i \boldsymbol{k} \cdot \boldsymbol{R}_j} \phi(\boldsymbol{r} - R_j), \qquad (37.40)$$

式中对所有晶格格点 j 求和，ϕ 为相同的原子波函数，$\boldsymbol{R}_j$ 为格点的坐标，$\boldsymbol{r}$ 为单电子坐标. 指数因子为各个格点上 ϕ 的位相. N 为电子数. 多电子系的总波函数为由式(37.40)表示的单电子空间波函数组成的斯莱特行列式. 按式(37.34)至式(36.36)相似的方法，可求出多电子系统的总能量 E_T. 计算结果表明，系统的库仑能 C 及交换能 J 均由下列几种电子对间相互作用能组成：

$$\left.\begin{aligned}
I_0 &= \int \frac{e^2}{r_{nm}} |\phi_i(r_n)|^2 |\phi_i(r_m)|^2 d\tau_n d\tau_m, \\
I_1 &= \int \frac{e^2}{r_{nm}} |\phi_i(r_n)|^2 |\phi_j(r_m)|^2 d\tau_n d\tau_m, \\
I_2 &= \int \frac{e^2}{r_{nm}} |\phi_i(r_n)|^2 \phi_i^*(r_m) \phi_j(r_m) d\tau_n d\tau_m, \\
I_3 &= \int \frac{e^2}{r_{nm}} \phi_i^*(r_n) \phi_i(r_n) \phi_j^*(r_m) \phi_j(r_m) d\tau_n d\tau_m,
\end{aligned}\right\} \qquad (37.41)$$

其中 I_0 为原子内库仑作用能，相应于两个电子 n 和 m 处于一个原子 i 中时的电子云间的排斥能；I_1 为原子间的库仑作用能；I_2 及 I_3 均与原子 i 和 j 间的函数重叠有关. 对于过渡族金属，d 电子有五个波函数，均进入斯莱特行列式. 组成多电子系统交换能的还有原子内 d 电子间的库仑能与原子内交换积分，分别为

$$\left.\begin{aligned} I_{dd'}^{C} &= \int \frac{e^2}{r_{nm}} \phi_d^*(r_n)\phi_{d'}^*(r_m)\phi_d(r_n)\phi_{d'}(r_m)d\tau_n d\tau_m, \\ I_{dd'}^{x} &= \int \frac{e^2}{r_{nm}} \phi_d^*(r_n)\phi_{d'}^*(r_m)\phi_{d'}(r_n)\phi_d(r_m)d\tau_n d\tau_m. \end{aligned}\right\} \tag{37.42}$$

后者又称为洪德法则交换积分. 因为正是这项原子内交换积分导致了洪德法则第一条，S 最大的规律.

以上简单的紧束缚巡游电子理论给出的重要结论是，作为巡游电子集合体的过渡金属中的交换能由多种电子对间的相互作用能组成. 目前公认的主要的组成部分按其强度的大小为顺序，大体为[52]

(i)原子内库仑作用能，如上述的 I_0 及 $I_{dd'}^{C}$.

(ii)原子内交换作用能，如 $I_{dd'}^{x}$.

(iii)原子间库仑作用能，如 I_1 主要是指最近邻原子.

(iv)原子间的交换作用能，如 I_2 和 I_3. 主要指近邻原子间.

前已指出，过渡金属中相邻原子间 $3d$ 电子的直接交换作用很小，故以前三种相互作用为主，各种相互作用的贡献为上述积分乘以相应原子状态的权重或概率. 原子内库仑作用及交换作用能均为正值且数值较大，因此巡游电子模型中的交换作用的强度是可以解释过渡金属中铁磁性的来源.

上面讨论的巡游电子理论是一种简化的物理图象. 其结果远不精确. 首先，上述模型中没有考虑库仑相关及交换相关对电子态的影响，因而交换能的估计值偏高. 另一方面，要得到与实际金属性能可以对比的理论计算结果，必须有较为精确的对实际金属能带结构的计算，并根据实际金属的特点寻求得到合适的布洛赫函数的方法. 这两方面是相互联系的，均在近几十年取得很大进展.

在金属能带计算方面，除紧束缚近似外还有元胞法，丸盒势模型，正交平面波法，缀加平面波法，赝势法，格林函数或 KKR 法等[103]，以及上述方法的适当结合.

在考虑电子间相互作用对电子态的影响方面，哈特利-福克近似将代表电子间相互作用的平均效应的势包括在薛定谔方程中，以自洽的方法寻求合适的波函数，但没有包括电子间相互作用导致的运动相关.

赫巴德对窄能带中电子的相关效应进行了系统的研究[104]，在赫巴德模型中，金属中电子间的相互作用作为多体问题处理，近似地只保留窄能带中强大的原子内相互作用，给出了包含了电子间相互作用的哈密顿量的二次量子化表式，被称为赫巴德哈密顿量. 多电子体系的总哈密顿量仍如式(37.35)表示. E_k 和 ψ_k 为能带电子的能量和布洛赫波函数，设为哈特利-福克近似的计算结果，在布洛赫表象中相互作用哈密顿量的二次量子化表示式为

$$\mathscr{H} = \sum_{k\sigma} E_k C_{k\sigma}^{+} C_{k\sigma} + \frac{1}{2} \sum_{k_1 k_2 k_1' k_2'} \sum_{\sigma\sigma'} \langle k_1, k_2 \left| \frac{e^2}{r-r'} \right| k_1', k_2' \rangle C_{k_1\sigma}^{+} C_{k_2\sigma'}^{+} C_{k_1'\sigma} C_{k_2'\sigma'} \tag{37.43}$$

$C_{k\sigma}^{+}$和 $C_{k\sigma}$代表布洛赫轨道上 σ 自旋电子的产生和湮没算符，而

$$\left\langle k_1, k_2 \left| \frac{e^2}{r-r'} \right| k_1', k_2' \right\rangle = e^2 \int \frac{\psi_{k_1}^{*}(\boldsymbol{r}') \psi_{k_2}^{*}(\boldsymbol{r}) \psi_{k_1'}(\boldsymbol{r}) \psi_{k_2'}(\boldsymbol{r}')}{|r-r'|}.$$

式(37.43)中第一项为通常的能带电子的能量，第二项为电子相互作用能. 哈密顿量中包含了布洛赫函数及相应的互作用能，因而计入了相关效应. 用赫巴德模型分析铁磁性出现的条件时，得到比哈特利-福克更合理的结果.

60 年代以来，局域密度泛函理论得到发展[105]，用以处理电子系统中的相互作用特别是电子间的交换与相关效应. 70 年代来，基于较为可靠的理论方法上的对于多种金属的能带结构和交换作用的理论计算已出现在文献上. 对过渡金属中交换作用的来源和数值亦不断有文献给予评论[52]. 文献[60]给出了基于丸盒势模型和局域密度泛函理论的对32个金属元素的能带电子结构包括交

换相关积分的计算结果．各金属的能态密度和交换积分值示于表36.5及图36.14中．

以上我们讨论了交换作用的四种机制：海森伯局域电子直接交换作用，超交换作用，RKKY交换作用和巡游电子交换作用．虽然它们是针对不同情况的不同模型与机制，但它们之间有联系，且在适用范围上有重叠．图37.8示出的是四种交换作用的相互关系和适用范围[21]的示意图．图中的实线圆表示各种交换作用的主要适用范围，虚线圆为可能的应用范围．严格地说，在实际物质中几种交换作用可能同时存在，相互叠加．对于过渡金属，原则上巡游电子交换作用最为合适．但在若干场合，RKKY交换作用对过渡金属及合金颇为成功．最初，提出RKKY理论的实验根据之一即为含过渡元素的MnCu合金的磁性．最近将RKKY交换作用应用于过渡金属多层膜中的层间耦合问题得到了理论与实验颇为一致的结果[106]．这意味着在金属或合金中过渡族原子具有局域磁矩．过渡金属中的局域磁矩是巡游模型提出的一个热门话题．中子散射的实验虽然可提供出过渡金属中的局域自旋密度，但那只是自旋密度分布概率．从理论上看，紧束缚近似以及一般的布洛赫函数本身就既反映巡游性又反映原子性．如再精确地考虑到 s-d 交换作用及强的关联效应，巡游中的 s 及 d 电子总是有很大的概率及时间处于过渡元素的原子核周围．尽管这些局域在原子核周围的巡游电子不断地巡游与交换，但从概率的意义上看确实存在着局域磁矩．赫巴德对此有精辟的论述[104]，安德森对金属中的局域矩进行了系统的研究[107]．

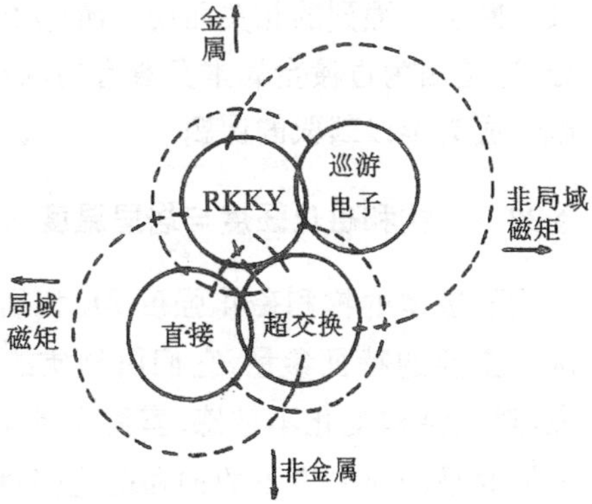

图37.8　四种交换作用的相互关系．

历史上局域磁矩理论因不适合于过渡金属铁磁性曾进行了不断的改进.如引入电子在原子间跳跃的机制.而在巡游电子模型中又不断引入强烈的相关而使巡游电子理论中包含了更多的局域成分.这是因为过渡金属本身兼有局域及巡游的性质,使过渡金属铁磁性成为难以驾驭的课题.

§37.2　饱和磁化强度与居里温度

强磁体的饱和磁化强度 M_s 和居里温度 T_c 为其内禀磁性的两个重要的特征参量,它们由物质的成分和晶体结构决定.一般说,对微结构变化不敏感.室温下的 M_s 值在实用上很重要,但更本征的是绝对零度下的饱和磁化强度 M_0.表 37.1 列出一些代表性强磁物质的数据(参看表 36.1,表 36.2,表 36.3),在文献[9,51]中有较详细的数据.

表 37.1　一些强磁物质的饱和磁化强度和居里温度

物　质	M_s(室温)(10^3A/m)	M_0(0K)(10^3A/m)	p_s(μ_B/原子或分子)	T_c(K)
Fe	1707	1743	2.216	1043
Co	1400	1447	1.715	1395
Ni	485	521	0.616	631
Gd	—	1980	7.55	293
Dy		2920	10.2	88
MnBi	620	680	3.52	630
Cu_2MnAl	430	(580)	(4.0)	603
CuMnIn	500	(600)	(4.0)	506
MnAs	670	870	3.4	318
MnB	147	—	—	533
Mn_4N	183	—	0.24	745
MnSb	710	—	3.53	587
CrTe	240	—	2.39	336
CrO_2	515	—	2.03	386
EuO		1920	6.8	69
$MnFe_2O_4$	410		5.0	573
Fe_3O_4	480		4.1	858
$Y_3Fe_5O_{12}$	130	200	5.0	560

(a)*饱和磁化强度*　磁化强度为磁场和温度的函数，$M=M(T,H)$. 实验上精确地测量 M_0 和 p_s 是很重要的，一般需要通过两次外插. 首先需要得到高场磁化曲线，$M(T,H)$-H，用外插的方法确定 $H=0$ 时的饱和磁化强度 $M_s(T,0)$，$M_s(T,0)$ 即为该温度下的自发磁化强度〔详见 § 38.4(d)〕. 然后按低温下 $M_s(t)$-T 的关系外插到 $T\rightarrow 0$，从而得 M_0. 按式(36.7)的定义

$$M_0=Ng_JJ\mu_B=Np_s\mu_B,$$

$$p_s=\frac{M_0}{N\mu_B}=\frac{M_0}{N_A\mu_B}\frac{A}{\rho}=\frac{M_0}{5587}\frac{A}{\rho},\qquad(37.44)$$

式中 N_A 为阿伏伽德罗常量，A 为原子量，ρ 为密度，对于金属，上式代表每原子的平均饱和玻尔磁子数.

关于单元素金属的饱和磁化强度的数值和解释在 § 36.1 中已经给出，本节将介绍一些合金的情况，图 37.9 和图 37.10 示出 Ni-Cu 合金的 p_s 和 T_c 与含 Cu 量的关系. 它们均呈线性关系，当含 Cu 的原子百分比 $x\simeq 0.53$ 时，合金的 p_s 及 T_c 均趋于零. 这个关系可以用刚带模型解释，Ni-Cu 合金形成无限固溶体. 设合金具有一个共有的基本不随成分改变的 d 电子能带，$\chi=0$ 时即为纯 Ni 的能带，其正自旋次带填满，每原子 5 个电子，负自旋次带的空穴数即为 Ni 的饱和玻尔磁子数 p_{sNi}. Cu 原子的 $3d+4s$ 电子数比 Ni 的多一个. 设这个电子填入空穴，则合金的 p_s 值为 $p_s=p_{sNi}-\chi$，为线性关系，这个原理可以推广到其他一些 Ni 合金，令 v 为溶质原子的价电子数或溶质原子与 Ni 原子的 $3d+4s$ 电子数之差，则

$$p_s=p_{sNi}-v\chi.\qquad(37.45)$$

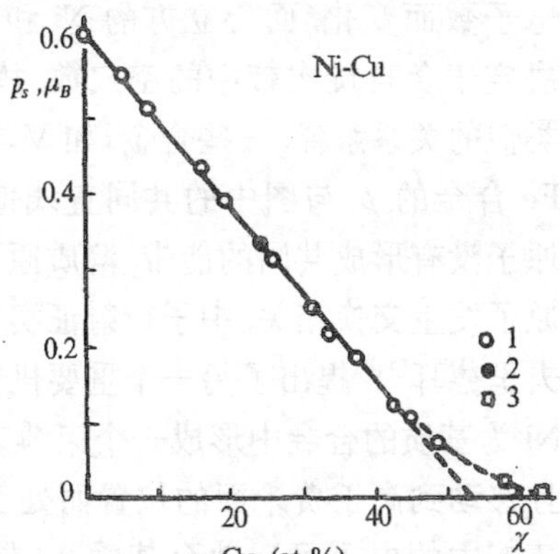

图 37.9　Ni-Cu 合金的 p_s 与成分的关系（1，2，3 为不同来源）.

Cu 的 $v=1$，Zn，Al，Si，Sn 和 Sb 的 v 值分别为 2，3，4，5，Fe，

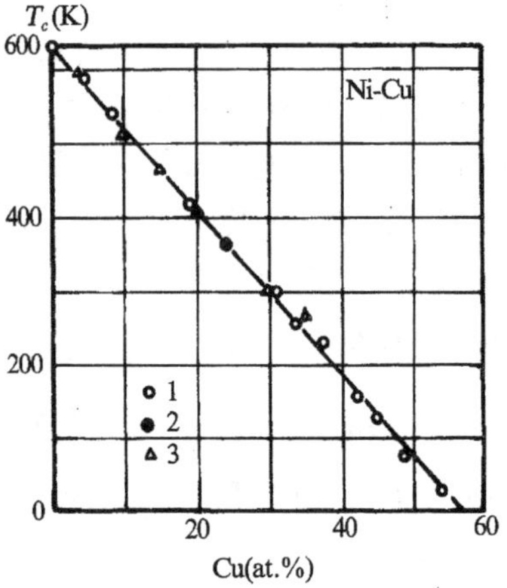

图 37.10 Ni-Cu 合金的 T_c 与成分的关系（1,2,3 为不同来源）.

Co,Mn 的 v 为负值. 一些 Ni 合金的 p_s 与成分的关系如图 37.11 所示. 只有合金有刚带模型的特点,且当 χ 不大时才有这种线性关系. Fe 合金则没有如此简单的关系. 中子衍射发现,Ni 的自旋密度分布具有扩展型的特点,而 Fe 的自旋密度分布具有明显的局域特点.

Fe,Co 和 Ni 之间或与其他 $3d$ 过渡族金属形成的固溶二元合金的平均饱和磁矩常服从斯莱特-泡林曲线[108]. 图 37.12 和图 37.13 分别相应于面心立方及体心立方合金[109]. 图 37.12 中的一个突出的特点是一些合金在相当大的成分范围中的 p_s 与每原子平均 $3d+4s$ 电子数的关系处于一条斜率约为 1 的直线上. 这亦可用刚带模型给予解释. 合金中的两种原子共有能带,其费米面随每原子平均 $3d+4s$ 电子数而变化. 面心立方的 Ni 和 Co 的正自旋次带均被填满,p_s 决定于负自旋次带中的空穴数. 故合金的 p_s 可以用与式(37.45)类似的关系解释. 一些合金,如 V,Cr,Mn 合金和含 Fe 较高的 Ni-Fe 合金的 p_s 与图中的共同直线偏离. 说明这些溶质原子与基质原子没有形成共同的能带. 溶质原子磁矩具有局域的特征,与基质原子发生交换相关. 中子衍射证实了一些合金中的局域磁矩特征. 夫里德耳[110]提出了另一个重要机制. V,Cr 等合金元素在 Fe,Co,Ni 为基质的合金中形成一个束缚态. 其能量与基质的 $3d$ 带分离,且移动到高于费米面的位置而处于高能态. 这种分离开的杂质束缚态中的电子可运动至基质 $3d$ 带的空穴中,从而改变了基质及合金的 p_s. 依此思路已形成相当完整的合金磁性理论[21,22]. 含 Mn 及 Fe 较多的 Ni-Mn 及 Ni-Fe 合金,其 p_s 剧烈下降的原因可能是

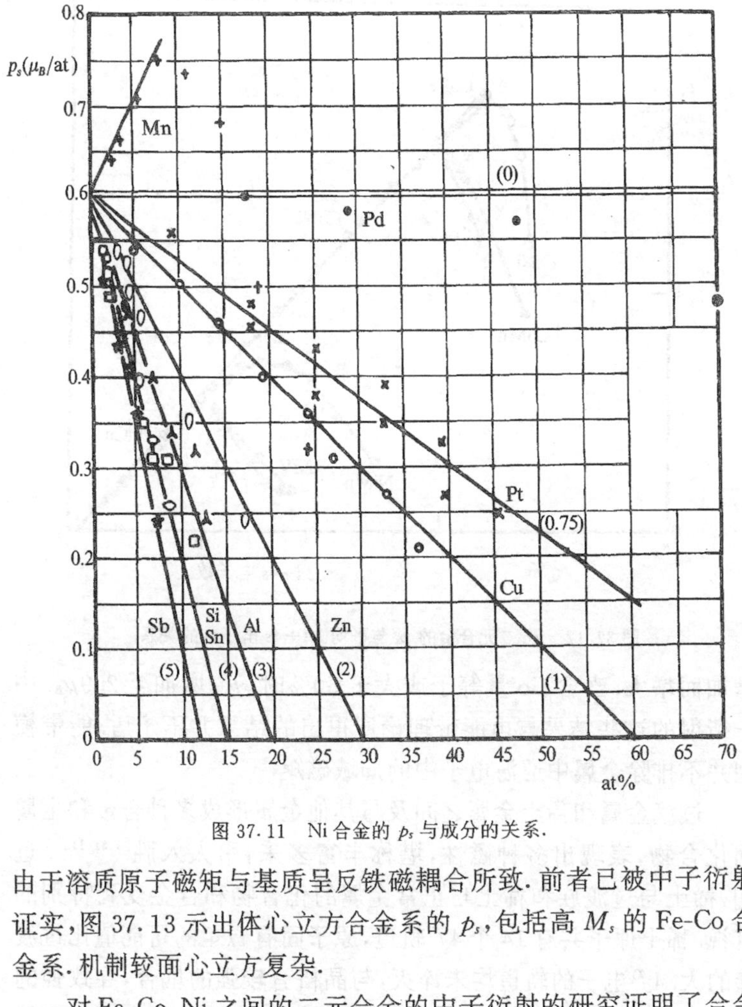

图 37.11 Ni 合金的 p_s 与成分的关系.

由于溶质原子磁矩与基质呈反铁磁耦合所致. 前者已被中子衍射证实,图 37.13 示出体心立方合金系的 p_s,包括高 M_s 的 Fe-Co 合金系. 机制较面心立方复杂.

对 Fe,Co,Ni 之间的二元合金的中子衍射的研究证明了合金中局域矩的存在,而且这些原子的局域矩的数值与平均 p_s 有很大差别[111]. Co-Ni 合金中,Co 和 Ni 离子的磁矩与纯金属中的数值相近,且乎不随成分变化. 但均与合金的平均 p_s 远不相同,Fe-Ni 合金亦相似,Fe-Co 合金则颇为特殊,Co 离子的磁矩与纯 Co 的原子磁矩接近,且不随成分变化,但 Fe 离子磁矩则随合金的含 Co 量

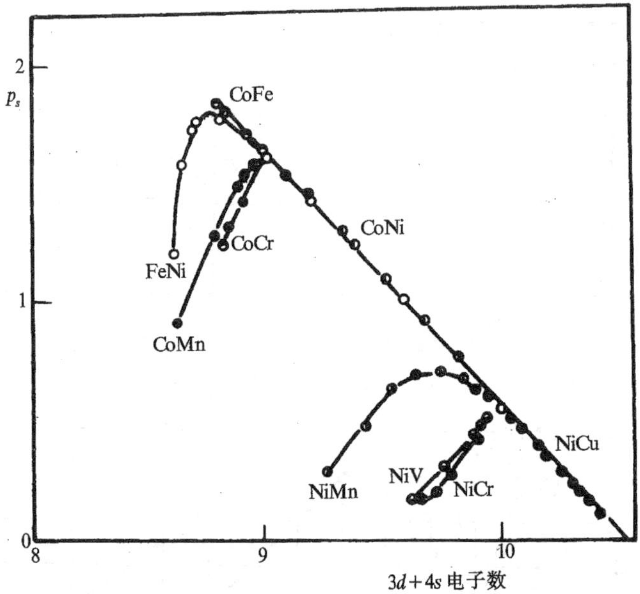

图 37.12 fcc 二元合金的 p_s 与平均 $3d+4s$ 电子数的关系.

增加而增大. 当含 Co 量等于或大于 50%时，p_{sFe}增加至 $2.9\mu_B$. 中子衍射的这些结果与电能带理论所得出的结果并不矛盾. 能带模型并不排除金属中巡游电子中的局域磁矩.

过渡金属和稀土金属之间及与其他金属形成多种合金和金属间化合物，表现出多种磁性，堪称丰富多采，引人入胜[9,51,112]. 近期，稀土与过渡族和稀土与正常金属的化合物和合金受到特别的重视. 稀土原子共有 14 个 $4f$ 轨道，原子固有磁矩的可能值比过渡族的大. $4f$ 电子的轨道均未淬灭，与晶格有较强的耦合，导致强的磁各向异性. 这两个特点在应用上很有吸引力. 但稀土金属的居里点均较低，因其 RKKY 交换作用较低. 为提高居里点，发展有实用价值的材料，对稀土-过渡金属合金和化合物进行了大量研究，以利用 $3d$ 族中较强的交换作用提高合金的居里点，结果是成功的. 一些稀土-过渡族金属间化合物的数据列于表 37.2 中.

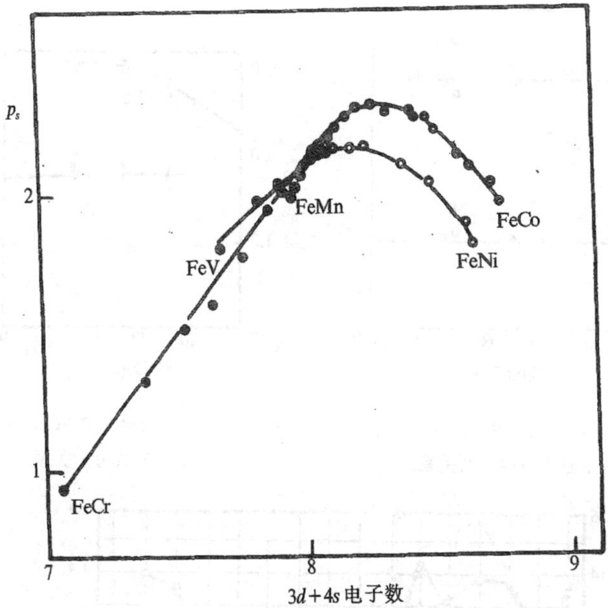

图 37.13　bcc 二元合金的 p_s 与平均 $3d+4s$ 电子数的关系.

表 37.2　一些稀土-过渡族化合物的性能[54,113,114]

化合物	T_c(K)	室温 M_s($\times 10^{-4}$T)	p_s(μ_B/分子)	晶体结构
$CeFe_2$	878		6.97	$MgCu_2$
$SmCo_2$	203		1.7	$MgCu_2$
$GdCo_2$	412		4.8	$MgCu_2$
$SmCo_5$	997	0.965		$CaCu_2$
Sm_2Co_{17}	920	1.2		Th_2Zn_{17}
Gd_2Co_{17}	930	0.73		Th_2Zn_{17}
$Nd_2Fe_{14}B$	588	1.60	37.6	
$NdTiFe_{11}$	570	$\sigma_s=133(emu/g)$		$ThMn_{12}$
$NdTiFe_{11}Nx$	740	$\sigma_s=145(emu/g)$		$ThMn_{12}$
Y_2Fe_{17}	330		2.0/铁原子	Th_2Zn_{17}
$Y_2Fe_{17}N_{2.4}$	723		2.2/铁原子	同上
Ho_2Fe_{17}	327			同上
$Ho_2Fe_{17}C_{2.5}$	675		17.1	同上

一些重要的稀土-Fe,Co 化合物的室温饱和磁化强度示于图

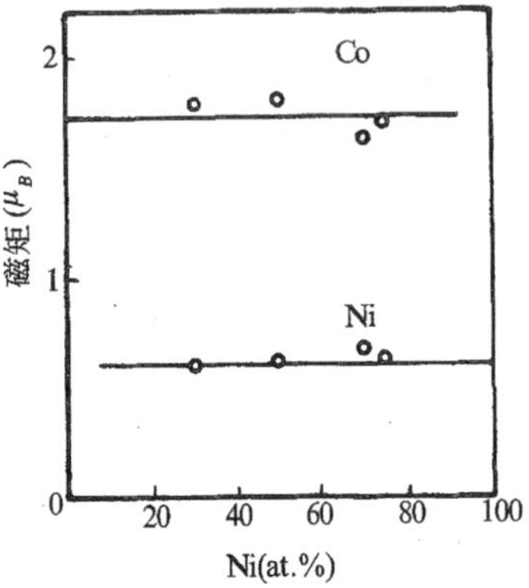

图 37.14 Co-Ni 合金中的 Co 和 Ni 离子磁矩与成分的关系.

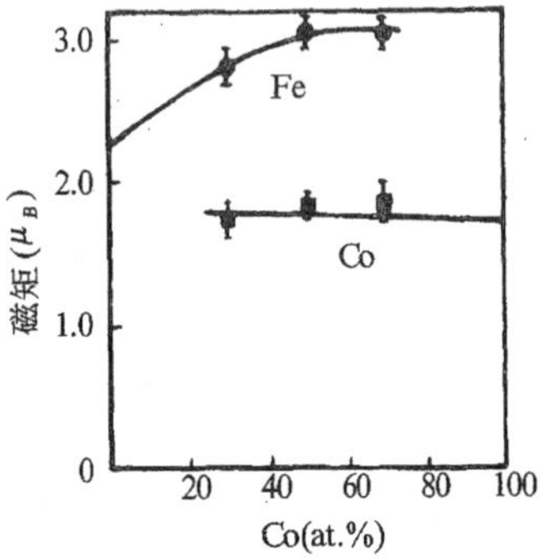

图 37.15 Fe-Co 合金中的 Fe 和 Co 离子磁矩与成分的关系.

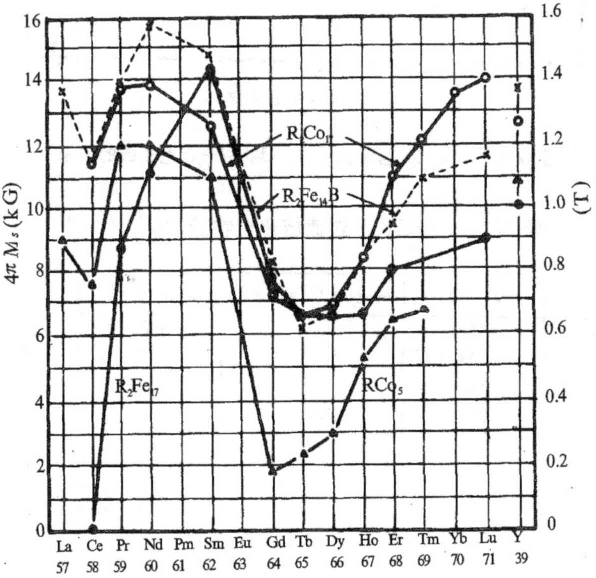

图 37.16 一些稀土-Fe,Co 化合物的室温饱和磁化强度.

37.16[113]. 由于轻稀土与过渡族金属次晶格的磁矩为平行排列，而重稀土则为反平行排列，重稀土化合物的饱和磁化强度明显低于轻稀土化合物，而重稀土金属本身恰具有高的原子磁矩及次晶格饱和磁化强度.

(b)*居里温度* 强磁居里温度是一个实际应用上重要的基本物理量. 实验上常用磁测量方法来确定居里温度，将居里点附近的 M_s-T 关系外插到 M_s 趋于零，如图 37.17 所示. 图中采用单位质量的磁化强度 σ. 若合金含有两个强磁相，其 σ-T 曲线上显示出两个居里温度 T_{c1}和 T_{c2}，如图 37.18 所示. 如合金中各种可能的相的 T_c 及 σ_s 已知，则可以在 σ-T 曲线上确定 T_{c1}和 T_{c2}以及 σ_1 和 σ_2，进一步确定合金中的两铁磁相及其相对含量. 这是磁法分析的基本方法之一. 当一个铁磁相的含量很少时，从 σ-T 曲线上难以确定其 T_c. 但在$\dfrac{d\sigma}{dH}$-T 曲线上，居里点处出现极大值，有较高的灵敏度，如图 37.19 所示. 选择测量时的磁场强度，可使$\dfrac{d\sigma}{dH}$的峰最为明显. 此外，利用居里点处其他物性的突变亦可测定居里温度，如比热、穆斯保尔谱的超精细场、中子衍射峰的相度，电阻或磁电阻，磁卡效应等.

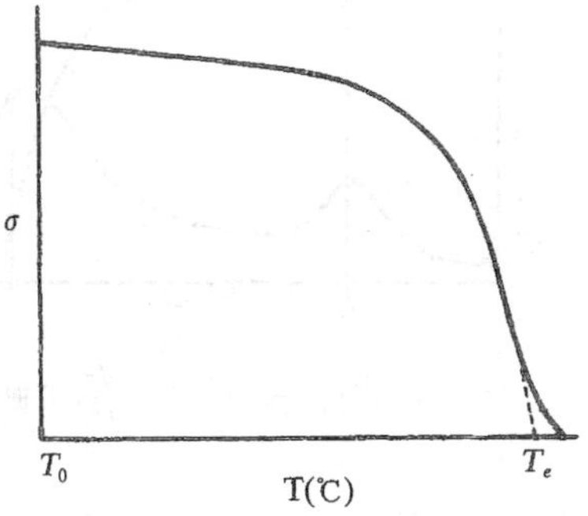

图 37.17 外插法求居里温度.

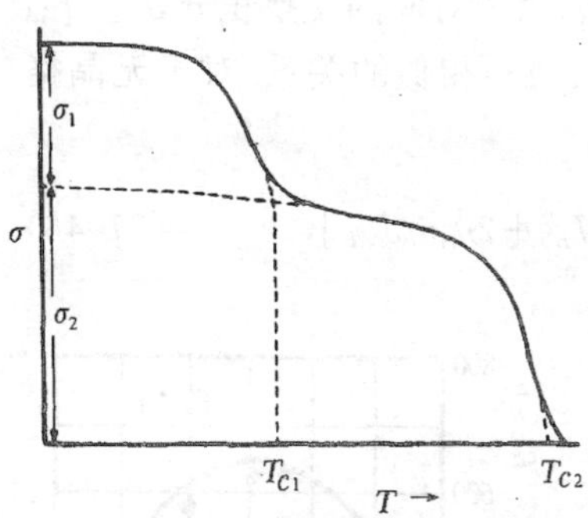

图 37.18 含两个铁磁相的合金的 σ-T 曲线.

在局域模型中，T_c 正比于分子场常数和交换积分，有式(36.8)和式(37.18)那样的简单关系. 巡游电子模型的情况较为复杂. 斯托纳理论虽不能给出正确的 T_c 值，从图 36.20 和式(36.28)

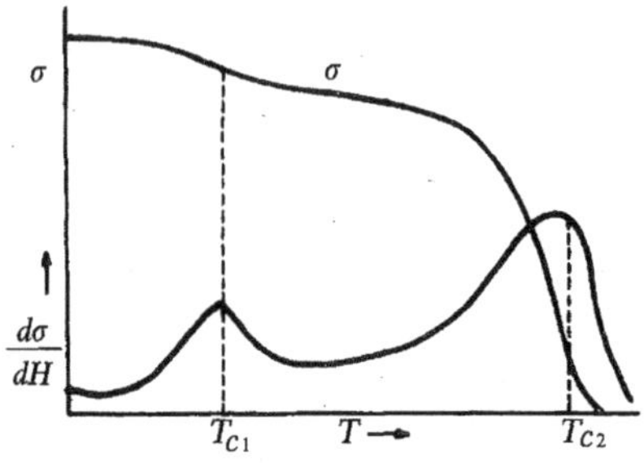

图 37.19 两相合金的 σ-T 和 $\frac{d\sigma}{dH}$-T 曲线.

可以看出，T_c 与分子场常数(即交换常数)和费米面能态密度相关. 按奈耳理论，亚铁磁体的居里点为次晶格间及次晶格内交换常数的函数，如式(36.57)所示. 现代磁性理论还不能对物质的居里温度给出预言，贝特-斯莱特曲线常作为一个行之有效的设想用于合金中交换作用的分析(见图 37.3).

作为定性分析，式(37.18)亦常推广到金属及合金中，一个二元合金中的交换作用可用不同近邻原子对间的交换积分 J_{AB}，J_{AA} 和 J_{BB}的叠加来表示，得到与式(37.18)相似的关系. 对于无晶格序的情况，按海森伯模型[21]，有

$$T_c=\frac{Z}{2k}[n^2J_{AA}+n_B^2J_{BB}+2n_An_BJ_{AB}],\qquad(37.46)$$

式中 n_i 为合金元素的百分比，Z 为配位数. 上式可以与一些合金系 T_c 与成分的关系拟合得很好，并用以确定 J_{ij}的数值. 图 37.20 和图 37.21 为 Fe-Ni 和 Co-Ni 合金系的 T_c 与合金成分的关系. 点为实验数据，实线为理论拟合的结果. 然而，Ni-Cu 合金系的 T_c 随 Cu 含量增大而线性下降，与式(37.46)的平方关系不同.

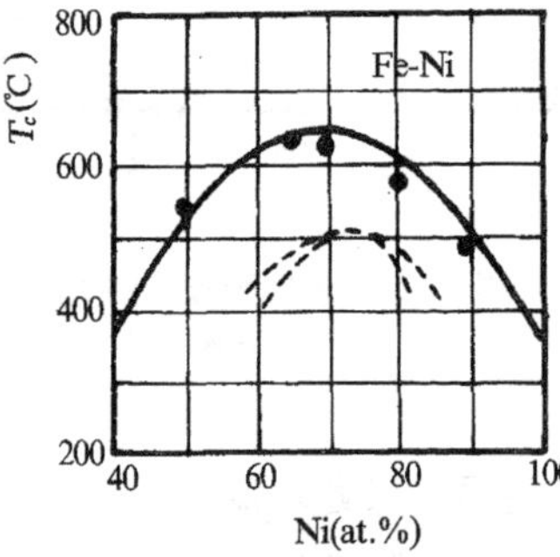

图 37.20 Fe-Ni 合金系的 T_c 与成分的关系.

按式(36.57)和式(37.46)，亚铁磁体和铁磁合金若服从次晶格

模型，它们的居里温度为次晶格间和次晶格内交换常数的函数. 由于 A_{ij} 的强度不等，其中最强的交换作用自然起主导作用. 以二元或准二元稀土（R）-过渡族金属（TM）合金为例，其交换常数，有 J_{RR}，J_{RT} 及 J_{TT}. 大量实验事实证明，J_{TT} 最大，为正值；J_{RT} 次之，为负值；J_{RR} 很小，只有在低温下才起作用，只有当 J_{TT} 及 J_{TR} 较小时才显示其作用. 因此磁有序时，J_{TT} 使合金中

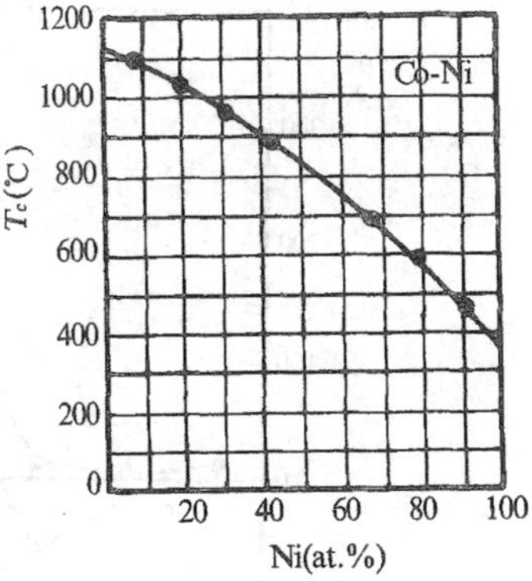

图 37.21　Co-Ni 合金系的 T_c.

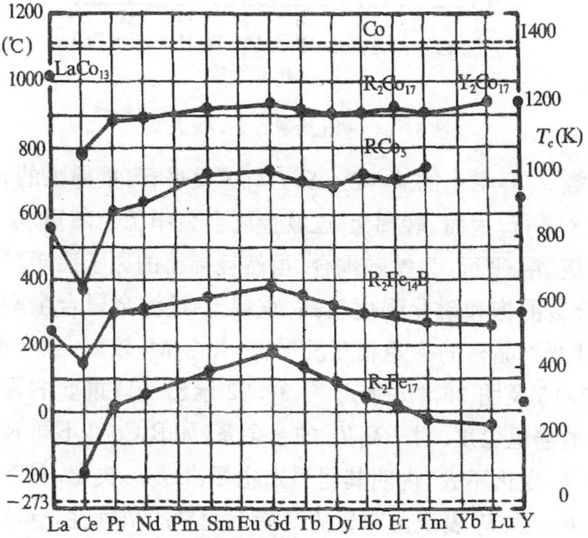

图 37.22　一些稀土合金的居里点[113].

过渡金属次晶格的磁矩自发磁化在同一方向，J_{RT} 使稀土次晶格的自旋与 TM 次晶格的自旋自发反平行排列. 从两次晶格的自旋排列来看，合金为亚铁磁体. 但 TM 的轨道基本淬灭. 自旋的方向即磁矩的方向，而 R 中 $4f$ 轨道矩基本未淬灭，其原子磁矩决定于总

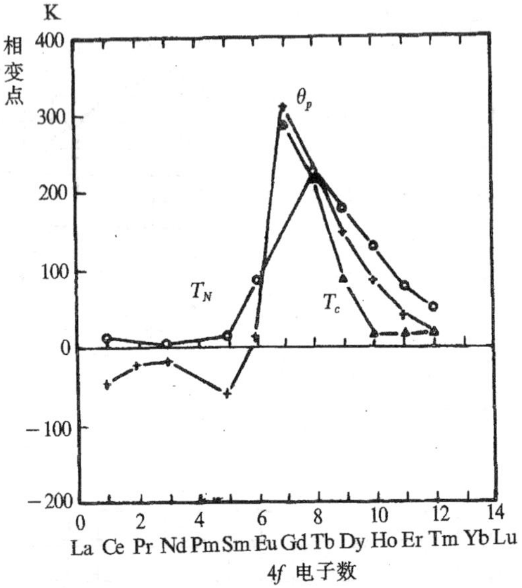

图 37.23　稀土金属的 T_c,T_N 及 θ_p.

角量子数 J. 轻稀土的 $J=L-S$,$\boldsymbol{J}$ 与 $\boldsymbol{S}$ 反平行,重稀土的 $J=L+S$,$\boldsymbol{J}$ 与 $\boldsymbol{S}$ 平行. 因而,轻稀土-过渡金属合金中稀土磁矩 μ_R 与过渡金属磁矩 μ_{TM}平行,为铁磁耦合. 虽然轻稀土的原子磁矩较重稀土小,但合金的饱和磁化强度较高,重稀土-过渡金属合金则为亚铁磁体,其两次晶格的磁矩相互反平行,合金 M_s 较低,且有抵消点. 如图 37.16 及图 36.30 所示. 图 37.22 示出一些重要的稀土过渡族合金的居里温度. 对于高 T_c 的合金系,如 R_2Co_{17},不同 R 元素的合金的 T_c 变化不大,说明其居里点主要由 $J_{Co\text{-}Co}$决定. 具有低居里点的 R_2Fe_{17}的 T_c 表现出明显的对稀土元素的依赖性,意味着与稀土离子有关的交换作用有不可忽略的影响. 有趣的是,该合金系的 T_c 对稀土元素的依赖关系与图 37.23 中所示稀土金属的 T_c 的依赖关系有相似之处,而后者与稀土金属的自旋 S 的依赖关系亦相似. 我们知道,交换能与 T_c 不仅依赖于交换常数 J,而且依赖于 S. La 为非磁性离子,La 合金的 T_c 只来源于 $A_{Co\text{-}Co}$. 但图 37.22 中所有的 Ce 合金的 T_c 都特别低，甚至低于 La 合金的居里点. 这是由于 Ce 倾向于 4 价，Ce^{4+} 为非磁性，同时一个电子进入到过渡族的 $3d$ 带的空穴中，使合金的 M_s 及 T_c 均下降. R_2Fe_{17} 系的 T_c 普遍低，但加入非磁性元素 B(B^{3+} 的电子组态为 $1s^2$，类金属硼为抗磁体）而形成的合金系 $R_2Fe_{14}B$ 的 T_c 普遍上升 200—300℃，其中 $Nd_2Fe_{12}B$ 为得到广泛应用的第三代稀土永磁. $R_2Fe_{14}B$ 合金中 Fe 的晶位不只一种，B 的加入使某些铁原子间距增大，从而使其交换常数增大，如贝特-斯莱特曲线所示. 最近，RFe_{12} 及 R_2Fe_{17} 化合物中吸氮或渗碳后居里温度大幅度上升[114,115]，如表 37.2 所列，使 T_c 过低不适于实用的 R-Fe 化合物成为颇有前途的第四代稀土永磁的候选物，引起人们的重视. N 及 C 原子进入到上述化合物晶格的间隙位置，引起晶格膨胀. Fe-Fe 原子间距增大及 $J_{Fe\text{-}Fe}$ 增强导致居里点升高的观点普遍被人们接受.

§37.3 饱和磁化强度对温度的依赖关系

铁磁体的饱和磁化强度随温度上升而下降，亚铁磁体有若干类型的 M_s-T 关系. 分子场理论可进行定性的描述，但精确地要求，分子场理论的结果尚嫌不足，本节集中讨论两个重要的温区（居里点附近和低温区）的行为.

(a) *在居里点附近的行为*　为了用外插法精确地测量居里温度，必须了解 T_c 附近的磁性行为.

当 $T \lesssim T_c$ 时，自发磁化强度很小，$\frac{M_s(T)}{M_0} \to 0$. 在分子场理论中，式(36.5′)的 $\alpha_J \ll 1$，将式(36.9)展为级数，至第二项，得到

$$\frac{M_s(T)}{M_0} \cong \frac{J+1}{3J}\alpha_J - \frac{J+1}{3J}\,\frac{2J^2+2J+1}{30J^2}\alpha_J^3, \qquad (37.47)$$

而

$$\alpha_J = \frac{3J}{J+1}\left(\frac{M_s(T)}{M_0}\Big/\frac{T}{T_c}\right). \qquad (36.5b)$$

根据上两式可有

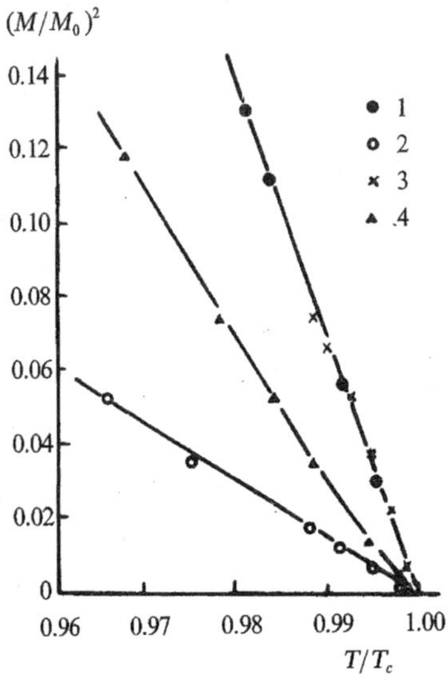

图 37.24 居里点附近的 M_s/M_0 对 T/T_c 的依赖关系.

$$\left[\frac{M_s(T)}{M_0}\right]^2=\frac{10}{3}\frac{(J+1)^2}{J^2+(J+1)^2}\left(1-\frac{T}{T_c}\right), \tag{37.48}$$

或

$$M_s(T)\sim(T_c-T)^{\beta},\beta=0.5.$$

当 $T\to T_c$ 时,M_s 连续下降,而趋于零. $T=T_c$ 时,M_c-T 曲线的斜率为无穷大. 图 37.24 示出的是几个金属的 $[M_s(T)/M_0]^2$ 与 T/T_c 的关系,呈线性关系,但斜率各不相同. 图中 1,2,3,4 分别为 Fe,36Ni-Fe 合金,Ni 和 15Cu-85Ni 合金的数据.

非常靠近相变点时的磁性变化可以用一组临界指数来描述,如

$$\left.\begin{aligned}&T<T_c\text{ 时,磁化强度 } M\sim(T_c-T)^{\beta},\\&T>T_c\text{ 时,磁化率 } \chi\sim(T-T_c)^{-\gamma},\\&T=T_c\text{ 时,磁化强度 } M\sim H^{1/\delta},\\&T\lessgtr T_c\text{ 时,比热 } C_H\sim|T-T_c|^{-\alpha},\\&T<T_c\text{ 时,自旋波劲度系数 } D\sim(T-T_c)^{\chi}.\end{aligned}\right\} \tag{37.49}$$

表 37.3 Fe,Co,Ni 的一些临界指数[52,21]

指数	Fe	Co	Ni	Gd(薄膜)	MnFe
β	0.38	0.42	0.38	0.5	0.335
γ	1.33	1.21	1.32	1.33	
δ	4.50	3.88	4.47		
α	−0.12	−0.07	−0.094		
χ	0.37	0.39	0.39		

Fe,Co,Ni 的实验值列于表 37.3. δ 由标度律 $\delta=1+\gamma/\beta$ 给出. 分子场理论与居里-外斯定律给出的 $\beta=0.5,\gamma=1$. 改进的理论见文献〔21〕.

(b)低温下饱和磁化强度与温度的关系. 自旋波 为了用外插法精确测定 0K 下的饱和磁化强度,必须了解 0K 附近磁性的行为.

当 $T\to0K$ 时,分子场理论中的 α_J 很大,式(36.9)中的布里渊函数可展开为

$$\frac{M_s(T)}{M_0}=1-\frac{e^{-\alpha_J/J}}{J}-\cdots,$$

取至第二项

$$\frac{M_s(T)}{M_0}=1-e^{-[3/(J+1)](T/T_c)}. \tag{37.50}$$

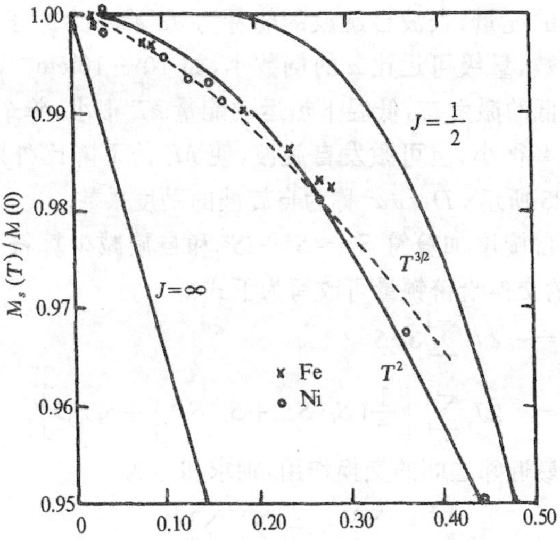

图 37.25 0K 附近自发磁化强度的变化.

图 37.25 示出 Fe 和 Ni 在 T/T_c 小于约 0.3 范围内的 $\frac{M_s}{M_0}$-$\frac{T}{T_c}$ 的关

系曲线.实验数据与分子场理论的两条曲线都不一致,在低温段,实验数据与$T^{3/2}$律符合的最好.稍高温区为T^2关系.$T^{3/2}$律的理论证明基于由布洛赫提出的自旋波激发的机制。自旋波是强磁物质中的一种元激发,我们将只介绍局域磁矩铁磁状态中自旋波的基本原理.

设晶体中单位体积有N个原子,原子轨道$S=\frac{1}{2}$,0K时,由于交换作用,$M_0=N\mu_B$.$T\neq 0$K时,M_s的下降是由于反向自旋被激发.在外斯分子场理论中,反向自旋是独立地被激发,激发每个反向自旋的能量为$2zJ$,用玻耳兹曼统计计算反向自旋的平均数,这个图象是不精确的,由于交换作用,任何一个晶位的反向自旋可使其近邻自旋反转,而其本身可反转回到正向,形成了反向自旋在晶体中传播.这就是自旋波.每个格点的自旋有相同的翻转概率,其值为单个反向自旋的$\frac{1}{N}$,激发自旋波需要的能量亦远低于单个反向自旋的能量,长波自旋波的能量为Ja^2k^2,a为原子间距,k为自旋波波数,量级可远比a的倒数小,如10^4—$10^6\mathrm{cm}^{-1}$,故自旋波为能量较低的激发态,低温下热运动能量kT很小,单个反向自旋出现的概率很小,但可激发自旋波,使M_s的下降比外斯理论快,如图37.25所示.$D=Ja^2$称为自旋波的劲度系数.

引入自旋增加算符$S^+=S^x+iS^y$和自旋减少算符$S^-=S^x-iS^y$,系统的交换哈密顿量可改写为下式:

$$\begin{aligned}\mathscr{H} &= -2J\sum_{ij}\boldsymbol{S}_i\cdot\boldsymbol{S}_j \\ &= -2J\sum_{ij}\left[\frac{1}{2}(S_i^+S_j^- + S_i^-S_j^+) + S_i^zS_j^z\right]。\end{aligned}\tag{37.51}$$

若只考虑最近邻之间的交换作用,则求和号为

$$\sum_{ij}=\frac{1}{2}\sum_{i}^{N}\sum_{\rho}^{Z},$$

共$\frac{1}{2}ZN$项,Z为近邻数.

0K时,交换作用使N个自旋平行,其自旋波函数为

$$\psi_g=\alpha,\alpha_2\cdots\alpha_N,\tag{37.52}$$

$$\mathscr{H}\ \psi_g = -\frac{1}{4}NZJ\psi_g = E_0\psi_g \tag{37.53}$$

E_0为本征能量，总自旋为 $S_0 = Ns = \frac{N}{2}$.

然后考虑第一激发态，系统有一个反向自旋，设出现在第 ω 个格点上，可以证明下面的波函数不是交换能哈密顿的本征函数

$$\psi_\omega = \alpha_1\alpha_2\cdots\alpha_{\omega-1}\beta_\omega\alpha_{\omega+1}\cdots\alpha_N. \tag{37.54}$$

因为

$$\mathscr{H}\ \psi_\omega = -\frac{1}{4}ZJ(N-4)\psi_\omega - J\sum_\rho^z \psi_{\omega+\rho}, \tag{37.55}$$

说明$\mathscr{H}$ 作用在 ψ_ω 代表的反向自旋位于第 ω 格点的状态导致了其近邻的反向自旋态. 本征波函数为 ψ_ω 的线性组合

$$\psi^{(1)} = \sum_\omega^N C_\omega\psi_\omega. \tag{37.56}$$

可以证明

$$C_\omega = \frac{1}{\sqrt{N}}e^{i\boldsymbol{k}\cdot\boldsymbol{R}_\omega}, \tag{37.57}$$

$\boldsymbol{R}_\omega$ 为原点至格点 ω 的矢径. 由于周期性边界条件，$C_{\omega+N} = C_\omega$，$\boldsymbol{k}$ 的分量的允许值仅为

$$\frac{k_x x_{ij} N_x}{2\pi} = 0;\pm1;\pm2;\cdots\cdots;\frac{N_x}{2}, \tag{37.58}$$

k_y 和 k_Z 有相似的方程，N_x 为 X 方向的原子数，x_{ij}为 X 方向的原子间距，故本征波函数为

$$\psi^{(1)} = \sum_\omega^N e^{i\boldsymbol{k}\cdot\boldsymbol{R}_\omega}\psi_\omega, \tag{37.59}$$

其本征能量为

$$E_1 = E_0 + J(Z - \sum_\rho^Z e^{i\boldsymbol{k}\cdot\boldsymbol{r}_\rho}), \tag{37.60}$$

式中 ρ 对近邻求和，$\boldsymbol{r}_\rho$ 为一个格点至一个近邻的矢径，以式(37.59)表示的本征函数的物理图象为反向自旋以波矢为 $\boldsymbol{k}$ 的平面波在晶格中传播. 反向自旋不是局域在一个格点上，而是以相同的概率分散在每一格点上. 不同格点上自旋反向态的位相不同，其

值为 $\boldsymbol{k}\cdot\boldsymbol{R}_\omega$. 定义自旋波的能量为 $\varepsilon_k=E_1-E_0$，故

$$\varepsilon_k=J(Z-\sum_{\rho}^{z}e^{ik\cdot r_\rho}),\tag{37.61}$$

$\boldsymbol{r}_\rho$ 为给定格点与一个近邻的矢径，$\in_k$ 依赖于自旋波的波长，若波长较长的情况，近似地有

$$\varepsilon_k\doteq Ja^2k^2=Dk^2,\tag{37.62}$$

$D=Aa^2$称为自旋波的径度系数，若原子自旋为任意值 S，则有 $D=2JSa^2$，而

$$\varepsilon_k=2JSa^2k^2.\tag{37.63}$$

自旋波可被看作一种准粒子，称为自旋波量子，磁振子或铁磁子. 其能量量子为$\hbar\omega=Dk^2$；准动量 $\boldsymbol{p}=\hbar\boldsymbol{k}$；根据$\hbar\omega=\dfrac{\hbar^2k^2}{2m^*}$，有效质量为 $m^*=\hbar^2/4SJa^2$.

自旋波的激发导致饱和磁化强度的降低

$$\frac{\Delta M_s(T)}{M_0}=\frac{M_0-M_s(T)}{M_0}=\frac{\sum\limits_k<n_k>}{N},\tag{37.64}$$

式中 $\sum\limits_k\langle n_k\rangle$为温度为 T 时被激发的自旋波的总数，即反向自旋的总数. 波矢为 $\boldsymbol{k}$ 的自旋波可以不只一个，其数目随温度 T 升高而增大. 在温度较低时，自旋波服从玻色统计. $\langle n_k\rangle$为统计平均值

$$<n_k>=\frac{1}{e^{\varepsilon_k/kT}-1}.\tag{37.65}$$

将上式代入式(37.64)，并近似地用积分代替求和，可得到

$$M_s(T)=M_0(1-CT^{3/2}).\tag{37.66}$$

对立方晶体

$$C=\frac{0.0587}{fS}\left(\frac{k_B}{2JS}\right)^{3/2}.\tag{37.67}$$

对简立方、体心立方和面心立方，f 分别为1，2，4. 自旋波对低温比热的贡献亦服从 $T^{3/2}$律.

长波自旋波可用经典理论处理. 把自旋波看作是宏观磁化强

度 $\boldsymbol{M}_s$ 的不均匀性，令其为位置与时间的函数，$\boldsymbol{M}_s=\boldsymbol{M}_s(\boldsymbol{r},t)$，热激发或磁场激发使自旋波出现时，局部地区的 $\boldsymbol{M}_s$ 偏离平均磁化强度的方向. 局域地区交换能的提高可等效于出现了一个交换场 H_{ex}，如式(38.10)所示

$$H_{ex}=\frac{2A}{M_s^2}\nabla^2\boldsymbol{M}_s, \tag{37.68}$$

其中 $A=\frac{\xi S^2J}{a}$. 交换场对偏离的 $\boldsymbol{M}_s$ 产生一力矩

$$\boldsymbol{L}=\boldsymbol{M}_s\times\boldsymbol{H}_{ex}, \tag{37.69}$$

使 $\boldsymbol{M}_s$ 转向平均磁化方向. 但磁化强度为电子磁矩的总和. 电子磁矩与其动量矩联系. 磁化强度 $\boldsymbol{M}_s$ 与相应的动量矩 $\boldsymbol{P}$ 的关系为

$$\boldsymbol{M}_s=-\gamma\boldsymbol{P}, \tag{37.70}$$

γ 为旋磁比

$$\gamma=g\,\frac{e}{2mc}. \tag{37.71}$$

根据牛顿动量矩原理

$$\frac{d}{dt}\boldsymbol{P}=\boldsymbol{M}_s\times\boldsymbol{H}_{ex}, \tag{37.72}$$

因此

$$\frac{d}{dt}\boldsymbol{M}_s=\gamma\boldsymbol{H}_{ex}\times\boldsymbol{M}_s. \tag{37.73}$$

交换场的力矩使 $\boldsymbol{M}_s$ 围绕平均磁化方向进动，进动的 $\boldsymbol{M}_s(\boldsymbol{r},t)$在宏观磁体中的传播即为自旋波的宏观描述，图37.26为自旋波的示意图. 宏观磁化强度的方向沿 Z 轴，局部地区的 M_s 偏离 Z 轴而发生进动，图37.26(a)为一行波，进动的振幅不变，相位沿传播方向 $\boldsymbol{k}$ 作周期变化，图37.26(b)为一驻波，各处的相位相同，振幅作周期变化. 由于进动，在 x-y 平面出现磁化强度的交变分量 $\boldsymbol{m}$，图中进动的振幅是夸大的，多数情况，$|m|\ll M_s$，故

$$\boldsymbol{M}_s=zM_Z+\boldsymbol{m}\simeq zM_s+\boldsymbol{m}.$$

设

$$\boldsymbol{m}=\boldsymbol{m}_0e^{i(\omega t-\boldsymbol{k}\cdot\boldsymbol{r})},$$

代入式(37.73),可得到自旋波的频率

$$\omega=\gamma \frac{2A}{M_s}k^2. \tag{37.74}$$

上式与式(37.63)是一致的.

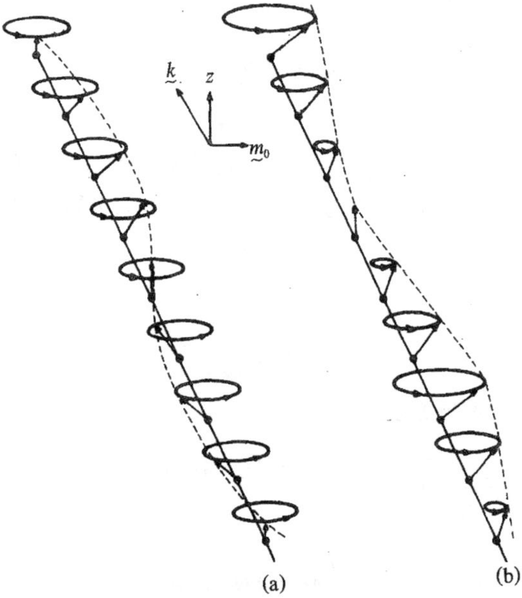

图37.26　自旋波示意图.

当温度较高时,k 较大的短波长的自旋波的激发不可忽略,长波近似需要修正. 再者,大量自旋波被激发,自旋波间的相互作用不能忽略,也需要进行修正. 戴生[116]更精确的计算给出了温度稍高时自发磁化强度对温度的依赖关系为

$$M_s(T)=M_0\left[1-a_0\left(\frac{T}{T_c}\right)^{\frac{3}{2}}a_1\left(\frac{T}{T_C}\right)^{\frac{5}{2}}-a_1\left(\frac{T}{T_c}\right)^{\frac{7}{2}}-a_3\left(\frac{T}{T_c}\right)^{4}\cdots\right]. \tag{37.75}$$

以上自旋波理论是基于局域磁矩模型,但它给出的 $T^{3/2}$ 律对许多材料低温下的 M-T 关系均符合的很好,包括 Fe,Co,Ni 等过渡金属和合金及铁氧体. 这间接地证明了在这些材料中自旋波的

存在，此外，中子及光的非弹性散射和自旋波共振等实验直接证实了各种物质中的自旋波. 因此，巡游电子模型中的自旋波理论[117]，反铁磁体[118]及亚铁磁体中[119]的自旋波理论先后得到发展. 稀土金属中的 $4f$ 电子属局域电子，但其 RKKY 交换作用为长程，原子的最近邻和次近邻的交换作用均需计及，并有符号变化. 针对这种复杂情况的自旋波理论亦得到发展[120].

在斯托纳巡游电子模型中，过渡金属中的 d 电子用布洛赫函数描述. 具有一定自旋态的电子波扩展在整个晶体中. $T\neq 0$时，$Ms(T)$的下降是由于费米面下正自旋电子被激发到费米面以上的负自旋次带，而在正自旋次带中留下空穴，这种单个电子-空穴对的个别激发称为斯托纳激发. 结果导致正负自旋次带中电子数的改变，交换劈裂的减小与 $M_s(T)$的下降. 根据式(36.22)或式(36.24)，可求出低温下的 $M_s(T)$的表式为

$$M_s=M_0(1-BT^2). \qquad (37.76)$$

但实验证明，过渡金属在较高温区下才与 T^2律相符，低温下服从 $T^{3/2}$律，如图37.25所示. 这说明在过渡金属中确实存在着色散关系为 $\omega k=Dk^2$的自旋波. 最初由海林和基泰尔[117]提出的过渡金属中自旋波的机理解释是十分重要的. 现已清楚，斯托纳个别激发的概念是远不完全的. 激发态电子和空穴间的相互作用极为重要，相互作用把激发电子和空穴束缚在一起，在强关联下近似于原子中的反向自旋，并在原子间传播，形成了过渡金属中作为集体激发的自旋波. 用动态平均场近似或无规相近似(RPA)理论方法可求得金属中的自旋波，其推导见文献[103,117]. 在长波极限下，可得到自旋波的抛物线色散关系，$\omega_k=Dk^2$和 $T^{3/2}$的 $M_s(T)$关系. 图37.27示出了过渡金属中的自旋波色散关系和斯托纳电子-空穴对激发区，由于自旋波的能量在个别激发区之下，因此在低温区自旋波的激发起主导作用，低温下过渡金属的自发磁化与温度的一般关系可写为

$$Ms=M_0(1-CT^{\frac{3}{2}}-BT^2-\cdots), \qquad (37.77)$$

式中 $C \sim 1/D^{3/2}$. D 为自旋波劲度系数. Fe,Co,Ni 的实验数据见表 37.4.

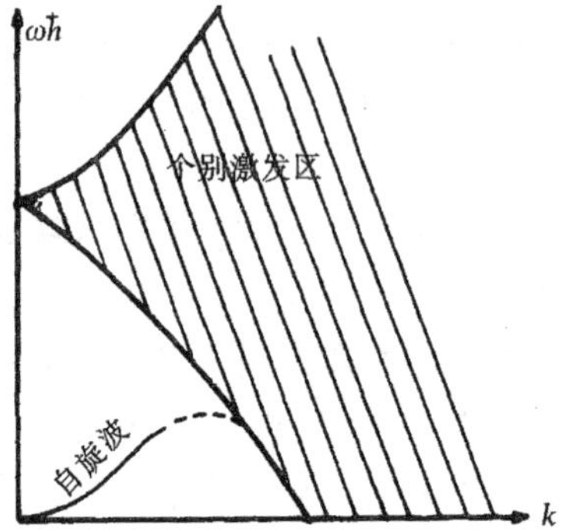

图37.27 铁磁金属中的自旋波谱和斯托纳激发区.

表37.4 Fe,Co,Ni 的劲度系数

	Fe	Co	Ni
D(meV·A^2)	280	510	455

过渡金属中自旋波的实验证实和理论证明的重要性不仅在于低温下 M_s-T 关系的解释. 在自旋波理论的基础上进而发展了普遍意义的自旋涨落理论,以及计入自旋涨落模式间相互作用及自旋涨落对过渡金属热平衡态下磁性的影响的巡游电子理论[71]. 这个理论的极有意义的结果是,自旋涨落不仅概括了低温下的自旋波激发,而且在高温范围中对磁性相变及顺磁状态的行为都有重要影响. 计入自旋涨落的巡游电子铁磁性理论可以给出居里-外斯律,并使居里点 T_c 的理论值大大降低,有望使斯托纳理论的困难得到解决,并向金属磁性统一的理论图象发展.

在反铁磁体和亚铁磁体中也存在着自旋波的激发. 由于基态时的原子磁矩呈反平行排列,其中的自旋波有与铁磁体中不同的特点.

对于两个次晶格的反铁磁体中自旋波的理论给出了与铁磁体自旋波不同的色散关系,在长波近似下,自旋波能量与波矢呈线性关系

$$\omega\hbar = 4JSk. \tag{37.78}$$

据此求出的次晶格自发磁化强度在低温下的温度依赖性为

$$M_{si} = M_{0i}(1 - AT^2). \tag{37.79}$$

自旋波的低温比热则为 $C_m \sim T^3$，与实验一致.

两次晶格的亚铁磁体的自旋波理论给出了两支不同的自旋波频谱.

其一，与铁磁体中的自旋波有相似的色散关系. 长波近似下为

$$\omega_1 \hbar = \left| \frac{4|Ji|S_A S_B}{S_A - S_B} \right| a^2 k^2, \qquad (37.80)$$

相当于两次晶格始终近似地处于自旋反平行排列状态下的自旋波，能量较低，称为声频自旋波. 式中 Ji，S_A 和 S_B 为等效交换积分及次晶格 A，B 的自旋矩.

其二，为亚铁磁体所特有，其色散关系中多一项与交换作用有关的常数项. 当 $k=0$时仍有一能隙. 因而自旋波能量较高，称为光频自旋波，在长波近似下为

$$\omega_2 \hbar = 2Z|Ji||(S_A - S_B)| + 4|Ji| \left| \frac{S_A S_B}{S_A - S_B} \right| a^2 k^2, \qquad (37.81)$$

其自旋波谱示于图37.28. 若亚铁磁体中的次晶格不只两个，则有多个自旋波谱分支.

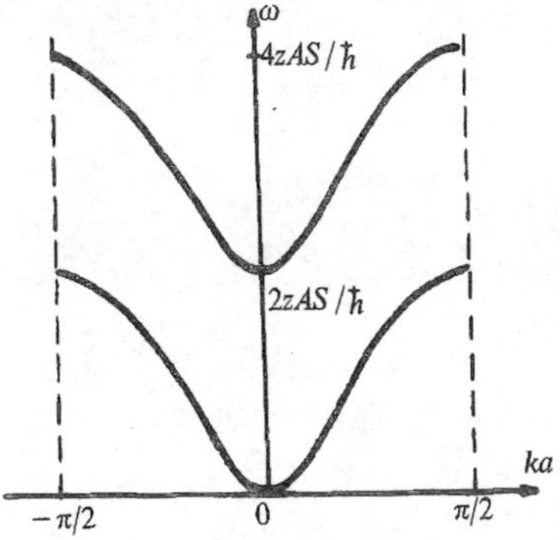

图37.28　两晶格亚铁磁体的自旋波谱.

在低温下，若只考虑声频自旋波的激发，亚铁磁体的自发磁化

强度与温度的关系与铁磁体有相同的表式

$$M_s=M_0(1-A_1T^{\frac{3}{2}}-A_2T^{\frac{5}{2}}-A_3T^{\frac{7}{2}}-\cdots), \tag{37.82}$$

其低温比热亦有相似的温度依赖性.

第三十八章 强磁物质中的磁畴与磁化

§ 38.1 强磁物质的技术磁化性能

磁化曲线和磁滞回线为居里温度以下强磁物质在磁场中的基本特征.与弱磁物质相比,强磁物质具有很高的磁化率,易于达到磁饱和,并有磁滞现象.顺磁性物质的磁化通常是磁场克服热扰动的结果.在强磁物质中,当低于 T_c 时,强大的交换作用已经克服热扰动发生了自发磁化,形成了自发磁化在不同方向的磁畴.其磁化机制为磁场使磁畴结构发生调整的过程.

在强磁物质中,有多种多样的磁化曲线和磁滞回线.不同强磁物质的有关参量(如磁化率,矫顽力和剩磁等)具有很大的差别.正是这种多样化的技术磁化性能使强磁物质有多种技术应用.如软磁物质具有高的磁化率,窄的磁滞回线,低的矫顽力;有些软磁材料要求磁导率几乎不随磁场变化,其磁滞回线呈倾斜而狭长;永磁材料要求高的矫顽力及剩磁;磁存储材料要求矩形回线和尽可能高的剩磁比 M_R/M_S.表 38.1 和表 38.2 列出一些代表性实用金属材料的技术磁化性能参数,包括初始磁导率 μ_i,最大磁导率 μ_m,矫顽力 ${}_MH_C$ 和 ${}_BH_C$,剩磁 $B_R=4\pi M_R$,饱和磁感应强度 $B_S=4\pi M_S$ 和最大磁能积 $(BH)_{\max}$.

强磁物质的技术磁化性能与成分、结构、微结构和固体中的缺陷有密切的依赖关系,因而材料的最终性能相当灵敏地依赖于制备工艺、加工与热处理.上述两表中的性能均为合适的工艺得到的结果.图 38.1 示出一些不同材料或不同条件下的磁滞回线,(a)和(b)为不同张应力下镍和玻莫合金(Ni-Fe 合金)的回线,(c)说明冷形变使 Ni 的回线变宽,(d)为 Ni 和 78Ni-Fe 合金回线的对比.(e)图中 1,2,3 分别为玻莫合金经磁场热处理后沿磁场,垂直于磁场测得的回线及无磁场退火后的磁滞回线.(f)为不同温度下 Ni 的回线.图 38.2 示出玻莫合金和超玻莫合金的磁滞回线.同为软磁,但差别很大.

为了理解强磁物质的这种多样化的技术磁化性能,本章将介绍磁畴的成因,影响磁畴结构的各种因素和技术磁化的基本原理.下一章将进一步集中讨论固体缺陷对磁畴及技术磁化的影响.

表 38.1　一些软磁金属材料的主要磁性

成　分	μ_i	μ_m	Hc		B_R(T)	B_S(T)
			A/M	Oe		
Fe(羰基铁)	3,000	2×10^4	6.4	0.08		2.2
Fe(单晶、磁热处理)		1.43×10^6	12	0.15		
3Si 取向硅钢	1,500	2×10^4	6.4	0.08		2.0
16Al-Fe 合金	4,500—6,500	5×10^4—7.5×10^4	3.3—4.4	0.041—0.055	0.37—0.44	0.75—0.93
50Ni-Fe 合金	3,200	3.2×10^4	14	0.18		1.5
79Ni-Fe 合金	18,000	1.1×10^5	2.8	0.035		0.75
66Co(FeMoSiB)非晶	7×10^5	1×10^6	0.32	0.004	$\geqslant$0.44	0.55
40Fe,40Ni,14P,6B 非晶		8.8×10^5	0.48	0.006	$\frac{Br}{Bm}=0.83$	0.78
80Fe,16P,3C,1B 非晶			4.0	0.05		1.49
5.4Al,9.6Si,Fe 合金	35,000		4.0	0.05		1.0
50Co,50Fe 合金	700	5,000—8,000	80	1		2.45
79Ni,5Mo,15Fe,0.5Mn(超玻莫合金)	100,000	800,000	0.32	0.004		0.8

表 38.2 一些硬磁金属材料的主要磁性

成　分	$_MHc$		$_BHc$		B_R(T)	$(BH)_{max}$		B_S(I)
	A/M	Oe	A/M	Oe		$J/m^3 \cdot 10^5$	$G \cdot Oe \cdot 10^6$	
碳钢(0.9%—1%C)			4000	50	0.95	0.016	0.2	1.98
钴钢(40%Co)			1.9×10^4	240	1.0	0.08	1.03	1.63
AlNiCo5（8Al，14Ni，24Co，4Cu，0.3Ti,-Fe)			4.8×10^4	600	1.25	0.40	5.0	1.4
CuNiFe (60Cu,20Ni,20Fe)			4.8×10^4	600	0.58	0.16	2.0	
CuNiCo (50Cu,21Ni,29Co)			5.3×10^4—5.7×10^4	660—710	0.34	0.064—0.068	0.8—0.85	0.5
FeCrCo (64Fe,28Cr,8Co)			4.73×10^4	595	1.45	0.545	6.86	
9.5V,52Co,38.5Fe			2.4×10^4	300	0.90	0.08	1.0	~1.44
77.8Pt,22.2Fe	1.4×10^5	1,750	1.3×10^5	1,570	0.583	0.24	3.07	

续表

成　分	$_MHc$		$_BHc$		B_R(T)	$(BH)_{max}$		B_S(I)
	A/M	Oe	A/M	Oe		J/m^3 · 10^5	G · Oe · 10^6	
76.7Pt,23.3Co	5.6×10^5	7,000	3.1×10^5	3,600	0.50	0.38	4.8	
70Mn,29.5Al,0.5C			1.8×10^5	2,262	0.56	0.44	5.5	
79.4Bi,20.6Mn	9.6×10^5	12,000			0.57	0.45	5.6	0.78
$SmCo_5$(35Sm-Co)	1.2×10^6	15,080	6.75×10^5	8,480	0.9	1.6	20	1.14
R_2TM_{17}(25Sm,15Fe,22Er,2Cu,—Co)			8.36×10^5	10,500	1.32	2.9	37	
NdFeB（15Nd，77Fe,8B)	9.6×10^5	12,000	8.8×10^5	11,000	1.23	2.9	36.4	1.06

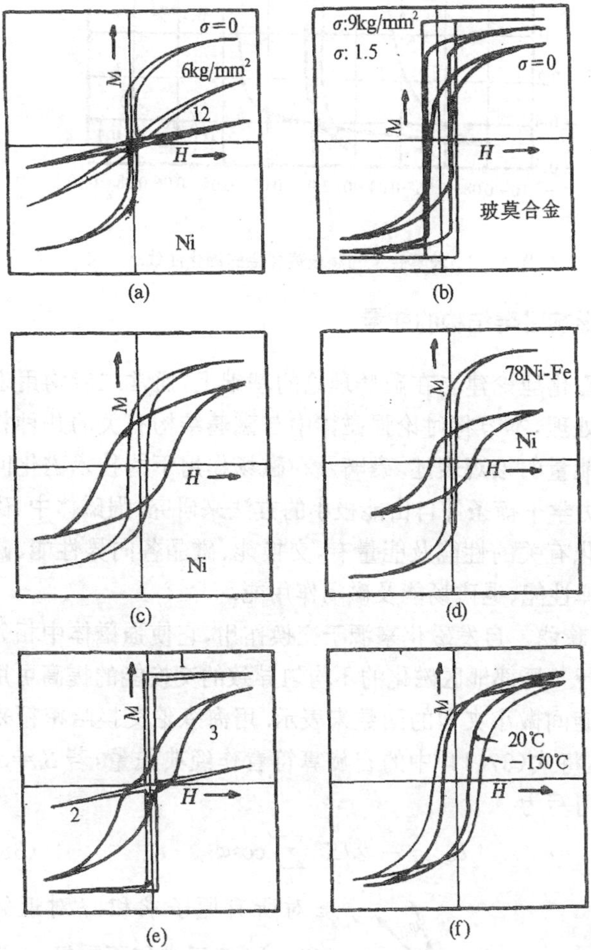

图 38.1　不同材料和不同条件下的磁滞回线.

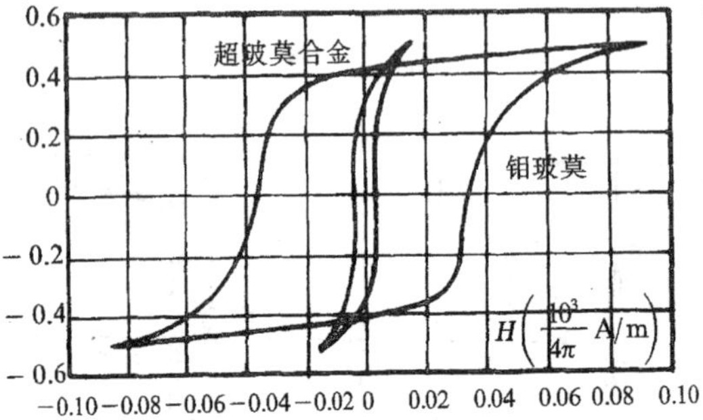

图 38.2 玻莫合金和超玻莫合金的磁化曲线.

§38.2 影响磁畴结构的能量

技术磁化理论建立在磁畴理论的基础上,通常二者均用宏观理论方法处理,本节将讨论强磁体中与磁畴结构有关的几种相互作用及其能量的宏观表述.磁畴及在磁场作用下的技术磁化问题常可用热力学平衡条件自由能极小的方法来研究.强磁体中,磁畴与技术磁化有关的性能及能量有,交换能、磁晶各向异性能、磁致伸缩和磁弹性能、退磁场能及磁场作用能.

(a)交换能 自发磁化来源于交换作用,它使强磁体中相邻原子自旋平行.局部地区磁化的不均匀导致的交换能的提高可用相邻原子自旋间微小夹角的函数来表示.用海森伯交换哈密顿来表示交换能,将式(37.14)中的自旋算符看作经典矢量,若 $S_i=S_j=S$,交换能可写为

$$E_{ex}=-2JS^2\sum_{ij}{}' \cos\varphi_{ij}, \tag{38.1}$$

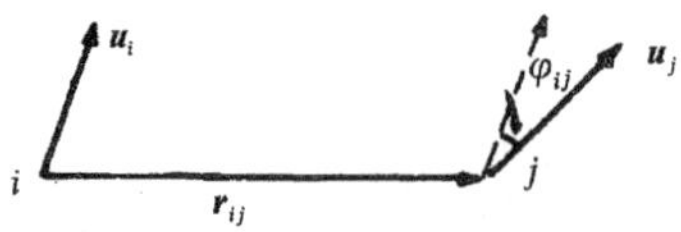

图 38.3 单位矢量 $\boldsymbol{u}_i$ 和 $\boldsymbol{u}_j$ 和位移矢 $\boldsymbol{r}_{ij}$.

i 对所有原子求和,j 对近邻求和,$\sum'$ 表示求和不重复,φ_{ij} 为 i,j 原子自旋夹角,有时取与 φ_{ij} 有关的近似式,即

$$E_{ex}=JS^2\sum_{ij}{}'\varphi_{ij}^2. \tag{38.2}$$

令相邻两原子 i, j 的自旋的单位矢量 $\boldsymbol{u}_i$ 和 $\boldsymbol{u}_j$，距离位移矢为 $\boldsymbol{r}_{ij}$，$\boldsymbol{u}_i$，$\boldsymbol{u}_j$ 相对于直角坐标的方向余弦为 $\alpha_{1i}, \alpha_{2i}, \alpha_{3i}$和 $\alpha_{1j}, \alpha_{2j}, \alpha_{3j}$，则

$$\cos\varphi_{ij}=\boldsymbol{u}_i\cdot\boldsymbol{u}_j=\alpha_{1i}\alpha_{1j}+\alpha_{2i}\alpha_{2j}+\alpha_{3i}\alpha_{3j}. \tag{38.3}$$

设 $\vec{\boldsymbol{u}}_i$ 及 α_i 均为坐标的连续函数，且 φ_{ij}很小，则可将 α_j 依 α_i 展开为泰勒级数，即

$$\alpha_{1i}\alpha_{1j}=\alpha_{1i}\left(\alpha_{1i}+\boldsymbol{r}_{ij}\cdot\nabla\alpha_{1i}+\frac{1}{2}(\boldsymbol{r}_{ij}\cdot\nabla)\alpha_{1i}+\cdots\right),$$

$$\alpha_{2i}\alpha_{2j}=\alpha_{2i}\left(\alpha_{2i}+\boldsymbol{r}_{ij}\cdot\nabla\alpha_{2i}+\frac{1}{2}(\boldsymbol{r}_{ij}\cdot\nabla)^2\alpha_{2i}+\cdots\right),$$

$$\alpha_{3i}\alpha_{3j}=\alpha_{3i}\left(\alpha_{3i}+\boldsymbol{r}_{ij}\cdot\nabla\alpha_{3i}+\frac{1}{2}(\boldsymbol{r}_{ij}\cdot\nabla)^2\alpha_{3i}+\cdots\right).$$

将上式代入式(38.3)，并对 i 原子的 j 个近邻求和，若为立方晶体，考虑到对称性，可得到

$$\sum_j\cos\varphi_{ij}=z+\frac{1}{6}\sum_j r_{ij}^2\boldsymbol{u}\cdot\nabla^2\boldsymbol{u}, \tag{38.4}$$

式中略去足符 i，代入式(38.1)，略去常数项，并考虑到立方晶体中 $\sum_j \boldsymbol{r}_{ij}^2=6a^2$，$a$ 为晶格常数，可得到立方晶体中一个原子与其近邻的交换作用能为

$$E_{ex}=-2JS^2a^2\boldsymbol{u}\cdot\nabla^2\boldsymbol{u}. \tag{38.5}$$

由于 $\boldsymbol{u}\cdot\nabla^2\boldsymbol{u}=-(\nabla\alpha_1)^2-(\nabla\alpha_2)^2-(\nabla\alpha_3)^2$，故亦有

$$E_{ex}=2JS^2a^2[(\nabla\alpha_1)^2+(\nabla\alpha_2)^2+(\nabla\alpha_3)^2]. \tag{38.6}$$

将上二式除以晶胞体积 a^3，乘以晶胞中原子数，即得到单位体积的交换能

$$E_{ex}=A[(\nabla\alpha_1)^2+(\nabla\alpha_2)^2+(\nabla\alpha_3)^2], \tag{38.7}$$

$$E_{ex}=-A\boldsymbol{u}\cdot\nabla^2\boldsymbol{u}, \tag{38.8}$$

式中 $A=\frac{\zeta JS^2}{a}$，相应于简立方、体心立方和面心立方，$\zeta=1,2,4$，α_i 和 $\boldsymbol{u}$ 均为坐标的函数，亦代表某一点 $\boldsymbol{M}_s$ 的方向余弦和单位矢量.式(38.8)亦可改写为

$$E_{ex}=-\frac{A}{M_s^2}\boldsymbol{M}_s\cdot\nabla^2\boldsymbol{M}s.$$

令 $\boldsymbol{H}ex$ 为等效交换场，交换能可写为交换场的自由能，即

$$E_{ex} = -\frac{1}{2}\boldsymbol{H}_{ex}\cdot\boldsymbol{M}_s, \tag{38.9}$$

故

$$\boldsymbol{H}_{ex} = \frac{2A}{M_s^2}\nabla^2\boldsymbol{M}_s, \tag{38.10}$$

此式常用于自旋波的宏观理论.

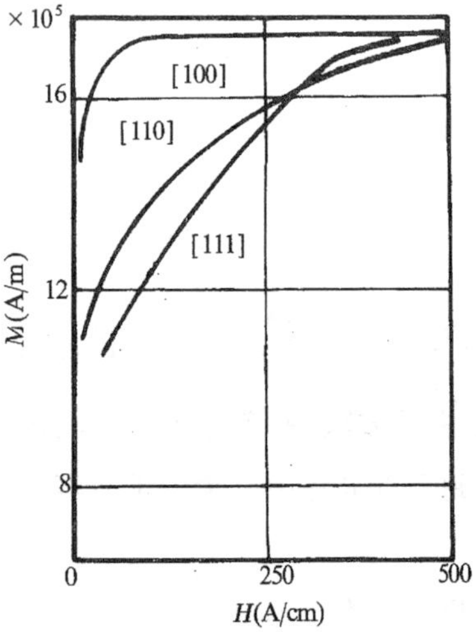

图 38.4 铁单晶的磁化曲线.

(b)磁晶各向异性 晶体中原子排列的各向异性导致许多物理、化学性能的各向异性，磁性亦其中之一，称为磁晶各向异性. 磁晶各向异性对技术磁化性能影响很大，为强磁物质重要性能之一.

单晶体的技术磁化曲线随磁化方向而异. 图 38.4、图 38.5 和图 38.6 所示出的是铁、钴、镍沿不同晶轴的磁化曲线. 它们有难易之分，铁的[100]轴为易磁化方向，[111]为难磁化方向；镍则反之；钴的[0001]为易向而难向在六角面中. 严格地说六角面中还有难易方向之分，服从六重对称.

(1)磁晶各向异性能的表式. 定义磁晶各向异性能为只与饱和磁化强度在晶体中的方向有关的自由能密度，用 E_k 表示，通常将 E_k 表为 $\boldsymbol{M}_s$ 在一个直角坐标中的方向余弦或正弦的幂级数. 由于晶格的对称性，E_k 中只有偶次项，并服从晶体的对称性.

立方对称的磁晶各向异性能可表为

$$E_K = K_0 + K_1(\alpha_1^2\alpha_2^2 + \alpha_2^2\alpha_3^2 + \alpha_3^2\alpha_1^2) + K_2\alpha_1^2\alpha_2^2\alpha_3^2 + \cdots, \tag{38.11}$$

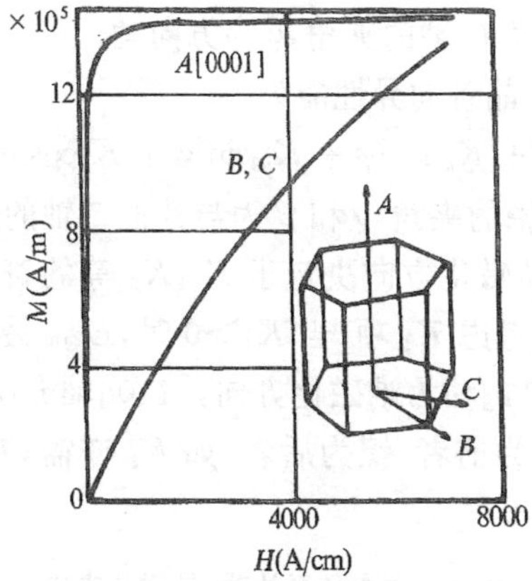

图 38.5　钴单晶的磁化曲线.

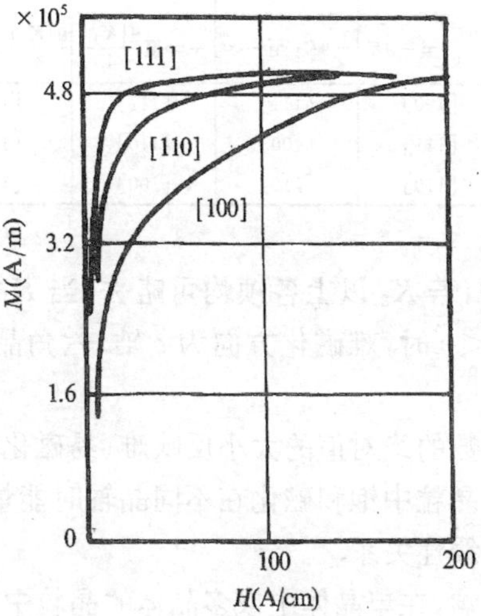

图 38.6　镍单晶的磁化曲线.

α_i 为 M_s 对与立方边重合的直角坐标的方向余弦，K_1，K_2 为磁晶各向异性常数，K_0 为常数项.

六角晶体的磁晶各向异性能表为

$$E_K = K_0 + K_{u1}\sin^2\theta + K_{u2}\sin^4\theta + K_{u3}\sin^6\theta + K_3'\sin^6\theta\cos^6\varphi, \tag{38.12}$$

式中 θ 为 $\vec{M}_s$ 与六角 C 轴的夹角，φ 为方向角.

正方晶系的磁晶各向异性能为

$$E_K = K_0 + K_{u1}\sin^2\varphi + K_{u2}\sin^4\varphi + K_3\cos^2\alpha\cos^2\beta, \quad (38.13)$$

φ 为 M_s 与正方 C 轴的夹角，α 和 β 为与其他二轴的夹角.

晶体中的难易磁化方向决定于 K_1，K_2 等的符号及大小．在立方晶系中，若只考虑 K_1 项，当 $K_1>0$ 时，E_{K100}最小，[100]型轴为易磁化方向，[111]轴为难磁化方向，[110]轴介于二者之间. $K_1<0$，情况相反. 铁为前者，镍为后者. 如 K_2 亦需计及，难、易磁化的情况列于表 38.3.

表 38.3 立方晶系的难、易磁化方向

K_1	+	+	+	−	−	−
K_2	$+\infty$ 至 $-\frac{9K_1}{4}$	$-\frac{9K_1}{4}$ 至 $-9K_1$	$-9K_1$ 至 $-\infty$	$-\infty$ 至 $\frac{9\lvert K_1\rvert}{4}$	$\frac{9\lvert K_1\rvert}{4}$ 至 $9\lvert K_1\rvert$	$9\lvert K_1\rvert$ 至 $+\infty$
易	[100]	[100]	[111]	[111]	[110]	[110]
难	[110]	[111]	[100]	[110]	[111]	[100]
最难	[111]	[110]	[110]	[100]	[100]	[111]

六角晶系中，若 K_2 以上各项均可略去，当 $K_1>0$ 时，易磁化方向为 c 轴；$K_1<0$ 时，难磁化方向为 c 轴. 六角晶体常称单轴晶体.

各向异性常数的绝对值的大小反映难、易磁化的程度，在单晶体中或多晶体的晶粒中饱和磁化在不同晶轴时能量的差别与磁晶各向异性常数为线性关系.

如无其他影响，在单晶体中或多晶体的晶粒中，磁畴的自发磁化应沿某易磁化方向．当外加磁场使磁化方向转动至磁场方向时，磁场做的功 W_H 等于磁晶各向异性能的提高 ΔE_K

$$W_H = \int H dM = \Delta E_K. \quad (38.14)$$

各向异性常数的绝对值愈大，ΔE_K 及 W_H 愈大，愈难以磁化，而磁化后亦难以退磁，故软磁材料要求 $|K_i|$ 小，硬磁材料则要求 $|K_i|$ 要大. 一些材料的各向异性常数列于表 38.4.

表 38.4　一些材料室温下的磁晶各向异性常数

材料名称	晶体结构	$K(\times10^3J/m^3,\times10^4erg/cm^3)$	
		K_1	K_2
Fe	立方	+48.1	+12
Ni	立方	−5.48	−2.47
超坡莫合金	立方	+0.15	—
坡莫合金 (70%Ni)	立方	+0.70	−1.7
Fe-4%Si	立方	+32	—
Fe_3O_4	立方	−11.8	−28
$Mn_{0.45}Zn_{0.55}Fe_2O_4$	立方	−0.38	
$MnFe_2O_4$	立方	−3.79	≈0
$Mn_{0.52}Zn_{0.40}Fe_{2.08}O_4$	立方	−0.10	
$NiFe_2O_4$	立方	−7.0	—
$CuFe_2O_4$	立方	−6.3	—
$CoFe_2O_4$	立方	+270	+300
$MgFe_2O_4$	立方	−3.75	—
$Li_{0.5}Fe_{2.5}O_4$	立方	−8.5	—
材料名称	晶体结构	$K(\times10^3J/m^3,\times10^4erg/cm^3)$	
		K_{u1}	K_{u2}
Co	六角	+412	+143
$BaFe_{12}O_{19}$	六角	+330	—
$Co_2BaFe_{16}O_{27}$	六角	−186	+75
$Co_2Ba_3Fe_{24}O_{41}$	六角	−180	$(K_{u1}+2K_{u2})$
$CoMnO_3$	六角	−1,400	$(K_{u1}+2K_{u2})$
$NiMnO_3$	六角	−260	$(K_{u1}+2K_{u2})$
MnBi	六角	+910	+260
YCo_5	六角	+5,700	∼0
$SmCo_5$	六角	+15,500	—
Y_2Co_{17}	六角	−290	3
Sm_2Co_{17}	六角	+3,300	—
Gd_2Co_{17}	六角	−300	—

与交换能和交换场相似，从磁晶各向异性能亦可导出等效的各向异性场 H_K，使

$$E_K = -\boldsymbol{H}_K \cdot \boldsymbol{M}_s. \tag{38.15}$$

$\boldsymbol{H}_K$ 并不是一个真实的磁场，而是一个等效场. 它与 E_K 一样，随 $\boldsymbol{M}_s$ 的方向而变化.

对于立方晶体，当 $\boldsymbol{M}_s$ 沿[100]方向时，有

$$H_{K,100} = \frac{2K_1}{M_s}. \tag{38.16}$$

当 $K_1>0$ 时，$H_K>0$，与 M_s 同方向；当 $K_1<0$ 时，$H_K<0$，与 M_s 反方向，二者均沿[100]轴，当 $\boldsymbol{M}_s$ 沿[111]方向时，有

$$H_{K,111} = -\frac{4}{3}\frac{K_1}{M_s}, \tag{38.17}$$

这里，当 $K_1>0$ 时，$H_K<0$，与 M_s 反向，因这时[111]轴为难磁化方向；而 $K_1<0$ 时，[111]为易轴，H_K 与 $\boldsymbol{M}_s$ 同方向.

对于六角晶体，当 $\boldsymbol{M}_s$ 沿[0001]轴时，有

$$H_{K,0001} = \frac{2K_{u1}}{M_s}. \tag{38.18}$$

应当指出，伴随着自发磁化，强磁物质发生微小的形变，自发磁致伸缩. 上述各种磁晶各向异性能的表式适用于具有自发形变的晶体. 可以证明，实验测出的各向异性常数包含了理想晶体的各向异性常数及自发形变导致的弹性能及磁弹性能的贡献.

磁晶各向异性常数随温度变化而变化. 图 38.7，图 38.8 和图 38.9 示出的是铁、钴、镍的各向异性常数对温度的依赖关系的实验曲线和理论曲线. 其基本特点是，各向异性常数随温度上升而下降，当温度达居里点时趋于零，与饱和磁化强度随温度变化的趋势相似，但前者变化更快些. 通常，将磁晶各向异性常数对温度的依赖性表示为饱和磁化强度对温度关系的 n 次幂关系.

$$\frac{K_1(T)}{K_1(O)} = \left[\frac{M_s(T)}{M_s(O)}\right]^n. \tag{38.19}$$

对铁，$n=10$。图 38.10 示出铁的 $K_1(T)/K_1(O)$ 与 $[M_s(T)/M(O)]^{10}$ 的关系. 阿库洛夫、曾讷和卡伦等先后用经典理论和量子理论证明了以上关系[121]. 曾诺等给出的普遍关系为

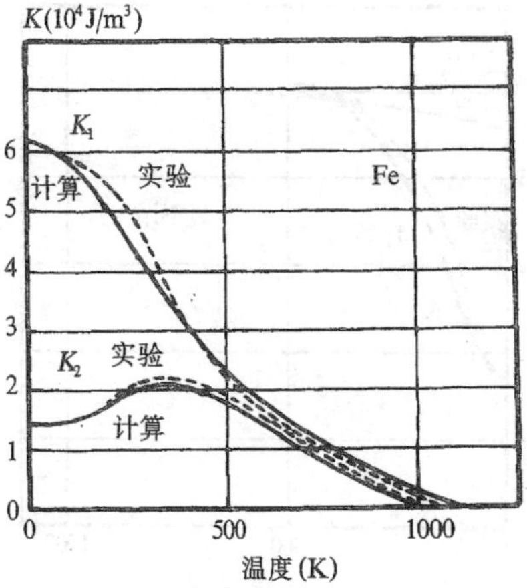

图 38.7 铁的 K_1, K_2 随温度的变化.

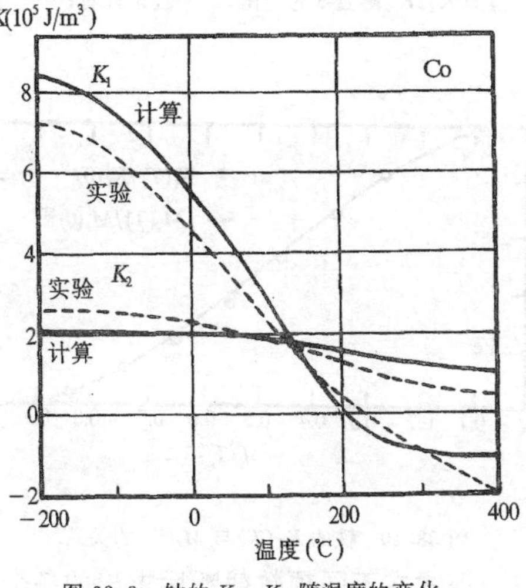

图 38.8 钴的 K_{u1}, K_{u2} 随温度的变化.

$$\frac{k_l(T)}{k_l(O)}=\left[\frac{M_s(T)}{M_s(O)}\right]^{\frac{l(l+1)}{2}}. \tag{38.20}$$

k_l 为磁晶各向异性系数,在一些理论工作及基础研究中将磁晶各向异性能用球谐函数展开更为方便.通常采用三角函数展开式,在式(38.11)至式(38.13)中,由于三角函数不正交,对同一组的实验

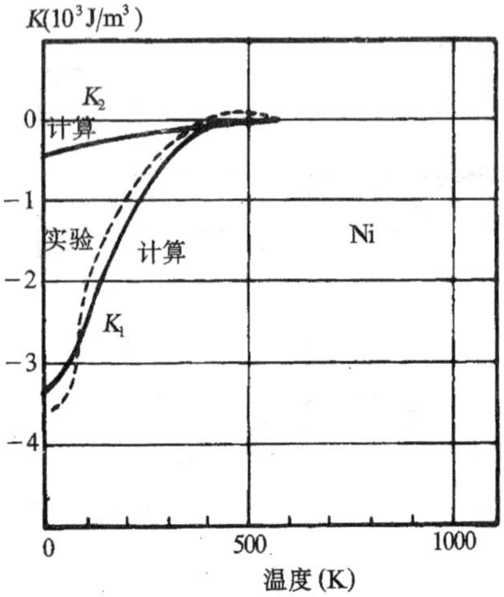

图 38.9 镍的 K_1, K_2 随温度的变化. ——理论计算;……实验结果.

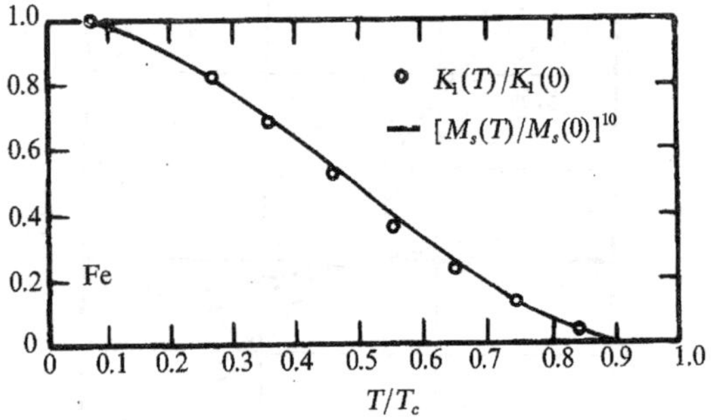

图 38.10 铁的 $K_1(T)$ 与 $M_s(T)$ 的关系.

数据,用(38.11)等式在不同项数截断后求出的各个 K_i 值可能不同. 用球谐函数展开时则可避免此缺点,即

$$E_k = \sum_l \sum_{m=-l}^{l} k_l^m Y_l^m(\theta, \varphi). \tag{38.21}$$

对于六角晶体,有

$$E_k = k_0 + k_2 Y_2^0 + k_4 Y_4^0 + k_6 Y_6^0 + k_6^6 Y_6^6 + \cdots, \tag{38.22}$$

$l=2$ 时，式(38.20)中 $n=\frac{l(l+1)}{2}=3$. 对于立方晶体，有

$$E_k = K_0 + k_4 g_4 + k_6 g_6 + k_8 g_8 + \cdots. \quad (38.23)$$

立方调和函数 g_i 为具有立方对称的 l 阶球谐函数的线性组合. $l=4$ 时，$n=\frac{l(l+1)}{2}=10$. 钴与镍的 $K(T)$ 均不符合式(38.19)或式(38.20). 镍的指数 $n\sim50$，钴的 $K(T)$ 变化更为激烈. 在 550K 附近，K_1 的符号由正变负，而从 0 至 550K 自发磁化强度 M_s 仅下降了约 3.2%. 巡游电子理论对铁和镍均得到与实验符合较好的结果.

(2)磁晶各向异性常数的测量方法. 经常被应用的有以下几种方法：

(i)单晶磁化曲线. 以立方晶体为例.

$$E_{k100}=K_0,$$

$$E_{k110}=K_0+\frac{1}{4}K_1,$$

$$E_{k111}=K_0+\frac{1}{3}K_1+\frac{1}{27}K_2.$$

设沿不同晶体方向的磁化功的差别在于磁晶各向异性能不同，从沿不同晶轴磁化曲线按磁化功 $W_H=\int_0^{M_s} HdM$ 算出其实验值，令 $\Delta E_{Khkl}=\Delta W_{Hhkl}$，即可求出 K_1 及 K_2. 此外，用 E_k 拟合单晶磁化曲线的实验结果亦可求出 K_1 及 K_2.

(ii)转矩法. 取圆片形单晶样品，磁场沿片面中任意方向. 由于磁晶各向异性，样品感受一力矩 L

$$L=-\frac{dE_k}{d\theta}. \quad (38.24)$$

如圆片平面平行于立方晶体的(100)面，则

$$L_{100}=-K_1\frac{\sin4\theta}{2}, \quad (38.25)$$

θ 为 M_s 与[001]轴夹角. 若磁场足够高使样品近于饱和，则可将磁场方向与[001]轴夹角近似地作为 θ. 根据测量的转矩曲线 L_{100}-

θ 的振幅可确定 K_1 值. 若圆片平面为(110)型面, 则

$$L_{110}=-K_1\frac{2\sin 2\theta+3\sin 4\theta}{8}+K_2\frac{\sin 2\theta-4\sin 4\theta-3\sin 6\theta}{64},\tag{38.26}$$

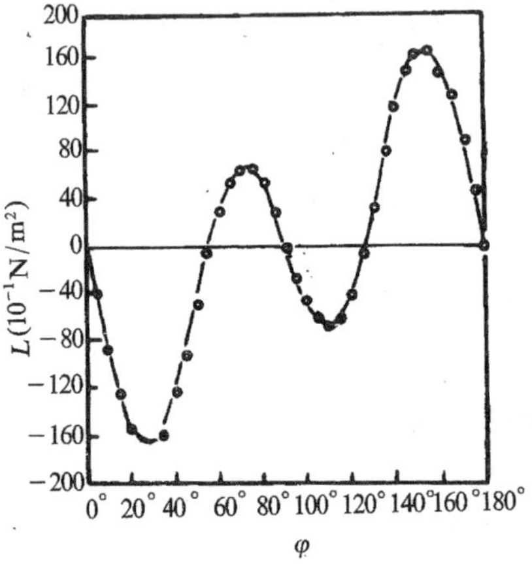

图 38.11 (110)晶面的转矩曲线.

式中 θ 为 M_s 与面中的[001]轴的夹角. 测得的硅钢单晶样品的转矩曲线见图 38.11. 可求出 K_1 及 K_2. 该曲线在 0°—180°间有 5 个 $L=0$ 的角度, 相应于 E_K 的极值, 其中 0°, 90°和 180°的斜率为负, 相应于 E_K 的极小值, 即为[001], [$\bar{1}$10]及[00$\bar{1}$]方向. 54.7°和 125.3°斜率为正, 相应于 E_k 的极大, 即为[$\bar{1}$11][$\bar{1}$1$\bar{1}$]轴两个难磁化方向.

(iii)铁磁共振.

(iv)多晶磁化曲线.

(3)磁晶各向异性的机制. 由于磁晶各向异性的重要性, 对其物理机制的理论及实验研究十分受人重视. 这里对 3 种主要的物理机制作简单介绍. 它们各适用于不同的强磁物质.

(i)单离子各向异性[122]. 单离子各向异性在局域磁矩强磁物质中常占有主要贡献, 例如稀土金属和合金, 稀土和过渡族金属的化合物如铁氧体的各向异性.

单离子各向异性是指在强磁物质中的单个离子的能量依赖于该离子磁矩的方向. 宏观的磁晶各向异性来源于单个离子的磁晶各向异性. 在§35.1(b)(4)中曾对晶体电场效应进行过讨论. 磁性离子在晶体中受到周围正、负离子产生的非球形对称的晶场作用,

使其未满壳层的电子的状态及空间电子云分布发生变化，出现磁矩淬灭.当具有特定分布的电子云相对于这种低对称晶场作不同取向时，磁性离子与晶场的静电势能不同.这种轨道电子能量的各向异性通过磁性电子的自旋-轨道耦合传递给离子的磁矩，使离子磁矩沿不同方向时能量不同.故单离子各向异性来源于晶体电场和自旋-轨道耦合的联合作用.

若晶体中有若干个磁次晶格，其第 i 个次晶格中单个离子的能态 n 的各向异性部分为 $E_n(\theta_i)$，θ_i 为离子平均磁矩方向与晶场对称轴间的夹角，晶体的宏观各向异性能为所有离子的微观各向异性能 $E_n(\theta_i)$的总效应．按统计物理，宏观各向异性能为

$$E_K = -kT\sum_i N_i \ln Z_i, \tag{38.27}$$

$$Z_i = \sum_n \exp[-E_n(\theta_i)/kT], \tag{38.28}$$

N_i 为单位体积中第 i 个次晶格中离子的数目.将上式展开为通常采用的 E_K 的表式，即可得到单离子模型中各向异性常数 K_i 或各向异性系数 k_l 的理论值.

单个离子的微观各向异性能 $E_n(\theta_i)$的理论计算已有相当系统的研究，第一性的理论计算可以得到定性或半定量的结果.为计算 $E_n(\theta_i)$，需要求解磁性离子量子状态的薛定谔方程式

$$\mathscr{H}\ \Psi = E\Psi. \tag{38.29}$$

总哈密顿量

$$\mathscr{H} = \mathscr{H}_0 + \mathscr{H}_{el} + \mathscr{H}_{so} + \mathscr{H}_c + \mathscr{H}_{ex}, \tag{38.30}$$

式中各项的具体表式和意义为

$$\left.\begin{aligned}
&\mathscr{H}_0 = \sum_i\left(-\frac{\hbar^2}{2m}\nabla_i^2 - \frac{Ze^2}{r_i}\right) \quad \text{（电子动能＋原子核场静电势能）},\\
&\mathscr{H}_{el} = \sum_{i<j} e^2/r_{ij} \quad \text{（电子 } i,j \text{ 间库伦排斥能）},\\
&\mathscr{H}_{so} = \sum_i \zeta(r_i) s_i l_i \quad \text{（电子自旋-轨道耦合能）},\\
&\mathscr{H}_c = -\sum_i e v_i(r_i) \quad \text{（晶场势能）},\\
&\mathscr{H}_{ex} = -g\mu_B \boldsymbol{H}_m \boldsymbol{S} \quad \text{（取分子场近似的交换能）}
\end{aligned}\right\} \tag{38.31}$$

晶场势能$\mathscr{H}_c$的计算已有系统的理论方法，较粗糙的方法为点电荷近似. 设离子周围的正、负离子相当于点电荷按晶格分布于空间. 较为精确的近似是把近邻离子看成是空间体电荷，则每个近邻离子产生的静电势应为点电荷、点偶极矩、点四极矩等电势的叠加. 有时需要采用实验方法来确定电晶场势能的有关参数. 总之，离子在晶体中各向异性的排列导致晶场势能的各向异性，最终给出单个离子的各向异性能 $E_n(\theta_i)$.

以稀土金属和合金中稀土离子为例，它们多处于六角对称的晶位上，六角对称的晶场势能用等价算符表示，为

$$\mathscr{H}_c = B_2^0O_2^0 + B_4^0O_4^0 + B_6^0O_6^0 + B_6^6(O_6^6 + O_6^{-6}), \tag{38.32}$$

式中 B_l^m 为晶场参数，O_l^m 为等价算符[123]，即

$$B_l^m = \alpha_l\langle\gamma^l\rangle A_l^m, \tag{38.33}$$

$$O_l^m = Y_l^m O_l^0, \tag{38.34}$$

α_J 为斯蒂芬系数，$\langle r^l\rangle$为 $4f$ 电子半径 r 的 l 次幂的平均值，A_l^m 为与周围离子的电荷和坐标有关的参数，Y_l^m 为球谐函数，O_l^0 为等价算符，如

$$O_2^0 = 3J_z^2 - J(J+1), \tag{38.35}$$

Z 轴沿 c 轴方向，稀土离子的$\mathscr{H}_{so} > \mathscr{H}_c$，故晶场不破坏自旋-轨道耦合，$J$ 仍为好量子数. 交换能常写为

$$\mathscr{H}_{ex} = -g\mu_\beta \boldsymbol{H}m \cdot \boldsymbol{J}, \tag{38.36}$$

以代替式(38.31)，二者只差一个因子. 将$\mathscr{H}_c + \mathscr{H}_{ex}$作为微扰项，进行近似计算，可得到 k_l^m 及其温度关系的理论计算结果. 对稀土金属及合金的磁晶各向异性系数对温度的依赖关系的理论及计算结果与实验相符较好.

单离子各向异性模型也相当成功地用于过渡金属化合物，如铁氧体及反铁磁化合物中，$3d$ 金属离子的$\mathscr{H}_c > \mathscr{H}_{so}$. 晶场效应破坏了洪德法则第三条，轨道矩被淬灭或部分淬灭，离子磁矩基本上决定于自旋磁矩，残余的轨道与自旋的耦合导致单个离子的各向异性能. 由于残余轨道矩及自旋-轨道耦合系数比稀土离子小，其磁

晶各向异性常小于或远小于稀土离子.

单离子各向异性的机制有如下几条规律：

1)宏观各向异性能为单个离子各向异性能的总和.设材料中第 i 种离子的单个离子对宏观各向异性常数的贡献为$(K_1)_i$，$(K_2)_i$，…，而单位体积中 i 种离子的数目为 N_i，则有

$$\left.\begin{aligned} K_1 &= \sum_i N_i (K_1)_i, \\ K_2 &= \sum_i N_i (K_2)_i. \end{aligned}\right\} \tag{38.37}$$

各种离子的各向异性可以相互叠加或抵偿.因而可以根据各种离子各向异性常数的数据进行材料设计.

2)晶场中磁性离子的轨道矩大，有利于大的各向异性常数.若晶场中磁性离子基态为轨道单态，则各向异性常数低.

3)晶体对称性低，有利于大的各向异性.

(ii)对模型、磁偶极子相互作用和各向异性交换作用.最早提出的磁晶各向异性机制是对模型.最早提出的对模型基于原子对间的磁偶极子相互作用.

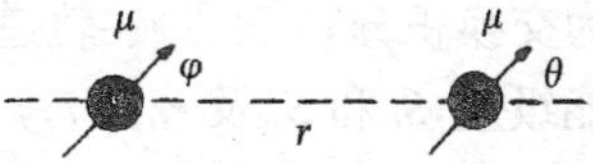

图 38.12　一对磁偶极子间相互作用.

两个相距为 r 的磁矩 μ 之间的磁偶极子相互作用能为

$$E_d = \frac{\boldsymbol{\mu}_1 \cdot \boldsymbol{\mu}_2}{r^3} - \frac{3(\boldsymbol{\mu}_1 \cdot \boldsymbol{r})(\boldsymbol{\mu}_2 \cdot \boldsymbol{r})}{r^5}. \tag{38.38}$$

若 $\mu_1 = \mu_2$，且二者平行，(如图 38.12 所示)，则

$$E_d = \frac{\mu^2}{r^3}(1 - 3\cos^2\theta). \tag{38.39}$$

上式即为原子对各向异性能的基本单元.宏观各向异性能相应于上式按晶体结构中原子对的排列求和，即

$$E_K = \sum \frac{\mu^2}{{r_{ij}}^3}(1 - 3\cos^2\theta_{ij}). \tag{38.40}$$

不难证明，对立方对称的晶体，上式求和为零.磁偶极子相互作用

对立方晶体的各向异性能无贡献.但对非立方对称的晶体,如六角或正方,磁偶极子相互作用对各向异性能有一定贡献.但与实验值比较,磁偶极子作用能的贡献常较小,不是主要的.

比较合理的对模型机制是范弗莱克等人[123]提出的各向异性交换作用.通常的交换作用理论中未考虑自旋-轨道耦合,因而交换作用是各向同性的,交换能只依赖于相邻原子自旋间的夹角而与自旋取向无关.自旋-轨道耦合把自旋与非球形对称的轨道电子云联系在一起.当自旋改变方向时,轨道也随之变化,因而引起近邻电子云的重叠和交换积分的变化,导致交换作用的各向异性.迄今,各向异性交换作用的对模型理论基本上是唯象的,并属于局域模型.但在金属、合金及一些绝缘体中仍颇能说明问题.当自旋-轨道耦合作为微扰处理时,二级近似的各向异性交换作用能取如下赝偶极矩作用能的形式:

$$\mathscr{H}_d = A\left(\frac{\lambda}{\Delta E}\right)^2\left[\boldsymbol{S}_i\cdot\boldsymbol{S}_j - \frac{3(\boldsymbol{S}_i\cdot\boldsymbol{r}_{ij})(\boldsymbol{S}_j\cdot\boldsymbol{r}_{ij})}{r_{ij}^2}\right], \quad (38.41)$$

A 为交换积分,λ 为自旋-轨道偶合系数,ΔE 为轨道激发态与基态的能级差,$\boldsymbol{S}_i$ 和 $\boldsymbol{S}_j$ 及 $\boldsymbol{r}_{ij}$为 i,j 原子的自旋算符及距离.常将上式等效于能量,当 $\boldsymbol{S}_i /\!/ \boldsymbol{S}_j$ 时,令 $l \cong A\left(\frac{\lambda}{\Delta E}\right)^2$,则有

$$E_d = l(1 - 3\cos^2\theta). \quad (38.42)$$

上式与式(38.39)的形式相同,能量依赖于 θ 角.但系数 l 远比$\frac{\mu^2}{r^3}$大,且更为短程.

当微扰计算至四级近似,取赝四极矩作用能的形式

$$\mathscr{H}_q = A\left(\frac{\lambda}{\Delta E}\right)^4(\boldsymbol{S}_i\cdot\boldsymbol{r}_{ij})^2(\boldsymbol{S}_j\cdot\boldsymbol{r}_{ij})^2 \quad (38.43a)$$

或

$$E_q = q\cos^4\theta, \quad (38.43b)$$

但四极矩耦合要求 $S\geqslant1$,其实,赝偶极矩作用$\mathscr{H}_d$的二级微扰亦可得到相似的各向异性能,其系数亦为 $A\left(\frac{\lambda}{\Delta E}\right)^4$.

对于非立方对称的晶体,赝偶极矩能式(38.41)或式(38.42)

可导致宏观各向异性能. 经计算

$$K_{u1} \sim A(\frac{\lambda}{\Delta E})^2 \sim A(g-2)^2. \qquad (38.44)$$

对立方晶体,赝偶极矩能的总和为零. 只有赝四极矩能或赝偶极矩作用的二级微扰才能给出不为零的立方对称各向异性能. 其

$$K_1 \approx A(\frac{\lambda}{\Delta E})^4 \approx A(g-2)^4. \qquad (38.45)$$

根据以上讨论亦可得到与单离子各向异性相似的结论:1)晶体对称性高,有利于小的磁晶各向异性. 2)晶体中磁性离子的轨道矩大,自旋-轨道耦合系数 λ 大,有利于大的各向异性.

(iii)巡游电子模型. 虽然原子对模型的提出是为了解释铁磁性过渡金属的磁晶各向异性,但从基本原理上看,过渡金属的磁晶各向异性的微观机制应该基于巡游电子模型. 巡游电子磁晶各向异性理论的发展是在60年代以后巡游电子磁性理论日益被接受,较精确地计算过渡金属能带结构成为可能后才得以实现的.

巡游电子模型的磁晶各向异性机制的核心是自旋-轨道耦合对能带结构的影响. 过渡金属原子的 d 轨道有五重简并. 自旋-轨道耦合使其简并能态劈裂. 形成金属后,铁、钴、镍的 $3d$ 能带中也存在着简并能级. 而自旋-轨道耦合亦使能带中的简并能级劈裂. 这里,在费米面附近的能级劈裂特别重要. 在费米面处的简并能级的分裂必然使原处于费米面的能级的一部分降低到费米面之下,一部分升高. 从而使费米面的能态密度减小而费米面下的能态密度增大. 带中的高能电子将转移到低能态中,使系统的总能量降低. 这个情况示意于图 38.13 中. 自旋-轨道耦合导致的能级劈裂的大小与自旋的方向有关. 劈裂最大的方向,因巡游电子转移所造成的晶体能的下降最大,能量最低,即为

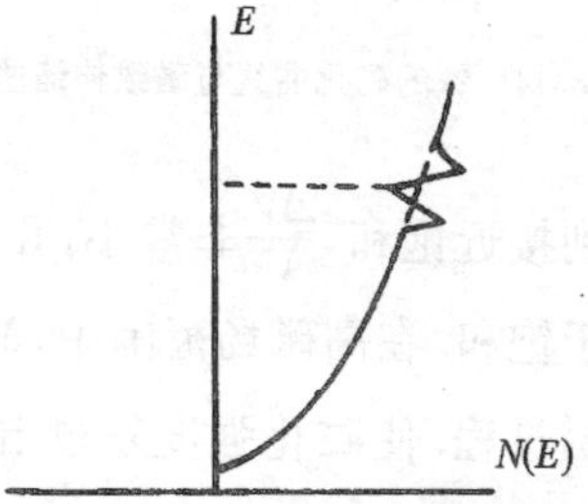

图 38.13　自旋-轨道耦合使能带发生变化.

易磁化方向．这就是巡游电子磁晶各向异性的物理图象.

巡游电子磁晶各向异性的理论计算建立在较精确的能带结构计算的基础上.森信郎[124]用紧束缚近似处理自旋-轨道耦合，对铁、钴、镍的磁晶各向异性常数 K_1 和 K_2 及其温度依赖关系进行了计算，理论结果与实验颇为一致，已由图 38.7、图 38.8、图 38.9 和图 38.10 示出.

(c)磁致伸缩与磁弹性能

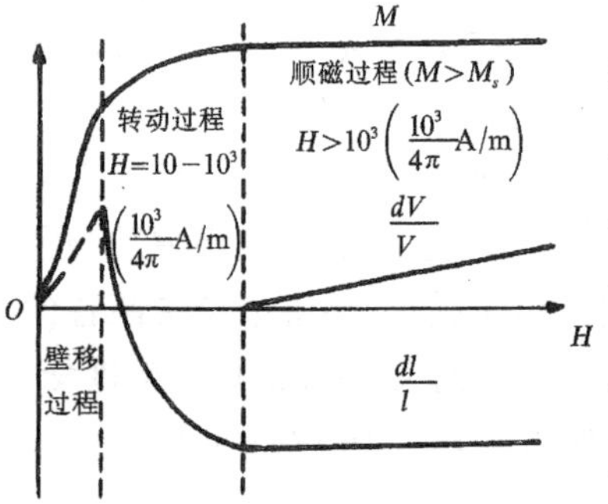

图 38.14　铁的磁化曲线与磁致伸缩曲线.

(1)磁致伸缩.当强磁体被磁场磁化时，它的形状和体积随之变化，称为磁致伸缩．其中长度的相对变化称为线磁致伸缩，常用$\frac{\Delta l}{l}$表示；体积相对变化称为体积磁致伸缩，用$\frac{\Delta V}{V}$表示.图 38.14 示出的是铁的磁化曲线及相应的磁致伸缩曲线的示意图.在磁场不高的范围中，M 从零增加到接近饱和，$\frac{\Delta V}{V}$非常小，几乎可略去，$\frac{\Delta l}{l}$有相当大的变化，最后趋于饱和.在高磁场范围中，M 有线性微小增加，为铁磁状态下的顺磁过程.使磁化强度超过自发磁化强度 M_s.这时，$\frac{\Delta V}{V}$达到可觉察的数值.相应的$\frac{\Delta l}{l}$约按$\frac{\Delta V}{V}$斜率的$\frac{1}{3}$上升.影响磁畴结构和技术磁化性能的主要是线磁致伸缩.强磁体在 T_c 以下出现自发磁化.与其相应也出现自发磁致伸缩，即晶格中的自发形变．自发形变来源于自发磁化后晶体中的相互作用.与交换作用相联系的是各向同性体伸缩，与磁晶各相异性能相联系的是各向异性伸缩.

若交换积分与原子间距的关系如图 38.15 所示.交换作用使原子间受到一作用力为

$$f_{ex} \sim -\frac{\partial E_{ex}}{\partial r} \sim \frac{\partial J}{\partial r}. \tag{38.46}$$

若原子间距处于 a 点，交换力导致自发收缩．如处于 b 点，则自发伸长，形变为各向同性，即各向同性自发磁致伸缩．

各向异性能也是原子间距及晶格形变的函数，它也使原子间受到附加的作用力，并发生形变．以图 38.12 中的一对原子间的赝偶极子作用为例来说明原子对间的自发线伸缩．赝偶极矩能为

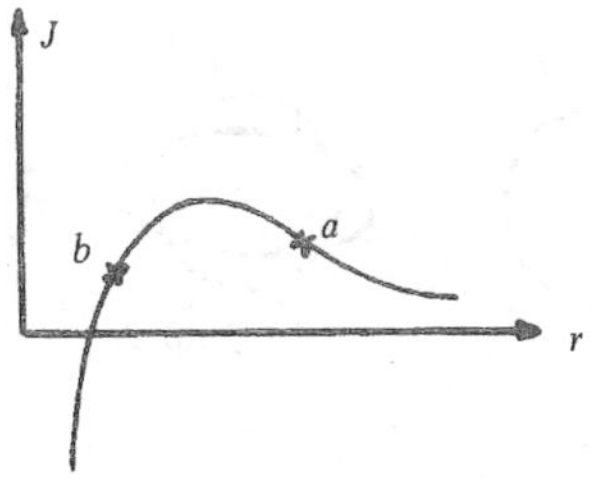

图 38.15　交换积分与原子间距的关系．

$$E_d = l(r)(1 - 3\cos^2\theta). \qquad (38.47)$$

若未自发形变前的原子间矩为 r_0，自发形变为 $\Delta r = r_0\dfrac{\Delta r}{r_0} = r_0 e$，上式可展开成为

$$E_d = l(r_0)(1 - 3\cos^2\theta) + \frac{dl}{dr}r_0 e(1 - 3\cos^2\theta), \qquad (38.48)$$

第一项为无形变的原子对磁各向异性能，第二项称为磁弹性能．它既依赖于弹性形变 e，又依赖于磁化方向 θ．若只考虑上式，形变将会无限地进行下去以降低 E_d．但形变能的提高阻止形变过大而达到一个平衡值．形变能为

$$E_e = \frac{1}{2}ce^2,$$

c 为弹性模量．平衡值决定于总能量的极小，即得到原子对各向异性自发线磁致伸缩，　$e = \dfrac{\Delta r}{r_0}$.

$$\frac{d}{de}E = \frac{d}{de}(E_d + E_e) = 0,$$

$$e = -\frac{dl}{dr}\cdot\frac{r_0}{c}(1 - 3\cos^2\theta).$$

令 $\lambda_{/\!/} = \dfrac{2r_0}{c}\dfrac{dl}{dr}$，　上式可写为

$$\frac{\Delta r}{r_0}(\theta) = \frac{3}{2}\lambda_{/\!/}\left(\cos^2\theta - \frac{1}{3}\right). \qquad (38.49)$$

设想一个在 Tc 以上为球形的强磁体，在 Tc 以下交换力使它

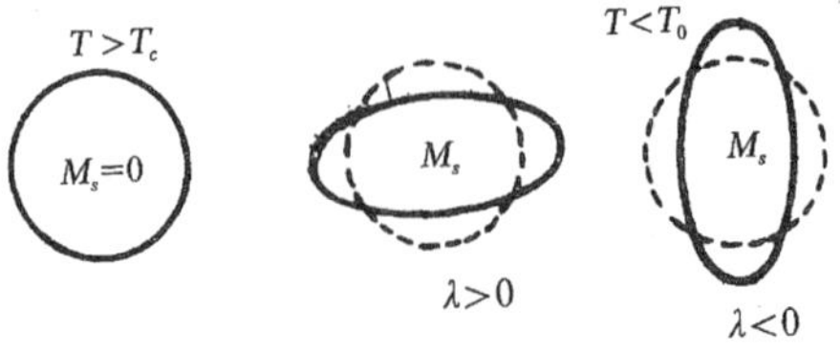

图 38.16 自发形变示意图.

的体积膨胀或缩小，但仍保持球形，各向异性力使其成为椭球. 其长轴方向视 $\lambda_{/\!/}$ 值的正、负而不同，如图 38.16 所示. 若强磁体为多畴，设想自发磁化使磁畴自发形变成椭球. 退磁状态时，磁畴自发磁化方向呈各向同性分布，强磁体的体积发生变化而形状不变，只有当磁场使其发生技术磁化后才会显示出形状变化，如图 38.17 所示. 上两图中的磁致伸缩都是夸张的，一般材料的体伸缩仅 $\frac{\Delta V}{V}\sim 10^{-7}$，线伸缩约 $\frac{\Delta l}{l}\sim 10^{-6}$—$10^{-5}$. 被称为巨磁致伸缩材料的 $\frac{\Delta l}{l}$ 亦仅约 10^{-3}.

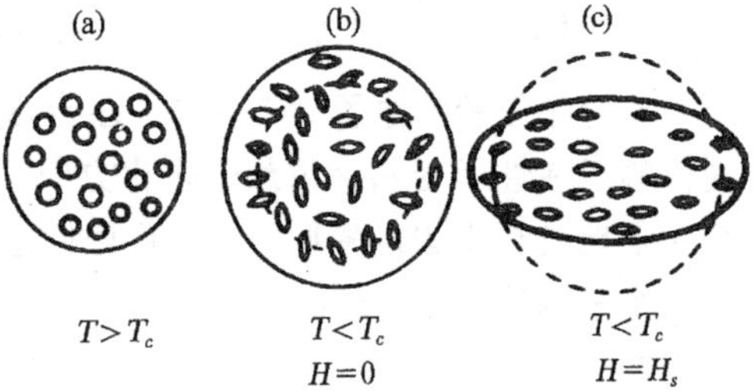

图 38.17 多畴强磁体的磁致伸缩.

铁磁晶体的磁致伸缩为各向异性的，根据晶体对称性及固体弹性的知识可以求出饱和磁致伸缩的表式. 对立方对称的晶体，常用的饱和线磁致伸缩的表式为

$$\left(\frac{\Delta l}{l}\right)_{\alpha_i\beta_i} = \frac{3}{2}\lambda_{100}\left(\alpha_1^2\beta_1^2 + \alpha_2^2\beta_2^2 + \alpha_3^2\beta_3^2 - \frac{1}{3}\right)$$
$$+ 3\lambda_{111}(\alpha_1\beta_1\alpha_2\beta_2 + \alpha_2\beta_2\alpha_3\beta_3 + \alpha_3\beta_3\alpha_1\beta_1), \qquad (38.50)$$

α_i 为 $\boldsymbol{M}_s$ 对以立方边为轴的直角坐标的方向余弦，β_i 为线伸缩 Δl 的方向余弦. λ_{100} 和 λ_{111} 分别为饱和磁化在[100]和[111]方向，并沿该方向测量的饱和线伸缩.

当材料的 $\lambda_{100}=\lambda_{111}=\lambda_s$ 时，称为各向同性线磁致伸缩

$$\left(\frac{\Delta l}{l}\right) = \frac{3}{2}\lambda_s\left(\cos^2\theta - \frac{1}{3}\right). \qquad (38.51)$$

$\frac{\Delta l}{l}$只与 Ms 与 Δl 的夹角 θ 有关，与它们在晶体中的方向无关.

对于多晶体，若晶粒取向为各向同性，可以通过对 α_i 和 β_i 求平均，令 $\lambda_0=(2\lambda_{100}+3\lambda_{111})/5$，有

$$(\frac{\Delta l}{l}) = (\frac{\Delta l}{l})_{\alpha_i\beta_i} = \frac{3}{2}\lambda_0(\cos^2\theta - \frac{1}{3}). \qquad (38.52)$$

更精确的表式为式(38.50)再加高次项及各向异性体积伸缩的贡献，可参看文献[8].

对六角晶系，当略去基面上的各向异性，并用直角坐标时，饱和线伸缩为[125]

$$\begin{aligned}(\frac{\Delta l}{l})_{\alpha_i\beta_i}=&\lambda_A[(\alpha_1\beta_1+\alpha_2\beta_2)^2-(\alpha_1\beta_1+\alpha_2\beta_2)\alpha_3\beta_3]\\&+\lambda_B[(1-\alpha_3^2)(1-\beta_3^2)-(\alpha_1\beta_1+\alpha_2\beta_2)^2]\\&+\lambda_C[(1-\alpha_3^2)\beta_3^2-(\alpha_1\beta_1+\alpha_2\beta_2)\alpha_3\beta_3]\\&+\lambda_D[(\alpha_1\beta_1+\alpha_2\beta_2)\alpha_3\beta_3]. \qquad (38.53)\end{aligned}$$

磁致伸缩及饱和磁致伸缩常数 λ_{100}，λ_{111}，λ_s 等为强磁物质的重要性能及参数. 测定磁致伸缩可用各种可行的测量微小位移的实验方法，如应变电阻法、光杠杆法、光干涉法等。当用$\frac{\Delta l}{l}$的测量数

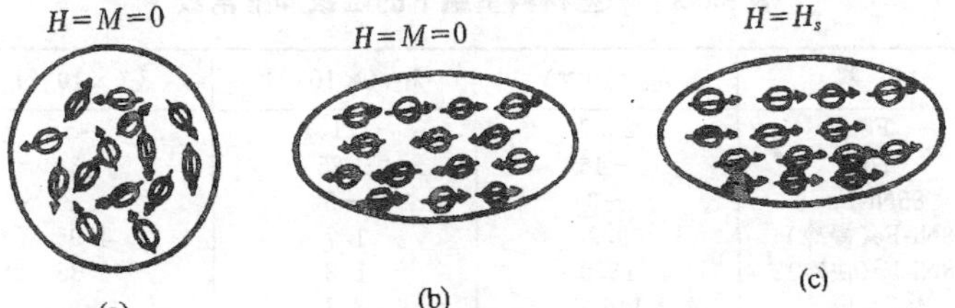

图 38.18 不同退磁状态的影响.

据按式(38.50)至式(38.53)确定饱和磁致伸缩常数时，必须注意如下 3 点：其一，上述公式为饱和磁致伸缩的关系. 因此测量时的磁场强度应足够高以达到饱和；其二，上述公式是相对于无自发磁致伸缩的表式，而测量的$\frac{\Delta l}{l}$是相对于无磁场、退磁状态下的长度来确定的，由于退磁状态下磁畴自发磁化方向的分布影响退磁状态

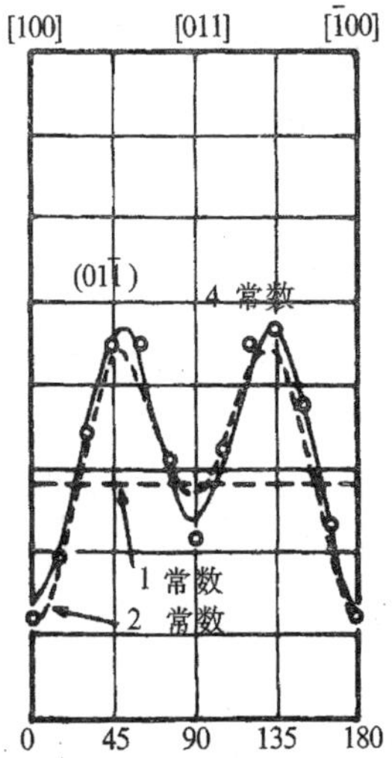

图 38.19 镍单晶的磁致伸缩.

下的尺度,故测量的$\left(\frac{\Delta l}{l}\right)\alpha_i\beta_i$随退磁状态下磁畴分布而异.图 38.18 中为无磁畴织构(a),180°磁畴织构(b)的退磁状态和沿 180°磁畴织构方向饱和磁化(c)后的形状的示意.若从状态(b)饱和磁化到(c),测得的磁致伸缩为零.不同于(a)到(c).为避免这个问题,正确的方法应该在不同的方向进行测量,取其差值然后与公式比较或拟合来确定常数 λ.最后还应注意,上述公式均为展开式的近似表示.对有的材料需考虑高次项.图 38.19 示出镍单晶圆片样品饱和磁化在不同方向(α_i)时纵向($\beta_i=\alpha_i$)和横向磁致伸缩之差的实验结果和理论曲线.水平虚线相应于式(38.51),虚线为式(38.50)的拟合.实线相应于四常数公式[9].表 38.5 列出一些材料的磁致伸缩常数.

表 38.5 一些材料室温下的磁致伸缩常数

材 料	$\lambda_{100}(10^{-6})$	$\lambda_{111}(\times10^{-6})$	$\lambda_0(\times10^{-6})$
Fe	20.7	−21.1	−4.5
Ni	−46	−25	−34
85Ni-Fe	−3	−3	−3
78Ni-Fe(慢冷)	9.9	1.7	4.95
78Ni-Fe(快冷)	13.0	1.8	6.35
40Co-Fe	146.6	8.7	
70Co-Fe	81.3	70.0	
Co	−45(λ_A) −95(λ_B)	110(λ_C) −100(λ_D)	
Gd	14	140(λ_C)	
Dy	$\left(\frac{\Delta l}{l}\right)_M=7500$		3400
$Co_{0.8}Fe_{2.2}O_4$	−590	120	−146
$NiFe_2O_4$			−26
$Y_3Fe_5O_{12}$	−1.3	−27	

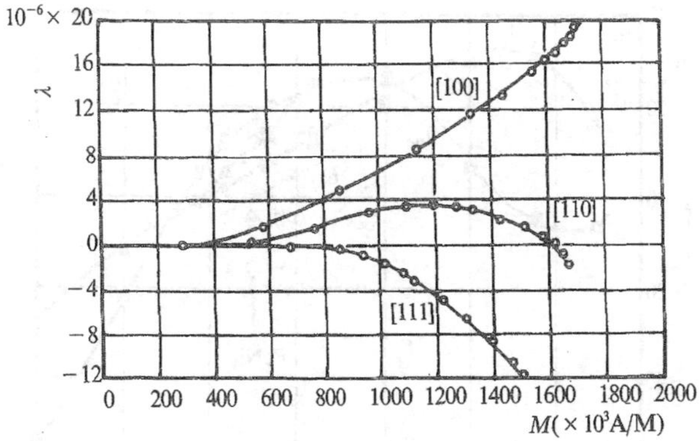

图 38.20　铁单晶的磁致伸缩曲线.

有的材料，λ_{100}和 λ_{111}符号不同，多晶 λ_0 虽小，但晶粒中的磁致伸缩还是比较大的．图 38.20 示出铁单晶的磁致伸缩与磁化强度的关系. 由于$\dfrac{\Delta l}{l}$为 α_i 的偶函数，磁畴中 M_s 改变 180°，并不造成磁致伸缩的变化. M 值较小时，$\dfrac{\Delta l}{l}$几乎为零，说明其磁化主要是 180°畴壁位移过程. $(\dfrac{\Delta l}{l})_{110}$的$\dfrac{\Delta l}{l}$由正变负说明磁畴中的 $\boldsymbol{M}_s$ 由[100]方向逐渐向[110]方向转动，$\lambda_{110}=\dfrac{1}{4}\lambda_{100}+\dfrac{3}{4}\lambda_{111}$. 图 38.21 示出 Fe-Ni 合金系的 λ_{100}和 λ_{111}. 实线为快冷合金的数据，虚线为慢冷，在 $FeNi_3$ 附近发生有序转变，使 λ 数据不同于快冷合金. 图中也给出磁晶各向异性常数 K_1 在快冷及慢冷下的部分曲线. 线磁致伸缩及磁晶各向异性均来源于电子 L-S 耦合等磁相互作用. 线磁致伸缩与磁晶各向异性能及其导数相关. 故二者的规律有相似之处，但并不相等.

(2)磁弹性能. 磁致伸缩为磁化导致晶格应变，其逆效应为晶格应变影响磁化. 它们都是磁弹性相互作用的表现. 外加应力引起的应变导致一附加的磁各向异性能，称为磁弹性能. 这项能量既依赖于应力，又是饱和磁化方向的函数，故亦可称为应力各向异性能. 立方晶体的磁弹性能 E_σ 的宏观表式为

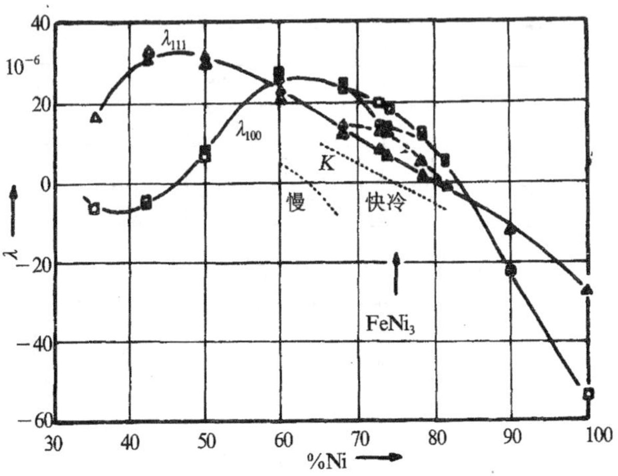

图 38.21　Fe-Ni 合金系的磁致伸缩常数.

$$E_\sigma = -\frac{3}{2}\sigma[\lambda_{100}(\alpha_1^2\gamma_1^2+\alpha_2^2\gamma_2^2+\alpha_3\gamma_3^2)+2\lambda_{111}(\alpha_1\alpha_2\gamma_1\gamma_2 +\alpha_2\alpha_3\gamma_2\gamma_3+\alpha_3\alpha_1\gamma_3\gamma_1)], \tag{38.54}$$

式中 γ_i 为应力$\boldsymbol{\sigma}$ 的方向余弦,σ 为其数值. $\sigma_{ij}=\sigma\gamma_i\gamma_j$ 为应力张量分量。$\sigma>0$ 为张应力,$\sigma<0$ 为压应力. 若材料约 $\lambda_{100}=\lambda_{111}=\lambda_s$,上式可简化为

$$E_\sigma = -\frac{3}{2}\lambda_s\sigma\cos^2\theta, \tag{38.55}$$

式中 $\cos\theta=\sum\alpha_i\gamma_i$,为 $\boldsymbol{M}_s$ 与 $\boldsymbol{\sigma}$ 的夹角余弦. 上式为单轴各向异性,$\boldsymbol{\sigma}$ 的方向为对称轴. 当 $\lambda_s\sigma>0$ 时,$\theta=0,\pi$,即在 σ 的方向上 E_σ 最小,为 E_σ 决定的易磁化方向;当 $\lambda_s\sigma<0$ 时,σ 的方向上 E_σ 最大,为难磁化方向,与 σ 垂直的方向为易磁化方向. 当晶体中 E_σ 为主时,退磁状态下磁畴的 $\boldsymbol{M}_s$ 分布在 E_σ 决定的正、负易磁化方向,磁场平行于或垂直于此易磁化方向时磁化曲线不同.

若晶体的易磁化方向主要由磁晶各向异性能决定时,退磁状态下磁畴分布在 E_K 决定的易磁化方向. 在铁型晶体中为[100]轴,在镍型晶体中为[111]轴. 在这种情况下,磁畴中存在着附加的磁弹性能.

对于铁型晶体，令 φ 为应力与[100]轴的夹角，有

$$E_\sigma = -\frac{3}{2}\lambda_{100}\sigma\cos^2\varphi. \tag{38.56}$$

对镍型晶体，令 φ 为应力与[111]轴的夹角，有

$$E_\sigma = -\frac{3}{2}\lambda_{111}\sigma\cos^2\varphi. \tag{38.57}$$

E_σ 亦影响磁化曲线. 图 38.22 示出的是张力对镍及玻莫合金磁化曲线和磁滞回线的影响，可以用张力对磁畴结构的影响给予解释.

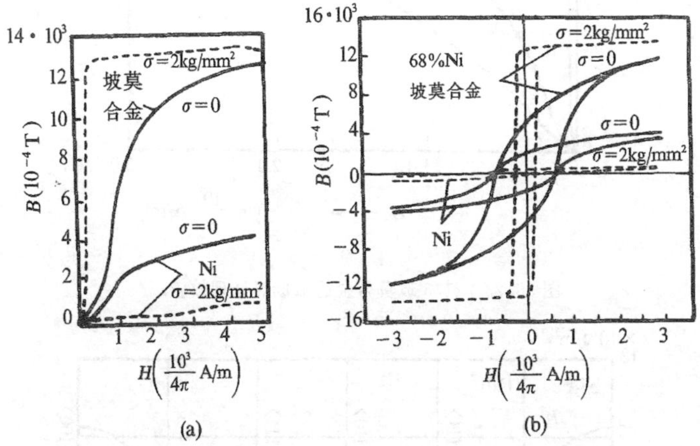

图 38.22 张力对镍($\lambda_s<0$)和玻莫合金($\lambda_s>0$)磁化的影响.

(d)其他磁各向异性 固体中还有一些磁各向异性，在某些场合它们对自发磁化方向及技术磁化性能有重要影响，其中最重要的是感生磁各向异性.

(1)感生磁各向异性. 材料的制备、加工、热处理可使晶态及非晶合金，纯金属薄膜及化合物获得附加的磁各向异性，称为感生磁各向异性，重要的有[54]

(i)磁场热处理或应力热处理感生磁各向异性；

(ii)压延感生磁各向异性；

(iii)生长感生磁各向异性；

(iv)相变感生磁各向异性；

(v)光感生磁各向异性.

这里只对最常出现,应用较广的磁场热处理感生磁各向异性作简单介绍.

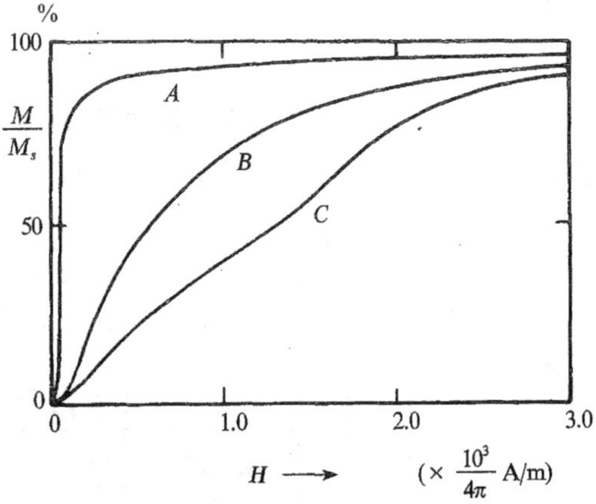

图 38.23 21.5 玻莫合金的磁场热处理效应.

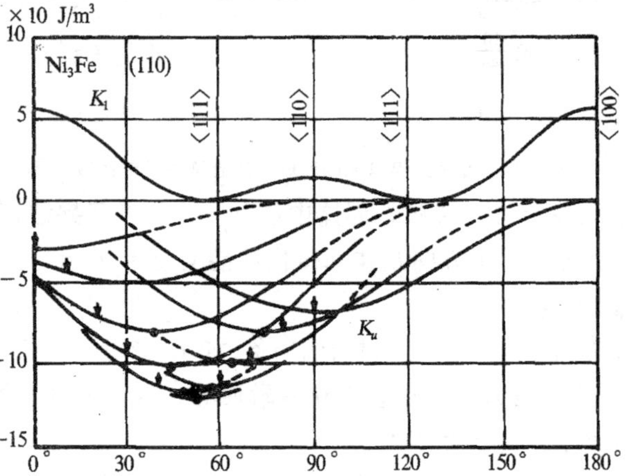

图 38.24 $Ni_3Fe(110)$圆片的感生磁各向异性能.

将强磁材料在 T_c 以下处于外磁场下退火称为磁场热处理. 图 38.23 示出 21.5Ni-Fe 合金从 600℃在磁场中冷却后沿退火磁场

方向的磁化曲线(A),垂直于退火磁场方向的磁化曲线(C)及未加磁场冷却后的磁化曲线(B).显然,磁场热处理引起一感生磁各向异性,退火磁场方向为易磁化方向,垂直方向为难磁化方向.与图 38.1(e)对比,沿退火磁场的磁滞回线为矩形,垂直方向的回线变得窄而斜,无磁场退火的回线称为蜂腰型.这些特点均可用感生磁各向异性的机制来解释.图 38.24 示出平行于(110)面的 Ni_3Fe 单晶圆片不同方向的磁各向异性能.样品在磁场 Ha 中从 600℃以 14℃/min 的速度冷却.将面内测得的转矩曲线积分得到总磁各向异性能曲线,然后用傅里叶分析得到图中的两条曲线:K_1 项为立方对称的磁晶各向异性能,$K_1<0$.其他每条曲线为退火磁场 Ha 沿不同方向时的感生磁各向异性能曲线.感生磁各向异性能为单轴各向异性,180°范围中有一个能量极小.每条曲线上的箭头为退火磁场 Ha 的方向.感生磁各向异性能的强度依赖于 Ha 的方向,其易磁化方向与 Ha 的方向接近,但向[111]方向偏离.当 Ha 沿主晶轴[100],[110]及[111]时,Ha 的方向即为易磁化方向,对无织构的多晶体,Ha 的方向与感生磁各向异性的易向重合.

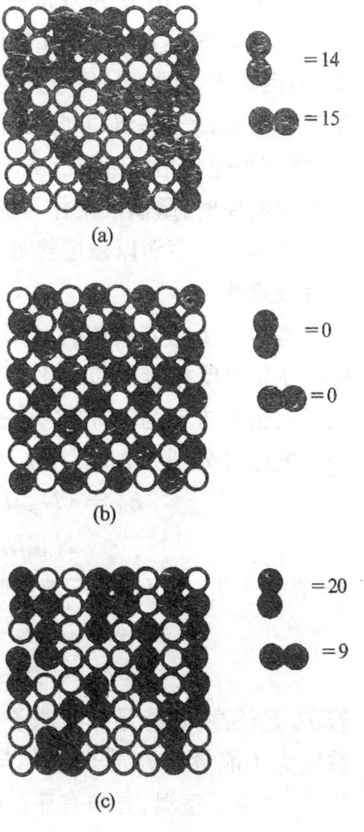

图 38.25　方向有序示意图.

上述固溶性合金中感生磁各向异性来源的最成功的解释为方向有序理论[126,54],图 38.25 示出二元合金方向有序的二维示意图. 图 38.25(a,b)分别为晶格无序和有序. 但各种相邻原子对在空间的分布都是各向同性的,图 38.25(c)为晶格无序,但为方向有序,两个方向的"黑"原子对的数目不等. 若原子对的赝偶极矩能用式(38.42)表示. 对方向无序的立方晶体,宏观磁各向异性能为零. 赝四极矩作用能给出立方对称的磁晶各向异性能. 当晶体中存在方向有序时,赝偶极矩作用能给出宏观的附加磁各向异性. 即感生各向异性. 下面以磁场热处理为例说明感生磁各向异性的形成原理及规律.

考虑一个立方晶体的 A-B 二元合金. 设保温温度 $Ta<Tc$,外磁场 Ha 可使材料饱和磁化在磁场方向,其方向余弦为 β_1,β_2,β_3. 原子对键合方向为 i 的方向余弦为 $\gamma_{1i},\gamma_{2i},\gamma_{3i}$. 在此方向的 3 种原子对的浓度分别为 N_{AAi},N_{BBi},N_{ABi}. 它们的原子对赝偶极矩能为

$$E_d^a = (N_{AAi}L_{AA}^a + N_{BBi}L_{BB}^a + N_{ABi}L_{AB}^a)(1 - 3\cos^2\theta_i), \tag{38.58}$$

$\theta_i=\beta_1\gamma_{1i}+\beta_2\gamma_{2i}+\beta_3\gamma_{3i}$. 不难证明,在立方晶体中

$$E_d^a=N_{BBi}l_0^a(1 - 3\cos^2\theta_i) + 常数, \tag{38.59}$$

$$l_0^a=l_{AA}^a + l_{BB}^a - 2l_{AB}^a.$$

若 T_a 足够高,热能足以使原子扩散,达平衡态时,能量低的原子对数应大于能量高的原子对数,即 N_{BBi}等分布不等,为方向有序. 若从 T_a 快冷至室温,方向有序被冻结,这就是感生方向有序,呈现感生磁各向异性. T_a 下平衡态的 N_{BBi}可用统计物理确定

$$N_{BBi} = N_{BB}\frac{\exp(- E_d^a/kT)}{\sum\exp(- E_d^a/kT)}, \tag{38.60}$$

N_{BB}为 BB 对的总数. 以上公式中的上标 a 表示退火时的物理量. 取得方向有序后的感生磁各向异性能为

$$E_{in}= \sum_i N_{BBi}l_0(1 - 3\cos^2\varphi_i), \tag{38.61}$$

$$\varphi_i=\alpha_1\gamma_{1i} + \alpha_2\gamma_{2i} + \alpha_3\gamma_{3i},$$

φ_i 为测量时饱和磁化强度与 i 向原子对的夹角,$\alpha_1,\alpha_2,\alpha_3$ 为测量时饱和磁化强度的方向余弦。根据式(38.59)至式(38.61),得到感生

磁各向异性的近似表式

$$E_{in} = \frac{3N_{BB}l_0l_0^a}{kT_a}(k_1\sum_i \alpha_i^2\beta_i^2 + k_2\sum_{i>j}\alpha_i\alpha_j\beta_i\beta_j), \quad (38.62)$$

式中 $i,j=1,2,3$，k_1 和 k_2 为依赖于晶体结构的常数，列于表 38.6 中. 对于含 B 元素很少的无序合金，$N_{BB}=\frac{ZN}{2}C_B^2$. N 为单位体积中的原子数，C_B 为 B 原子浓度.

表 38.6　不同晶体的 k_1 和 k_2 值

晶　　　体	k_1	k_2
各向同性(多晶，非晶)	$\frac{2}{15}$	$\frac{4}{15}$
面心立方	$\frac{1}{12}$	$\frac{4}{12}$
体心立方	0	$\frac{4}{9}$
简立方	$\frac{1}{3}$	0

立方晶体中的感生磁各向异性能的一般表式为

$$E_{in}=F(\alpha_1^2\beta_1^2+\alpha_2^2\beta_2^2+\alpha_3^2\beta_3^2)+G(\alpha_1\alpha_2\beta_1\beta_2+\alpha_2\alpha_3\beta_2\beta_3+\alpha_3\alpha_1\beta_3\beta_1). \quad (38.63)$$

对于无织构的多晶，则有

$$E_{in} = K_u\sin^2\varphi. \quad (38.64)$$

对立方晶体二元合金，$K_u=\frac{ZNl_0l_0^a}{5kT_a}C_B^2$. Z 为最近邻数，C_B^2 为含 B 原子的浓度，N 为单位体积原子数.

根据式(38.63)和式(38.64)，感生磁各向异性有下述特点及规律，并与实验相符.

(i)磁场热处理的温度应在 T_c 以下，以便能磁化到饱和. 如在外应力下热处理，可得到同样的效果，根据式(38.55)，当 $\lambda_s\sigma>0$ 时，应力方向相当于磁场 H_a 的作用方向.

(ii)感生各向异性为单轴性. 其能量表式与应力磁各向异性能的表式(38.54)和式(38.55)相似.

(iii)单晶体的感生磁各向异性的强度及易磁化方向依赖于

H_a 的方向，如图 38.24 所示. H_a 沿主晶轴或多晶体的情况，易向与 H_a 方向重合.

(iv)感生磁各向异性常数正比于合金浓度平方，故纯金属无感生磁各向异性．但在薄膜中，由于制备过程中吸附气体或形成原子空穴等缺陷，铁、钴、镍薄膜亦有感生磁各向异性.

(v)如退火达到 T_a 的热平衡态，感生磁各向异性常数随 T_a 降低而增大．不仅由于 $K_u \sim \frac{1}{Ta}$，而且 l_0^a 亦因 T_a 降低而增大.

(vi)感生磁各向异性常数正比于 $l_0=(l_{AA}+l_{BB}-2l_{AB})$，当 $l_0 \sim 0$ 时，合金的感生各向异性微弱.

应该强调的一点是，即使没有外加磁场进行热处理时，亦可能出现自发磁化下的磁场热处理感生各向异性．这时，磁畴和畴壁中均按它们自身的自发磁化方向获得感生各向异性．各个磁畴中 M_s 的方向成为最易磁化方向，畴壁中的感生易磁化方向随畴壁中 M_s 的转动而转动. 对畴壁产生钉扎作用，导致蜂腰型磁滞回线.

钴铁氧体的感生磁各向异性可以用单离子模型给予解释[127]. Co^{2+} 在反尖晶石中可有四种氧八面体位置. 它们的单离子磁各向异性的易磁化方向各沿不同的[111]轴. 当 Co^{2+} 离子在这四种八面体中的分布为均等时，尖晶石的宏观磁晶各向异性为立方对称，且 $K_1>0$. 磁场热处理可造成 Co^{2+} 在四种八面体位置的分布不等，于是出现了单轴性的感生各向异性，其能量亦可用式(38.63)表示.

合金的压延导致的感生磁各向异性亦可用式(38.63)表示，并用方向有序来解释．图 38.26 示出一个 A_3B 型完全有序的单晶结构．完整的有序结构没有 BB 对及方向有序. 当沿(111)面的[011]方向发生单个滑移后，出现了 BB 对及方向有序和感生磁各向异性.

(2)交换各向异性. 将钴的超细微粉(直径约 10—100nm)进行轻度的表面氧化，得到核心为金属钴表面为反铁磁 CoO 的微细粒子. 若将这种微粒在强磁场下冷却到低温，它们呈现出一强的单

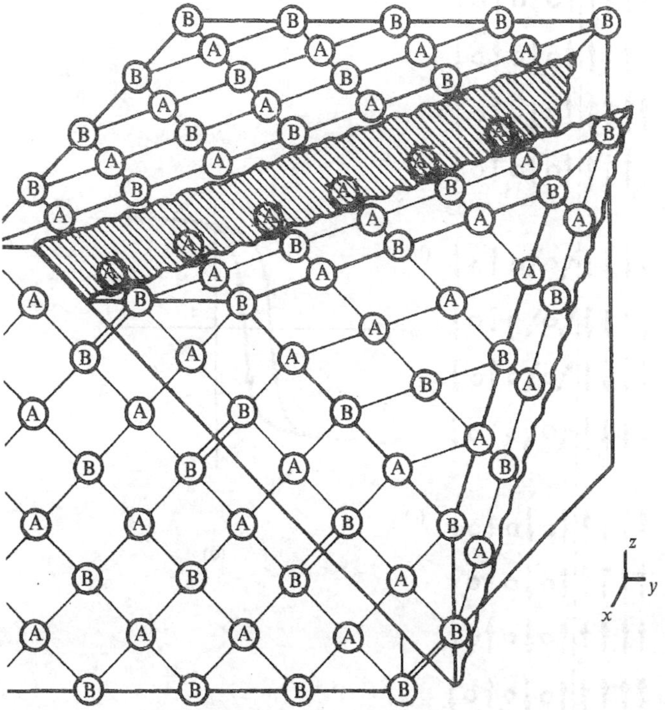

图 38.26　滑移产生方向有序的示意图.

向磁各向异性，其磁各向异性能为

$$E_{Kex} = -K_{ex}\cos\theta. \tag{38.65}$$

其特点是在 360°范围中只有一个能量极小在 $\theta=0$ 处．单轴磁各向异性则由于能量为 $\cos\theta$ 平方的函数，单轴的正、负方向均为易或难磁化方向. 这种单向磁各向异性来源于 Co/CoO 界面上的交换作用，当粒子在外磁场中冷却至 $T_N=293\text{K}$ 以下时，金属 Co 沿磁方向自发磁化，CoO 呈反铁磁排列. CoO/Co 界面上的正交换作用使 CoO 侧一层 Co 的自旋与金属的 M_s 平行，如图 38.27(a)所示。若磁场反向而使金属 Co 的 M_s 反转 180°，交换作用使界面附近 Co^{2+} 离子的自旋发生转动，但离界面较远的 Co^{2+} 的自旋仍保持

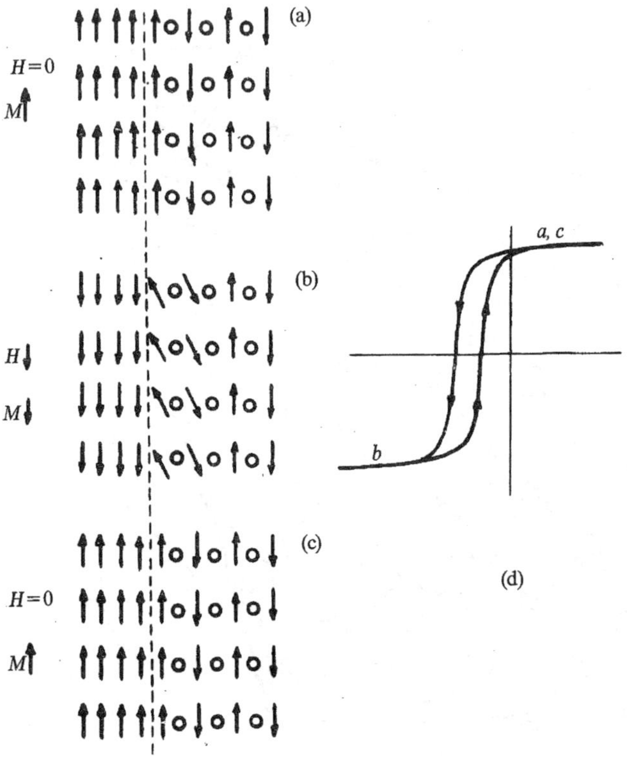

图 38.27 交换各向异性示意图.

原来的反铁磁排列(b).当反向外磁场降低和变为正向时,界面交换作用的帮助使金属钴的 M_s 返向正向(c).因而得到图 38.27(d)中的不对称磁滞回线.

交换各向异性及不对称磁滞回线在合金中及层状薄膜中均被观察到,并被应用[228].

(e)磁场作用能和退磁场能

(1)外磁场作用能.一磁偶极子 μ 与外磁场 $\boldsymbol{H}_e$ 的作用能为

$$E_H = -\boldsymbol{\mu}\cdot\boldsymbol{H}_e = -\mu H\cos\theta. \tag{38.66}$$

宏观磁化 $\boldsymbol{M}$ 与外磁场作用能密度为

$$E_H = -\sum\boldsymbol{\mu}\cdot\boldsymbol{H}_e = -\mu_0\boldsymbol{M}\cdot\boldsymbol{H}_e = -\mu_0 MH\mathrm{ocs}\theta, \tag{38.67}$$

θ 为 $\boldsymbol{M}$ 与 $\boldsymbol{H}_e$ 的夹角．若在磁畴中 $\boldsymbol{M}=\boldsymbol{M}_s$.

(2)退磁场能.当强磁体被磁化后，它本身的磁化亦产生磁场，这个磁场在强磁体中常与磁化强度的方向相反.称为退磁场，以 H_M 表示.宏观磁化与退磁场的作用能称为退磁场能.相当于经典偶极子相互作用能.

一个磁偶子在距离为 $\boldsymbol{R}$ 处产生的势能为

$$\varphi_\mu = -\frac{\mu}{\mu_0}\cdot\nabla\frac{1}{R}. \tag{38.68}$$

该点的磁场为

$$H_\mu = -\frac{1}{\mu_0}\nabla\varphi_\mu = -\frac{1}{\mu_0}\frac{\mu}{R^3} + 3\frac{\mu\cdot\boldsymbol{R}}{\mu_0 R^5}\boldsymbol{R}. \tag{38.69}$$

通常，可认为强磁体中磁偶极子的分布是连续的.令上式中的 $\mu=\mu_0 M\,dv$，则退磁场

$$\boldsymbol{H}_M = -\nabla\phi = -\nabla\int\left(-\boldsymbol{M}\cdot\nabla\frac{1}{R}\right)dv. \tag{38.70}$$

通常 ∇ 对场点微分，若改为对场的源点微分，相当于改符号一次，故

$$\boldsymbol{H}_M = -\nabla\int\left(\boldsymbol{M}\cdot\nabla\frac{1}{R}\right)dv. \tag{38.71}$$

上式为整个强磁体产生的退磁场，对整个体积积分.利用高斯定理

$$\boldsymbol{H}_M = -\nabla\left(\int_s\frac{\boldsymbol{M}\cdot\boldsymbol{n}}{R}ds + \int_v\frac{-\nabla\cdot\boldsymbol{M}}{R}dv\right), \tag{38.72a}$$

式中第一项为物体表面磁荷产生的退磁场，$\boldsymbol{n}$ 为表面法线的单位矢量，S 为物体表面，$\boldsymbol{M}\cdot\boldsymbol{n}=\sigma$ 相当于表面磁荷；第二项为物体内不均匀磁化产生的退磁场，v 为物体体积，$-\nabla\cdot\boldsymbol{M}=\rho$ 相当于磁化不均匀产生的体磁荷.

退磁场能为自能，故退磁场能密度为

$$E_M = -\frac{1}{2}\mu_0\boldsymbol{M}\cdot\boldsymbol{H}_M. \tag{38.73}$$

(3)退磁因子和形状各向异性.当退磁场不等于零时，强磁体的内磁场 $\boldsymbol{H}$ 不等于外磁场，其值为

$$\boldsymbol{H}=\boldsymbol{H}e+\boldsymbol{H}_M.$$

体积磁荷引起不均匀的内退磁场使内场不均匀，若强磁体的形状是任意的，表面磁荷产生的退磁场也是不均匀的. 只有当铁磁体为均匀单相且为椭球形状，在均匀外磁场作用下才近似被均匀磁化，$\nabla\cdot\boldsymbol{M}=0$，无体积磁荷，于是

$$\boldsymbol{H}_M=-\nabla\int_s\frac{\boldsymbol{M}\cdot\boldsymbol{S}}{R}ds. \tag{38.72b}$$

可以证明，这时 $\boldsymbol{H}_M$ 可化为下面的表式：

$$\boldsymbol{H}_M=-N\boldsymbol{M}, \tag{38.74a}$$

N 称为退磁因子，它与 M 无关，只依赖于物体形状及所取的坐标. 一般为二次张量 N_{ij}，

$$\boldsymbol{H}_{Mi}=-\sum_j N_{ij}M_j, \tag{38.74b}$$

i,j 为 1,2,3 与 x,y,z 相应。退磁场能密度为

$$E_M=\frac{\mu_0}{2}\sum_{i,j}N_{ij}M_iM_j. \tag{38.75}$$

当坐标轴与椭球的 3 个对称轴重合时，得到对角化的退磁因子

$$\boldsymbol{H}_M=-(\boldsymbol{i}N_xM_x+\boldsymbol{j}N_yM_y+\boldsymbol{k}N_zM_z), \tag{38.76}$$

$$E_M=\frac{\mu_0}{2}(N_xM_x^2+N_yM_y^2+N_zM_z^2). \tag{38.77}$$

可以证明 $N_x+N_y+N_z=4\pi$(cgs 制)，或$=1$(SI 制). 若沿对称轴磁化，以上两式中只有一个分量不为零.

对直径 d 远小于长度 l 的细长圆棒样品，则有

$$N_l\simeq 0,\quad N_d\simeq 2\pi \text{ 或} \frac{1}{2}.$$

厚度 t 远小于直径的圆片样品的退磁因子

$$N_d\simeq 0,\quad N_t\simeq 4\pi \text{ 或 } 1.$$

球形样品的退磁因子为 $N=\frac{4\pi}{3}$或$\frac{1}{3}$.

一个周长 l 具有空气隙的圆环状样品，则

$$N=4\pi\frac{\delta}{l}\text{ 或}\frac{\delta}{l}.$$

一个无限长椭球截面的柱体，截面半长轴为 a，半短轴为 b，沿 a 和 b 的退磁因子为(cgs 制)

$$N_a \simeq \frac{4\pi b}{a+b}, \quad N_b \simeq \frac{4\pi a}{a+b}. \tag{38.78}$$

一个长旋转椭球，长轴为旋转轴，长半径为 a，短半径为 b，$m=a/b$，则(cgs 制)

$$N_a = 4\pi \frac{1}{m^2-1}\left[\frac{m}{\sqrt{m^2-1}}\ln(m+\sqrt{m^2-1})-1\right]. \tag{38.79}$$

若旋转轴为短轴时，令 $m=b/a$，则

$$N_b = 2\pi\left[\frac{m^2}{(m^2-1)^{3/2}}\arcsin\frac{\sqrt{m^2-1}}{m}-\frac{1}{m^2-1}\right]. \tag{38.80}$$

不同尺度的旋转椭球及棒状样品的退磁因子可查有关文献[129].

当样品各个方向的退磁因子不同时，同样的外磁场沿不同方向磁化时的内磁场不同，因而得到不同的磁化曲线，称为形状各向异性. 为获得材料的本征磁化曲线，即 M 与内场 H 的关系，需要对 M-H_e 曲线根据退磁因子校正，或用直接测量内场的实验方法，或采用闭合磁路的样品，这时 $N\sim 0$，$H_e=H$.

当一个椭球形的强磁体被磁化到饱和，而 M_s 对主轴的方向余弦为 $\alpha_1, \alpha_2, \alpha_3$，退磁场能密度可按式(38.77)写为

$$E_M = -\mu_0\frac{M_s^2}{2}(N_1\alpha_1^2+N_2\alpha_2^2+N_3\alpha_3^2), \tag{38.81}$$

为形状各向异性能.

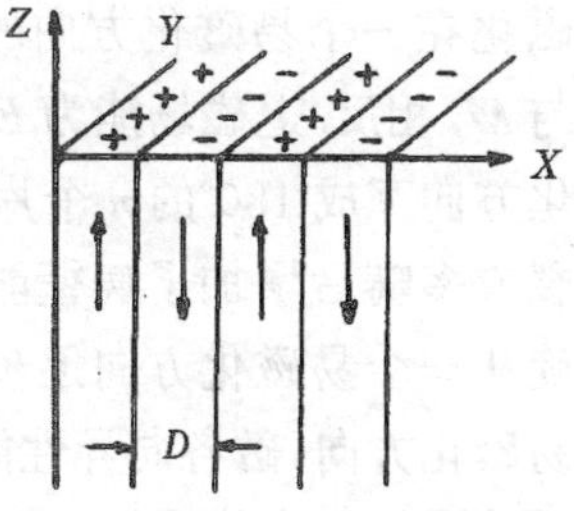

图 38.28 片状磁畴结构的表面磁荷.

应该指出，在退磁状态，虽然大块铁磁体的总磁矩为零，但其中的磁畴在表面的磁荷仍可产生不均匀退磁场，以图 38.28 中的

磁畴结构为例，周期分布的正、负表面磁荷$\pm M_s$必然在体内产生不均匀退磁场H_M，在表面邻近，H_M也是正、负相间的. 但从表面深入到内部时，H_M迅速衰减. 求解拉普拉斯方程，按式(38.73)，求得图中片状磁畴结构在垂直于自发磁化的一个表面在内部的退磁磁场能，按单位面积的磁极计为

$$E_M = 0.85M_s^2D \times 10^{-7}(\text{MKS 制}) = 0.85M_s^2D \quad (\text{cgs 制}). \tag{38.82}$$

§38.3 畴壁与磁畴

(a)*磁畴成因* 在居里温度以下，大块强磁体中自发磁化的分布形成磁畴结构. 相邻磁畴间为若干原子厚的过渡层，称为畴壁. 在退磁状态下，磁畴的分布使整个强磁体的总磁矩和平均磁化强度为零. 在外磁场下，磁畴的调整导致技术磁化. 当外磁场足够高时，整个物体饱和磁化在外磁场方向. 在特定条件下，如微粒直径小于临界尺寸，即使外场为零，物体亦不分为多畴，而自发磁化在一个方向上，称为单畴.

交换作用引起自发磁化. 磁晶各向异性，均匀应力各向异性，感生各向异性决定自发磁化的方向. 如只有这几种能量，强磁体应该是自发磁化在最易磁化方向的单畴物体. 形成多畴结构的首要原因是退磁场的作用，以一个钴单晶球为例，如整个晶体是饱和磁化在一个易磁化方向的单畴，其退磁场$H_M \simeq 5\times10^5 A/m$，方向与$\boldsymbol{M}_s$相反. 退磁场能为$E_M \simeq 4\times10^5 V$，$V$为体积. 若磁体分裂成磁化方向互成180°的$n$个片状磁畴，退磁场能将几乎降低$n$倍，但分裂成多畴后增加了畴壁能. 畴壁中相邻自旋不平行，交换能高；自旋从一个易磁化方向逐步过渡到另一个易磁化方向，大部分偏离易磁化方向，磁各向异性能高，只有当分成多畴后畴壁能的增加可以被退磁场能的降低所补偿时，多畴结构才会出现. 否则，晶体仍可以单畴的状态存在. 图38.29示出的是可能保持单畴的几个特殊情况.

晶体中不均匀的应力分布也是产生多畴的原因. 当晶体中各

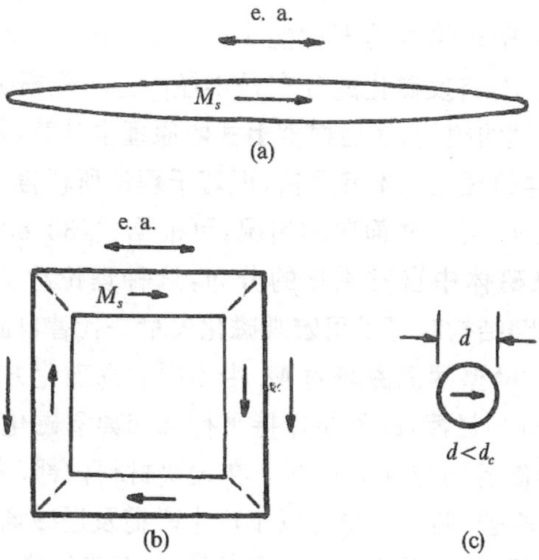

图 38.29　几种单畴体的情况.

处的 E_σ 随应力 σ 而改变其大小甚至符号时，易磁化方向随之而改变. 在 σ 改变符号处常常出现两侧磁畴的自发磁化方向互成 90°的畴壁，如图 38.30 所示.

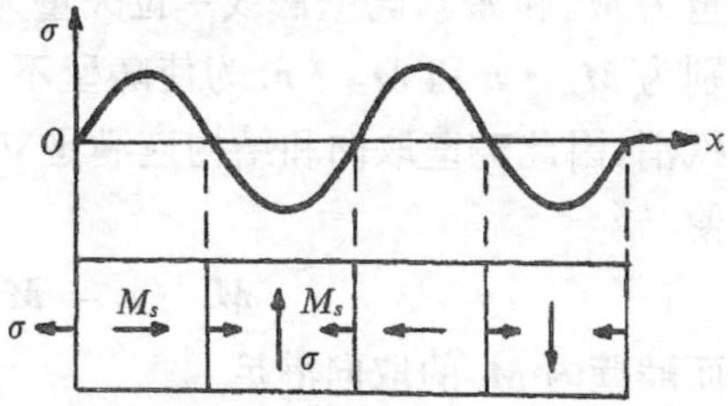

图 38.30　应力起伏导致的 90°畴结构.

反铁磁体的净自发磁化强度为零，无退磁场. 不均匀内应力可以导致反铁磁中出现多畴结构.

强磁体中磁畴的大小、形状、分布及各畴的磁化方向，畴壁的结构、厚度及能量依赖于材料的性能，并受物体的形状、大小及表面取向，以及外加应力和磁场的影响. 为了解释技术磁化的各种性能必须了解磁畴结构的这些属性的规律.

在静态，热力学平衡时，物体自发磁化的分布使物体总自由能极小值. 在远低于居里点的温度范围，可略去熵的变化. 在等温条件下，自发磁化的分布满足方程式

$$\delta\int_V\left(\sum_i E_i\right)dv = 0. \tag{38.83}$$

E_i 为在§38.2中讨论过的五种能量，E_{ex}，E_K，E_σ，E_H 和 E_M. 在传统的磁畴理论中，自发磁化的分布是半经验的．先根据理论分析或实验提出合理的模型，然后根据上式的原理去计算，从而获得定量的结果. 这样的理论似不够严格，但若干理论所预言的磁畴结构已得到实验证实. 对一些简单的情况，可根据式(38.83)用变分方法严格解出铁磁体中自发磁化的分布，这种理论称为微磁学理论[130]，讨论磁畴结构时可以用宏观磁化矢量来代替自旋.

(b)畴壁　畴壁两侧磁畴的 M_s 沿不同的易磁化方向，畴壁中的 M_s 的方向逐步过渡，故不能保持平行且偏离易磁化方向，使畴壁中交换能和磁各向异性能较高．在大块材料内部，表面磁荷产生的退磁场可略去，畴壁本身可以不产生磁荷及退磁场. 这种畴壁首先被布洛赫提出，称为布洛赫畴壁[131]. 在很薄的薄膜中发现了一些特殊的畴壁. 它们产生磁荷及退磁场，称为奈耳畴壁.[132]

(1)布洛赫畴壁

(i)布洛赫畴壁的取向和结构特点. 令畴壁两侧磁畴的磁化矢量为 $\boldsymbol{M}_{s1}$ 和 $\boldsymbol{M}_{s2}$，畴壁法线单位矢量为 $\boldsymbol{n}$，则畴壁两侧的表面磁荷分别为 $\boldsymbol{M}_{s1}\cdot\boldsymbol{n}$ 和 $\boldsymbol{M}_{s2}\cdot\boldsymbol{n}$. 为使畴壁不产生磁荷，要求两侧的磁荷被抵消，因此畴壁取向和结构应满足 $\nabla\cdot\boldsymbol{M}_s=0$. 布洛赫畴壁的取向使

$$\boldsymbol{M}_{s1}\cdot\boldsymbol{n}=\boldsymbol{M}_{s2}\cdot\boldsymbol{n}, \tag{38.84}$$

而畴壁内 $\boldsymbol{M}_s$ 的取向满足

$$\boldsymbol{M}_s\cdot\boldsymbol{n}=\boldsymbol{M}_{s1}\cdot\boldsymbol{n}=\boldsymbol{M}_{s2}\cdot\boldsymbol{n}. \tag{38.85}$$

若磁畴中的磁化矢量的方向由磁晶各向异性能的极小决定，对钴型晶体，磁畴 M_s 沿 c 轴，晶体中只有一种畴壁，其两侧的 $\boldsymbol{M}_s$ 成180°角，称为180°壁．铁型晶体的 $\boldsymbol{M}_s$ 分布在不同的[100]型方向，除180°畴壁外还可有90°畴壁，其两侧磁畴的 $\boldsymbol{M}_s$ 成90°角，镍型晶体的 $\boldsymbol{M}_s$ 分布在[111]型方向，除180°畴壁外还有109°及71°壁，简称为90°壁. 满足式(38.84)的布洛赫壁的取向列于表38.7中. 铁型晶体中的3种90°壁的取向示于图38.31.

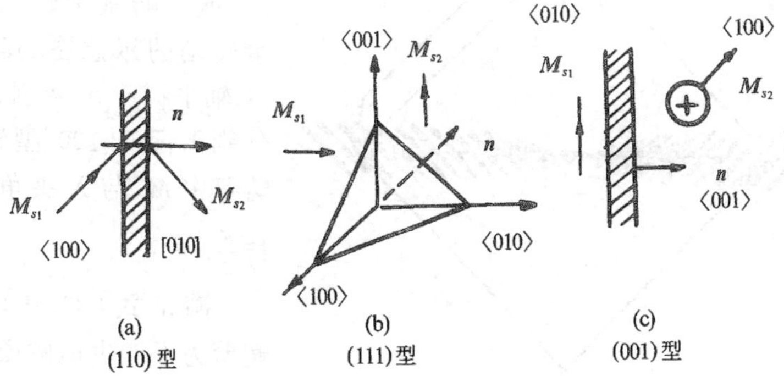

图 38.31 铁型晶体中的 90°布洛赫壁.

表 38.7 三种晶体中的布洛赫壁

畴壁 \ 晶体			钴型(单轴晶体)	铁型(三轴晶体)	镍型(四轴晶体)
180°		一般	法线处于(0001)面内	法线处于(001)型面内	法线处于(111)型面内
		特例		畴壁面平行于(001)型面 (110)型面	畴壁面平行于(110)型面 $(\bar{1}\bar{1}2)$型面
90°	90°	一般		法线处于(110)型面内	
		特例		畴壁面平行于(001),(110) (111)型面	
	109°	一般			法线处于(110)型面内
		特例			畴壁面平行于(001)、(110)、 (111)型面
	71°	一般			法线处于(001)型面内
		特例			畴壁面平行于(100)及(110) 型面

为满足式(38.85)的要求,畴壁中的结构应该是这样的.在与畴壁面平行的每个原子层中,$\boldsymbol{M}_s$ 平行,磁化均匀.沿法线的相邻原子面中 $\boldsymbol{M}_s$ 的方向不同,使畴壁的 $\boldsymbol{M}_s$ 逐渐由一侧的 $\boldsymbol{M}_{s1}$ 过渡到 $\boldsymbol{M}_{s2}$.但逐层的 $\boldsymbol{M}_s$ 转动过程中始终保持 $\boldsymbol{M}_s$ 与 $\boldsymbol{n}$ 的夹角不变.图 38.32 示

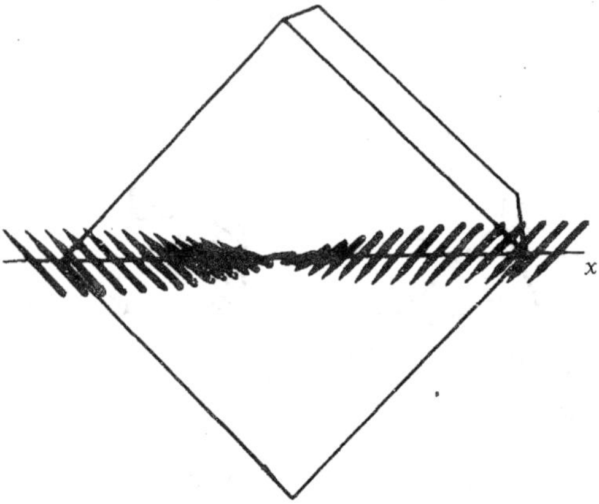

图 38.32 一个 90°布洛赫壁内 $\boldsymbol{M}_s$ 的转动.

出铁型晶体中的一个[110]型畴壁中磁化矢量转动的示意图. 其中 X 轴平行于 $\boldsymbol{n}$,两侧 M_s 分别平行于[100]型轴. 畴壁中 $\boldsymbol{M}_s$ 与 X 夹角保持$\frac{\pi}{4}$.

满足式(38.85)的畴壁为不产生退磁场的布洛赫壁. 至于带磁荷的畴壁,它们出现在下列场合.

晶体不完整性导致的非正常畴壁,如参杂上附着的剑状畴壁或弯曲畴壁;表面及薄膜中的畴壁;非平衡态下的动态畴壁.

(ii)畴壁结构与畴壁能

1. 理想晶体中的布洛赫畴壁. 考虑单易磁化轴晶体的 180°畴壁,如图 38.34 所示. X 轴与畴壁法线重合,Z 轴为易磁化方向,畴壁中的 M_s 始终在 yz 平面中,与 Z 轴交角为 θ,θ 随 X 而变,从 0 变到 π,与 y,z 坐标无关. 不考虑外磁场,理想晶体中与畴壁有关的能量只有 E_{ex}和 E_K. 晶体总自由能为

$$E = \iiint (E_{ex} + E_K) dxdydz. \tag{38.86}$$

$\boldsymbol{M}_s$ 的方向余弦为 $\alpha_1=0$, $\alpha_2=\sin\theta$, $\alpha_3=\cos\theta$. 根据式(38.7)和式(38.12),取近似

$$E_{ex}=A\theta'^2, E_K=K_{u1}\sin^2\theta,$$

因 $\theta=\theta(x)$,令$\int dydz=1$,单位面积的畴壁能密度 E 为

$$E=\int (A\theta'^2+K_{u1}\sin^2\theta)dx. \tag{38.87}$$

平衡条件下,总自由能极小. 按变分原理,根据 E 为极小的条件可求得自发磁化的分布 θ-x 的关系.

$$\delta E = \int\left[2A\theta' \frac{d\delta\theta}{dx} + 2K_{u1}\sin\theta\cos\theta\delta\theta\right]dx = 0$$

因为

$$\frac{d}{dx}\left(\frac{d\theta}{dx}\delta\theta\right) = \theta'\frac{d\delta\theta}{dx} + \delta\theta\frac{d^2\theta}{dx^2},$$

故

$$\delta E = \int\left[-2A\frac{d^2\theta}{dx^2}\delta\theta + 2K_{u1}\sin\theta\cos\theta\delta\theta\right]dx$$
$$+ \int 2A\frac{d}{dx}\left(\frac{d\theta}{dx}\delta\theta\right)dx = 0.$$

最后一项恒为零，故

$$\delta E = \int 2\left(K_{u1}\sin\theta\cos\theta - A\frac{d^2\theta}{dx^2}\right)\delta\theta dx = 0,$$

即有欧勒方程

$$K_{u1}\sin\theta\cos\theta - A\theta'' = 0. \tag{38.88}$$

第一次积分得到

$$\frac{A}{K_{u1}}\theta'^2 + \cos^2\theta = C. \tag{38.89}$$

在畴壁两侧的磁畴中，$\theta=0$ 及 π，$\theta'=0$，上式也应适用，故$C=1$. 于是上式可写为

$$A\theta'^2 = K_{u1}\sin^2\theta. \tag{38.90}$$

其物理意义是，在畴壁中各处的交换能密度等于磁各向异性能密度. 因此，M_s 愈接近于易磁化方向时，M_s 方向的变化愈慢，而接近难磁化方向时变化快. 解上式可得到畴壁中 θ 与 x 的关系. 令 $\delta_0 = \sqrt{\dfrac{A}{K_{u1}}}$，可有

$$\cos\theta = -\,\mathrm{th}\frac{x}{\delta_0}, \tag{38.91}$$

或

$$x = \delta_0 \ln\tan\frac{\theta}{2}. \tag{38.92}$$

图 38.33 为畴壁中 $\cos\theta$ 与 x 的关系. 壁内 M_s 方向的改变服从式

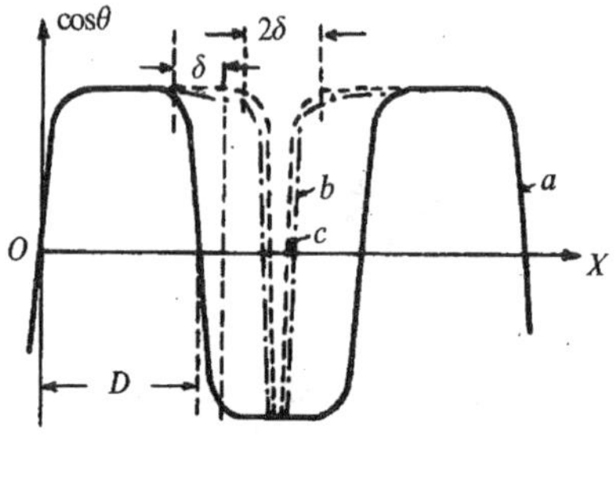

图 38.33 单轴晶体 180°畴壁内磁化的分布.

(38.90). $x=0$ 相应于畴壁中央，为难磁化方向，M_s 转动最快，能量最高. 畴壁能量相对地集中于畴壁中 M_s 指向难磁化方向附近. 畴壁与磁畴没有明确的界线，畴壁没有明确的厚度，只能取近似值. 从图 38.33 及 38.34 可以看到 $\cos\theta$-x 及 θ-x 曲线以 $x=0,\theta=\frac{\pi}{2}$ 处的拐点为中心呈对称形状. 通常，将等效畴壁厚度 δ 定义为

$$\delta=\pi\left(\frac{dx}{d\theta}\right)_{\text{拐点}}=\pi\delta_0, \tag{38.93}$$

$\delta_0=\sqrt{\frac{A}{K_{u1}}}$ 为畴壁厚度的单位．表 38.8 为取壁厚为不同数值时，壁两侧磁矩的方向 θ，即壁中 M_s 转动的角度及单位面积的畴壁能. 按式(38.93)定义的畴壁厚度 $\delta=\pi\delta_0$ 的畴壁中磁化方向从 23.49°转到 156.51°. 总转角为 133.02°，占全转角 180°的 74%. 但能量密度 $\gamma_\delta=3.67K_1\delta_0$，占转角为 180°的畴壁能 $\gamma=4K_{u1}\delta_0$ 的 92%. 表中令 $K_{u1}\delta_0=\gamma_0$.

表 38.8 单轴晶体中 180°壁的 θ 及 γ 值

δ	δ_0		$2\delta_0$		$\pi\delta_0$	
x	$-0.5\delta_0$	$+0.5\delta_0$	$-\delta_0$	δ_0	$-\frac{\pi}{2}\delta_0$	$\frac{\pi}{2}\delta_0$
θ	62.48°	117.52°	40.40°	139.61°	23.49°	156.51°
γ	$1.84\gamma_0$		$3.05\gamma_0$		$3.67\gamma_0$	

畴壁能密度 γ 可利用式(38.87)及式(38.90)计算.

$$\gamma=\int_{x_1}^{x_2}(A\theta'^2+K_{u1}\sin^2\theta)dx=\int_{\theta_1}^{\theta_2}2K_{u1}\delta_0\sin\theta d\theta. \tag{38.94a}$$

将表中的不同 δ 值的两个 θ 值作为式中的 θ_1 和 θ_2 即得到表中相应的 γ 值. 令 $\theta_1=0, \theta_2=\pi$,得到 180°畴壁能

$$\gamma = 4K_{u1}\delta_0 = 4\gamma_0. \tag{38.94b}$$

式(38.87)至式(38.89)亦适用于整个 180°畴结构. 设畴宽为 D,引入周期条件,$x_2-x_1=2D$ 时 $\theta_2-\theta_1=2\pi$,则式(38.89)中的 C 可由下式给出:

$$\int_0^{2\pi}\frac{d\theta}{\sqrt{C-\cos^2\theta}} = 2D/\delta_0.$$

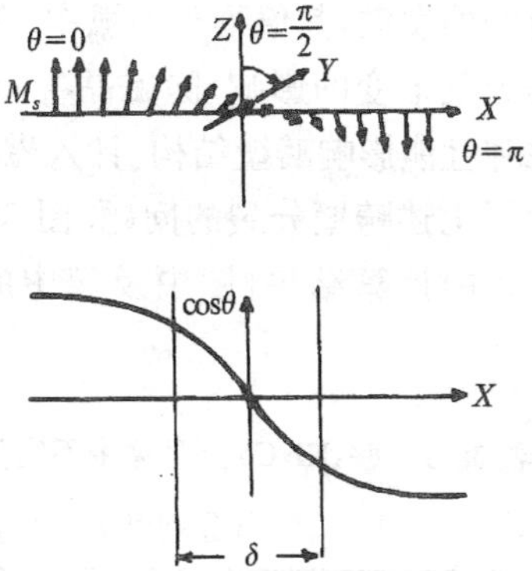

图 38.34 单轴晶体中 180°畴的磁化分布示意图.

将 C 代入式(38.89),解椭圆积分可得

$$\cos\theta = \mathrm{sn}u. \tag{38.95}$$

$\mathrm{sn}u$ 为夏可皮椭圆函数,而

$$u = \frac{\sqrt{C}}{\delta_0}x.$$

图 38.33 为式(38.95)代表的 $\cos\theta$-x 关系,为以 D 为畴宽的 180°层状畴结构. δ 为畴壁,$\cos\theta=\pm1$ 的水平部分相应于畴、壁厚 δ 比实际的有很大的夸大.

李雷[133]对铁型、镍型和钴型晶体中的各类畴壁的 δ 及 γ 作了详细的计算,列于表 38.9 中. 表 38.9 还列出了 Fe,Ni,Co 的 δ_0 和 γ_0 的较准确的数值. 在铁的[001]型 180°畴壁,镍的[001]109°及[110]180°畴壁中,M_s 从一侧的易磁化方向转向另侧易磁化方向的过程中,必将遇到另一个易磁化方向,按 $E_{ex}=E_K$ 这个普遍规律,这三种畴壁中均将出现另一个磁畴,使它们分别分裂成两个 90°畴壁,两个 70.53°畴壁和一个 70.53°畴壁与一个 109.47°畴壁. 因此在表中这 3 种畴壁 r 为相应的两个畴壁能之和,而畴壁厚度 δ

为∞. 当这 3 种畴壁法线与[001],[110]轴偏离 1°时,可避免畴壁计算中的发散,其值列于括弧中. 在实际晶体中这 3 种畴壁受两侧磁畴自发形变的影响,除磁晶各向异性能外还有该自发形变引起的磁弹性能影响畴壁结构. 计入磁弹性能后使畴壁能稍有提高,但避免了上述畴壁分裂的问题. 图 38.35 示出铁型晶体中的 180°畴壁结构的计算结果,图中及表中的(*ms*)表示计入磁弹性能的结果.

表 38.9 Fe,Ni,Co 型晶体中不同类型畴壁能密度和等效畴壁厚度

(分别以 $\gamma_0=K_{u1}\delta_0$, $\delta_0=\sqrt{A/K_{u1}}$ 为单位)

畴壁类型 \ 畴壁法线			[001]	[110]	[111]	$[\bar{1}\bar{1}2]$	γ_0 ($\times10^{-3}$J/m^2)	δ_0 (A)
Fe	90°	γ	1.00	1.73	1.19		0.62	130
		δ	3.14	3.97	3.14			
	180°	γ	2.00	2.76				
		δ	∞ (12.63)	5.60				
	180° (*ms*)	γ	2.02	2.77				
		δ	10.87	5.59				
Ni	70.53°	γ	0.54	0.46			0.14	260
		δ	3.85	4.26				
	109.47°	γ	1.09	1.37	1.29			
		δ	∞	3.31	3.85			
	180°	γ		1.83		2.00		
		δ		∞ (15.40)		7.92		
	180° (*ms*)	γ		2.19		2.27		
		δ		7.91		4.45		
Co	180°	γ	4.00				2.05	50
		δ	3.14					

2. 应力对畴壁的影响. 应力导致磁弹性能 F_σ,因而影响畴壁

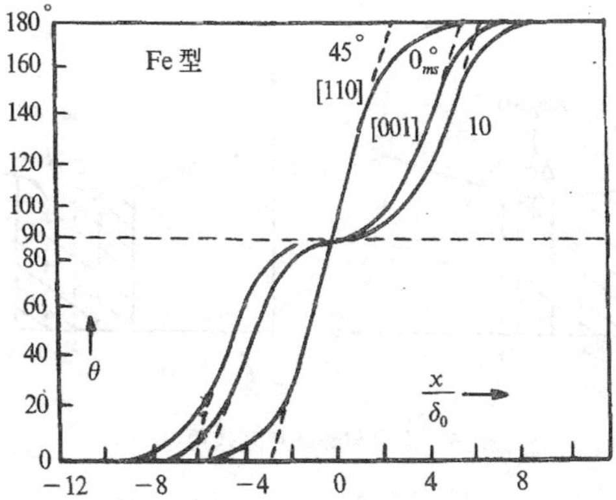

图 38.35 铁型晶体中 3 种 180°畴壁结构.

结构. 将 $F_\sigma=-\frac{3}{2}\lambda_s\sigma\cos^2\theta$ 代替式(38.87)中的 E_K,则全部计算完全相似,结果相当于$\frac{3}{2}\lambda_s\sigma$ 代替 K_1,得出

$$\gamma=4\sqrt{\frac{3\lambda_s\sigma A}{2}},\qquad \delta=\pi\sqrt{\frac{2A}{3\lambda_s\sigma}}$$

为单纯应力各向异性下的畴壁能密度和厚度,这只适用于 $K_{u1}\ll\frac{3}{2}\lambda_s\sigma$ 的情况. 若二者大小相当,可有

$$\gamma_0=\left[A\left(\frac{3}{2}\lambda_s\sigma+bK_{u1}\right)\right]^{\frac{1}{2}}=(AK_{eff})^{\frac{1}{2}}=K_{eff}\delta_0,\tag{38.96}$$

$$\delta_0=\left[A/\left(\frac{3}{2}\lambda_s\sigma+bK_{u1}\right)\right]^{\frac{1}{2}}=(A/K_{eff})^{\frac{1}{2}},\tag{38.97}$$

式中 b 是数量级为 1 的常数. 依赖于应力取向,式中的 σ 可以是均匀的外加应力,亦可为固体内的种种缺陷引起的不均匀内应力. 对于后者,上式只适用于内应力起伏波长 $l\gg\delta$,内应力在畴壁中近似为均匀的情况. γ 及 δ 随 σ 而变.

对于内应力不均匀为高弥散的情况,设内应力起伏长度 $l\ll\delta$,如图 38.36 所示,在缓慢变化的内应力 σ_{i0} 上叠加了一个宽度为 l 强度为 $\Delta\sigma_i$ 的局部应力. 作为近似处理,设畴壁中 M_s 的方向 θ-x 关系不受 $\Delta\sigma_i$ 的影响,则附加的磁弹性能为

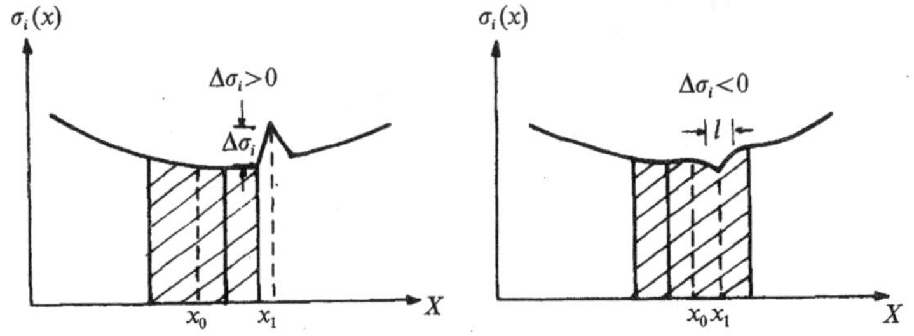

图 38.36 应力与畴壁相互作用($\lambda_s>0$).

$$\Delta\gamma_\sigma = \int_{x_1-l/2}^{x_1+l/2} \frac{3}{2}(\sigma_i - \sigma_{i0})\lambda_s \sin^2\theta dx,$$

$$\Delta\gamma_\sigma \simeq \frac{3}{4}\Delta\sigma_i\lambda_s l\sin^2\theta. \quad (38.98)$$

若为单易磁化轴晶体,根据式(38.91),可得到

$$\Delta\gamma_\sigma = \frac{3}{4}\Delta\sigma_i\lambda_s l \frac{1}{\mathrm{ch}^2\frac{(x_1-x_0)}{\delta_0}}, \quad (38.99)$$

式中 x_0 为畴壁中点坐标,x_1 为不均匀应力 $\Delta\sigma_i$ 中点坐标,若 $\Delta\sigma_i\lambda_s>0$,则当 $\theta=0,\pi$ 或$(x_1-x_0)\to\pm\infty$时 $\Delta r_\sigma=0$,为极小,$\Delta\sigma_i$ 对畴壁有排斥作用. 反之,当 $\Delta\sigma_i\lambda_s<0$ 时,$\Delta\sigma_i$ 对畴壁有吸引力,$\Delta\sigma_i$ 处于畴壁中间时 $\Delta\gamma_\sigma$ 最低.

3. 磁场对畴壁的影响. 设外磁场 H_e 与单易磁化轴平行,晶体总自由能中应加入一项 $E_H=-\mu_0 H_e M_s\cos\theta$,式(38.87)变为

$$E = \int(A\theta' + K_{u1}\sin^2\theta - \mu_0 H_e M_s\cos\theta)dx. \quad (38.100)$$

通过相似的计算可得到 H_e 作用下的畴及畴壁结构[8],已示于图 38.33 中的曲线 b 和 c,其中 $H_e(c)>H_e(b)$. 外磁场使与磁场同方向的畴的宽度增大,反向畴宽减小,即为畴壁位移. 畴壁位移使畴壁厚度减小,而畴壁能密度增大,这就是理想晶体中畴壁位移阻力的来源. 当两个相邻的 180°畴壁发生位移而接触时,如两畴壁中的 M_s 同向旋转,则两畴壁接触点的 M_s 出现很大的夹角,夹角随

H_e 增大而增大，能量随之提高，两畴壁不易消失，如图 38.37(a) 所示. 如两畴壁中的 M_s 反向旋转时，接触点的 M_s 相互平行，两畴壁易于消失. 这个理论上的结论已被实验所证实.

若外磁场与两侧磁畴 M_s 方向的等分线重合，如图 38.38 所示，则 H_e 不引起畴壁位移，但两侧中 M_s 的方向发生转动过程. H_e 愈大，φ 愈小. 达到磁饱和时，$\varphi=0$，畴壁消失. 经计算，γ 随 H_e 增大而减小，最后趋于零.

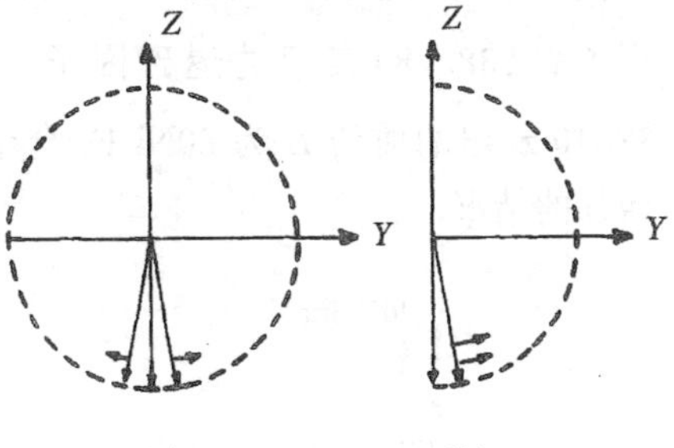

(a) (b)

图 38.37 两畴壁接触点处的 M_s 的方向.

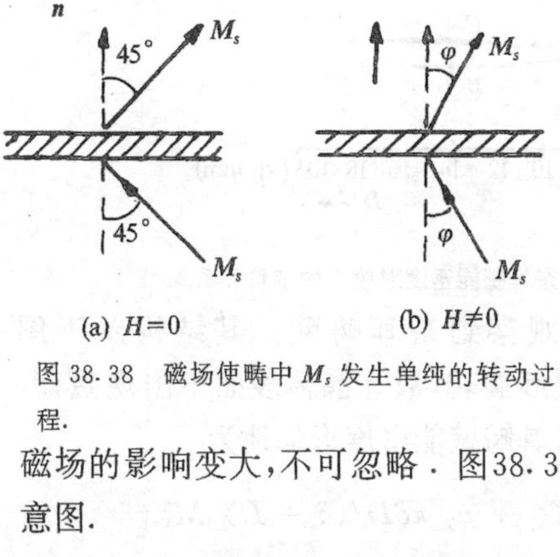

(a) $H=0$ (b) $H\neq0$

图 38.38 磁场使畴中 M_s 发生单纯的转动过程.

(2) 薄膜中的畴壁. 布洛赫畴畴壁虽然不带磁荷，但在畴壁与晶体表面交界处可能有 $\nabla \mathbf{M}_s \neq 0$，出现磁荷. 大块材料内部的畴壁远离表面，表面退磁场的影响甚微. 当物体尺寸变小时，布洛赫壁在表面产生的退磁场的影响变大，不可忽略. 图38.39(a)为薄膜中布洛赫壁的示意图.

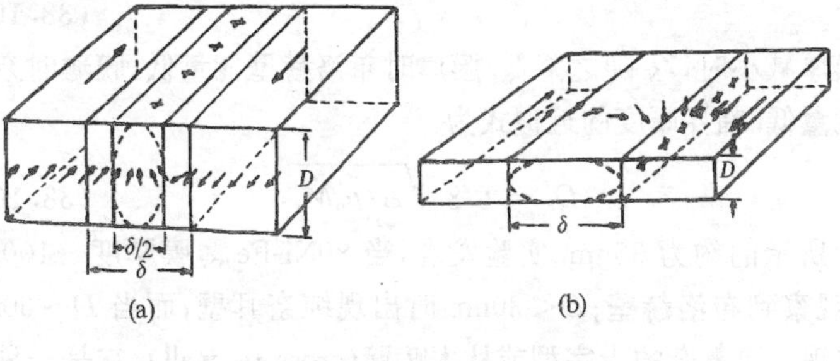

(a) (b)

图 38.39 自发磁化在膜面的布洛赫畴壁(a)及奈耳畴壁(b).

相应的畴壁能可以近似地表为

$$\gamma_B = A\frac{\pi^2}{\delta} + \frac{1}{2}K_{u1}\delta + \mu_0[\pi\delta^2/(\delta + D)]M_s^2, \quad (38.101)$$

右侧分别为近似的交换能，磁晶各向异性能和退磁场能．其中引用了式(38.78)表示的退磁因子．适中的 δ 相应于 $\frac{d\gamma}{d\delta}=0$. 图 38.40 示出的曲线 B 为 80Ni-Fe 合金薄膜中 γ_B 随膜厚 D 减小而增加的情况.

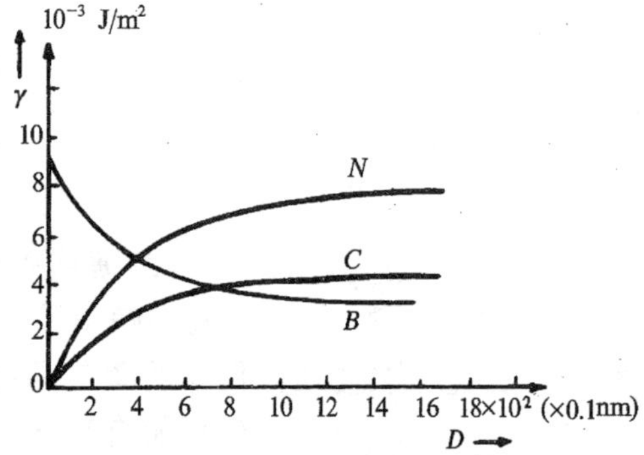

图 38.40　布洛赫壁及奈耳壁能密度对膜厚的依赖关系.

当薄膜厚度足够小时观察到奈耳畴壁．其结构示于图 38.39(b). 壁中 M_s 绕膜面法线旋转，故在晶体表面不出现磁荷，但在畴壁中及两侧出现磁荷. 其畴壁能密度近似地为

$$\gamma_N = A\pi^2/\delta + \frac{1}{2}\delta K_{u1} + \mu_0[\pi\delta D/(\delta + D)]M_s^2. \quad (38.102)$$

当膜厚减小时，γ_N 随之降低. 膜厚时布洛赫壁能量低，膜薄时奈尔壁能量低. 临界厚度的近似式为

$$D_c = 1.8\sqrt{A/\mu_0 M_s}, \quad (38.103)$$

图中所示的约为 35nm. 实验发现，当 80Ni-Fe 薄膜厚度～100nm 时，观察到布洛赫壁；$D<30$nm 时出现纯奈耳壁；而当 $D\sim60$nm 时出现了更复杂的十字型或枕木畴壁(cross-tie wall). 它是一种极

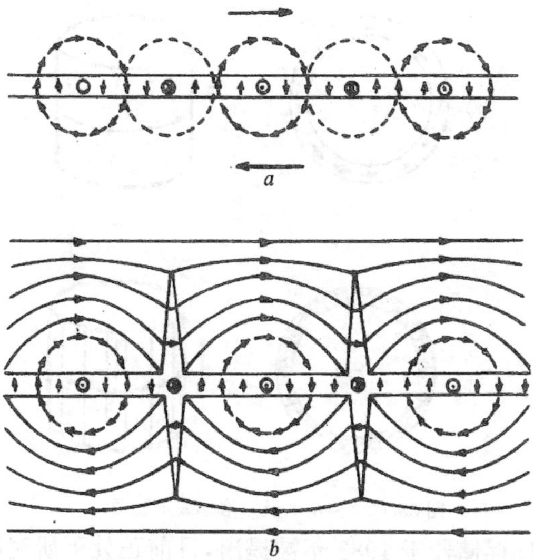

图 38.41　枕木型畴壁的结构及其局部散磁场.

性交替分布的奈耳壁. 奈耳壁的极性交替分布使退磁场能量降低. 但其周围的散磁场使周围磁化不均匀,如图 38.41(a)所示,在一对奈耳壁的两侧长出两个枕木型奈耳壁,使退磁场能量进一步下降,壁中磁化矢量的方向用箭头表示. 周围的散磁场及两侧的磁化方向用实线示于图 38.41(b). 在两段极性不同的奈耳壁之间也是一个过渡区,称为布洛赫线. 布洛赫线中 M_s 方向的过渡亦可有不同旋转方向,如图 38.41(b)中所示.

当薄膜中的磁化方向与膜面垂直时,磁畴在薄膜表面产生正、负磁荷,布洛赫畴壁可以存在,但壁中 M_s 方向的过渡亦可有两种旋转方向,如图 38.42(a)示出的一种,左侧为从膜面上方观察的磁畴及畴壁示意图. 圆形畴壁包围着向下磁化的磁泡畴,畴壁外 M_s 向上. 畴壁中点磁化方向与膜面平行,其方向亦可相反. 图 38.42(b)所示的畴壁由不同旋转方向的布洛赫壁段组成. 两段极性不同的布洛赫壁之间为布洛赫线,全称为垂直布洛赫线(VBL),右侧为磁泡及 VBL 的立体示意图. 磁泡畴可作为存储信息的载体. 磁泡存储器已经实用化. 以布洛赫线作为存储信息的载体的超

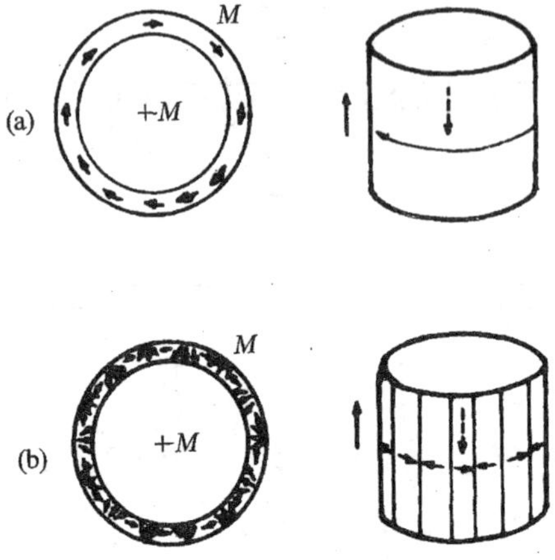

图 38.42 磁泡畴及布洛赫线示意图.

高密度 VBL 存储器于 1983 年被提出,目前正处于研究阶段.

(c)磁畴[134]

(1)大块材料磁畴宽度与表面畴. 大块材料常具有多层结构. 磁畴的形状、尺寸、磁化方向的分布等随材料而异,并对材料磁性发生影响. 复相或细晶粒的硬磁材料中的磁畴复杂而细小;单晶及软磁材料常具有粗大的磁畴. 单晶或晶粒内部磁畴常较整齐而粗大,与磁畴 M_s 方向不平行或垂直的表面或界面上常有复杂的磁畴花样.

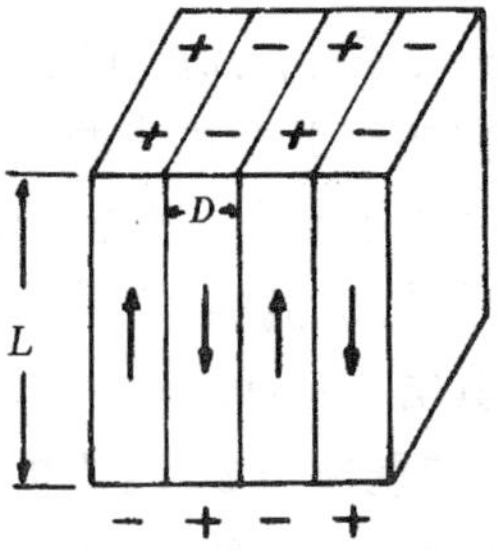

图 38.43 片状畴结构.

设想一个外形四方,体积为 $1x1\times L$ 的晶体,如图 38.43 所示. 4 个侧面与单易磁化轴平行,顶、底两面与易向垂直. 磁畴为片状 180°畴,宽度为 D. 顶、底两面出现正、负相间的磁荷,并产生退磁场. 与磁畴结构有关的能量为畴壁能 E_γ 和退磁场 E_M. 根据式(38.82),可得

$$E=E_\gamma+E_M=\gamma\frac{L}{D}+1.7M_s^2D\times10^7.$$

E_M 的降低要求 D 变小,但畴壁总面积及畴

壁能 E_r 升高. 由于两项能量的竞争,适中的磁畴宽度 D_0 决定于总能量的极小,$\frac{dE}{dD}=0$,于是

$$D_0=\left(\frac{\gamma L\times 10^7}{1.7M_s^2}\right)^{\frac{1}{2}}. \tag{38.104}$$

相应的能量为

$$E_0=2\times 1.7M_s^2D_0=2[1.7M_s^2\gamma L]^{\frac{1}{2}}. \tag{38.105}$$

顶、底内侧的退磁场可能引起该处出现表面磁畴. 一种可能的表面畴为等边三角形截面的柱体,如图 38.44 所示,其磁化方向与上、下表面平行,并与片状 180°畴形成闭合磁路,使退磁场能 E_M 为零,故称为封闭畴. 但封闭畴的磁化方向沿难磁化方向,有较高的磁晶各向异性能,晶体总能量为

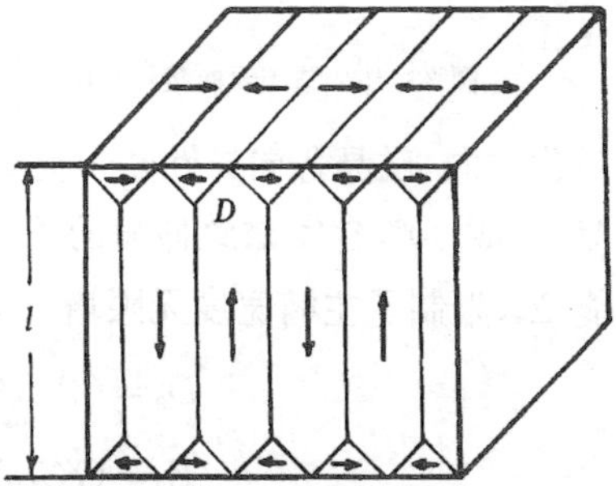

图 38.44　表面封闭畴结构.

$$E=E_\gamma+E_K=\gamma\frac{L}{D}+K_{u1}\frac{D}{2}.$$

适中的畴宽 D_0 及相应的能量 E_0 为

$$D_0=\left(\frac{2\gamma L}{K_{u1}}\right)^{\frac{1}{2}}, \tag{38.106}$$

$$E_0=(2\gamma LK_{u1})^{\frac{1}{2}}. \tag{38.107}$$

对于给定的材料,比较两种畴结构的能量 E_0,E_0 低的为较稳定而可能出现的结构.

实验发现,片状180°畴在单易磁化轴晶体中经常出现. 但上、下表面畴有多种多样,随材料性能及纵向尺寸 L 而异. 图 38.45 示出的是在钴的(0001)面上观察到的一种锥形表面畴的示意图. 图 38.46 示出的是不同 L 的六角铁氧体(0001)面上的表面畴,这些表面畴的出现使表面磁荷的分布有利于降低退磁场能,但表面

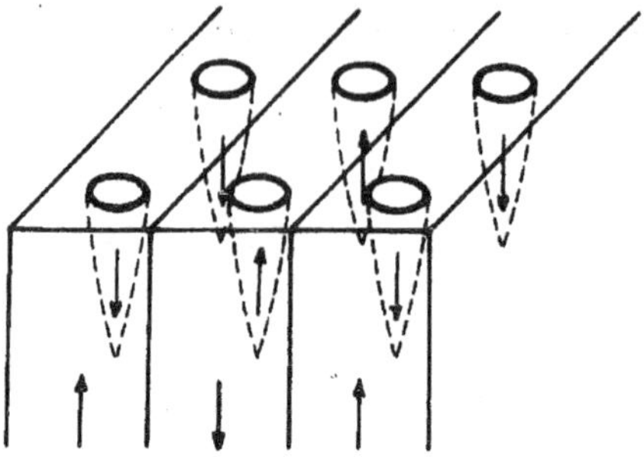

图 38.45 钴的表面畴示意图.

畴仅处于表面附近,不深入到晶体内部,因而畴壁总面积及畴壁能不致过多地增加.

在多易磁化轴晶体中,情况有所不同.在铁型晶体中确实观察到在图 38.44 中给出的完全封闭畴.这是由于封闭畴中 M_s 亦指向易磁化方向,磁晶各向异性能未提高.但封闭畴与内部的片状主畴的 M_s 互成 90°,自发磁致伸缩的不一致引起封闭畴中附加的磁弹性能 E_σ,限制了主畴宽度无限增长.经计算

$$D_0=(4\gamma L/C_{11}\lambda_{100}^2)^{\frac{1}{2}}, \tag{38.108}$$

$$E_0=(\gamma C_{11}\lambda_{100}^2 L)^{\frac{1}{2}}. \tag{38.109}$$

图 38.47 示出为 Fe 型晶体的一个表面与易磁化方向相差不大的角度时观察到的一种树枝状半封闭表面畴.图中给出其结构的 3 个投影图.在镍型晶体中,若表面合适,可以观察到 109°及 71°的畴结构.

对以上一些简单情况的分析,可以得到两条规律.其一,内部畴宽与表面畴有密切联系,而依赖于晶体磁性.例如畴壁能密度 γ 愈高,主畴愈宽;其二,主畴宽度 $D_0\sim\sqrt{L}$.自发磁化方向的晶体尺寸愈大,D_0 就愈大.

在多晶体中,除磁性体表面外,晶粒间界处的退磁场及界面次级畴亦影响晶粒内的畴结构及其宽度.为了降低晶界退磁场,相邻晶粒磁畴的磁化方向虽然不同,但磁畴往往连续,畴壁跨晶界.如图 38.48 所示,在晶界处常出现剑状次级畴以降低退磁场.

经研究发现,多晶中的畴宽依赖于晶粒尺寸 L,即

$$D_0\sim L^n. \tag{38.110}$$

对于不同材料及不同结晶学织构,n 可取不同数值[134].

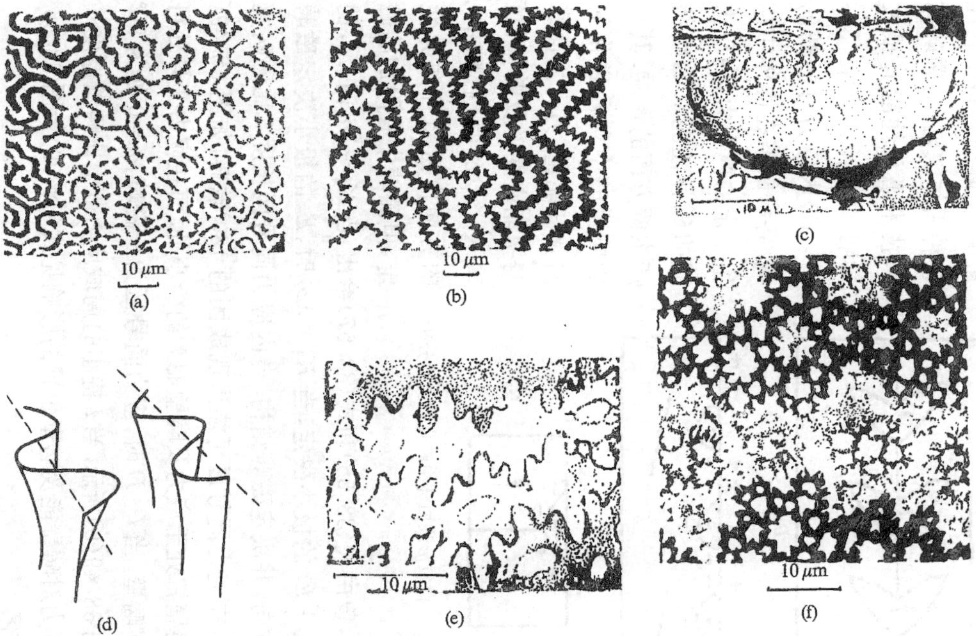

图 38.46　六角铁氧体的 L 不同时的表面畴.

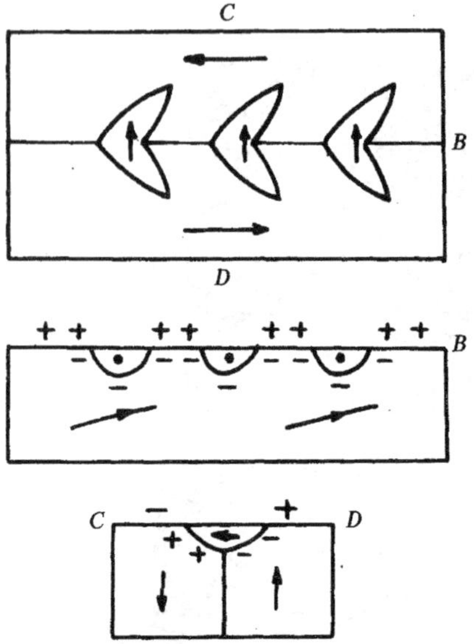

图 38.47 树枝形表面畴中磁化方向的分析.

(2)固体缺陷对磁畴的影响.实际的材料中存在着各种固体缺陷,对磁畴结构和技术磁化性能有很大的影响.

(i)内应力对磁畴的影响.各种缺陷在固体中均产生一定的内应力,内应力引起的磁弹性能对磁畴结构产生两方面的影响.其一为影响磁畴中自发磁化的方向及其能量;另一方面影响畴壁能密度 γ 及畴壁位置.当 $K_1 \gg \lambda_s \delta_i$ 时,磁畴中 M_s 的方向由磁晶各向异性决定,但磁畴中有附加的磁弹性能 F_σ,曾由式(38.56)和式(38.57)给出,当 $K_1 \sim \lambda_s \sigma_i$ 时,M_s 的方向由 $E_K + E_\sigma$ 的极小决定,当 $K_1 \ll \lambda_s \sigma_i$ 时,E_σ 的极小决定磁畴中 M_s 的方向,并决定磁畴结构.当内应力同号区长度 l 比磁畴宽度 D 大时,在应力同号区可能出现成团的 180°磁畴,如图 38.49(a)所示,畴壁常处于应力及畴壁能 γ 的极小处.而在应力变号处可能出现 90°畴壁.当 $l \sim D$ 时,应力同号区为一磁畴,$\sigma_i = 0$ 处为 90°畴壁,如图 38.49(b)所示.当 l 特小的局域应力范围比畴壁厚度 δ 还小时,应力对畴壁能及畴壁位置的影响见式(38.99)及图 38.36 及有关讨论.

(ii)非磁性掺杂产生的次级畴[135].当强磁体的磁畴中出现非磁性或弱磁性宏观掺杂时,其界面上 $\nabla \cdot \boldsymbol{M}_s \neq 0$,出现磁荷,引起内退磁场,或称为散磁场.图 38.50 示出硅钢中的颗粒状掺杂,左侧为一裸露掺杂,其退磁场能约为

图 38.48　硅钢多晶中的磁畴.

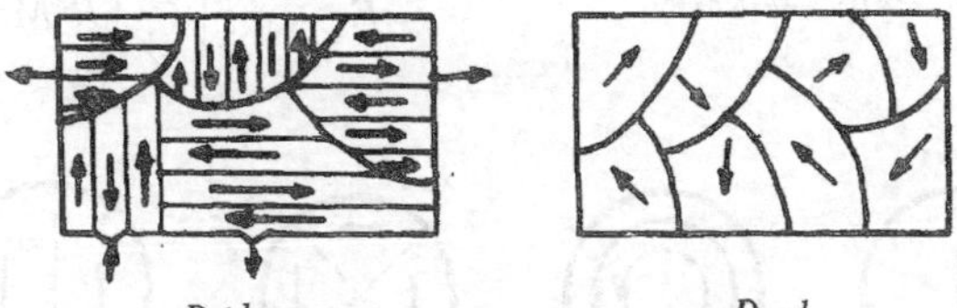

$D<l$　　　　　　　　$D\sim l$

图 38.49　内应力对磁畴结构的影响.

$$E_D=E_M=\frac{2\pi}{3}\mu_0 M_s^2 d^3,$$

d 为掺杂尺寸,右侧具有附加的次级畴.次级畴降低了退磁场能,但增加了畴壁能和磁弹性能

$$E_s=E_\gamma+E_M+E_\sigma.$$

令 $E_0=E_s$,可求得临界尺寸 d_c,$d<d_c$ 的掺杂不带次级畴;$d>d_c$ 的掺杂具有次级畴.经计算,铁的 $d_c\sim10^{-5}$cm.在各种类型的强磁材料中的颗粒形和片状脱溶体以及空泡和人为缺陷上均观察到这种剑状次级畴,它们对技术磁化性能有重要影响.

(d)单畴[135]　当强磁体的尺寸很小时,成为多畴结构后畴壁

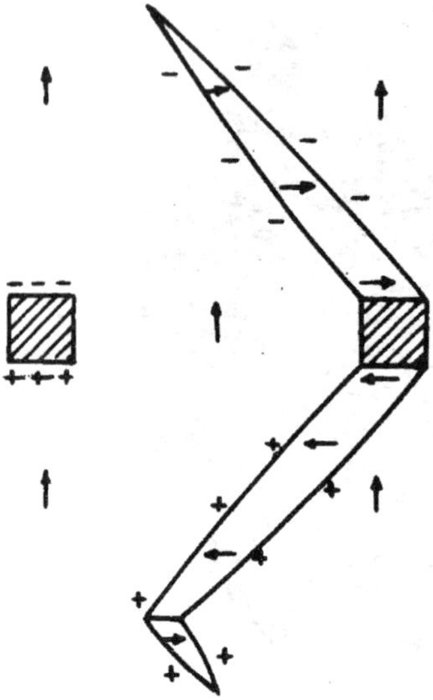

图 38.50　掺杂及其次级畴.

能的出现高于退磁能的降低，因而使单畴成为能量低的状态.这种强磁颗粒呈单畴状态，单畴颗粒常具有高矫顽力.

用能量比较的方式可以粗略地估计单畴颗粒的临界尺寸，图 38.51 示出球状微小晶体中退磁状态下的几种可能的自发磁化分布模型：(a)为单畴状态；(b,c,d)分别示出多畴状态.其中磁各向异性分别为，(b)十分微弱，(c)三易磁化轴，(d)单易磁化轴.单畴状态时，只有退磁场能.若球形颗粒的半径为 R，

$$E_a = \frac{\mu_0}{6}\left(\frac{4\pi}{3}\right)R^3M_s^2. \tag{38.111}$$

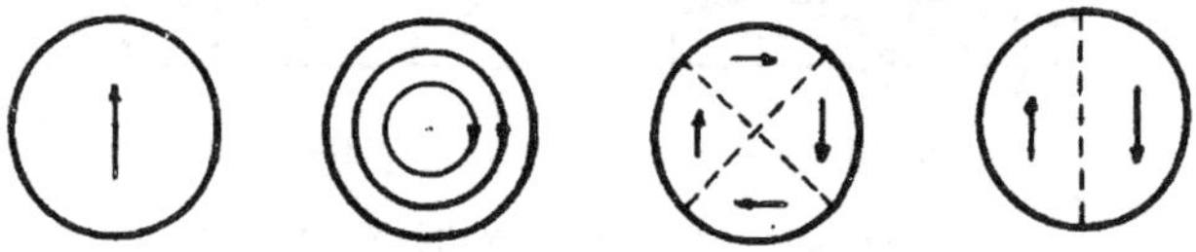

图 38.51　微小球形颗粒中可能的磁化分布.

状态(b)不是截然分开的多畴，无畴壁，M_s 的方向沿球体中许多圆柱壳层作连续变化，只需考虑交换能.经计算，能量为

$$E_b = \frac{4\pi JS^2R}{a}\left(\ln\frac{2R}{a} - 1\right), \tag{38.112}$$

式中 J 和 a 为交换常数和晶格常数，状态(c)为 90°畴结构，且

$$E_c \cong 2\gamma_{90}\pi R^2. \tag{38.113}$$

状态(d)的能量约为

$$E_d = \frac{1}{2}\frac{\mu_0}{6}\left(\frac{4\pi}{3}\right)R^3M_s^2 + \pi R^2\gamma_{180}. \tag{38.114}$$

令 E_a 分别等于 E_b,E_c 和 E_d,即可得到不同情况下的单畴临界尺寸 $d_c=2R_c$,它们分别满足

$$\frac{d_c^2}{\ln\frac{d_c}{a}-1} = \frac{72JS^2}{\mu_0 aM_s^2}, \tag{38.115}$$

$$d_c = \frac{18}{\mu_0}\frac{\gamma_{90}}{M_s^2}, \tag{38.116}$$

及

$$d_c = \frac{18}{\mu_0}\frac{\gamma_{180}}{M_s^2}. \tag{38.117}$$

对于铁,根据式(38.115)得到 $d_c\sim 40\text{nm}$. 根据式(38.116)得到 $d_c = 3\text{nm}$,而铁的 90°畴壁厚度约为 40nm,用式(38.116)和式(38.117)有关的模型对铁显然不合适,因为它们导致了 $\delta>d_c$ 的结论是不合理的. 这说明将大块材料中的磁畴和畴壁的概念和数值搬用到单畴计算中至少对铁是不适宜的. 钴的结果似较合理.

合理的理论方法不应对磁畴结构作预先的假设然后进行能量分析与比较,而应根据自由能极小的原理对磁化矢量的平衡分布及单畴临界尺寸进行计算,这就是微磁学理论[136]. 畴壁的计算即为一维条件下的微磁学理论的例子. 单畴颗粒的处理为三维问题,数学上有更大的困难,布朗[136]及阿哈罗尼[137]等有系统的近似计算. 蒲富恪等进行了严格的计算[138],其结果与更早康道尔斯基的近似理论相似[8]. 对于一个长半轴为 a 的旋转椭球,当长轴与单易磁化轴及外磁场 H 平行时,根据自由能极小,有

$$\delta\int(E_{ex}+E_K+E_M+E_H)dv = 0,$$

得到磁场作用下椭球短半径方向的单畴临界尺寸为(cgs 制)

$$R_{C0} = \frac{0.95}{M_s}\left(\frac{10A}{Na-\frac{H}{Ms}-\frac{2K_{u1}}{M_s^2}}\right)^{\frac{1}{2}} \text{或} \left[10A\Big/\left(N_a-\frac{H}{M_s}-\frac{2K_{u1}}{M_s^2}\right)\right]^{\frac{1}{2}}. \tag{38.118}$$

可以看到，a 方向退磁因子 N_a 愈小，磁各向异性常数$\frac{2K_{u1}}{\mu_0 M_s}$愈大，临界半径愈大. 当磁场与 M_s 方向相反时，$H<0$，H 愈大，R_c 愈小，$H=0$ 时的临界半径为

$$R_{c0}=\frac{0.95}{M_s}\left(\frac{10A}{Na-\frac{2K_{u1}}{M_s^2}}\right)^{\frac{1}{2}} \text{或}\left[10A/\left(N_a-\frac{2K_{u1}}{M_s^2}\right)\right]^{\frac{1}{2}}. \tag{38.119}$$

但 R_{c1}不是稳定的临界半径，在反向磁场作用下，小于 R_{c0}的单畴粒子中有一部分的 $R>R_{C0}$，失去单畴状态. 将单畴均匀转动过程的矫顽力 $H_c=-M_s(N_R-N_a)-\frac{2K_{u1}}{M_s}$代入式(38.118)，可得到稳定单畴的临界尺寸，即

$$R_{c1}=\frac{0.95}{M_s}\left(\frac{10A}{N_R}\right)^{\frac{1}{2}}. \tag{38.120}$$

凡 $R\leqslant R_{c1}$的颗粒在任何负磁场作用下恒为单畴. 单畴常具有高的矫顽力，获得单畴为寻求硬磁的一个途径，故其临界尺寸有重要的实用意义. 表 38.10 列出一些材料的临界半径. 表中的铁和镍用式(38.120)，椭球形时令 $N_R=2\pi$. 后三种材料的 R_C 用公式(38.120)，它们的 R_{c1}用布朗给出与式(38.120)相似的公式.

表 38.10　一些材料的单畴临界半径

材　料	$A(\times10^{-7}\text{J/cm})$	$M_s(10^3\text{A/m})$	$\gamma_{180}(\text{J/cm}^2)$	R_{c1}(nm)	R_c(nm)	形　状
铁				17 14		球形 椭球
镍				39 32		球 椭球
钴	2.6×10^{-6}	1,431	14.4×10^{-7}	11.4	50	球形
$SmCo_5$	2.6×10^{-6}	855	69.3×10^{7}	16.8	680	球形
MnBi	1.0×10^{-6}	600	12×10^{7}	17	250	球形

(e)观察磁畴的实验方法　直接观察磁畴已成为研究畴结构及磁化过程的重要实验手段，观察磁畴的实验方法有几种，这里只

简介几种重要方法的基本原理,详细的介绍可查阅有关专著及文献[134,139].

(1)粉纹法.粉纹技术为最早的实验方法,研究设备简单,在一般实验室均可实现,因而应用较为广泛,其原理与工业上的磁粉检疵相似.从前面关于畴壁和磁畴结构的讨论中可以看到,当晶体表面与磁畴中磁化方向不平行时,表面出现磁荷,引起表面散磁场,即局部的退磁场;如晶体表面与磁畴中的磁化方向平行时,磁畴处无散磁场但畴壁中的磁化矢量在与样品表面相交处,出现垂直分量,产生散磁场.如果将足够细的铁磁粉末的胶状悬浮液涂在样品表面上,这些铁磁粉末受到表面局部散磁场的作用集中在那些磁场最强的地方形成一定分布.这些分布描绘出表面的磁畴结构或表面畴壁的轨迹.

为了使观察到的磁畴确实是内部磁畴结构在表面的反映,而不是由表面抛光过程遗留的表面层应力决定的特殊磁畴,需要进行特殊处理.一般来说,在机械磨光后还要进行电解抛光,以消除机械磨光造成的表面应力层.显示磁畴结构的磁粉悬浮液不难自制,通常是将用化学沉淀法制备的 Fe_3O_4 粉与适当浓度的肥皂水溶液混合,并搅拌成为悬浮液.

通常用金相显微镜观察样品表面的粉纹图,但对于观察十分精细的表面畴结构,使用光学显微镜较为困难.因这时,磁粉颗粒尺寸必须很细,悬浮液浓度稀薄,光学显微镜的对比度下降.改进的方法是使用透射电子显微镜,但需要制备固化的粉纹图形复型,这就需要配制特殊的可以固化的磁粉悬浮液.当其在样品表面形成磁畴粉纹图后,悬浮液固化为几十纳米的薄膜,并保持其粉纹图,然后用透射电镜观察,效果甚佳.

粉纹法的局限性在于它只观察到表面畴结构,此外,如欲观察磁畴的动态,则由于磁粉的惯性及在悬浮中的粘滞性,只限于缓慢变化的畴结构,最后,限于溶液沸点和冰点,观察的温区不能太大,而变温下的磁畴观察具有特殊意义,还应指出的是,通常的磁粉粒度约 10^{-4} 至 10^{-5}cm,而畴壁厚度常为 10^{-5}cm 或更小,因此观察到的畴壁厚度不是真正畴壁厚度.

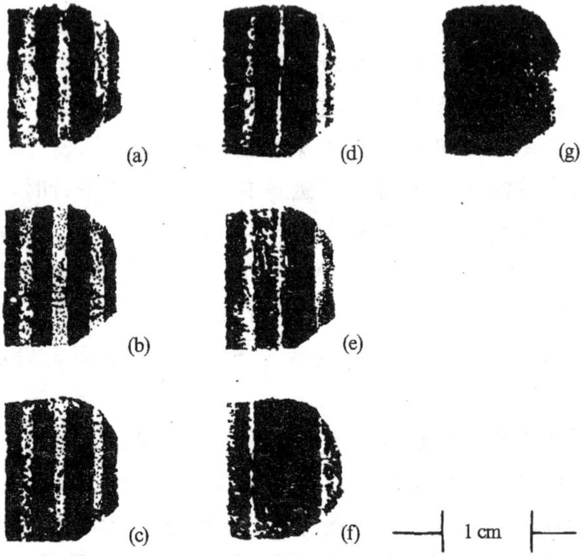

图 38.52 用克尔效应观察到的畴结构.

(2)磁光效应.线偏振光从一个铁磁体透射或反射后,偏振面发生一定程度的转动,转动方向决定于强磁体的磁化方向,这个现象称为磁光效应.前者称为法拉第效应,后者为克尔效应,这两种效应均可用以观察磁畴.法拉第效应只适用于光可透射的样品.它可观察到样品内部的畴结构,对不透光的样品常用克尔效应观察其表面磁畴结构.由于不同磁化方向的克尔旋转角之差很小,为了增加对比度,必须采取某些技术,如在晶体表面镀一层 ZnS 增强层.图 38.52 示出的是用克尔效应在钴晶体表面上观察到的畴结构随磁场的变化状况,其亮、暗带为磁化方向互成 180°的畴.随着磁场的增大,亮畴缩小,暗畴扩大,畴壁移动,最终导致完全饱和.

磁光法的优点在于(i)可在不同温度下进行;(ii)它可观察磁畴,亦可观察畴壁,有些 K 及 $\lambda\sigma$ 很小的材料(如玻莫合金),其畴壁很厚甚至没有畴与畴壁的明显界线,畴壁散磁场很弱,用粉纹法不易观察;(iii)磁光法可用于观察磁畴动态过程,如配以闪频技术便可取得良好效果.

(3)电子显微镜——洛伦兹显微镜.用电子显微镜直接观察磁畴的原理基于电子束通过样品时受到磁畴中内磁场 $B=4\pi M_s$ 的洛伦兹力的作用而发生偏离.这种偏离随磁畴中磁化矢量方向不同而异,因而描绘出磁畴图形,故用透射电镜直接观察磁畴常称为洛伦兹电镜术,图38.53示出的是电子束通过具有180°畴结构的薄膜时发生偏转的示意图.这种方法的优点是分辨率高,可改变温度以及跟踪动态过程,并可同时观察磁畴与晶体缺陷,从而便于研究二者间的相互作用,但透射电镜要求样品厚度减薄到100nm以下.除透射电镜外,扫描电镜亦可用于观察磁畴,它的原理在于磁畴产生的局部散磁场对电子束运动的影响,它可对大块样品的表面畴方便地进行观察.

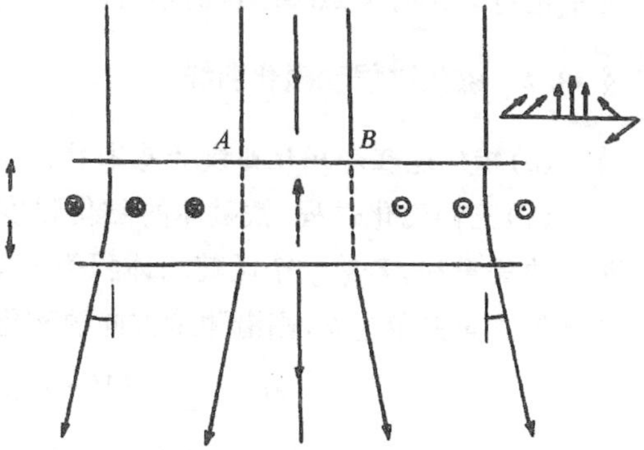

图 38.53 洛伦兹显微术的原理.

(4)磁力显微镜.这是近几年在隧道电子显微术的基础上发展的新技术,原理基于磁畴在样品表面产生的散磁场对磁性探针的磁作用力已有操作方便的商品.

(5)X光技术.由于磁畴的自发形变依赖于磁化方向,因而透射X光的衍射可以给出磁畴结构的图形.这个方法可以观察到相当厚的样品的内部磁畴结构.

(6)其他方法.观察磁畴结构的方法还有

(i)利用偏振中子射线的去偏效应和偏振面旋转效应来观察磁畴结构的方法.

(ii)铁磁探针法.例如利用玻莫合金探针或克尔效应探针等检

测磁畴散磁场.

(iii)此外利用对巴克豪生效应的检测和磁致伸缩及磁电阻的测量也可取得有关磁畴结构的信息.

§38.4 磁化过程和磁化曲线

(a)磁化过程和磁化曲线的基本特征

(1)三种磁化过程. 铁磁体的磁化强度 $\boldsymbol{M}$ 为单位体积中磁畴磁矩的矢量和,若第 j 个磁畴的体积为 V_j,磁化强度为 M_s,其 M_s 与测量方向夹角为 θ_j,则沿测量方向的磁化强度为

$$M = \sum_j M_s V_j \cos\theta_j.$$

退磁状态时,相应于示意图 38.54(a),且

$$M = \sum_j M_s V_j \cos\theta_j = 0.$$

与外磁场改变量 ΔH 相对应的磁化强度的变化为

$$\Delta M_H = M_s \sum_j \cos\theta_j \Delta V_j + M_s \sum_j V_j \Delta\cos\theta_j + \sum_j V_j \cos\theta_j \Delta M_s.$$

上式相应于三种磁化过程,第一项只有磁畴体积的相对变化或畴壁移动,称为畴壁位移过程,即图 38.54(b). 第二项只有磁畴磁化方向的变化,称为磁畴转动过程,见图 38.54(c). 第三项只有 M_s 的数值的增长,称为内禀磁化过程,示于图 38.54(e). 前两项乃由于磁场作用磁畴结构发生重新调整,为强磁物质磁化的主要来源,第三项是指磁场使磁畴的磁化强度超过自发磁化强度的部分. 通常,磁场远小于分子场,故第三项对技术磁化的贡献远小于前二者. 此过程为铁磁状态下的顺磁磁化过程,又称顺行过程.

一般来说,在磁化曲线的任意部分,这三种过程都可能存在. 但定量地考虑,在不同材料(特别是不同磁场下)各有所重. 图 38.55 示出一条典型的磁化曲线,多数强磁材料在低磁场下,如图中Ⅰ、Ⅱ部分,即膝点以下,常以畴壁位移为主,第Ⅲ部分以转动过程为主,在这三部分中,内禀磁化的贡献的绝对量和相对量都很

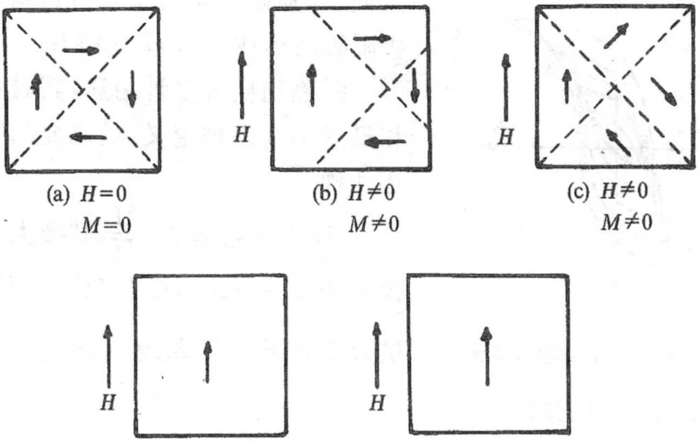

(a) $H=0$ $M=0$　(b) $H\neq0$ $M\neq0$　(c) $H\neq0$ $M\neq0$

(d) $H=H_s$ $M=M_s$　(e) $H>H_s$ $M>M_s$

图 38.54　三种磁化过程示意图.

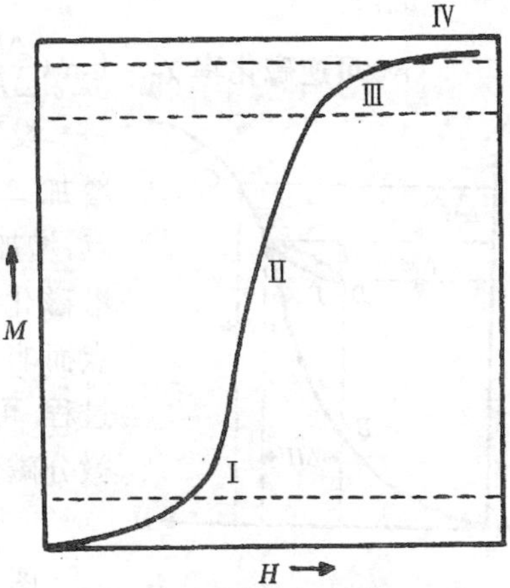

图 38.55　磁化曲线的四部分.

小,可以略去.磁化曲线的高场部分(Ⅳ)称为趋近饱和部分,才逐渐以内禀磁化为主.图 38.54(d)示出的饱和磁化点在实验上是难以确定的.在趋近饱和曲线上,三种磁化过程常同时存在,需要通过外插来确定自发磁化强度.

(2)可逆和不可逆磁化过程.强磁物质常具有磁滞的特征,图 34.2 中曾示出磁滞回线,这说明技术磁化过程中有不可逆过程.在较低的正、负磁场$\pm H_m$间反复磁化都可得到磁滞回线,如图 38.56 所示.不可逆磁化过程在相当大的磁场范围中存在,直到磁场使磁化达膝点以上时,不可逆过程逐渐消失.此时,可测得最大磁滞回线,称为极

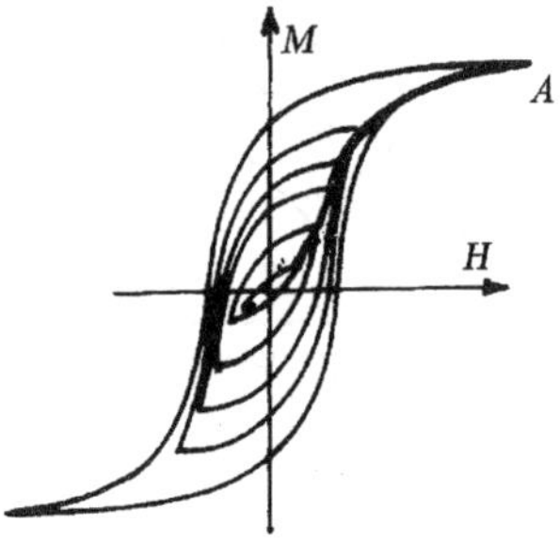

图 38.56 局部磁滞回线.

限回线. 强磁物质的矫顽力和剩磁指极限磁滞回线上的 H_C 和 M_R.

强磁物质有多种用途,其磁化率和磁导率有多种定义,最重要的有下述几种.

(i) 全磁化率 $\chi=\frac{M}{H}$,其极大值称最大磁化率 χ_m. 当磁场趋于零时,其极限为初始磁化率,$\chi_i=\lim\limits_{H\to 0}\frac{M}{H}$,为磁化曲线上零点的斜率.

(ii) 微分磁化率 $\chi_d=\frac{dM}{dH}$,为磁化曲线上各点的斜率.

(iii) 微增磁化率 $\chi_\Delta=(\frac{\Delta M}{\Delta H})_{\Delta H>0}$,示于图 38.57,微分磁化率 $\chi_d=\lim\limits_{\Delta H\to 0}\chi_\Delta$.

(iv) 可逆磁化率 $\chi_r=\lim\limits_{\Delta H\to 0}(\frac{\Delta M}{\Delta H'})_{\Delta H'<0}$,亦示于图 38.57.

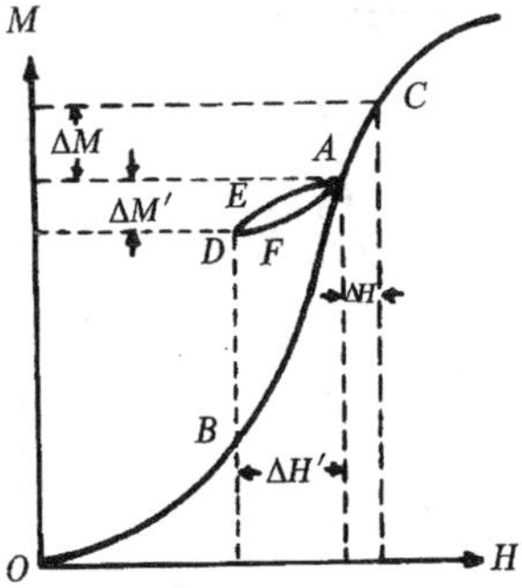

图 38.57 几种磁化率.

设磁状态原处于图中 A 点,当磁场增加 ΔH 时,M 沿磁化曲线上升至 C 点,增加 ΔM,但当 H 减小 $\Delta H'$ 时,M 不沿磁化曲线而沿一局部回线下降至 D 点而非 B 点,说明磁化的不可逆和可逆过程. 可逆磁化率只包含可逆磁化过程,微分磁化率包含了可逆及不可逆磁化

$$\chi_d=\chi_r+\chi_{ir}.$$

图 38.58 示出典型的 μ-H 和 μ_r-H 曲线. μ_i 与 $(\mu_r)_i$ 相等. 一般,在极低磁场下和极高磁场下的磁化过程以可逆为主. 在磁化曲线的陡峻部分有大量的不可逆磁化过程.

(b) 畴壁位移过程

(1) 畴壁位移的外力. 外磁场和外应力均可引起畴壁位移,我

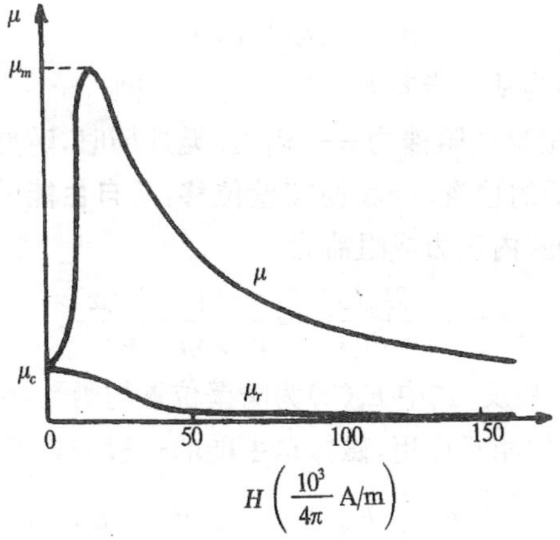

图 38.58　μ 及 μ_r 对 H 的依赖关系.

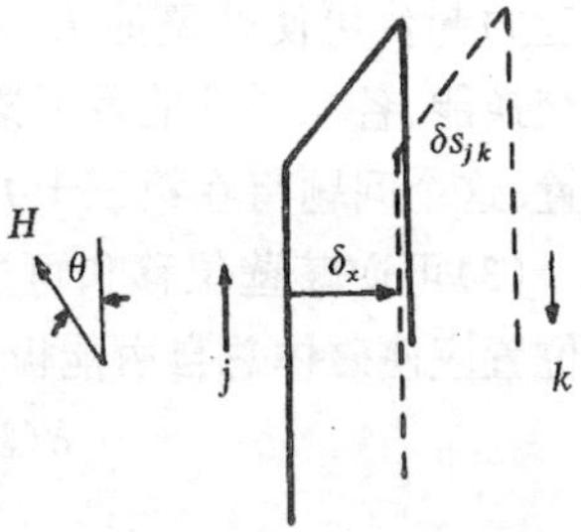

图 38.59　畴壁面积元的移动.

们将只讨论外磁场的作用. 这里的外磁场是指作用于磁畴的外磁场. 由于外磁场的作用,磁场作用能密度高的磁畴体积膨胀,能密度低的畴缩小以降低总自由能,即为畴壁位移. 壁移并非物质的移动而是形成畴壁的自旋排列改变位置及畴壁扫过的体积中磁畴的 M_s 改变方向. 但从能量变化来分析,畴壁位移可看作是受一等效外压力的结果. 考虑在外场 H 下处于平衡状态下的畴壁元面积 δs_{ik},如图 38.59 所示,H 与两侧磁畴 i,k 的夹角为 θ_j 和 θ_k. 设畴壁沿法线由 j 到 k 的方向移动 δx,畴壁元扫过的体积元 $\delta s_{ik}\delta x=\delta v_{ik}$中的物质的 M_s 改变方向,磁场作用能的变化为

$$\delta E_H=\mu_0 HM_s(\cos\theta_k-\cos\theta_j)\delta v.$$

故等效外压力为

$$p_e=-\frac{\delta E_H}{\delta v_{jk}}=\mu_0 HM_s(\cos\theta_1-\cos\theta_2). \qquad (38.121)$$

若为 180°畴壁，则

$$p_e = 2\mu_0 H M_s \cos\theta. \tag{38.122}$$

$p_e > 0$ 时，方向为从 j 指向 k.

(2)畴壁位移的阻滞力——内力. 无外场时，畴壁处于使磁体自由能 F_i 最低的位置. 外场使畴壁位移，从自由能的增加可给出畴壁位移受到的内压力或阻滞力

$$p_i = -\frac{\delta E_i(x)}{\delta v_{jk}} = -\frac{1}{ds_{jk}}\frac{\delta E_i(x)}{\delta x}, \tag{38.123}$$

p_i 的方向与 p_e 相反. 式中 $E_i(x)$ 为畴壁位置的函数，来自固体缺陷与畴壁及磁畴的相互作用，磁体自由能的一般表式可写为

$$E_i = \int (E_\gamma + E_{ex} + E_K + E_\sigma + E_M) dv. \tag{38.124}$$

各种类型的固体缺陷可使 E_i 随畴壁位置而变化. 例如缺陷产生的内应力起伏可使畴壁能 E_γ 及 E_σ 变化. 各种缺陷可能使局部地区的交换能、各向异性能及退磁场能产生起伏，但它们又依赖于畴壁位置. 这个问题将在第三十九章中进行专门讨论.

(3)可逆畴壁位移和可逆磁化率. 在外磁场作用下，畴壁的平衡位置应使磁体总自由能极小

$$\delta(E_H + E_i) = 0,$$

即

$$p_e = -p_i. \tag{38.125}$$

上式为畴壁位移的平衡方程，$H=0$ 时，畴壁不受力，p_e 和 p_i 均为零. 加入外磁场时，p_e 使畴壁位移，p_i 阻滞位移，最后达到一满足上式的平衡位置. 若在畴壁位移过程中始终满足上式，壁移将是可逆的.

处于平衡位置的某畴壁 s_{jk} 在磁场增量 ΔH 作用下的可逆位移量 Δx 应满足

$$\Delta p_e = \mu_0 M_s(\cos\theta_j - \cos\theta_k)\Delta H = \left(\frac{dp_i}{dx_{jk}}\right)\Delta x,$$

$$\Delta x = \frac{p_e}{\left(\dfrac{dp_i}{dx_{jk}}\right)} = \frac{\mu_0 M_s(\cos\theta_j - \cos\theta_k)}{\left(\dfrac{dp_i}{dx_{jk}}\right)}\Delta H,$$

j,k 为畴壁两则的磁畴，相应的磁畴体积相对变化为

$$\Delta v_{jk} = \int_{sjk} \Delta x ds_{jk}.$$

上式对单位体积中的畴壁 s_{jk}的面积积分，与 Δx 相应的外磁场方向磁化强度的变化为

$$\Delta M_{ij} = M_s(\cos\theta_j - \cos\theta_k)\Delta v_{jk}.$$

对所有畴壁求和，即得到总磁化强度的变化

$$\Delta M_H = \sum_{j<k} \Delta M_{jk} = \mu_0 M_s^2 \left[\sum_{j<k} (\cos\theta_j - \cos\theta_k)^2 \int \frac{ds_{jk}}{\left(\dfrac{dp_i}{dx_{jk}}\right)} \right] \Delta H.$$

可逆磁化率的一般表式为

$$\chi_r = \frac{\Delta M_H}{\Delta H} = \mu_0 M_s^2 \sum_{j<k} (\cos\theta_i - \cos\theta_k)^2 \int \frac{ds_{ik}}{\left(\dfrac{dp_i}{dx_{ik}}\right)}, \tag{38.126}$$

畴壁位移的可逆磁化率 χ_r 正比于 M_s^2，并有角度依赖性. 若均为 180°畴壁，设 H 与易向夹角为 θ，则

$$\chi_r = 4\mu_0 M_s^2 \cos^2\theta \int \frac{ds_{ik}}{\left(\dfrac{dp_i}{dx}\right)_{ik}}. \tag{38.127}$$

当 $\theta=0$ 时，χ_r 为最大；当 $\theta=90°$时，$\chi_r=0$. $\dfrac{dp_i}{dx}$依赖于各种固体缺陷及其分布. 其值愈小，χ_r 愈大. 初始磁化率代表在极低磁场下的磁化率，它与 χ_r 有相似的表式和规律.

(4)不可逆畴壁和临界场. 畴壁位移的阻滞内力 p_i 在磁体中不可能是单调变化的，而有一定起伏，如图 38.60 所示. 当 $H=0$ 时，畴壁处于 $p_i=0$ 的 o 点处. 当 $H\neq 0$ 而畴壁在 o 至 b 间移动时，为可逆畴壁位移. 当 H 使畴壁移动至 p_i 的极大值 b 点时，畴壁处于一个不稳定点，这里只要外磁场 H 或内力 p_i 的涨落导致了瞬时的 $p_e>p_i$ 使畴壁向右移一小量，便出现内力 p_i 减小及畴壁继续位移的状况，直至畴壁跨过内力极小值 d 达到另一个与 b 点等高的 b' 点，才能稳定下来. 从 b 点到 b' 点的位移是跳跃式的，不可能

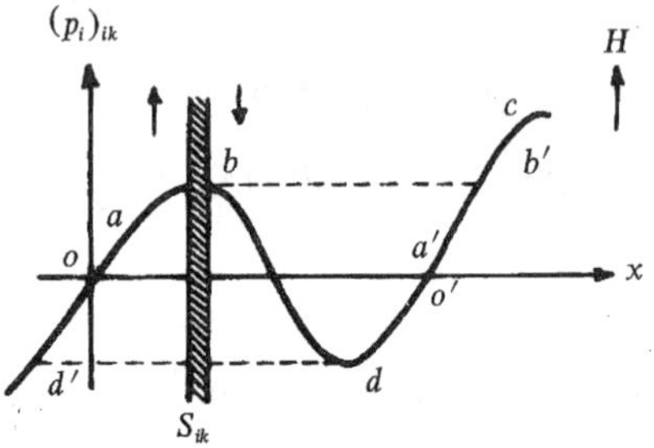

图 38.60 内力起伏的示意图.

保持准静止过程，称为巴克豪生跳跃. 到 b' 点后，如 H 再加大，又可继续沿 c 作可逆位移，直至到达第二个极大时发生第二个跳跃. 因此，畴壁位移是连续的可逆过程和不连续的跳跃过程相间地进行的. 不连续的跳跃是不可逆过程，当畴壁处于 b' 以后磁场降低时，畴壁不可能沿原路线跳回 b 点而是沿 a' 进行，H 回到零时畴壁移到 O' 点，只有 H 变为负值使畴壁到达 d 点时才发生反向的不可逆跳跃到达 d'. 这一封闭曲线 $oabb'a'o'dd'o$ 与这块畴壁位移导致的磁滞回线相应. 因 $M \sim x, H \sim p_e = p_i$，将图 38.60 中的坐标变换并旋转 90°即得到相应的磁滞回线，如图 38.61 所示.

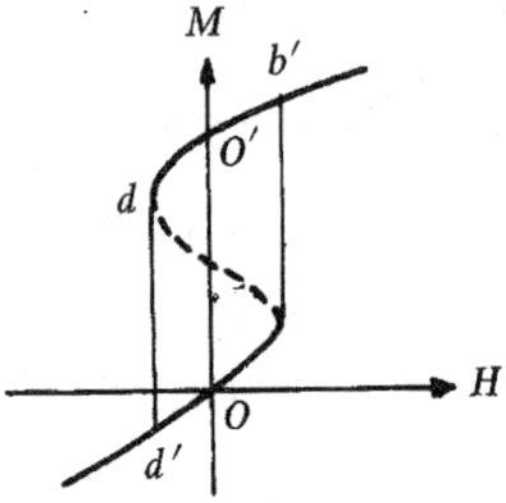

图 38.61 一片畴壁位移的磁滞回线.

出现不可逆畴壁位移的临界条件为 $p_i = p_{i\max}$，或 $\frac{dp_i}{dx} = 0$，使畴壁移动到此临界位置的临界磁场为

$$H_0 = \frac{p_{i\max}}{\mu_0 M_s(\cos\theta_j - \cos\theta_k)}. \tag{38.128}$$

对于 180°畴壁，当 H 与易磁化方向夹角为 θ 时，

$$H_0 = \frac{p_{i\max}}{2\mu_0 H M_s \cos\theta} \tag{38.129}$$

与可逆畴壁位移比，跳跃式的不可逆畴壁位移提供幅度较大的磁

化强度变化.

在磁化曲线的初始阶段,磁畴离开 $p_i=0$ 的位置不远,磁化以可逆壁移为主. 一般,磁化曲线较平缓,如图 38.55 中曲线的 I 处,随着 H 的增大,有的畴壁移动至其 $p_{i\max}$处而发生不可逆壁移,磁化曲线变陡,χ 逐渐增大. 每个畴壁不只一个 $p_{i\max}$,而磁体中畴壁常不只一个,故多畴结构的磁体中可有多次不可逆壁移,相应于多个 H_0. 当磁场在 H_0 的平均值附近,将有大量不可逆壁移出现. 为磁化曲线最陡的部分,即图 38.55 中曲线的 Ⅱ 处,巴克豪生效应的直接观察证明此处有大量不连续磁化强度的变化. 将图 38.60 和图 38.61 进行比较,可以看出,180°畴壁位移的最大磁化率 $\chi_m=\frac{M_b'}{H_0}\simeq\frac{M_O'}{H_0}=(\frac{M_R}{H_0})$. 若磁场与易向不平行,夹角为 θ 时,$M_R=M_s\cos\theta$,

$$\chi_m\simeq\frac{2\mu_0M_s^2\cos^2\theta}{\overline{p}_{i\max}} \tag{38.130}$$

对于多晶材料,各晶粒易磁化方向各不相同

$$\chi_m\simeq\frac{2\mu_0M_s^2\,\overline{\cos^2\theta}}{\overline{p}_{i\max}} \tag{38.131}$$

(c)磁化矢量转动过程

(1)可逆转动及其磁化率. 当磁畴受磁场作用时,除畴壁位移外还可出现自发磁化方向的改变,称为磁畴转动,可逆转动决定于包括磁场作用能 E_H 在内的总自由能极小,$\delta E=0$. 一般,$E=E_K+E_\sigma+E_H$. 若用极坐标 θ,φ 来表征 M_s 的方向,可逆转动的一般条件为

$$\left.\begin{aligned}\frac{\partial E}{\partial\theta}=0,\frac{\partial^2E}{\partial\theta^2}>0,\\ \frac{\partial E}{\partial\varphi}=0,\frac{\partial^2E}{\partial\varphi^2}>0.\end{aligned}\right\} \tag{38.132}$$

举一铁型晶体为例,并设磁场沿[110]方向. 若磁弹性能 $E_\sigma\ll E_k$,可略去,磁畴中的 M_s 从[100]方向在(001)面中转出. 故可只取一个坐标变量 θ,如图 38.62 所示. 取单位体积,总自由能可表

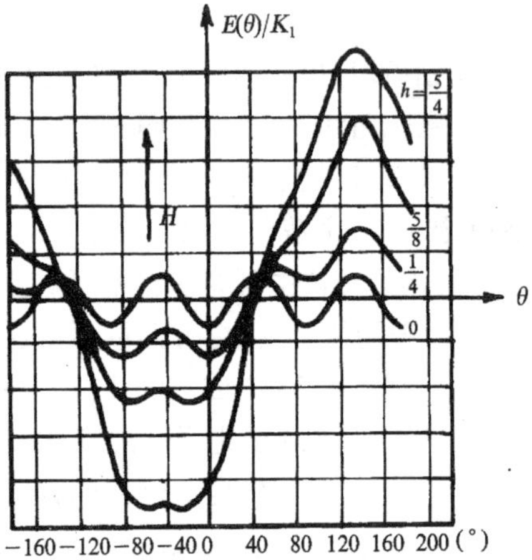

图 38.62 转动过程的自由能曲线.

为

$$E = E_K + E_H = \frac{K_{u1}}{4}(2\cos^2\theta - 1)^2 - \mu_0 HM_s\cos\theta. \tag{38.133}$$

图中 $h=\frac{\mu_0 M_s H}{K_{u1}}$, $h=0$ 的实线为磁晶各向异性能的曲线. [100]为易磁化方向, [110]为难磁化方向, $h\neq 0$ 的曲线为 H 取不同数值时的总自由能曲线, 它随 H 的大小和方向而变, 平衡时, 有

$$\frac{dE}{d\theta} = 0,$$

即

$$\frac{dE_K}{d\theta} = -\frac{dE_H}{d\theta}, \tag{38.134a}$$

式中 $-\frac{dE_H}{d\theta} = -\mu_0 M_s H\sin\theta$ 为磁场作用于磁畴的外力矩 L_H, 它要求 M_s 转向与 H 平行; $-\frac{dE_K}{d\theta}$ 为来源于磁各向异性能的内力矩 L_i, 它要求 M_s 不离开易磁化方向, 反对磁场的转动作用, 当 M_s 转至 $L_H=-L_i$ 的方向时, 二者平衡. 可逆转动的平衡方程为

$$L_H = -L_i. \tag{38.134b}$$

为处理式(38.133)方便，将变量 θ 用 $\cos\theta$ 代替，从 $\frac{dE}{d\cos\theta}=0$，可得到

$$2K_{u1}(2\cos^2\theta-1)\cos\theta=\mu_0 HM_s. \qquad (38.135)$$

通常 M 为沿磁场方向测得的磁化强度，$M=M_s\cos\theta$，故上式可写为

$$2K_{u1}\left[2\left(\frac{M}{M_s}\right)^2-1\right]\frac{M}{M_s}=\mu_0 HM_s. \qquad (38.136)$$

上式即为这个特例的转动过程磁化曲线方程式. 相应的 M-H 关系示于图 38.63. 当 $H=0$ 时，$M=\frac{M_s}{\sqrt{2}}$，即为图中 D 点，相应于未转动前这个畴的 M_s 在磁场方向的投影. 当 $M=M_s$ 时，相应的磁场 $H=H_s=\frac{2K_{u1}}{\mu_0 M_s}$. 为饱和磁场. $H>0$ 时，可逆转动的磁化曲线为 $DCBA$. BA 为水平线，已达到饱和，从式(38.136)可求得可逆磁化率

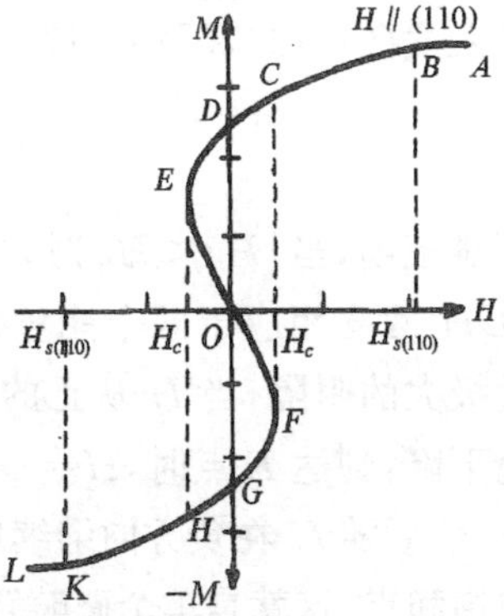

图 38.63 转动磁化曲线一例.

$$\chi_r=\frac{\Delta M}{\Delta H}=\mu_0\frac{M_s^2}{2K_{u1}}\frac{1}{6\cos\theta^2-1}. \qquad (38.137)$$

令上式中的 $\theta=\frac{\pi}{4}$，得到初始磁化率为

$$\chi_i=\frac{\mu_0 M_s^2}{4K_{u1}}. \qquad (38.138)$$

铁的 $M_s\simeq1.7\times10^6$ A/m，$K_{u1}=4\times10^4$ J/m^3，其 $\chi_i\sim20$. 此值可代表铁的转动过程 χ_i 的数量级. 但实验值 $\chi_i\sim10^3-10^4$. 可见转动过程对纯铁 χ_i 的贡献很小，几可略去，主要贡献为畴壁位移.

(2)不可逆转动和临界场. 与畴壁位移相似，转动过程也有跳跃式的不可逆转动. 不同的是，不可逆转动不是发生在阻滞力矩 L_i 最大的角度. 不可逆转动的临界条件为总自由能的二次导数为

零，有

$$\frac{d^2E}{d\theta^2}=\frac{d^2E}{d\varphi^2}=0, \tag{38.139}$$

仍以 H 沿[110]的铁型晶体为例，临界条件为

$$\frac{d^2E}{d(\cos\theta)^2}=0,$$

即

$$2K_1(6\cos^2\theta-1)=0 \quad 或\ \cos\theta=\frac{1}{\sqrt{6}},$$

代入式(38.136)，得到临界场为

$$H_0=-\frac{4}{3}\frac{1}{\sqrt{6}}\frac{K_{u1}}{\mu_0 M_s}. \tag{38.140}$$

不难证明，当 $|H|<H_0$ 时，式(38.136)有 3 个解，曲线上 CDE 和 FGH 两支相应于两个能量极小，EF 段相应于极大，由于中间能量极大的阻隔，当 H 从正的 H_s 下降并变负时，M 沿 $BCDE$ 可逆地下降，到达 E 点时，$H=-H_0$，发生不可逆转动使 M 跃变到 H 点. 然后随 H 在负方向继续增长，M 沿 HKL 可逆地增长，K 为负向饱和点. 这就是单个磁畴转动磁滞回线的下降枝. 其上升枝为相似的过程.

从上述特例，可以看到磁畴转动的磁化与畴壁位移有相似的特点，若强磁体为多畴，在磁场作用下从退磁状态转动磁化时，在起始阶段为可逆转动，磁化曲线较为平缓，到达 H_0 时，出现一次不可逆转动，使磁化曲线陡增. H_0 相应于 χ_m 的磁场，磁场再增加时，又为可逆转动，直到饱和，反磁化过程与之相似，H_0 相当于矫顽力. 但一般强磁物质中，畴壁位移比磁畴转动容易. 低磁场下的初始磁化率常以畴壁位移为主

$$\chi_i=\chi_{i壁}+\chi_{i转}\simeq\chi_{i壁}.$$

畴壁位移的临界场常远小于转动过程的临界场. 当 $H\simeq H_{0壁}$ 时，通过许多不可逆壁移完成了大部分磁化. 只有当 $H>H_{0壁}$ 时，才会逐步过渡到以可逆转动为主的阶段.

只有当材料由单畴颗粒组成时，磁化过程及反磁化过程才是由磁畴转动来完成的.

(d)高场磁化曲线，趋近饱和律[8,9] 强磁物质的高场磁化曲线可以用一个普遍公式表示，即

$$M = M_s\left(1 - \frac{a_1}{H} - \frac{a_2}{H^2} - \cdots\right) + \chi_p H, \qquad (38.141)$$

称为趋近饱和律. 括号中 H 的负幂级数乘以 M_s 的这部分相应于技术磁化的最后阶段，当 $H\to\infty$时，这一项趋于 M_s，相应于磁体成为 M_s 与 H 平行的单畴，$\chi_p H$ 项为强磁体的内禀磁化的贡献，又称为顺行磁化过程(paraprocess).

为了精确测定强磁物质的饱和磁化强度 M_s 的数值，应测出高场磁化曲线，然后用外插法或拟合法处理. 例如对于纯铁，磁场在 1 $(\times 10^6/4\pi)$ A/m 至 10$(\times 10^6/4\pi)$ A/m 的范围中，高场磁化曲线满足

$$M = M_s\left(1 - \frac{a_1}{H}\right) \qquad (38.142)$$

的关系，其 a_2 项和 $\chi_p H$ 项均可略去，于是有

$$\frac{M}{H} = \frac{M}{M_s}\frac{M_s - M}{a_1}.$$

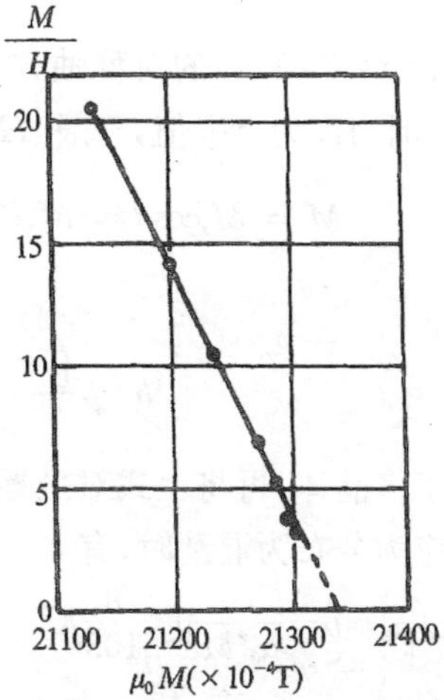

图 38.64 $\frac{4\pi M}{H}$ 与 $4\pi M$ 成线性关系.

$\frac{4\pi M}{H}$ 与 $4\pi M$ 成线性关系，如图 38.64 所示，外插到 $H\to\infty$，可确定 M_s，在更高的磁场范围中，可有

$$M = M_s + \chi_p H, \qquad (38.143)$$

M_s 值可通过外插到 $H\to 0$ 来确定，利用计算机对高场磁化曲线拟

合，可同时确定 a_1, a_2, χ_p 和 M_s 的数值，可从 a_1, a_2, χ_p 的数值及其温度依赖性获得有关固体缺陷，磁各向异性和内禀磁化的信息.

(1)a_2 项和磁各向异性. 可以证明 a_2 项为磁化矢量转动过程趋近饱和阶段的表现，可逆转动过程决定于

$$\delta(E_H + E_K + E_\sigma) = 0,$$

即

$$-L_H = \mu_0 H M_s \sin\theta = -\nabla(E_K + E_\sigma) = L_i, \tag{38.144}$$

式中 L_i 为磁晶各向异性能 E_K 和内应力的磁弹性能 E_σ 相关的内力矩，趋近饱和时，$\sin\theta \sim \theta$，

$$\theta = -\left[\frac{\nabla(E_K + E_\sigma)}{\mu_0 H M_s}\right]_{\theta\to 0}. \tag{38.145}$$

当 H 沿 $E_K + E_\sigma$ 的对称轴方向，即难、易磁化方向时，$\nabla(E_K + E_\sigma) = 0$ 时，H_s 为有限值，一般，$H_s = \infty$. 沿 H 方向的磁化强度

$$M = M_s\cos\theta = M_s\left(1 - \frac{\theta^2}{2}\right) = M_s\left(1 - \frac{b}{H^2}\right), \tag{38.146}$$

$$b = \frac{[\nabla(E_K + E_\sigma)_{\theta\to 0}]^2}{2\mu_0^2 M_s^2}. \tag{38.147}$$

对于多晶体，可将上式对坐标求平均以得到 a_2 项，如为立方晶体，当应力分布为混乱时，有

$$a_2 = \bar{b} = \frac{1}{\mu_0{}^2 M_s^2}\left[\left(\frac{8}{105}K_1^2 + \frac{16}{1155}K_1K_2 + \frac{8}{5005}K_2^2\right) + \frac{3}{25}(2\lambda_{100}^2 + 3\lambda_{111}^2)\sigma^2\right]. \tag{38.148}$$

上式反映了磁晶各向异性及混乱分布的应力各向异性对转动过程的阻滞. 因此，确定 a_2 为测定多晶样品磁晶各向异性常数和研究内应力及其来源的方法之一.

测定多晶样品磁晶各向异性的另一个方法为奇点检测法[140]. 多晶磁化曲线为所有晶粒的磁化曲线的总和. 那些晶体对称轴与磁场平行的晶粒具有有限的饱和场 H_s. 当 $H = H_s$ 时多晶高场磁化曲线上出现奇点. 图 38.65 示出混合稀土-铁-硼合金的高场磁

化曲线及其二次导数$\frac{d^2M}{dH^2}$[141]. 其明显的奇点给出 $H_s=H_K=\frac{2K_1}{M_s}$.

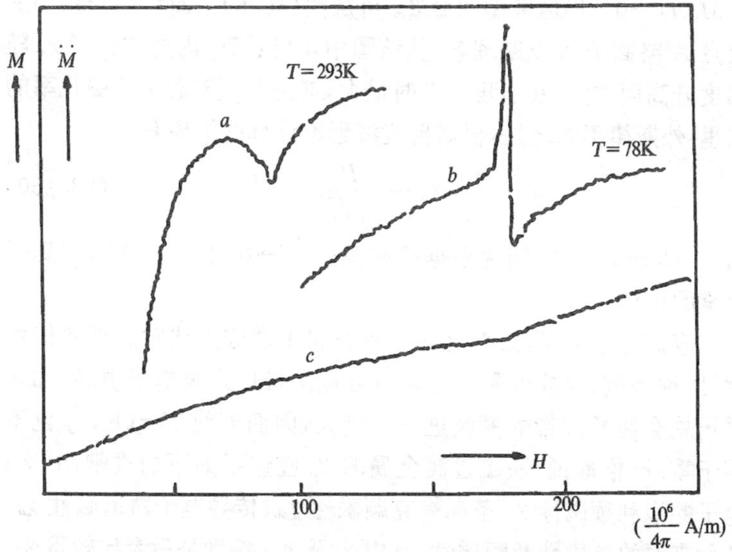

图 38.65 稀土合金高场磁化曲线上的奇点.

(2)a_1 项及固体缺陷. 一些研究指出, a_1/H 项来源于固体缺陷引起的局部磁化不均匀. 当整个磁体趋于饱和时, 这些微小区域的磁化偏离周围的自发磁化方向, 成为对饱和磁化的阻滞.

引起局部磁化不均匀的一个原因是局部地区尖锐的内应力导致的局域磁弹性能, 据此原理布朗给出的高场磁化曲线为[142]

$$M = M_s\left(1-\frac{a'_1}{H^{1/2}}-\frac{a_1}{H}-\frac{a''_1}{H^{3/2}}-\frac{a_2}{H^2}\right), \quad (38.149)$$

其中 a'_1, a_1, a''_1 相应于点的, 线的和面的局部应力, a_2 则相应于体应力分布, 即式(38.148)中包含的应力. 在镍、镍铁合金中得到部分证实[143].

奈耳提出 a_1 项的另一个来源[144]. 材料中非磁性杂质或空泡产生的局部退磁场对完全磁化饱和产生阻滞, 在压制的铁粉样品及烧结铁氧体中得到证实.

(3)χ_p 项. 强磁体的 M_s 随温度升高而降低,因此加入磁场使磁畴的磁化强度略高于自发磁化强度,即内禀磁化 $\Delta M_H = M(H) - M_s(H=0)$. 局域模型的 ΔM_H 可从图(36.6)中曲线(3)与(1)的交点 A' 略高于 A 点来理解. 从该图中还可看到,内禀磁化率 χ_p 随温度升高而增大,在居里温度时最大,这是与顺磁态下的磁化率的居里-外斯律不同之处,根据自旋波理论计算的结果有

$$\chi_p \sim \frac{T}{\sqrt{H}}. \tag{38.150}$$

当 $T \to 0$ 时,$\chi_p \to 0$. 因为根据局域模型,$T \to 0$ 时,$M_s = M_0$,达到了完全的饱和.

应该注意的是,过渡金属铁磁材料不遵守上述对温度的依赖性. 以铁为例,交换劈裂后的正负自旋次带均未被电子填满,加入磁场总会使两次带的劈裂进一步增大,因而即使 $T=0\mathrm{K}$,χ_p 也不等于零. 严格地说,铁磁过渡金属的 χ_p 应包括如下的贡献:d 及 s 电子的泡利顺磁性 χ_s、范弗来克顺磁性 χ_{vv}、传导电子轨道磁性 χ_d、各种来源的抗磁性及顺磁性,其中 χ_s 及 χ_{vv},特别是后者比较重要. 表 38.11 列出一些理论值及实验值[52].

表 38.11 一些 χ_p 的数值

	χ_s	χ_{vv}	$\chi_s+\chi_{vv}$	χ_p(实验)
Fe	86	159	245	266
Co	65	202	267	265
Ni	55	82	137	129

(e)*反磁化过程* 当磁化到饱和后降低磁场并反向使强磁体从正向饱和转变为负向饱和的过程称为反磁化,相应于磁滞回线的下降枝. 相关的主要参量为矫顽力 H_c 和剩磁 M_R. 反磁化可通过两种过程实现,磁化矢量转动和畴壁位移. 单畴微粒及其集合体是通过磁化矢量转动进行反磁化的,大块材料的反磁化主要是畴壁位移过程.

(1)单畴微粒的转动过程及其磁滞回线

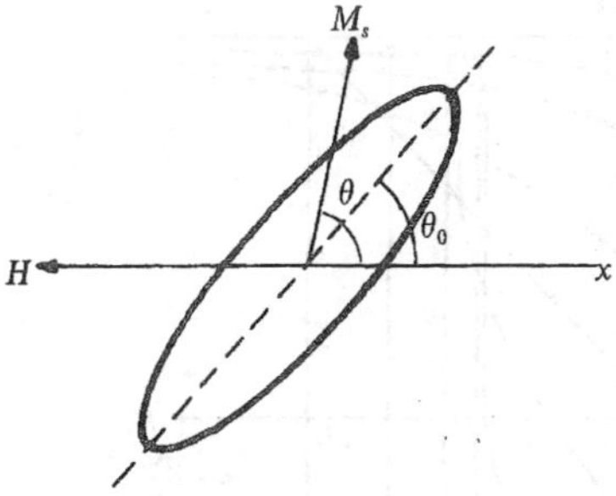

图 38.66　单畴微粒的反磁化.

(i)均匀转动过程. 均匀转动是指,在转动过程中磁化矢量在微粒中始终保持平行,其绝对值$|M_s|$保持恒定. 在本节(c)(2)中曾给过一个例子. 这里再对优质永磁的方向之一,具有单易轴磁各向异性的单畴微粒的转动磁化作较全面的介绍. 设微粒的易磁化轴与磁场及 $\boldsymbol{M}_s$ 的方向如图 38.66 所示,总能量为

$$E = E_K + E_H = K\sin^2(\theta - \theta_0) - \mu_0 HM_s\cos\theta, \tag{38.151}$$

式中 K 为磁各向异性常数. 图 38.66 所示的为长旋转椭球的形状各向异性,其 $K=\frac{1}{2}(N_{/\!/}-N_{\perp})M_s^2$. 若为磁晶各向异性,$K=K_1$. 若为应力各向异性,$K=\frac{3}{2}\lambda\sigma$. M_s 的平衡方向决定于$\frac{d}{d\theta}E=0$,即

$$\frac{K}{2}\sin2(\theta-\theta_0)+\mu_0HM_s\sin\theta=0, \tag{38.152}$$

而

$$M=M_s\cos\theta. \tag{38.153}$$

图 38.67 示出根据上两式得到的磁滞回线,$\theta_0=0$,即 H 与易磁化方向平行时,磁滞回线为矩形,反磁化的全部过程是一个不可逆转动,没有可逆转动. H_c 和 M_R 均为最大

$$H_c = H_0 = \frac{2K}{\mu_0 M_s}, \quad M_R = M_s. \tag{38.154}$$

视各向异性的不同来源,$H_c=\frac{2K_1}{\mu_0M_s}$,$(N_{/\!/}-N_{\perp})M_s$ 或$\frac{3\lambda_s\sigma}{\mu_0M_s}$. 若 $\theta_0\neq0$ 时,H_c 和 M_R 均下降,磁滞回线的曲线部分相应于可逆转动,竖直部分为不可逆转动. H_0 与 θ_0 的关系见图 38.68. $\theta_0<45°$时,

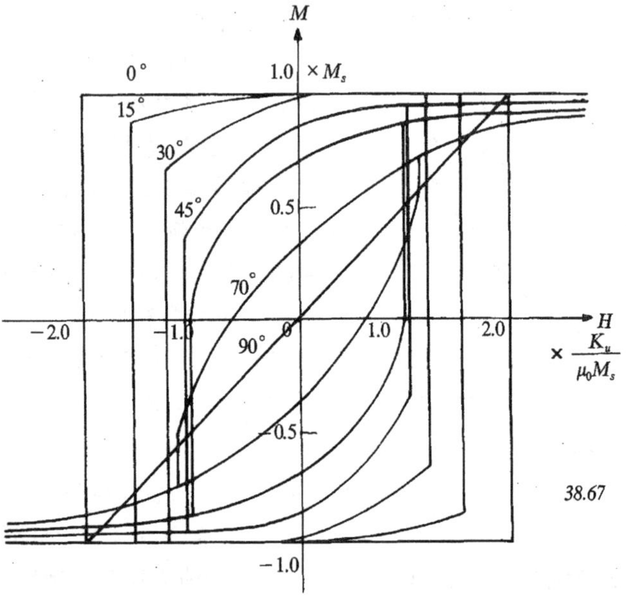

图 38.67　单易轴单畴粒子的磁滞回线.

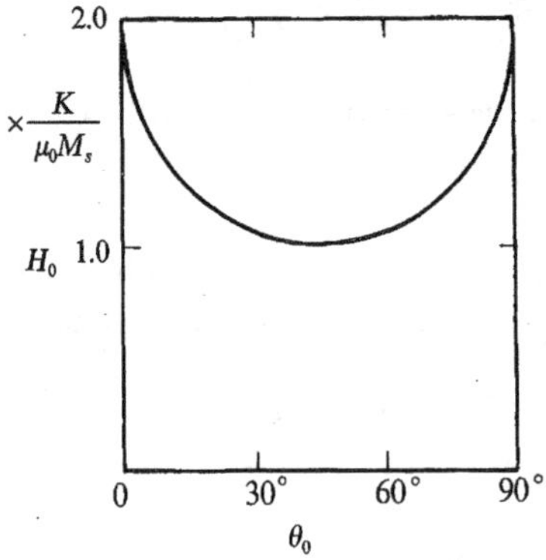

图 38.68　H_0 对 θ_0 的依赖关系.

$H_0=H_c$ 且随 θ_0 增大而降低，$\theta_0=45°$时，$H_c=\dfrac{K}{\mu_0 M_s}$，$\theta_0>45°$时，H_C 继续降低，而 H_0 随 θ_0 增大而升高. 但不可逆转动在整个反磁化过程中所占的比重亦随之降低. 当 $\theta_0=90°$时，全部磁化和反磁化均为可逆转动，无磁滞，磁化曲线成为一条直线. 对于一个取向完全混乱的单畴微粒集合体，磁滞回线为各种取向的平均. 示于图 38.69，$h=\dfrac{H}{2K/\mu_0 M_s}$.

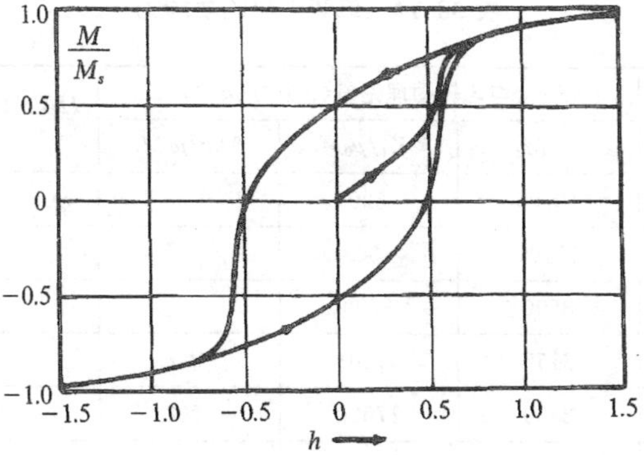

图 38.69 混乱取向单畴粒子集合体的磁化曲线和磁滞回线.

$$\left.\begin{aligned} H_c &= 0.479\frac{2K}{\mu_0 M_s}, \\ M_R &= 0.5M_s. \end{aligned}\right\} \qquad (38.155)$$

若单畴微粒为立方晶体，且 $K_1>0$，当 $H/\!/[100]$轴时，则

$$H_c=\frac{2K_1}{\mu_0 M_s}.$$

对晶向混乱分布的集合体，平均后得到

$$H_c=0.64\frac{K_1}{M_s}.$$

优质永磁材料要求 M_R 和 H_C 高，且具有矩形回线，因此将强磁各向异性的材料制成易磁化轴择优取向的单畴微粒集合体可在其择优方向获得优良的永磁性能，而在垂直方向几无磁滞，称为各向异性永磁. 如易轴完全混乱，为各向同性永磁，单畴转动的原理曾合理地解释了铝镍钴合金的磁硬化[145]，并用于解释和开发六角铁氧体永磁及铁和铁-钴合金细长单畴微粒(ESD)永磁. 表 38.12[146]列出一些单畴微粒具有不同各向异性时 Hc 的计算值. 其形状各向异性取长轴无限长的细长粒子，应力 σ 值取 10^{10}dyn/cm^2，稀土合金的实验值取自烧结永磁.

表 38.12 单畴微粒的矫顽力

物质	$H_{C\max}$均匀转动理论值($\times10^3/4\pi$)A/m			H_c($\times10^3/4\pi$)A/m 实验值
	$\frac{1}{2}M_s$	$2K_1/\mu_0M_s$	$3\lambda_s\sigma/\mu_0M_s$	
Fe	10700	520	180	1850
Fe-40Co	12100	50		1950
Co	8800	8000		1560
Ni	3150	180	900	200
$BaFe_{12}O_{19}$	2300	17000	4200	4500
MnBi	3900	37000		12000
$SmCo_5$	5200	4.4×10^5		25000
Sm_2Co_{17}	6250	65000		12600
$Nd_2B_{14}B$	9300	75000		15000

(ii)非均匀转动. 表 38.12 中 Fe 及 Fe-Co 的 H_c 的实验值取自细长单畴微粒,其测量值远小于计算值. 进一步的研究发现,不均匀转动理论可以解决此矛盾. 电镜形貌观察发现,电解法制备的细长单畴微粒似乎是若干球状粒子结合而成,近似为球链. 因而提出了球链模型的均匀转动和非均匀转动两种模型,并计算了两种转动过程中静磁相互作用能及相应的矫顽力的数值. 图 38.70(a)示出一个旋转椭球体均匀转动过程,(a′)为球链模型的均匀转动,

表 38.13 非均匀转动的矫顽力

伸长率	H_C 计算值($\times10^3/4\pi$)A/m			H_c($\times10^3/4\pi$)A/m 实验值
	(a)	(a′)	(b′)	
2.7				1360
3	7260	3820	1400	
4	8340	4430	1690	1600
4.6				1850
5	8980	4810	2870	

(b′)为球链模型的不均匀转动. 其中每个球的反磁化为均匀转动,

但各球之间磁化矢量不一致，而是对称的不均匀转动，使侧向退磁场能及矫顽力降低. 表 38.13 列出了三种转动模型矫顽力的计算值与细长单畴微粒的实验值[147]. 球链非均匀转动与实验值相当符合.

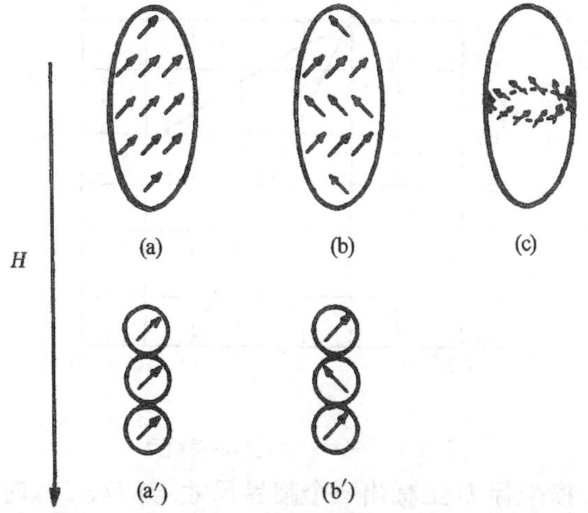

图 38.70　几种非均匀转动过程.

微磁学理论指出[136,137]，均匀铁磁体的反磁化可通过某种非均匀的不可逆转动进行，其临界场(又称为成核场)可以较低. 图 38.70(b,c)为两种非均匀转动模式. (b)称为扭旋式(buckling)，其转动过程中的磁化分布与(b′)相似，侧向退磁场降低，体内出现散磁场和交换作用能. (c)称为涡旋式(curling)，其退磁场可完全为零，但交换能不等于零. (a)为均匀转动，交换能为零，但有很高的侧向退磁场. 若只考虑形状各向异性，一个无限长圆柱状单畴粒子的三种转动过程的矫顽力对圆柱半径的依赖性示于图 38.71. 图中 $h_C=\dfrac{2H_c}{M_s}$，$r=\dfrac{R}{R_0}$，R 为柱体半径，$R_0=A^{\frac{1}{2}}/M_s$. 当 R 很小时，均匀转动才能出现，其 H_c 与 R 无关. 尺寸较大时，涡旋式的 H_c 最低，并依赖于 R. 只在不大的范围中出现扭旋式甚至不出现.

实际观察到的微粒矫顽力与粒子尺寸的定性关系示意于图

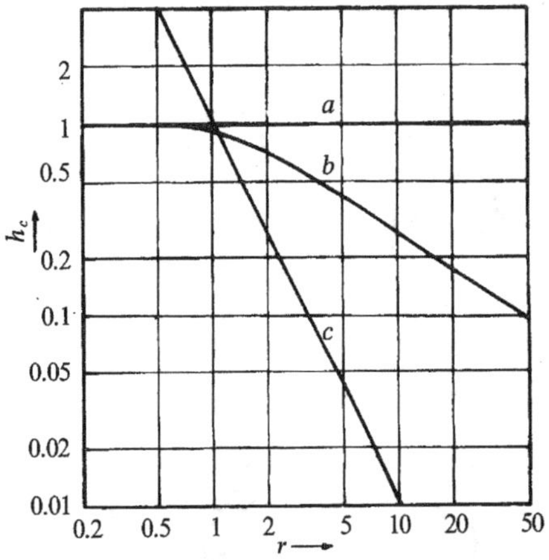

图 38.71　三种转动过程的矫顽力.

38.72[148]. 横坐标 D 上标出三个临界尺寸. 当 $D>D_{crit}$时，粒子成为多畴，其反磁化为畴壁位移过程，H_c 相对较小. 当 $D<D_{crit}$时，粒子为单畴，但在 $d_{crit}<D<D_{crit}$时，出现非均匀转动，H_c 随 D 减小而增大. $d_{th}<D<d_{crit}$为均匀转动区，H_c 达极大值. $D<D_{th}$时，H_c 随 D 减小而降低，是热激发导致的超顺磁性的影响[149]. 由于微粒体积很小，通常 $D\lesssim10^2A$，磁化反转需越过的难磁化方向的势垒 KV 随之降低，当热运动能 kT 与 KV 可以比拟时，热能的激发有助于反磁化. 因而 H_c 随 D 减小而降低. 计算得到

$$H_c=H_{co}\left[1-\left(\frac{d_{sp}}{D}\right)^{3/2}\right], \tag{38.156}$$

H_{co}为无超顺磁性影响时的矫顽力，d_{sp}为超顺磁性临界尺寸，$D=d_{sp}$时，热激发使 $H_c=0$，d_{th}为超顺磁影响开始被觉察的临界尺寸，d_{sp}和 d_{th}均依赖于测量的时间或速度. 除热激发外，宏观量子隧道效应亦提供磁化矢量反转的概率，使超细微粒在极低温下仍具有类似超顺磁性的行为，这方面内容将在 § 40.1 中作进一步讨论.

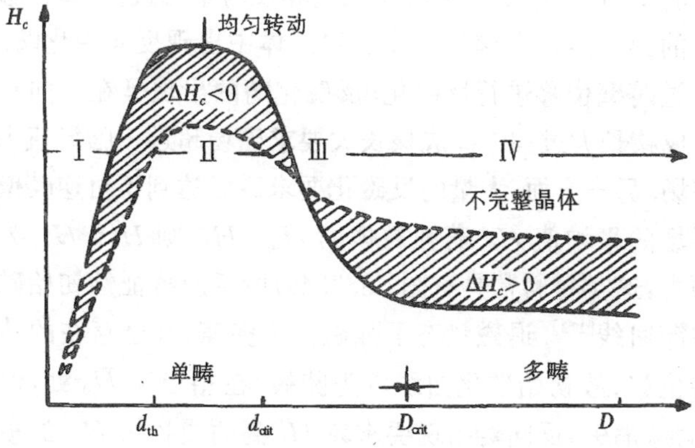

图 38.72 微粒 H_c 与直径的定性关系.

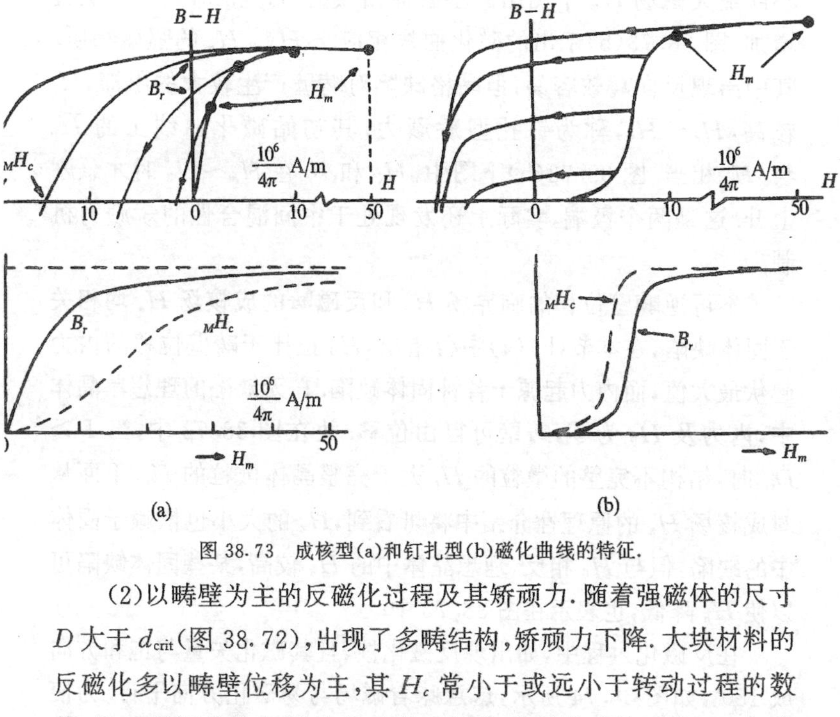

图 38.73 成核型(a)和钉扎型(b)磁化曲线的特征.

(2)以畴壁为主的反磁化过程及其矫顽力. 随着强磁体的尺寸 D 大于 d_{crit}(图 38.72),出现了多畴结构,矫顽力下降. 大块材料的反磁化多以畴壁位移为主,其 H_c 常小于或远小于转动过程的数值. 然而理想的饱和磁化意味着磁场使强磁体成为一个 M_s 与磁场平行的单畴，其中不存在反向磁化畴及畴壁. 通过畴壁位移进行反磁化的第一步是在饱和磁化的强磁体中出现反向磁化畴. 然后才能通过畴壁位移进行反磁化. 反磁化畴的出现是在反向磁场作用下的成核长大过程[8,9]. 成核长大要求磁场超过一临界值 H_n，称为成核场. 另一方面，大量的反磁化要求磁场达到不可逆畴壁位移的临界场的平均值 $\overline{H}_0$. 若强磁体的 $H_n>\overline{H}_0$，则 $H_c\sim H_n$，为成核型矫顽力，这类材料常具有图 38.73(a)所示的特征性初始磁化曲线和磁滞回线[113]. 退磁状态下强磁体为多畴，其已存在的畴壁比较容易位移，故初始磁化曲线较为陡峻，在相当于 $\overline{H}_0$ 处，但一经饱和，畴壁消失，反向畴出现要求较 $\overline{H}_0$ 高的成核场 H_n，故极限磁滞回线的 ${}_MH_c$ 大于初始磁化曲线上的 $\overline{H}_0$ 甚至大于饱和场 H_s. 在不同最大磁场 H_m 下测出的小磁滞回线的 ${}_MH_c$ 和 B_r 随 H_m 缓慢增加. 图 38.73(b)示出的磁化曲线相应于 $\overline{H}_0>H_n$ 的强磁物质. 其中出现反向畴较容易，但晶格缺陷对畴壁产生较大的阻滞，H_0 较高，$H_c\sim\overline{H}_0$，称为钉扎型矫顽力，其初始磁化曲线上的 $\overline{H}_0$ 与 ${}_MH_c$ 相当. 图 38.73(b)下图中 ${}_MH_C$ 和 B_r 在 $H_m\sim\overline{H}_0$ 时才急剧上升. 这是两个极端，实际上还发现处于中间混合性的矫顽力机制.

不可逆畴壁位移的临界场 H_0 和反磁畴的成核场 H_n 均相关于固体缺陷，在本节(b)(4)中曾指出，H_0 正比于畴壁位移的内力起伏最大值，而内力起源于各种固体缺陷. 在无缺陷的理想单晶体中，内力及 H_0 为零，畴壁可自由位移. 故在图 38.72 中，当 $D>D_{crit}$ 时，结构不完整的微粒的 H_c 大于完整晶体微粒的 H_c. 下面从对成核场 H_n 的原理性介绍中将可看到，H_n 的大小也依赖于固体中的缺陷，但与 H_0 相反，理想晶体中的 H_n 较高，某些固体缺陷可以使 H_n 降低，也表示在图 38.72 中.

在反磁化过程中，如出现反磁化核，且其磁化矢量与饱和方向成 180°，如图 38.74 所示，这意味着磁场与易磁化方向平行. 为使核中 M_s 转动 180°，该处磁场至少达到或超过不可逆转动的临界

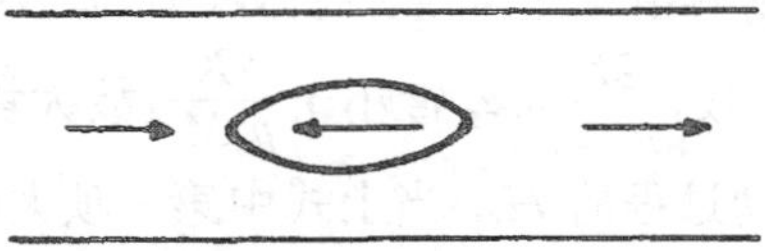

图 38.74 磁化过程中，当出现反磁化核时，其磁化矢量与饱和磁化矢量方向成 180°.

场 $H_{0转}=\dfrac{2K}{\mu_0 M_s}$. 成核场还要克服核的边界上磁荷产生的退磁场及畴壁能所代表的等效场，分别表为 αM_s 及 H_w，理想晶体的成核场可写为

$$H_{no}=\frac{2K}{\mu_0 M_s}+\alpha M_s+H_w. \qquad (38.157)$$

但实际材料的成核场 H_n 总是小于$\dfrac{2K}{\mu_0 M_s}$，甚至小的多. 其原因在于某些缺陷可使 H_n 降低，这种缺陷称为成核位置[148]，原因如下所述.

(i)某种缺陷的局部各向异性场$\left(\dfrac{2K}{\mu_0 M_s}\right)_L$ 小于磁体的宏观平均值. 上式中的第一项可用$\dfrac{2K}{\mu_0 M_s}\alpha_k$ 代替，$\alpha_k<1$.

(ii)多晶体中某些晶粒的易磁化方向与磁场方向不一致，转动过程的临界场小于$\dfrac{2K}{\mu_0 M_s}$，亦可用一小于 1 的系数 α_φ 表示. 如(i)，(ii)因素同时出现，则局部地区的转动临界场可为$\dfrac{2K}{\mu_0 M_s}\alpha_k\alpha_\varphi$.

(iii)某种非铁磁异相杂质(如脱溶体)的周围出现局部退磁场. 经计算若杂质呈尖锐奇异形状时，其边界处的退磁场可达很高的数值，而方向与饱和磁化矢量相反，这有助于成核. 当此局部退磁场远大于 αM_s+H_w 时，后者可略去.

若以上三种因素同时出现，并略去 αM_s+H_w，成核场可为

$$H_n=\frac{2K}{\mu_0 M_s}\alpha_k\alpha_\varphi-N_{\text{eff}}M_s, \qquad (38.158)$$

$N_{\text{eff}}M_s$ 为缺陷产生的局部退磁场.

一般地说，材料中总是存在着固体缺陷，而多晶材料中晶粒取向不可能完全一致，$\frac{2K}{\mu_0 M_s}\alpha_k\alpha_\varphi$ 常小于 $\frac{2K}{\mu_0 M_s}$，故大块材料的成核场 H_n 总是小于转动过程的 H_c. 当上式中第一项大于第二项时，$H_n>0$，即必须在反向磁场中才能出现反磁化核的成核长大，当第一

表 38.14　一些强磁金属的剩磁

序号	材　　料	处　　理	B_s ($\times10^{-4}$T)	B_R ($\times10^{-4}$T)	B_R/B_s	注　解
1	Fe	退火	21700	6000—14000	0.3—0.65	
2	Ni	退火	6100	2000—4000	0.3—0.66	
3	4Si-Fe	退火	19800	6000—8000	0.3—0.4	
4	4-79Ni-Fe	快冷	8700	3800—5100	0.45—0.65	
5	65Ni-Fe	快冷	14400	5900	0.41	
6	65Ni-Fe	慢冷	14400	1600	0.11	
7	65Ni-Fe	纵向 MA	14400	13000	0.90	MA：磁场退火
8	65Ni-Fe	横向 MA	14400	600	0.04	MA：磁场退火
9	65Ni-Fe	强张力	14400	14100	0.98	
10	碳钢	淬火	19800	9500	0.5	
11	铝镍钴 Ⅱ	正火	12300	7500	0.6	
12	铝镍钴 V	MA	14000	12000	0.86	
13	铝镍钴柱晶	MA	14000	13500	0.96	
14	$SmCo_5$	磁场成型烧结	10000	9800	0.98	
15	$Nd_2Fe_{14}B$	磁场成型烧结	16200*	12300		*为 $Nd_2Fe_{14}B$ 相的 B_s

项小于第二项时，$H_n<0$，即当磁场尚未反向，在磁滞回线的第一象限中已经出现了反磁化核的成核长大，而在 $H_n>0$ 的材料中又有 $H_n>\overline{H}_0$ 及 $H_n<\overline{H}_0$ 两种情况，这些都决定于材料的磁性和结

构.

(3)剩磁.强磁材料的剩磁 M_R 或 $B_R=4\pi M_R$ 是一个重要的应用参量.表 38.14 列出一些金属磁性材料的剩磁.剩磁比 $\frac{B_R}{B_s}=\frac{M_R}{M_s}$ 可以低达小于 0.1,高达近于 1,永磁合金及信息存储材料要求剩磁比尽可能高,而有些软磁材料的应用要求低剩磁.

剩磁决定于磁场从饱和值下降到零的区间磁体中磁畴结构的变化及相应的沿磁场方向磁化强度的下降 ΔM. $M_R=M_s-\Delta M$.显然,ΔM 有两个来源:其一为可逆转动,M_s 转向与磁场最近的易磁化方向;其二若 $H_n<0$,出现多畴结构,若略去后者,只考虑可逆转动,并令磁场与最近的易磁化方向的夹角为 θ,则剩磁为

$$M_R = M_s\cos\theta.$$

适用于单晶体,强结晶织构多晶,和由强应力或感生各向异性占主导地位的多晶.当 H 沿易向时,$M_R/M_s\sim 1$,H 垂直于易向时,$\frac{M_R}{M_s}\sim 0$,上表中 7,8,9,13 至 14 均属此类晶体.若晶粒取向完全混乱,单易轴晶体的多晶材料的剩磁比为

$$\frac{M_R}{M_s} = \overline{\cos\theta} = \int_0^{\frac{\pi}{2}}\cos\theta\sin\theta d\theta = \frac{1}{2}.$$

若为立方晶体,对于铁型晶体,各晶粒的 $\boldsymbol{M}_s$ 沿与 H 最近的[100]轴,根据晶体对称性,可有

$$\frac{M_R}{M_s} = \overline{\cos\theta} = \frac{12}{\pi}\int_0^{\frac{\pi}{4}}\int_0^{\cot^{-1}(\cos\varphi)}\cos\theta\sin\theta d\theta d\varphi = 0.831.$$

对于镍型,各晶粒的 $\boldsymbol{M}_s$ 沿与 H 最近的[111]轴,令 Θ 为 H 与[111]夹角,则有

$$\frac{M_R}{M_s} = \overline{\cos\Theta} = \frac{2}{\pi}\int_0^{\frac{\pi}{2}}\int_0^{\frac{\pi}{2}}\frac{1}{\sqrt{3}}(\sin\theta\cos\varphi + \sin\theta\sin\varphi + \cos\theta)\sin\theta d\theta d\varphi$$

$$=0.866.$$

然而表 38.14 中 1—5,10 及 11 均为立方晶体材料,它们的 $\frac{M_R}{M_s}$ 比上述计算值小.其可能的原因是(i)$H_n<0$,剩磁状态出现了多畴结

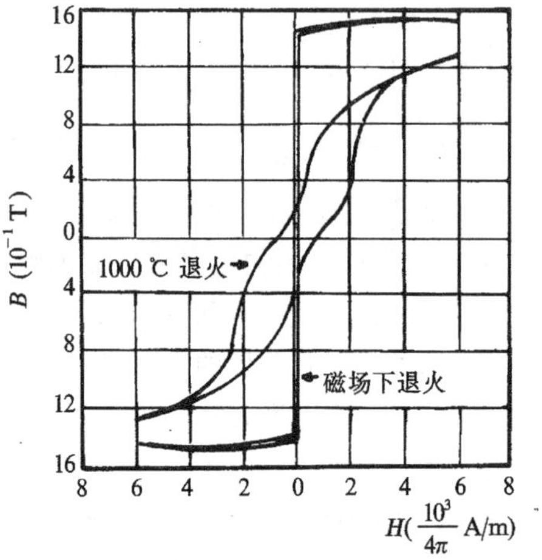

图 38.75 恒磁导率合金的磁滞回线.(a)1000℃时退火;(b)磁场退火.

构;(ii)材料中存在着内应力,应力各向异性为单轴性.这两个因素均使 M_R 下降.表 38.14 中 12,铝镍钴Ⅴ虽经磁场热处理,但并不导致通常的单轴性感生各向异性,磁场热处理引起沿三个[100]方向的细长单畴颗粒的脱溶分解,其剩磁比与立方晶体多晶材料的计算值相近.表 38.14 中 6,65Ni-Fe 合金慢冷后具有很低的$\frac{M_R}{M_s}$的原因在于感生各向异性.由于慢冷时未加磁场,其磁畴及畴壁处均获得随自发磁化分布的感生各向异性,使畴壁钉扎.磁滞回线呈细腰形,M_R 低,低场下的磁导率几乎不随磁场变化而变化,称此材料为恒磁导率材料(perminvar).若慢冷时有外加磁场,感生各向异性使回线呈矩形,则$\frac{M_R}{M_s}$高.若从居里温度以上进行速冷,则避免了感生各向异性,具有正常的磁滞回线.图 38.75 示出的是典型的恒磁导率合金 43Ni34Fe23Co 磁场下退火及无磁场退火后的磁滞回线.

第三十九章　固体缺陷与技术磁化性能

强磁体的技术磁化性能灵敏地依赖于固体缺陷，固体缺陷对磁化的影响有下述二重性：其一，缺陷阻碍技术磁化，缺陷为畴壁位移阻滞的来源；缺陷产生的应力场和内退磁场阻碍磁化矢量的转动，因而缺陷使矫顽力升高，磁化率降低，并阻碍磁化的饱和；其二，缺陷有助于反磁化畴的成核生长，从而降低成核场. 对于一些矫顽力决定于成核场的材料，缺陷使矫顽力降低. 当成核场为正时，缺陷亦可使剩磁降低.

缺陷与磁化的相互作用可以用有关的各种能量的变化来表示，即

$$\Delta E=\Delta(E_{ex}+E_K+E_\sigma+E_M+E_H),$$

从能量变化的角度可将缺陷与磁化作用按作用的尺度分为两类，即长程作用及短程作用.

(1)长程作用. 包括缺陷的两种效应.

(i)缺陷产生的应力场，如直线位错的应力随$\frac{1}{r}$而减弱，位错偶极子的应力场服从$\frac{1}{r^2}$，点缺陷的应力场服从$\frac{1}{r^3}$等，均属长程效应. 通过磁弹性耦合，磁化与长程的应力场发生相互作用，或引起畴壁能的变化，或引起磁化不均匀，并间接引起 E_{ex}，E_K 及 E_M 的增加.

(ii)缺陷产生局部退磁场，或称散磁场. 如非磁性或弱磁性参杂及晶界等在其周围产生散磁场. 局部磁荷及耦极子场分别服从$\frac{1}{r^2}$及$\frac{1}{r^3}$，亦属长程场. 磁化受长程的散磁场作用，或引起畴壁能及退磁场能的变化，或引起磁化不均匀并间接引起 E_{ex}，E_K 的增加. 有时还引起附加精细畴及其有关能量.

(2)短程作用.点缺陷、位错中心和面缺陷,如堆垛层错、反相畴和晶界等在其所在的局部地区,原子组成和排列发生变化,因而使该处的交换常数 J 和轨道-自旋耦合导致的磁各向异性常数和磁致伸缩系数发生局域变化.这些变化的范围为原子尺度,属短程效应.它们与磁化的相互作用为短程的.但由于交换耦合,其引起的磁化不均匀区可扩展到数十纳米的尺度.

直觉的考虑可以设想,对于磁各向异性,畴壁较宽的铁磁材料,缺陷的长程作用较为重要,短程作用的缺陷如点缺陷常可略去.相反,对于磁晶各向异性很高的窄畴壁材料,短程作用的缺陷变得较为重要,事实上缺陷与磁化的短程作用理论正是在70年代高磁各向异性的稀土合金出现后逐渐发展起来的.

本节首先讨论缺陷对技术磁化的阻碍作用,包括早期的内应力和掺杂理论,以后发展起来的位错应力场理论,以及缺陷与磁化的短程相互作用.在窄畴壁材料中的畴壁内禀钉扎效应亦将给予简介.最后,将对缺陷的另一方面,即对成核场的影响给予讨论.

§39.1 早期的模型、内应力和掺杂理论

早期,将固体缺陷对磁性的影响归结为内应力和非磁性掺杂.均属长程作用.

(a)内应力理论[150,151]

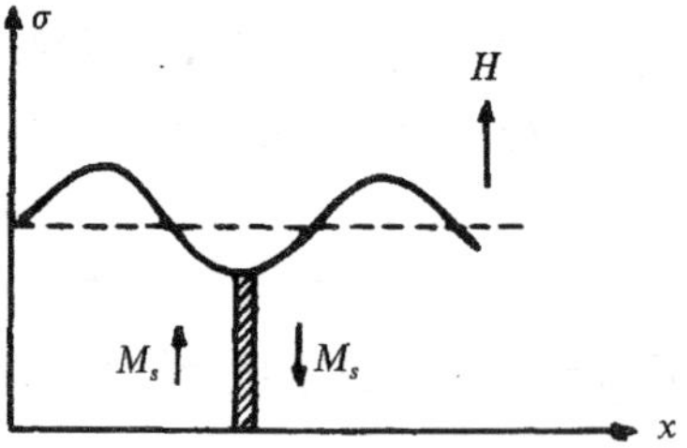

图 39.1 内应力起伏的简化模型

(1)低弥散度内应力.考虑到固体中的内应力分布有起伏,包括数值的变化和符号的变化,用简谐变化的应力分布来描述.设内应力不变号,但强度有起伏.取近似模型(如图 39.1),用下式表示:

$$\sigma=\sigma_0+\frac{\Delta\sigma_0}{2}\sin\frac{2\pi x}{l},\qquad(39.1)$$

σ_0 为内应力的均匀部分,$\Delta\sigma_0$ 为最大起伏,l 表征起伏的波长.图 39.1 示出低弥散度应力起伏,$l\gg\delta$.

由於应力不变号，设畴壁为 180°. 按表 38.9，设 $\gamma_{180}=2K_{\mathrm{eff}}\delta_0$，$K_{\mathrm{eff}}$ 及 δ_0 见式(38.97). 在畴壁厚度 δ 范围内，应力近似为常数，但畴壁能密度按式(39.1)随畴壁位置变化，$\gamma=\gamma(x)$. 按畴壁位移的平衡方程，式(38.125)

$$p_e=2\mu_0 HM_s\cos\theta=\frac{d\gamma}{dx}=-p_i. \tag{39.2}$$

退磁状态时，畴壁应处于$\dfrac{d\gamma}{dx}=\dfrac{d\sigma}{dx}=0$ 处，即图中 σ 极小处. 磁场变化 ΔH 时，可逆畴壁位移服从

$$2\mu_0 M_s\Delta H\cos\theta=\frac{d^2\gamma}{dx^2}\Delta x. \tag{39.3}$$

设畴壁位移过程中，单位体积中的畴壁面积 s 不变，用畴宽 D 的倒数$\dfrac{1}{D}$表之，可逆磁化率为

$$\chi_r=\frac{2\mu_0 M_s\cos\theta\Delta x}{\Delta H}\frac{1}{D}=\frac{4\mu_0 M_s^2}{D\dfrac{d^2\gamma}{dx^2}}\cos^2\theta. \tag{39.4}$$

根据式(39.1)，180°畴壁位移初始磁化率为

$$\chi_i=\frac{4\mu_0 M_s^2\cos^2\theta}{3\pi^2\lambda_s\Delta\sigma_0}\frac{l^2}{\delta_0}\frac{1}{D}. \tag{39.5}$$

将式(39.1)的应力分布用于不可逆畴壁位移，根据式(38.129)，临界场的表式为

$$H_0=\frac{3}{4}\frac{\pi}{\mu_0}\frac{\lambda_s\Delta\sigma_0}{M_s\cos\theta}\frac{\delta_0}{l}. \tag{39.6}$$

设内应力起伏使其符号发生变化，如图 38.30 所示，用下式表示：

$$\sigma=\sigma_0\sin\frac{\pi x}{l}. \tag{39.7}$$

张力区与压力区交替出现，$\sigma=0$ 处为 90°畴壁，畴壁位移扫过的体积中的 M_s 改变 90°，使该体积中的磁弹性能增加，即为畴壁位移阻滞内力的来源. 根据此原理可得到 90°畴壁初始磁化率

$$\chi_i=\frac{4\mu_0}{3\pi}\frac{M_s^2}{\lambda_s\sigma_0}. \tag{39.8}$$

(2)高弥散度内应力. 对于高弥散度的内应力，极端情况是应力变化波长远小于畴壁厚度，$l \ll \delta$，如图 38.36 所示. 这种局部应力引起的畴壁能密度变化依赖于畴壁中点相对于局部应力的距离，$x=x_1-x_0$. 按式(38.99)，有

$$\Delta\gamma_\sigma=\frac{3}{4}\Delta\sigma_i\lambda_s l\frac{1}{\mathrm{ch}^2\frac{x}{\delta_0}}. \tag{39.9}$$

用式(39.2)至式(39.5)的关系，可以得到 180°畴壁位移的初始磁化率为

$$\chi_i=\frac{8\mu_0}{3}\frac{M_s^2\cos^2\theta}{\lambda_s\Delta\sigma_i}\frac{\delta_0^2}{l}\frac{1}{D}. \tag{39.10}$$

同样，根据式(38.129)，可得相应于式(39.9)的不可逆畴壁位移临界场为

$$H_0=0.3\frac{\lambda_s\Delta\sigma_i}{\mu_0 M_s\cos\theta}\frac{l}{\delta_0}. \tag{39.11}$$

与 H_0 相应的畴壁位移最大阻滞力 $P_{i\max}$ 相应于

$$-\frac{d^2\gamma}{dx^2}=\frac{3}{2}\frac{\lambda_s\Delta\sigma_i l}{\delta_0^2}\left(\frac{1}{\mathrm{ch}^2\frac{x}{\delta_0}}-\frac{3\mathrm{sh}^2\frac{x}{\delta_0}}{\mathrm{ch}^4\frac{x}{\delta_0}}\right)=0,$$

即 $\mathrm{sh}\frac{x_0}{\delta_0}=\frac{1}{\sqrt{2}}$，或 $x_0=0.658\delta_0$. 设 $\lambda_s\Delta\sigma_i<0$，$H=0$ 时，畴壁中点处于局部应力 $\Delta\sigma_i$ 峰值处，即 $x=0$ 或 $x_0=x_1$(图 38.36). 则在磁场 $H\leqslant H_0$ 时，畴壁位移量 $x\leqslant x_0=0.658\delta_0$，即壁移量小于 δ_0，更小于畴壁厚度 $\delta=b\delta_0$. 对单轴晶体的 180°畴壁，$b=\pi$(见表 38.9). 在低场下，畴壁位移量很小的现象称为低场下的畴壁位移钉扎. 相应的临界场又称为钉扎场 H_p. 对于具有高弥散度应力的材料，由于 $H<H_p$ 时畴壁被钉扎，畴壁位移对磁化贡献很小.

(b)掺杂理论[152,153] 非磁掺杂与畴壁的相互作用可有 3 个可能，其一为掺杂在畴壁中穿洞，减少畴壁总面积；其二为掺杂表面出现磁荷分布，其退磁场能随畴壁位置而变. 图 39.2 和图 39.3 为其示意图. 前者为掺杂尺寸 d 远大于畴壁厚度 δ 的情况，后者相

应于 $d \ll \delta$;其三,当掺杂尺寸超过某临界尺寸 d_c 时,掺杂上出现次级畴以降低退磁场能,如图 38.50 所示,当畴壁跨过掺杂时,能量最低,如图 39.4 所示.从这 3 个示意图中可以看到,当畴壁跨过掺杂时,能量随畴壁位置而变,引起对畴壁位移的阻滞.对图中形状规则的掺杂,畴壁处于掺杂中点时能量为最低.下面对几种不同情况给于讨论.

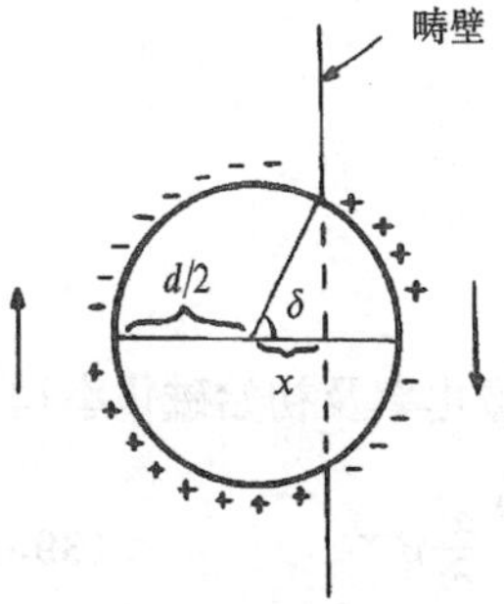

图 39.2 掺杂效应示意($d \gg \delta$).

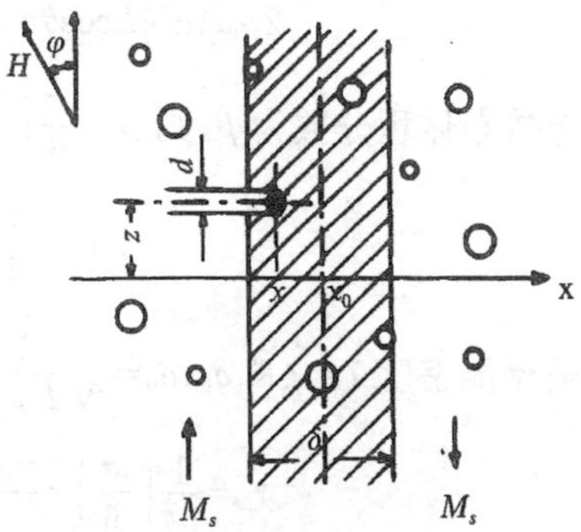

图 39.3 掺杂效应示意($d \ll \delta$).

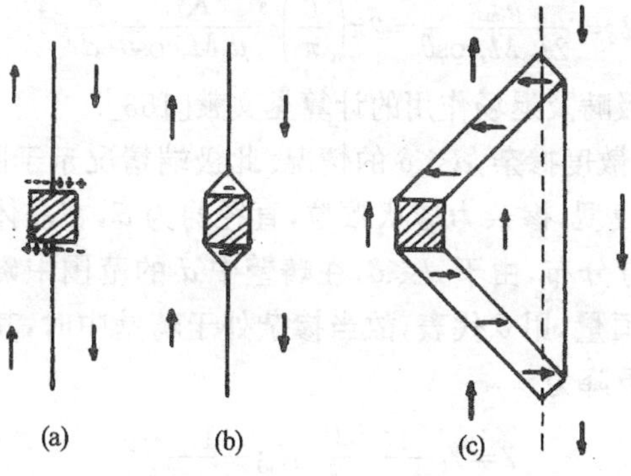

图 39.4 掺杂上的次级畴.

(1)低弥散度掺杂,$d \gg \delta$ 的情况.为简单计,设掺杂颗粒为球状,直径均为 d,在晶体中呈以 l 为间距的简立方分布.若只考虑掺杂对平面畴壁的穿洞作用.如图 39.2 所示.当畴壁通过掺杂且距离球中心为 x 时,一个掺杂单胞的面积 l^2 上畴壁的实际面积为

$$s=l^2-\pi\left(\frac{d^2}{4}-x^2\right),$$

这片 180°畴壁位移的平衡方程为[见式(39.2)]

$$2\mu_0 HM_s\cos\theta=\gamma\frac{1}{l^2}\frac{ds}{dx}=\frac{2\pi\gamma x}{l^2}.$$

可逆壁移的方程为

$$2\mu_0\Delta HM_s\cos\theta=\gamma\frac{d^2s}{dx^2}=\gamma\frac{2\pi}{l^2}\Delta x.$$

令掺杂体积分数为 β,则 $\beta=\frac{\pi}{6}\left(\frac{d}{l}\right)^3$

$$l^2=\left(\frac{\pi}{6}\right)^{\frac{2}{3}}\frac{d^2}{\beta^{2/3}}.$$

畴壁能密度 $\gamma=4K_1\delta_0$,$\delta_0=\sqrt{\frac{A}{K_{u1}}}$. 可逆磁化率及初始磁化率均为

$$\chi_i=\frac{1}{2\pi}\left(\frac{\pi}{6}\right)^{\frac{2}{3}}\frac{\mu_0 M_s\cos^2\theta}{K_{u1}}\frac{d^2}{\delta_0}\beta^{-\frac{2}{3}}. \tag{39.12}$$

将此模型用于不可逆畴壁位移,按式(38.129),有

$$H_0=\frac{p_{i\max}}{2\mu_0 M_s\cos\theta}=2\pi\left(\frac{6}{\pi}\right)^{\frac{2}{3}}\frac{K_{u1}}{\mu_0 M_s\cos\theta}\frac{\delta_0}{d}\beta^{\frac{2}{3}}. \tag{39.13}$$

掺杂上的次级畴及退场作用的计算见文献[153].

(2)高弥散度掺杂,$d\ll\delta$ 的情况. 此极端情况示于图 39.3. 仍设想简化的模型,掺杂为球状颗粒,直径均为 d,在晶体中作边长为 l 的简立方分布,由于 $d\ll\delta$,在畴壁中 d 的范围中磁化矢量的方向近似为恒量,用 θ 代表,故当掺杂处于畴壁中时,其穿洞作用使畴壁能 γ 下降为

$$\gamma=\gamma_0-\frac{\pi}{6}\frac{d^3}{l^2}2K_{u1}\frac{1}{\mathrm{ch}^2\frac{x}{\delta_0}}, \tag{39.14}$$

γ_0 为壁中无掺杂的畴壁能密度,式中第二项为由于掺杂穿洞,一个球状洞使畴壁能密度下降的量. 参看式(38.87)至式(38.95)及式(39.12)和式(39.13)的推导,可得到单轴晶体中 180°畴壁位移的初始磁化率及临界磁场分别为

$$\chi_i=\frac{12}{\pi}\left(\frac{\pi}{6}\right)^{\frac{2}{3}}\frac{\mu_0 M_s^2\cos^2\theta}{K_{u1}}\frac{\delta_0^2}{d}\beta^{-\frac{2}{3}}, \tag{39.15}$$

$$H_0=\frac{\pi}{9\sqrt{3}}\left(\frac{6}{\pi}\right)^{\frac{2}{3}}\frac{K_{u1}}{\mu_0 M_s\cos\theta}\frac{d}{\delta_0}\beta^{\frac{2}{3}}. \tag{39.16}$$

与式(39.11)相似，$d\ll\delta$ 的掺杂对畴壁也有低场钉扎作用. 临界场 H_0 即钉扎场 H_p，当 $H\leqslant H_p$ 时，畴壁位移量 $x\leqslant x_0=0.658\delta_0$. 而单轴晶体中畴壁厚度 $\delta=4\delta_0$.

以上计算中均只考虑掺杂对畴壁的穿洞作用而未考虑掺杂表面的磁荷及其局部退磁场能. 后者对低弥散度、粗大颗粒的掺杂尤其不可忽略，详见文献[153].

另一方面，金属材料中的掺杂常为非磁性或弱磁性脱溶体，其形状可以近于球状，亦常为片状，古德以诺夫[154]对片状脱溶体掺杂界面上磁荷分布及畴壁位移的阻滞的计算给出

$$H_0=C\frac{\overline{\sigma_p^2}}{\mu_0 M_s}\beta, \tag{39.17}$$

式中 C 为常数，σ_p 为界面上的磁荷密度，β 为掺杂体积分数. 图 39.5 为钢的 H_C 与碳含量的关系. 曲线 1 为脱溶体为片状渗碳体的情况，曲线 2 为球化渗碳体的情况，与式(39.17)和式(39.13)或式(39.16)的关系相符.

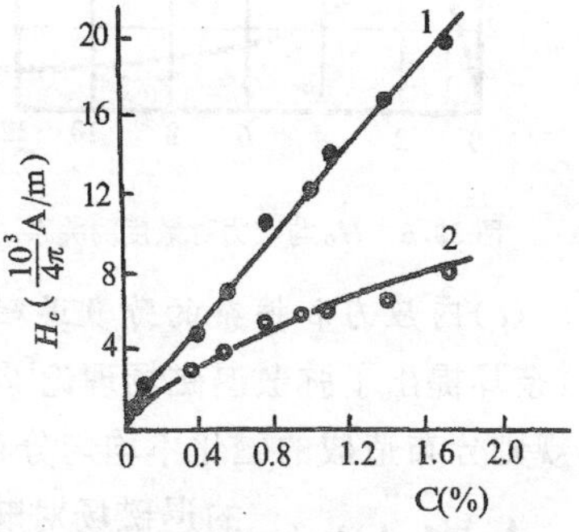

图 39.5 钢的 H_c 与碳含量的关系.

虽然以上内应力和掺杂理论采用了非常简化的模型. 但它们包含了合理的内核，因而给出了一些有实际意义的结论：初始磁化率正比于 M_s^2，反比于磁各向异性常数 K，磁致伸缩系数 λ_s，应力起伏幅度 $\Delta\sigma_0$ 和掺杂体积分数 β. H_0 则与 χ_i 相反. 因子 $\cos\theta$ 表示出 χ_i 和 H_0 的各向异性，依赖于磁体内磁畴的 M_s 方向的分布. 另一个很有意义的结论是，χ_i 和 H_0 均依赖于应力及掺杂的弥散度. 以 H_0 为例，当 $l\gg\delta$ 时，$H_0\sim\frac{\delta_0}{l}$，

而当 $l \ll \delta$ 时，$H_0 \sim \frac{l}{\delta_0}$. 如图 39.6 所示. 不论 $l \gg \delta$ 或 $l \ll \delta$，H_0 均较低. 当 $l \sim \delta$ 时，应力对畴壁位移的阻滞效应最大. 同理，掺杂颗粒尺度 $d \sim \delta$ 时对壁移阻滞最大. 由于模型的简化，各公式的数值系数意义不大.

上述模型中均假设畴壁均保持平面形，使畴壁面积最小. 但低各向异性、低畴壁能的材料，当畴壁被钉扎时，未钉扎部分可以通过畴壁弯曲发生不均匀的壁移. 对弯曲型畴壁位移的阻滞来自畴壁面积的增大及畴壁上出现的磁荷及其退磁场能，示于图 39.7 之中.

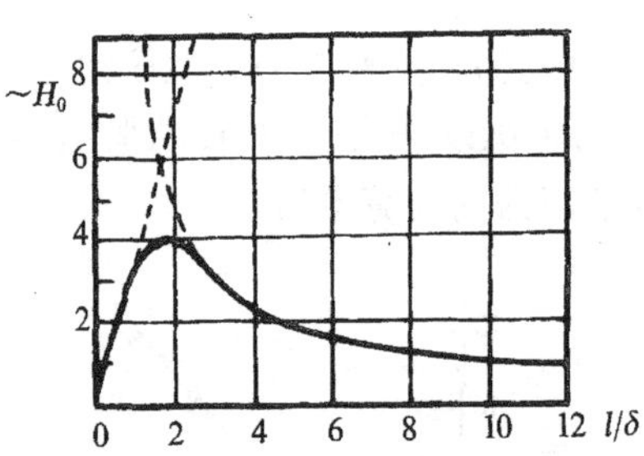

图 39.6 H_0 与应力弥散度的关系.

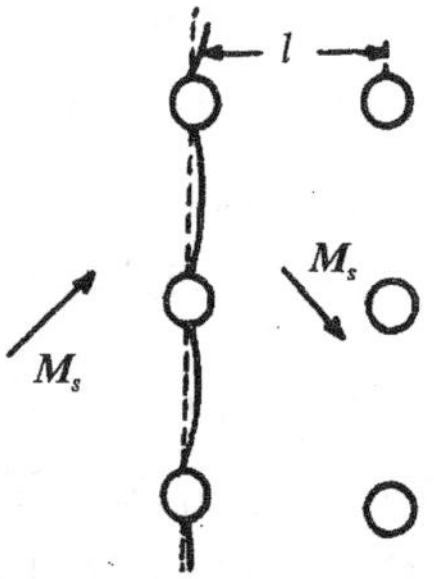

图 39.7 畴壁弯曲过程.

(c)*内应力和掺杂的弥散退磁场理论* 针对上述模型过于简化，奈耳提出了弥散退磁场理论[153]. 对于内应力，着重考虑应力的不规则分布造成的磁化不均匀分布及其相应的体磁荷分布和弥散的退磁场对畴壁位移的作用. 图 39.8 为不均匀内应力分布引起体磁荷的示意图. 图 39.9 的畴壁处于不同位置时体磁荷分布的变化. 对于掺杂，奈耳考虑了掺杂的不均匀分布，包括组成的不均匀性这种广义的掺杂，造成磁化的不均匀及其相应的体磁荷分布和弥散的退磁场对畴壁位移的作用. 亦可用图 39.9 来示意. 对于 $\frac{3}{2}\lambda_s\sigma_i \gg K$ 的材料，内应力的弥散场

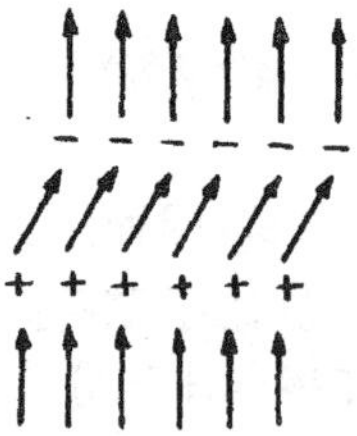

图 39.8 不均匀应力产生的体磁荷.

理论给出(cgs 制)

$$H_0=1.05\frac{\lambda_s\sigma_i}{M_s}\left[1.39+\lg\left(\frac{4.6M_s^2}{\lambda_s\sigma_i}\right)^{\frac{1}{2}}\right]\alpha\approx\frac{3}{2}\frac{\lambda_s\sigma_i}{M_s}\alpha, \tag{39.18}$$

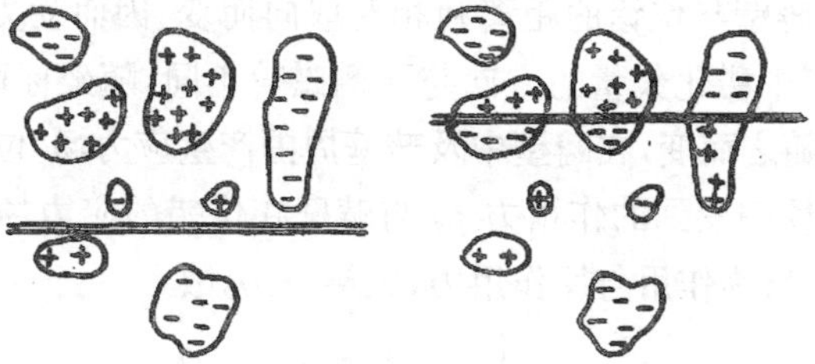

图 39.9　不均匀的体磁荷分布与畴壁位置.

式中 α 为不均匀应力影响区域的体积分数,对于非铁磁掺杂的情况,令 β 为其体积分数,则有

$$H_0=\frac{2}{\pi}\frac{K}{M_s}\left[0.39+\frac{1}{2}\lg\left(\frac{2\pi M_s^2}{K}\right)^{\frac{1}{2}}\right]\beta. \tag{39.19}$$

一般,可以认为矫顽力为应力与掺杂所致的 H_0 的叠加. 将铁和镍的常数代入上二式,令内应力幅值 $\sigma_i=30\text{kg/mm}^2$,可得

铁

$$H_0\approx2.1\alpha+360\beta;$$

镍

$$H_0\approx330\alpha+97\beta.$$

由于镍的 λ_s 大而 K 小,故内应力对 H_c 的贡献大. 铁则相反,掺杂的作用强.

§39.2　位错应力场与磁化的相互作用[155]

早期的内应力理论没有涉及到内应力的来源,不是建立在缺陷的真实应力场的基础上. 位错理论的发展使我们可以对位错应力场与磁化的相互作用进行较准确的理论处理,从而得到比早期内应力理论更多的结论.

(a)位错与畴壁的相互作用　位错为晶体内应力的主要来源.

位错产生的应力场通过磁弹性耦合与磁化相互作用. 立方晶体中的磁弹性能见式(38.54).

畴壁能依赖于应力,如式(38.96)所示. 在位错的应力场中畴壁能 γ 随畴壁与位错的距离和相对取向而变,因而受力 p_w. 另一方面,畴壁中磁化矢量的方向与两侧磁畴不同,随坐标而转动,自发形变亦随之而变,在畴壁中及畴壁周围产生应力场. 位错处于畴壁的应力场中受到的作用力 p_d 与畴壁在位错的应力场中受到的作用力 p_w 恰为作用与反作用力,$p_w=-p_d$,故

$$p_w=-\int(d\boldsymbol{s}\times\nabla)\times\sigma^M\boldsymbol{b}. \tag{39.20}$$

利用斯托克定理,面积分可表为线积分,

$$p_w=-\int d\boldsymbol{l}\times\sigma^M\boldsymbol{b}, \tag{39.21}$$

式中 $\boldsymbol{b}$ 为伯格斯矢量,σ^M 为畴壁产生的应力张量,$d\boldsymbol{l}$ 为位错线元,ds 为面积元. 上两式分别在位错包围的面积 s 或沿位错线 l 积分. σ^M 张量各分量的表式已被李德尔[156]作过系统计算. 以一个直线位错为例. 设位错线矢量为 $\boldsymbol{l}(l_x,l_y,l_z)$,伯格斯矢量 $\boldsymbol{b}$ 为(b_x,b_y,b_z),位错线与畴壁面平行,按式(39.22)可算出畴壁沿其法线方向受到的力为

$$p_z=\sigma_{11}^M l_x b_z-\sigma_{22}^M l_x b_y+\sigma_{12}^M(l_y b_y-l_x b_x). \tag{39.22}$$

可见,此力仅依赖于伯格斯矢量及线矢量在畴壁面上的投影. 当位错或其伯格斯矢量与畴壁面垂直时,作用力 $p_z=0$.

位错与畴壁作用原理给出的一个重要结论是畴壁可分为两类. 第Ⅰ类型的布洛赫壁的应力基本上局限在畴壁中,畴壁外应力很小,可略去. 180°畴壁属此类. 这类畴壁只与进入或穿过畴壁的缺陷相互作用,与畴壁不相交的位错与之无相互作用. 第Ⅱ类型布洛赫壁在其周围产生长距离的应力场. 许多 90°畴壁属此类,故这类畴壁与晶体中所有位错均有相互作用. 故一般说,180°畴壁容易发生位移,90°畴壁较难,低磁场下,对磁化,例如 χ_i 的贡献主要为180°畴壁位移,90°畴壁位移常需要较高磁场.

为说明位错对畴壁的作用力，以钴晶体为例. 图 39.10 示出钴晶体基平面中的一个位错线和 180°畴壁，纯螺位错的伯格斯矢量为 $\boldsymbol{b}_3$，60°刃位错分量的伯格斯矢量为 $\boldsymbol{b}_1$ 及 $\boldsymbol{b}_2$. 二者只有 l_y 和 b_y 不为零. 根据式(39.22)，得

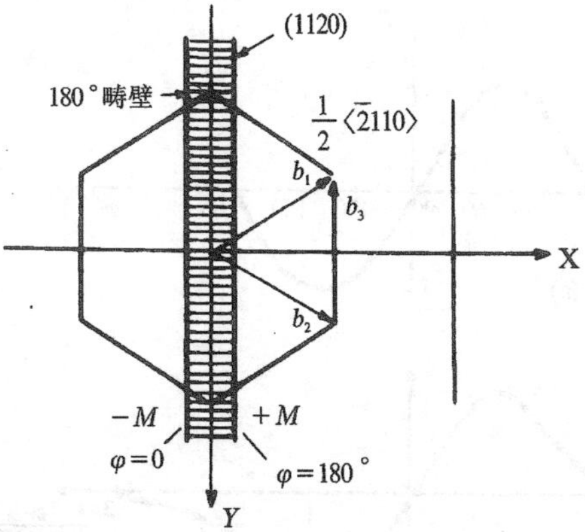

图 39.10　钴中 180°畴壁与位错.

$$p_z = \sigma_{12}^M l_y b_y \tag{39.23}$$

畴壁产生的应力 σ_{12}^M 为[156]

$$\sigma_{12}^M = -\lambda_{44} C_{44} \sin\phi\cos\phi, \tag{39.24}$$

λ_{44} 为磁致伸缩系数，C_{44} 为弹性常数，ϕ 为磁化矢量与 X 轴的夹角，于是有

$$p_z = \pm C\sin 2\phi, \tag{39.25}$$

式中 C 为常数. 对螺位错，则

$$C = (b/2)\lambda_{44} C_{44} l.$$

对混合位错，则

$$C = (b/4)\lambda_{44} C_{44} l.$$

图 39.11 示出畴壁穿过位错线时所受的力 p_z 与位移 z 的关系. 图 39.11(a)相应于式(39.24)，角度 ϕ 表示，当畴壁中心与位错间距为 z 时，位错处 M_s 的方向角、单轴晶体中 ϕ 与 z 的关系见式(38.91). 与 $p_z(\phi)$ 相应，$p_z(z)$ 的关系示于图 39.11(b). p_z 的正负

号依赖于位错线及伯格斯矢量的方向，按图中的情况，位错处于 $\phi=0$ 或 $z\to\infty$ 时能量最低. 若符号相反，则位错处于 90°或畴壁中点时能量最低. 可见，位错与畴壁的互作用类似于内应力理论中 $l\ll\delta$ 时，式(39.9)表示的情况，对畴壁有钉扎作用.

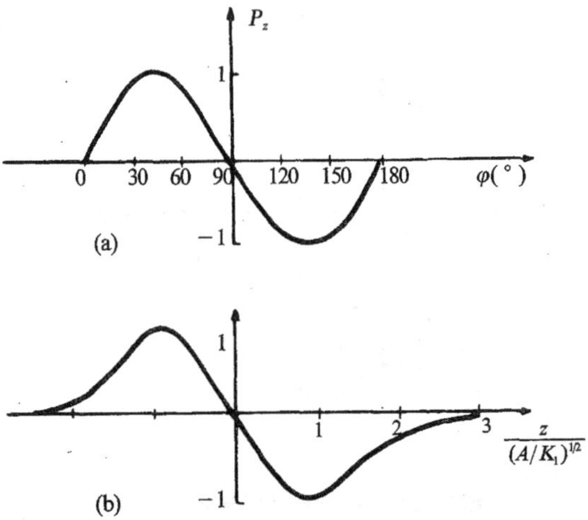

图 39.11　钴中 180°畴壁穿过位错时受到的力.

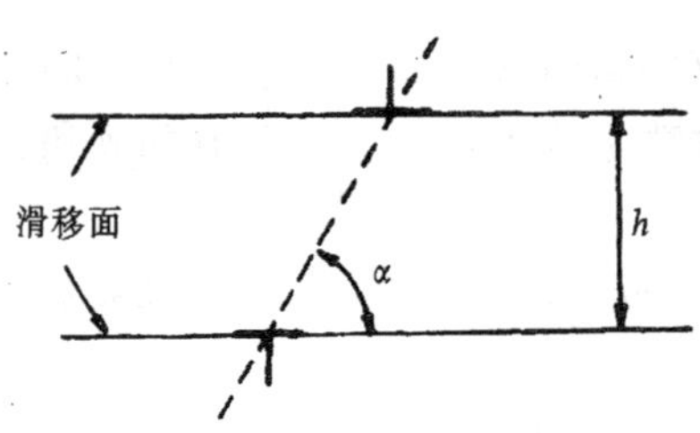

图 39.12　位错偶极子.

在实际晶体中常有多个位错，它们的分布往往不是任意的，常出现种种位错组合，如位错偶极子、三极子、位错墙及位错群，这些位错组合对畴壁的作用可以近似为单个位错作用的叠加. 图 39.12 所示的是位错偶极子示意图、图 39.13(a)示出一 180°畴壁与位错偶极子的相对取向，图 39.13(b)所示的是畴壁受到的两个位错的力函数，其中 Ⅰ 为同号位错，Ⅱ 为异号，图 39.13(c)为 p_z 的均方值 $\overline{p_z^2}$ 对位错对间距离 d 或其间角度差 ϕ' 的依赖关系. 当 d 约为 $\frac{1}{2}\delta$ 时，$\overline{p_z^2}$ 为极值. 位错对畴壁的钉扎作用已在实验上被直接观察所证实[157].

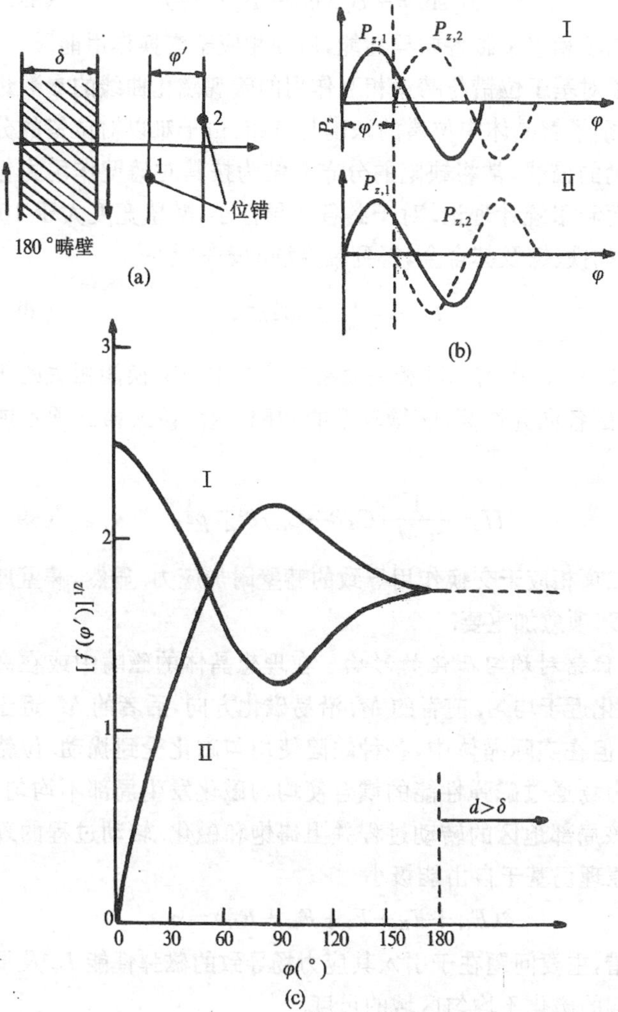

图 39.13　位错偶极子对畴壁作用力.

在以上计算中,畴壁中不均匀磁化产生的应力 σ^M,如式(39.24),只考虑了各向异性自发形变.一般地说,σ^M 应包括与磁各向异性能和交换能相关的两部分,即 $\sigma^M=\sigma_K+\sigma_{ex}$. 在一个 180°

畴壁中[158]，有

$$\sigma^M = B_1^K\sin^2\theta + B_2^K\sin^2\theta + B_3^{ex}(\nabla\theta)^2, \qquad (39.26)$$

式中前二项相应于磁各向异性能，后项相应于交换作用能.

为了对基于位错与畴壁相互作用的宏观磁化曲线的参数进行计算，必须了解晶体中位错的浓度与分布，由于难以对位错的分布给出精确的描述，常将缺陷的分布归结为按其对畴壁作用力作随几分布而利用统计理论. 对于磁各向异性小，畴壁宽度大于 10nm 的软磁，如铁、镍及其合金，得到临界场的表式为

$$H_0 = \frac{1}{\mu_0 M_s} C_K \delta^{\frac{1}{2}} \rho^{\frac{1}{2}}, \qquad (39.27)$$

C_K 与式(39.26)中前二项相关而略去该式中与交换能相关的第三项. 对于磁各向异性高、畴壁较窄的硬磁合金，该式第三项不能略去，于是

$$H_0 = \frac{1}{\mu_0 M_s}[C_K\delta + C_{ex}/\delta^3]^{\frac{1}{2}} \rho^{\frac{1}{2}}, \qquad (39.28)$$

式中第二项相应于交换作用导致的畴壁附加应力. 显然，畴壁厚度 δ 愈小，C_{ex}项愈加重要.

(b)*位错对均匀磁化的影响*　在理想晶体的磁畴中或在高磁场下，磁化近于均匀. 前者的 M_s 沿易磁化方向，后者的 M_s 近于磁场方向. 但在实际晶体中，各种缺陷使均匀磁化受到扰动. 位错附近的应力场通过磁弹性能的耦合使均匀磁化发生局部不均匀，因而影响该局部地区的转动过程并阻碍饱和磁化. 转动过程的理论处理的原理仍基于自由能极小

$$\delta(E_{ex} + E_K + E_\sigma + E_M + E_H) = 0.$$

对于位错，主要问题在于引入其应力场导致的磁弹性能 E_σ 及局部应力引起的磁化不均匀区域的尺度.

由于交换作用要求磁化矢量尽量均匀，缺陷造成的磁化不均匀区往往大于缺陷本身及其局域应力区域. 为此，常引入交换长度来描述这个问题. 当平均磁化方向分别决定于外磁场及磁晶各向异性时，交换长度分别为

$$l_H=(2A/\mu_0 HM_s)^{1/2}, \tag{39.29}$$

$$l_K=(A/K_1)^{1/2}. \tag{39.30}$$

在高磁场下趋近饱和区域，位错产生的局部应力场使局域磁化与磁场决定的平均磁化方向偏离. 其偏离大小依赖于应力场和磁致伸缩系数，但偏离的区域比应力区有所扩展. 图 39.14 示出一个片状局域应力及其引起的磁化矢量的局域不均匀. 在应力中心，磁弹性耦合使 M_s 与 H 不平行，偏离角为 γ. γ 随 x 而变小，当 $x=l_H$ 时，γ 减小至应力中心的 $\frac{1}{e}$. 图 39.15 所示的是镍中一个刃位错附近的磁化矢量的分布图，计算中设 $H=10^6/4\pi(\mathrm{A/m})$，为了能辨别清楚，图中磁化矢量的偏离角度放大了 5 倍.

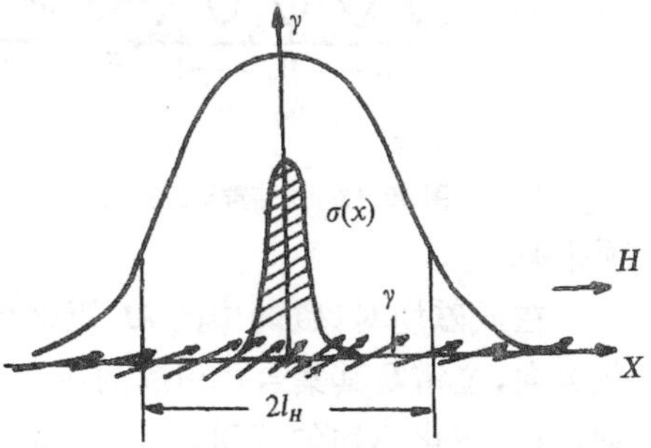

图 39.14 局域应力及

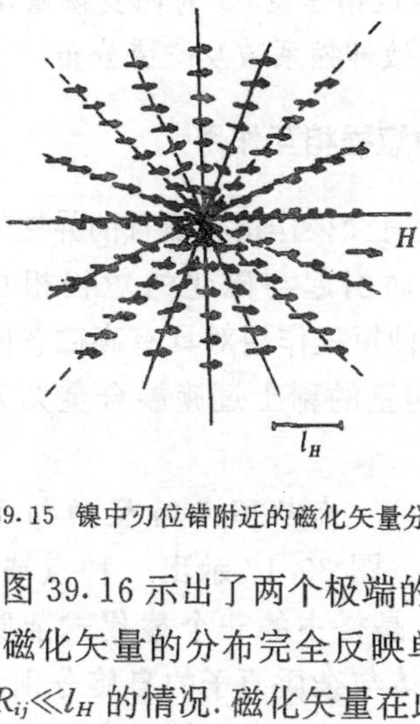

图 39.15 镍中刃位错附近的磁化矢量分布.

位错附近的磁化不均匀分布灵敏地依赖于位错在晶体中的分布. 对于位错的集合体，当位错间距 $R_{ij}<l_H$ 时，磁化的分布不完全反映单个位错的应力场. 图 39.16 示出了两个极端的情况. 图 39.16(a)为 $R_{ij}\gg l_H$ 的情况，磁化矢量的分布完全反映单位错的应力场，图 39.16(b)为相反 $R_{ij}\ll l_H$ 的情况. 磁化矢量在此位错群附近的分布与一个强度较大的单位错相似，故称为超位错.

位错及其组合的应力场引起的磁化不均匀区阻碍磁化及趋于饱和. 单个位错和位错组态均与趋近不趋近饱和律中的 $\frac{a_2}{H^2}$ 项和 $\frac{a}{H}$

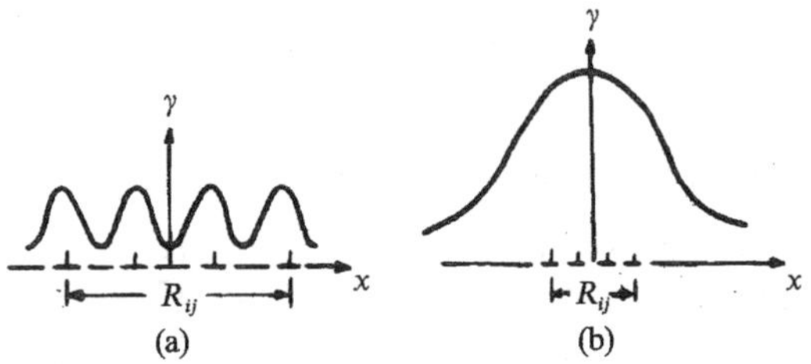

图 39.16 位错群附近的磁化分布(a)$R_{ij}\gg l_H$;(b)$R_{ij}\ll l_H$.

项相关.

在低磁场时,磁畴中的 $\boldsymbol{M}_s$ 近似地指向磁晶各向异性的易磁化方向,位错及其集合体引起的应力场和磁化不均匀区亦阻碍转动过程.磁化不均匀区用 l_K 表示,位错的应力场引起附加的应力各向异性,使等效各向异性常数为

$$K_{\mathrm{eff}}=K_1+C\rho Gb^2/K_1,$$

式中 K_1 为磁晶各向异性常数,ρ 为位错密度,G 为切变模量,b 为伯格斯矢量,C 为一常数,依赖于磁致伸缩系数及位错分布.

§39.3 点缺陷和面缺陷与磁化的短程相互作用

任何固体缺陷在其所在处均会有交换作用和磁各向异性的异常,因而引起与磁化的短程相互作用.这种短程作用对具有高磁各向异性窄畴壁的稀土过渡族合金尤为重要.

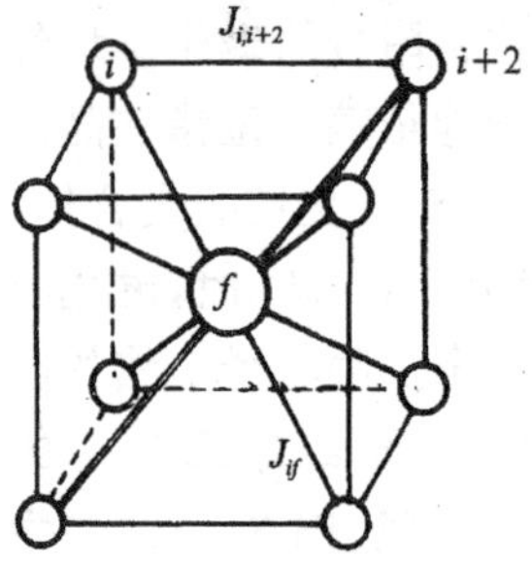

图 39.17 bcc 晶格中的杂质原子.

(a) *点缺陷与畴壁的相互作用*[158] 图 39.17 示出一种点缺陷,在 bcc 晶格中的一个替代式杂质原子.母体与杂质原子的自旋分别为 s_i 及 s_f.它们的轨道-自旋耦合常数分别为 λ_i 和 λ_f,其间的交换积分为 J_{fo}.替代原子的总磁性能为

$$\phi_f=-2\sum J_{if}\boldsymbol{S}_i\cdot\boldsymbol{S}_f+\sum\lambda_i\boldsymbol{L}_i\cdot\boldsymbol{S}_i+\lambda_f\boldsymbol{L}_f\cdot\boldsymbol{S}_f. \qquad (39.31)$$

上式亦可用于其他类型的点缺陷.对于间隙式缺陷,f 相应于间隙

原子.如 f 为空穴,则 (i,f) 对应由 $(i,i+2)$ 代替,以考虑次近邻间的交换作用.若在点缺陷周围的自旋方向变化缓慢,上式中的自旋矢量可用自发磁化的方向余弦 α_i 代替.于是

$$\phi_f=\phi_h+\sum_{m,n}A_{mn}\sum_i(\nabla_m\alpha_i)(\nabla_n\alpha_i)+W_K(\alpha_1,\alpha_2,\alpha_3), \qquad (39.32)$$

式中 A_{mn} 为交换常数, W_K 为磁各向异性函数, ϕ_h 为均匀磁化时的能量.当上式用于表示点缺陷与畴壁的短程相互作用时, $(\nabla\alpha_i)^2$ 可用 $\left(\frac{d\theta}{dx}\right)^2$ 代替.点缺陷在其附近产生的应力场与磁化还有长程相互作用.点缺陷对畴壁的总作用力为长程及短程作用力之和,一般表式如下:

$$p=\sum_j\left[Q_j\nabla\sigma^M(r_j)+\nabla\phi_{fj}(r_j)\right], \qquad (39.33)$$

式中第一项为长程相互作用, Q_j 为点缺陷引起的应变偶极张量,包括了容积变化及切应变, $\sigma^M(r_j)$ 为缺陷 r_j 处畴壁产生的应变张量;第二项为短程作用力,相应于式(39.32)表示的能量变化.点缺陷引起的临界场相应于畴壁作用力的最大值.经计算[158]

$$H_0=\frac{1}{\mu_0M_s}[(a_k+a_{kf})/\delta+(a_{ex}+a_{exf})/\delta^5]^{1/2}\rho^{\frac{1}{2}}, \qquad (39.34)$$

式中 a_k 和 a_{ex} 相应于与磁各向异性能和交换能有关的长程作用, a_{kf} 和 a_{exf} 相应于短程相互作用,后者只有当畴壁较窄时才必须考虑,其中交换作用项随畴壁厚度 δ 变小而明显地比磁各向异性项重要.

(b)面缺陷与畴壁的相互作用[159] 在一些合金和金属间化合物中,面缺陷,如晶界,堆垛层错,反相界及脱溶体的相界等均可与畴壁有较强的相互作用.作用的机制在于缺陷处的交换常数 A' 和磁各向异性常数 K' 与母体的常数 A 和 K 不同. A 和 K 的局部变异来自缺陷处原子组成及排列的变异.图

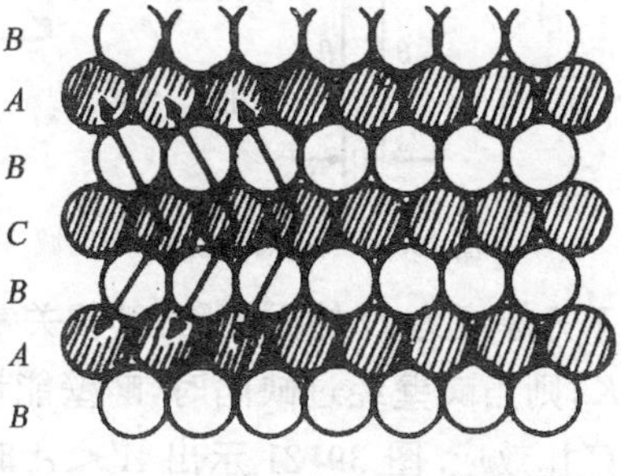

图 39.18 六角晶体中的堆垛层错.

39.18 示出六角密堆积结构中的堆垛层错改变了最近邻原子(阴影原子)及局部交换作用和轨道-自旋耦合.图 39.19 示出 Co_5R 化合物中两种不同的反相界、类型Ⅰ来源于位错,类型Ⅱ来源于热运动激活.

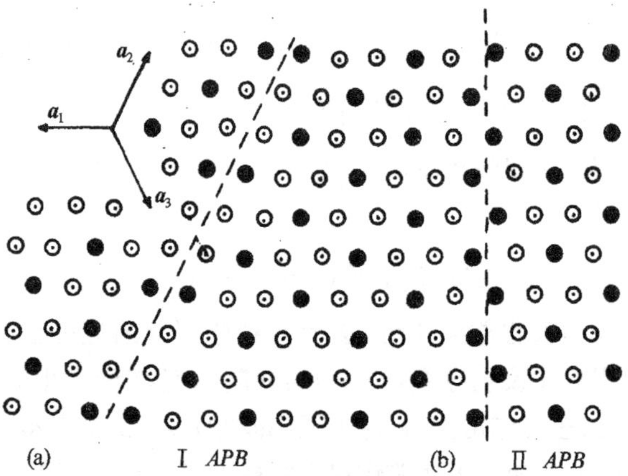

图 39.19 Co_5R 化合物中的两种反相界.

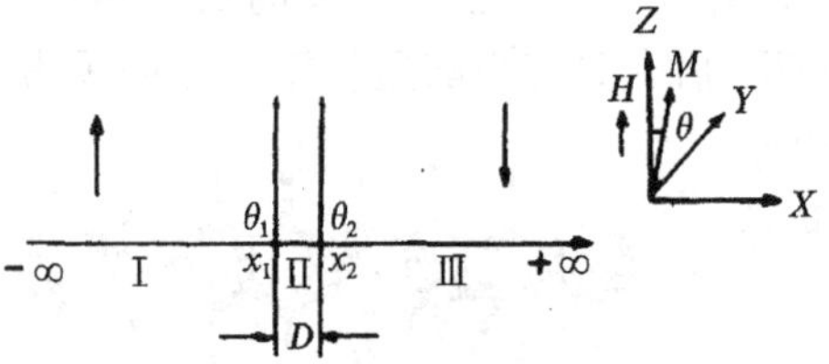

图 39.20 面缺陷处的 3 个区域.

为计算方便,设畴壁面积与面缺陷面积均为无穷大,且相互平行,如图 39.20 所示.晶体可分为 3 个部分.Ⅰ、Ⅲ在缺陷之外,其交换常数及各向异性常数均为 A 和 K.Ⅱ为厚度为 D 的面缺陷,其相关常数为 A' 和 K',若 $A'<A,K'<K$,则当畴壁经过缺陷时,畴壁能量降低,缺陷对畴壁有吸引力及钉扎效应.图 39.21 示出 $A'<A$ 时,畴壁中磁化矢量分布的示意图.虚线为未受缺陷扰动的自旋分布,实线为缺陷的影响的示意.在缺陷处自旋转动得较快,使 γ 降低,δ 变窄.只有当磁场达到与超过临界场或钉扎场时畴壁才能脱离缺陷的钉扎,发生不可逆畴

壁位移. 相反的情况，若 $A'>A$ 及 $K'>K$，畴壁穿过缺陷时畴壁能量增大，缺陷对畴壁有排斥作用. 无磁场使畴壁远离缺陷. 当磁场使畴壁向缺陷处移动时，畴壁被缺陷阻滞，直到 $H\geqslant H_0$ 时，才能越过能垒发生不可逆壁移.

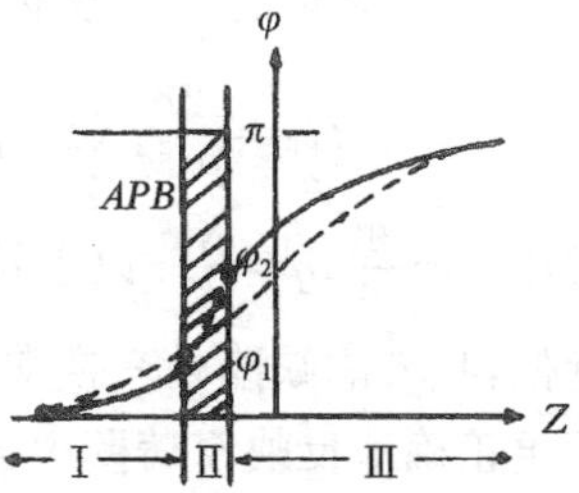

图 39.21　面缺陷处畴壁中自旋分布的变化.

理论计算基于微磁学方法. 设晶体为单易磁化轴，畴壁法线 X 与易轴垂直，H 与易轴 Z 平行. 畴壁能密度的表式与式(38.100)相似，

$$\gamma=\sum_i\int\left[A_i\left(\frac{d\theta}{dx}\right)^2+K_i\sin^2\theta-\mu_0HM_s\cos\theta\right]dx, \qquad (39.35)$$

式中 θ 为 M_s 与 Z 轴夹角，足符 i 相应于 3 个区域. 由于 A 及 K 不是常数，一般 $i=1,2,3$. 变分处理只能在每个区域中进行. 欧勒方程为

$$-2A_i\theta''+2K_i\sin\theta\cos\theta+\mu_0HM_s\sin\theta=0. \qquad (39.36)$$

若 $\delta>D$，且畴壁跨过缺陷时，在 Ⅰ，Ⅲ 区，$A_1=A_3=A$，$K_1=K_3=K$，$A_2=A'$，$K_2=K'$. 畴壁磁化分布的边界条件取

$$\theta(-\infty)=0, \qquad \theta(+\infty)=\pi,$$

$$\left(\frac{d\theta}{dx}\right)_{-\infty}=0, \qquad \left(\frac{d\theta}{dx}\right)_{\infty}=0.$$

设 3 个区域的边界处 $\theta=\theta_1$ 及 $\theta=\theta_2$，有连续条件

$$A_i\frac{d\theta}{dx}=\text{常数}.$$

根据 γ 极小的条件，可求出 θ_1 和 θ_2 随 H 而变，即畴壁位置随 H 而移动，其最大的 H 即为临界场 H_0. 严格的求解遇到非线性方程. 只有当 $D\ll\delta$ 及 $D\gg\delta$ 两个极端条件下可得到近似的解析解，相应的临界场的表式为[159]

$$H_0=\frac{1/\mu_0}{3\sqrt{3}}\frac{2K}{M_s}\frac{D}{\delta_0}\left(\frac{A}{A'}-\frac{K'}{K}\right) \qquad \delta_0\gg D, \qquad (39.37)$$

式中 δ_0 为畴壁的基本厚度，$\delta_0=\sqrt{A/K}$，而

$$H_0=\frac{2K}{\mu_0 M_s}(1-pq)\frac{\left(1-\sqrt{p}\right)^2}{(1-p)^2} \qquad \delta_0 \ll D, \qquad (39.38)$$

式中 $p=\frac{A'}{A}, q=\frac{K'}{K}$. 以上计算中，畴壁中的磁化矢量取连续分布近似，只考虑缺陷处交换常数和磁各向异性的总变化，A' 及 K'. 为了更正确地反映窄畴壁中自旋分布的不连续性和缺陷中各原子层的交换常数和交换常数可各不相同，可用海森堡模型代替连续函数 $\theta(x)$ 来描述畴壁中的自旋分布和畴壁能量[159]

$$\gamma=\frac{1}{F_0}\sum_{\alpha\neq\beta}s^\alpha s^\beta J^{\alpha\beta}\left[1-\cos(\theta^\alpha-\theta^\beta)\right]+\sum_\alpha d(K^\alpha\sin^2\theta^\alpha + \mu_0 M_s H\cos\theta^\alpha), \qquad (39.39)$$

式中 θ^α 及 θ^β 为不同原子层中自旋 s^α 及 s^β 的方向角，$J^{\alpha\beta}$ 为 s^α 与 s^β 间的交换积分. 求和沿垂直于畴壁的一行单位晶胞进行. F_0 为平行于畴壁的单胞的面积，d 为相邻原子层的间距. 经计算，得到临界场的表式为

$$H_0=\frac{1/\mu_0}{3\sqrt{3}}\frac{2K}{M_s}\frac{d}{\delta_0}\sum_i\left(\frac{A}{A^{i,i+1}}-\frac{K^i}{K}\right), \qquad (39.40)$$

式中 i 代表原子层，$A^{i,i+1}$ 为相邻原子层间交换常数，对比式(39.37)与式(39.40)，可得到前式中的 K^1 为原子层的 K^i 的简单平均，即

$$K'=\frac{1}{N-1}\left[\sum_{i=2}^{N-1}K^i+\frac{1}{2}(K^1+K^N)\right].$$

而 A' 为倒数的平均为

$$\frac{1}{A'}=\frac{1}{N-1}\left[\sum_{i=1}^{N-1}\frac{1}{A^{i,i+1}}\right].$$

从式(39.37)等式可以看到，H_0 依赖于 A' 及 K' 的局部异常，若 $A'=A, K'=K$，则 $H_0=0$. 由于 A' 在分母，故 A' 的异常比 K' 有更大的影响.

在多晶体中普遍存在的面缺陷为晶界. 文献[160]论述中用类似的原理得到与式(39.37)相似的表式，并用于解释多种材料的矫

材料名称	饱和磁化强度 $M_s(10^3A/m)$	各向异性常数 $K(10^4J/m^3)$	交换能常数 $A(10^{-6}erg/cm)$	畴壁基本厚度 $\delta_0(nm)$	矫顽力[$(\times10^3/4\pi)A/m$] 理论值 根据式(39.37)	理论值 根据式(39.38)	实验值
超坡莫合金	630	0.015	1.5	32	0.0004		0.002
坡莫合金	860	0.02	2.0	32	0.0004		0.05
Ni	485	−0.42	0.5	3.45	0.20		0.7
Fe-3%Si	1590	3.7	2.2	2.4	0.65		0.1
Fe-4%Si	1570	3.2	2.1	2.6	0.51		0.5
Fe	1707	4.8	2.4	2.2	0.83		1
Co	1400	45	4.7	1.0	20.7		10
铝镍钴	915	260	2.0	0.28	656		620
等轴晶铝镍钴	1165	304	2.0	0.256	659		640
半柱状晶铝镍钴	1115	297	2.0	0.259	665		650
柱状晶铝镍钴	1110	322	2.0	0.249	754		730
等轴晶铝镍钴钛	800	384	2.0	0.228	1361		1440
$SmCo_5$	855	1500	2.0	0.12	12610	16840	10000
YCo_5	845	550	1.5	0.17	3293	6226	4600
$CeCo_5$	794	520	1.3	0.20	2824	6287	2800
$PrCo_5$	1150	1000	1.1	0.11	6819	8346	5750
$CeFe_{0.5}CuCo_{3.5}$	477	290	1.2	0.20	2622	5835	6000
$LaCo_5$	725	630				8340	3600
$CeMMCo_5$	879	650				7098	4600
MnAl	581	130				2418	5000
MnBi	700	89				1220	4000
Pt-Co	756	200				2540	4200

顽力，包括 H_c 低达 $10^{-4}(\times10^3/4\pi)$A/m 的软磁到高达 $10^4(\times10^3/4\pi)$A/m 的稀土永磁合金，列于表 39.1 之中[146]. 表中对各种材料取相同的有关缺陷的数据：$D=12\times10^{-10}$m，$A/A'=1.10$，$K'/K=0.96$. 而 H_c 的理论计算值与实验值的数量级基本相符，说明多晶材料中的晶界等面缺陷对畴壁位移的阻滞，并决定其矫顽力是一个相当普遍的现象. 表中坡莫合金的计算值比实验值小得多，其原因可能是由于其各向异性很小，畴壁很宽，短程作用的贡献相对减小而长程作用的影响较大. 在文献[152]论述中曾对整个 Fe-Ni 合金系的软磁性能用早期的内应力理论给予了解释. 表中还给出了用式(39.39)给出的计算值，其中设 $p=q=0.9$.

§39.4 窄畴壁与内禀矫顽力[161,146]

在以前讨论中的一个普遍概念是畴壁位移的阻滞来源于固体缺陷. 矫顽力、磁导率等量灵敏地依赖于缺陷. 同一种材料的微结构不同时，H_c 等的数值可有很大的差别. 一般认为，若材料中无缺陷，H_c 应趋于零. 然而在稀土-过渡族合金的研究中发现若干材料，在低温下具有很高的矫顽力，其数值与材料的微结构几乎无依赖性. 块状样品与粉末样品，单晶与多晶或经过不同的热处理的样品的矫顽力变化不大. 表 39.2 和表 39.3 列出一些例子. 这些特异的性能是由于这些材料的磁晶各向异性很高，而居里点和交换常

表 39.2 $SmCo_{1.4}Cu_{3.6}$在不同热处理后的磁性

热处理状态	居里点 T_c(K)	${}_IH_C=10^7/4\pi$(A/m)时的温度 T(K)
铸锭	273	205
400℃，2.5h（小时）	272	204
650℃，一星期	210	132
780℃，1d(天)	220	135
780℃，一星期	226	137
1020℃，10min	225	118

表 39.3　几种合金在单晶和多晶状态时的$_MH_c$

样品成分	结晶状态	$_IH_c(T)[(10^6/4\pi)A/m]$
$SmCo_{2.5}Ni_{2.5}$	单　　晶	60(0K),35(38.5K)
	多　　晶	70(0K),38.3(38K)
$LaCo_2Ni_3$	单　　晶	33(4.2K)
	多　　晶	28(4.2K)
YCo_2Ni_3	单　　晶	17(4.2K)
	多　　晶	11(4.2K)

数较低因而其畴壁很窄的缘故. 这类材料,即使是无缺陷的理想晶体,亦具有不为零的矫顽力,称为内禀矫顽力. 它不是来源于缺陷的作用,而来源于窄畴壁中自旋排列的不连续性. 图 39.22 示出 RCo_5化合物晶格基面中原子排列. 其中⊗为稀土离子 R,⊙为 Co 原子,它们的自旋呈反铁磁耦合. 图中的虚直线代表两种不同取向的畴壁,$(\bar{2}110)$和$(\bar{1}010)$,分别处于不同位置,A 和 B. 虚线为畴壁中心线. 若畴壁足够厚,其中磁化矢量的转动可用连续函数描述,畴壁能用式(39.35)表示. 畴壁处于位置 A 和 B 时的能密度 γ_A 与 γ_B 几乎无差异. 因而畴壁可自由移动,矫顽力接近于零. 但对于足够窄的畴壁,其中自旋分布不能用连续理论而必须采用海森堡模型. 畴壁能应用公式(39.39)表示,这种窄畴壁处于位置 A 和 B 时能量明显地不同. 如图 39.23 所示. A 位置的畴壁中心原子层的自旋方向正好是难磁化方向,而 B 位置则否,故 γ_A 大于 γ_B. 当畴壁处于任意中间位置时,γ 可表为

$$\gamma=\gamma_B+\Delta\gamma\sin^2\left(\frac{\pi x}{d}\right). \tag{39.41}$$

$\Delta\gamma=\gamma_A-\gamma_B$,$d$ 为能量变化的周期,完全决定于晶体在畴壁两侧的对称性. 对 RCo_5晶体的$(\bar{2}110)$和$(\bar{1}010)$畴壁,d 与晶格常数 a 的关系分别为 $d=\frac{3}{2}a$ 和 $d=\frac{\sqrt{3}}{2}a$. 内禀矫顽力可按

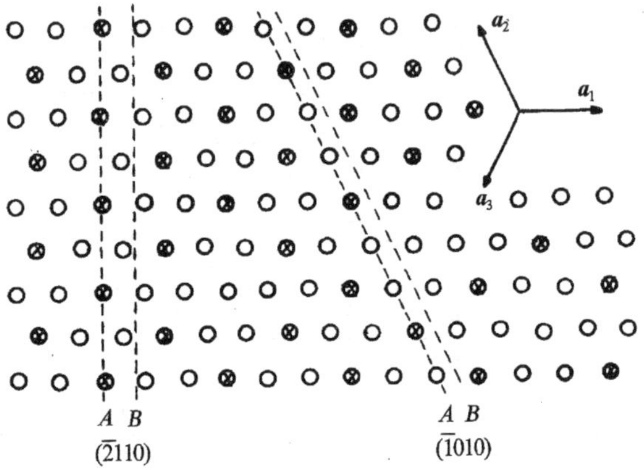

图 39.22 RCo_5晶格基面原子排列.

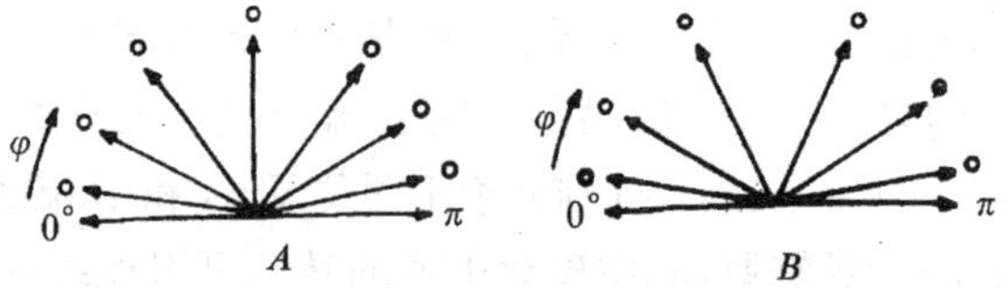

图 39.23 窄畴壁中的不同自旋分布.

$$H_c=\frac{1}{2\mu_0 M_s}\left(\frac{d\gamma}{dx}\right)_{\max}$$

求出为

$$H_c=\frac{\pi\Delta\gamma}{2\mu_0 M_s d}. \tag{39.42}$$

此内禀矫顽力不依赖于晶体缺陷而来源于晶体对称性及窄畴壁中自旋分布的不连续性.

呈现巨大内禀矫顽力的合金多为二元金属间化合物 RnTm 被第三组元无序置换的赝二元化合物,如 $Sm(Co_{1-x}Ni_x)_5$. Ni 的代入使合金的居里温度和交换常数下降,畴壁致窄,而且 Ni 原子作为替代式杂质原子引起交换常数和轨道-自旋耦合的局部变异,并可使其近邻的 Co 原子的原子磁矩发生剧烈变化. 因而在这种无

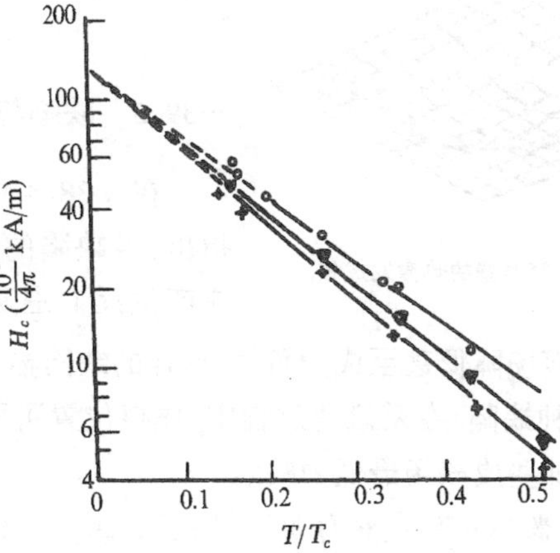

图 39.24　$SmCoNi_4$ 单晶在不同$\frac{dH}{dt}$下$_MH_C$与温度的关系.

序置换的赝二元化合物中存在着窄畴壁与随几分布的点缺陷的相互作用,其矫顽力既来源于窄畴壁中自旋分布的不连续性,又来源于窄畴壁与随几分布的点缺陷间的相互作用,以 $Sm(Co_{1-x}Ni_x)_5$ 为例. 当无序置换使某个 Co 原子最近邻的 Co 原子数降到两个以下时,该 Co 原子的磁矩剧烈下降,从 $1.6\mu_B$ 降为 $0.3\mu_B$,可以想像,形成这种弱磁 Co 原子的 Ni 原子分布是一种与畴壁相互作用的重要缺陷组态. 基于此原理可以解释该合金系内禀矫顽力随成分变化的关系[146]. 这类合金常有特殊的磁后效. 当反向磁场小于$_MH_c$时,磁化强度随时间作指数衰减,$\frac{dM}{dt}\sim e^{-U/kT}$,$U$ 为激活能. 因此在不同的磁场变化速度$\frac{dH}{dt}$下,内禀矫顽力有不同数值,但此现象随温度下降而减弱. 外插到 0K 时,$_MH_c$值趋于相同的数值. 这个现象可用热激发使窄畴壁克服钉扎势垒发生移动来解释. 假设热激活的窄畴壁移动以成核长大的方式进行,如图 39.25 示出的圆盘状的畴壁位移核,核中心的畴壁移动了一个原子间距. 埃加米[162]对窄畴壁的热激活运动及矫顽力的温度依赖性进行了计算.

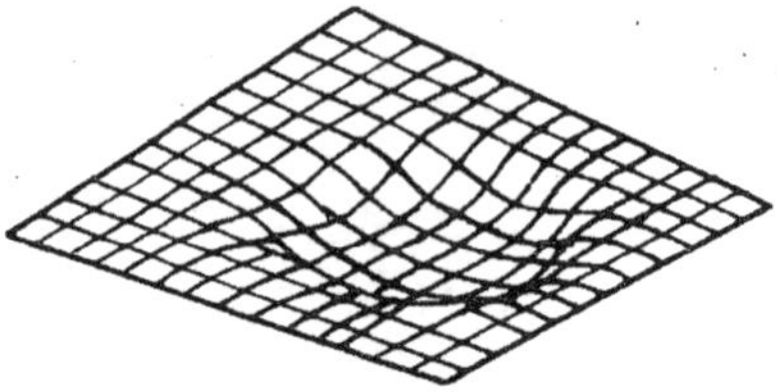

图 39.25　窄畴壁的热激发成核.

在一定温度范围中与实验颇一致.

§ 39.5　缺陷与反磁化成核场

在 § 38.4 中曾原则性地指出，当缺陷的磁各向异性低或产生反向退磁场时，缺陷处的反磁化成核场降低甚至成为负值，这样的缺陷称为成核位置. 固体中存在多种缺陷. 在反磁化过程中，成核位置可不只一种. 其中起作用的是那些成核场最低的缺陷.

(a)缺陷散磁场的成核作用　早在三、四十年代就有人提出，铁磁体中的非磁掺杂或空泡的退磁场有助于反磁化畴的成核[163]. 以后得到实验的直接证实. 图 39.26 示出具有矩形回线的恒磁导率合金环状样品的磁滞回线[164]. 虚线为正常测量得到的回线，其 $H_c \sim H_n > H_o$，在该样品表面上加一刻痕时，刻痕成为新的成核位

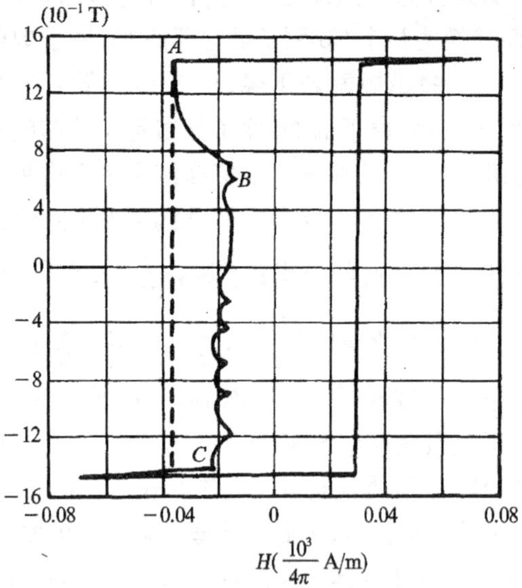

图 39.26　恒磁导率合金的回线.

置. 其局部退磁场使成核场 H_n 降低，结果 H_c 降低约一半. 若 H_c 作用下反磁化核长大后，迅速将反向磁场降低至适当值，但只要磁场 $H \gtrsim H_o$，反磁化仍可继续进行，得到图中的 BC 部分，在文献[165]中介绍了对硅钢单晶中反磁化成核生长过程. 证明了表面的空泡等非磁掺杂等缺陷可成为成核中心. 图 39.27 表明，一个缺陷周围的退磁场有助于出现 90°精细畴，这种精细畴在磁化时不易消失，反磁化时长大，并产生 180°反磁化畴. 缺陷周围的精细畴为核的趋形.

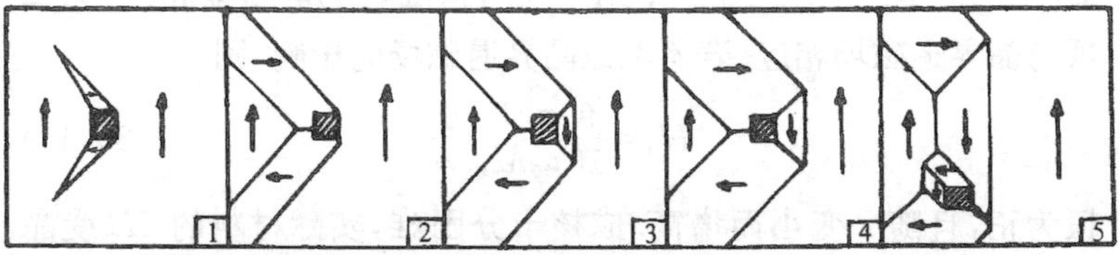

图 39.27　硅钢单晶中观察到的反磁化核的生长.

古德以诺夫[166]对作为成核位置的几种缺陷的近旁出现精细畴和这些精细畴的长大作了计算. 他证明晶界和片状脱溶体易于成为成核位置，它的界面上的表面磁荷和局部散磁场有助于形成作为核的精细畴. 图 39.28 示出一块晶界，其面积为 D^2，在外场 H 作用下出现了一对剑状畴，即反磁化核. 其基面半径为 r，各长为 l. 与无剑状畴的界面比较，出现一个剑状畴后能量的变化可用下式表示：

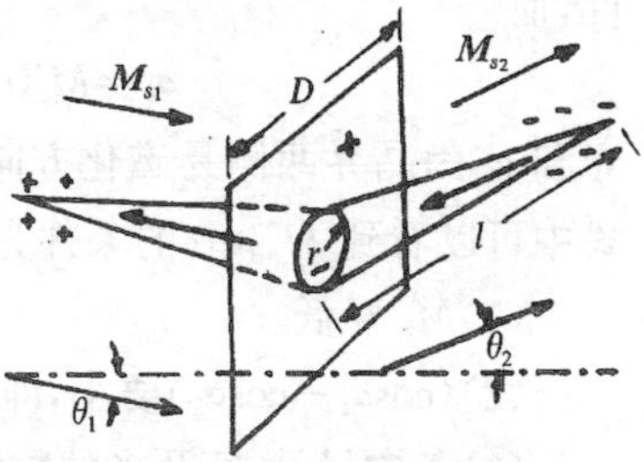

图 39.28　晶界上的剑状畴.

$$\Delta E = (E_\sigma - E_{\sigma n})D^2 - [\gamma_S + 2\mu_0 N M_s^2 V - \mu_0 H M_s(\cos\theta_1 + \cos\theta_2)V + E_p + E_{np}]. \quad (39.43)$$

上式各项的意义分别为无精细畴时的晶界退磁场能 $E_\sigma D^2$，出现精细畴后的晶界退磁场 $E_{\sigma n} D^2$，精细畴的畴壁能 γ_S 和退磁场能

$2\mu_0 NM_s^2 V$，精细畴出现前后 M_s 改变 180°相应的磁场作用能 $\mu_0 HM_s(\cos\theta_1+\cos\theta_2)V$，以及精细畴畴壁上的磁荷与晶界和邻近畴壁间的作用能 E_p 和 E_{np}. 设磁场不高，畴中 M_s 仍沿易磁化方向，θ_1 和 θ_2 为磁场与晶界两侧易磁化方向夹角. 根据 $\Delta E=0$，近似地可得到成核场的表式

$$H_n=\frac{3b^2[(3\pi\gamma m/2b^2)-E_\sigma/\pi]}{4\mu_0 M_s l(\cos\theta_1+\cos\theta_2)}, \tag{39.44}$$

式中 $b=D/r, m=l/r$. H_n 的符号是这样规定的，当 H 与精细畴中 M_s 同向时为正，上式分子中第一项与精细畴的畴壁能相应，第二项与晶界退磁场相应. 若不考虑晶界退磁场的影响，则

$$H_n=\frac{9}{16}\frac{\pi}{\mu_0}\frac{\gamma}{M_s}\frac{1}{r} \tag{39.45}$$

恒为正，且随 r 变小而增高. 成核十分困难，实际材料的 H_n 受晶界退磁场的影响而减小. 当式(39.44)分子的第二项大于第一项时，可有 $H_n<0$ 的结果. 晶界退磁场能 $E_\sigma \sim \sigma_b^2$，σ_b 为晶界磁荷密度，而

$$\sigma_b=M_s(\cos\alpha_1-\cos\alpha_2), \tag{39.46}$$

α_1 和 α_2 为晶界两侧易磁化方向与晶界法线的夹角，从以上几个表式中可以看到 $H_n>0$ 的条件为

(1)M_s 要低.

(2)$(\cos\alpha_1-\cos\alpha_2)$要小，即具有磁畴或结晶学结构.

(3)各向异性 K 及 γ 的数值要高. $H_n<0$ 的条件与之相反. 以上只讨论了缺陷退磁场对成核场的影响，既没有考虑缺陷本身的磁性，也没有考虑精细畴中 M_s 转动 180°需要克服的临界场，因而是不全面的. 但对低磁晶各向异性的软磁材料近似地可以适用.

(b)面缺陷的成核及其长大[161,167]　对于高磁晶各向异性的稀土合金，其成核位置的缺陷产生的退磁场和缺陷的磁性均须考虑. 例如，$SmCo_5$ 合金的$_M H_c$可高达 43000[$(\times 10^3/4\pi)$A/m]，但仍比 $SmCo_5$ 单畴的理论值～300000[$(\times 10^3/4\pi)$A/m]小 7 倍. 公认的原因在于 $SmCo_5$ 体中含有少量的 Sm_2Co_{17}脱溶体. 在反磁化

过程中，后者成为成核位置，使合金在较低的磁场下通过畴壁位移实现反磁化. 图 39.29 示出的是基体 $SmCo_5$（Ⅰ）和厚为 D 的片状脱溶体 Sm_2Co_{17}（Ⅱ）在成核前后的磁化分布的示意图. 图 39.29(a)为剩磁状态，基体与脱溶体的磁化矢量 M_{I} 和 M_{II} 均与 Z 轴平行，但数值不同. 脱溶体内的退磁场为 $-N(M_{\text{II}}-M_{\text{I}})$. 当在负 Z 方向的外磁场下进行反磁化时，由于Ⅱ区的磁晶各向异性常数 K_{II} 较基体的 K_{I} 小，其转动过程的临界场 $H_0=\dfrac{2K_{\text{II}}}{\mu_0 M_{\text{II}}}$ 亦小. 图 39.29(b)为反磁场核形成过程中的磁化分布. 区Ⅰ中 M_{I} 仍沿 Z 轴，而区Ⅱ中的 M_{II} 发生了转动、图 39.29(c)为成核之后的磁化分布. Ⅱ区的 M_{II} 转动了 180°，成为反磁化核. 其 4 个边界分别为奈耳畴壁和布洛赫壁，

设在成核阶段[图 39.29(b)]，磁化矢量发生转动，与 Z 轴夹角为 φ，且随 Z 而变，各个磁学量亦为 Z 的函数，则与 Z 垂直的单位面积的能量为

$$E=\int\Big[A(z)\left(\frac{d\varphi}{dz}\right)^2+K(z)\sin^2\varphi(z)+\mu_0 HM(z)\cos\varphi(z)$$
$$-\frac{1}{2}\mu_0 H_M(z)M(z)\cos\varphi(z)\Big]dz, \qquad (39.47)$$

式中各项分别为交换能，磁晶各向异性能，磁场(H)作用能和局部退磁场(H_M)能. 在 H 给定时，$\varphi(z)$的分布使能量 E 最小，按变分原理得到欧勒方程，求解后取最小的成核场，可得到

$$H_n=\frac{2K_{\text{II}}}{\mu_0 M_{\text{II}}}-M_{\text{II}}+\frac{1}{2}M_{\text{I}}+\frac{2A_{\text{II}}\pi^2}{\mu_0 M_{\text{II}} D^2}, \qquad (39.48)$$

式中第一项为脱溶体内磁化矢量转动 180°的临界场，第二项为脱溶体的退磁场. 故前二项为一个自由片状脱溶体的成核场，后二项分别为片状脱溶体与基体间的静磁及交换相互作用能. 上式的推导中设各磁性参量在Ⅰ，Ⅱ区内是均匀的. 将 $SmCo_5$ 和 Sm_2Co_{17} 的磁性参量代入上式，即 $K_{\text{II}}=2\times10^6\text{J/m}^3$，$M_{\text{II}}=9.55\times10^5\text{A/m}$，$M_{\text{I}}=8.50\times10^5\text{A/m}$，$A_{\text{II}}=1.2\times10^{-11}\text{J/m}$，可得到 $SmCo_5$ 合金的 $H_n=[35000+(2.3\times10^{-12}/D^2)]\times10^3/4\pi(\text{A/m})$，当脱溶体厚度

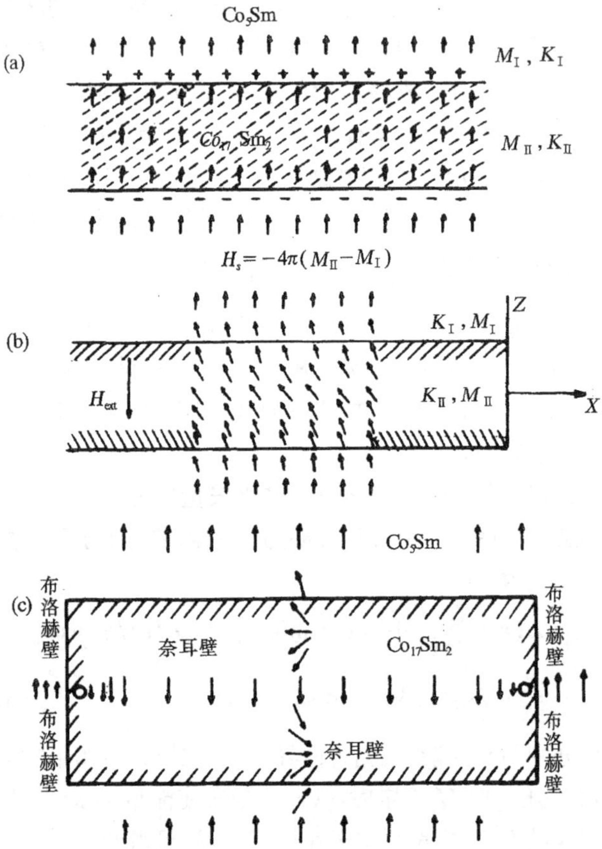

图 39.29 片状脱溶体中的磁化分布.

达到或小于 10nm 时,上式中的第二项有明显的作用.

晶界为多晶体中普遍存在的面缺陷.当晶界中的磁各向异性低于基体时,其低的转动临界场和局部退磁场使晶界具有较低的成核场.原则上,式(39.47)亦可用于计算晶界成核场,把晶界等效为晶粒的表面层,厚度为 d,设晶粒中磁晶各向异性常数为 K_I,表面层中为

$$K(z)=K_{II}+\Delta K(1-e^{-z/d}),\tag{39.49}$$

$\Delta K = K_{\mathrm{I}} - K_{\mathrm{II}}$，晶粒表面上的磁各向异性常数为 K_{II}，相应的坐标为 $z=0$，用相似的方法可得到

$$H_n = \frac{2K_{\mathrm{II}}}{\mu_0 M_s} - \frac{3}{4}M_s + \frac{2}{\pi}\frac{\Delta K}{\mu_0 M_s}\frac{\delta_B}{d}. \qquad (39.50)$$

上述缺陷本身形成的反磁化核需进一步长大才能通过畴壁位移使整个磁体反磁化．图 39.29(c)中的奈耳壁或布洛赫壁从低各向异性的缺陷边缘向高各向异性的基体移动引起了畴壁能 γ 的提高，即畴壁位移的阻滞．换言之，成核后反磁化核的畴壁被钉扎在缺陷的边缘．只有当磁场达到或超过某一临界值，称为去钉扎场 H_p 时，畴壁挣脱钉扎，不可逆地从边界向基体移动，实现反磁化核的长大及反磁化，去钉扎场的计算仍然可用式(39.47)的能量表式出发，得到表示磁化分布与磁场关系的微磁学方程，作具体计算．对于图 39.29 中的 Sm_2Co_{17}脱溶体，因与脱溶体平面平行的界面与六角基面平行，两相晶格参数相差不大，相界厚度可略去时，利用Ⅰ，Ⅱ两区的微磁学方程及相界面上的连续条件可解出奈耳壁的去钉扎场为

$$H_{PN} = \frac{1}{\mu_0}\frac{K_{\mathrm{I}} - K_{\mathrm{II}}}{M_{\mathrm{I}} + M_{\mathrm{II}}}. \qquad (39.51)$$

在布洛赫畴壁的两个侧面，由于 Sm_2Co_{17}相沿 c 轴的晶格常数较基体大，两相的共格产生内应力，沿侧面方向的相界为一相当厚的过渡区，如图 39.30 所示．其磁晶各向异性常数逐渐变化，设与

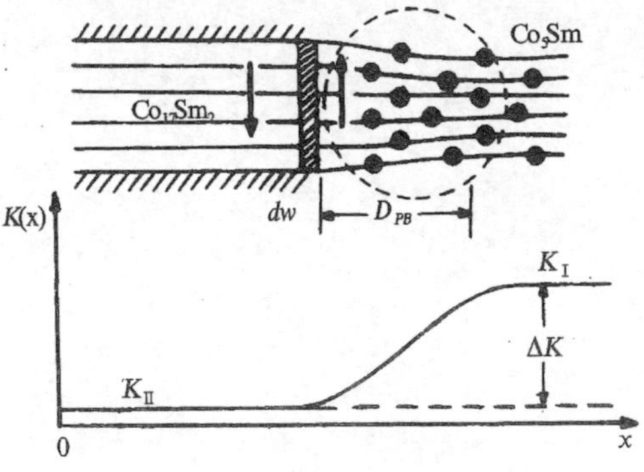

图 39.30　片状脱溶体的侧面相界．

坐标 x 为线性关系，亦示于图中. 经计算，布洛赫壁的去钉扎场为

$$H_{PB}=\frac{1}{\sqrt{2}}\frac{1}{\mu_0}\frac{\bar{\gamma}}{M_{\mathrm{II}}}\left(\frac{\pi}{D}+\frac{1}{D_{PB}}\right), \tag{39.52}$$

式中 D_{PB}为侧面相界厚度，$\bar{\gamma}=4\left(A\frac{K_{\mathrm{I}}+K_{\mathrm{II}}}{2}\right)^{\frac{1}{2}}$. 将有关磁性参数代入上两式发现，当 $D=10^{-6}$cm 时，$H_{PN}<H_{PB}$，核的长大由奈耳壁的移动所控制，当片厚 $D=2\times10^{-6}$cm 时，$H_{PN}>H_{PB}$，$SmCo_5$ 合金的反磁化将主要由布洛赫畴壁的不可逆位移进行.

第四十章　特殊状态下的金属磁性

§40.1　超细微粒磁性

尺寸约介于 1—10nm 的微粒称为超细微粒. 亦可包括新近发展的原子分子簇,纳米材料及颗粒膜等. 从维度而言,常归为准零维范畴. 它是介于原子、分子与块状固体之间的过渡区的物质形态. 它具有与二者相异的某些性能,又常兼有某些特殊的微观与宏观效应或性能. 早在 50 年代,基于对单畴微粒磁性的研究已成功地制出细长单畴微粉永磁. 但从整体而言,近 20 年来才对超细微粒作为一大类特殊的物质状态及新材料领域多方面地开展研究.

(a)*磁有序超微粒的尺寸效应,超顺磁性*　在 §38.4 中曾讨论过强磁物质的小尺寸效应,并在图 38.72 中示出矫顽力与颗粒尺寸 D 的依赖关系的示意. 图 40.1 示出铁和铁-钴合金微粒的矫顽力 H_C 和剩磁比 $\frac{M_R}{M_s}$ 对微粒平均尺寸 D 的依赖性的实验结果[168]. 颗粒尺寸大于单畴临界尺寸时为多畴结构,通过畴壁位移进行反磁化,H_C 较小. 随着 D 的减小,H_C 逐渐增大. 其起始部分是由于表面缺陷和表面畴对畴壁位移的阻滞或钉扎效应随 D 的减小而增大. D 的进一步减小,接近和达到单畴临界尺寸时,H_C 继续增大,相应于不均匀转动和均匀转动的反磁化过程. 然而,H_C 的最大值仍小于均匀转动的理论值 $\frac{2K}{\mu_0 M_s}$. 可能的原因有三,其一,实验值来自对微粒集合体的测量. 集合体中粒子间磁相互作用使 H_C 值小于孤立的单畴微粒的数值;其二,微粒及其表面的不均匀性和缺陷导致不均匀反磁化过程;其三,为超顺磁性的影响. 超顺磁性的明显表现为图中左侧当 D 很小时 H_C 和 M_R 随 D 减小而降低的普遍现象. 超顺磁性是当微粒体积足够小时热运动能对微粒自发磁化方向的影响引起的磁性[169].

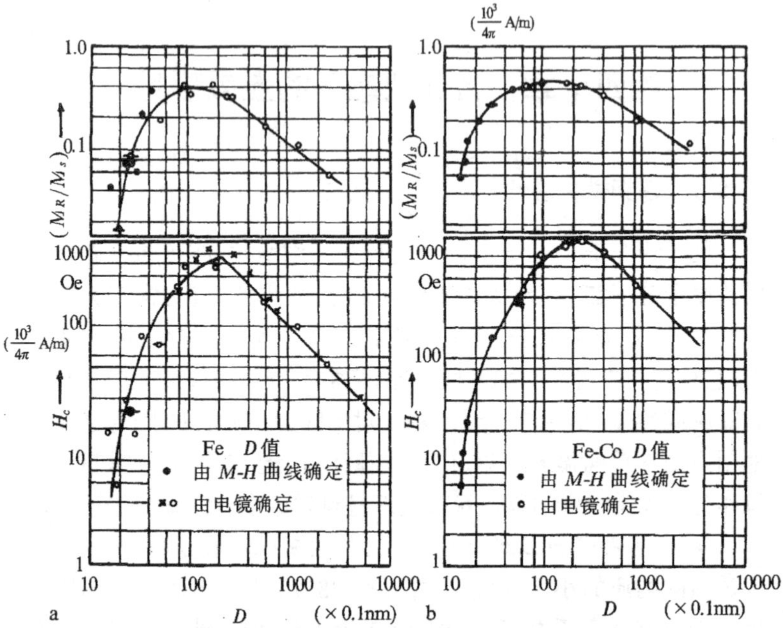

图 40.1 铁(a)和铁-钴(b)微粒磁性的尺寸效应.

考虑一各向同性的单畴粒子集合体.粒子体积为 V. 在居里点下各个粒子自发磁化而具有磁矩 M_sV. 当 V 足够小,粒子的磁化方向受热运动影响作"磁布朗运动",呈完全的混乱,故集合体的磁化强度 $M=0$. 在磁场 H 作用下,粒子的磁势能为 $E_H=-\mu_0V\overline{M}_sH\cos\theta$. 不难证明,热力学平衡时,微粒集合体的磁化强度 $\overline{M}$ 服从下式:

$$\frac{\overline{M}}{\overline{M}_s}=\coth\alpha-1/\alpha=L(\alpha), \qquad (40.1)$$

$$\alpha=\mu_0VM_sH/KT, \overline{M}_s=nVM_s,$$

式中 n 为单位体积中的粒子数,$L(\alpha)$ 为朗之万函数. 式(40.1)代表了超顺磁性磁化曲线. 它与顺磁气体一样由朗之万函数描述. 不同的是，后者的磁性粒子为原子或分子，其磁矩 μ 的数值约为几个玻尔磁子．而超顺磁体中每个粒子的磁矩为 VM_s．由于 VM_s 的数值高，故可在通常的磁场和不太低的温度下观察式(40.1)的全部函数关系，如图 40.2 所示．图中为脱溶分解后的 Co-Cu2%at 合金中处于超顺磁态的强磁相 10Cu90Co 微粒($D\sim 2.7$nm)的磁化曲线[170]．磁化曲线的饱和值 $\overline{M}_s=nVM_s$，其零点斜率为 $\frac{nV^2M_s^2}{3K}$．因而可从实验曲线来确定 VM_s 的数值，若考虑微粒的磁晶各向异性，决定自旋取向分布的能量为 E_H 与磁晶各向异性能之和，对单轴各向异性，

$$E=KV\sin^2\theta\pm\mu_0VM_sH\cos(\theta-\varphi),\tag{40.2}$$

式中 θ 和 φ 为 M_s 与易磁化方向及磁场 H 的夹角．

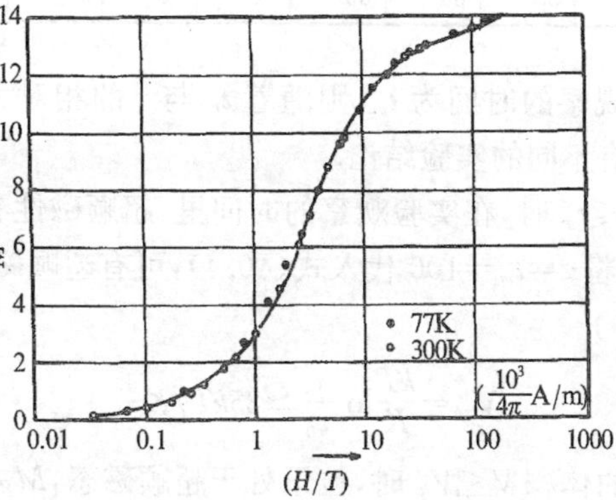

图 40.2　Co-Cu 合金中富 Co 粒子的超顺磁性．

为了考虑超顺磁性对 M_R 及 H_C 的影响，考虑一个单轴的单畴粒子集合体，各粒子的易磁化方向平行，磁场沿易磁化方向将其磁化．当磁场刚取消后，其剩磁为 $M_R(0)=M_s$．磁化反转受难磁化方向的势垒 $\Delta E=KV$ 的阻滞，只有当外加磁场足以克服势垒时才能实现反磁化，均匀转动的 $H_C=\frac{2K}{\mu_0M_s}$．如粒子尺寸足够小，出现了热运动能使 M_s 越过势垒的概率，其大小 $p\sim\exp(-KV/kT)$．

经过足够长的时间，剩磁趋于零，其衰减过程为

$$M_R(t)=M_R(0)\exp(-t/\tau), \qquad (40.3)$$

τ 为弛豫时间.

$$\tau=\tau_0\exp(KV/kT)=\frac{1}{f_0}\exp(KV/kT) \qquad (40.4)$$

$f_0\sim10^9\text{s}^{-1}$，相应于在各向异性场中粒子磁矩的旋进频率. 驰豫时间剧烈地依赖于 K，V 和 T，令磁各向异性常数 $K=10^{+7}\text{J/m}^3$，$T=100\text{K}$，τ 与 V 及 $D=V^{\frac{1}{3}}$的关系列于表 40.1.

表 40.1 超顺磁性弛豫时间 τ 与微粒尺寸的关系（$K=10^7\text{J/m}^3$，$T=100\text{K}$）

τ(s)	10^{-3}	10^{-1}	1	10^1	10^3	10^5	10^7	10^9
$V(10^{-17}\text{cm}^3)$	1.9	2.5	2.9	3.2	3.8	4.4	5.1	5.7
D(×0.1nm)	58	63	66	68	73	76	80	83

如实验观察的时间为 t_m，则随着 t_m 与 τ 的相对大小不同，对超顺磁性可有不同的实验结论.

(1)当 $\tau\leqslant t_m$ 时，在实验观察的时间里，超顺磁性有充分表现. 设 $t_m=100\text{s}$，将 $\tau=t_m=100$ 代入式(40.4)，可有超顺磁性临界尺寸 V_{sp}为

$$V_{sp}=\frac{kT}{K}\ln\frac{\tau}{\tau_0}\simeq25kT/K. \qquad (40.5)$$

当粒子的体积 $V\leq V_p$ 时，粒子处于超顺磁态，$M_R\cong0$，$H_c\cong0$. 对给定的 V，上式可确定超顺磁性的冻结温度 T_B. $T<T_B$ 时，$\tau>tm$，超顺磁性不明显.

(2)当 $\tau\gg t_m$ 时，在实验中观察不到热起伏效应. 粒子为通常的稳定单畴. 令 $\tau\geq10^7\text{s}$[～1a(年)]

$$V_s\cong37kT/K.$$

粒子体积 $V>V_s$ 时，才为稳定的单畴.

在反磁化过程中，H 不等于零. 正、负方向的能量由式(40.2)表示. 负磁场的加入使原来正方向的能量与难向位垒的差 ΔE 降

低. 按文献[171]的记载的估计,$\Delta E=KV(1-\mu_0 HM_s/2K)^2$. 令测量 H_c 的时间 $t_m=1s$,则得到式(38.156)表示的 H_c 与颗粒尺寸的依赖关系,有

$$H_c=H_{c0}\left[1-\left(\frac{V_{sp}}{V}\right)^{\frac{1}{2}}\right]=H_{c0}\left[1-\left(\frac{d_{sp}}{D}\right)^{\frac{3}{2}}\right],$$

定性地描述了图 40.1 左侧 H_C 随 D 减小而降低的现象. 当 $D\to d_{sp}$ 时,$H_c\to 0$.

穆斯堡尔谱学是研究超顺磁性的另一个方便的方法. 这时测量时间 $t_m\backsimeq 10^{-8}$s,从而得到

$$V_p\backsimeq 2.3kT/K. \tag{40.6}$$

与静磁测量($t_m\sim 1$—100s)确定的 V_p 不同. 莫洛普等[172]进行过系统的研究.

反铁磁物质的超细微粒的尺寸很小时,其反铁磁性的磁矩抵消不完全,表现出与超顺磁性相似的性能. 奈耳称之为超反铁磁性[173].

超顺磁性可用来研究物质磁性及复相合金和化合物中磁性相的尺寸、分布、形状、含量及成分等及相变的成核生长等过程. 超顺磁性是制备磁性流体的条件.

随着微粒尺寸变小,磁有序相变温度亦会改变. 例如 α-Fe_2O_3 的 Morin 相变温度为 260K,当 $D<8$nm 时相变消失[174]. Fe_3O_4 的 Verwey 转变温度为 119K,D 减小至纳米级时相变温度降低[175].

(b)*宏观量子隧道效应和量子尺寸效应*　当微粒尺寸很小时出现量子效应. 量子效应随尺度减小而显著,这是可以想像的. 更令人注目的是宏观量子隧道效应(MQT).

(1)宏观量子隧道效应[176]. 微观粒子具有贯穿势垒的能力,即隧道效应. 宏观量子隧道效应是指一些宏观量(如磁通量、磁化强度等)可以穿过宏观势垒使状态发生变化的现象. 最早发现的明确的宏观量子隧道效应为约瑟夫森结. 近几年来在强磁体中的宏观量子隧道效应日益引起人们的重视. 大量电子自旋(10^3—10^{10}个)构成的集体的宏观磁化强度的分布表现出通过位垒以一个状态达

到另一状态的能力.宏观量子隧道效应不仅在物质磁性及量子物理上有特殊的基础研究意义,并与实际应用相关.当前,宏观量子隧道效应的研究主要有3个方面.单畴微粒中磁化矢量的方向越过易磁化方向间的势垒从一个易向改变到另一易向的隧道效应[177];反磁化过程的量子成核[178];及被钉扎的畴壁越过势垒的量子运动[179—181].

在超顺磁性理论中,单畴粒子磁化方向因热激发而变化,磁化强度的驰豫时间用式(40.4)来表示,随温度下降而变长.对给定尺寸 D 的粒子可有一冻结温度 T_B.当 $T<T_B$ 时,弛豫时间比测量时间 t_m 长,超顺磁性不明显。当趋于绝对零度时,弛豫时间应趋于无限长.但早在50年代就发现镍粉样品中有部分镍颗粒在4.2K低温下仍呈现类似超顺磁性能,无法达到冻结温度 T_B.这意味着零点运动,量子隧道效应可能起着类似于热激发作用,引起单畴颗粒的磁化反转.理论预期,与宏观过程相似,可能存在着两种机制.其一为量子成核过程,在颗粒的一侧出现了畴壁的核.然后通过畴壁位移实现反磁化.如图40.3所示[180].另一种机制为磁化矢量转运过程.但二者都可在磁场为零的条件下通过隧道效应进行[177].奥沙罗姆等人用扫描隧道显微镜技术控制纳米尺度磁性超细颗粒的淀积,用超导量子干涉磁强计研究其磁化率在低温下对频率的依赖性,进一步证明低温下超细微粒中的宏观量子隧道效应[181].此外,对单层和多层膜中的宏观量子隧道效应也开始研究[182].

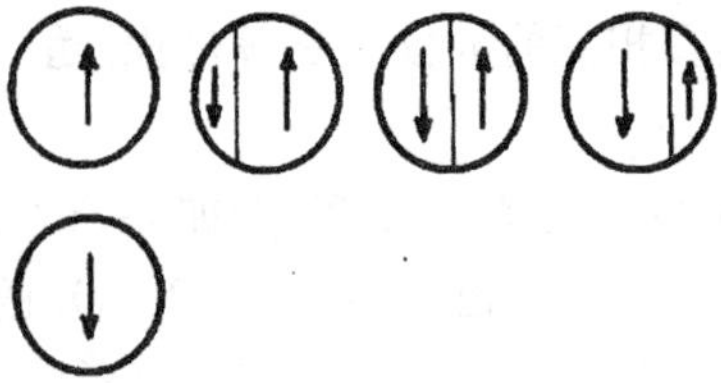

图40.3 成核及壁移过程.

受钉扎的畴壁的宏观量子效应在窄畴壁的稀土合金中有所表现.在高温下,这类合金的畴壁的热激活运动使其矫顽力随温度上升而减小,已示于图39.24.但在更低的温度下出现了反常,$_MH_C$ 不随温度下降而增加,从而在被称为交界(crossover)温度处出现极大值.图 40.4 示出 $Dy(Fe_{1-x}Ga_x)_2$ 合金的内禀矫顽力与温度的关系[183]. $T>T_{cr}$时,畴壁受热激活而移动,${}_MH_C^{\frac{1}{2}}$ 与 $T^{\frac{2}{3}}$成线性关系[184],有

$$H_C^{\frac{1}{2}}=H_C(0)\left(1-CT^{\frac{2}{3}}\right). \tag{40.7}$$

在 $T<T_{cr}$时,${}_MH_C$与上式的关系偏离,为量子隧道效应的表现.低温下退磁曲线的实验提供了畴壁移动的量子隧道效应的另一个可能的证据. $SmCo_{3.5}Cu_{1.5}$单晶的退磁曲线在 4—50K 区域中为连续的,且有磁性后效.但在更低的温度(2.1K)下,当磁场接近成核场时,退磁曲线中出现了大的不连续性.当温度进一步降低时,不连续跳跃式的反磁化的数目增加,到 1.8K 时退磁曲线由一系列台阶组成,相应于连续的跳跃式反磁化过程.如图 40.5 所示[185].仔细的研究指出,这种低温下的跳跃式反磁化很可能是由畴壁隧道效应引发的雪崩式热激活畴壁位移造成的.

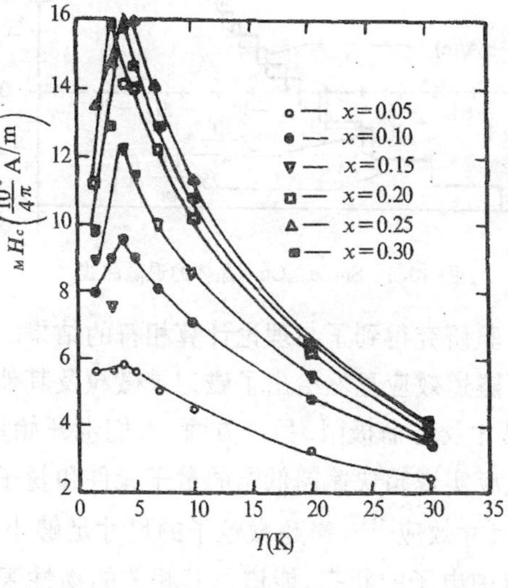

图 40.4 $Dy(Fe_{1-x}Ga)_x$ 的矫顽力与温度的关系.

理论预期,反铁磁性的不同状态间也存在着宏观量子隧道效应[186].新近对纳米尺度的马脾中提取的铁蛋白反铁磁性超细微粒

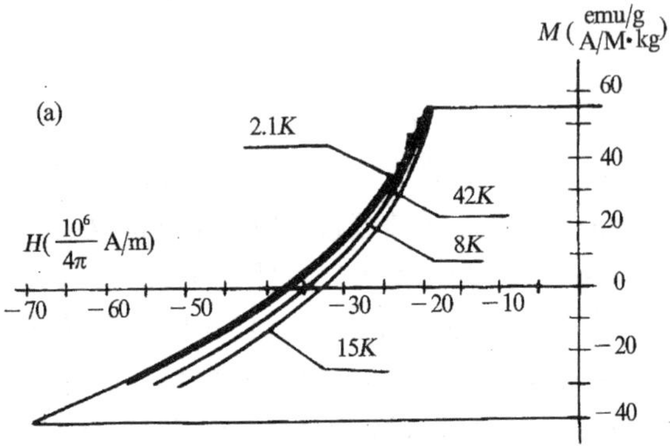

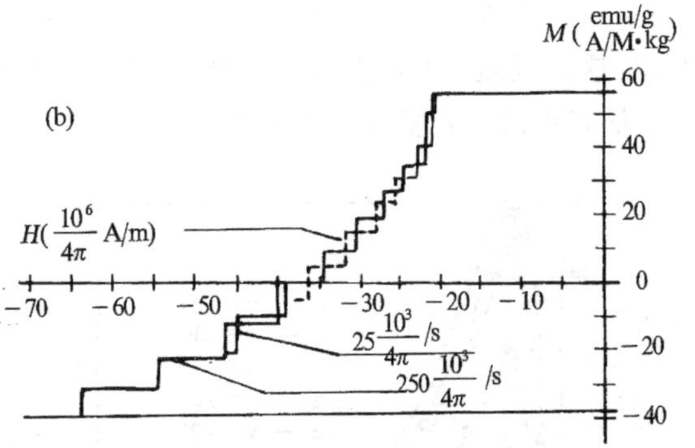

图 40.5　$SmCo_{3.5}Cu_{1.5}$晶体的退磁曲线.

的电磁吸收实验研究得到了与理论计算相符的结果.

宏观量子隧道效应显然给出了磁记录微粒及其他超微型磁性元件的最小尺寸及寿命极限.另一方面,人们也开始设想,利用宏观量子隧道效应实现超快速超低温的量子元件和量子计算机[187].

(2)量子尺寸效应[188].当超微粒子的尺寸足够小,约介于1—10nm时,微粒中电子的状态,能谱及其相关的物性表现出对微粒尺寸的依赖性,称为量子尺寸效应[189].不同的物性与不同的量子效应相关.如光学性能密切相关于表面等离子激元,故灵敏地依赖于粒子的尺寸和粒子间及与周围介质的相互作用.超微粒子的磁性则直接与粒子中电子能态的分布相关.

金属中传导电子形成准连续的能带. 按自由电子模型. 费米能 $E_F=\hbar^2\left(\frac{3\pi^2 n}{2m}\right)^{\frac{2}{3}}$,仅依赖于电子浓度 n,与微粒尺寸无关. 但当微粒尺寸很小时,传导电子总数 N 亦小,0K 时,E_F 以下的能态被占据. 故电子能级的平均间距 δ 与 N 成反比例. 较精确的关系为 $\Delta=\frac{4}{3}\frac{E_F}{N}$. N 与颗粒体积成正比例. 因此能级平均间距 Δ 随微粒体积减小而增大. 例如直径为 14nm 的银颗粒的 Δ/k～1K 或 Δ/μ_B～10^6A/m. 因此,在低温下或低磁场下,这种分立的电子能谱使其有关性能与大块金属不同.

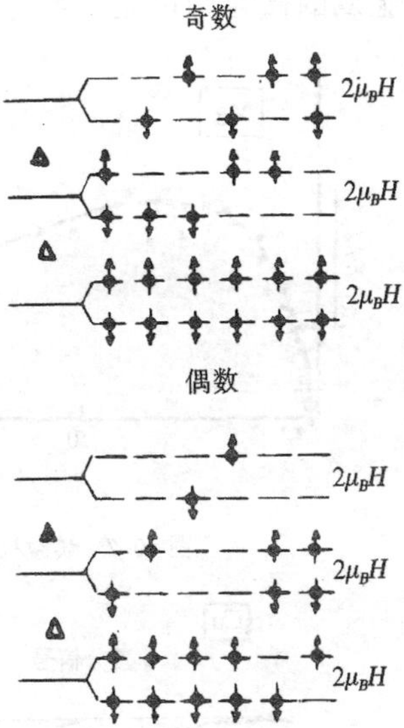

图 40.6　总电子数为奇偶时的电子能级示意图.

在块状金属中,N 很大,Δ 很小,电子能级为准连续的,自由电子呈几乎不随温度变化的泡利顺磁性. 具有分立能级的超细微粒的磁性则完全不同,且因微粒中电子数 N 的奇偶而有根本的差异,在 0K 温度下,电子占据费米能以下的能级. 在弱磁场下的电子分布示于图 40.6 中最右侧,N 为偶数时无总自旋磁矩,磁化率 $\chi=0$,N 为奇数时,费米面上有一个电子,微粒有未抵消的自旋磁矩. 故呈顺磁性,当温度上升使 $T\gtrsim\Delta/k$ 时,电子具有处于激发态的概率,激发态电子分布依次示于图中基态的右侧,统计理论给出,N 为偶数时,微粒的磁化率随温度上升而增加,

$$\chi_{偶}=7.63\mu_B^2 kT/\Delta. \tag{40.8}$$

N 为奇数时,χ 服从居里定律,χ 与 T 成反比

$$\chi_{奇}=\mu_B^2/kT. \qquad (40.9)$$

只有在高温,强磁场及强轨道-自旋耦合,kT 或 $\mu_B H$ 或 $E_{L\cdot S}\gg\Delta$ 时,量子尺寸效应被淬灭,使 $\chi_{偶}\sim\chi_{奇}\sim\chi_{泡利}$. 在低温下,对不同尺寸的超细微粒或原子簇的磁化率对温度的依赖性进行测量可以获得奇偶电子数的颗粒的量子尺寸效应的信息. 常用的实验方法有静磁测量,核磁共振及顺磁共振等. 金属的核磁共振确定的奈特位移正比于传导电子的顺磁磁化率,电子顺磁共振线积分强度,共振位置,g 因子位移,线宽及纵向驰豫时间的测定均可得到磁化率等量子尺寸效应的信息.

一般地说,二价简单金属的微粒的传导电子总数 N 为偶数,一价金属的微粒则可能一半为奇,另一半为偶数. 图 40.7 示出平

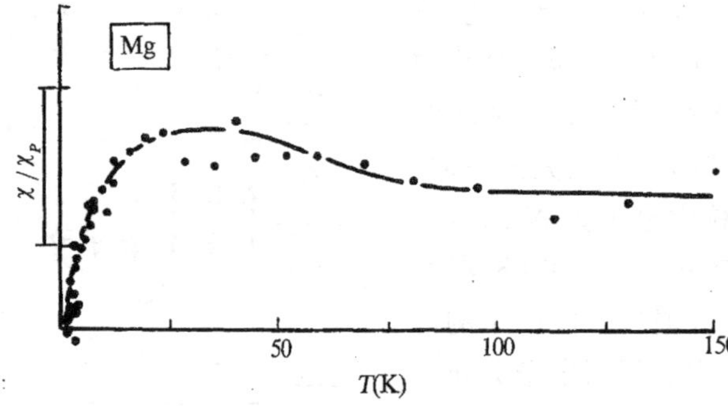

图 40.7　镁微粒的 χ 与温度的关系.

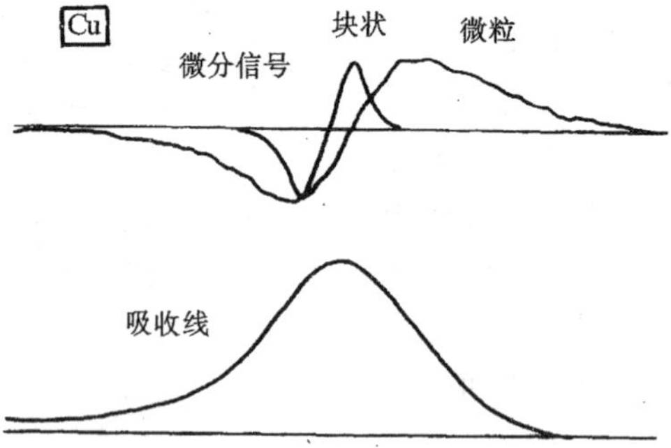

图 40.8　铜微粒的核磁共振信号.

均尺寸为 20A 的金属镁的 χ 与温度的依赖关系[190]. 其 $\Delta/k \sim$ 250K. 在 $T \lesssim 25$K 时, χ 剧烈下降而趋于零, 与偶电子数超微粒的量子尺寸效应的予期一致. 图 40.8 示出平均尺寸为 10nm 的铜微粒的核磁共振信号[191], 下图为吸收曲线. 上图为微分曲线, 可以看到块状样品及微粒样品的差别. 图 40.9 为尺寸分别为 2.5nm (○), 4nm (●), 10nm (△) 和 11nm (□) 的 4 个铜微粒样品的奈特位移与温度的关系[191]. 纵坐标为相对于块状样品的约化奈特位移. 奈特位移随温度下降而减小为量子尺寸效应的表现. 0K 时的残余奈特位移与铜的较大的轨道-自旋偶合对自由电子量子尺寸效应的修正有关.

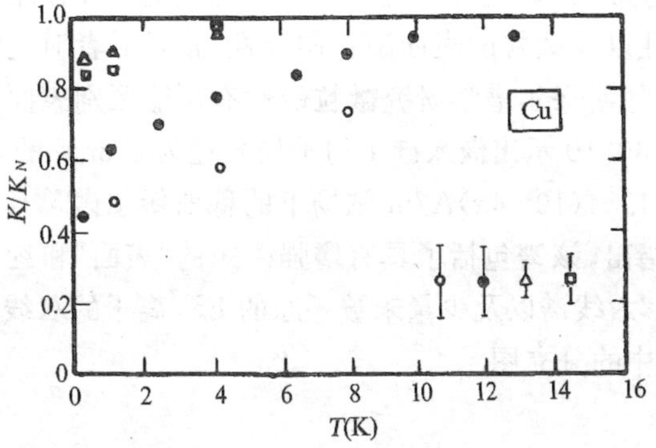

图 40.9 不同尺寸的铜微粒的奈特位移与温度的关系.

(c) *超细微粒的表面效应* 微粒的表面积与体积的比例随其尺寸减小而增大, 逐渐显示出表面效应的影响.

本征的表面效应来自表面层原子环境, 即近邻数的变化和原子排列对称性不同于内部. 前者引起表面层原子间相互作用的变异, 从而导致原子平均磁矩, 交换作用及分子场的变异. 故表面层应有其特殊的磁化强度、居里点和饱和磁化强度对温度的依赖性. 表面层原子排列的对称破缺导致表面磁各向异性. 与这些性能联系, 还有表面磁矩的静态和动态钉扎. 本征的表面磁性在超微粒及超薄膜中均有表现. 将在下节超薄膜和多层膜中讨论.

微细粒子的另一种表面效应来自表面成分变异及吸附, 可称为非本征表面磁性,也十分重要.例如在惰性气体中生成的超细微粒的表面常具有稳定的氧化层.其饱和磁化强度的温度依赖性不同于块材料,低温下与$T^{\frac{3}{2}}$偏离[192].超细微粒的化学吸附会引起微粒表面磁各向异性及总的磁各向异性的变化.表 40.2 列出用穆斯保尔谱的测量求出的铁、钴、镍微粒的有效磁各向异性常数K_e的数值[193].H_2的吸附使镍的K_e减小,而H_2及 CO 的吸附均使钴和铁的K_e增大.值得注意的是,微粒的K_e显著地高于宏观晶体的数值.其原因是宏观晶体值只包括磁晶各向异性,对立方晶体,当$K_1>0$时$K_e=\frac{K_1}{4_1}$,当$K_1<0$时,$K_e=\frac{K_1}{12}$.而微粒的K_e可能还包含了颗粒非球形的形状各向异性,微粒与基质间相互作用引起的应力各向异性以及微粒的表面磁各向异性.正是后者对化学吸附非常灵敏.用穆斯保尔谱学研究微粒磁性有可能区别表面磁性及内部磁性.图 40.10 示出嵌入硅土的平均直径为 6.3nm 的α-Fe 微粒在 78K 和 12.4$(10^6/4\pi)$A/m 磁场下的穆斯堡尔谱[193],对谱的分析与凝合指出,该谱包括了具有增强磁矩的"表面"和约为正常磁矩的"内部"六线谱以及少量未被还原的F_e^{2+}离子的双线谱三个成份,示于图中的分立图.

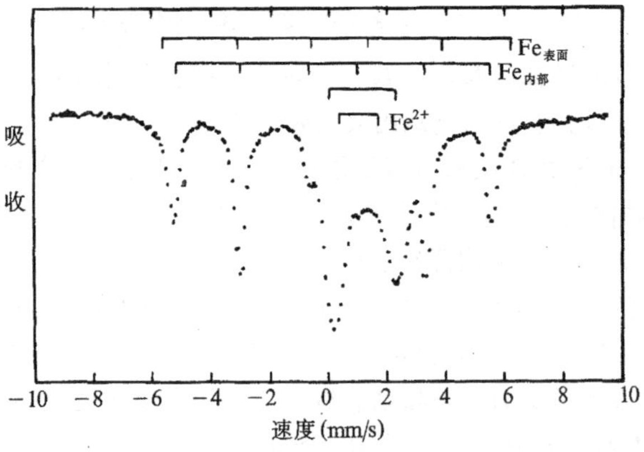

图 40.10 α-Fe 颗粒在 78K,12.4[$(10^6/4\pi)$A/m]下的穆斯堡尔谱.

表 40.2 铁、钴、镍超细微粒的磁各向异性

	颗粒尺寸(nm)	磁各向异性能常数值			
		细颗粒,$K(J/m^3)$			宏观晶体
		真空中	吸附 H_2	吸附 CO	$K_e(J/m^3)$
Fe	6.3	$0.8\cdot10^5$	$1.2\cdot10^5$	$1.3\cdot10^5$	$0.1\cdot10^5$
Co	7.2	$0.35\cdot10^5$	$0.7\cdot10^5$	$0.5\cdot10^5$	$0.08\cdot10^5$
Ni	4.0	$0.6\cdot10^5$	$0.3\cdot10^5$		$0.006\cdot10^5$

注:细颗粒数据的精度主要由体积的精度(约±25%)所决定.然而,对给定的样品在不同表面条件下各向异性能比值的误差是较小的(约±10%).

§40.2 磁性薄膜与多层膜磁性

磁性金属薄膜因其在超高密度磁记录介质、磁光记录介质、薄膜磁头及传感器等方面的应用而成为一类新的磁性材料.当膜厚足够薄时,薄膜趋于二维系统,且表面及界面效应逐渐显示其影响.厚度仅几个单原子层的超薄膜成为一个专门的研究领域.人工设计制作的层厚为原子尺度的多层膜或人工超晶格可以具有与大块材料不同的性能,其中包含了丰富的物理问题,并成为寻求新性能和新材料的重要方向.磁性薄膜及多层膜中的主要物理问题有,维度效应,表面与界面磁矩异常,表面磁各向异性,磁层间交换耦合,巨磁电阻效应,磁光效应以及磁畴及畴壁的特殊结构等.近几年来层间耦合和巨磁电阻方面突破性的进展特别引人注目.

(a)*磁性的维度效应* 大块材料的饱和磁化强度与温度的关系满足 $T^{3/2}$律.都灵[194]和马森[195]预言,二维系统中 M_s 与 T 呈线性关系.在实验上已相当普遍地发现,磁层厚度减到纳米量级时多层膜的磁化强度与温度的关系逐渐过渡到线性 $M_s=M_o(1-cT)$.图 40.11 示出的是 Ni/Ag 多层膜的约化磁化强度与温度的关系[196].图 40.12 为 Ag 层保持 2nm 时居里温度 T_C 对 Ni 层厚度的依赖性.当 d_{Ni}大于 4nm 时,T_C 与大块材料的数值接近.超薄膜中 M_s-T 变陡,T_C 降低,为二维效应的重要表现.在多层膜中,当非磁

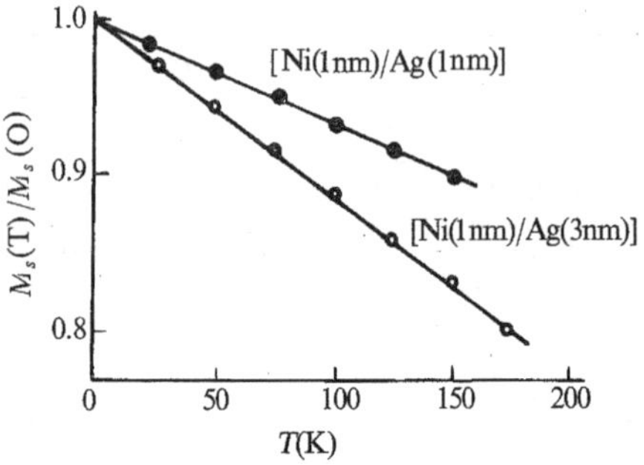

图 40.11 Ni/Ag 多层膜约化磁化强度与温度的关系.

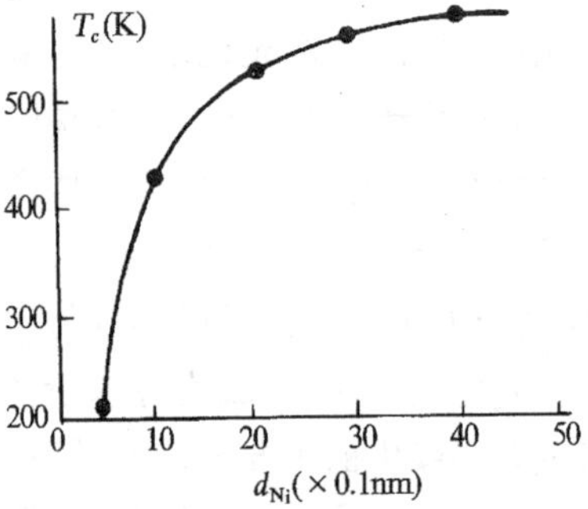

图 40.12 Ni/Ag 的 T_C 与 d_{Ni}的关系.

金属层厚度减小至约 3nm 以下时,非磁层中的传导电子可以使两侧磁层发生层间交换耦合,使二维效应减弱,图 40.13 示出的是保持铁层厚不变,为 3 个原子层厚,银层厚度为 4,8,12 和 17 个原子层厚(ML)时,Fe/Ag 多层膜中 Fe 的超精细场 H_{hf}与温度的关系[197]. 当银层厚 $x=17ML$ 时,H_{hf}-T 基本为线性,铁层表现出二维效应. 但当 x 较小时,M_s-T 渐失去线性,可理解为层间耦合使二维效应减弱所致.

(b)表面与界面磁性[198] 薄膜的表面或界面处的晶格或成分突然终止引起若干特殊性能,如表面或界面磁矩增强、下降或出现死层和表面或界面磁各向异性及其它磁性异常.

(1)表面及界面磁矩异常[198]. 过渡族原子构成金属时,由于原子间相互作用形成相互重叠的能带,平均原子磁矩小于孤立原子磁矩. 在铁磁体干净表面或与惰性衬底相接的界面,由于原子间相互作用减弱,其原子磁矩常大于大块金属内部原子磁矩,即为磁矩增强. 而在与非铁磁过渡金属相接的界面,由于两金属原子间相互作用，使铁磁性及磁矩减小，甚至出现反铁磁转变. 近十年来，对此问题有不少理论及实验研究. 弗里曼小组用较精确的全势线性组合平面波方法(FLAPW)进行了系统的理论研究. 表 40.3 列出不同结构和不同取向的 Fe,Co,Ni,Cr 和 Gd 的表面原子磁矩和内部原子磁矩的计算值. 表面磁矩增强是普遍的，bccFe 及 fccFe 的增强可高达 30—40%，且随晶面不同而异. 金属钆的磁矩主要来自 $4f$ 电子，由于 $4f$ 电子的局域性，表面及内部磁矩差别不大. 表中给出传导电子($5d$ 和 $6s$)被交换极化的表面增强数据. 较精确的理论计算还发现，镍的表面层原子磁矩呈振荡型变化. 最表层 Ni(111)的磁矩为 0.63，次表层为 0.64，然后向内部原子磁矩 $0.58\mu_B$ 收敛. 对干净表面原子磁矩的实验测量十分困难，原子吸附往往会降低表面磁矩，如 H,S 的吸附及 Ag,Al 的覆盖均可降低表面磁矩. 但表面层磁矩的测量在技术上也颇困难.

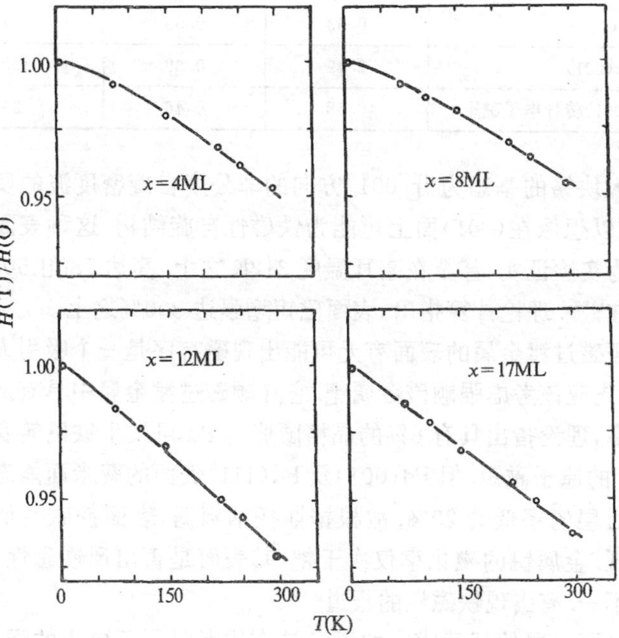

图 40.13　Fe(3ML)/Ag(x)多层膜的 H_{hf}-T 关系.

表 40.3 一些金属表面及内部原子磁矩的理论值(μ_B)[198]

系统	表面	中心	增强%
bcc Fe(001)	2.96	2.27	30
bcc Fe(110)	2.65	2.22	19
bcc Fe(111)	2.70	2.30	17
fcc Fe(001)	2.85	1.99	43
hcp Co(0001)	1.76	1.64	7
fcc Co(001)	1.86	1.65	13
bcc Co(001)	1.95	1.76	11
bcc Co(110)	1.82	1.76	3
fcc Ni(001)	0.68	0.56	23
fcc Ni(110)	0.63	0.56	13
fcc Ni(111)	0.63	0.58	9
bcc Cr(001)	2.49	0.59	322
Gd(0001)传导电子磁矩	0.58	0.46	26

大块铬的基态为沿[001]方向的非公度自旋密度波的反铁磁体.可以想像在(001)面上可能为铁磁性自旋结构.这种表面铁磁性已为实验证实,甚至在奈耳温度312K之上,高达780±50K时,仍存在[199].理论计算指出,表面磁矩增强达300%之上.

顺磁过渡金属的表面有无可能出现磁有序是一个吸引人的问题.首先应该考虑强顺磁金属钯.它在顺磁过渡金属中具有最高的磁化率,理论指出具有6%的晶格膨胀的Pd可发生铁磁转变并有0.3μ_B的原子磁矩.但Pd(001)及Pd(111)表面的费米面能态密度比中心层的还低约20%.故根据斯托纳判据,表面铁磁性似不可能出现.金属钒的磁化率仅次于钯,其表面是否出现铁磁性,理论计算不一.有出现铁磁性的报道[200].

单原子层的超薄膜中的原子具有比表面原子更少的配位数,故磁矩应有更大的增强.但实际的超薄膜必需附着在衬底上,称为覆盖层.覆盖层与衬底界面上的相互作用对超薄膜磁性可有很大的影响.同时对衬底也有影响.贵金属或陶瓷衬底称为惰性衬底.其费米面几乎无电子态,因而覆盖层与衬底间的相互作用小,在惰性衬底上的超薄膜的磁矩多有增强,若衬底为过渡金属,强烈的覆盖层与衬底间的相互作用使磁矩增强大受影响.表 40.4 列出若干单原子层的磁性和磁矩的理论计算结果.表中"单原子层"指不考虑与衬底间电子态的相互作用时的情况,只是其晶格常数取采用与衬底匹配的数值,以与"覆盖层"比较 .与大块材料和表面磁矩比较,单原子层超薄膜的原子磁矩有较大的增强,且对晶格常数不敏感.不论是晶格收缩〔如 Fe/Cu(001)〕或膨胀〔如 Fe/MgO 或 Fe/W(001)〕,铁的原子磁矩均有较大增强,在"覆盖层"一栏中,考虑了与衬底电子态的相互作用,磁矩有不同程度的下降,惰性衬底中铜的影响大于金、银及氧化镁的影响.当衬底为过渡金属时,电子态的杂化引起磁性和原子磁矩较大的变化.例如 Fe/W(110)覆盖层的磁矩大大降低.但夹层膜 Ag/Fe/W(110)中 Fe 的磁矩比块状值增强 14%.而 Fe/W(001)变为反铁磁性,且磁矩大大降低.以强顺磁体 Pd 为衬底时,Fe,Co,Ni 只有微弱的磁矩增强,V,Cr,Mn 则均呈现反铁磁性.值得注意的是,以贵金属 Ag 为衬底时,覆盖层 V,Ti,Rh,Ru 均呈现反铁磁或铁磁性.而以 Ru 为衬底的 Fe 超薄膜 Fe/Ru(0001)为反铁磁体.实验发现,Fe(111)n/Ru(0001)超薄层及 Fe_n/Ru_m超晶格系统中的"磁死层"厚度分别为 $n\sim 2$ 及 4,n 为单原子层数[201,202].此外,铁磁层与非铁磁金属在界面上的相互作用可在非铁磁层中引起自旋极化.对 Pd,在界面处的 Pd 原子磁矩为 0.3—0.4μ_B/At.在次界面的 Pd 原子仍可有 0.2μ_B.在实际的超薄膜及多层膜中,二维效应,界面电子态的杂化及合金化引起的磁矩异常及非铁磁层的自旋极化混在一起.用实验方法将各种贡献分开是颇为困难的,穆斯保尔谱及核磁共振的超精细场分析是比较有力的手段[203,204].

(2)表面和界面磁各向异性.奈耳指出,表面或界面处近邻数减少和对称性降低可引起表面磁晶各向异性,显然,表面和界面法

表 40.4 一些单原子层超薄膜的磁性与磁矩[198]

系统	单原子层		覆盖层	
	状态	磁矩(μ_B)	状态	磁矩(μ_B)
Fe/Ag(001)	FM	3.20—3.4	FM	2.96—3.01
Fe/Au(001)	FM	—	FM	2.97
Fe/Mgo(001)	FM	3.10	FM	3.07
Fe/Cu(001)	FM	3.20	FM	2.69—2.85
Co/Cu(001)	FM	—	FM	1.79
Co/Cu(111)	FM	—	FM	1.63
Co/Ag(001)	FM	2.20	FM	2.03
Ni/Cu(001)	FM	—	FM	0.39
Ni/Ag(001)	FM	1.02	FM	0.57—0.65
Ni/Cu(111)	FM	—	FM	0.34
Mn/Ag(001)	AFM	4.32	AFM	4.11
Cr/Ag(001)	AFM	4.09	AFM	3.57
Cr/Au(001)	AFM	3.84	AFM	3.48
V/Ag(001)	FM	2.87	AFM	2.08
Ti/Ag(001)	FM	1.72	FM	0.34
Pd/Ag(001)	FM	0.40	PM	0.00
Rh/Au(001)	FM	1.56	FM	1.09
Rh/Ag(001)	FM	1.45	FM	0.95
Ru/Ag(001)	FM	2.12	FM	1.57
Fe/Pd(001)	FM	—	FM	3.19
Co/Pd(001)	FM	—	FM	2.12
Co/Pd(111)	FM	1.87	FM	1.88
Co/Pt(111)	FM	1.89	FM	1.84
Ni/Pd(001)	FM	—	FM	0.89
V/Pd(001)	FM	—	AFM	1.39
Cr/Pd(001)	AFM	—	AFM	3.46
Mn/Pd(001)	AFM	—	AFM	4.05
Ti/Pd(001)	FM	—	PM	0.00
Fe/W(110)	FM	2.98	FM	2.18
Fe/W(001)	FM	3.10	AFM	0.93
Fe/Ru(0001)	FM	2.90	AFM	2.23

线为一个对称轴. 因此单位面积的表面或界面磁各向异性能可表为

$$E_s = K_s \sin^2\theta. \tag{40.10}$$

在 c g s 单位中 K_s 的单位为 $\mathrm{erg/cm^2}$. θ 为 M_s 与界面法线的夹角. $K_s>0$ 时,易磁化方向沿法线,称为垂直磁各向异性. $K_s<0$ 时,易磁化方向在平面中. 薄膜还有一个来源于界面的磁各向异性,即层间应力引起的磁各向异性. 其能密度可近似地表为

$$E_\gamma = K_\sigma \sin^2\theta, \tag{40.11}$$

$K_\sigma = -\frac{3}{2}\lambda\sigma$. $K_\sigma>$或<0 决定于磁致伸缩系数 λ_s 及应力 σ 的符号, σ 来源于层间晶格失配及工艺过程中由于相邻两种金属层的热膨胀系数不同引起的热应力. 在超薄膜和多层膜中还有两种磁各向异性. 其一为与退磁场能相关的形状各向异性,近似地有

$$E_M = -2\pi M_s^2 \sin^2\theta. \tag{40.12}$$

最后是大块材料磁晶各向异性在薄膜中表现,近似地为

$$E_K = K_c \sin^2\theta. \tag{40.13}$$

因此,总的磁各向异性能可有

$$\begin{aligned} E_A &= [2K_s/t + (K_v - 2\pi M_s^2)]\sin^2\theta \\ &= K_{\mathrm{eff}}\sin^2\theta. \end{aligned} \tag{40.14}$$

薄膜的有效各向异性常数 $K_{\mathrm{eff}} = 2K_s/t + K_v - 2\pi M_s^2$,其中 $K_v = K_\sigma + K_c$. $K_{\mathrm{eff}}>0$ 或 $K_{\mathrm{eff}}<0$,这要依赖于其中各种贡献的竞争. 当 $K_{\mathrm{eff}}>0$ 时,易磁化方向垂直于膜面. 这种垂直磁化的性能是薄膜用作磁光记录或垂直磁记录的必要条件. 因此,颇受重视. 在厚单层膜中,$2K_s/t$ 常可略去,$K_{\mathrm{eff}}>0$ 常求助于大的正值的 K_v. 在多层膜中,若有足够大的正的 K_s,当铁磁层厚度 t 足够小时可得到正的 K_{eff}. 根据公式(40.14),使 $K_{\mathrm{eff}}>0$ 的铁磁层临界厚度 t_c 为

$$t_c = \frac{2K_s}{2\pi M_s^2 - K_v}. \tag{40.15}$$

图 40.14 及图 40.15 分别示出 Co/Au,Co/Cu 和 Co/Pt 多层膜的 λK_{eff} 及 $t_{\mathrm{co}}K_{\mathrm{eff}}$ 与 t_{co} 的实验关系. 当 t_{co} 约大于 1nm 时,数据近似为直

线，从其斜率及截距可求出 K_v 和 K_s 的数值，图 40.14 中的 λ 为多层膜的双层膜厚，$\lambda=t_{co}+t_{NM}$. 当 t_{co}小于 1nm 时，数据渐偏离直线，出现 λK_{eff}的极大然后随 $t_{co}\to 0$ 而趋于零. 这可理解为由于 t_{co}很小时，多层膜逐渐失去明确的界面，甚至失去晶态转变为非晶的成份调制膜所致. 实验发现，退火对 Co/Au 多层膜各向异性有一定影响. 低温退火使 K_s 增高. 这可能是由于界面更加清晰所致. 表 40.5 列出一些多层膜的界面磁各向异性常数 K_s 的实验结果.

对金属超薄膜和多层膜中表面和界面磁各向异性的理论解释还不成熟，原则上，K_s 来源于轨道-自旋耦合对金属中磁性电子能量的微扰. 因而 K_s 依赖于界面金属成份和晶格对称性以及界面状态，如粗糙度和合金化等. 表 40.6 列出弗里曼小组对几种单原子层及覆盖层超薄膜的 K_s 的数值计算的结果. 其数值与实际观察值相符不理想，只能作定性参考，其各向异性能对 M_s 方向角 θ 的依赖关系服从 $\sin^2\theta$ 规律.

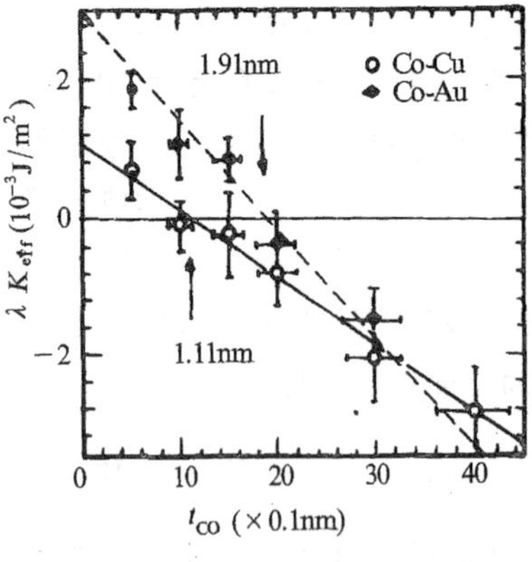

图 40.14 含 Co 多层膜的磁各向异性.

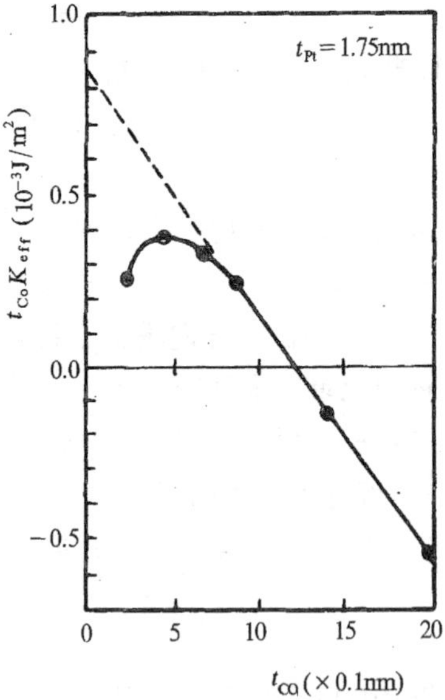

图 40.15 Co/Pt 多层膜的磁各向异性.

表 40.5 一些多层膜的界面各向异性 K_s 的数值[205]

系　统	制备方法[a]	T(K)[b]	$K_s(\times 10^{-3}J/m^2)$
Mo-Ni(111)	S	30	−0.54
Cu-Ni(111)	S	4.2	−0.12
Cu-Ni(100)	S	4.2	−0.23
Pd-Co(111)	S	300	+0.16
Pd-Co(111)	V	300	+0.26
Pd-Co(111)	V	300	+0.55
Au-Co(001)	S	300	+0.1−0.5
Au-Co(001)	MBE	300	+1.3
Pt-Co(001)	V	300	+0.42
Cu-Co(f.c.c.)	MBE	300	+0.55
Nd-Fe	S	300	+0.18
Dy-Fe	S	300	+2.5
Dy-Co	S	300	+0.4−0.8
Tb-Co	S	300	>0
Er-Fe	S	300	~0
Gd-Fe	S	300	~0
Gd-Co	S	300	~0

a:S 代表溅射;V 代表蒸发;MBE 代表分子束外延;b 代表测量温度.

表 40.6 对 Fe 及 Co 系统磁各向异性能的计算值(meV)[198]

系　统	Fe(ml)	Fe/Ag(001)	Fe/Au(001)	Fe/Pd(001)
K_s	−0.03−−0.04	0.06	0.57	0.35
系　统	Co(ml)(正方)	Co/Cu(001)	Co(ml)(六角)	Co/Pt(111)
K_s	−0.03	0.05	−0.65	0.45

(c)多层膜中层间交换作用　多层膜中层间交换作用的研究始于 60 年代,对多层膜系列 Fe/NM/Fe(NM=Cu,Ag,Pd,Cr 等)的磁滞回线的研究证明,磁性层间存在铁磁性交换作用[206].近几年有较大的进展,1986 年,在多层膜夹层膜中发现了铁磁层间的反铁磁耦合[29].格伦堡用布里渊散射进行了颇为系统的工作[207].图 40.16 示出卡本等[208]用自旋极化低能衍射技术(SPLEED)在

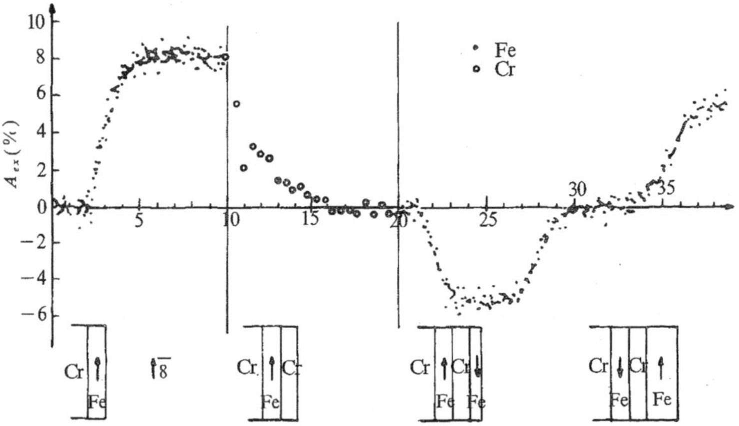

图 40.16　Fe/Cr/Fe 三层膜中自旋极化的原位观察.

外延生长 Fe/Cr/Fe 三层膜过程中直接观察到的自旋极化的分布结果,图中纵坐标为正比于自旋极化的参数 A_{ex},由表面对极化电子束散射强度 $I_\uparrow$ 和 $I_\downarrow$ 之差确定,即

$$A_{ex}=\frac{I_\uparrow - I_\downarrow}{I_\uparrow + I_\downarrow}. \tag{40.16}$$

此实验的结果是,铁层厚度大于 2ml 后出现自发磁化,在外延的 Cr 层中极化逐渐减小,在约 10ml 的 Cr 层上外延 Fe 层时极化向负值变化,直接证明了反铁磁耦合. 约在同一时期,在 Gd/Y 超晶格中发现被非铁磁 Y 层隔开的 Gd 层随 Y 层厚度变化而交替出现铁磁和反铁磁耦合. 这种振荡型的层间耦合先后被表面磁光克尔效应(SMOKE)和中子衍射所证实[209]. 以后几年的研究发现,这种荡振型的耦合十分普遍地存在于金属磁性多层膜中,几乎所有顺磁性的过渡金属,抗磁性的贵金属铜、银、金,以及简单金属铝,在多层膜中均可传播交换作用达几个纳米的距离,反铁磁金属铬和锰在奈耳点以上或以下均可使两侧的铁磁层发生交换耦合. 许多新的实验事实的出现吸引人们对金属中的交换作用进行深入的研究. 此外,处于反铁磁耦合的多层膜具有比大块铁磁材料或单层

铁磁薄膜大几十倍的磁电阻—巨磁电阻效应. 它将有可能使有广泛应用的磁电阻传感器及超高密度磁记录读出磁头的灵敏度得以提高，多层膜中的层间耦合和巨磁电阻成为近几年学术界和工业界热门的研究与开发课题.

当层间耦合为铁磁性时，多层膜的磁化曲线决定于磁层中磁畴调整，其饱和场 H_s 决定于磁层中的磁各向异性，若铁磁层的磁各向异性不强，则沿薄膜平面的磁化曲线陡峻，H_s 低，当出现反铁磁耦合时，磁化曲线决定于需要克服的反铁磁耦合能 J_{AB}. 随着 J_{AB} 的增强，磁化曲线变斜，H_s 升高. 图 40.17 示出反铁磁耦合增强时，Fe(001)/Cr(001)超晶格磁化曲线的变化[210]. 图 40.18 示出相应的磁电阻曲线. 当反铁磁耦合增强时，饱和磁电阻 $\frac{\Delta R}{R}$ 与饱和场 H_s 均增大，图 40.19 示出几种多层膜的 H_s 与非铁磁层厚度的振荡关系[211]. H_s 的峰相应于反铁磁耦合，H_s 的谷相应于铁磁耦合. 简单的计算可以得到，反铁磁耦合强度 J_{AB} 与 H_s 的最大值成正比，$J_{AB}=\frac{H_sM_sd_{FM}}{2\alpha}$.

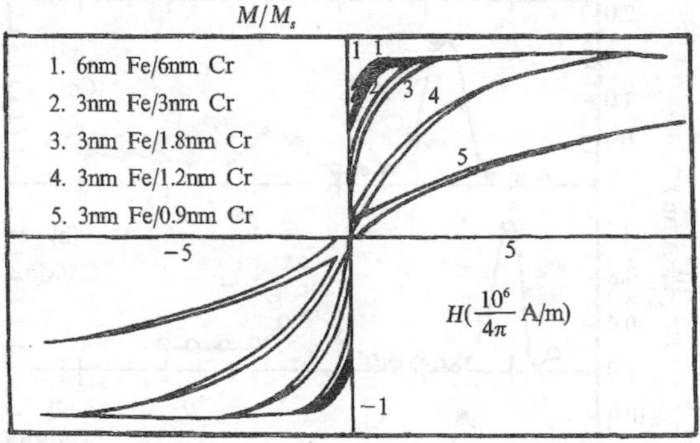

图 40.17　不同结构 Fe/Cr 超晶格的磁化线.

式中 d_{FM} 为铁磁层厚度，α 为一因子，对多层膜 $\alpha=2$，对夹层膜 $\alpha=1$. 图 40.20 为 $Ni_{20}Co_{80}$/Ru 多层膜的 J_{AB} 与 d_{Ru} 的实验关系[212]. 该图包括了铁磁耦合和反铁磁耦合的 J_{AB}. 其中反铁磁耦合强度

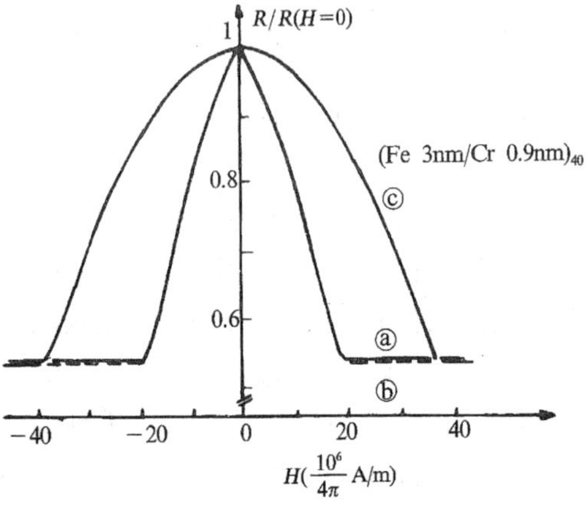

图 40.18　Fe/Cr 超晶格的磁电阻曲线.

($J_{AB}<0$)由多层膜处于反铁磁耦合时的 H_s 确定.铁磁耦合强度($J_{AB}>0$)从多层膜 H_s 曲线(如图 40.19)无法确定.该文作者专门设计了一种用层膜以测出与铁磁耦合强度相应的 H_s 值. J_{AB} 与作用距离的衰减振荡和 RKKY 交换作用颇为相似.只是多数多层膜的 J_{AB}-d_{FM}的振荡波长约为 1—2nm,而 RKKY 交换作用理论预期的振荡波长为费米波长 λ_F 的一半,即为一个原子间距的量级,约 0.2nm.与多数实验中观察到的长周期振荡不同.表 40.7 列出

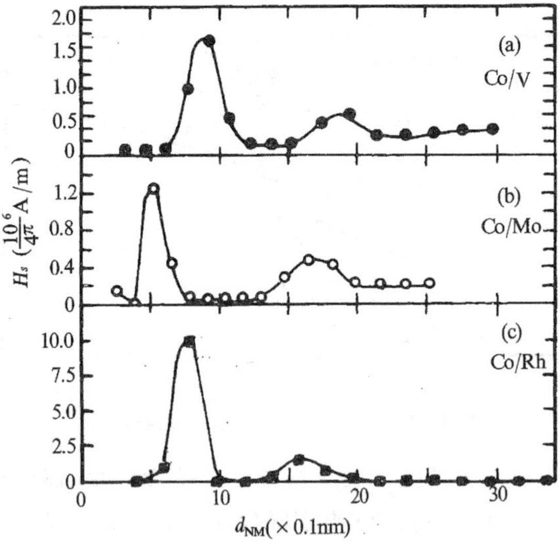

图 40.19　几种多层膜的 H_s 与非磁层厚度的关系.

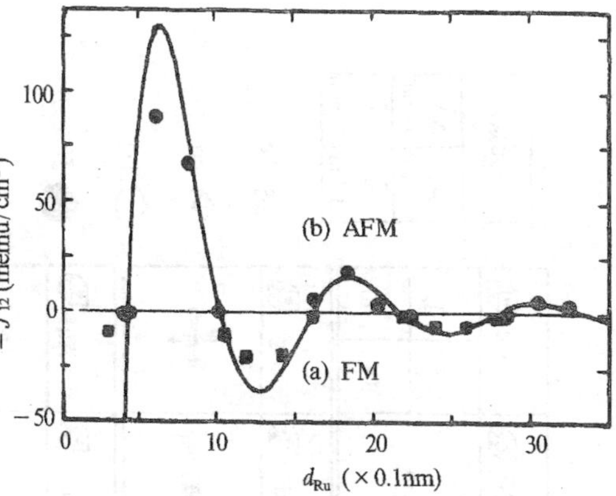

图 40.20　$Ni_{20}Co_{80}$/Ru 多层膜的 J_{AB} 曲线.

1991 年帕金(Parkin)给出的溅射 Co/NM 多层膜层间耦合的主要数据[211]. 非铁磁层的金属 NM 共 11 个，包括 $3d$，$4d$ 和 $5d$ 过渡金属和 $3d$ 满带的 Cu. 该表按周期表的次序排列. 表中 A_1 为第一个反铁磁耦合峰的 NM 厚度(0.1nm)，ΔA_1(0.1nm)为第一峰的宽度，P(0.1nm)为振荡周期，J_1 为第一峰相应的反铁磁耦合强度(erg/cm^2 或 mJ/m^2). 表中还给出了常见的晶体结构. 可以看出，11 种多层膜均具有长周期振荡. 其 P 值均约为(1nm)，而 Co/Cr 多层膜的周期近 2nm. 此长周期并不灵敏地依赖于元素种类和晶体结构，但耦合强度 J_1 和 A_1 的数值则随元素而异、J_1 的数值按 $5d$，$4d$，$3d$ 的次序增强，在同一族中按原子序数递增，近似为指数关系. 层间耦合强度随间隔层厚度增大而迅速衰减. 有些多层膜(如 Co/Nb 等)，J_1 值很小，其第二个反铁磁峰未能观察到，故表中未给出 P 值，但从第一峰的宽度 ΔA_1 可以估计出其 P 值亦约为 1nm 左右. 表中未给出数据的一些元素(如 Mn，Ag，Au 等)，在后来的实验中被观察到在多层膜中亦可产生反铁磁耦合及振荡现象.

进一步的研究发现，除上述长周期振荡外在一些用分子束外

表 40.7　一些含 Co 多层膜层间耦合的数据

Ti (hcp)		V (bcc)		Cr (bcc)		Mn (复立方)		Fe (bcc)		Co (hcp)		Ni (fcc)		Cu (fcc)	
无耦合		9	3	7	7	反铁磁		铁磁		铁磁		铁磁		8	3
		0.1	9	.24	18									0.3	10
Zr (hcp)		Nb (bcc)		Mo (bcc)		Tc (hcp)		Ru (hcp)		Rh (fcc)		Pd (fcc)		Ag (fcc)	
无耦合		9.5	2.5	5.2	3			3	3	7.9	3	铁磁耦合		+	
		.02	*	.12	11			5	11	1.6	9				
Hf (hcp)		Ta (bcc)		W (bcc)		Re (hcp)		Os (hcp)		Ir (fcc)		Pt (fcc)		Au (fcc)	
无耦合		7	2	5.5	3	4.2	3.5			4	3	铁磁耦合		+	
		.01	*	.03	*	.41	10			1.85	9				

元素	
A_1 (0.1nm)	ΔA_1 (0.1nm)
J_1 mJ / m^2	P (0.1nm)

fcc 　bcc 　hcp 　复立方

延技术制备的高质量的多层结构中存在着较短周期的层间耦合振荡现象，其周期约 2—3 个原子层. 振荡周期还依赖于晶体结构及取向. 而且在一种多层结构中曾观察到两种长、短周期的振荡. 为仔细研究层间耦合，这几年发展了生长含有尖劈形非铁磁层的(铁磁/非铁磁/铁磁)夹层结构的分子束外延技术. 图 40.21 示出的是 Fe/Cr/Fe 夹层膜的示意图[213]. 这种结构的优点是可以在一个样品中同一铁磁层上对厚度连续变化的非铁磁间隔层引起的层间耦合的变化进行高分辨的观察. 图中尖劈长度为 0.4—0.9mm，而厚度变化一共为 5—20nm. 当使用自旋极化分析扫描电镜(SEMPA)时，观察的位置分辨率为 40nm，相应的厚度分辨已达到原子尺度. 利用 SEMPA 技术作表面磁化分布的检测，不仅分辨率高，而且可以同时给出表面形貌像及表面磁化矢量的二至三个分量的像. 图 40.22 示出 Fe(晶须)/Au/Fe 夹层膜的 Fe 膜表面上用 SEMPA 观察到的磁化矢量的两个分量 M_y 和 M_x 随尖劈状 Au 间隔层厚度不同的变化[214]. 图中 M_y 为膜面内沿尖劈长度方向的磁化分量. 黑白相间的图形相应于 M_y 改变 180°，与下面 Fe 晶须中磁化方向呈平行及反平行，即铁磁/反铁磁耦合交替出现. 经分析，

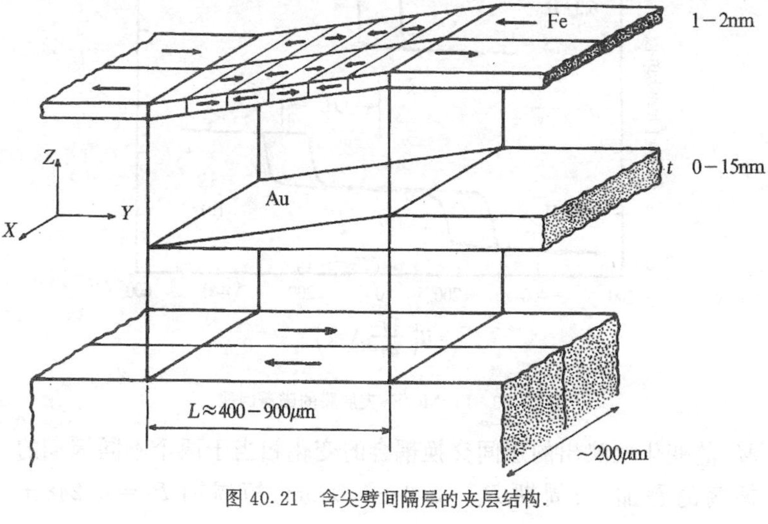

图 40.21　含尖劈间隔层的夹层结构.

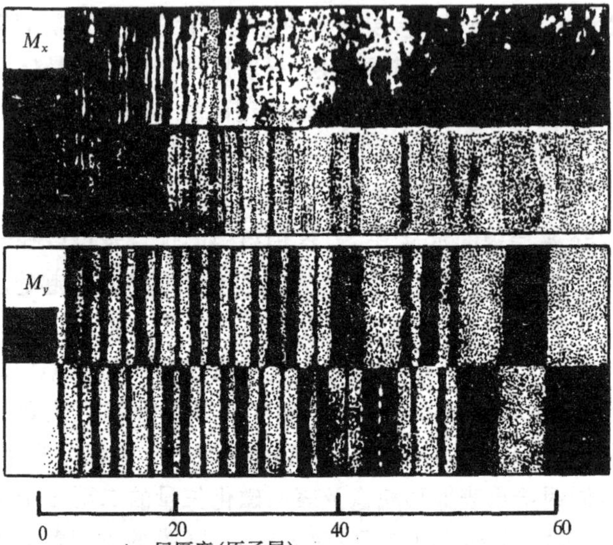

图 40.22　Fe/Au/Fe 夹层膜上的 SEMPA 图像.

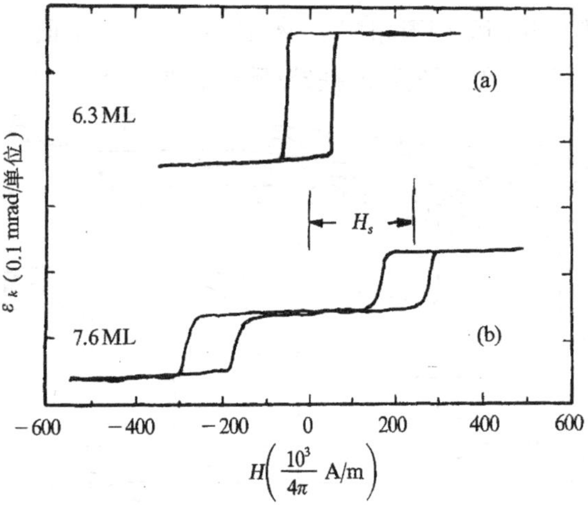

图 40.23　Fe/Mo/Fe 夹层膜的磁滞回线.

M_y 的变化反映出的层间交换耦合的变化相当于两个不同周期的振荡的叠加. 长周期 $P_1=8.6\pm0.03$nm，短周期 $P_2=0.248\pm$

0.005nm. 观察层间耦合的另一个原位实验技术为表面磁光克尔效应(SMOKE). 利用克尔旋转角或椭偏率与磁化强度及方向的关系，在磁场作用下 SMOKE 信号可给出夹层膜的磁滞回线. 图 40.23 示出用 SMOKE 在 Fe/Mo/Fe 尖劈夹层膜上观察到的磁滞回线[215]. 图 40.23(a)示出铁磁耦合时面内磁滞回线，图 40.23(b)示出反铁磁耦合时的回线. 后者在低场区的平台的克尔信号几乎为零，说明上、下两层 Fe 膜磁化方向为反平行排列. 当 H 达到 H_s 时，磁场足以克服反铁磁耦合，上下两 Fe 层的磁化相互平行，因而得到与图 40.23(a)不同的反铁磁耦合磁滞回线. 图 40.24 示出当光束沿尖劈长度方向移动时得到的 H_s 与 Mo 层厚度的关系曲线. Mo 层厚度 d_{Mo} 以单原子层(Mo)为单位. 令 H_s 为恰足以克服反铁磁耦合的磁场，即 $J\sim M_sH_sd_{Fe}$，该图描述出反铁磁/铁磁耦合的振荡. 周期约 3ML 或 0.47nm. 用溅射法制备的 Co 或 Fe 与 Mo 组成的多层膜的振荡周期则约为 1.1nm. 此外在外延生长的含 Mn, Al, Ag 的夹层膜中均观察到类似的短周期层间耦合振荡的现象.

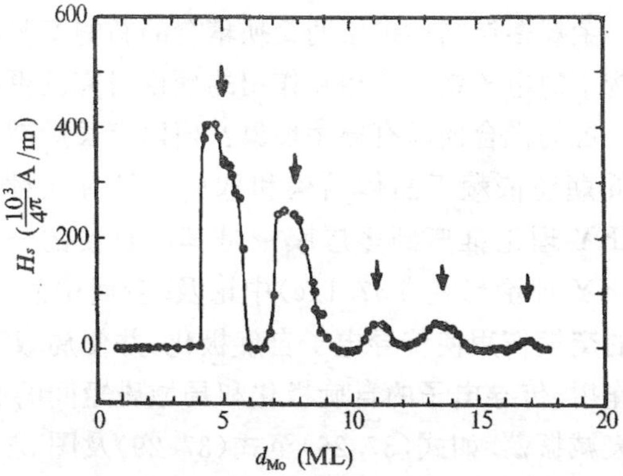

图 40.24 Fe/Mo/Fe 夹层膜 H_s-d_{Mo}的关系

上述导致相邻铁磁层磁化矢量呈平行或反平行排列的层间交换耦合称为双线型交换耦合，其耦合能量表式可写为海森伯交换能的形式，

$$E_L = -J_{AB}\cos\theta, \tag{40.17}$$

θ 为相邻两铁磁层磁化矢量的交角. 铁磁及反铁磁耦合相应于 J_{AB}

>0 或 $J_{AB}<0$. 在一些实验中，还发现可导致相邻铁磁层的磁化矢量呈 90°排列的双二次型交换作用[216]. 其能量表式为非海森伯的形式，

$$E_Q = J_Q \cos^2\theta, \tag{40.18}$$

J_Q 常为正值，故 $\theta=90°$时，E_Q 最低，在图 40.22 中 M_x 的出现即为在 Fe/Au/Fe 夹层膜中双二次型层间交换耦合的表现. J_Q 亦随 Au 层厚度变化而振荡.

金属多层结构中层间交换耦合的新的实验事实引起了对多层结构中的电子结构及相互作用的理论研究及更深入的实验研究.

层间耦合何以有振荡现象？何以有长周期及多重周期？且振荡周期还依赖于晶体结构和取向？已有几种理论给出解释. 将 RKKY 理论推广到多层膜中是其中重要的一个. 大块材料中的 RKKY 理论已在 § 37.1(c)中论及. 金属中的局域磁矩与传导电子的交换作用使传导电子自旋极化，并使局域磁矩间发生间接交换作用. 传导电子的自旋极化和局域磁矩间的交换作用均随距离作衰减振荡. 如式(37.26)至式(37.29)及图 37.7 所示. 将此原理推广到多层膜中，考虑到两个相邻的铁磁层中的磁性原子自旋均与其间隔层中的传导电子作用，并使传导电子自旋极化，从而使相邻铁磁层发生层间交换耦合，将两铁磁层中所有磁性原子的 RKKY 耦合效应相加，即可得到多层膜中的层间耦合.

若 i, j 为处于非铁磁层两侧的两个相邻铁磁层 F_1 及 F_2 中任意两个原子，自旋分别为 S_i 及 S_j，它们之间的 RKKY 交换作用可按式(37.26)写为如下形式

$$\mathscr{H} = -2J_{ij}(R_{ij})\boldsymbol{S}_i \cdot \boldsymbol{S}_j, \tag{40.19}$$

$$J_{ij} = AF(2k_F R_{ij}), \tag{40.20}$$

A 为依赖于局域自旋与传导磁层中传导电子的交换积分 J_{jm} 等量的常数. $F(2k_F R_{ij})$为表征间接交换耦合常数 $J_{ij}(R_{ij})$随距离 R_{ij} 作衰减振荡的行为的函数

$$F(x) = \frac{x\cos x - \sin x}{x^4}. \tag{40.21}$$

当 $x\to\infty$ 时,远距离近似下,有

$$F(x)\approx\frac{\cos x}{x^3}. \qquad (40.22)$$

振荡周期 $\lambda=\pi/k_F=\frac{1}{2}\lambda_F$,且按 R_{ij}^{-3} 衰减. 为讨论多层膜中的层间耦合,要考虑到铁磁层(如 F_1)中任意原子的自旋受到另一铁磁层 F_2 中所有自旋的交换作用,因而应对所有 ij 对求和,单位面积的交换耦合能可写为

$$E_{12}=-J_{12}\cos\theta_{12}, \qquad (40.23)$$

θ_{12} 为 F_1 及 F_2 中磁化强度的夹角. 层间耦合常数 J_{12} 为

$$J_{12}\approx S^2\sum_{j\in F_2}J(R_{0j}), \qquad (40.24)$$

式中 0 表示作为原点的 F_1 中的一个原子位置. 假设铁磁层中的自旋分布为连续的. 将上式中求和用积分代替,得到准一维的 RKKY 交换常数. 层间耦合常数与层间距离的关系为

$$J_{12}\approx\frac{1}{z^2}\sin(2K_Fz), \qquad (40.25)$$

这是一个单一短周期的衰减振荡关系. 其周期仍为 $\lambda=\lambda_F/2$,对于面心立方的铜,在自由电子近似下 $\lambda=0.231$nm. J_{12} 按 z^{-2} 衰减. 若干实验的衰减行为与 z^{-2} 近似相符,但周期则与许多实验不符. 例如,面心立方的 Co/Cu(111)多层膜的实验周期约为 1.2—1.5nm. Co/Cu(100)的周期约为 0.5—0.7nm,它们有长短之分但均远大于 0.231nm. 实验周期常远大于 RKKY 理论的数值的原因首先在于非铁磁层厚度不可能连续变化而是以单原子层尺度间断地变化. 因此,实验上观察到的不同厚度下的层间耦合乃是对式(40.25)表示的连续变化曲线以单原子层为单位间断地取样的结果[217]. 图 40.25 中示出的连续曲线为式(40.25)代表的 RKKY 耦合常数与层厚的依赖关系 $J(L)$. 横坐标以层厚 L 与其单原子层尺度 d 的比值为单位,圆点代表当层厚为 Nd 时,J 的观察值,N 为整数. 由于 $\lambda\neq d$,观察到的等效周期 Λ 大于 λ. 其原理有似于游标尺. 该图相应于一价金属(如 Cu)fcc[100]方向,不难算出其 λ/d

$=1.28$. 其等效周期 $\Lambda=4.58\times d$，对 Cu，$d_{100}=0.180\text{nm}$，$\Lambda=0.873\text{nm}$. Λ，λ 和 d 的关系服从下式：

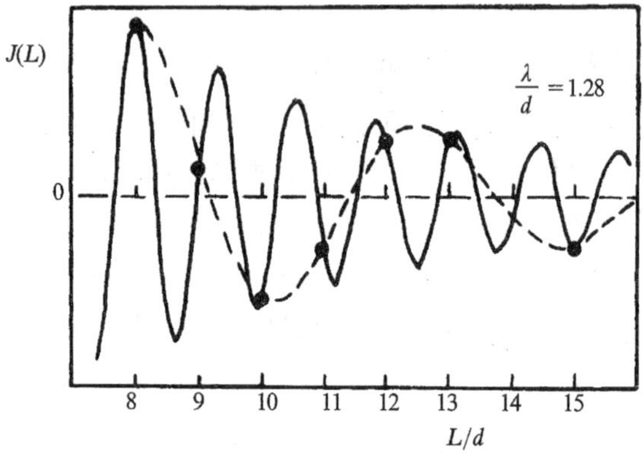

图 40.25 长周期振荡原理示意图.

$$\Lambda=\frac{1}{|1/\lambda-n/d|},\tag{40.26}$$

式中 n 为非负整数，以使 $\Lambda\geq 2d$，上式亦可定性解释 Λ 依赖于晶体方向. 在自由电子近似下，λ 为各向同性的，d 与晶向有关. 对 Cu，$d_{111}=0.208\text{nm}$. $\lambda/d=1.11$，$\Lambda=10.26$，$d=2.13\text{nm}$，但此数值偏大. 更严格的理论计算发现，观察到的层间耦合周期与铁磁层中自旋分布的分立性相关. 后者还解释了多周期现象. 根据已知金属费米面的结构得到的 RKKY 理论计算的周期与实验相符得相当好. 列于表 40.8 中[218].

表 40.8 振荡周期的理论值和实验值

非磁层	理论周期	系统	实验周期
Cu(111)	$\Lambda=4.5ML_s$ (ML:单原子层)	Co/Cu/Co	$\Lambda\approx 6ML_s$
		Co/Cu/Co	$\Lambda\approx 5ML_s$
		Fe/Cu/Fe	$\Lambda\approx 6ML_s$
Cu(001)	$\Lambda_1=2.6ML_s$ $\Lambda_2=5.9ML_s$	Co/Cu/Co	$\Lambda\approx 6ML_s$
		Fe/Cu/Fe	$\Lambda\approx 7.5ML_s$
		Co/Cu/Co	$\Lambda_1\approx 2.6ML_s$ $\Lambda_2\approx 8ML_s$
Au(001)	$\Lambda_1=2.6ML_s$ $\Lambda_2=8.6ML_s$	Fe/Au/Fe	$\Lambda_1\approx 2ML_s$ $\Lambda_2\approx 7—8ML_s$

虽然 RKKY 理论对振荡周期给出与实验基本相符的结果，但却未能给出层间交换耦合的相位、强度及其随厚度的变化等重要性能. 实验证明，这两个性能随材料变化较大. 例如，溅射的 Co/Cu 与 Fe/Cu 超晶格的层间耦合的振荡相差 180°. 在表 40.6 中列出的反铁磁耦合第一峰的强度，各元素间相差很大. 为从理论上对位相和强度的规律和原理给予阐明，需要对铁磁层中磁矩与非铁磁层中传导电子的相互作用做深入研究，在最初的 RKKY 理论中对此问题并未进行详细的探讨. 在文献[100]中把式(37.27)中的 J_{jm} 唯象地看作一个接触作用. 这个问题在夫里德耳及安德森关于合金中的局域矩理论中作了进一步的研究. 在磁性合金中的局域能级与基体金属中的传导电子的杂化，或 *s-d* 混合，出现了所谓虚束缚态[107]. *s-d* 混合理论已推广到多层膜中并提供了对层间耦合的振荡周期、相位及强度的解释[218].

新近，用光电子能谱及反光电子能谱，特别是具有自旋极化分辨的能谱仪对铁磁金属衬底上的非铁磁超薄膜能谱的研究证明了限制在铁磁衬底与空气间的非磁性薄膜的厚度达纳米量级时，随着厚度的减小出现了量子阱状态及量子尺寸效应. 由于沿膜面垂直方向晶格周期性的破坏，电子态呈现了分立的能谱[219]. 图 40.26 示出大块 Ag(100)(实线)和 11 个原子层厚的薄膜中(圆点)的电子态的计算谱，分别为连续和分立谱，而且发现这些量子阱态受相邻铁磁层的作用而发生交换劈裂及自旋极化. 图 40.27 示出 fcc Co 衬底上不同厚度的 Cu 覆盖层中的自旋极化，随厚度呈振荡型[220]. 量子阱态及其能谱以及能密态度均为非铁磁厚度的函数，且呈周期型变化. 与德哈斯范阿尔芬效应相似. 当具有量子阱态的

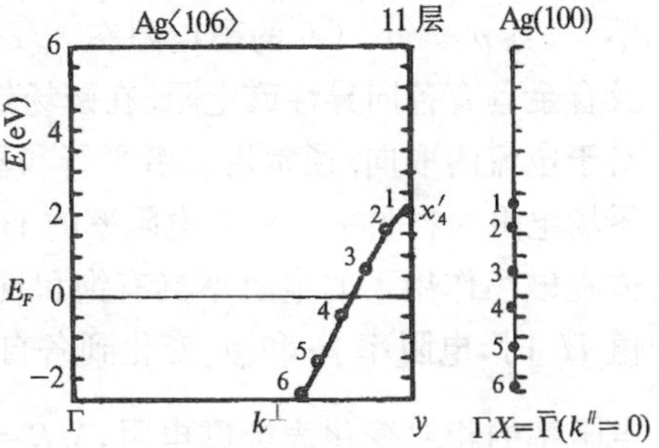

图 40.26 块状及薄膜 Ag 中的能态.

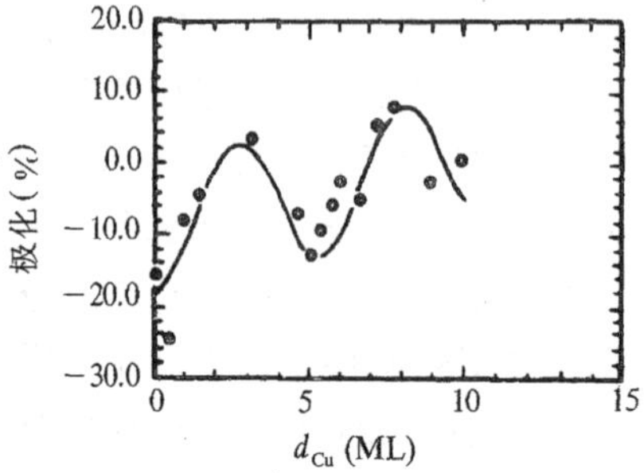

图 40.27 Cu/Co 结构中费米面附近自旋极化.

非铁磁层作为相邻铁磁层层间耦合的媒介时,导致了层间耦合的振荡行为.

层间耦合的一个重要方面为多层膜中非铁磁层中传导电子的自旋极化.这方面曾有不少理论研究,对Cr[221],Pd[222]及贵金属[223]均得到若干有趣的结果.实验工作多数在双层膜或覆盖层中进行.多层膜中的非磁层在其内部且自旋极化的数值不大,实验观察难度较大,用中子衍射[224],X射线双二色性[225]及核磁共振[102]方法直接进行实验研究以取得多层膜中非铁层极化及其空间分布的信息的工作正在开始,并引起人们重视.

(d)*巨磁电阻效应*[226]　在外磁场作用下物质的电阻发生变化,称为磁电阻效应.洛伦兹力引起的正常磁电阻为普遍现象,值不大,且 $\rho_{/\!/}>\rho_{\perp}$.Cu 的磁电阻在 30T 的磁场下约 40%.铁磁金属及合金具有各向异性磁电阻.在磁场作用下,电阻率依赖于磁场相对于电流的取向.通常用二者平行和垂直时的电阻表征,$\rho_{/\!/}\neq\rho_{\perp}$.零场电阻为材料中各磁畴电阻率的平均值.与磁化过程相应,铁磁体在磁场作用下的电阻率具有饱和现象.当磁场从零增加到饱和值 H_s 时,电阻率 $\rho_{/\!/}$ 和 $\rho_{\perp}$ 变化到各自的饱和值,常以磁场作用下电阻率的相对变化表征磁电阻,$MR=\dfrac{\rho(H)-\rho_0}{\rho_0}=\dfrac{\Delta\rho}{\rho_0}$.通常,在平行及垂直方向的磁电阻的相对变化符号相反,图 40.28 示出 Ni 丝的磁电阻曲线,垂直方向的饱和场比平行方向高是由于退磁场的各向异性,不同方向的磁电阻可用与磁致伸缩相似的角度依赖关系描述,为角度的偶函数.铁磁金属的饱和磁电阻的数值约 1%至5%.多数材料 $\left(\dfrac{\Delta\rho}{\rho_0}\right)_{/\!/}$ 为正值,$\left(\dfrac{\Delta\rho}{\rho}\right)_{\perp}$ 为负,亦有例外.一些多层膜等材料的巨磁电阻具有数值大,常为负值和各向同性等特点。各向异性磁电阻及巨磁电阻可用于制作磁场传感器，最重要用途为高密度磁记录技术中的读出头，普通的感应式读出磁头的信号正比于耦合磁通量的变化率$\frac{d\phi}{dt}$，而磁电阻读出头只依赖于磁场强度，与变化率无关.巨磁电阻器件具有更高的灵敏度.此外，在随机存储器上的应用亦在探索之中.

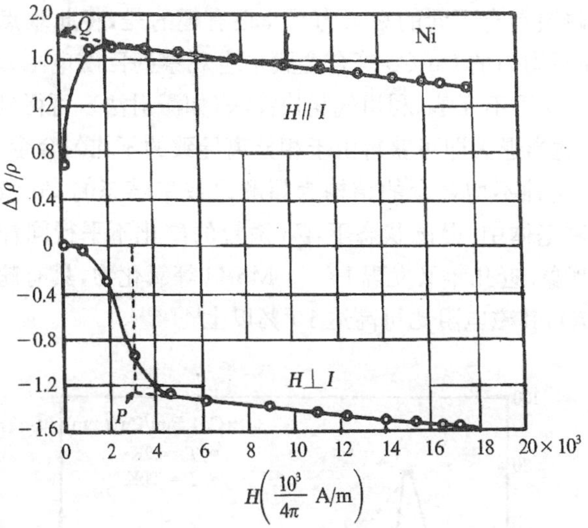

图 40.28 Ni的磁电阻曲线.

在多层膜中，当层间呈反铁磁耦合时出现了巨大的磁电阻效应.与多层膜中的铁磁层本身的磁电阻相比，可达几十倍以至上百倍.称为巨磁电阻(GMR)，且为负值，图 40.18 示出 Fe/Cr 超晶格的磁电阻曲线，其中 a,b 曲线为磁场沿多层膜平面而与电流平行或垂直的情况，c 为与平面垂直.由于退磁场效应，曲线 c 具有较高的饱和磁场，当 $H=0$ 时，由于层间耦合，各 Fe 层的磁矩为反平行，这时电阻最大.饱和后电阻最小，且几乎不随磁场变化.当层间耦合使 Fe 层磁矩平行排列时，磁电阻很小.在许多系统中，多层膜的层间耦合随非铁磁层厚度变化而作周期性变化时，磁电阻亦出现周期性的振荡.图 40.29 示出 Co/Cu 多层膜的磁电阻的振荡变化的实验结果.大量实验证明，巨磁电阻出现的条件不在于多层膜中的反铁磁耦合，而在于相邻铁磁层的反平行排列，或更加一般地说，相邻铁磁层的非平行排列.当相邻铁磁层的磁化反平行排列时电阻最大，平行排列时，不论处于退磁状态的多畴结构或磁饱和的单畴态，电阻最低.而反平行排列的成因可以是反铁磁的层间耦合，或特殊设计的多层结构中的界面交换钉扎[227]，亦可以是由于相邻铁磁层具有不同的矫顽力[228].很有趣的是，将此观点进一步推广，在不均匀的 Cu-Co 等合金膜中也观察到巨磁电阻效应[229]. Cu 与 Co 几乎不互溶.利用气相快淬法(如溅射法)，可得到亚稳态固溶体.适当退火即可获得由于相分离导致的不均匀合金.当成分合适时，这种不均合金的结构为超顺磁或单畴态的 Co 微粒分散于非铁磁基体中.退磁状态下，Co 微粒的磁化不平行同样导致巨磁电阻现象.近几年又发现 La-Ca-Mn-O 等氧化物，具有超巨磁电阻(CMR)，其磁电阻比可高达 $10^6\%$以上[230,231].

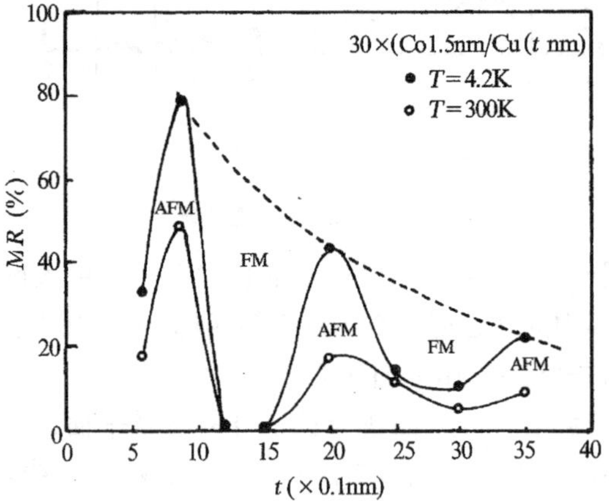

图 40.29 Co/Cu 多层膜磁电阻的振荡行为.

传统的金属导电理论基于电子电荷转移及电子经受的散射，与电子自旋无关。不同自旋电子的导电性能没有区别.自旋相关散射的双电流导电模型是最早为解释铁磁金属的电导提出的[233]，发

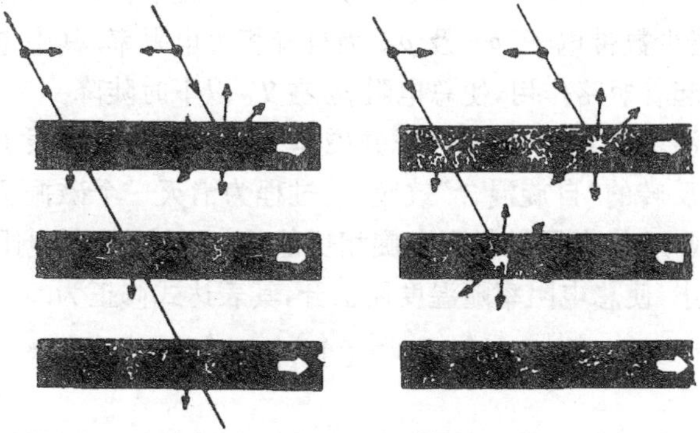

图 40.30 巨磁电阻机制示意图

现 GMR 以来得到很大发展。铁磁金属的 AMR，金属多层结构和金属颗粒膜的 GMR 的解释均基于此理论框架。此外，铁磁隧道结的 GMR 以及一些钙钛矿氧化物如 $La_xCa_{1-x}MnO_3$ 的特巨磁电阻(CMR)的理论均属于自旋相关导电，但具体机制各异，与自旋相关散射不同[231].

金属中传导电子的非磁散射多不使电子自旋发生反转. 在温度远低于 T_0 时铁磁金属中电子自旋反转的几率很小，因此传导电子的自旋弛豫时间 t_s 或其扩散长度 l_s 远比动量弛豫时间 τ 或其平均自由程 λ 长. 例如，室温下 Au 的自旋扩散长度约为 1.5μm，4.2K 下 Al 的 l_s 长达 10^2μm[233]，而导体的平均自由程约 10^1—10^2nm. 因而可以将导电分解为自旋向上 $\sigma\uparrow$，及向下的 $\sigma\downarrow$，两个几乎相互独立的电子导电通道，相互并联. 各自的电阻分别为 $\rho\uparrow$ 及 $\rho\downarrow$. 取低温极限，总电阻为

$$\rho_L = \rho\uparrow\rho\downarrow/(\rho\uparrow+\rho\downarrow) \qquad (40.27)$$

正常金属的 $\rho\uparrow=\rho\downarrow$，$\rho_L=\rho\uparrow/2=\rho\downarrow/2$. 双电流模型是不必要的，没有自旋相关散射. ρ 来自于与自旋无关的散射.

在 T_0 以下，铁磁金属的自发磁化导致了自旋相关散射，使 ρ

$\uparrow \neq \rho \downarrow$，其自旋向上$\uparrow$定义为与总磁化强度平行，即为多数带电子，$\downarrow$指少数带电子，$\rho\uparrow$及$\rho\downarrow$为自旋相关电阻率. 其中电阻率低的通道起着短路作用，使总电阻ρ_L在T_0以下时陡降。

当温度上升时，必须考虑铁磁体中传导电子与磁振子散射使其自旋反转的“自旋混合”效应. 其过程为消灭一个磁振子而使自旋$\uparrow$(或$\downarrow$)的电子散射到自旋相反的状态，从而使低电阻的短路效应减小，使总电阻率随温度而上升，其表达式修正为.

$$\rho_T = [\rho\downarrow\rho\downarrow + \rho\downarrow\uparrow(\rho\downarrow + \rho\uparrow)]/[\rho\uparrow + \rho\downarrow + 4\rho\downarrow\uparrow], \tag{40.28}$$

其中$\rho\uparrow\downarrow$为自旋混合项，与电子-磁振子散射相关因而依赖于温度。根据式(40.28)，考虑到$\rho\uparrow$，$\rho\downarrow$及$\rho\uparrow\downarrow$的温度依赖性可以解释铁磁金属与合金的电阻率与温度的关系. 反之，根据ρ_T-T的实验数据可以确定自旋相关散射的电阻率$\rho\uparrow$及$\rho\downarrow$. 高温下，当$\rho\uparrow\rho\downarrow \gg \rho\uparrow$，$\rho\downarrow$时，自旋混合破坏了双通道的短路效应，式(40.28)趋于

$$\rho_{Hi} = (\rho\uparrow + \rho\downarrow)/4. \tag{40.29}$$

过渡铁磁金属和合金中的s带和d带电子均参与导电，并有几种电子散射过程，如杂质、缺陷、表面、界面、声子和磁振子等。上述关系式中的自旋相关电阻率$\rho\uparrow \neq \rho\downarrow$来源于能带中电子的浓度$n$、有效质量$m^*$、散射的弛豫时间$\tau$、与其相关的平均自由程$\lambda$以及费米面能态密度$N(E_F)$等均因自旋态$\sigma$不同而异. 自旋相关电阻率可表示为

$$\rho_\sigma = m_\sigma^* / n_\sigma e^2 \tau_\sigma, \tag{40.30}$$

σ表示自旋态$\uparrow$或$\downarrow$. 对于某一种自旋散射势，其矩阵元为V

$$\tau_\sigma^{-1} \sim 1/\lambda_\sigma \sim |V_\sigma|^2 N_\sigma(E_F) \tag{40.31}$$

自旋相关散射的来源可分为两类，其一为内禀或本征性来源，铁磁金属电子能带的交换劈裂引起的自旋相关的n_σ，m_σ^*，以及$N_\sigma(E_F)$均属之. 其中$N_\sigma(E_F)$尤为重要，它正比于电子散射的终态. s带为宽带，d带为窄带，其中d带的交换劈裂是自发磁化的主要来源，并使$N\uparrow(E_F)$与$N\downarrow(E_F)$有很大差别，是引起自旋相关

散射的主要来源. 由于 d 带很窄,具有大的有效质量,而 s 带则相反,故通常假设导电主要是 s 电子的贡献. 以 Co 与 Ni 为例,大的交换劈裂使 $d\uparrow$ 带完全处于费米面之下,故 $N\uparrow(E_F)$ 仅来自 s 电子,而 $d\downarrow$ 带与费米面相交,$N\downarrow(E_F)$ 来自 $s\downarrow+d\downarrow$ 带的总和. 显然,$N\uparrow(E_F)<N\downarrow(E_F)$,故 Co 及 Ni 基合金具有 $\rho\uparrow<\rho\downarrow$ 的倾向。实验证明,在一些 Ni 及 Co 基合金中 $\alpha=\rho\downarrow/\rho\uparrow>10$。Fe 的交换劈裂未能使 $d\uparrow$ 完全处于费米面之下,故 Fe 基合金中自旋相关电阻的不对称倾向常低于 Co,Ni. 另一类自旋相关散射的来源是非本征的,这就是某种杂质或缺陷的自旋相关势 V_σ。例如铁磁金属中的杂质 Cr,当 Cr 杂质溶于 Ni 时,Cr 的磁矩与基质 Ni 的磁化方向相反,呈反铁磁耦合,故自旋向上,与 Ni 的磁化同向的传导电子受到 Cr 杂质较大的排斥与散射;而自旋向下的电子则相反,与上述 Ni,Co 的本征性能不同,$\alpha=\rho\downarrow/\rho\uparrow<1$. 因此,Fe,Co,Ni 中溶有不同的杂质金属元素时,杂质散射的自旋相关剩余电阻的不对称因子 $\alpha=\rho_{0\downarrow}/\rho_{0\uparrow}$ 可以大于或小于 1,如表 40.8 所列。

表 40.8 一些稀释合金杂质电阻的 α 值[234]

	Fe	Co	Ni	Cu	Au	Al	Mn	Cr	V	Mo	W	Ru
Fe		3.7	7			8.6	0.17	0.17	0.12	0.21	0.24	0.38
Co	12						0.8	0.3	1	0.7	0.84	0.22
Ni	11	13		3.7	5.9	1.7	6.3	0.2	0.45	0.28	0.4	0.15

对金属多层膜巨磁电阻的理论解释亦多建立在自旋相关散射的双电流模型的基础上[235]. 一般多层膜中各层厚度约为一到几纳米,远小于电子自旋扩散长度,因而可以采用双电流模型. 多层膜磁电阻的测试方法有两种:CIP,即电流沿膜面,CPP,电流与膜面垂直. 通常多采用 CIP。但电子的运动是混乱的,可穿越若干层,并经受层内及界面的散射,总电阻为电子经过各层的各个等效电阻的总和。一般情况下,这此等效电阻的相加是复杂的,但有两个极端在情况较为简单。其一为当平均自由程 λ 远大于各层厚度. 在高

磁场或铁磁耦合作用下，如图 40.30 中 F，各磁层 M_s 相平行，两种自旋电子通道的电阻率可用下式表示：

$$\rho\uparrow=(\rho_F\uparrow t_F+\rho_N t_N)/(t_F+t_N),$$

$$\rho\downarrow=(\rho_F\downarrow t_F+\rho_N t_N)/(t_F+t_N),$$

式中 $\rho_{F\sigma}$ 为铁磁层的自旋相关电阻率，ρ_N 为非磁层的与自旋无关的电阻率。t_F 及 t_N 为铁磁层及非磁层的厚度。为简单计，上式中未考虑界面散射的等效电阻。由于 $\rho_{F\uparrow}\neq\rho_{F\downarrow}$，故多层膜的 $\rho\uparrow\neq\rho\downarrow$，多层膜的总电阻率可用公式(40.27)来表示：

$$\rho_F=\rho\downarrow\rho\uparrow/(\rho\uparrow+\rho\downarrow) \tag{40.27}$$

其中低电阻通道起了短路作用，使饱和态或铁磁态下的多层膜处于低电阻状态。

当多层膜中磁层的 M_s 呈反平行排列时，若自旋↓的电子在 M_s 向下的磁层中为低电阻态，则当跨越到相邻的 M_s 向上的磁层中时会变为高阻状态。与此相似，自旋↑的电子从 M_s 向下的磁层跨越到 M_s 向上的磁层中时，其电阻从高阻态变为低阻态。这种情况类似于铁磁金属中高温下自旋混合的情况。两自旋电子通道的电阻相同，均为高阻及低阻态的平均值：

$$\overline{\rho\uparrow}=\overline{\rho\downarrow}=\frac{\rho\uparrow+\rho\downarrow}{2}$$

总电阻为两者并联，与公式(40.29)相同：

$$\rho_{AF}=\frac{\rho\uparrow+\rho\downarrow}{4} \tag{40.32}$$

与(40.27)式相比，处于高电阻状态。于是多层膜的磁电阻比 MR 为：

$$\begin{aligned}\mathrm{MR}&=\frac{\rho_{AF}-\rho_F}{\rho_{AF}}=\frac{(\rho\uparrow-\rho\downarrow)^2}{(\rho\uparrow+\rho\downarrow)^2}\\&=\left(\frac{\alpha-1}{\alpha+1}\right)^2\end{aligned} \tag{40.33}$$

可见，不论 $\alpha>1$ 或 $\alpha<1$，按传统的定义，磁电阻均为负值。且 MR 可达很大的数值，这就是巨磁电阻的两大特征。进一步的运算可有：

$$MR=\frac{\left(\frac{1}{\alpha}-1\right)^2}{4\left(\frac{1}{\alpha}+\frac{t_N}{t_F}\frac{1}{\alpha\downarrow}\right)\left(1+\frac{t_N}{t_F\frac{1}{\alpha\downarrow}}\right)} \tag{40.34}$$

式中 $\alpha\downarrow=\rho_{F\downarrow}/\rho_N$。上式说明磁电阻比不仅依赖于不对称散射因子 α,而且还依赖于各层的厚度。但 MR 与 t_F 及 t_N 的关系没有如此简单,当厚度 t 改变时,与平均自由程的比值也变化.故需要更严格的电子输运理论[236].

第十四编 参考文献

[1] A. H. Morrish, The Physical Principles of Magnetism, John Wiley & Sons Inc(1965).

[2] 宋德生、李国栋,电磁学发展史,广西人民出版社(1987).

[3] P. Curie, *Ann. de Chim. et Phys.* (**7**)5,289(1895).

[4] P. Langevin, *J. de Phys.*, **4**,687(1905).

[5] P. Weiss, *J. Phys.*, **6**,661(1907).

[6] W. Heisenberg, *Z. Phys.*, **49**,619(1928).

[7] J. H. Van Vleck, The Theory of Electric and Magnetic Susceptibilities, Oxford Univ. Press(1932).

[8] С. В. Вонсовский и Я. С. Щур, Ферромагнетизм, гостехидат(1948); С. В. Вонсовский, СокреМенное Учение О Магнетизме, Москка(1953).

[9] R. M. Bozorth, *Ferromagnetism* D. Van Nostrand Co. Inc. (1951); IEEE Press (1993).

[10] Ъ. Г. Лцвшиц, Физические Свойства Металлов и Сплавов, Маецив, Москва(1956).

[11] W. R. Myer, *Rev. Mod. Phys.*, **24**,15(1952).

[12] Ya. G. Dorfman, Diamagnetism and The Chemical Bond, Fizmatgiz, Moscow(1961).

[13] P. W. Selwood, Magnetochemistry, Oxford Univ. Press(1932);(1956).

[14] W. E. Henry, *Phys. Rev.*, **88**,559(1952).

[15] D. H. Martin, Magnetism in Solids, London Iliffe Book Ltd. (1967).

[16] W. G. Penny, G. J. Kynch, Proc. Roy. Soc. (London), **A170**,112(1939).

[17] J. H. Van Vleck, *J. Chem. Phys.*, **3**,807(1935).

[18] C. 基泰尔,杨顺华等译,固体物理导论,科学出版社(1979).

[19] F. Seitz, The Mod. Theory of Solids, McGraw-Hill Book Co. (1940).

[20] L. D. Landau, *Z. Phys.*, **64**,629(1930).

[21] S. V. Vonsovskii, Magnetism, John Wiley & Sons(1971).

[22] 戴道生、钱昆明,铁磁学(上册),科学出版社(1987).

[23] A. H. Wilson, The Theory of Metals, Cambridge University Press(1936).

[24] W. J. de Haas, P. W. Van Alphen, Comm, Kamerlingh, Onne Lab. Univ. Leiden 208d,212a,(1930);220d(1933).

[25] D. Shoenberg, Progress in Low Temperature Physics, Ⅱ, Interscience Publishers, New York(1957).

[26] W. Pauli, *Z. Physik*, **41**,81(1927).

[27] R. T. Schmacher, C. P. Slichter, *Phys. Rev.*, **101**,58(1956); R. T. Schmacher, W.

E. Vehse, *J. Phys. Chem. Sol.*, **24**, 297(1963).

[28] J. S. Denbigh, W. M. Lomer, *Proc. Phys. Soc.*, **82**, 156(1963).

[29] J. Kuo, et al., *Phys. Rev.*, **B35**, 7295(1987). 见[207], [211].

[30] M. N. Baibich et al., phys. Rev. Letf., **61**, 2472(1988). S. S. P. Parkin et al., *Phys. Rev. Lett.* **64**, 2304(1991).

[31] H. R. Zhai, *J. Mag. Mag. Mat.*, **115**, 20(1992).

[32] Я. Г. Дорфман, Матнцтные Сзойства н Строение Вещества, Москва(1955).

[33] N. F. Mott, *Proc. Phys. Soc.*, **47**, 571(1935).

[34] E. P. Wohlfarth, *Proc. Leeds Phil. Soc.*, **5**, 89(1949).

[35] D. H. Parkinson, Reports on Progress in Phys., London, **21**, 226(1958).

[36] B. Svensson, *Ann. der Phys.*, **18**, 299(1933).

[37] J. Friedel et al., *J. Appl. Phys.*, **32**, 325s(1961).

[38] E. W. Pugh, et al., *Phys. Rev.*, **105**, 814(1957).

[39] R. M. Bozorth, et al., *Phys. Rev.*, **122**, 1157(1961).

[40] K. J. Stranat, *J. Mag. Mag. Mat.*, **7**, 351(1978).

[41] J. Croat et al, *J. Appl. Phys.*, **55**, 2078(1984); S. Sagawa, et al., *J. Appl. Phys.*, **55**, 2083(1984).

[42] J. M. D. Coey et al., J. Mag. Mag, *Mat.*, **87**, L251(1990); Y. C. Yang et al, Proc. 11th IWREMA, Pittsburgh, **2**, 190(1990).

[43] C. G. Shull et al., *Rev. Mod. Phys.*, **25**, 100(1953).

[44] A. Arrott, Magnetism, ed. by G. T. Rado and H. Suhl., Ⅱ B, 296, Academic Press, New York(1966).

[45] F. Heusler, *Verhanl. deut. Physik. Ges.*, **5**, 219(1903).

[46] H. H. Potter, *Phil. Mag.*, **12**(7), 255(1931).

[47] P. G. Van Engen, et al, *Appl. Phys. Lett.*, **42**, 202(1983).

[48] B. T. Matthias, et, al., *Phys. Rev.*, **109**, 604(1958).

[49] B. T. Matthias, et al., *Phys. Rev. Lett.*, **7**, 7(1961).

[50] L. Creveling, et al., *Phys. Rev. Lett.*, **18**, 851(1967).

[51] J. G. Booth, Ferromagnetic Materials, **4**, ed. by E. P. Wohlfarth and K. H. J. Buschow, North—Holland, 211(1988).

[52] E. P. Wohlfarth, Ferromagnetic Materials, **1**, ed. by E. P. Wohlfarth North—Holland, 1(1980).

[53] P. R. Weiss, *Phys. Rev.*, **74**, 1493(1948).

[54] 近角聪信，强磁体の物理，裳华房(1984).

[55] R. J. Moon, et al., *J. Appl. Phys.*, **35**, 10415(1964).

[56] H. E. Nigh, et al., *Phys. Rev.*, **132**, 1092(1963).

[57] E. C. Stoner, *Proc. Roy. Soc.*, **A154**, 656(1936).
[58] N. F. Mott, *Proc. Phys. Soc.*, **47**, 571(1935).
[59] J. C. Slater, *Phys. Rev.*, **49**, 537(1936).
[60] V. L. Moruzzi, J. F. Janak, A. R. Williams, Calculated Electronic Properties of Metals, Pergamon Press(1978).
[61] C. G. Shull et al., J. Phys. Soc. Japan, **17**B1(1962); R. M. Moon, *Phys. Rev.*, **136**, A195(1964); H. A. Mook, *Phys. Rev.*, **148**, 495(1966).
[62] E. C. Stoner, *J. Physique*, **12**, 377(1951).
[63] M. Shimizu, *Physica*, ***B91***, 14(1977).
[64] P. R. Rhodes, E. P. Wohlfarth, Proc. Roy. Soc., **273**, 247(1963); E. P. Wohlfarth, *J. Mag. Mag. Mat.*, **7**, 113(1978)
[65] C. Zener, *Phys. Rev.*, **81**. 440(1951).
[66] С. В. Вонсовский и К. Власов ЖЭТФ, **25**, 327(1953).
[67] J. Friedel, *Canad*, *J. Phys.*, **34**, 1190(1956).
[68] P. W. Anderson, *Phys. Rev.*, **124**, 41(1961).
[69] K. R. A. Ziebeck, D. J. Brown, *J. Phys.*, **F10**, 2015(1980); **11**, L127(1981).
[70] C. Herring, Magnetism, Ⅳ, ed, G. T. Rado and H. Suhl(Academic Press, 1966).
[71] T. Moryia, Spin Fluctuations in Itinerant-Electron Magnetism, Springer-Verlag (1985); 守谷亨, 物理学进展, **4**(2), 255(1984).
[72] Y. Ishikawa et al., *Phys. Rev.*, ***B16***, 4956(1977).
[73] H. Bizette, *J. de Phys.*, **12**, 1575(1953).
[74] C. J. Kriessman, T. R. McGuire, *Phys. Rev.*, **98**, 936(1955); Lingelbach, *Z*, *Phys. Chem.*, **14**, 1(1958).
[75] J. W. Stout et al., *J. Am. Chem. Soc.*, **64**, 1535(1942); R. W. Millar, *J. Am. Chem. Soc.*, **50**, 1875(1928).
[76] M. Foëx, Compt. rend., **227**, 193(1948).
[77] G. K. White, S. B. Woods, *Can. J. Phys.*, **33**, 58(1955); **35**, 346(1957).
[78] I. S. Jacobs, *J. Appl. Phys.*, **32**, 61S(1961).
[79] H. Labhart, *Zs. Angew. Math. Phys.*, **4**, 1(1953).
[80] L. Néel, *Ann. de Phys.*, **17**, 61(1932); **5**, 232(1936).
[81] C. G. Shull, M. K. Wilkinson, *Rev. Mod. Phys.*, **25**, 100(1953).
[82] T. Yamada et al., *J. Phys. Soc. Japan*, **28**, 615(1970).
[83] J. L. Fry, Y, Z. Zhao(赵玉芝)et al., *Phys. Rev.*, **B36**. 1, 868(1987).
[84] L. Corliss et al., *Phys. Rev. Lett.*, **3**, 211(1959).
[85] A. B. Lidiard, *Proc. Roy. Soc.*, **A224**, 161(1954).
[86] A. W. Overhauser, *Phys. Rev. Lett.*, **4**, 462(1960); *Phys. Rev.*, **128**, 1437(1962).

[87] E. Fawcett, *Rev. Mod. Phys.*, **60**, 209(1988)；赵玉芝，F. C. Khanna，科学通报，**3**，185(1991)；A. Schreyer et al., Phys. Rev., ***B52***, 16066(1995).
[88] T. A. Kaplan, *Phys. Rev.*, **119**, 1460(1960)；蒲富恪等，物理学报，**3**，175(1962).
[89] L. Néel, *Ann. de Phys.*, **3**, 137(1948).
[90] J. Kondo, *Prog. Theor. Phys.*, **32**, (1), 32(1964).
[91] R. A. Levy, R. Hasegawa, Amorphous Magnestism Ⅱ, Plenum Press, N. Y. (1977).
[92] P. A. Beck, *Met. Trans.*, **2**, 2015(1971).
[93] W. Heitler, F. London, *Z. Phys.*, **44**, 455(1927).
[94] R. Stuart et al., *Phys. Rev.*, **120**, 353(1960)；A. J. Freeman et al., *Phys. Rev.*, **124**, 1439(1961).
[95] H. Bethe, *Handbuch der Physik*, **24/2**, 595(1933).
[96] J. C. Slater, *Phys. Rev.*, **36**, 57(1930).
[97] H. A. Kramers, *Physica*, **1**, 182(1934).
[98] P. W. Anderson, *Phys. Rev.*, **80**, 922(1950).
[99] C. Zener, Phys. Rev., **82**, 403(1951).
[100] M. A. Ruderman, C. Kittel, *Phys. Rev.*, **96**, 99(1954)；T. Kasuya, *Prog. Theor. Phys.* (*Kyoto*), **16**, 45(1956)；K. Yosida, *Phys. Rev.*, **106**, 893(1957).
[101] D. V. Lang et al., *Phys. Rev. Lett.*, **29**, 12, 776(1972)；J. B. Boyce, C. P. Slichter, *Phys. Rev. Lett.*, **32** (2), 61(1974).
[102] Q. Y. Jin et al., *Phys. Rev. Lett.*, **72**, 768(1994).
[103] 李正中，固体理论，高等教育出版社(1985).
[104] J. Hubbard, *Proc. Roy. Soc.*, ***A276***, 238(1963)；***A277***, 237；***A281***, 401(1964)；***A285***, 542(1965)；***A296***, 82(1966).
[105] W. Kohn, L. J. Sham, *Phys. Rev.*, **104**, A1133(1965)；O. Gunnarson, B. I. Lundqvist, *Phys. Rev.*, ***B13***, 4274(1976).
[106] P. Bruno et al., *Phys. Rev.*, **67**, 1602(1991)；*Phys. Rev.*, ***B46***, 261(1992).
[107] P. W. Anderson, *Phys. Rev.*, **124**, 41(1961).
[108] J. C. Slater, *J. Appl. Phys.*, **8**, 385(1937)；L. Pauling, *Phys. Rev.*, **54**, 899(1938).
[109] J. Crangle, G. C. Hallam, *Proc. Roy. Soc.*, ***A272***, 119(1963).
[110] J. Friedel, *J. Phys. et Rad*, **19**, 573(1958)；**23**, 692(1962).
[111] M. F. Collins et al., *Proc. Phys. Soc.*, **82**, 633(1963)；*Phil. Mag.*, **8**, 401(1963).
[112] K. H. J. Buschow, Ferromagnetic Material **1**, ed. by E. P. Wohlfarth, North-Holland, 297(1980).
[113] K. H. J. Buschow, Ferromagnetic Material, **4**, ed. by E. P. Wohlfarth and K. H. J. Buschow, North-Holland, 3(1988)；L. J. Strnat, *ibid.* 131, (1988).
[114] *Y. C. Yang et al.*, J. Appl. Phys. 70, 6001(1991)；中国科学 B2，113(1991). B. G.

Shen et al. ,*Solid State Comm.* ,**83**(10),753(1992).
[115] J. M. D. Coey,Hong Sun,*J. Mag. Mag. Mat.* ,**87**,L251(1990).
[116] F. J. Dyson,*Phys. Rev.* ,**102**,1217,1230(1956).
[117] C. Herring,C. Kittel,*Phys. Rev.* ,**81**,869(1951);T. Izuyama et al. ,*J. Phys. Soc. Jap.* ,**18**,1025(1963).
[118] F. Keffer,et al. ,*Am. J. Phys.* ,**21**,250(1953).
[119] H. Kaplan,*Phys. Rev.* ,**86**,121(1952).
[120] B. Cooper et al. ,*Phys. Rev.* ,**127**,57(1962).
[121] N. Akulov,*Z. Phys.* ,**100**,197(1936);C. Zener,*Phys. Rev.* ,**96**,1335(1954);H. B. Callen,E. Callen,*J. Phys. Chem. Solids*,**27**,1271(1996).
[122] 翟宏如、杨桂林、徐游,物理学进展,**3**,(3),269(1983);M. T. Hutchings,Solid State Phys. ,ed. by F. Seitz and D. Turnball,**16**,227(1964).
[123] J. H. Van Vleck,*Phys. Rev.* ,**52**,1178(1937).
[124] 森信郎、鹈饲武,固体物理(日),**9**,578(1974).
[125] W. P. Mason,*Phys. Rev.* ,**96**,302(1954).
[126] L. Néel,*Comp. Rend.* ,**237**,1613(1953);S. Taniguchi et al. , Sci. Rep. Res. lnst. Tohokn Univ. ,**A6**. 330(1954).
[127] J. C. Slonczewski,*Phys. Rev.* ,**110**,1341(1958).
[128] W. H. Meiklejohn,C. P. Bean,Phys. Rev. **102**,1413(1956);J. S. Kouvel,J. Phys. Chem. Solids,**16**,152(1960);J. Appl. Phys. ,**30**,313S(1959).
[129] R. M. Bozorth,D. M. Chapin,*J. Appl. Phys.* ,**13**,320(1942).
[130] W. F. Brown,*Jr.* ,*J. Appl. Phys.* ,**30**,62S(1959).
[131] F. Bloch,*Zs. Phys.* ,**74**,295(1932).
[132] L. Néel,*C. R.* ,**241**,533(1955).
[133] B. A. Lilley,*Phil. Mag.* ,**41**,792(1950).
[134] D. J. Craik,R. S. Tebble,Ferromagnetism and Ferromagnetic Domains,North-Holland(1965).
[135] C. Kittel,*Rev. Mod. Phys.* ,**21**,541,(1949).
[136] W. F. Brown,Magnetic Principles in Ferromagnetism,North-Holland Publ. Co. , Amsterdam(1962).
[137] A. Aharoni,S. shtrikman,*Phys. Rev.* ,**109**,1522(1958).
[138] 李伯臧,蒲富恪,物理学报,**30**,1637(1981);蒲富恪,李伯臧,科学通报 **26**(3),208(1981).
[139] R. Carey,E. D. Isaac,Magnetic Domains and the Techniques for their Observation, Academic Press,London,(1966).
[140] G. Asti,S. Rinaldi,J. *Appl. Phys.* ,**45**,3600(1974).

[141] G. Asti et al. , Proc. Intern. Conf. RE and Applications, Beijing(1985).

[142] W. F. Brown, *Phys. Rev.* **58**, 736(1940); **60**, 139(1941).

[143] B. B. Ларфенов, Изв. АН. СССР, Сер. **21**, 1825(1957).

[144] L. Neel, *J Phys. Rad.* , **9**, 184, 193(1948).

[145] C. Kittel, J. K. Galt, Solid State Physics, **3**, 437 Acad. Press Inc. (1956).

[146] 鍾文定,铁磁学,科学出版社(1987).

[147] I. S. Jacob, C. P. Bean, Phys. Rev. , **100**, 1060(1955).

[148] H. Kronmuller, Supermagnets, Hard magnetic Materials, Klumer Acad. Publisher, 461(1991).

[149] L. Neel, J. Phys. Rad, **62**, 250(1956).

[150] R. Becker, Phys. Zs. , **33**, 905(1932).

[151] R. Becker, W. Doring, Ferromagnetismus, Verlag Von Julius pringer, Berlin(1939).

[152] M. Kersten, Grundlagen einer Theorie der Ferromagn. Hysterese und Koerzitivkraft, Leipzig(1943); *Zs. f. Phys.* , **124**, 507(1948).

[153] L. Neel, *Cah. Phys.* , **25**, 21(1944); *Physica*, **15**, 225(1949).

[154] J. G. Goodenough, *Phys. Rev.* , **95**, 917(1954).

[155] H. Trauble, Magnetism and Metallurgy, **2**, ed. by Ami E. Berkowitz, E. Kneller, Aead. Press, New York and London, 621. (1969).

[156] G. Rieder, *Abhandl. Braunschweig Wiss. Ges.* , **11**, 20(1959).

[157] A. J. Kurtzig, J. R. Patel, *Phys. Lett.* , **33A**, 123(1970).

[158] H. Kronmuller, *AIP Conf. Proc.* , **10**, 1006(1973).

[159] H. R. Hilzinger, *Appl. Phys.* , **12**, 253(1977).

[160] R. Friedberg, D. I. Paul, *Phys. Rev. Lett.* , **34**, 1234(1975); D. I. Paul, *J. Appl. Phys.* , **53**, 1649, 2362(1982).

[161] H. Kronmuller, *J. Mag. Mag. Mat.* , **7**, 341(1978).

[162] T. Egami, *Phys. Status Solidi*; **19(a)**, 747(1973); **20**(1), 157(1973).

[163] L. Neel, *Cahiers de Phys.* , **25**, 21(1944).

[164] H. J. Williams, M. Goertz, *J. Appl. Phys.* , **23**, 316(1952).

[165] L. F. Bates, D. H. Martin, *Proc. Phys. Soc.* , **B69**, 145(1956).

[166] J. G. Goodenongh, *Phys. Rev.* , **95**, 917(1954).

[167] H. Kronmuller, H. R. Hilzinger, *J. Mag. Mag. Mat.* , 2, 3(1976). H. Kronmuller, Proc. Ⅱ Intern. Symp. on Mag. Anisotropy and Coercivity in Re-TM Alloys, San Diego(1978).

[168] F. E. Luborsky et al. , *J. Appl. Phys.* , **28**, S344(1957).

[169] L. Neel, *Compt. Rend*, **228**, 664(1949).

[170] J. J. Becker, *Trans. Am. Inst. Min. Metall. Petrol. Engrs.* , **209**, 59(1957).

[171] C,P,Bean et al. ,*J. Appl. Phys.* ,**30**,120S(1959).
[172] S. Mϕrup,et al,*J. de Phys.* ,**37**(6),297(1976).
[173] L,Neel,*J. Phys. Soc. Japan*,**17 Suppl. B-1**,672(1962).
[174] H. Topϕpe, S. Mϕrup, Proc. Int. Conf. Mossb. Spectroscopy, Krakow Poland, 321 (1975).
[175] R. C. Nininger,D. Schroeen,*J. Phys. Chem. Solids*,**39**,137(1978).
[176] P. C. E. Stamp,et al. ,*Intern. J. of Mod. Phys.* ,***B6***,1355(1992).
[177] A. Defranzo et al. ,*J. Appl. Phys.* ,**63**,4234(1988).
[178] E. M. Chudnovsky et al. ,*Phys. Rev.* ,***B37***,9455(1988).
[179] P. C. E. Stamp et al. ,*Phys. Rev. Lett.* ,**66**,2802(1991).
[180] D. Stanffer,*Solid State Comm.* ,**18**,533(1976).
[181] D. D. Awschalom et al. ,*Phys. Rev. Lett.* ,**65**,783(1990).
[182] J. Tejada et al. ,*J. Mag. Mag. Mat.* ,**118**,65(1993);L. I. Balcells et al. ,*J. Mag. Mag. Mat.* ,**109**,L-159(1992).
[183] W. D. Zhong et al. ,Proc. Int. Symp. Phys. Mag. Mat. ,30(1992).
[184] P. Gaunt,*J. Appl. Phys.* ,**59**,4129(1986);*Phil. Mag.* ,**48**,261(1983).
[185] M. Vehara et al. ,*Phys. Lett.* ,**114*A***,23(1986).
[186] B. Barbara et al. ,*Phys. Lett.* ,**A145**,205(1990).
[187] P. C. E. Stamp,*Nature*,**359**,365(1992).
[188] W. P. Halperin,*Rev. Mod. Phys.* ,**158**,533(1986).
[189] R. Kubo,*J. Phys. Soc. Japan*,**17**,975(1962);R. Kubo et al. ,*Annu. Rev. Mater. Sci.* ,**14**,49(1984).
[190] K. Kimura et al. ,*Surf. Sci*,**156**,883(1985).
[191] P. Yee,W. D. Knight,*Phys. Rev.* ,***B*11**,3261(1975).
[192] Z. Q. Qiu et al,*J. Appl. Phys.* ,**61**,3314(1987).
[193] S. Mϕrup,*Progress in Physics(Chinese)*,**6**,1(1986).
[194] W. Doring,*Z. Naturf.* (a),**16**,1146(1961).
[195] J. Mathon,*Phys. Rev.* ,***B24***,6588(1981).
[196] C. B. Peng,et al. ,*J. Appl. Phys.* ,**71**,5157(1992).
[197] C. J. Gutierrez,*Phys. Rev.* ,***B44***,2190(1991).
[198] A. J. Freeman et al. ,*J. Mag. Mag. Mat.* ,**100**,497(1991).
[199] P. E. Ferguson,*J. Appl. Phys.* ,**49**,2203(1978).
[200] L. E. Klebanoff et al. ,*Phys. Rev.* ,**B33**,5301(1986).
[201] C. Rau et al. ,*Phys. Rev. Lett.* ,**57**,2311(1986).
[202] C. Liu et al. ,*Phys. Rev.* ,***B41***,553(1990).
[203] M. Mauer et al. ,*Europhys. Lett.* ,**9**,803(1989).

[204] 见[102]
[205] D. J. Sellmyer, et al. , *Mat. Sci. and Eng.* , **B6**, 137(1990).
[206] J. C. Bruyere, et al. , *J. Appl. Phys.* , **36**, 844(1965).
[207] P. Grunberg, et al. , *Phys. Rev. Lett.* , **57**, 2442(1986).
[208] C. Carbone et al. , *Phys. Rev.* , **B36**, 2433(1987).
[209] C. F. Majkrzak, et al. , *Phys. Rev. Lett.* , **56**, 2700(1986).
[210] F. Nguyen van Dau, et al. , *J. Phys. (Paris)*, **49**, C8-1633(1988).
[211] S. S. P. Parkin, *Phys. Rev. Lett.* , **67**, 3598(1991).
[212] S. S. P. Parkin, et al. , *Phys. Rev.* , **B44**, 7131(1991).
[213] J. Unguris et al. , *Phys. Rev. Lett.* , **67**, 140(1991).
[214] J. Unguris et al. , 38th Annu. Conf. on Mag. and Mag. Mat. , EP06(1993).
[215] Z. Q. Qiu et al. , *Phys. Rev. Lett.* , **68**(9), 1398(1992).
[216] C. L. Gutierrez et al. , *J. Mag. Mag. Mat.* , **116**, L305(1995).
[217] R. Coehoorn, *Phys. Rev.* , **B44**, 9331(1991).
[218] P. Bruno, *J. Mag. Mag. Mat.* , **116**. L13(1992); Phys. Rev. , **B65**, 411(1955).
[219] J. E. Ortega et al. , *J. Appl. Phys.* , **73**, 5771(1993); *Phys. Rev. Lett.* , **69**, 844 (1992).
[220] C. Carbone et al. , *Phys. Rev. Lett.* , **71**, 2805(1993).
[221] Zhu-Pei Shi et al. , *Phys. Rev. Lett.* , **69**, 3768(1992).
[222] D. Stoeffper et al. , *Phys. Rev.* , **B49**, 299, (1994).
[223] J. L. Perez Diaz, et al. , *J. Appl. Phys.* , **75**, 6470, (1994).
[224] J. A. Borchers, et al. , *J. Appl. Phys.* , **75**, 6498(1994).
[225] J. F. Bobo, et al. , *J. Mag. Mag. Mat.* , **126**, 251(1994).
[226] 翟宏如等, 物理学进展, **17**(2), 159(1997).
[227] B. Dieny, et al. , *Phys. Rev.* , **B43**, 1297(1991).
[228] C. Dupas, et al. , *J. Appl. Phys.* , **68**, 5680(1990).
[229] A. E. Berkowitz, et al. , *Phys. Rev. Lett.* , **68**, 3745(1992); John Q. Xiao, et al. , *Phys. Rev. Lett.* , **68**, 3749(1992).
[230] R. Von Helmolt et al. , Phys. Rev. Lett. , **71**, 2331(1993).
[231] G. C. Xiong, D. S. Dai, Aspects of Modern Magnetism, World Scientific, 164 (1996).
[232] N. F. Mott, Adv. Phys. , **13**, 325(1964).
[233] J. M. D. Coey, Aspects of Modern Magnetism, World Scientific, 2(1996).
[234] I. A. Campbell, A. Fert, Ferromagnetic Materials, **3**, 747, North Holland Pub. Co. (1982).
[235] J. Mathon, Contemporary Physics, **32**, 143(1991); D. M. Edwards et al. , *IEEE*

MAG., **27**, 3548(1991).

[236] R. E. Camley, J. Barnas, *Phys. Rev. Lett.*, **63**, 644(1989). S. F. Zhang, P. M. Levy, *Mat. Res. Soc. Proc.*, **231**, 225(1992).

人名索引

三画至五画

六画至八画

九画以上

内容索引

一画至三画

四画至五画

六画至七画

八画至九画

九画

十画至十一画

十二画至十三画

十四画

十五画至十七画

希腊字母

拉丁字母